罗霄山脉生物多样性考察与保护研究

罗霄山脉
维管植物图鉴

廖文波　凡　强　叶华谷　王　蕾
詹选怀　陈功锡　李茂军　　主编

科学出版社
北　京

内 容 简 介

本书共收集罗霄山脉地区维管植物照片 7000 多张，其中野生种 211 科 1187 属 4007 种以及种下等级 28 亚种 257 变种，另收录栽培种 276 种 12 变种。每种精选照片 1～3 张，以展示植物的形态及其生境特点。本书的物种编排如下：蕨类植物按 PPG I 系统（2016），含 32 科 101 属 407 种 1 亚种 17 变种；裸子植物按 GPG 系统（2011），含 6 科 23 属 32 种 2 变种；被子植物按 APG IV 系统（2016），含 173 科 1063 属 3568 种 27 亚种 238 变种。属种分类概念主要参考 Flora of China。本书是已出版的《罗霄山脉植物多样性编目》的姐妹篇，两者可配合使用。全书较系统地收集了罗霄山脉地区的维管植物，可为该地区及其邻近区域开展植物分类鉴定和自然保护管理等提供支持。

本书可供生物学、生态学、林学、资源学、园艺学、自然保护学等领域的科研人员和高等学校师生参考，也可供政府保护部门的管理人员、生态修复与园林绿化部门的技术人员，以及科普教育工作者和自然生态爱好者参考。

图书在版编目（CIP）数据

罗霄山脉维管植物图鉴 / 廖文波等主编. — 北京：科学出版社，2024.3

（罗霄山脉生物多样性考察与保护研究）

ISBN 978-7-03-077063-9

Ⅰ.①罗… Ⅱ.①廖… Ⅲ.①维管植物 – 中国 – 图集 Ⅳ.①Q949.408-64

中国国家版本馆CIP数据核字(2023)第225920号

责任编辑：王　静　王　妍／责任校对：杨　赛
责任印制：肖　兴／书籍设计：北京美光设计制版有限公司

科学出版社 出版
北京东黄城根北街16号
邮政编码：100717
http://www.sciencep.com
北京华联印刷有限公司 印刷
科学出版社发行　各地新华书店经销
*
2024年3月第 一 版　开本：889×1194 1/16
2024年3月第一次印刷　印张：74 1/4
字数：2 405 000

定价：1 380.00元
（如有印装质量问题，我社负责调换）

罗霄山脉生物多样性考察与保护研究
编委会

组织机构	吉安市林业局	中山大学	吉安市林业科学研究所		
主　　任	胡世忠				
常务副主任	王少玄				
副 主 任	杨　丹	王大胜	李克坚	刘　洪	焦学军
委　　员	洪海波	王福钦	张智萍	肖　兵	贺利华
	傅正华	肖凌秋	孙劲涛	王　玮	

主　　编	廖文波	庞　虹			
编　　委	廖文波	王英永	李泰辉	王　蕾	陈功锡
	詹选怀	欧阳珊	贾凤龙	刘克明	李利珍
	童晓立	叶华谷	吴　华	吴　毅	张　力
	刘蔚秋	刘　阳	邓学建	苏志尧	张　珂
	崔大方	张丹丹	庞　虹	单纪红	饶文娟
	李茂军	余泽平	邓旺秋	凡　强	彭焱松
	刘忠成	赵万义			

《罗霄山脉维管植物图鉴》编委会

序 一

建设生态文明，关系人民福祉，关乎民族未来。党的十八大以来，以习近平同志为核心的党中央从坚持和发展中国特色社会主义事业、统筹推进"五位一体"总体布局的高度，对生态文明建设提出了一系列新思想、新理念、新观点，升华并拓展了我们对生态文明建设的理解和认识，为建设美丽中国、实现中华民族永续发展指明了前进方向、注入了强大动力。

习近平总书记高度重视江西生态文明建设，2016年2月和2019年5月两次考察江西时都对生态建设提出了明确要求，指出绿色生态是江西最大财富、最大优势、最大品牌，要求我们做好治山理水、显山露水的文章，走出一条经济发展和生态文明水平提高相辅相成、相得益彰的路子；强调要加快构建生态文明体系，繁荣绿色文化，壮大绿色经济，创新绿色制度，筑牢绿色屏障，打造美丽中国"江西样板"，为决胜全面建成小康社会、加快绿色崛起提供科学指南和根本遵循。

罗霄山脉大部分在江西省吉安境内，包含5条中型山脉及其中的南风面、井冈山、七溪岭、武功山等自然保护区、森林公园和自然山体，保存有全球同纬度最完整的中亚热带常绿阔叶林，蕴含着丰富的生物多样性，以及丰富的自然资源库、基因库和蓄水库，对改善生态环境、维护生态平衡起着重要作用。党中央、国务院和江西省委省政府高度重视罗霄山脉片区生态保护工作，早在1982年就启动了首次井冈山科学考察；2009~2013年吉安市与中山大学联合开展了第二次井冈山综合科学考察。在此基础上，2013~2018年科技部立项了"罗霄山脉地区生物多样性综合科学考察"项目，旨在对罗霄山脉进行更深入、更广泛的科学研究。此次考察系统全面，共采集动物、植物、真菌标本超过21万号30万份，拍摄有效生物照片10万多张，发表或发现生物新种118种，撰写专著13部，发表SCI论文140篇、中文核心期刊论文102篇。

"罗霄山脉生物多样性考察与保护研究"丛书从地质地貌，土壤、水文、气候，植被与植物区系，大型真菌，昆虫区系，脊椎动物区系和生物资源与生态可持续利用评价等7个方面，以丰富的资料、翔实的数据、科学的分析，向世人揭开了罗霄山脉的"神秘面纱"。进一步印证了大陆东部是中国被子植物区系的"博物馆"，也是裸子植物区系集中分布的区域，为两栖类、爬行类等各类生物提供了重要的栖息地。这一系列成果的出版，不仅填补了吉安在生物多样性科学考察领域的空白，更为进一步认识罗霄山脉潜在的科学、文化、生态和自然遗产价值，以及开展生物资源保护和生态可持续利用提供了重要的科学依据。成果来之不易，饱含着全体科考和编写人员的辛勤汗水与巨大付出。在第三次科考的5年里，各专题组成员不惧高山险阻，不畏酷暑严寒，走遍了罗霄山脉的山山水水，这种严谨细致的态度、求真务实的精神、吃苦奉献的作风，是井冈山精神在新时代科研工作者身上的具体体现，令人钦佩，值得学习。

　　罗霄山脉是吉安生物资源、生态环境建设的一个缩影。近年来，我们深入学习贯彻习近平生态文明思想，努力在打造美丽中国"江西样板"上走在前列，全面落实"河长制""湖长制"，全域推开"林长制"，着力推进生态建养、山体修复，加大环保治理力度，坚决打好"蓝天、碧水、净土"保卫战，努力打造空气清新、河水清澈、大地清洁的美好家园。全市地表水优良率达100%，空气质量常年保持在国家二级标准以上。

　　当前，吉安正在深入学习贯彻习近平总书记考察江西时的重要讲话精神，以更高标准推进打造美丽中国"江西样板"。我们将牢记习近平总书记的殷切嘱托，不忘初心、牢记使命，积极融入江西省国家生态文明试验区建设的大局，深入推进生态保护与建设，厚植生态优势，发展绿色经济，做活山水文章，繁荣绿色文化，筑牢生态屏障，努力谱写好建设美丽中国、走向生态文明新时代的吉安篇章。

　　是为序。

胡世忠

胡世忠
江西省人大常委会副主任、吉安市委书记
2019年5月30日

序 二

　　罗霄山脉地区是一个多少被科学界忽略的区域，在《中国地理图集》上也较少被作为一个亚地理区标明其独特的自然地理特征、生物区系特征。虽然1982年开始了井冈山自然保护区科学考察，但在后来的20多年里该地区并没有受到足够的关注。胡秀英女士于1980年发表了水杉植物区系研究一文，把华中至华东地区均看作第三纪生物避难所，但东部被关注的重点主要是武夷山脉、南岭山脉以及台湾山脉。罗霄山脉多少被选择性地遗忘了，只是到了最近20多年，研究人员才又陆续进行了关于群落生态学、生物分类学、自然保护管理等专题的研究，建立了多个自然保护区。自2010年起，在江西省林业局、吉安市林业局、井冈山管理局的大力支持下，在2013～2018年国家科技基础性工作专项的资助下，项目组开始了罗霄山脉地区生物多样性的研究。

　　作为中国大陆东部季风区一座呈南北走向的大型山脉，罗霄山脉在地质构造上处于江南板块与华南板块的结合部，是由褶皱造山与断块隆升形成的复杂山脉，出露有寒武纪、奥陶纪、志留纪、泥盆纪等时期以来发育的各类完整而古老的地层，记录了华南板块6亿年以来的地质史。罗霄山脉自北至南又由5条东北—西南走向的中型山脉组成，包括幕阜山脉、九岭山脉、武功山脉、万洋山脉、诸广山脉。罗霄山脉是湘江流域、赣江流域的分水岭，是中国两大淡水湖泊——鄱阳湖、洞庭湖的上游水源地。整体上，罗霄山脉南部与南岭垂直相连，向北延伸。据统计，罗霄山脉全境包括67处国家级、省级、市县级自然保护区，34处国家森林公园、风景名胜区、地质公园，以及其他数十处建立保护地的独立自然山体等。

　　罗霄山脉地区生物多样性综合科学考察较全面地总结了多年来的调查数据，取得了丰硕成果，共发表SCI论文140篇、中文核心期刊论文102篇，发表或发现生物新种118个，撰写专著13部，全面地展示了中国大陆东部生物多样性的科学价值、自然遗产价值。

　　其一，明确了在地质构造上罗霄山脉南北部属于不同的地质构造单元，北部为扬子板块，南部为加里东褶皱带，具备不同的岩性、不同的演化历史，目前绝大部分已进入地貌发展的壮年期，6亿年以来亦从未被海水全部淹没，从而使得生物区系得以繁衍和发展。

　　其二，罗霄山脉是中国大陆东部的核心区域、生物博物馆，具有极高的生物多样性。罗霄山脉高等植物共有325科1511属5720种，是亚洲大陆东部冰期物种自北向南迁移的生物避难所，也是间冰期物种自南向北重新扩张等历史演化过程的策源地；具有全球集中分布的裸子植物区系，包括银杉属、银杏属、穗花杉属、白豆杉属等共21属（隶属于6科，包括32种），以及较典型的针叶树垂直带谱，如穗花杉、南方铁杉、资源冷杉、白豆杉、银杉、宽叶粗榧等均形成优势群落。罗霄山脉是原始被子植物——金缕梅科（含蕈树科）的分布中心，共有12属20种，包括牛鼻栓属、金缕梅属、双花木属、马蹄荷属、枫香属、蕈树属、半枫荷属、桎木属、秀柱花属、蚊母树属、蜡瓣花属、水丝梨属；也是亚洲大陆东部杜鹃花科植物的次生演化中心，共有9属64种，约占华东五省一市杜鹃花科种数（81种）的79.0%。同时，与邻近植物区系的比较研究表明，罗霄山脉北段的九岭山脉、幕阜山脉与长江以北的大别山脉更为相似，在区划上组成华东亚省，中南段的武功山脉、万洋山脉、诸广山脉与南岭山脉相似，在区划上组成华南亚省。

其三，罗霄山脉脊椎动物（鱼类、两栖类、爬行类、鸟类、哺乳类）非常丰富，共记录有132科660种，两栖类、爬行类尤其典型，存在大量隐性分化的新种，此次科考发现两栖类新种13个。罗霄山脉是亚洲大陆东部哺乳类的原始中心、冰期避难所。动物区系分析表明，两栖类在罗霄山脉中段武功山脉的过渡性质明显，中南段的武功山脉、万洋山脉、诸广山脉属于同一地理单元，北段幕阜山脉、九岭山脉属于另一个地理单元，与地理上将南部作为狭义罗霄山脉的定义相吻合。

其四，针对5条中型山脉，完成植被样地调查788片，总面积约58.8万m²，较完整地构建了罗霄山脉植被分类系统，天然林可划分为12个植被型86个群系172个群丛组。指出了罗霄山脉地区典型的超地带性群落——沟谷季风常绿阔叶林为典型南亚热带侵入的顶极群落，有时又称为季雨林（monsoon rainforest）或亚热带雨林[①]，以大果马蹄荷群落、鹿角锥-观光木群落、乐昌含笑-钩锥群落、鹿角锥-甜槠群落、蕈树类群落、小果山龙眼群落等为代表。

毫无疑问，罗霄山脉地区是亚洲大陆东部最为重要的物种栖息地之一。罗霄山脉、武夷山脉、南岭山脉构成了东部三角弧，与横断山脉、峨眉山、神农架所构成的西部三角弧相对应，均为生物多样性的热点区域，而东部三角弧似乎更加古老和原始。

秉系列专著付梓之际，乐为之序。

王伯荪
2019年6月25日

---

① Wang B S. 1987. Discussion of the level regionalization of monsoon forests. Acta Phytoecologica et Geobotanica Sinica, 11(2): 154-158.

前 言

罗霄山脉位于中国大陆东部，是一条呈南北走向的大型山脉，由五列呈东北—西南走向的中型山脉组成，自北至南为幕阜山脉、九岭山脉、武功山脉、万洋山脉、诸广山脉，地理位置为北纬25° 36′～29° 45′，东经112° 57′～116° 05′，跨江西、湖南、湖北三省，涵盖14个地级市55个县（市），南北长约516km，东西宽175～285km，总面积约6.76万km²，北部抵长江南岸，南部至南岭山脉北缘；主峰在南风面（2122m，江西省境内）、酃峰（2115m，湖南省境内）。罗霄山脉是湘江流域、赣江流域的分水岭，是中国两个最大的淡水湖泊——鄱阳湖和洞庭湖上游水源地。罗霄山脉生态环境优越，含各类自然保护地约100处，保存和孕育了丰富的生物多样性。在地质构造上，罗霄山脉处于杨子板块与华南板块的接合部，是由褶皱造山与断块隆升形成的复杂山脉，出露有寒武纪、奥陶纪、志留纪、泥盆纪等时期以来发育的各类完整而古老的地层。罗霄山脉南段的诸广山脉、万洋山脉、武功山脉，与北段的九岭山脉、幕阜山脉，属于两个不同的地质构造单元。罗霄山脉在经历了各时期复杂的地质运动，以及第四纪的冰期影响后，形成了如今复杂多样的地貌景观，丰富多彩的区域气候环境，为生物多样性的繁衍提供了良好的物质基础。

罗霄山脉地区地处中亚热带季风湿润气候区，区内年均降水量1400～2100mm，南北稍有差异，年均气温在14～17℃，年均蒸发量为978.8～1053.3mm。在夏季截留来自东南向的海洋暖气流，形成大量降水，在冬季阻挡西北向的南下寒潮，并带来丰厚雪水。优越的气候条件，以及复杂丰富的植被类型，使得境内具有丰富的土壤类型多样化，如各类典型的红壤、红黄壤、黄壤、黄棕壤、草甸土、沼泽土等，土壤理化性质存在明显的垂直空间异质性和水平空间异质性。土壤多呈酸性，pH平均值为4.58～4.78，尤以诸广山脉的土壤酸性最强，次之为万洋山脉、幕阜山脉、九岭山脉和武功山脉。土壤有机质含量丰富，平均值为15.28～59.83g/kg，最大值达185.82g/kg。土壤有机质含量由大到小依次为：高山草丛＞灌木林＞阔叶林＞针阔混交林＞竹林＞针叶林。高山草丛的全氮、全磷、碱解氮等养分的含量也最为丰富，但全钾含量在所有植被类型中最低。

罗霄山脉地区植被类型丰富多样，保存有较完整的中亚热带山地植被系统，计有4个植被型组，12个植被型，86个群系和172个群丛组。山地植被垂直地带性明显，自低海拔向高海拔依次为沟谷季雨林、常绿阔叶林、常绿落叶阔叶混交林、落叶阔叶林、针阔叶混交林、常绿针叶林、常绿阔叶灌丛或落叶阔叶灌丛、竹丛、疏灌草坡、山顶草坡，以及隐性的水生植被。其中，保存有超地带性群落——南亚热带沟谷季风常绿阔叶林或季雨林，以大果马蹄荷、鹿角锥-观光木、蕈树类、小果山龙眼等优势种。还有由孑遗种或珍稀濒危种所构成的优势群落，如杉木林、穗花杉林、铁杉林、长苞铁杉林、银杉林、南方红豆杉林、福建柏林、资源冷杉林、瘿椒树林、香果树林、青钱柳林、紫茎林等，包含约58个群丛组。

　　罗霄山脉是"华中、华东、华南生物区系"的交汇区，是亚洲东部冰期最重要的生物避难所之一，保存有丰富的中国特有种、子遗种、珍稀濒危重点保护植物等。例如，著名的活化石或子遗种有银杉、银杏、资源冷杉、金钱松、水松、鹅掌楸、杜仲、连香树、长柄双花木等。罗霄山脉既是生物区系的南北通道，也是东西汇聚地，是两栖、爬行类动物保存和分化的重要栖息地，是鸟类南北迁徙、东西扩散的中转站和重要通道以及国际重要鸟区。最新统计表明，罗霄山脉有野生维管植物211科1187属4023种，野生苔藓植物97科282属883种；大型真菌81科235属670种；六足动物22目276科3666种；陆生脊椎动物35目132科660种。

　　《罗霄山脉维管植物图鉴》（以下简称《图鉴》）是《罗霄山脉维管植物多样性编目》（以下简称《编目》）的姐妹篇。参与《图鉴》编撰的各专题组拍摄野外照片每组有3万～4万张，总计20多万张，本次共精选高清照片7000多张，计有野生种211科1187属4007种，以及种下等级28亚种257变种，另收录栽培种276种12变种，含科考期间发表的10多个新种，以及100多个江西、湖南、湖北省省级新记录种。在排除异名、存疑种、误定种后，野生种除15种6变种外均收集有照片。《图鉴》的属种分类概念除参考*Flora of China*外，许多类群也参考了新的修订。编排采用新的分子系统，即蕨类植物按PPG I系统（2016），裸子植物按GPG系统（2011），被子植物按APG IV系统（2016）。《图鉴》针对《编目》收录的植物种进行了全面、细致的活体植物照片鉴定和学名订正（见附录1）。

　　《罗霄山脉维管植物图鉴》是国家科技基础性工作专项"罗霄山脉地区生物多样性综合科学考察（2013FY111500）"项目的主要成果之一。《图鉴》主要由中山大学、中国科学院华南植物园、首都师范大学、中国科学院庐山植物园、湖南大学、吉首大学6家单位组成的专题组完成，合作单位有吉安市林业局、吉安林业科学研究所等。期间，各家高校和研究机构共有百余名本科生、研究生参加了野外标本采集和照片拍摄，并且得到了江西省、湖南省、湖北省各地方政府和自然保护地领导、技术人员和护林员等的大力支持。

　　罗霄山脉地区面积较大，在一个考察周期内收集全部物种及照片是比较困难的。好在各专题组在罗霄山脉都有良好的工作基础；同时也得到了许多植物学、生态学专业人士、自然爱好者的大力支持，如刘冰、刘军、陈彬、喻勋林、张忠、朱鑫鑫、徐永福、陈炳华、陈又生、陈再雄、李光敏、朱仁斌、叶喜阳、徐晔春、吴棣飞、周繇、刘兴剑、薛凯、刘昂等，他们提供了大量的野外照片（见附录2），使得书稿收录比较完备。为了保证《图鉴》的质量，我们邀请了多位专家进行了审阅。蕨类植物部分由中国科学院植物研究所张宪春研究员进行了主审，赣南师范大学李中阳副教授、南京林业大学许可旺副教授、深圳市兰科植物保护研究中心严岳鸿研究员等也提供了许多修改意见。种子植物部分由中国科学院植物研究所刘冰副研究员、西北农林科技大学植物标本馆吴振海高工、浙江大学图书馆刘军馆员等进行了审阅，提供了许多修改意见。项目组的几位青年专家赵万义、刘忠成、张代贵、彭焱松等在后期编撰过程中，也应要求反复地进行照片核实、补充和订正。多位专业人士或爱好者，如朱鑫鑫、唐明、周建军、王晓兰、钟平生等也提供了修改意见。

　　在此，谨对各承担单位、合作单位、协助单位、审稿人以及其他给予帮助的相关人员，致以崇高的敬意和诚挚的谢意。

全体编者
2023年12月30日

目 录

第 **1** 章

蕨类植物

Class I 石松纲 Lycopodiopsida
Order 1 石松目 Lycopodiales

P1 石松科 Lycopodiaceae

扁枝石松
Diphasiastrum complanatum (L.) Holub

长柄石杉
Huperzia javanica (Sw.) C. Y. Yang

昆明石杉
Huperzia kunmingensis Ching

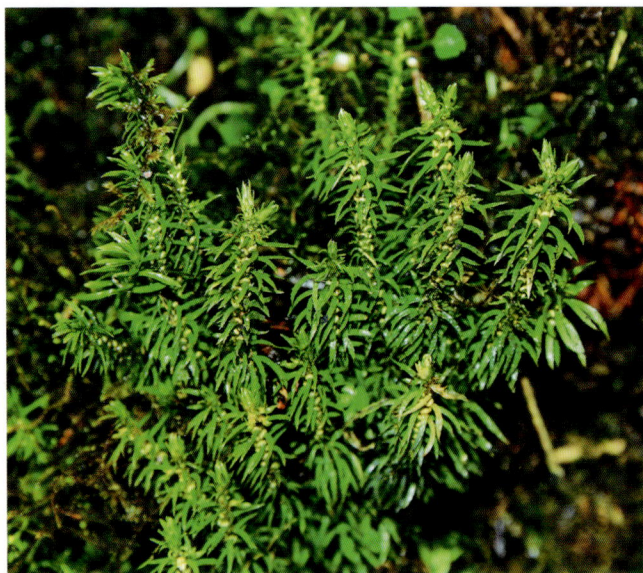

金发石杉
Huperzia quasipolytrichoides (Hay.) Ching

直叶金发石杉
Huperzia quasipolytrichoides* var. *rectifolia
(J. F. Cheng) H. S. Kung et L. B. Zhang

四川石杉
Huperzia sutchueniana (Hert.) Ching

藤石松　*Lycopodiastrum casuarinoides* (Spring) Holub ex Dixit

石松
Lycopodium japonicum Thunb. ex Murray

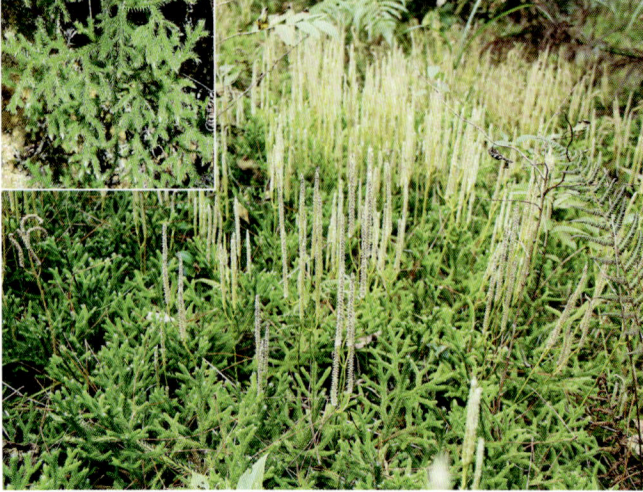

玉柏 ***Lycopodium obscurum*** L.
[笔直石松 *Lycopodium obscurum* form. *strictum* (Milde) Nakai ex Hara]

垂穗石松
Palhinhaea cernua (L.) Vasc. et Franco

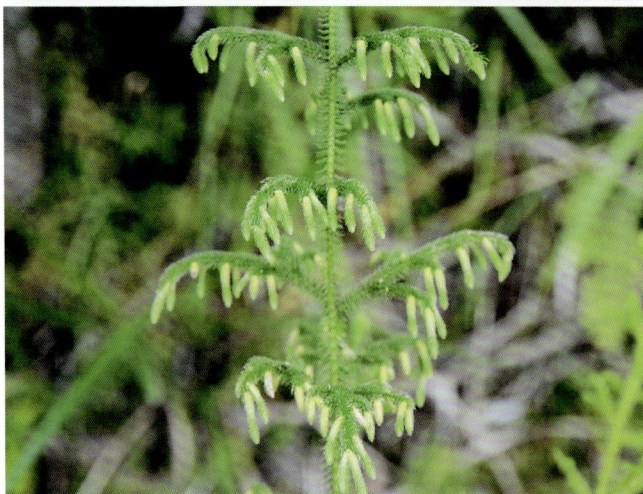

福氏马尾杉
Phlegmariurus fordii (Baker) Ching

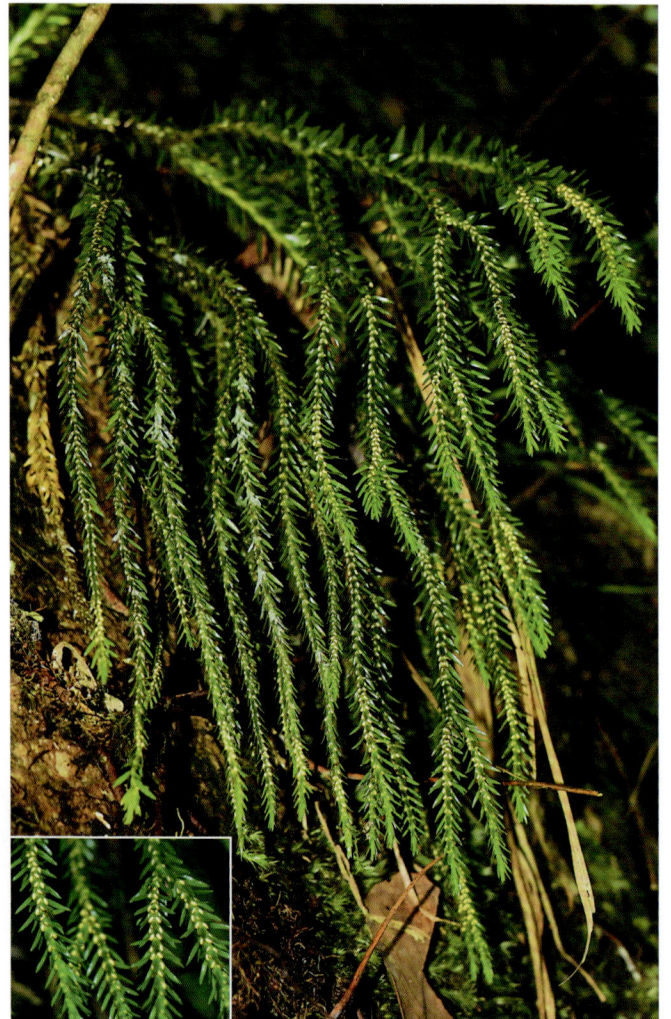

闽浙马尾杉 *Phlegmariurus mingjoui* X. C. Zhang
[*Phlegmariurus mingcheensis* Ching]

有柄马尾杉 *Phlegmariurus petiolatus* (C. B. Clarke) C. Y. Yang
[华南马尾杉 *Phlegmariurus austrosinicus* (Ching) L. B. Zhang]

Order 3　卷柏目 Selaginellales

P3　卷柏科 Selaginellaceae

薄叶卷柏 *Selaginella delicatula* (Desv.) Alston

深绿卷柏 *Selaginella doederleinii* Hieron.

疏松卷柏 *Selaginella effusa* Alston

异穗卷柏 *Selaginella heterostachys* Baker

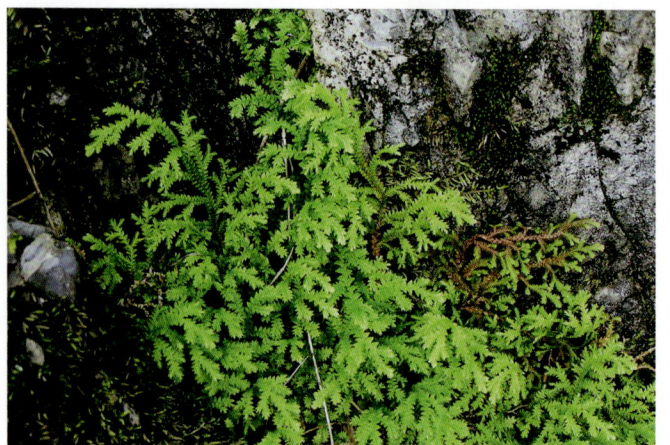

兖州卷柏 *Selaginella involvens* (Sw.) Spring

* 小翠云 *Selaginella kraussiana* A. Braun

细叶卷柏 *Selaginella labordei* Heron. ex Christ

耳基卷柏 *Selaginella limbata* Alston

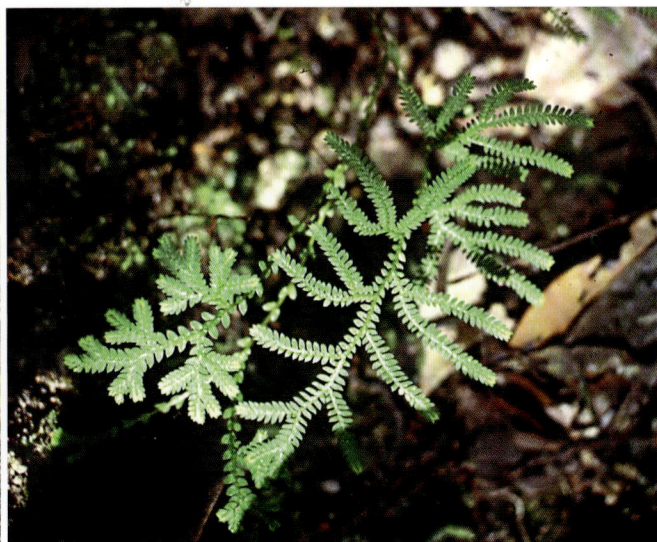

注：标"*"的为栽培种，后同。

江南卷柏
Selaginella moellendorffii Hieron.

东方卷柏 *Selaginella orientali-chinensis*
Ching et C. F. Zhang ex Hao Wei Wang et W. B. Liao

伏地卷柏
Selaginella nipponica Franch. et Sav.

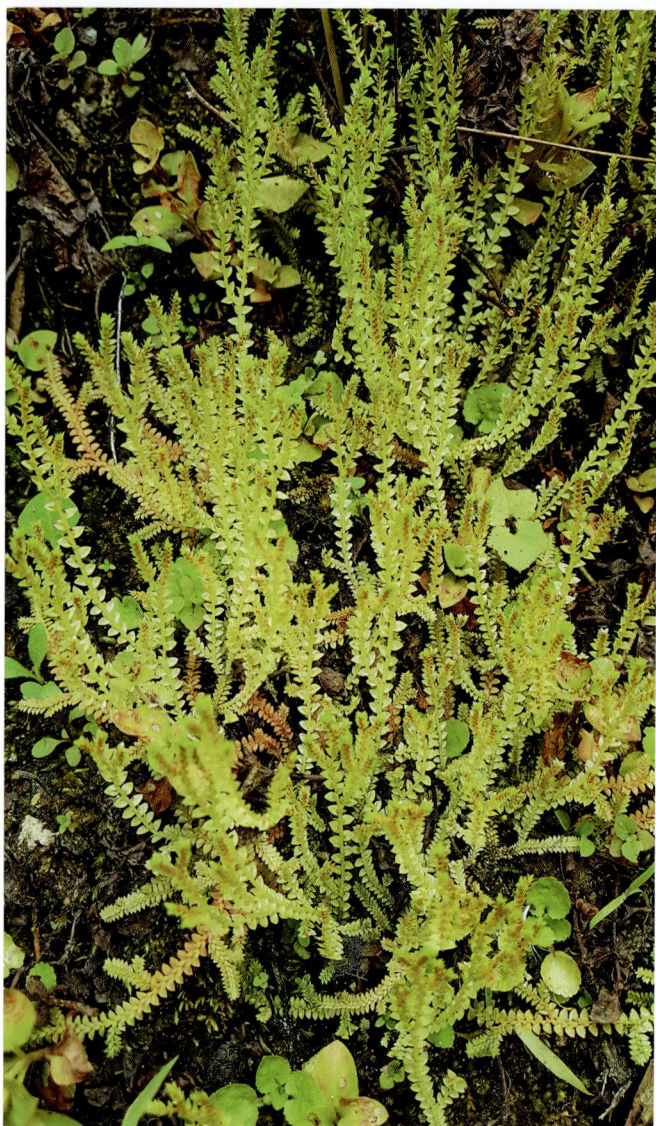

地卷柏 *Selaginella prostrata* H. S. Kung

卷柏 *Selaginella tamariscina* (P. Beauv.) Spring

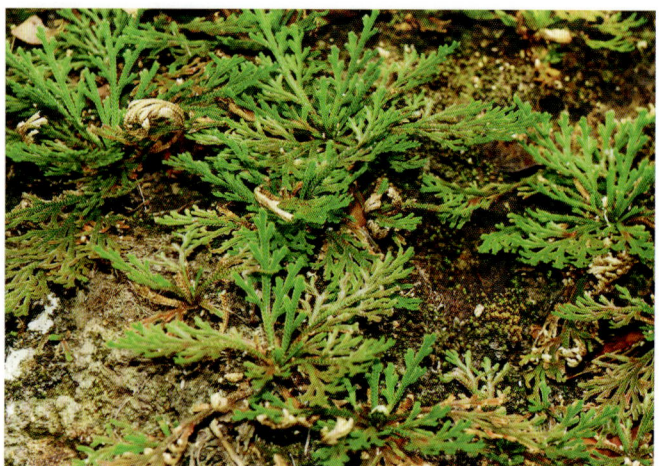

毛枝卷柏
Selaginella trichoclada Alston

翠云草　*Selaginella uncinata* (Desv.) Spring

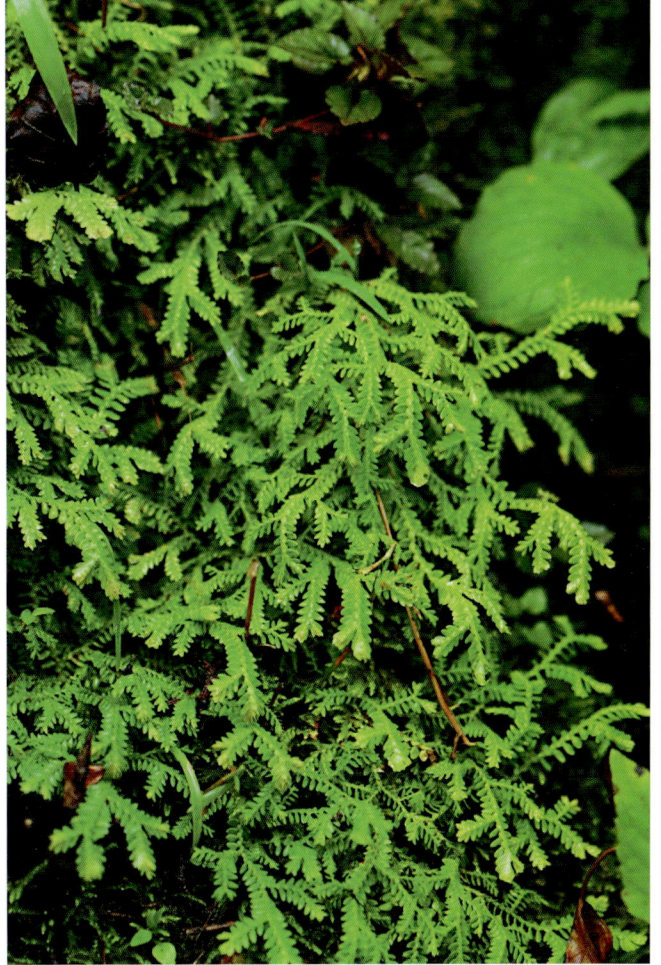

剑叶卷柏
Selaginella xipholepis Baker

疏叶卷柏
Selaginella remotifolia Spring

Class II 水龙骨纲 Polypodiopsida

Order 4 木贼目 Equisetales

P4 木贼科 Equisetaceae

问荆 *Equisetum arvense* L.

木贼 *Equisetum hyemale* L.

节节草 *Equisetum ramosissimum* Desf.

笔管草 *Equisetum ramosissimum* **subsp.** *debile* (Roxb. ex Vauch.) Hauke

Order 5　松叶蕨目 **Psilotales**

P5　松叶蕨科 Psilotaceae

松叶蕨 *Psilotum nudum* (L.) Beauv.

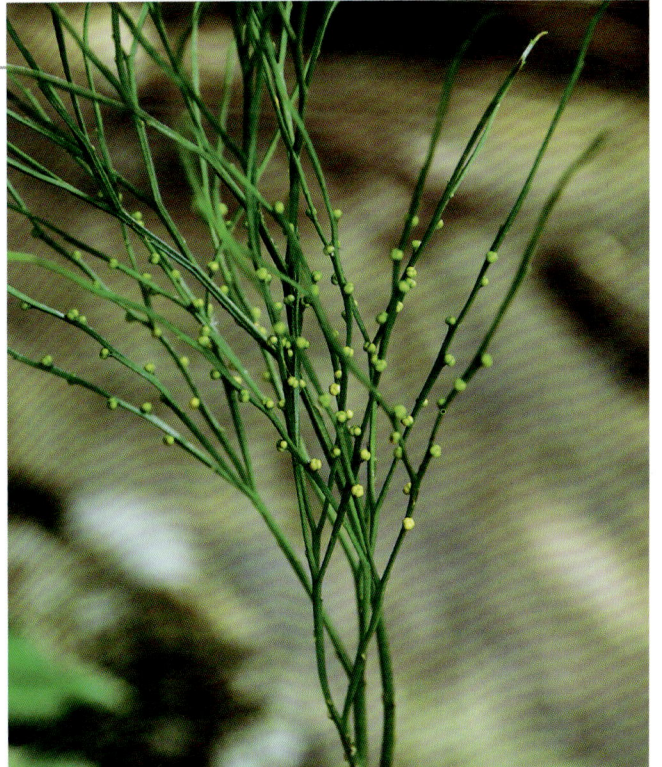

Order 6 瓶尔小草目 Ophioglossales

P6 瓶尔小草科 Ophioglossaceae

薄叶阴地蕨 *Botrychium daucifolium* Wall.

阴地蕨 *Botrychium ternatum* (Thunb.) Sw.

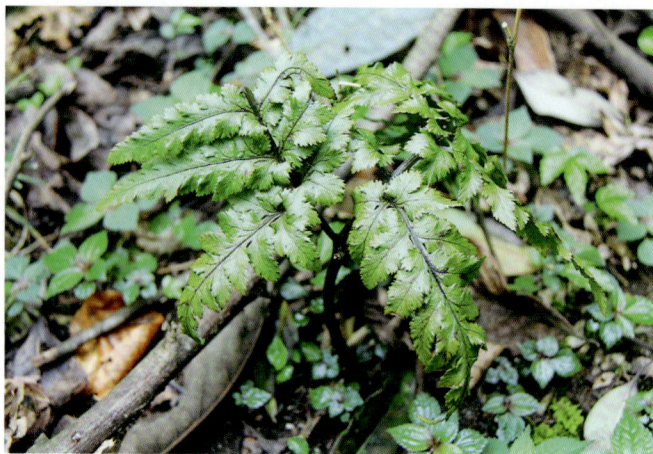

华东阴地蕨
Botrychium japonicum (Prantl) Underw.

心脏叶瓶尔小草
Ophioglossum reticulatum L.

瓶尔小草
Ophioglossum vulgatum L.

狭叶瓶尔小草
Ophioglossum thermale Kom.

Order 7 合囊蕨目 Marattiales

P7 合囊蕨科 Marattiaceae

福建观音座莲 *Angiopteris fokiensis* Hieron.

Order 8　紫萁目 Osmundales

P8　紫萁科 Osmundaceae

粗齿紫萁
Osmunda banksiifolia (Presl) Kuhn

紫萁
Osmunda japonica Thunb.

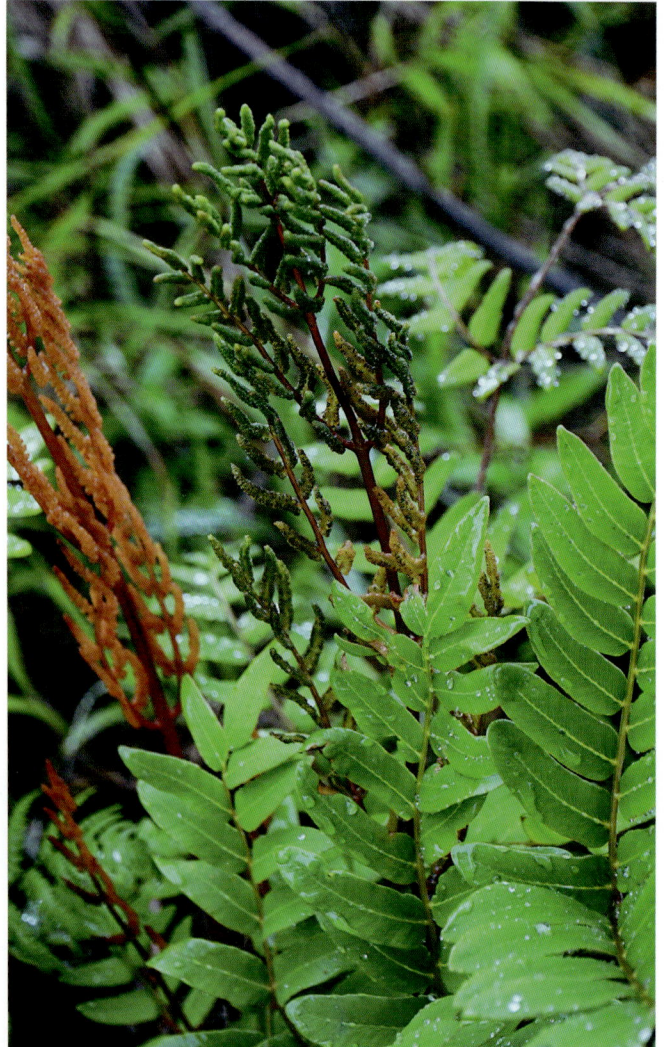

粤紫萁 ***Osmunda* × *milderi*** C. Chr.

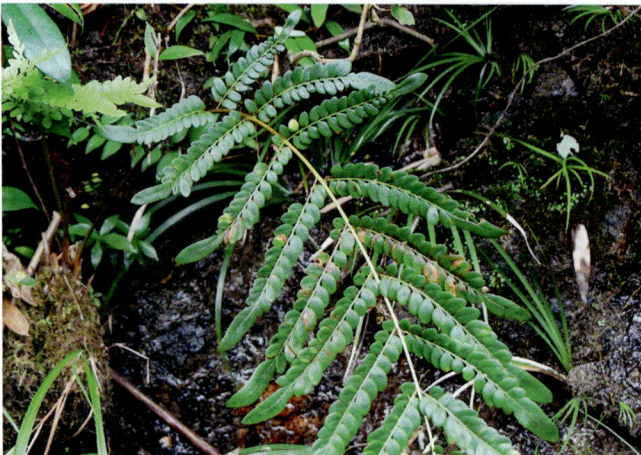

华南紫萁 *Osmunda vachellii* Hook.

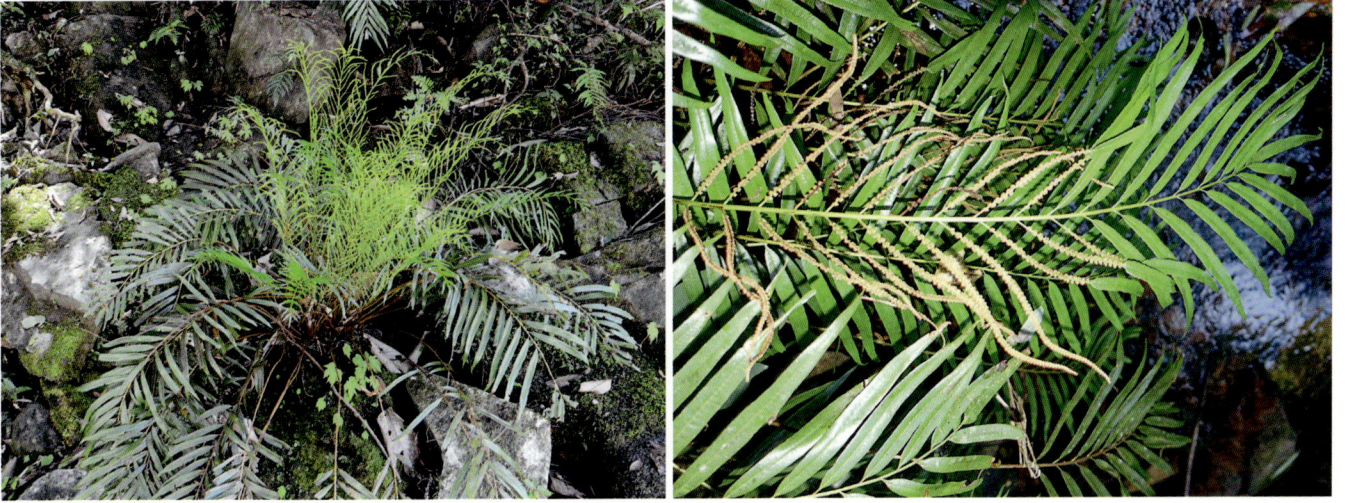

桂皮紫萁 *Osmundastrum cinnamomeum* (L.) C. Presl

[*Osmunda cinnamomea* L.]

Order 9 膜蕨目 Hymenophyllales

P9 膜蕨科 Hymenophyllaceae

翅柄假脉蕨
Crepidomanes latealatum (Bosch) Copel.
[多脉假脉蕨 *Crepidomanes insigne* (Bosch) Fu;
长柄假脉蕨 *Crepidomanes racemulosum* (Bosch) Ching]

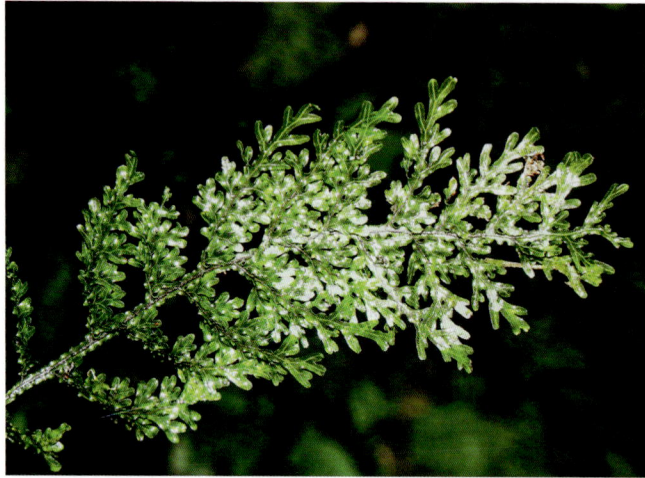

团扇蕨
Crepidomanes minutum (Blume) K. Iwats.
[*Gonocormus minutus* (Bl.) v. D. B. Hymen.;
Gonocormus matthewii (Christ) Ching]

蕗蕨 ***Hymenophyllum badium*** Hook. et Grev. [*Mecodium badium* (Hook. et Grev.) Cop.]

华东膜蕨
Hymenophyllum barbatum (Bosch) Baker
[*Hymenophyllum khasyanum* Hook. et Baker]

长柄蕗蕨
Hymenophyllum polyanthos (Sw.) Sw.
[*Mecodium polyanthos* (Sw.) Copel.]

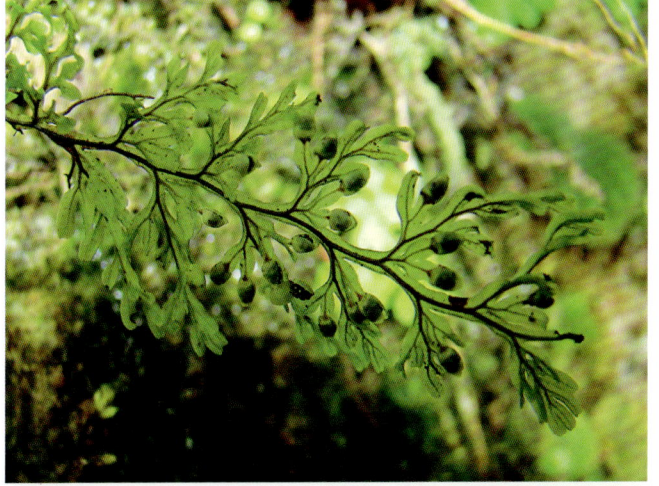

瓶蕨 *Vandenboschia auriculata* (Bl.) Cop.

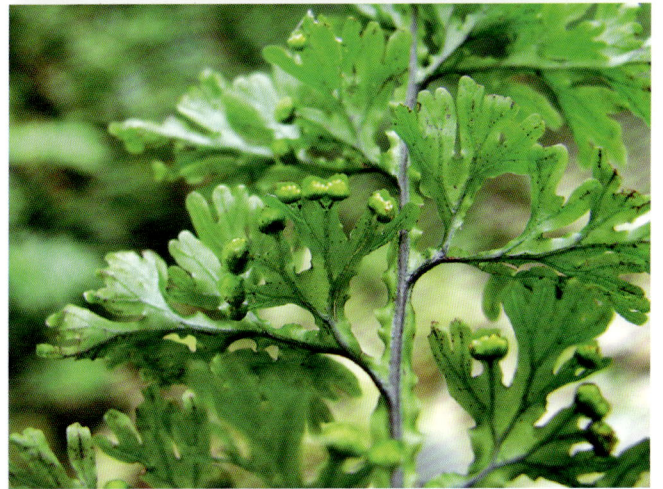

管苞瓶蕨
Vandenboschia birmanica (Bedd.) Ching

华东瓶蕨
Vandenboschia orientalis (C. Chr.) Ching

南海瓶蕨
Vandenboschia radicans (Sw.) Cop.

Order 10　里白目 Gleicheniales

P12　里白科 Gleicheniaceae

芒萁 *Dicranopteris pedata* (Houtt.) Nakaike

中华里白 *Diplopterygium chinense* (Ros.) De Vol.

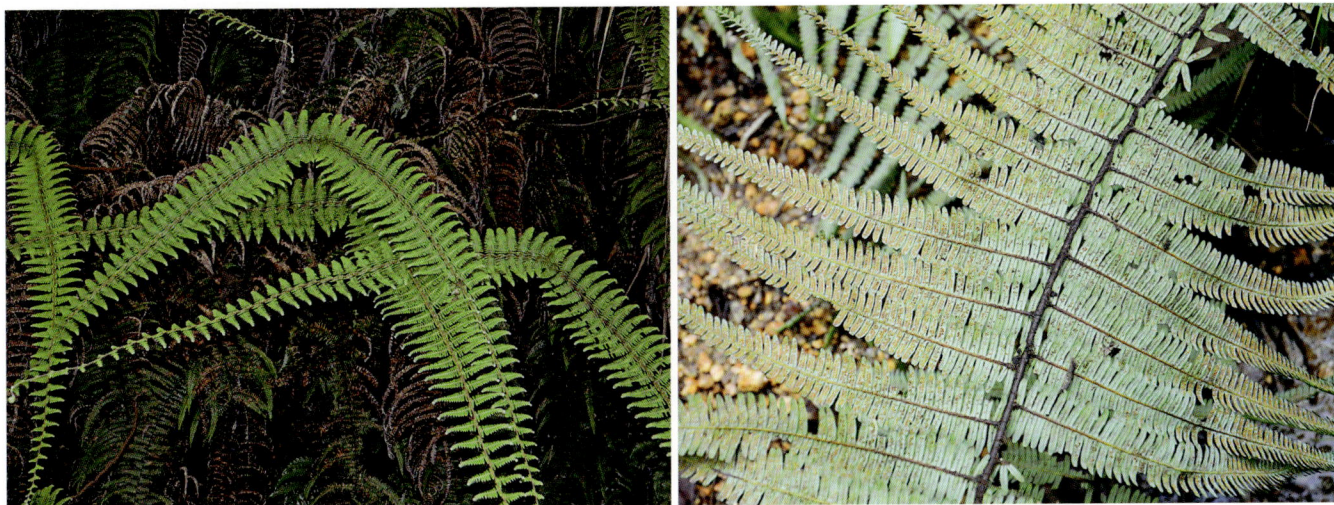

里白 *Diplopterygium glaucum* (Thunb. ex Houtt.) Nakai

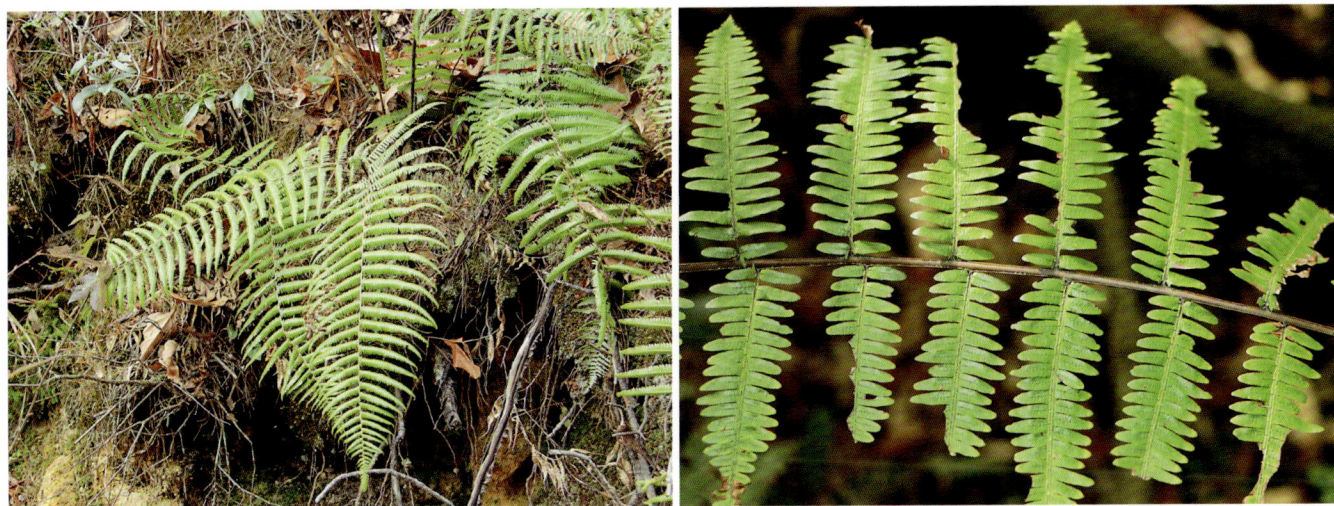

光里白 *Diplopterygium laevissimum* (Christ) Nakai

Order 11　莎草蕨目 Schizaeales

P13　海金沙科 Lygodiaceae

海金沙 *Lygodium japonicum* (Thunb.) Sw.

小叶海金沙 *Lygodium microphyllum* (Cav.) R. Br.

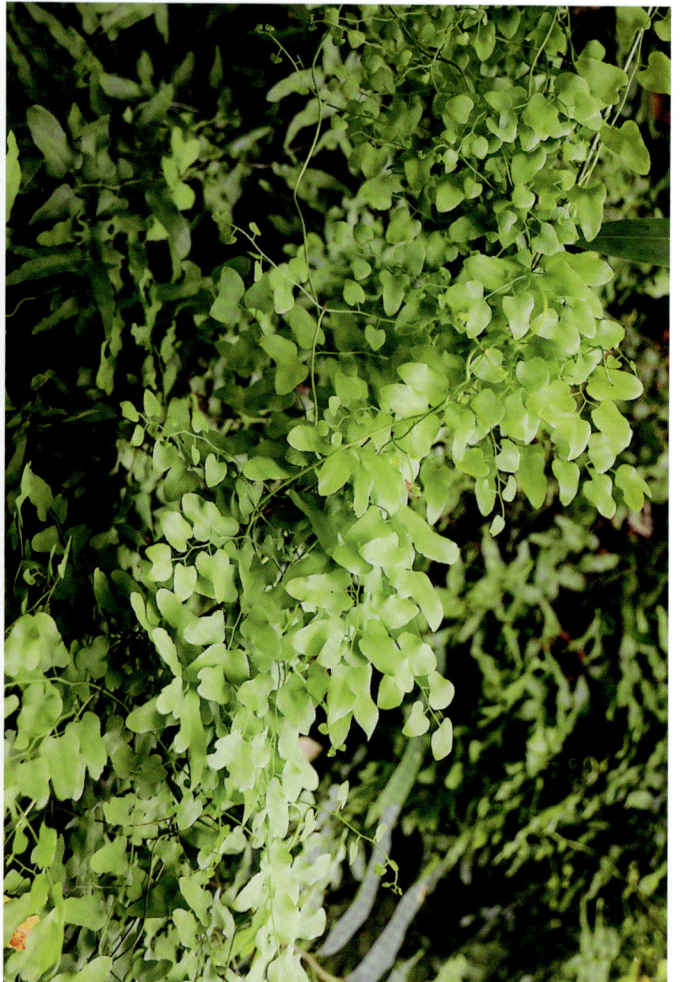

Order 12　槐叶蘋目　Salviniales

P16　槐叶蘋科　Salviniaceae

满江红 *Azolla pinnata* **subsp.** *asiatica* R. M. K. Saunders et K. Fowler

槐叶蘋 *Salvinia natans* (L.) All.

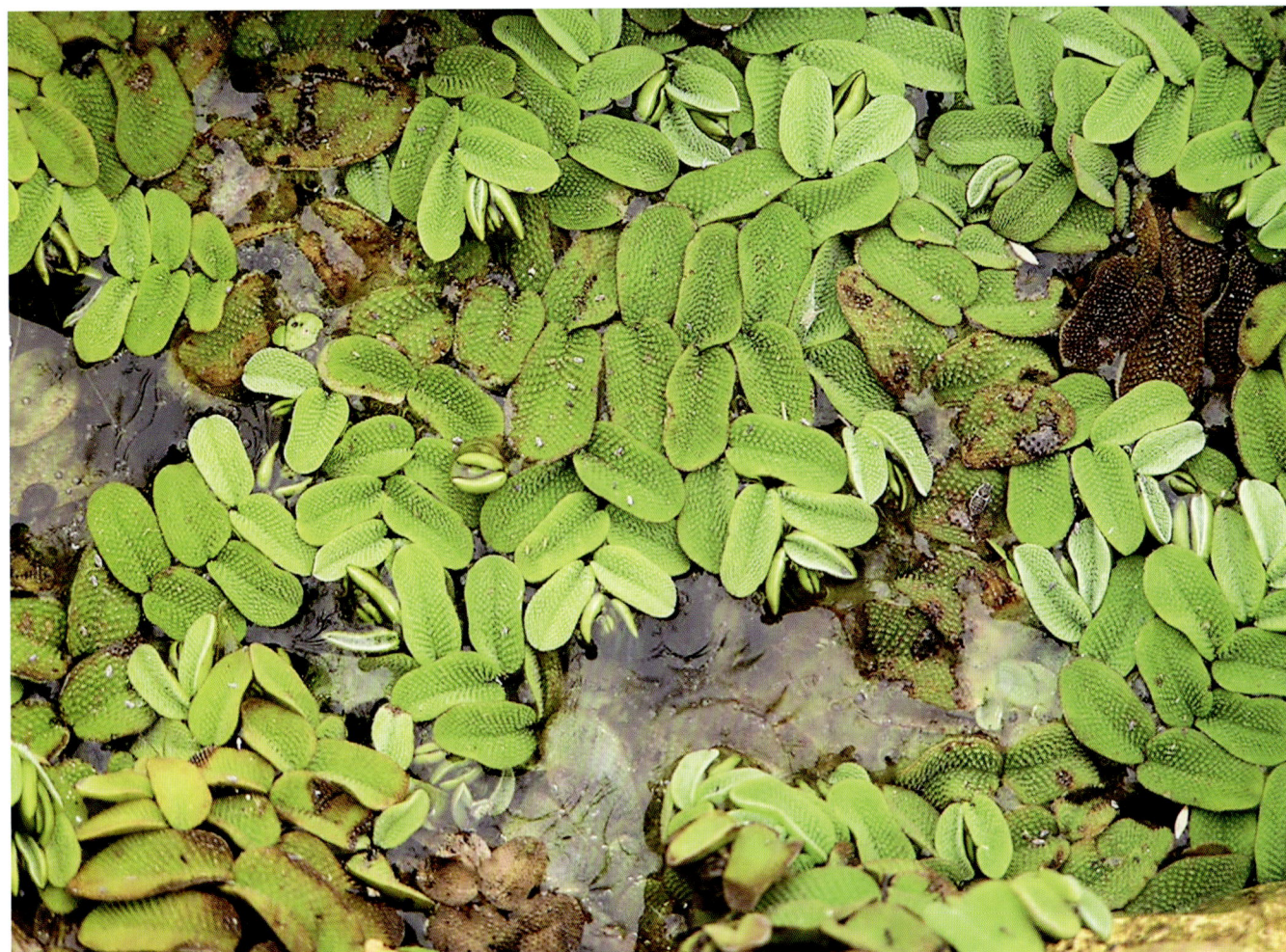

P17 蘋科 Marsileaceae

南国田字草 *Marsilea crenata* C. Presl

蘋 *Marsilea quadrifolia* L.

Order 13 桫椤目 Cyatheales

P21 瘤足蕨科 Plagiogyriaceae

瘤足蕨 *Plagiogyria adnata* (Bl.) Bedd.
[*Plagiogyria distinctissima* Ching]

华中瘤足蕨 *Plagiogyria euphlebia* Mett.

镰羽瘤足蕨 *Plagiogyria falcata* Copeland

华东瘤足蕨 *Plagiogyria japonica* Nakai

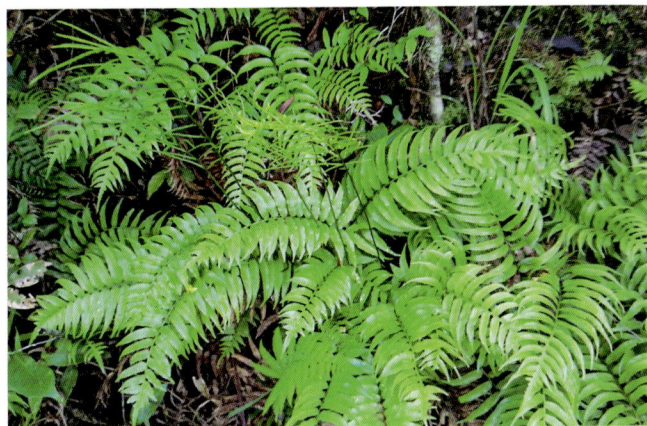

P22　金毛狗科 Cibotiaceae

金毛狗 *Cibotium barometz* (L.) J. Sm.

P25　桫椤科 Cyatheaceae

粗齿桫椤 *Alsophila denticulata* Baker

小黑桫椤 *Alsophila metteniana* Hance

Order 14　水龙骨目 Polypodiales

P29　鳞始蕨科 Lindsaeaceae

团叶鳞始蕨
Lindsaea orbiculata (Lam.) Mett. ex Kuhn

乌蕨
Odontosoria chinensis (L.) J. Smith

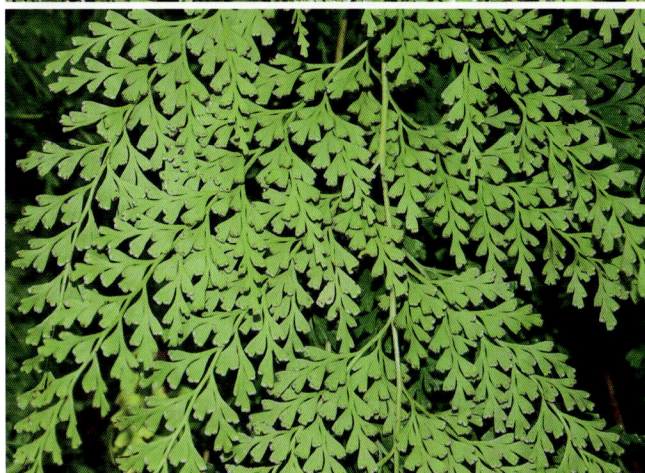

香鳞始蕨 *Osmolindsaea odorata* (Roxburgh) Lehtonen et Christenh.
[*Lindsaea odorata* Roxb.]

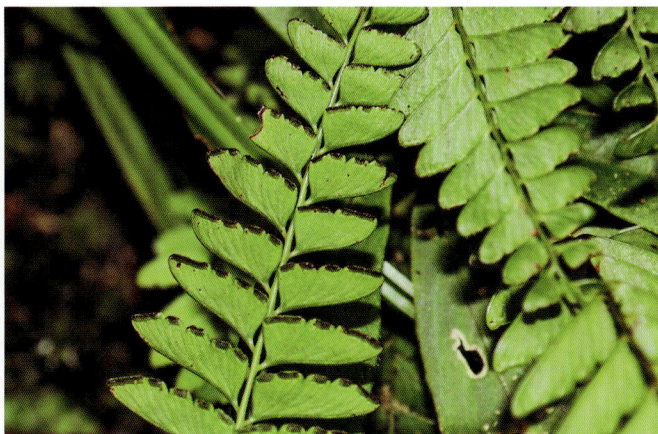

P30 凤尾蕨科 Pteridaceae

铁线蕨 *Adiantum capillus-veneris* L.

扇叶铁线蕨 *Adiantum flabellulatum* L.

仙霞铁线蕨 *Adiantum juxtapositum* Ching

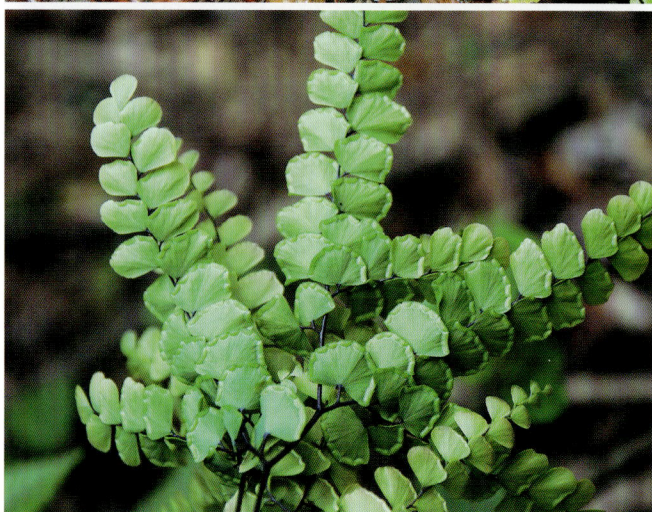

多鳞粉背蕨 *Aleuritopteris anceps* (Blanford) Panigrahi

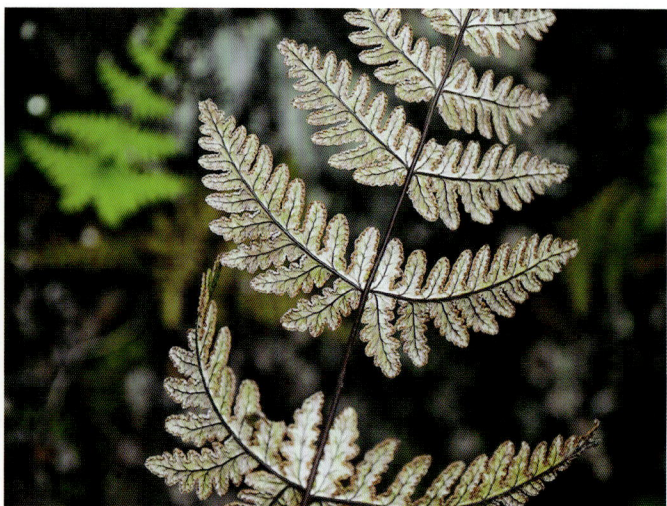

银粉背蕨
Aleuritopteris argentea (Gmel.) Fee

长柄车前蕨 *Antrophyum obovatum* Bak.

陕西粉背蕨 *Aleuritopteris argentea* var. *obscura* (Christ) Ching

[*Aleuritopteris shensiensis* Ching]

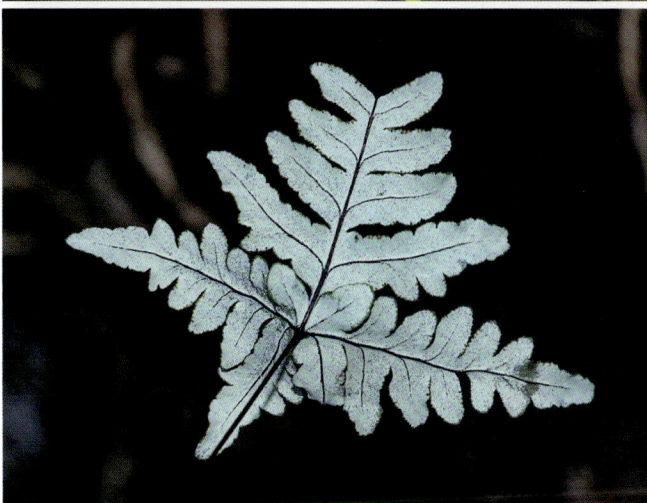

粗梗水蕨
Ceratopteris pteridoides (Hook.) Hieron.

水蕨
Ceratopteris thalictroides (L.) Brongn.

中华隐囊蕨
Cheilanthes chinensis (Baker) Domin

毛轴碎米蕨 *Cheilanthes chusana* Hook.
[Cheilosoria chusana (Hook.) Ching et Shing]

碎米蕨 *Cheilanthes opposita* Kaulf.
[Cheilosoria mysurensis (Wall. ex Hook.) Ching et Shing]

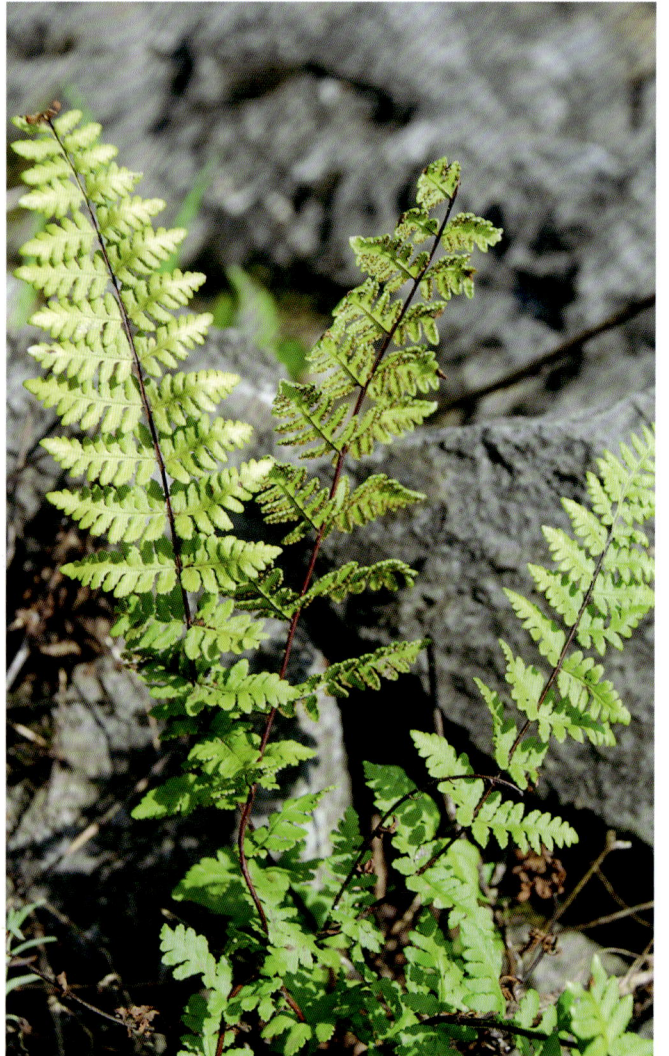

隐囊蕨
Cheilanthes nudiuscula (R. Br.) T. Moore

峨眉凤了蕨
Coniogramme emeiensis Ching et Shing

普通凤了蕨
Coniogramme intermedia Hieron

凤了蕨
Coniogramme japonica
(Thunb.) Diels

井冈山凤了蕨 *Coniogramme jinggangshanensis* Ching et Shing

黑轴凤了蕨 *Coniogramme robusta* Christ

疏网凤了蕨 *Coniogramme wilsonii* Ching et Shing

华中书带蕨 *Haplopteris centrochinensis* (Ching ex J. F. Cheng) Y. H. Yan, Z. Y. Wei et X. C. Zhang

书带蕨 *Haplopteris flexuosa* (Fée) E. H. Crane

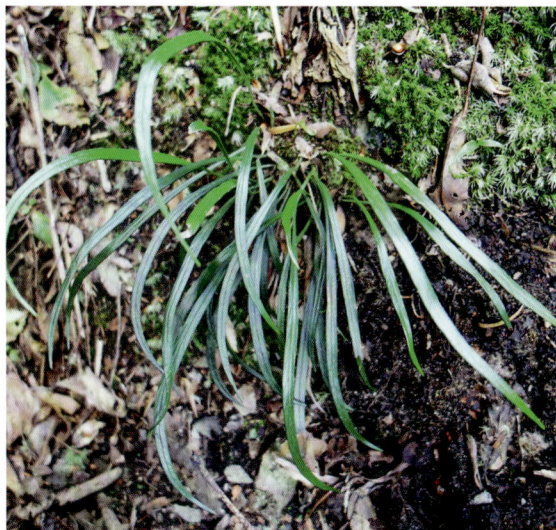

平肋书带蕨
Haplopteris fudzinoi (Makino) E. H. Crane

野雉尾金粉蕨 *Onychium japonicum* (Thunb.) Kunze

粟柄金粉蕨 *Onychium japonicum* **var.** *lucidum* (Don) Christ

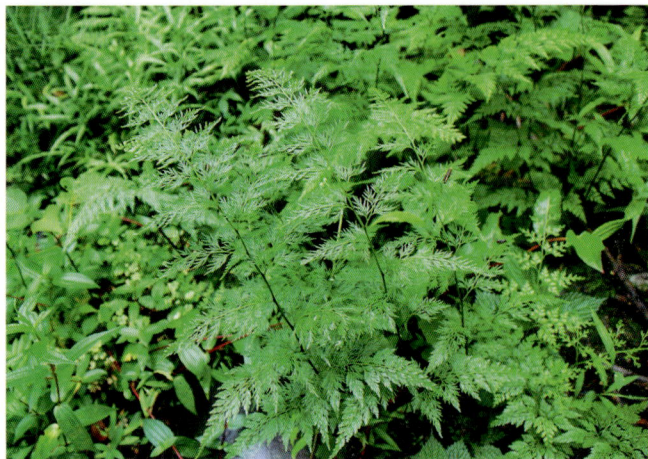

华南凤尾蕨
Pteris austro-sinica (Ching) Ching

粗糙凤尾蕨 *Pteris cretica* **var.** *laeta* (Wall. ex Ettingsh.) C. Chr. et Tard.-Blot

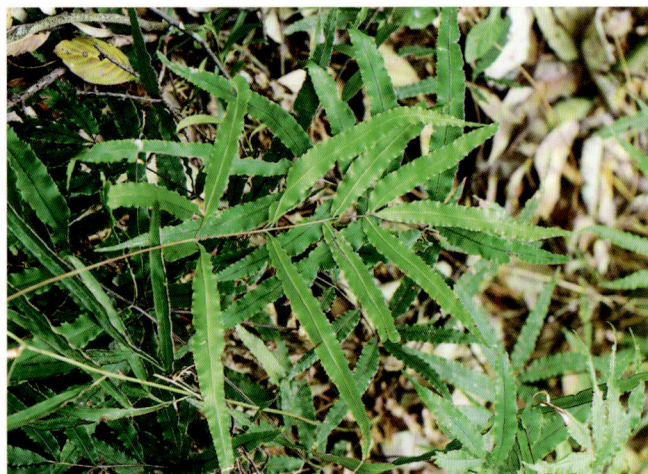

旱蕨
Pellaea nitidula (Hook.) Bak.

欧洲凤尾蕨 *Pteris cretica* L.

刺齿半边旗　*Pteris dispar* Kunze

剑叶凤尾蕨　*Pteris ensiformis* Burm.

溪边凤尾蕨　*Pteris excelsa* Gaud.

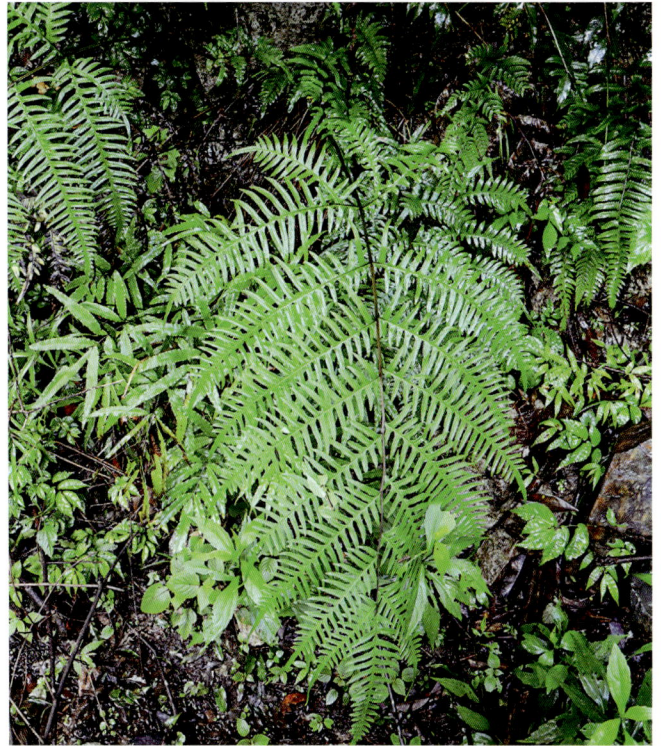

变异凤尾蕨　*Pteris excelsa* var. *inaequalis* (Bak.) S. H. Wu

傅氏凤尾蕨 *Pteris fauriei* Hieron.

狭叶凤尾蕨 *Pteris henryi* Christ

全缘凤尾蕨 *Pteris insignis* Mett. ex Kuhn

平羽凤尾蕨
Pteris kiuschiuensis Hieron.

华中凤尾蕨 *Pteris kiuschiuensis* var. *centrochinensis* Ching et S. H. Wu

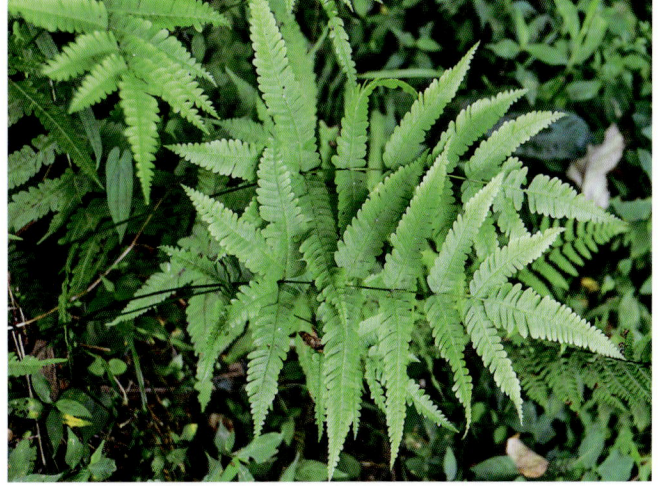

线羽凤尾蕨 *Pteris linearis* Poir.

两广凤尾蕨 *Pteris maclurei* Ching

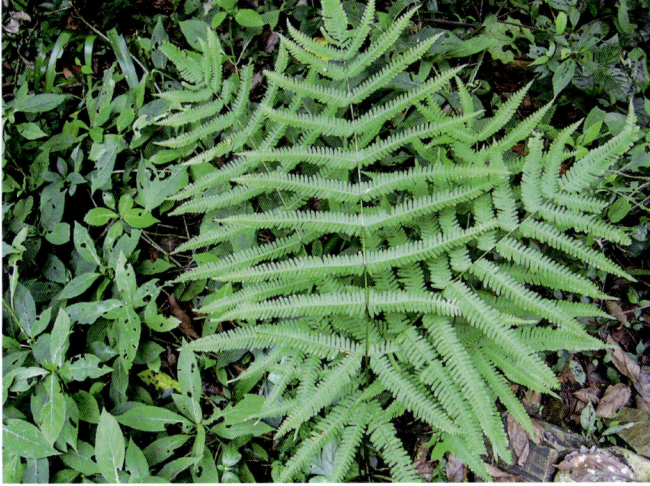

井栏边草
Pteris multifida Poir.

江西凤尾蕨
Pteris obtusiloba Ching et S. H. Wu

斜羽凤尾蕨
Pteris oshimensis Hieron.

尾头凤尾蕨 *Pteris oshimensis* var.
paraemeiensis Ching ex Ching et S. H. Wu

栗柄凤尾蕨 *Pteris plumbea* Christ

半边旗 *Pteris semipinnata* L.

蜈蚣凤尾蕨　*Pteris vittata* L.

西南凤尾蕨
Pteris wallichiana Agardh

圆头凤尾蕨　*Pteris wallichiana* **var. obtusa**
S. H. Wu et Ching ex Ching et S. H. Wu

P31　碗蕨科 Dennstaedtiaceae

细毛碗蕨
Dennstaedtia hirsuta (Sw.) Mett. ex Miq.

碗蕨
Dennstaedtia scabra (Wall.) Moore

光叶碗蕨 *Dennstaedtia scabra* **var. glabrescens** (Ching) C. Chr.

溪洞碗蕨
Dennstaedtia wilfordii (Moore) Christ

栗蕨 *Histiopteris incisa* (Thunb.) J. Sm.

姬蕨 *Hypolepis punctata* (Thunb.) Mett.

华南鳞盖蕨 *Microlepia hancei* Prantl

虎克鳞盖蕨
Microlepia hookeriana (Wall.) Presl

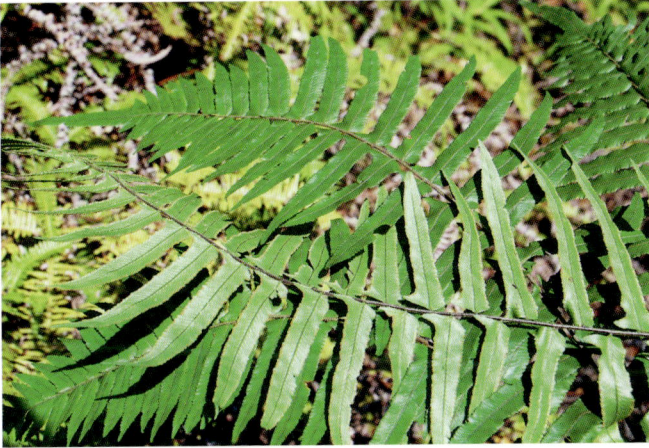

边缘鳞盖蕨
Microlepia marginata (Houtt.) C. Chr.

二回边缘鳞盖蕨 *Microlepia marginata*
var. *bipinnata* Makino

毛叶边缘鳞盖蕨 *Microlepia marginata* **var.** *villosa* (Presl) Wu

假粗毛鳞盖蕨
Microlepia pseudostrigosa Makino

粗毛鳞盖蕨
Microlepia strigosa (Thunb.) Presl

亚粗毛鳞盖蕨
Microlepia substrigosa Tagawa

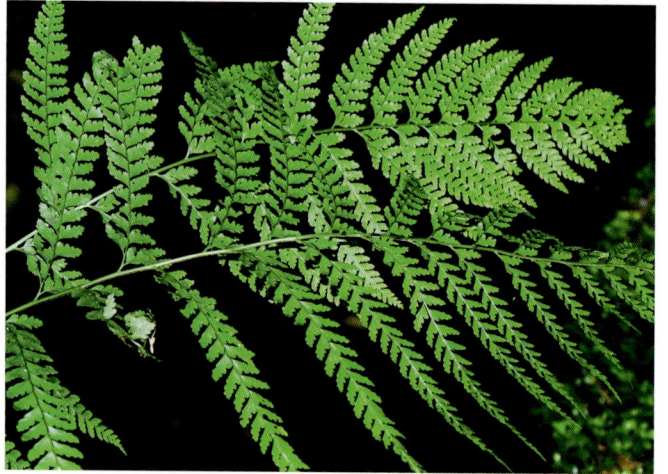

尾叶稀子蕨 *Monachosorum flagellare* (Maxim.) Hayata

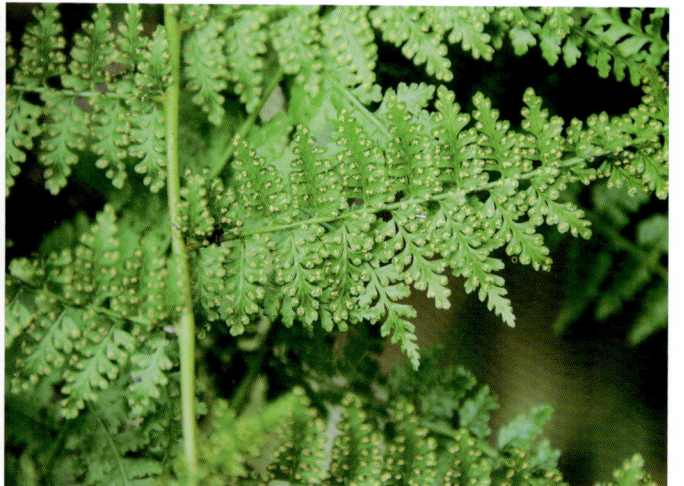

华中稀子蕨 *Monachosorum flagellare*
var. *nipponicum* (Makino) Tagawa

稀子蕨
Monachosorum henryi Christ

岩穴蕨 *Monachosorum maximowiczii*
(Baker) Hayata

蕨 *Pteridium aquilinum* var. *latiusculum*
(Desv.) Dhieh

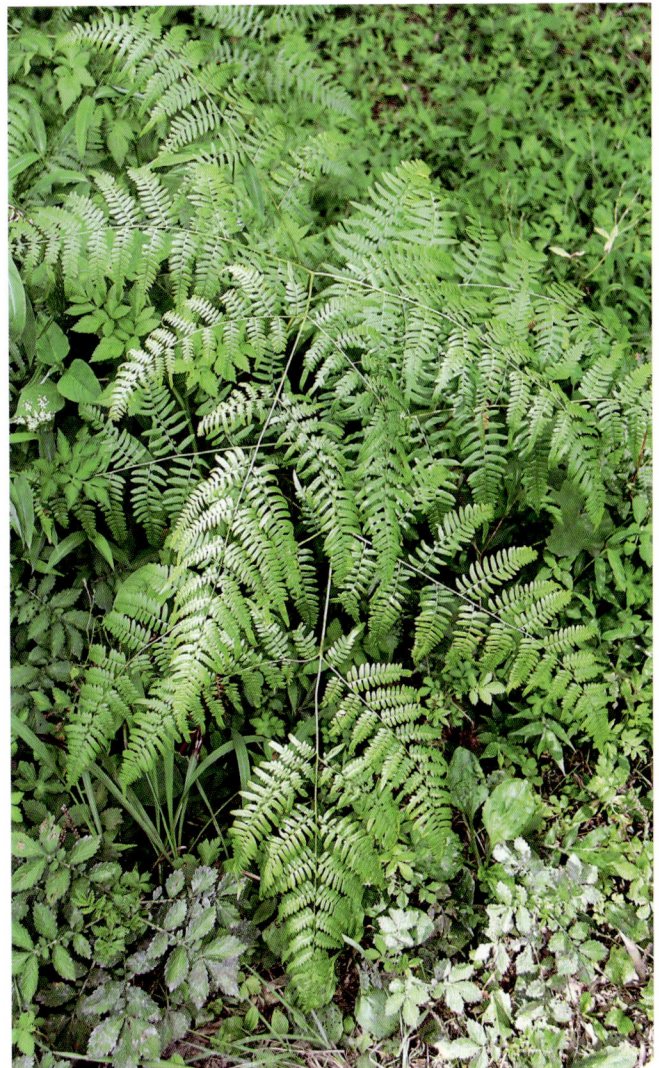

毛轴蕨 *Pteridium revolutum* (Bl.) Nakai

P32 冷蕨科 Cystopteridaceae

亮毛蕨
Acystopteris japonica (Luerss.) Nakai

东亚羽节蕨
Gymnocarpium oyamense (Bak.) Ching

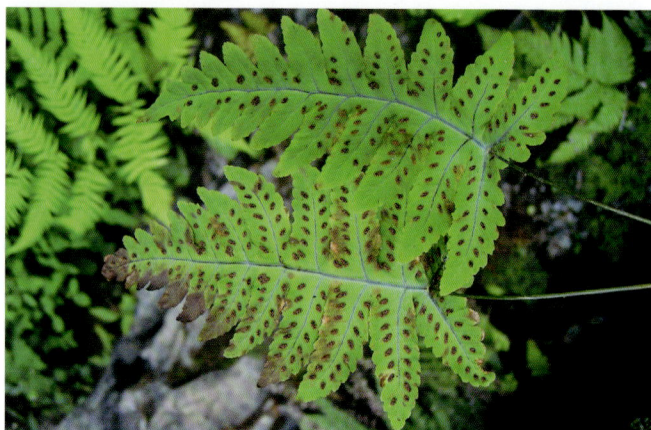

P34 肠蕨科 Diplaziopsidaceae

川黔肠蕨
Diplaziopsis cavaleriana (Christ) C. Chr.

P37 铁角蕨科 Aspleniaceae

华南铁角蕨
Asplenium austrochinense Ching

毛轴铁角蕨
Asplenium crinicaule Hance

剑叶铁角蕨 *Asplenium ensiforme*
Wall. ex Hook. et Grev.

厚叶铁角蕨 *Asplenium griffithianum* Hook.

江南铁角蕨 *Asplenium holosorum* Christ

虎尾铁角蕨 *Asplenium incisum* Thunb.

胎生铁角蕨 *Asplenium indicum* Sledge

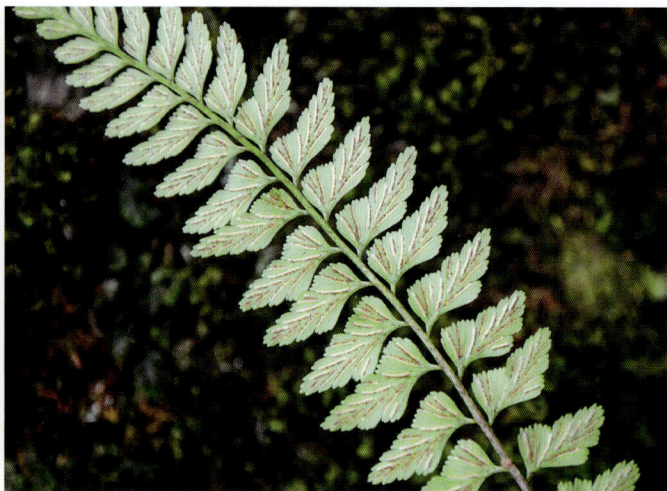

江苏铁角蕨 *Asplenium kiangsuense* Ching et Y. X. Jing [*Asplenium gulingense* Ching et S. H. Wu]

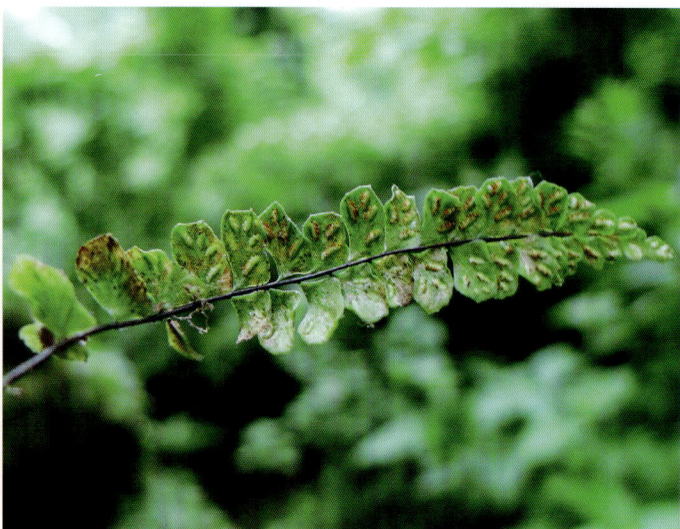

倒挂铁角蕨 *Asplenium normale* Don

东南铁角蕨 *Asplenium oldhami* Hance

北京铁角蕨 *Asplenium pekinense* Hance

长叶铁角蕨 *Asplenium prolongatum* Hook.

骨碎补铁角蕨 *Asplenium ritoense* Hayata

黑边铁角蕨
Asplenium speluncae Christ

钝齿铁角蕨
Asplenium subvarians Ching ex C. Chr.

铁角蕨 *Asplenium trichomanes* L.

三翅铁角蕨
Asplenium tripteropus Nakai

变异铁角蕨 *Asplenium varians* Wall. ex Hook. et Grev.

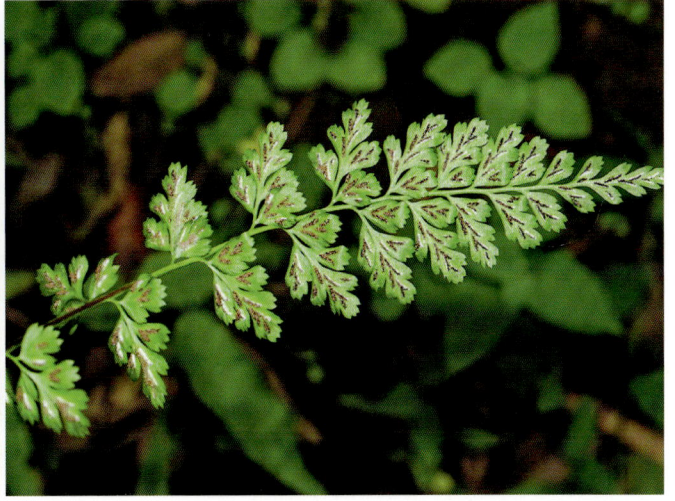

闽浙铁角蕨
Asplenium wilfordii Mett. ex Kuhn

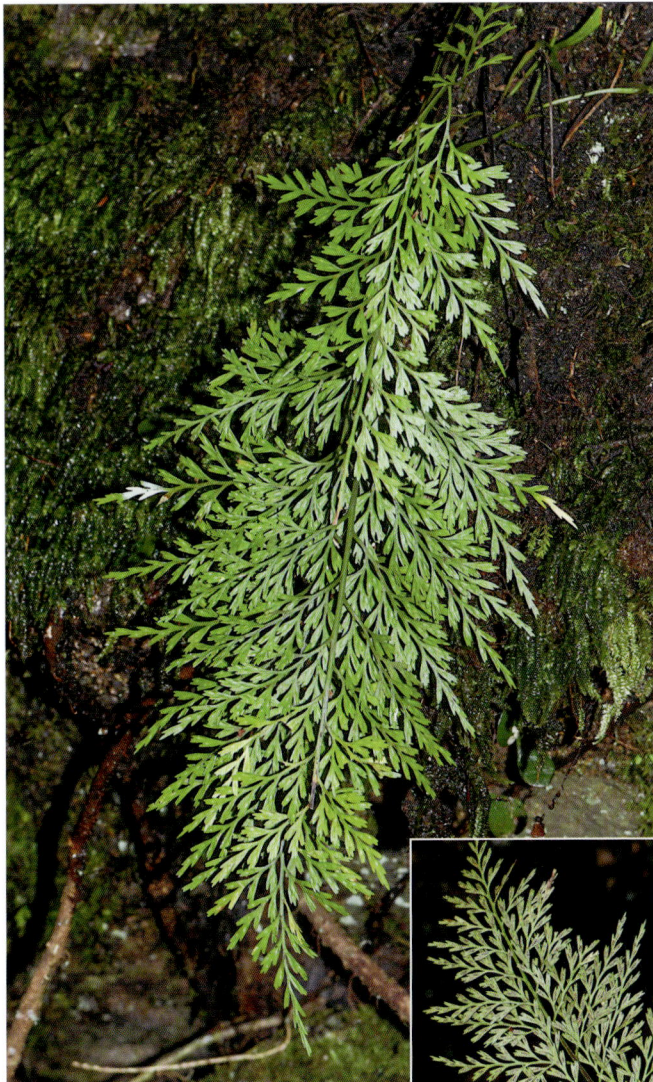

狭翅铁角蕨
Asplenium wrightii Eaton ex Hook.

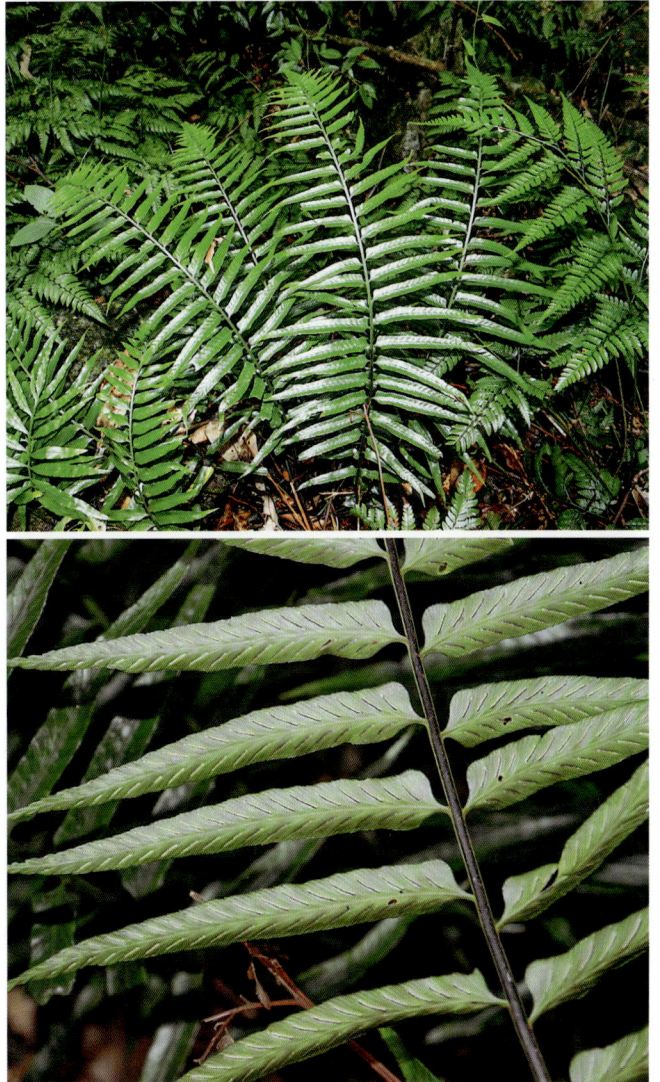

棕鳞铁角蕨
Asplenium yoshinagae Makino

切边膜叶铁角蕨 *Hymenasplenium excisum*
(C. Presl) S. Lindsay　[*Asplenium excisum* C. Presl]

中华膜叶铁角蕨
Hymenasplenium sinense K. W. Xu, L. B. Zhang et W. B. Liao

培善膜叶铁角蕨 *Hymenasplenium wangpeishanii* L. B. Zhang et K. W. Xu

P38　岩蕨科 Woodsiaceae

膀胱蕨 *Protowoodsia manchuriensis*
(Hook.) Ching

耳羽岩蕨
Woodsia polystichoides Eaton

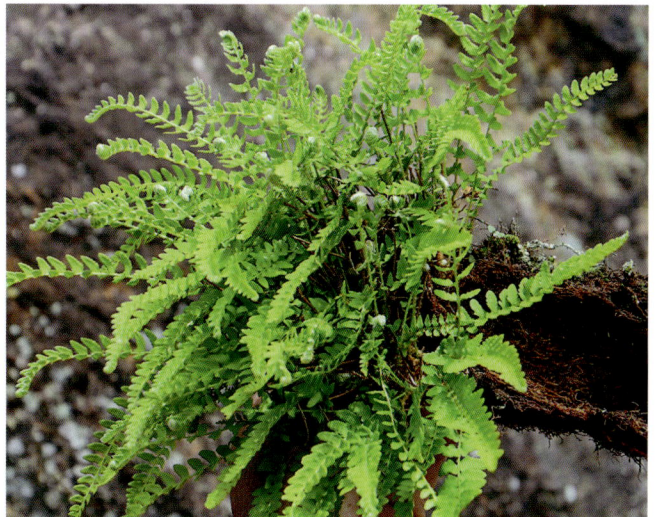

P39　球子蕨科 Onocleaceae

东方荚果蕨 *Pentarhizidium orientale* (Hook.) Hayata　[*Matteuccia orientalis* (Hook.) Trev.]

P40　乌毛蕨科 Blechnaceae

乌毛蕨 *Blechnum orientale* L.

崇澍蕨　*Chieniopteris harlandii* (Hook.) Ching
[*Woodwardia harlandii* Hook.]

东方狗脊
Woodwardia orientalis Sw.

狗脊　*Woodwardia japonica* (L. f.) Sm.

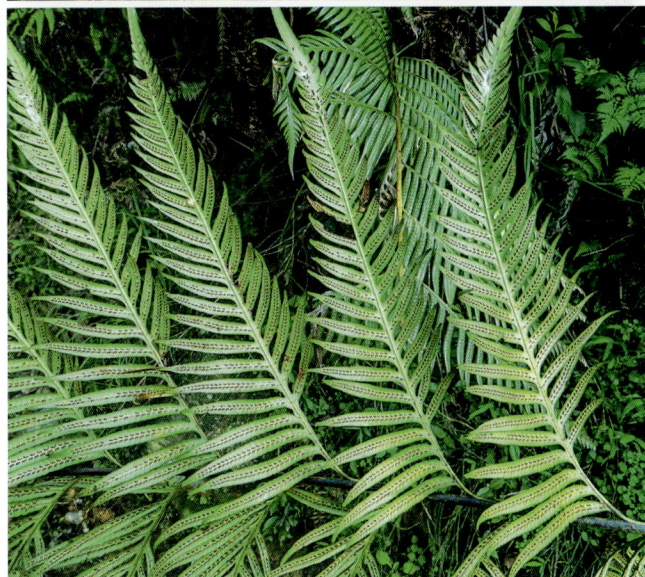

珠芽狗脊 *Woodwardia prolifera* Hook. et Arn.

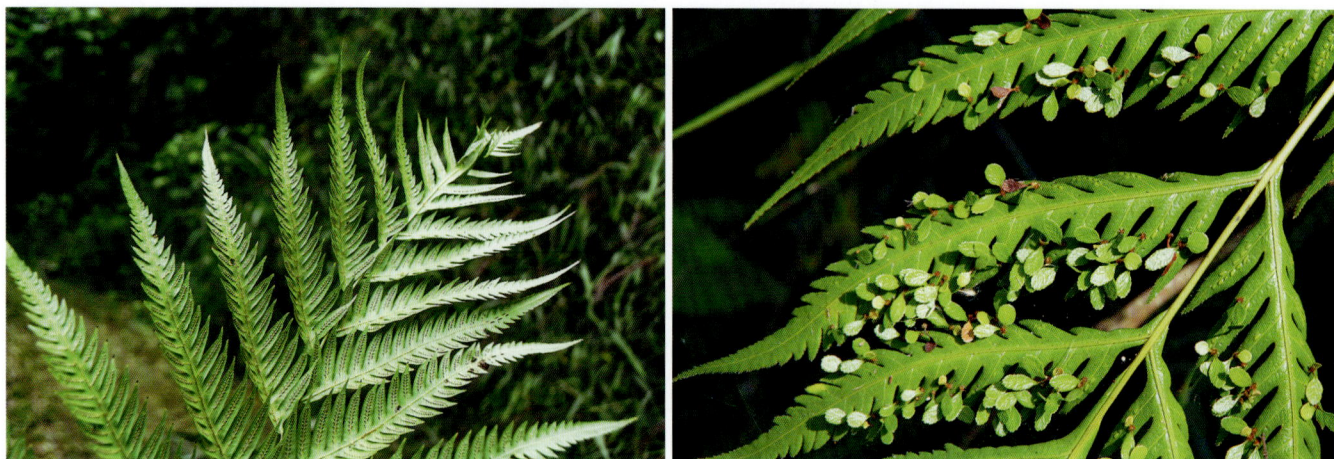

顶芽狗脊 *Woodwardia unigemmata* (Makino) Nakai

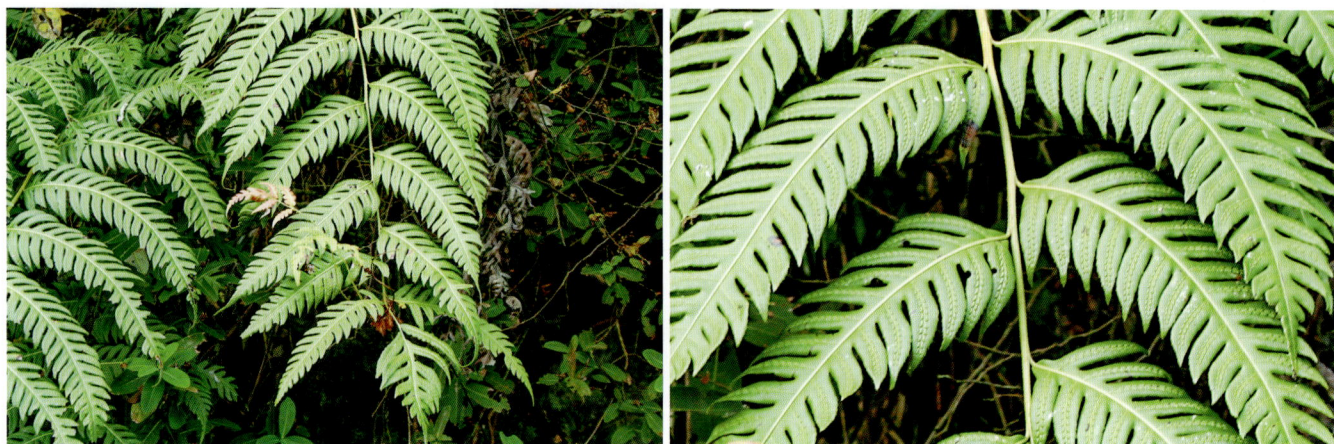

P41 蹄盖蕨科 Athyriaceae

华东安蕨
Anisocampium sheareri (Baker) Ching

宿蹄盖蕨
Athyrium anisopterum Christ

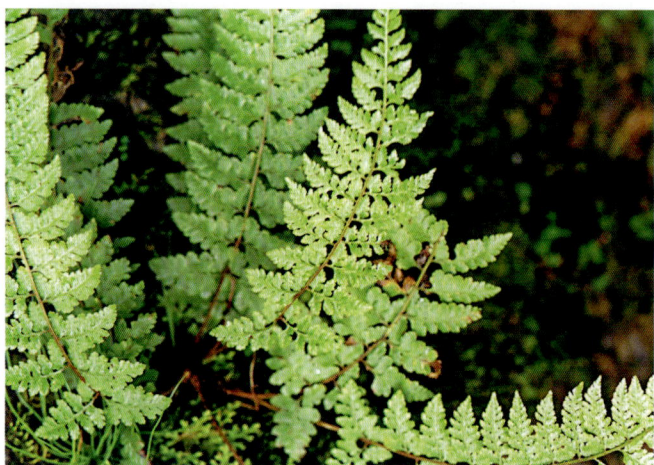

大叶假冷蕨 *Athyrium atkinsonii* Bedd.
[*Pseudocystopteris atkinsonii* (Bedd.) Ching]

坡生蹄盖蕨
Athyrium clivicola Tagawa

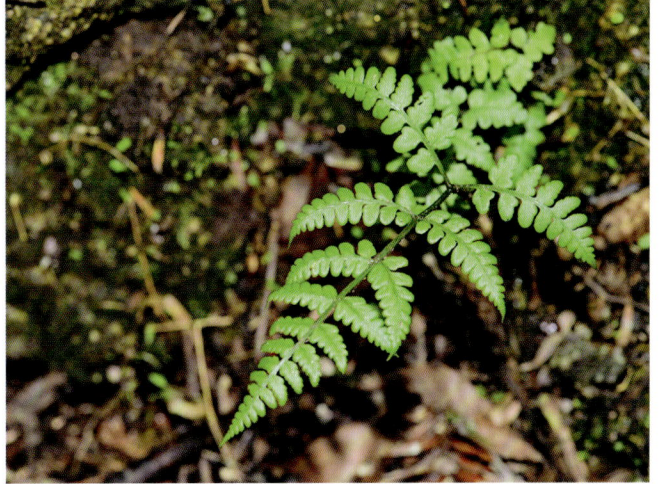

溪边蹄盖蕨 *Athyrium deltoidofrons* Makino

湿生蹄盖蕨 *Athyrium devolii* Ching

长叶蹄盖蕨 *Athyrium elongatum* Ching

麦秆蹄盖蕨 *Athyrium fallaciosum* Milde

长江蹄盖蕨
Athyrium iseanum Rosenst.

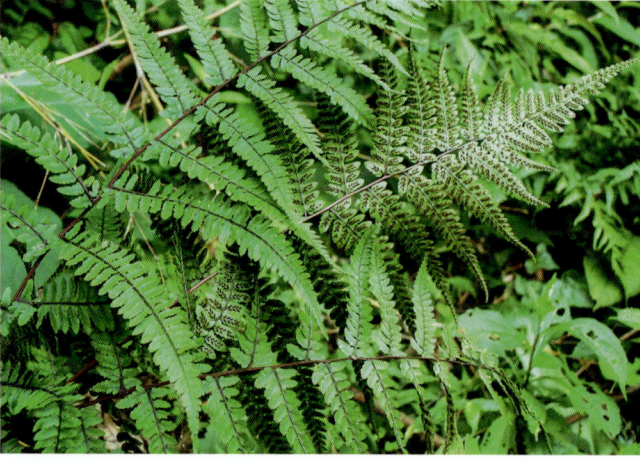

紫柄蹄盖蕨
Athyrium kenzo-satakei Kurata

日本蹄盖蕨
Athyrium niponicum (Mett.) Hance

光蹄盖蕨
Athyrium otophorum (Miq.) Koidz.

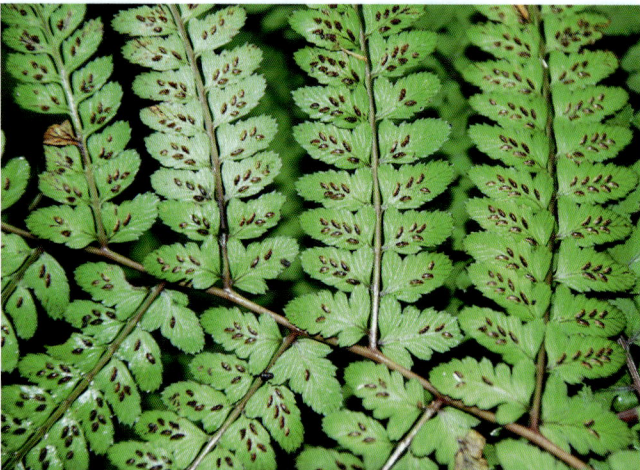

软刺蹄盖蕨 *Athyrium strigillosum*
(Moore ex Lowe) Moore ex Salom

尖头蹄盖蕨
Athyrium vidalii (Franch. et Savat.) Nakai

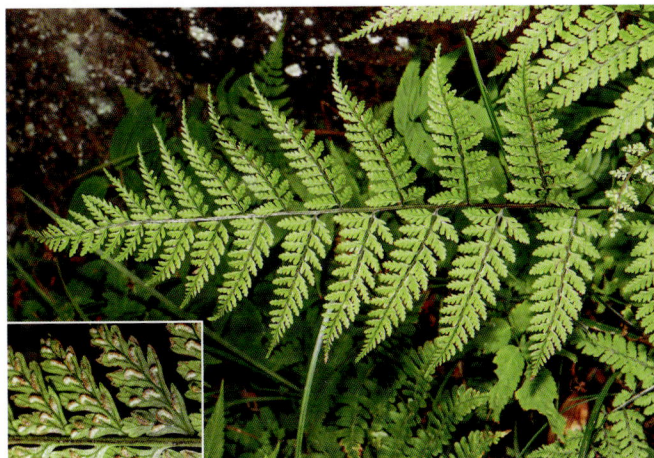

胎生蹄盖蕨
Athyrium viviparum Christ

华中蹄盖蕨
Athyrium wardii (Hook.) Makino

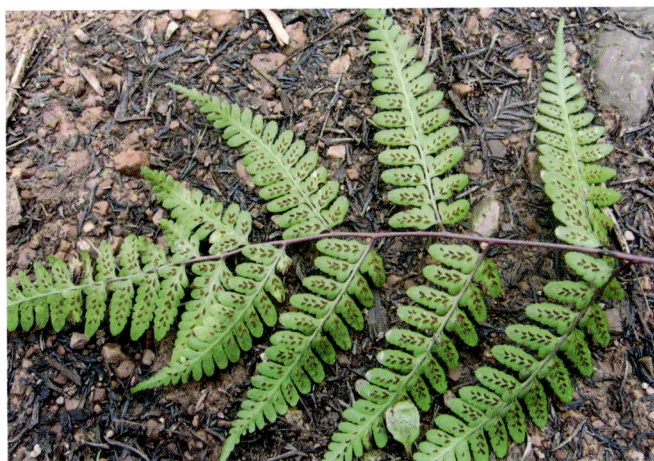

禾秆蹄盖蕨 *Athyrium yokoscense*
(Franch. et Savat.) Christ

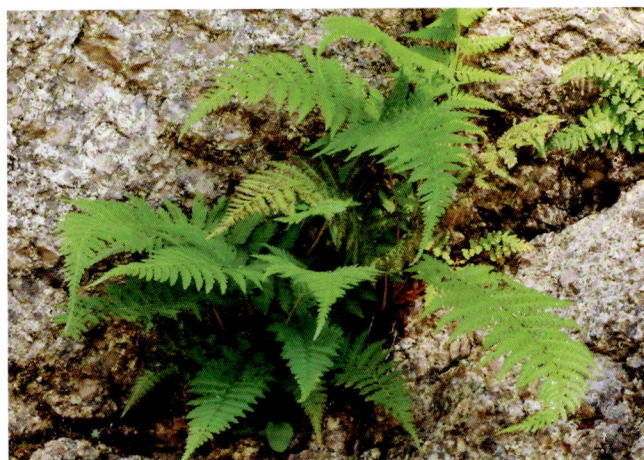

角蕨
Cornopteris decurrenti-alata (Hook.) Nakai

黑叶角蕨
Cornopteris opaca (Don) Tagawa

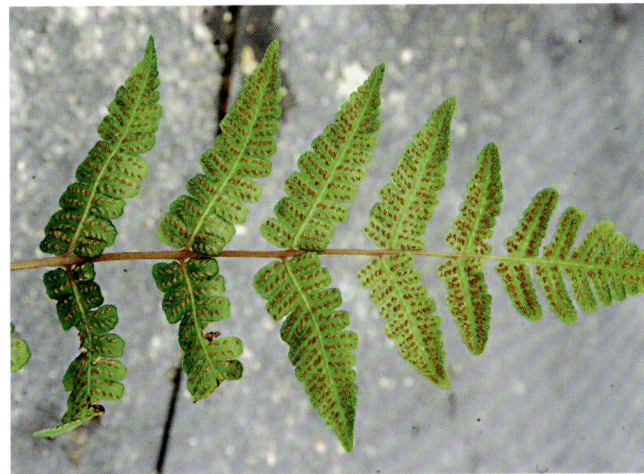

介蕨
Deparia boryana (Willd.) M. Kato
[*Dryoathyrium boryanum* (Willd.) Ching]

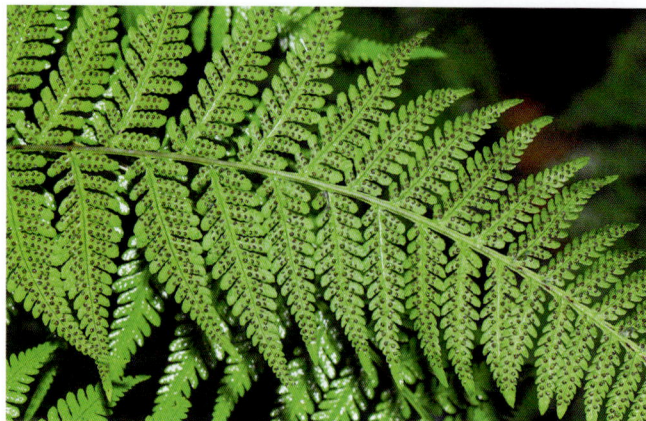

假蹄盖蕨
Deparia japonica (Thunb.) M. Kato
[*Athyriopsis japonica* (Thunb.) Ching]

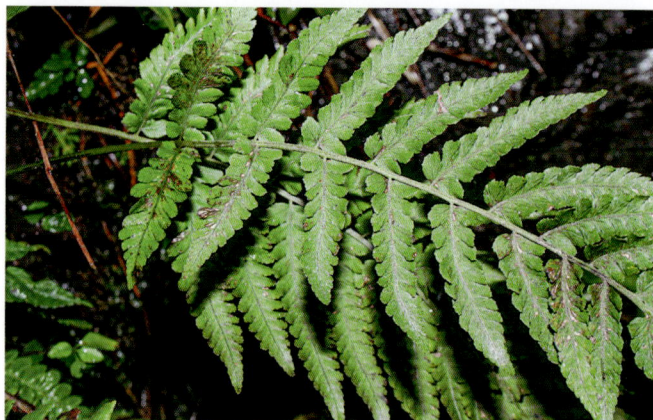

华中介蕨
Deparia okuboana (Makino) M. Kato
[*Dryoathyrium okuboanum* (Makino) Ching]

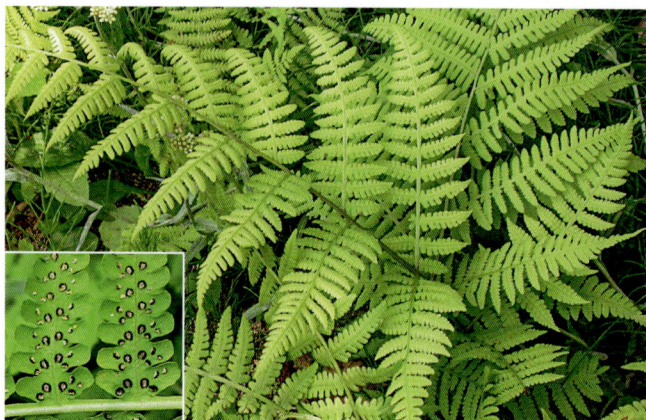

毛轴假蹄盖蕨
Deparia petersenii (Kunze) M. Kato
[*Athyriopsis petersenii* (Kunze) Ching]

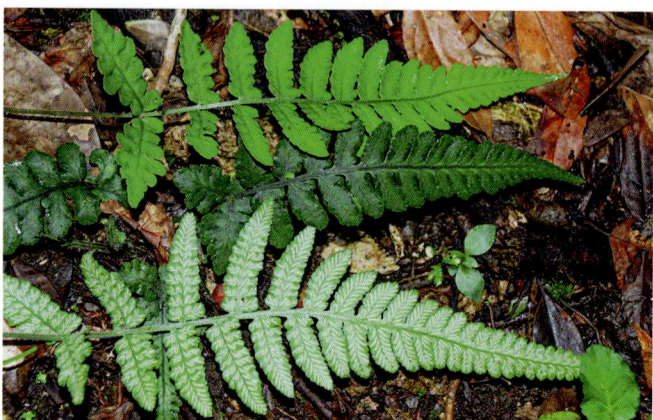

华中蛾眉蕨 *Deparia shennongensis*
(Ching, Boufford et K. H. Shing) X. C. Zhang
[*Lunathyrium shennongense* Ching]

川东介蕨
Deparia stenoptera (Christ) Z. R. Wang
[*Dryoathyrium stenopteron* (Bak.) Ching]

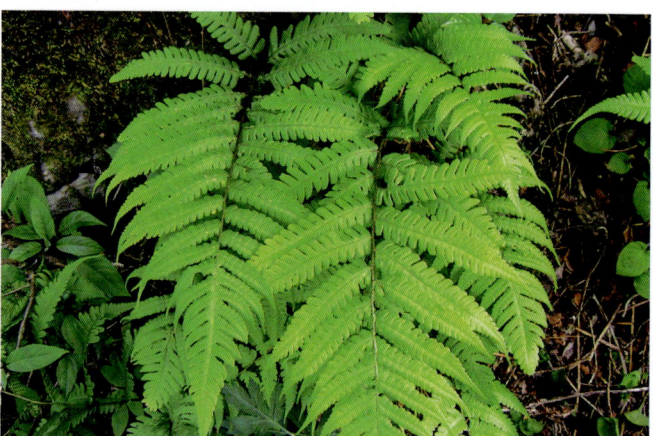

绿叶介蕨
Deparia viridifrons (Makino) M. Kato
[*Dryoathyrium viridifrons* (Makino) Ching]

中华短肠蕨
Diplazium chinense (Baker) C. Chr.
[*Allantodia chinensis* (Bak.) Ching]

边生短肠蕨 *Diplazium conterminum* Christ
[*Allantodia contermina* (Christ) Ching]

厚叶双盖蕨
Diplazium crassiusculum Ching

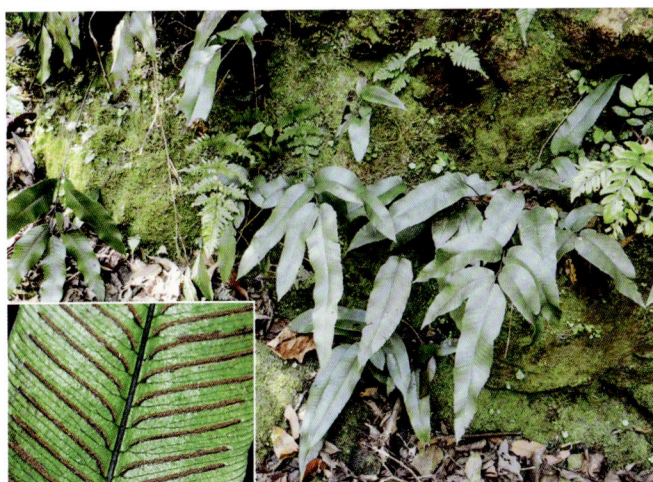

毛柄短肠蕨 *Diplazium dilatatum* Bl.
[*Allantodia dilatata* (Bl.) Ching]

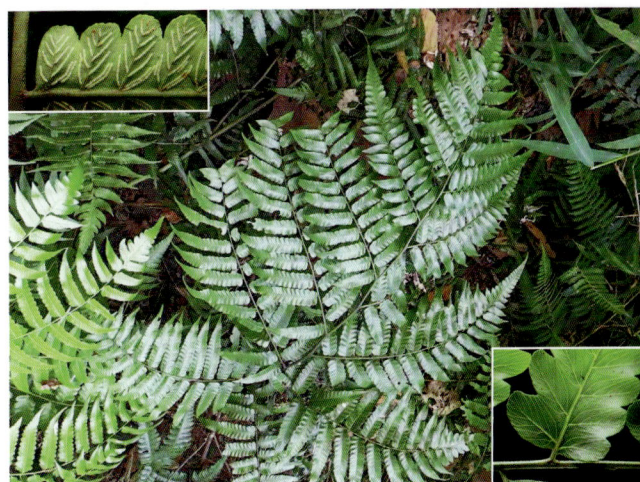

光脚短肠蕨
Diplazium doederleinii (Luerss.) Makino
[*Allantodia doederleinii* (Luerss.) Ching]

双盖蕨
Diplazium donianum (Mett.) Tard.-Blot

菜蕨 *Diplazium esculentum* (Retz.) Sm.
[*Callipteris esculenta* (Retz.) J. Sm. ex Moore et Houlst.]

薄盖短肠蕨
Diplazium hachijoense Nakai
[*Allantodia hachijoensis* (Nakai) Ching]

大叶短肠蕨
Diplazium maximum (D. Don) C. Chr.

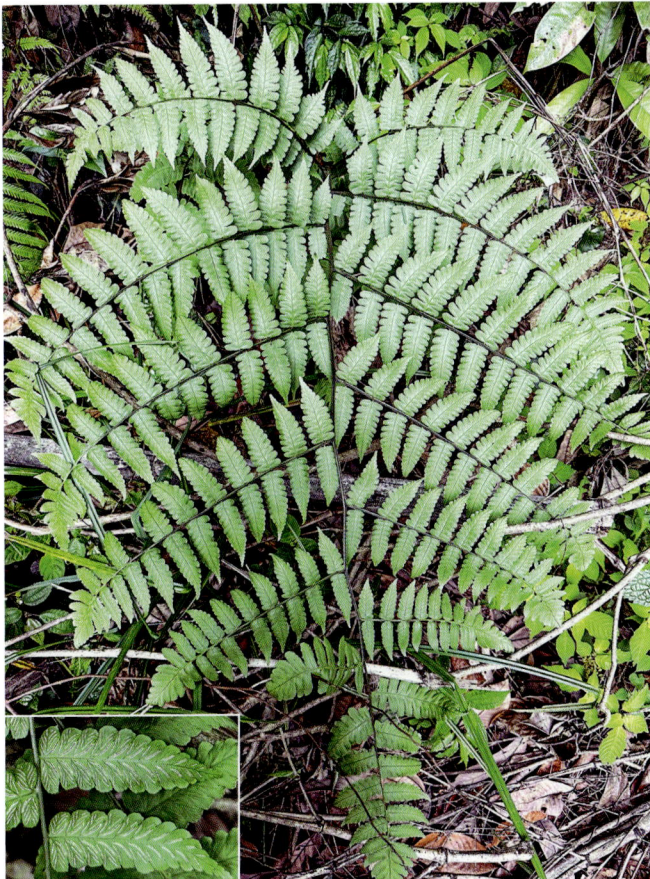

阔片短肠蕨
Diplazium matthewii (Copel.) C. Chr.
[*Allantodia matthewii* (Copel.) Ching]

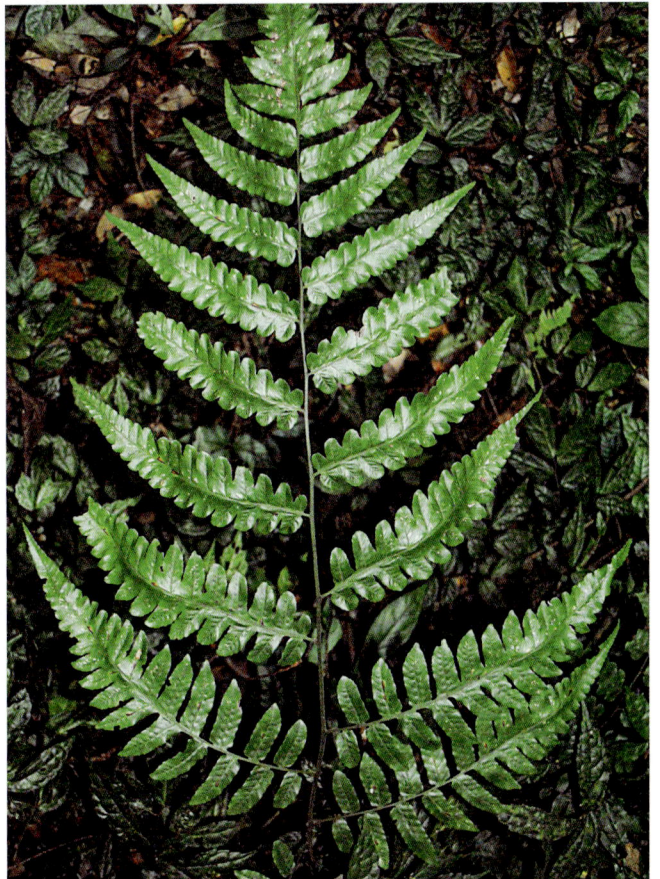

江南短肠蕨 *Diplazium mettenianum* (Miq.) C. Chr.
[*Allantodia metteniana* (Miq.) Ching]

小叶短肠蕨 *Diplazium mettenianum var. fauriei* (Christ) Tagawa

假耳羽短肠蕨 *Diplazium okudairai* Makino

薄叶双盖蕨 *Diplazium pinfaense* Ching

鳞柄短肠蕨
Diplazium squamigerum (Mett.) Matsum

单叶双盖蕨 *Diplazium subsinuatum*
(Wall. ex Hook. et Grev.) Tagawa

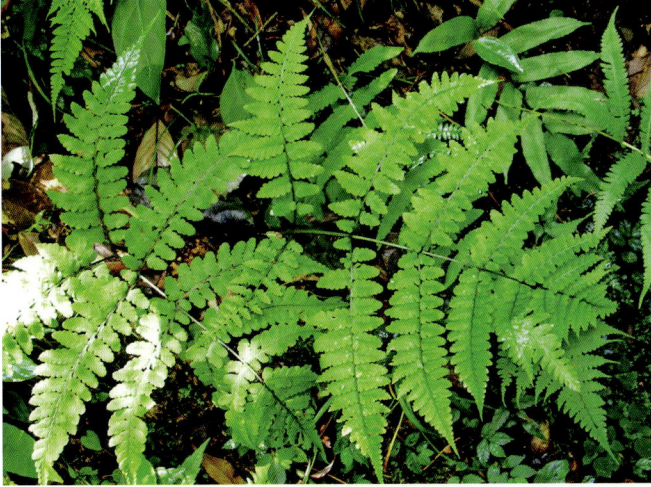

淡绿短肠蕨 *Diplazium virescens* Kunze　[*Allantodia virescens* (Kunze) Ching]

深绿短肠蕨
Diplazium viridissimum Christ

耳羽短肠蕨 *Diplazium wichurae* (Mett.) Diels
[*Allantodia wichurae* (Mett.) Ching]

P42　金星蕨科 Thelypteridaceae

星毛蕨
Ampelopteris prolifera (Retz.) Cop.

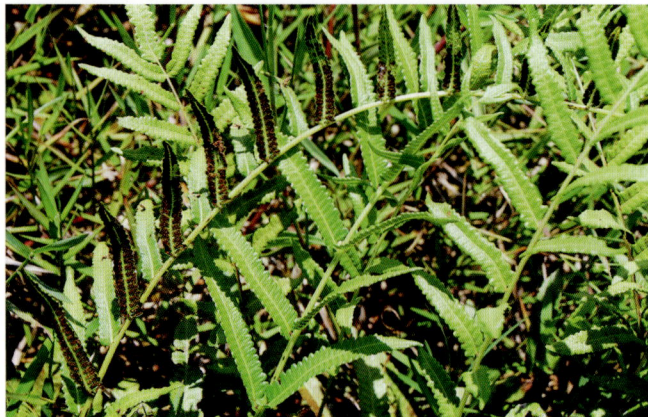

狭基钩毛蕨
Cyclogramma leveillei (Christ) Ching

渐尖毛蕨
Cyclosorus acuminatus (Houtt.) Nakai

干旱毛蕨
Cyclosorus aridus (Don) Tagawa

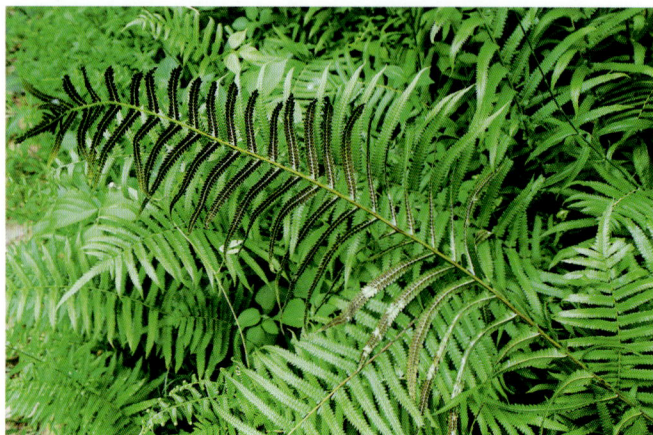

齿牙毛蕨
Cyclosorus dentatus (Forssk.) Ching

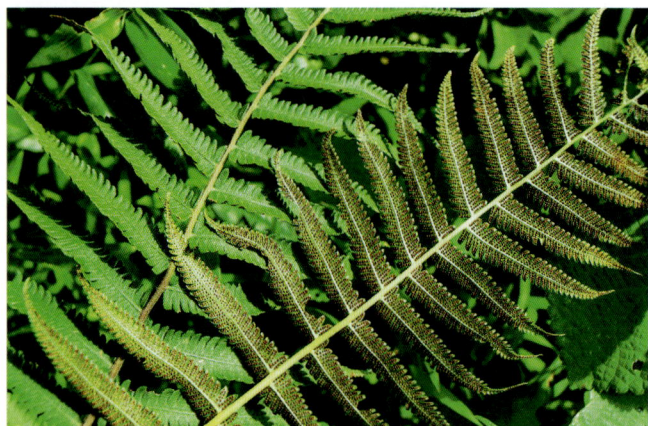

毛蕨
Cyclosorus interruptus (Willd.) H. Itô

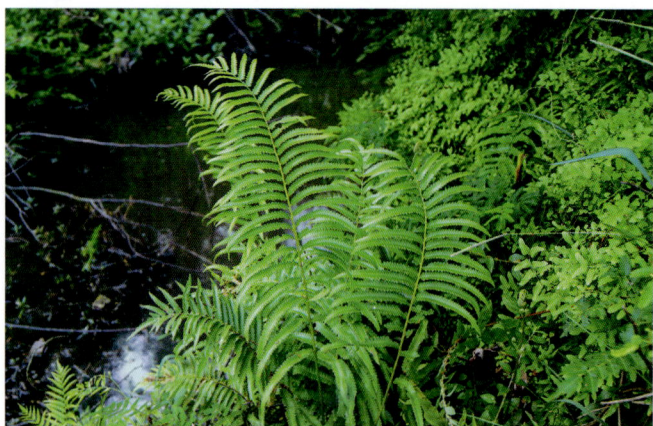

细柄毛蕨 *Cyclosorus kuliangensis* (Ching) Shing

宽羽毛蕨
Cyclosorus latipinnus (Benth.) Tard.-Blot

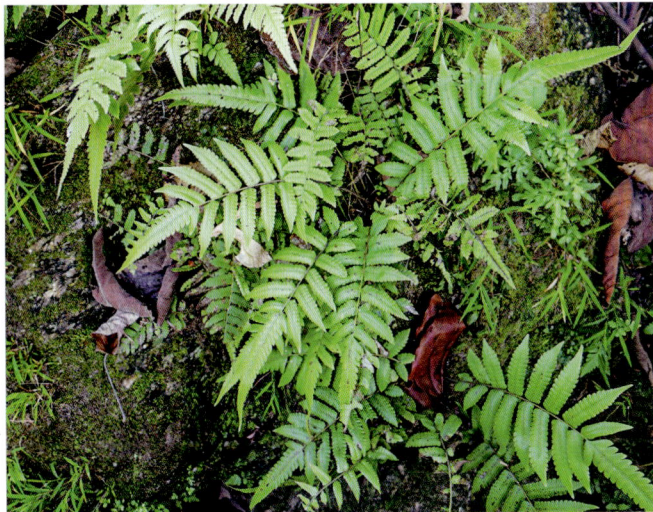

华南毛蕨
Cyclosorus parasiticus (L.) Farwell.

短尖毛蕨 *Cyclosorus subacutus* Ching

圣蕨 *Dictyocline griffithii* T. Moore

戟叶圣蕨 *Dictyocline sagittifolia* Ching

羽裂圣蕨
Dictyocline wilfordii (Hook.) J. Sm.

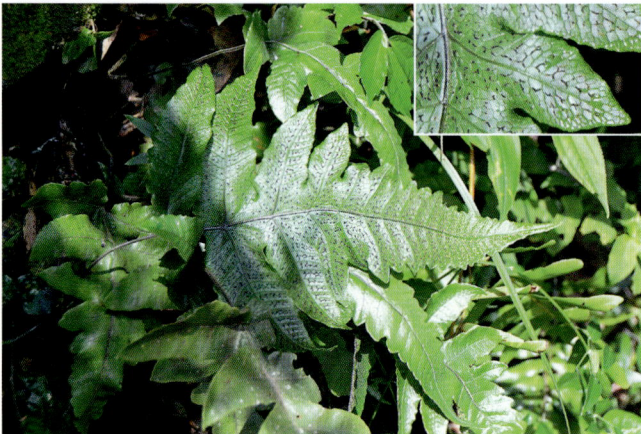

峨眉茯蕨
Leptogramma scallanii (Christ) Ching

小叶茯蕨
Leptogramma tottoides H. Itô

针毛蕨 *Macrothelypteris oligophlebia*
(Bak.) Ching

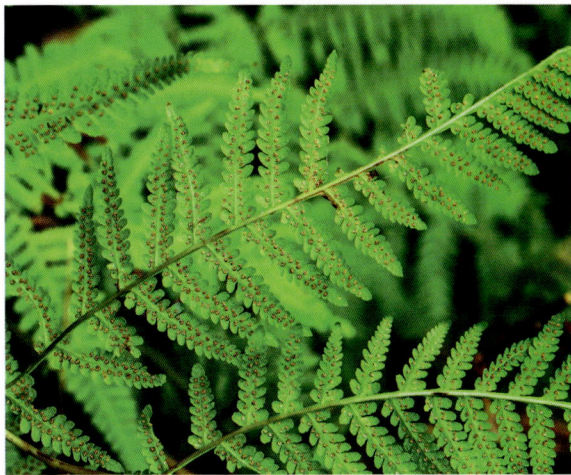

雅致针毛蕨 *Macrothelypteris oligophlebia* **var. elegans** (Koidz.) Ching

普通针毛蕨 *Macrothelypteris torresiana*
(Gaud.) Ching

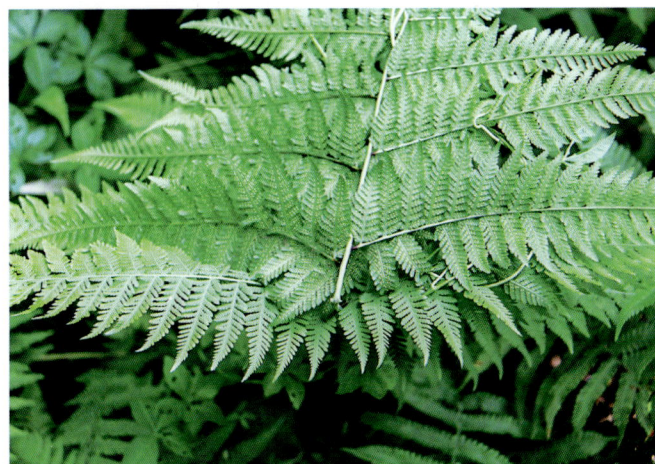

翠绿针毛蕨
Macrothelypteris viridifrons (Tagawa) Ching

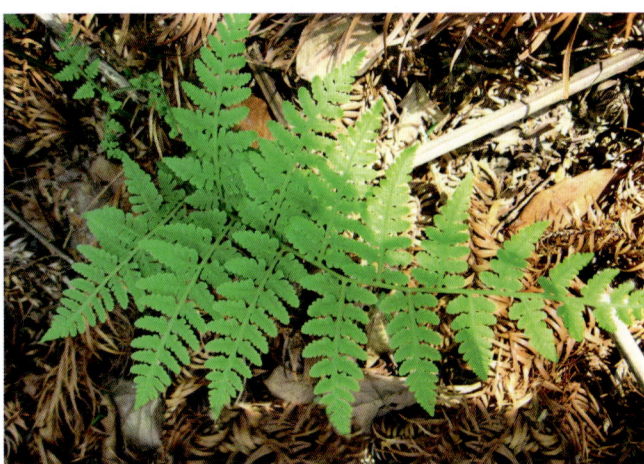

微毛凸轴蕨
Metathelypteris adscendens
(Ching) Ching

林下凸轴蕨
Metathelypteris hattorii (H. Itô) Ching

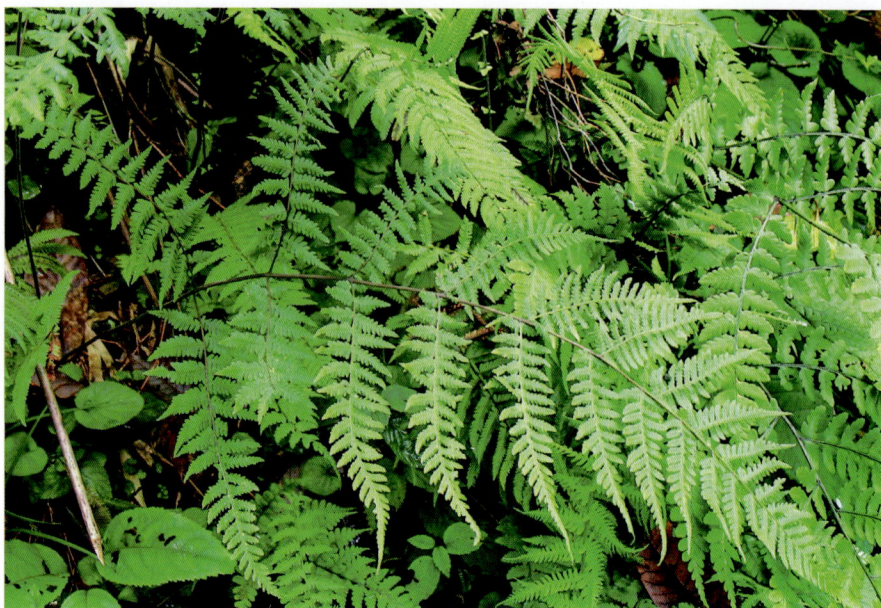

疏羽凸轴蕨 *Metathelypteris laxa* (Franch. et Savat.) Ching

钝角金星蕨
Parathelypteris angulariloba (Ching) Ching

中华金星蕨
Parathelypteris chinensis Ching ex Shing

狭脚金星蕨
Parathelypteris borealis (Hara) Shing

金星蕨
Parathelypteris glanduligera (Kunze) Ching

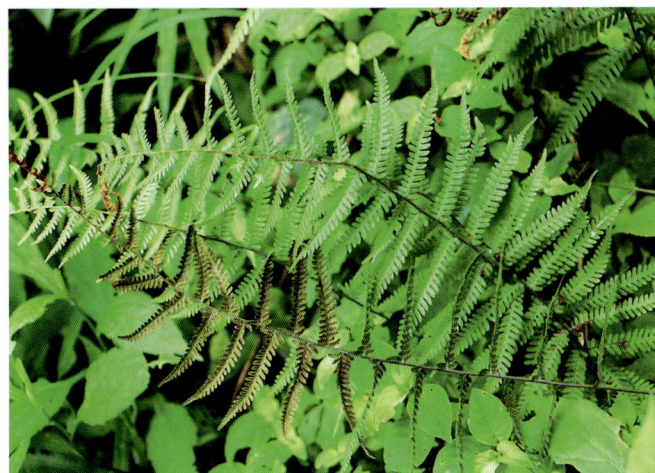

光脚金星蕨
Parathelypteris japonica (Bak.) Ching

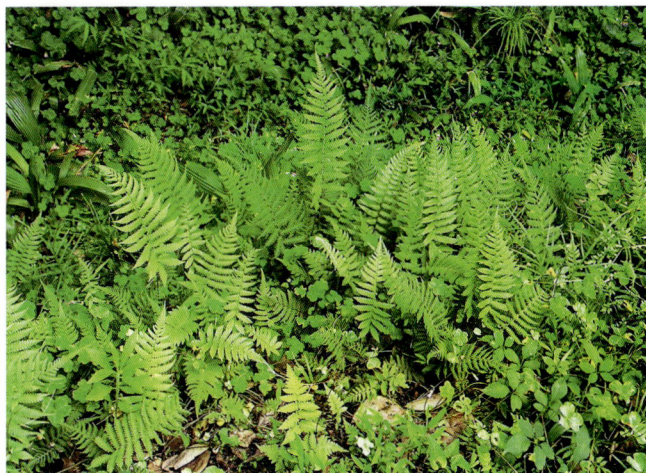

中日金星蕨 *Parathelypteris nipponica* (Franch. et Savat.) Ching

延羽卵果蕨 *Phegopteris decursive-pinnata* (van Hall) Fée

新月蕨 *Pronephrium gymnopteridifrons* (Hay.) Holtt.

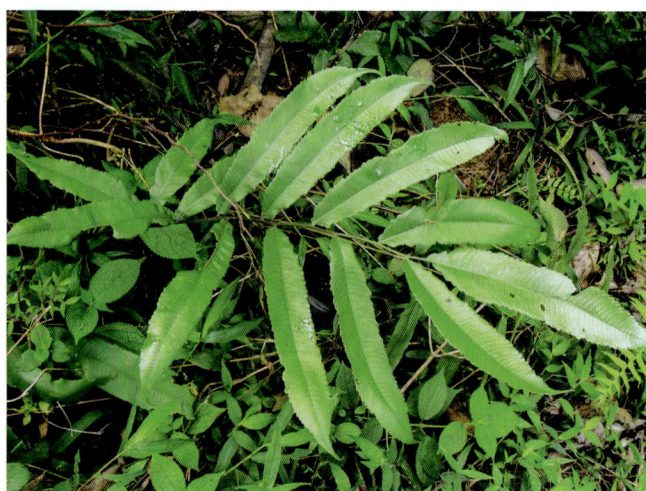

红色新月蕨 *Pronephrium lakhimpurense* (Rosenst.) Holtt.

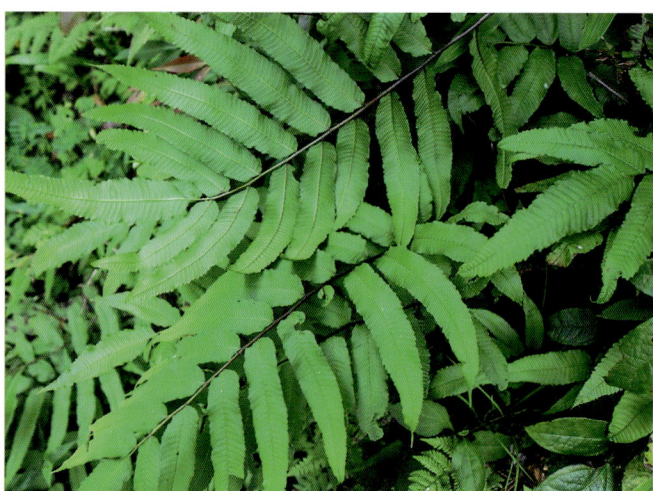

微红新月蕨 *Pronephrium megacuspe* (Bak.) Holtt.

披针新月蕨 *Pronephrium penangianum* (Hook.) Holtt.

西南假毛蕨 *Pseudocyclosorus esquirolii* (Christ.) Ching

镰片假毛蕨 *Pseudocyclosorus falcilobus* (Hook.) Ching

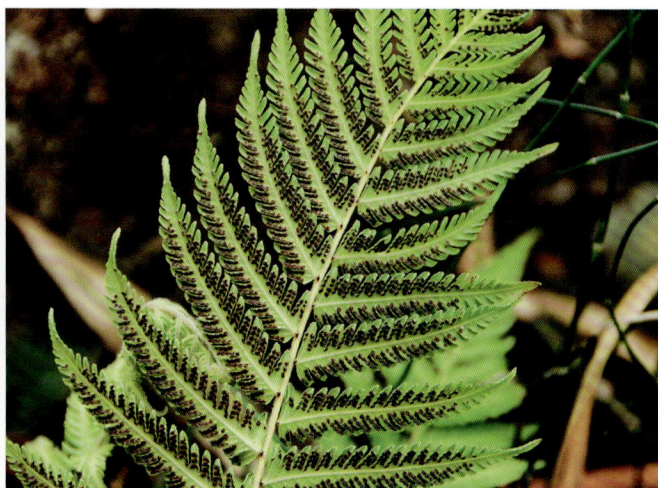

普通假毛蕨 *Pseudocyclosorus subochthodes*
(Ching) Ching

景烈假毛蕨
Pseudocyclosorus tsoi Ching

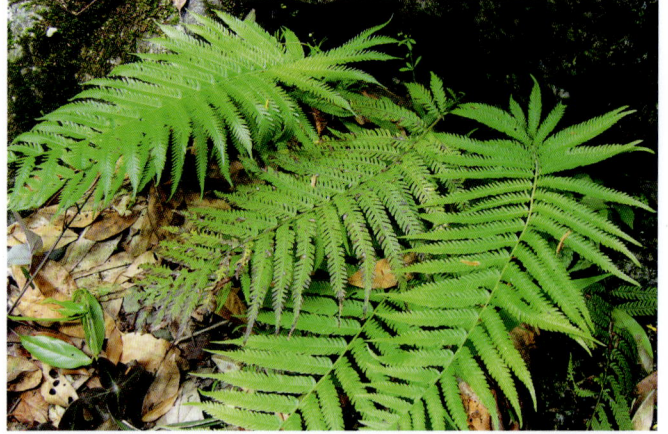

耳状紫柄蕨 *Pseudophegopteris aurita*
(Hook.) Ching

紫柄蕨 *Pseudophegopteris pyrrhorachis*
(Kunze) Ching

P44　肿足蕨科 Hypodematiaceae

肿足蕨 *Hypodematium crenatum* (Forssk.) Kuhn

福氏肿足蕨 *Hypodematium fordii* (Bak.) Ching

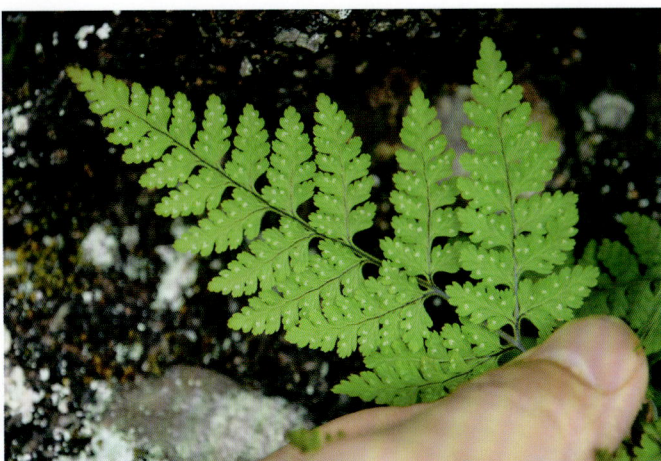

修株肿足蕨
Hypodematium gracile Ching

鳞毛肿足蕨 *Hypodematium squamuloso-pilosum* Ching

P45　鳞毛蕨科 Dryopteridaceae

斜方复叶耳蕨 *Arachniodes amabilis* (Blume) Tindale

多羽复叶耳蕨 *Arachniodes amoena* (Ching) Ching

刺头复叶耳蕨
Arachniodes aristata (G. Forster) Tindale

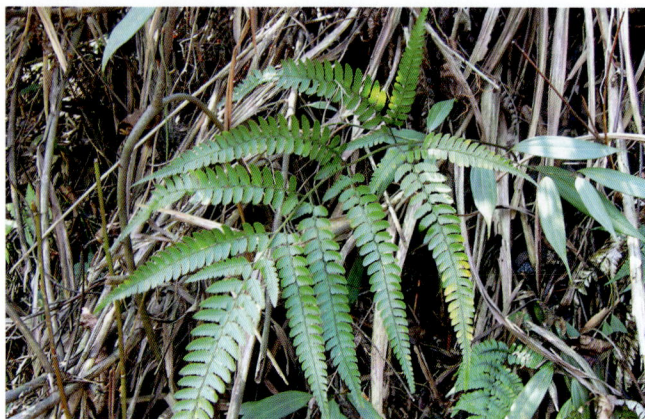

南方复叶耳蕨
Arachniodes australis Y. T. Hsieh

粗齿黔蕨
Arachniodes blinii (Lévl.) T. Nakaike
[*Phanerophlebiopsis blinii* (Lévl.) Ching]

背囊复叶耳蕨
Arachniodes cavalerii (Christ) Ohwi
[*Arachniodes sphaerosora* (Tagawa) Ching]

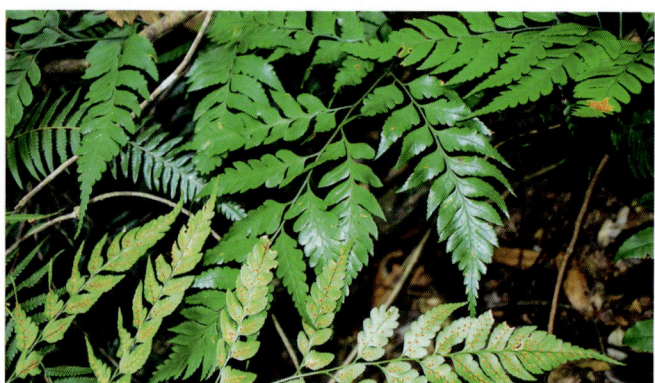

中华复叶耳蕨
Arachniodes chinensis (Rosenst.) Ching

细裂复叶耳蕨 *Arachniodes coniifolia*
(T. Moore) Ching

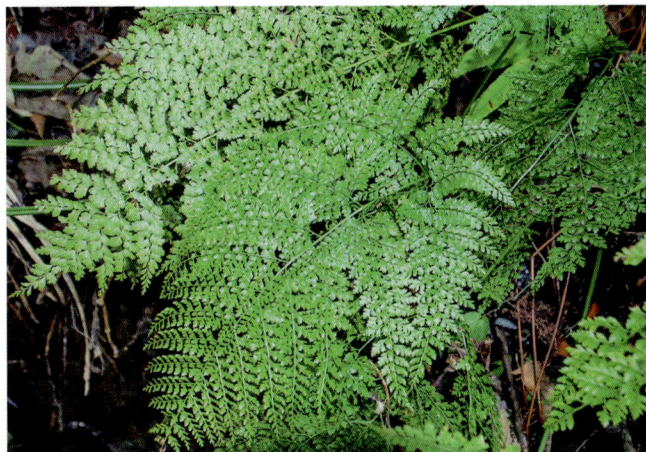

华南复叶耳蕨
Arachniodes festina (Hance) Ching

湘黔复叶耳蕨
Arachniodes michelii (Lévl.)

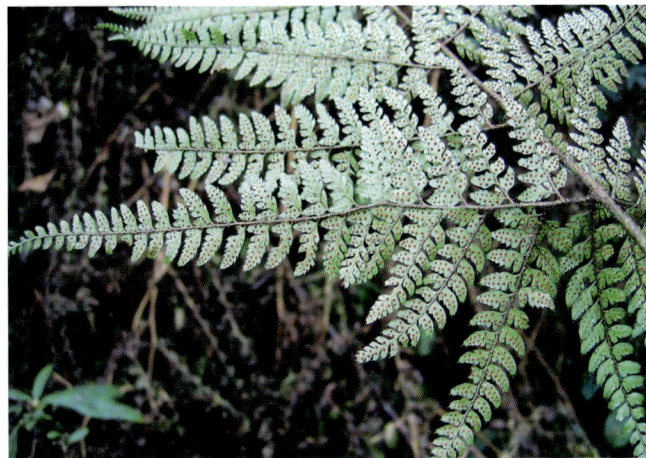

毛枝蕨 *Arachniodes miqueliana* (Maxim.
ex Franch. et Savat.) Ohwi

[*Leptorumohra miqueliana* (Maxim.) H. Itô]

多裂复叶耳蕨
Arachniodes multifida Ching

异羽复叶耳蕨
Arachniodes simplicior (Makino) Ohwi

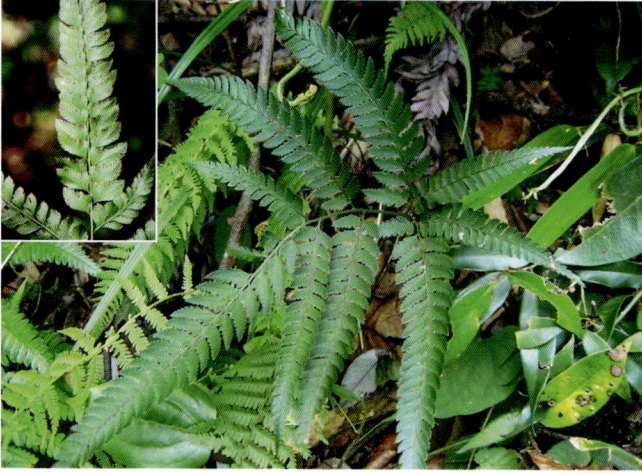

日本复叶耳蕨
Arachniodes nipponica (Rosenst.) Ohwi

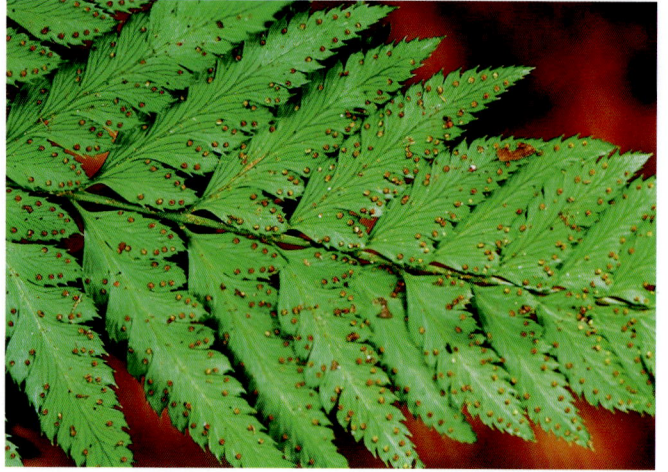

华西复叶耳蕨
Arachniodes simulans (Ching) Ching

紫云山复叶耳蕨
Arachniodes ziyunshanensis Y. T. Hsieh
[*Arachniodes pseudosimplicior* Ching]

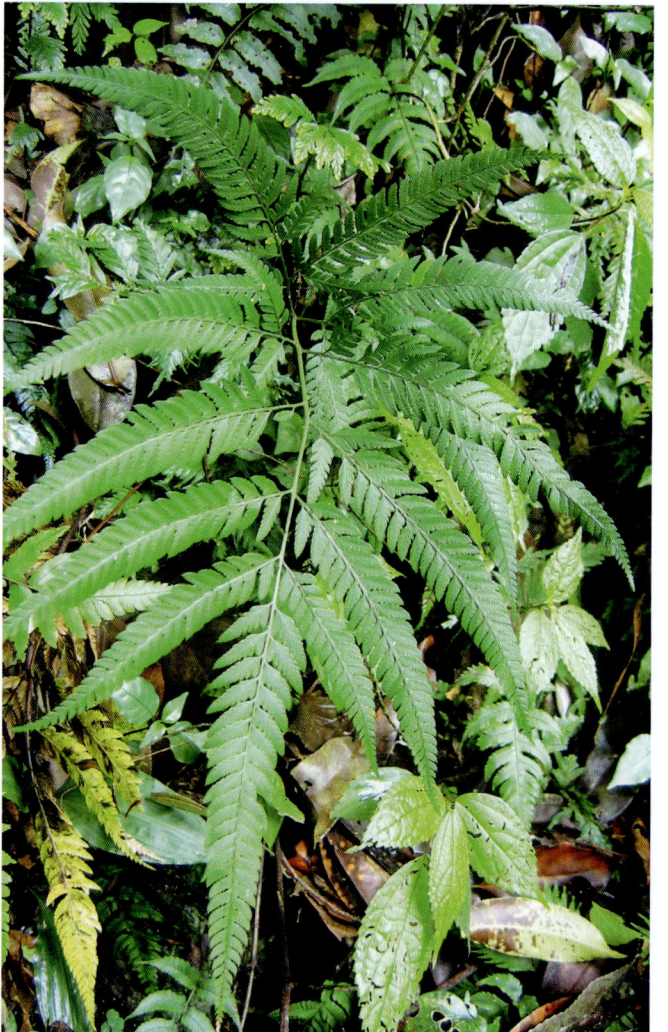

华东复叶耳蕨
Arachniodes tripinnata (Goldm) Sledge

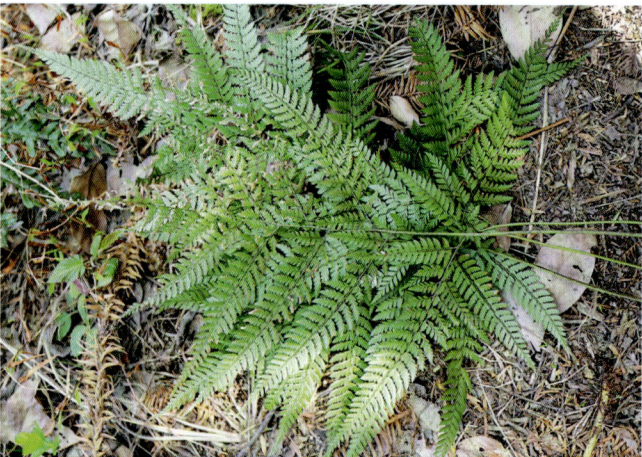

华南实蕨 *Bolbitis subcordata* (Cop.) Ching

二型肋毛蕨 *Ctenitis dingnanensis* Ching

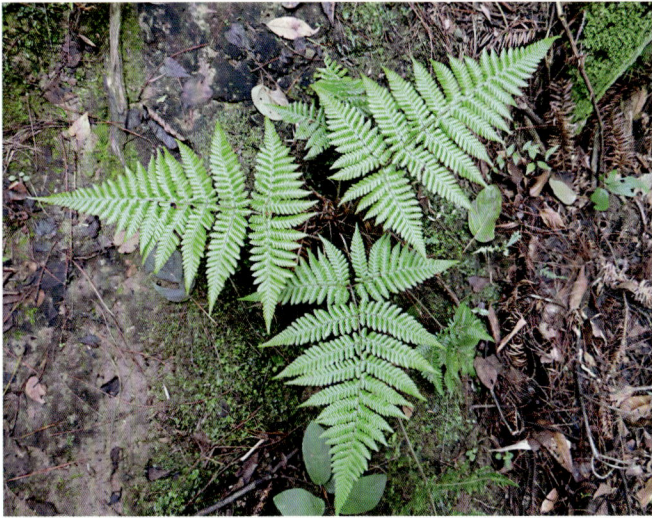

直鳞肋毛蕨 *Ctenitis eatonii* (Bak.) Ching

阔鳞肋毛蕨 *Ctenitis maximowicziana* (Miq.) Ching

虹鳞肋毛蕨
Ctenitis rhodolepis (Clarke) Ching

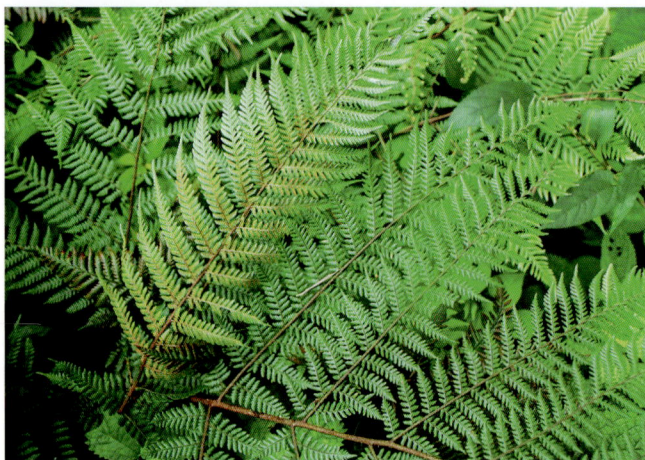

三相蕨 *Ctenitis sinii* (Ching) Ohwi
[*Ctenitopsis sinii* (Ching) Ching]

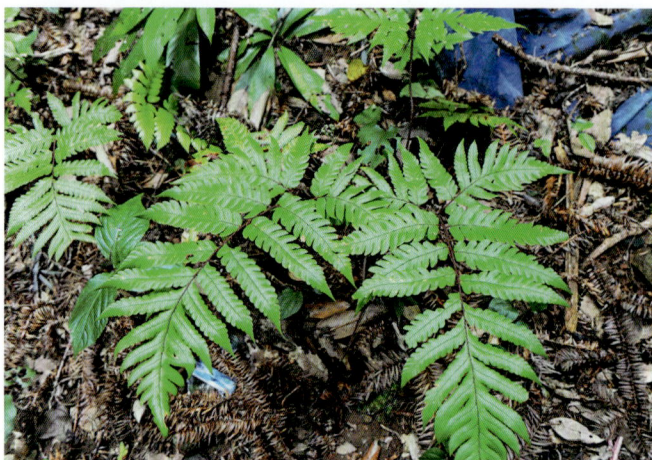

亮鳞肋毛蕨 *Ctenitis subglandulosa* (Hance) Ching

刺齿贯众 *Cyrtomium caryotideum* (Wall. ex HK. et Grev.) Presl

密羽贯众
Cyrtomium confertifolium Ching et Shing

披针贯众
Cyrtomium devexiscapulae (Koidz.) Ching

贯众 *Cyrtomium fortunei* J. Sm.

大叶贯众 *Cyrtomium macrophyllum* (Makino) Tagawa

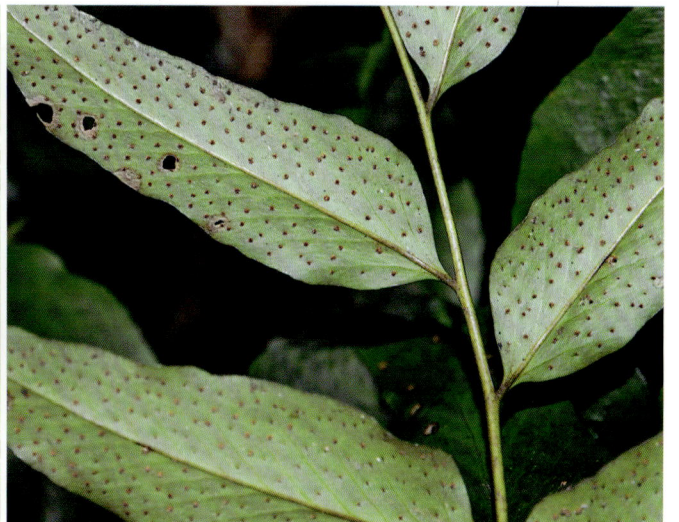

阔羽贯众 *Cyrtomium yamamotoi* Tagawa

尖齿鳞毛蕨 *Dryopteris acutodentata* Ching

暗鳞鳞毛蕨　*Dryopteris atrata* (Kunze) Ching

两色鳞毛蕨
Dryopteris bissetiana (Baker) C. Christ.

西域鳞毛蕨　*Dryopteris blanfordii* (C. Hope) C. Chr.

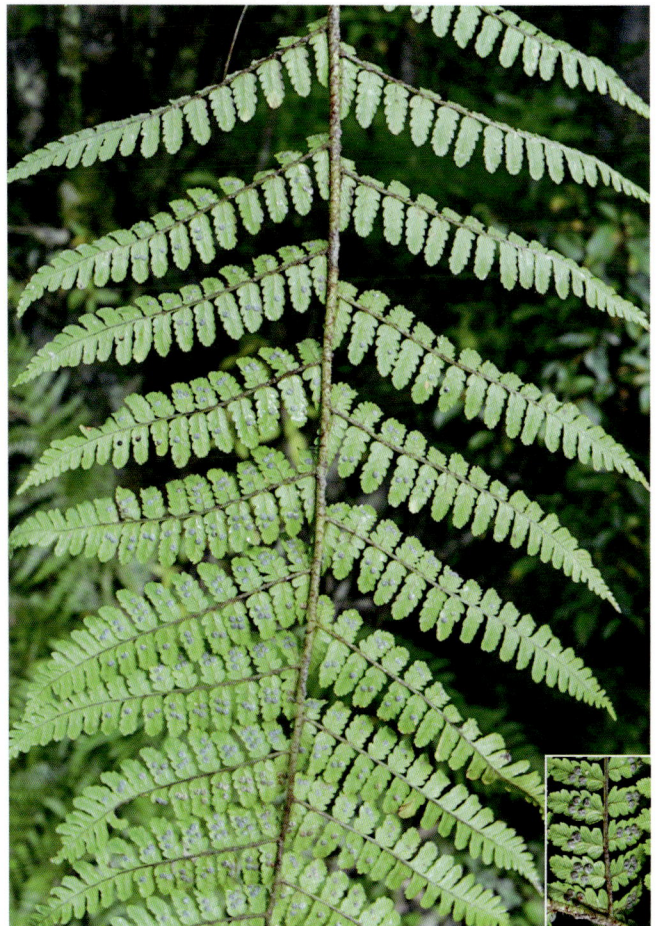

阔鳞鳞毛蕨 *Dryopteris championii*
(Benth.) C. Chr.

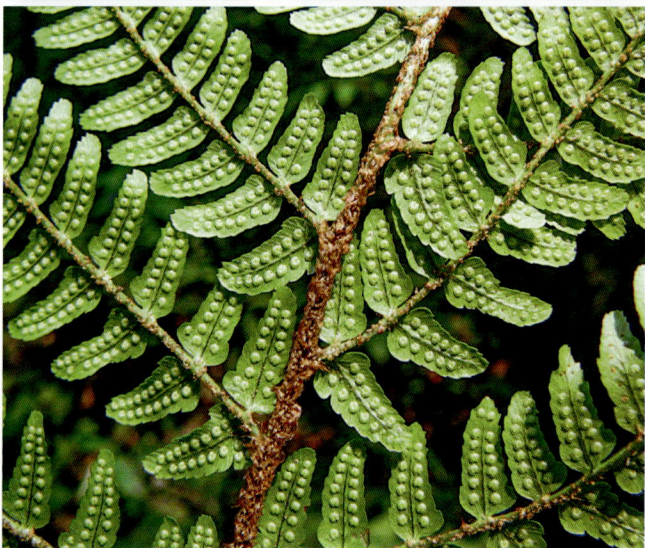

中华鳞毛蕨
Dryopteris chinensis (Bak.) Koidz.

桫椤鳞毛蕨 *Dryopteris cycadina*
(Franch. et Savat.) C. Chr.

迷人鳞毛蕨
Dryopteris decipiens (Hook.) O. Ktze.

深裂迷人鳞毛蕨 *Dryopteris decipiens* **var. *diplazioides*** (Christ) Ching

德化鳞毛蕨
Dryopteris dehuaensis Ching et Shing

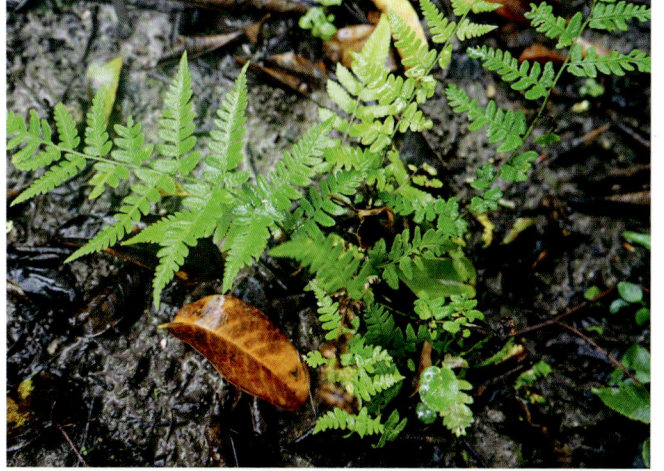

远轴鳞毛蕨
Dryopteris dickinsii (Franch. et Savat.) C. Chr.

红盖鳞毛蕨
Dryopteris erythrosora (Eaton) O. Ktze.

黑足鳞毛蕨
Dryopteris fuscipes C. Chr.

裸叶鳞毛蕨
Dryopteris gymnophylla (Bak.) C. Chr.

假异鳞毛蕨
Dryopteris immixta Ching

平行鳞毛蕨
Dryopteris indusiata (Makino) Yamamoto

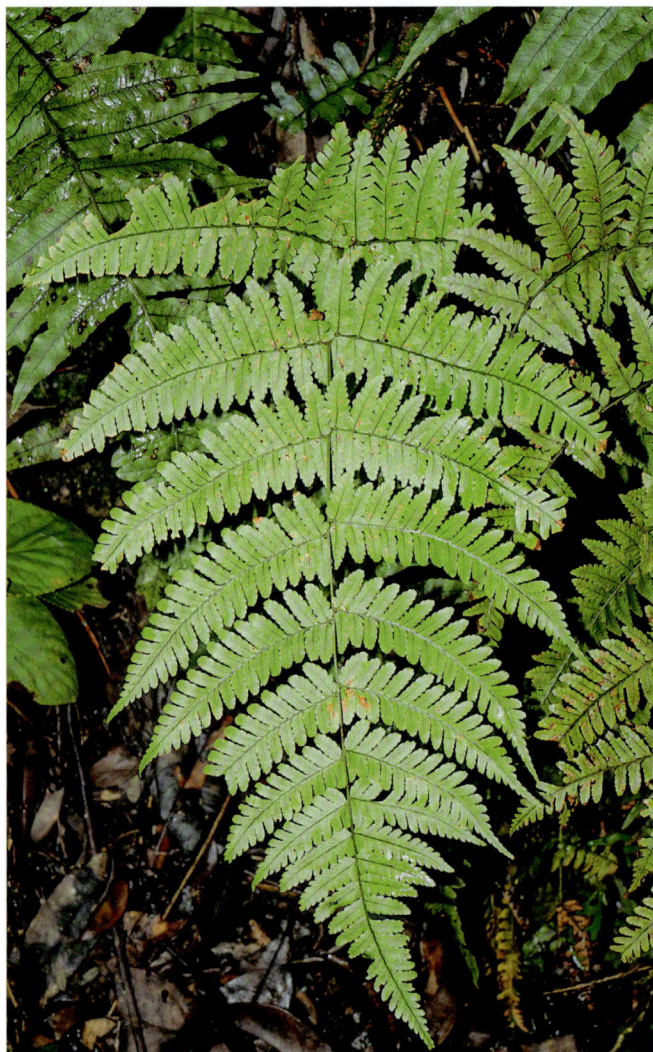

裸果鳞毛蕨
Dryopteris gymnosora (Makino) C. Chr.

京鹤鳞毛蕨 *Dryopteris kinkiensis* Koidz.

齿头鳞毛蕨 *Dryopteris labordei* (Christ) C. Chr.

狭顶鳞毛蕨
Dryopteris lacera (Thunb.) O. Ktze.

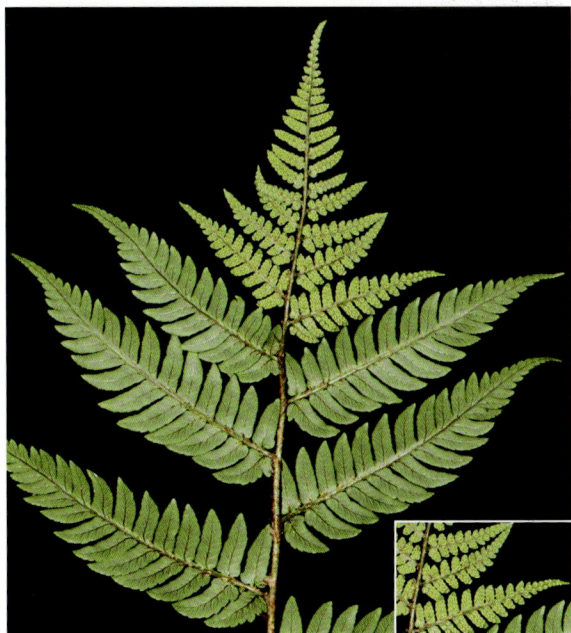

轴鳞鳞毛蕨
Dryopteris lepidorachis C. Chr.

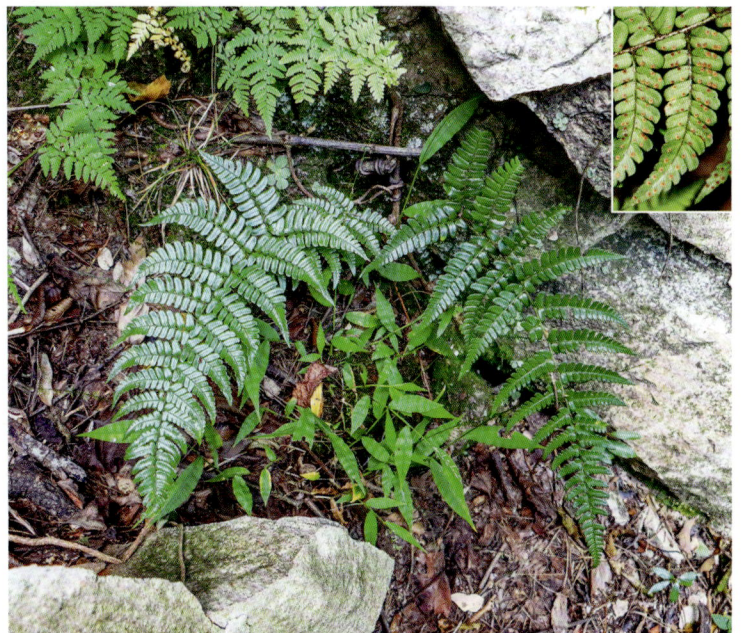

黑鳞远轴鳞毛蕨
Dryopteris namegatae (Kurata) Kurata

太平鳞毛蕨
Dryopteris pacifica (Nakai) Tagawa

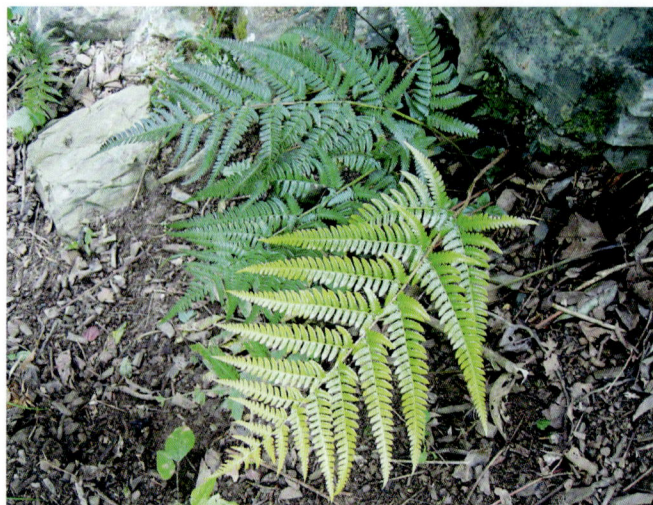

鱼鳞鳞毛蕨 ***Dryopteris paleolata*** (Pic. Serm.) L. B. Zhang　[*Acrophorus paleolatus* Pic. Serm.]

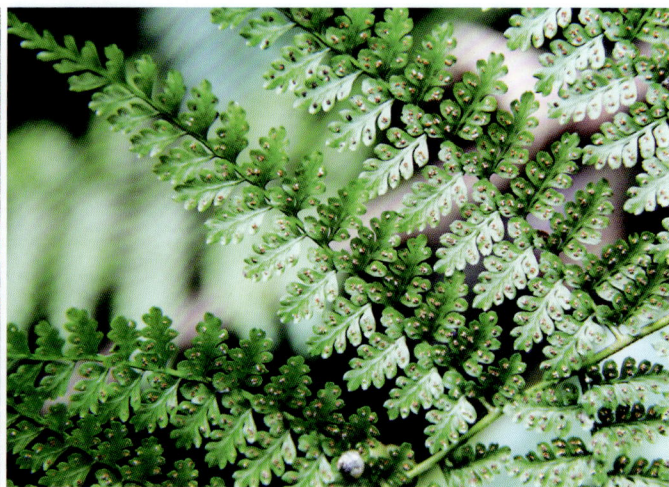

密鳞鳞毛蕨 ***Dryopteris pycnopteroides*** (Christ) C. Chr.

宽羽鳞毛蕨
Dryopteris ryo-itoana Kurata

奇羽鳞毛蕨 *Dryopteris sieboldii*
(van Houtte ex Mett.) O. Ktze

无盖鳞毛蕨
Dryopteris scottii
(Bedd.) Ching ex C.
Chr.

高鳞毛蕨
Dryopteris simasakii (H. Itô) Kurata

稀羽鳞毛蕨 ***Dryopteris sparsa*** (Buch.-Ham. ex D. Dun) O. Ktze.

半育鳞毛蕨 ***Dryopteris sublacera*** Christ

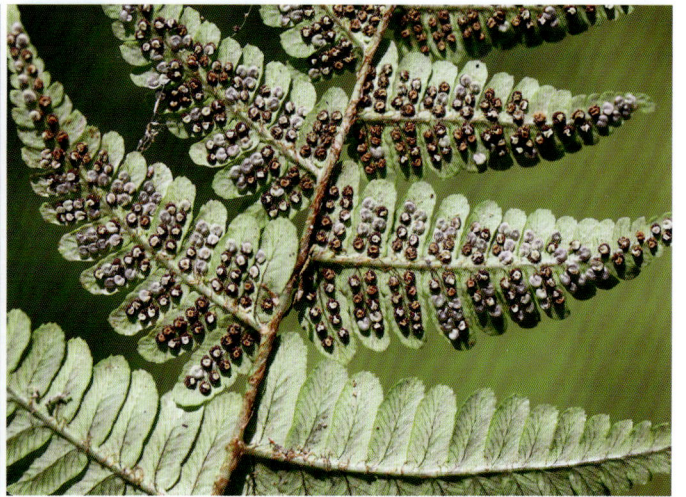

华南鳞毛蕨 ***Dryopteris tenuicula*** Matthew et Christ

东京鳞毛蕨　*Dryopteris tokyoensis* (Matsurn. ex Makino) C. Chr.

观光鳞毛蕨
Dryopteris tsoongii Ching

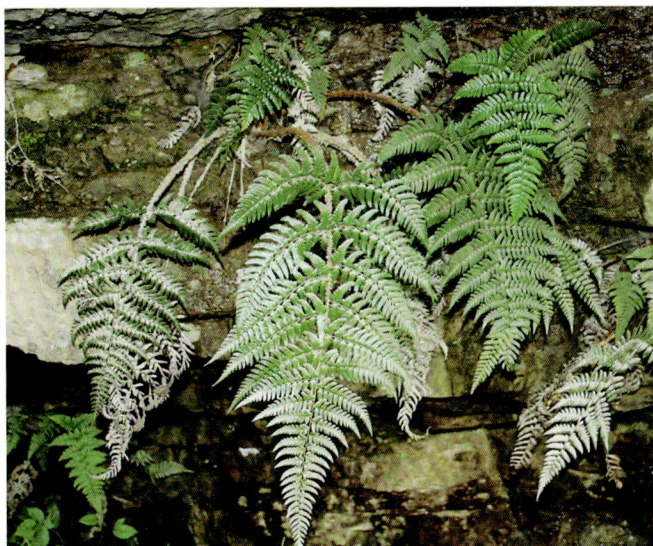

同形鳞毛蕨
Dryopteris uniformis (Makino) Makino

变异鳞毛蕨
Dryopteris varia (L.) O. Ktze.

黄山鳞毛蕨
Dryopteris whangshangensis Ching

细叶鳞毛蕨 *Dryopteris woodsiisora* Hay.

舌蕨
Elaphoglossum conforme (Sw.) Schott

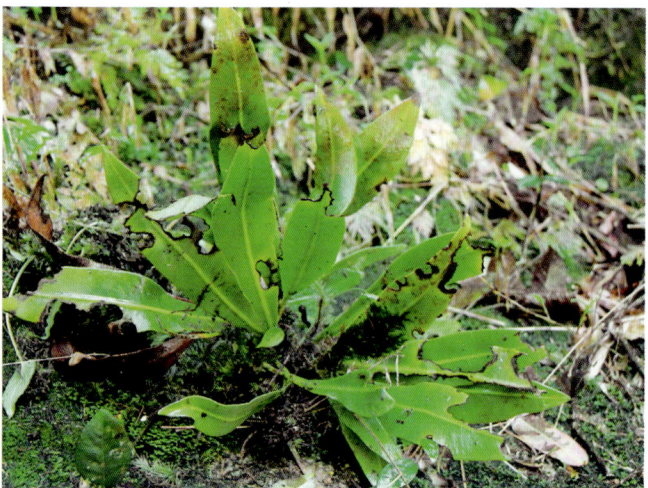

华南舌蕨 *Elaphoglossum yoshinagae*
(Yatabe) Makino

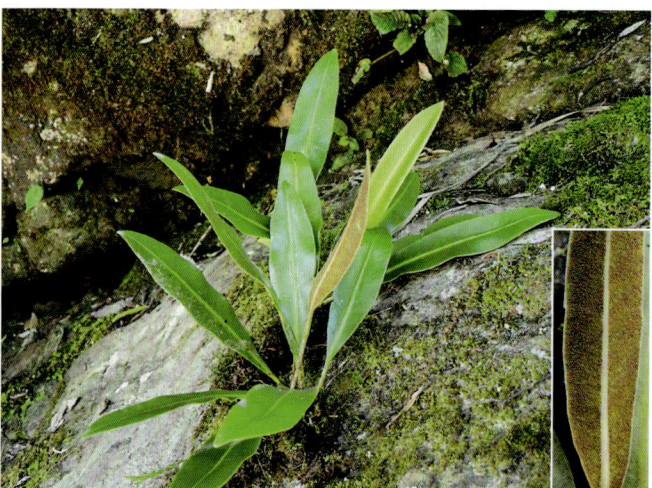

尖齿耳蕨
Polystichum acutidens Christ

灰绿耳蕨 *Polystichum anomalum*
(Hook. ex Arn.) C. Chr.

镰羽耳蕨 *Polystichum balansae* Christ　[Cyrtomium balansae (Christ) C. Chr]

尖顶耳蕨
Polystichum excellens Ching

杰出耳蕨
Polystichum excelsius Ching et Z. Y. Liu

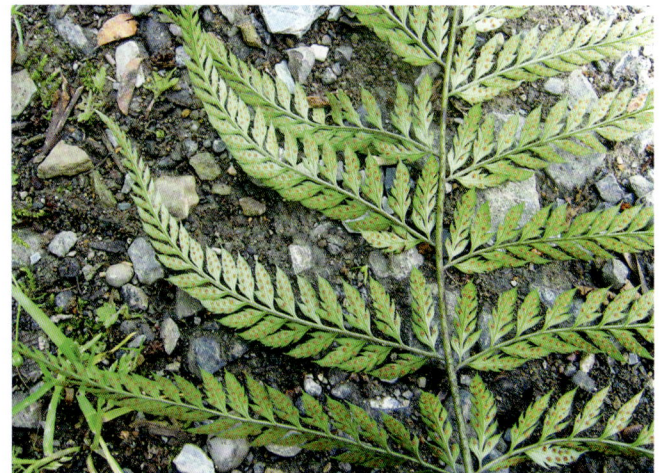

小戟叶耳蕨
Polystichum hancockii (Hance) Diels
[*Polystichum simplicipinnum* Hayata]

芒齿耳蕨
Polystichum hecatopteron Diels

亮叶耳蕨
Polystichum lanceolatum (Bak.) Diels

鞭叶耳蕨 *Polystichum lepidocaulon* (Hook.) J. Sm. [*Cyrtomidictyum lepidocaulon* (HK.) Ching]

长鳞耳蕨
Polystichum longipaleatum Christ

黑鳞耳蕨
Polystichum makinoi (Tagawa) Tagawa

革叶耳蕨
Polystichum neolobatum Nakai

棕鳞耳蕨 *Polystichum polyblepharum*
(Roem. ex Kunze) Presl

假黑鳞耳蕨
Polystichum pseudomakinoi Tagawa

倒鳞耳蕨 *Polystichum retrosopaleaceum*
(Kodama) Tagawa

对马耳蕨
Polystichum tsus-simense (Hook.) J. Sm.

阔鳞耳蕨
Polystichum rigens Tagawa

戟叶耳蕨
Polystichum tripteron (Kunze) Presl

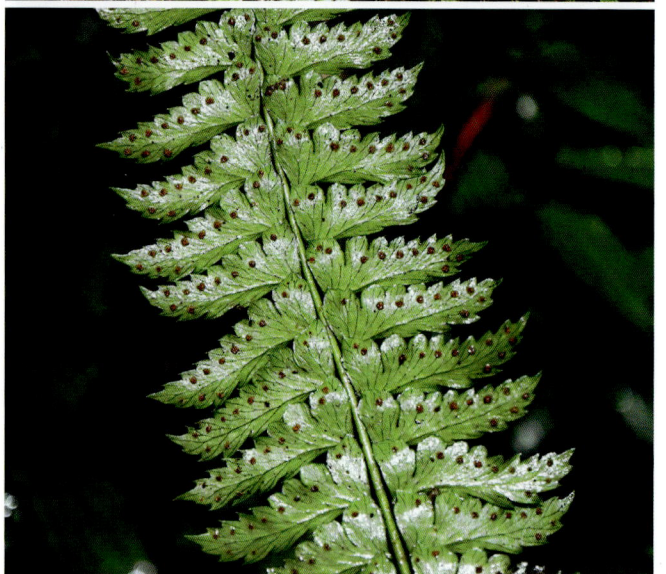

P46　肾蕨科 Nephrolepidaceae

肾蕨 *Nephrolepis cordifolia* (L.) C. Presl

P49　蓧蕨科 Oleandraceae

华南蓧蕨
Oleandra cumingii J. Sm.

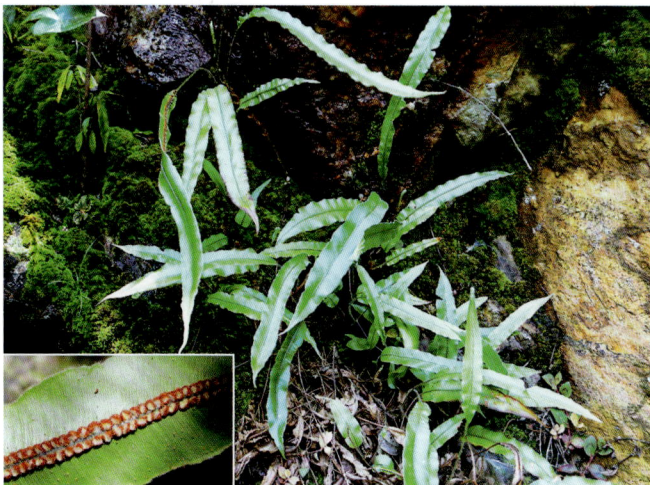

P50　骨碎补科 Davalliaceae

杯盖阴石蕨 *Davallia griffithiana* Hook.
[*Humata griffithiana* (Hook.) C. Chr.；*Humata tyermanni* Moore]

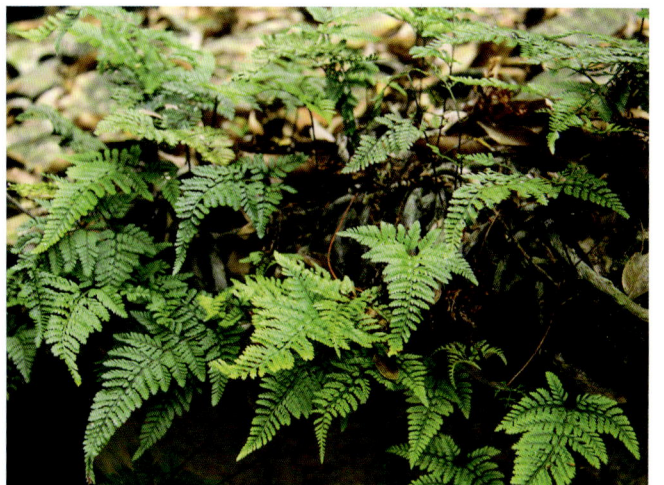

阴石蕨 *Davallia repens* (L. f.) Kuhn [*Humata repens* (L. f.) Diels]

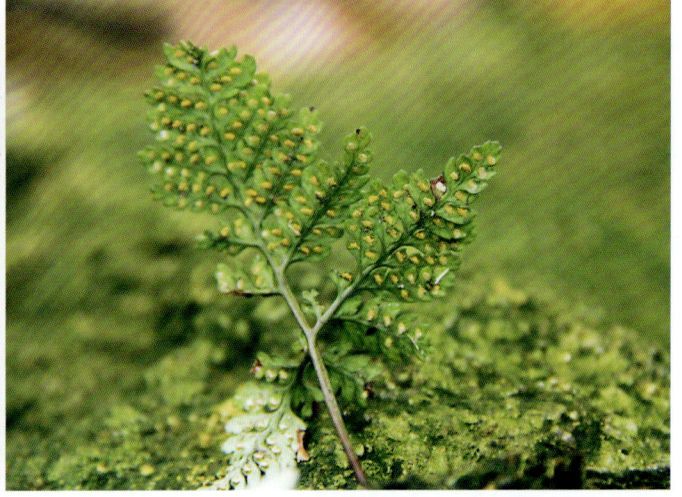

P51　水龙骨科 Polypodiaceae

节肢蕨 *Arthromeris lehmannii* (Mett.) Ching

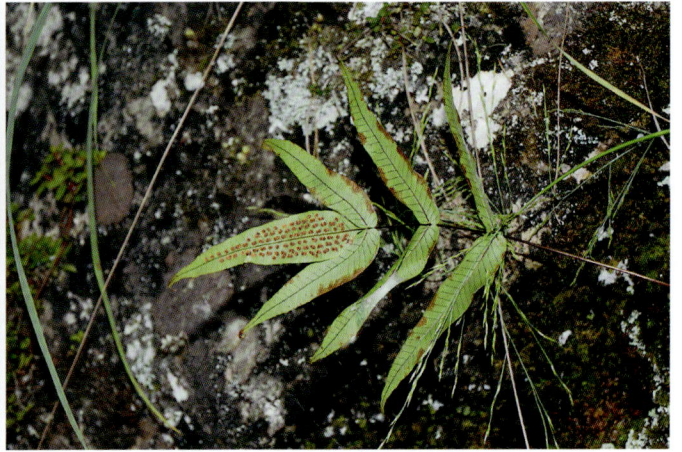

龙头节肢蕨 *Arthromeris lungtauensis* Ching

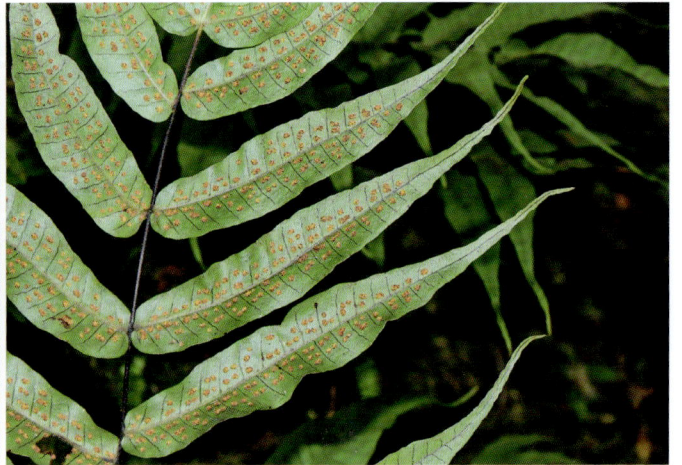

多羽节肢蕨 *Arthromeris mairei* (Brause) Ching

槲蕨 *Drynaria roosii* Nakaike [*Drynaria fortunei* (Kunze) J. Sm.]

雨蕨 *Gymnogrammitis dareiformis* (Hook.) Ching ex Tard.-Blot et C. Chr.

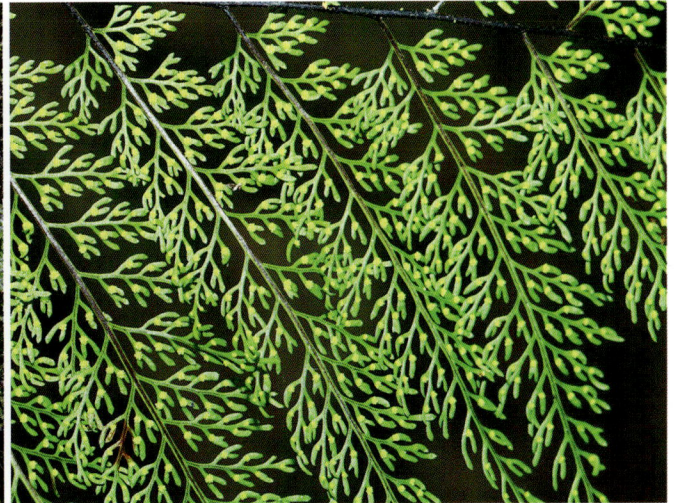

披针骨牌蕨 *Lemmaphyllum diversum* (Rosenst.) Tagawa

[*Lepidogrammitis diversa* (Rosenst.) Ching；*Lepidogrammitis elongata* Ching]

抱石莲
Lemmaphyllum drymoglossoides (Baker) Ching

[*Lepidogrammitis drymoglossoides* (Baker) Ching]

伏石蕨
Lemmaphyllum microphyllum C. Presl

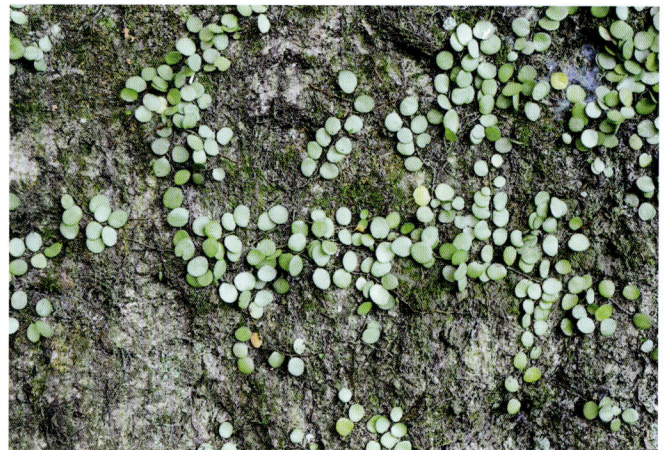

骨牌蕨 *Lemmaphyllum rostratum* (Bedd.) Tagawa

[*Lepidogrammitis rostrata* (Bedd.) Ching]

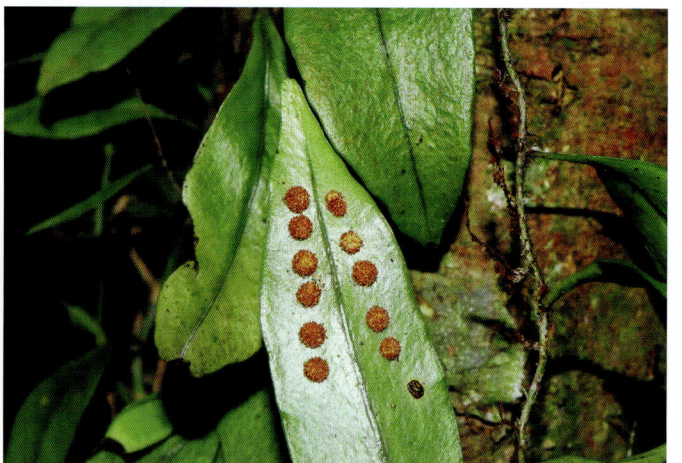

黄瓦韦 *Lepisorus asterolepis* (Baker) Ching

鳞果星蕨 *Lepisorus buergerianus* (Miq.) C. F. Zhao, R. Wei et X. C. Zhang

[*Microsorum buergerianum* (Miq.) Ching]

二色瓦韦
Lepisorus bicolor Ching

网眼瓦韦
Lepisorus clathratus (C. B. Clarke) Ching

扭瓦韦
Lepisorus contortus (Christ) Ching

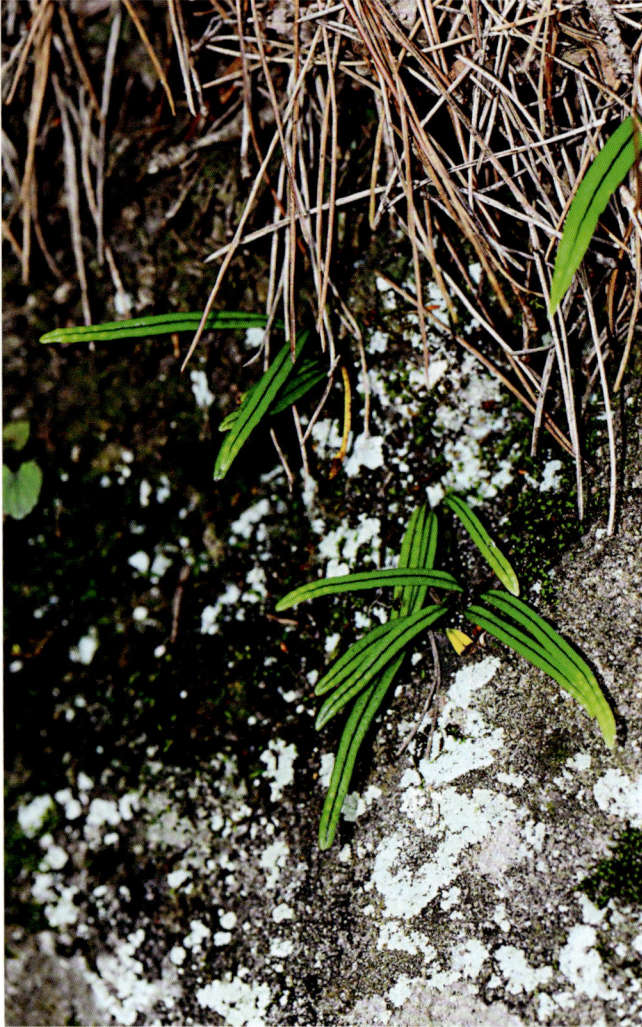

庐山瓦韦
Lepisorus lewisii (Baker) Ching

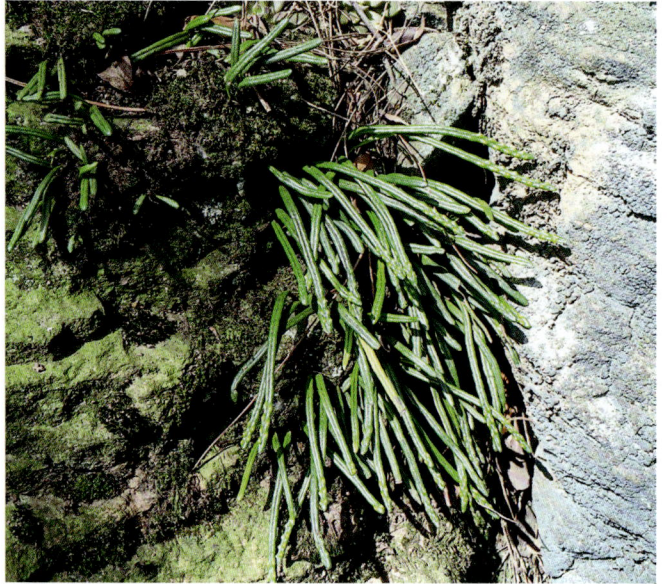

大瓦韦
Lepisorus macrosphaerus (Baker) Ching

丝带蕨 *Lepisorus miyoshianus*
(Makino) Fraser-Jenk. et Subh. Chandra
[*Drymotaenium miyoshianum* (Makino) Makino]

粤瓦韦 *Lepisorus obscurevenulosus*
(Hayata) Ching

盾蕨 *Lepisorus ovatus* (C. Presl) C. F.
Zhao, R. Wei et X. C. Zhang

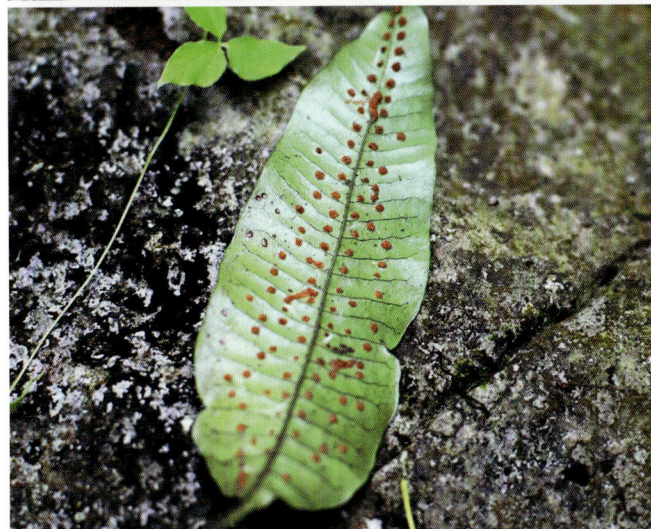

稀鳞瓦韦
Lepisorus oligolepidus (Baker) Ching

表面星蕨 *Lepisorus superficialis* (Blume)
C. F. Zhao, R. Wei et X. C. Zhang
[*Microsorum superficiale* (Blume) Ching]

瓦韦
Lepisorus thunbergianus (Kaulf.) Ching

阔叶瓦韦 *Lepisorus tosaensis* (Makino) H. Itô
[*Lepisorus paohuashanensis* Ching]

线蕨 *Leptochilus ellipticus* (Thunb.) Noot.
[*Colysis elliptica* (Thunb.) Ching]

曲边线蕨 *Leptochilus ellipticus* var. *flexilobus* (Christ) X. C. Zhang
[*Colysis elliptica* var. *flexiloba* (Christ) L. Shi et X. C. Zhang]

胄叶线蕨
Leptochilus × *hemitomus* (Hance) Noot.
[*Colysis hemitoma* (Hance) Ching]

矩圆线蕨
Leptochilus henryi (Baker) X. C. Zhang

断线蕨
Leptochilus hemionitideus (C. Presl) Noot.
[*Colysis hemionitidea* (C. Presl) C. Presl]

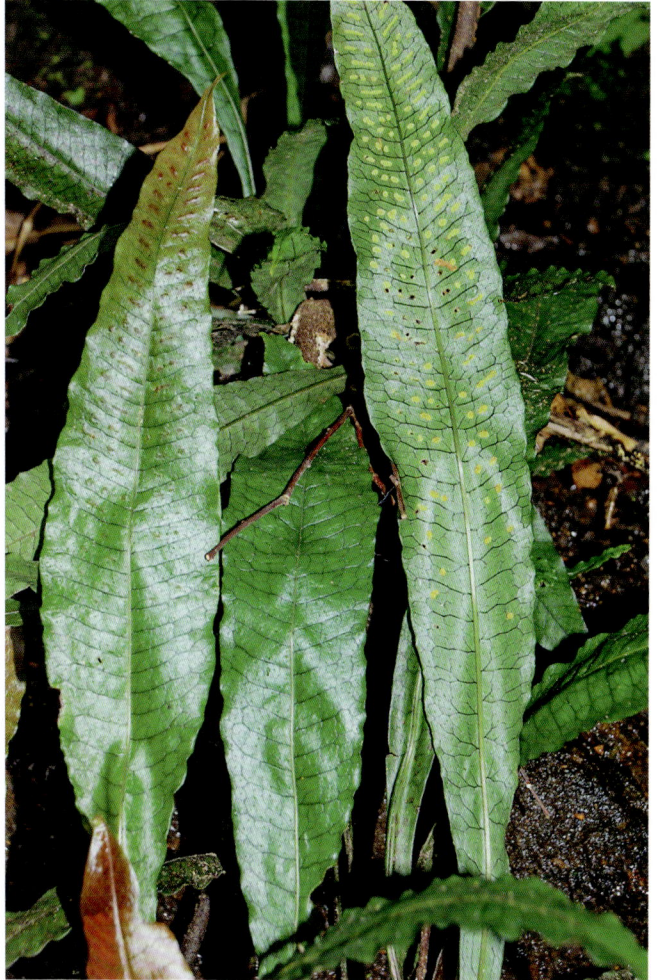

宽羽线蕨 *Leptochilus pothifolius*
(Buch.-Ham. ex D. Don) Fraser-Jenk.
[*Colysis elliptica* var. *pothifolia* Ching]

褐叶线蕨 *Leptochilus wrightii* (Hook. et Baker) X. C. Zhang [*Colysis wrightii* (Hook.) Ching]

中华剑蕨
Loxogramme chinensis Ching

褐柄剑蕨 *Loxogramme duclouxii* Christ

匙叶剑蕨 *Loxogramme grammitoides* (Baker) C. Chr.

柳叶剑蕨 *Loxogramme salicifolia* (Makino) Makino

锯蕨
Micropolypodium okuboi (Yatabe) Hayata

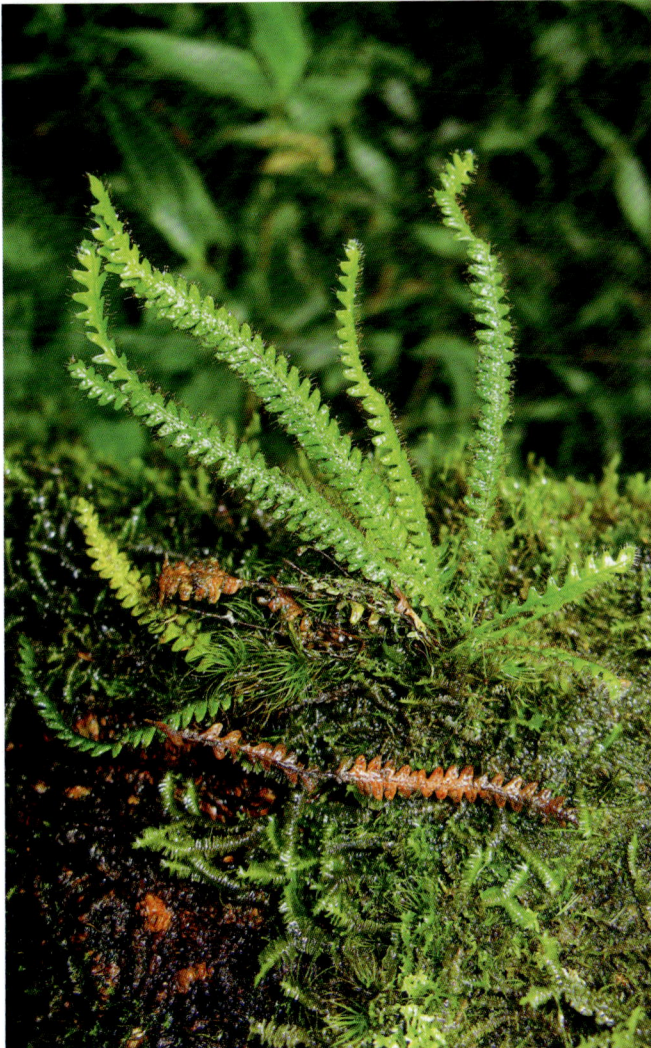

锡金锯蕨 *Micropolypodium sikkimense* (Hieron.) X. C. Zhang

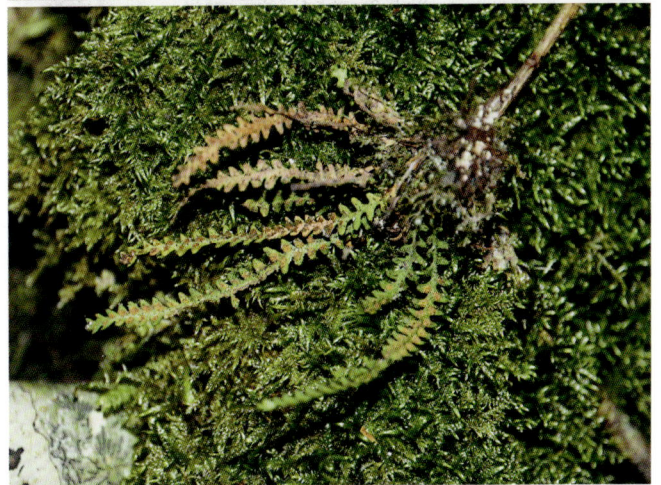

羽裂星蕨
Microsorum insigne (Blume) Copel.

星蕨
Microsorum punctatum (L.) Copel.

剑叶盾蕨
Neolepisorus ensatus (Thunb.) Ching

江南星蕨
Neolepisorus fortunei (T. Moore) Li Wang
[*Microsorum fortunei* (T. Moore) Ching]

短柄滨禾蕨
Oreogrammitis dorsipila (Christ) Parris
[*Grammitis dorsipila* (Christ) C. Chr. et Tardieu]

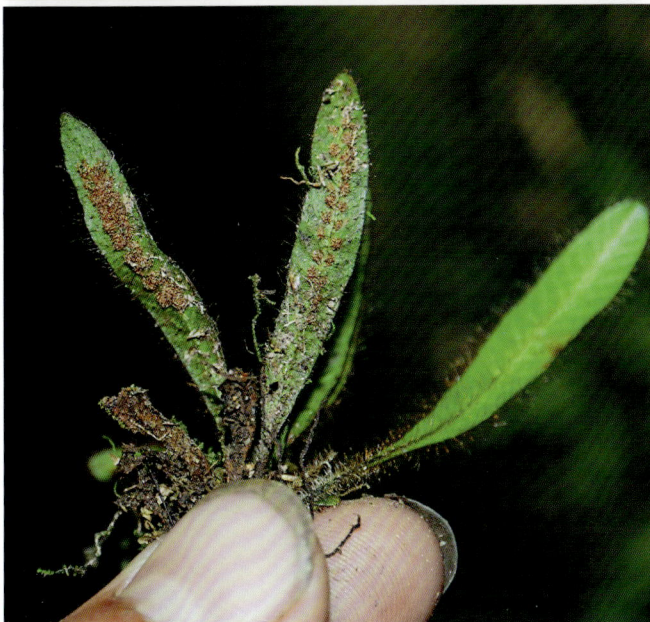

光亮瘤蕨
Phymatosorus cuspidatus (D. Don) Pic. Serm.

宽底假瘤蕨
Selliguea majoensis (C. Chr.) Fraser-Jenk.
[*Phymatopteris majoensis* (C. Chr.) Pic. Serm.]

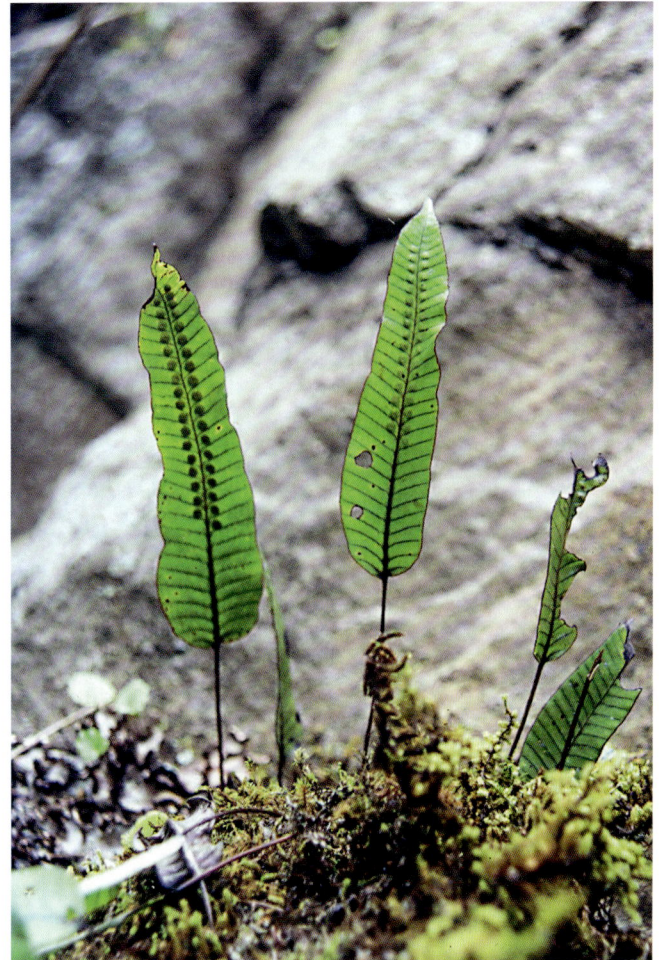

中华水龙骨 *Goniophlebium chinense* (Christ) X. C. Zhang
[*Polypodiodes chinensis* (Christ) S. G. Lu]

友水龙骨 *Polypodiodes amoena* (Wall. ex Mett.) Ching

日本水龙骨 *Polypodiodes niponica* (Mett.) Ching

贴生石韦 *Pyrrosia adnascens* (Sw.) Ching

石蕨 *Pyrrosia angustissima* (Giesenhagen ex Diels) Tagawa et K. Iwatsuki
[*Saxiglossum angustissimum* (Gies.) Ching]

相近石韦 *Pyrrosia assimilis* (Baker) Ching

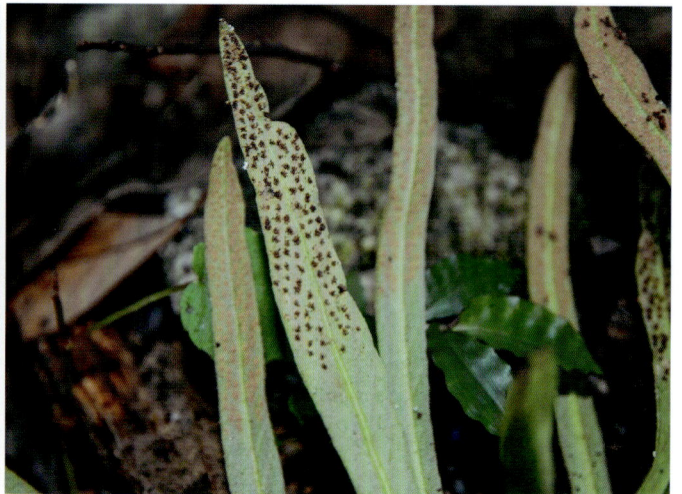

光石韦 *Pyrrosia calvata* (Baker) Ching

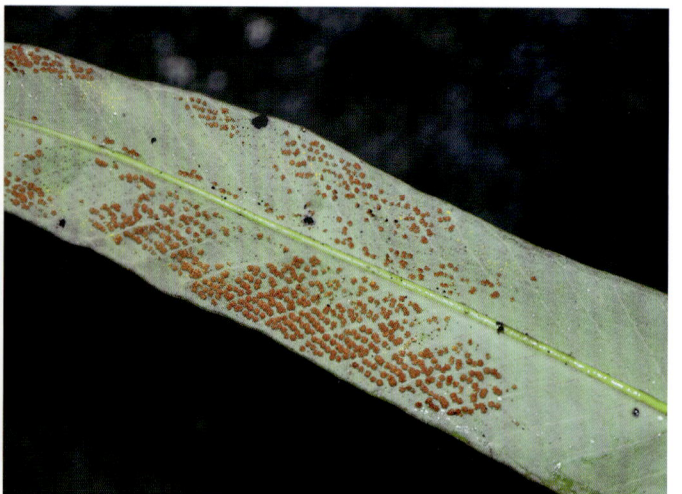

石韦 *Pyrrosia lingua* (Thunb.) Farwell

有柄石韦
Pyrrosia petiolosa (Christ) Ching

抱树莲 *Pyrrosia piloselloides* (L.) M. G. Price
[*Drymoglossum piloselloides* (L.) C. Presl]

庐山石韦 *Pyrrosia sheareri* (Baker) Ching

相似石韦
Pyrrosia similis Ching

灰鳞假瘤蕨
Selliguea albipes (C. Chr. et Ching) S. G. Lu
[*Phymatopteris albopes* (C. Chr. et Ching) Pic. Serm.]

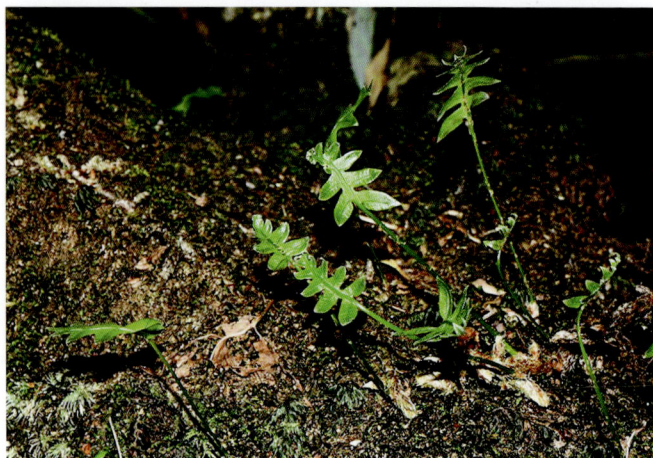

大果假瘤蕨　*Selliguea griffithiana* (Hook.) Fraser-Jenk.　[*Phymatopteris griffithiana* (Hook.) Pic. Serm.]

金鸡脚假瘤蕨　*Selliguea hastata* (Thunb.) Fraser-Jenk.　[*Phymatopteris hastata* (Thunb.) Pic. Serm.]

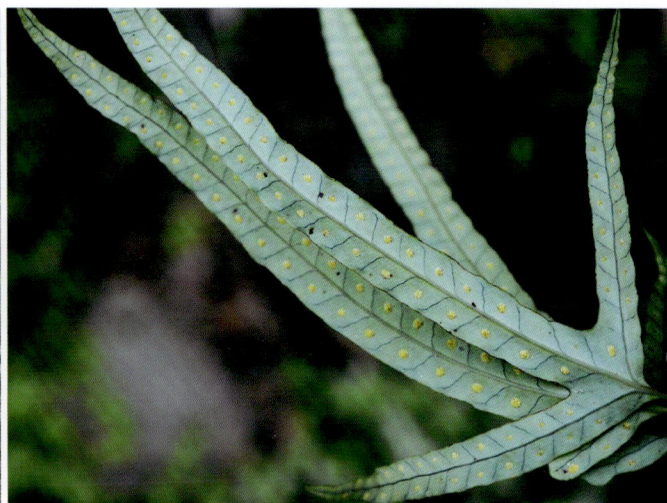

喙叶假瘤蕨 *Selliguea rhynchophylla* (Hook.) Fraser-Jenk.
[*Phymatopteris rhynchophylla* (Hook.) Pic. Serm.]

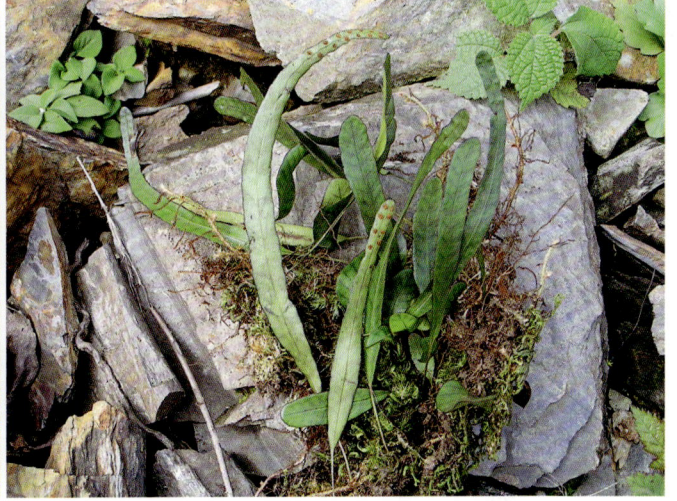

屋久假瘤蕨 *Selliguea yakushimensis* (Makino) Fraser-Jenk.
[*Phymatopteris yakushimensis* (Makino) Pic. Serm.]

裂禾蕨 *Tomophyllum donianum* (Sprengel) Fraser-Jenkins et Parris

第 2 章

裸子植物

Class I 苏铁纲 Cycadopsida

Order 1 苏铁目 Cycadales

G1 苏铁科 Cycadaceae

*苏铁 *Cycas revoluta* Thunb.

Class II 银杏纲 Ginkgopsida

Order 2 银杏目 Ginkgoales

G3 银杏科 Ginkgoaceae

银杏 *Ginkgo biloba* L.

Class III　松纲　Pinopsida

Order 3　买麻藤目　Gnetales

G5　买麻藤科　Gnetaceae

小叶买麻藤
Gnetum parvifolium (Warb.) W. C. Cheng

Order 4　松目　Pinales

G7　松科　Pinaceae

资源冷杉 *Abies ziyuanensis* L. K. Fu et S. L. Mo
[*Abies beshanzuensis* var. *ziyuanensis* (L. K. Fu et S. L. Mo) L. K. Fu et Nan Li]

银杉 *Cathaya argyrophylla* Chun et Kuang

*雪松 *Cedrus deodara* G. Don

铁坚油杉
Keteleeria davidiana (Bertr.) Beissn.

江南油杉 *Keteleeria fortunei* **var.**
cyclolepis (Flous) Silba

* **油杉** *Keteleeria fortunei* (Murr.) Carr.

* 华山松 *Pinus armandii* Franch.

大别山五针松 *Pinus dabeshanensis* W. C. Cheng et Y. W. Law

[*Pinus fenzeliana* var. *dabeshanensis* (W. C. Cheng et Y. W. Law) L. K. Fu et Nan Li]

* 湿地松 *Pinus elliottii* Engelm.

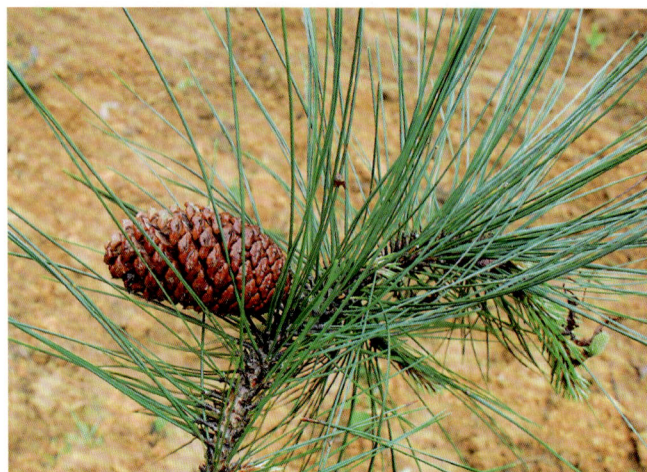

黄山松 *Pinus hwangshanensis* W. Y. Hsia

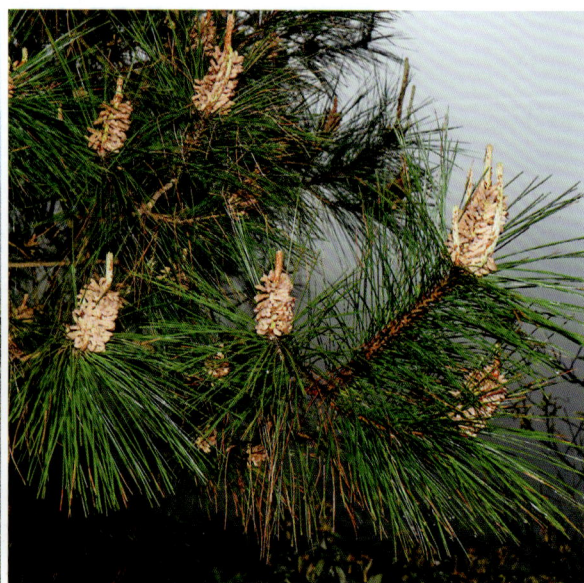

马尾松 *Pinus massoniana* Lamb.

* 台湾五针松 *Pinus morrisonicola* Hayata

* 油松 *Pinus tabuliformis* Carr.

金钱松 *Pseudolarix amabilis* (Nelson) Rehd.

铁杉 *Tsuga chinensis* (Franch.) Pritz.
[南方铁杉 *Tsuga chinensis* var. *tchekiangensis* (Flous) W. C. Cheng et L. K. Fu]

长苞铁杉 *Nothotsuga longibracteata* (W. C. Cheng) Hu ex C. N. Page

[*Tsuga longibracteata* W. C. Cheng]

G9　罗汉松科 Podocarpaceae

竹柏 *Nageia nagi* (Thunb.) Kuntze　[*Podocarpus nagi* (Thunb.) Zoll. et Mor. ex Zoll.]

短叶罗汉松
Podocarpus chinensis Wall. ex J. Forbes
[*Podocarpus macrophyllus* var. *maki* Endl.]

罗汉松
Podocarpus macrophyllus (Thunb.) D. Don

百日青 ***Podocarpus neriifolius*** D. Don

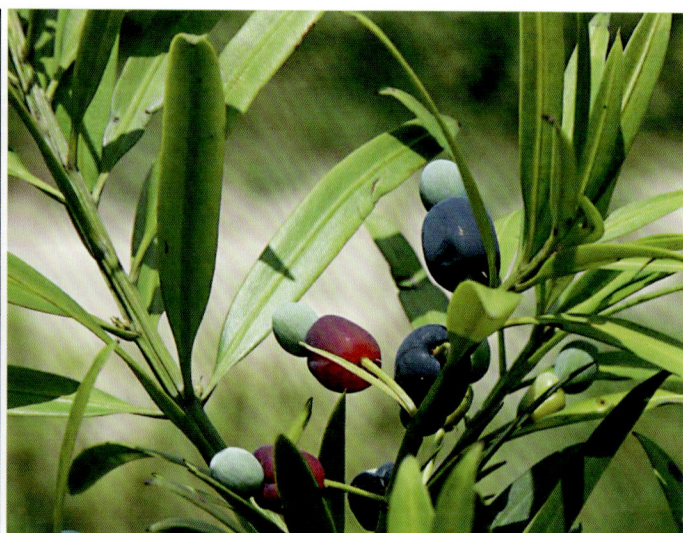

G11　柏科　Cupressaceae

* 日本柳杉　*Cryptomeria japonica* (L. f.) D. Don
[*Cryptomeria fortunei* Hooibrenk ex Otto et Dietr.]

柳杉
Cryptomeria japonica **var.** *sinensis* Miq.

杉木
Cunninghamia lanceolata (Lamb.) Hook.

柏木
Cupressus funebris Endl.

福建柏 *Fokienia hodginsii*
(Dunn) A. Henry et H. H. Thomas

水松 *Glyptostrobus pensilis*
(Staunt.) Koch

圆柏 *Juniperus chinensis* L.

刺柏 *Juniperus formosana* Hayata

* 垂枝香柏
Juniperus pingii W. C. Cheng ex Ferré
[*Sabina pingii* (W. C. Cheng ex Ferre) W. C. Cheng et W. T. Wang]

侧柏 *Platycladus orientalis* (L.) Franco

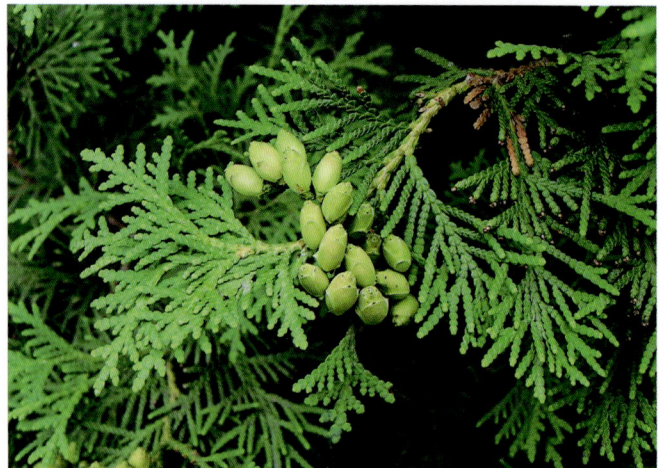

* **水杉** *Metasequoia glyptostroboides* Hu et W. C. Cheng

* **池杉** *Taxodium distichum* var. *imbricatum* (Nuttall) Croom

* **日本香柏** *Thuja standishii* (Gord.) Carr.

G12　红豆杉科 Taxaceae

穗花杉 *Amentotaxus argotaenia* (Hance) Pilg.

三尖杉 *Cephalotaxus fortunei* Hook.

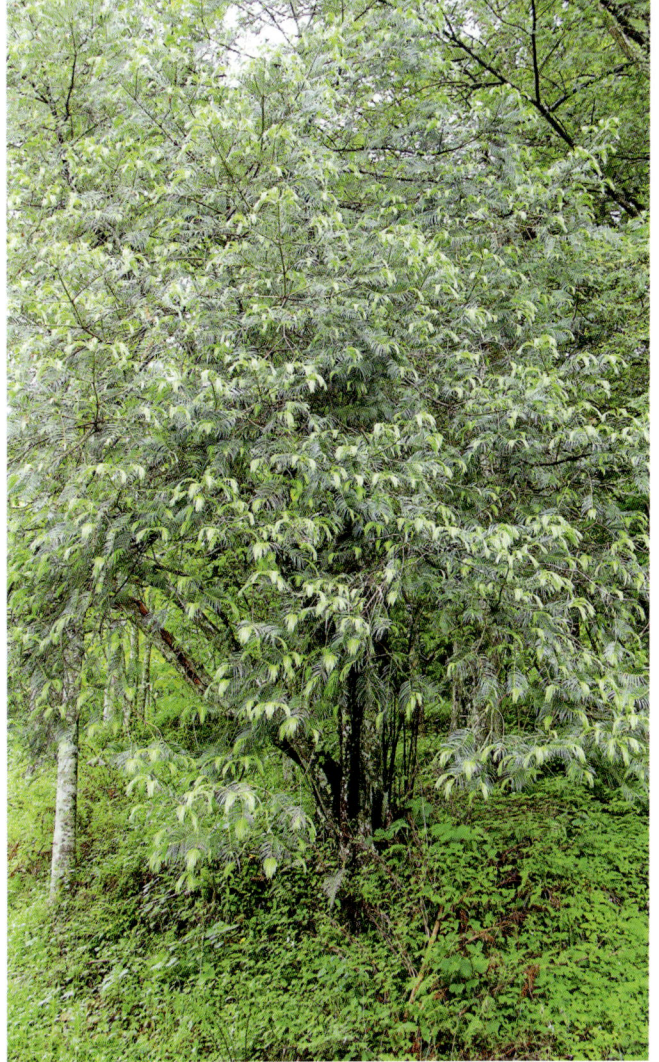

宽叶粗榧 *Cephalotaxus latifolia* L. K. Fu et R. R. Mill.

篦子三尖杉
Cephalotaxus oliveri Mast.

粗榧
Cephalotaxus sinensis (Rehd. et Wils.) Li

白豆杉 *Pseudotaxus chienii* (W. C. Cheng) W. C. Cheng

榧
Torreya grandis Fort. ex Lindl.

南方红豆杉 ***Taxus wallichiana* var. *mairei***
(Lemée et H. Lév.) L. K. Fu et Nan Li

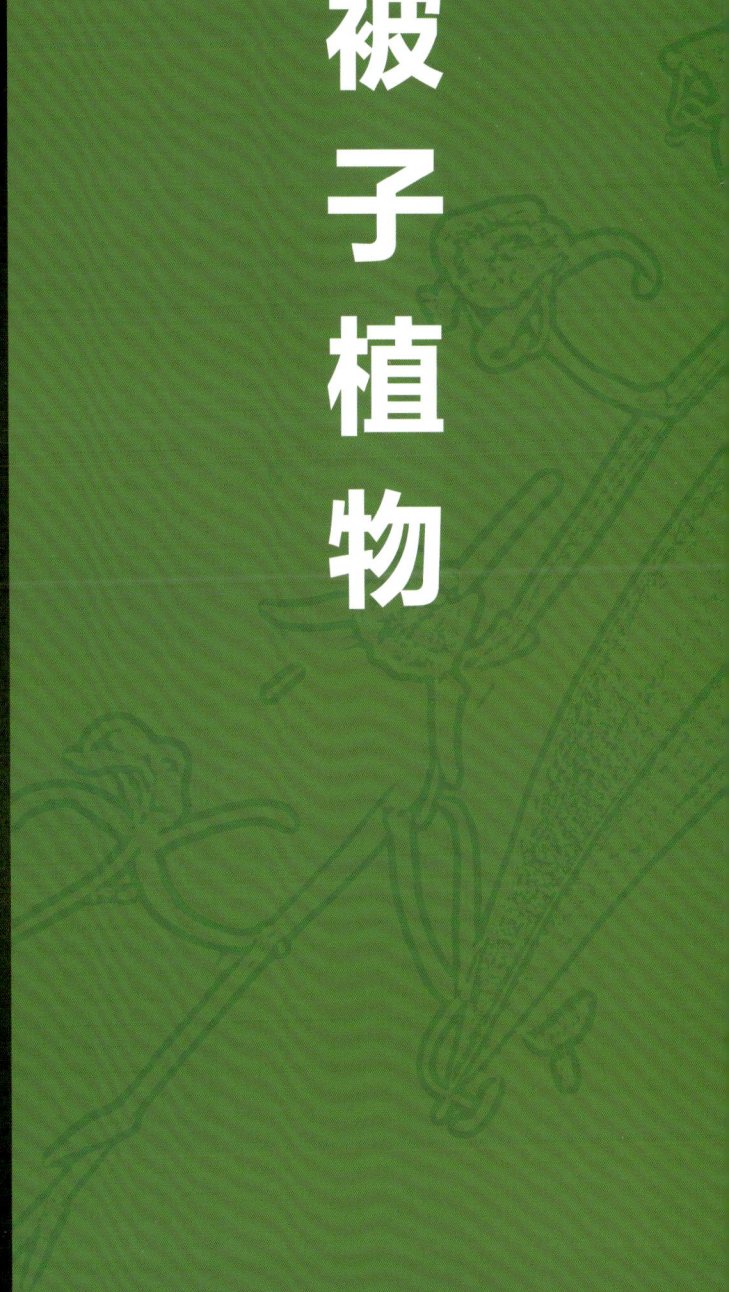

第 **3** 章

被子植物

Order 2　睡莲目 Nymphaeales

A3　莼菜科 Cabombaceae

莼菜 *Brasenia schreberi* J. F. Gmel.

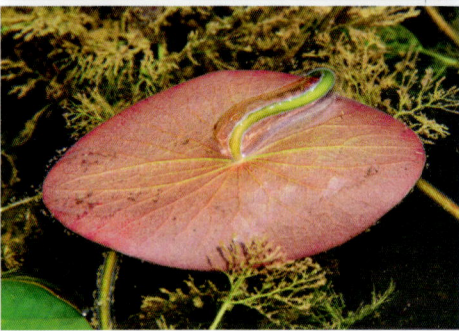

A4　睡莲科 Nymphaeaceae

芡实 *Euryale ferox* Salisb.

萍蓬草
Nuphar pumila (Hoffm.) DC.

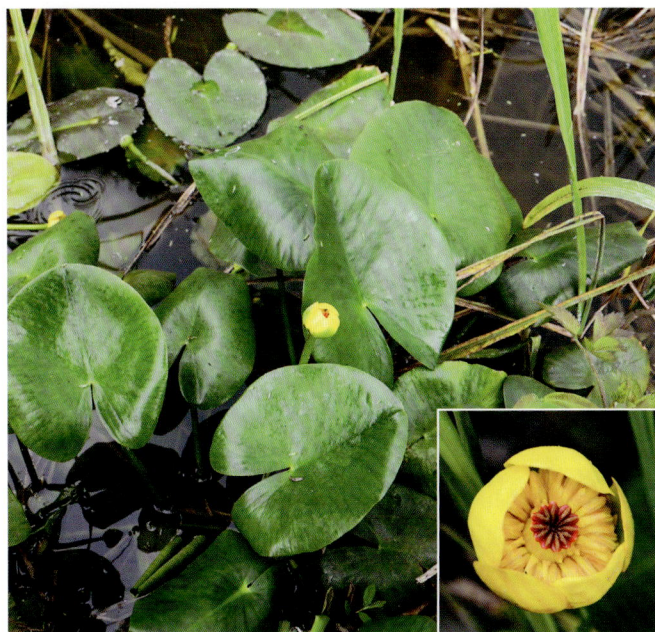

中华萍蓬草 *Nuphar pumila* subsp. *sinensis* (Hand.-Mazz.) D. E. Padgett

睡莲 *Nymphaea tetragona* Georgi

Order 3　木兰藤目 Austrobaileyales

A7　五味子科 Schisandraceae

大屿八角
Illicium angustisepalum A. C. Sm.

短柱八角
Illicium brevistylum A. C. Sm.

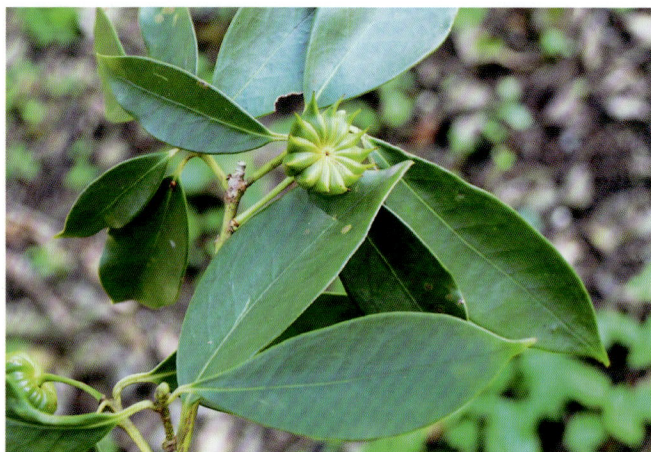

红茴香 *Illicium henryi* Diels

红毒茴 *Illicium lanceolatum* A. C. Smith

假地枫皮 *Illicium jiadifengpi* B. N. Chang

*****八角** *Illicium verum* Hook. f.

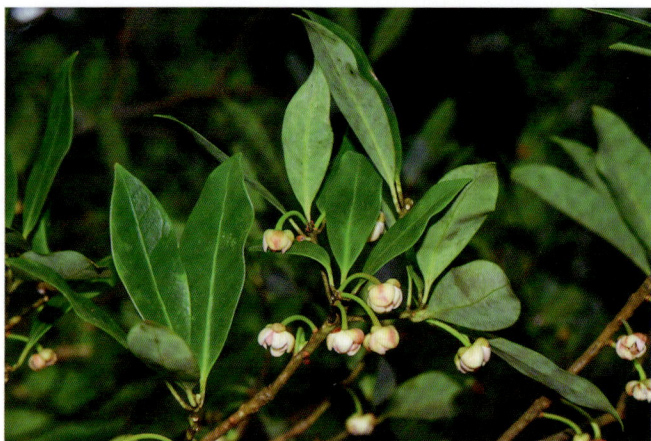

黑老虎
Kadsura coccinea (Lem.) A. C. Sm.

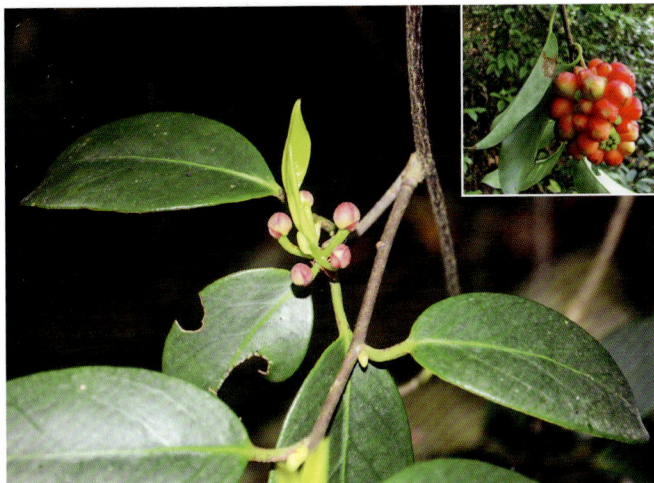

南五味子
Kadsura longipedunculata Finet et Gagnep.

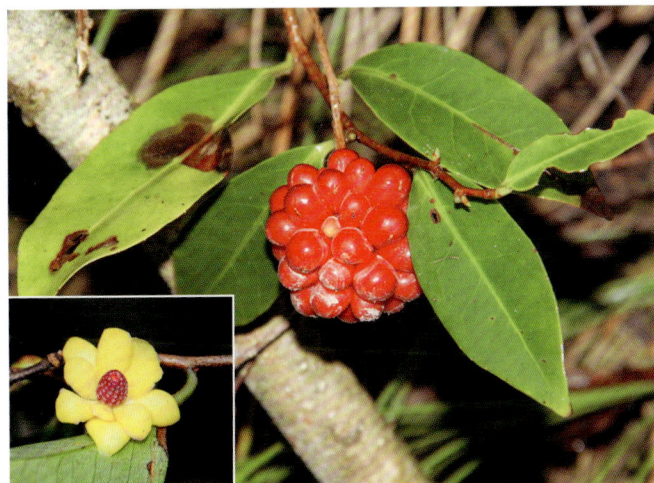

异形南五味子
Kadsura heteroclita (Roxb.) Craib

绿叶五味子 *Schisandra arisanensis* **subsp.** *viridis* (A. C. Sm.) R. M. K. Saunders

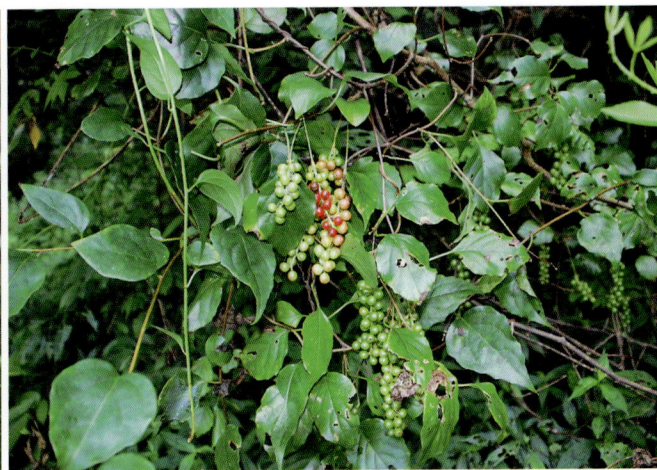

二色五味子 *Schisandra bicolor* W. C. Cheng

五味子 *Schisandra chinensis* (Turcz.) Baill.

翼梗五味子 *Schisandra henryi* C. B. Clarke

铁箍散
Schisandra propinqua subsp. *sinensis*
(Oliv.) R. M. K. Saunders

华中五味子
Schisandra sphenanthera Rehd. et Wils.

Order 5　胡椒目 Piperales

A10　三白草科 Saururaceae

蕺菜 *Houttuynia cordata* Thunb.

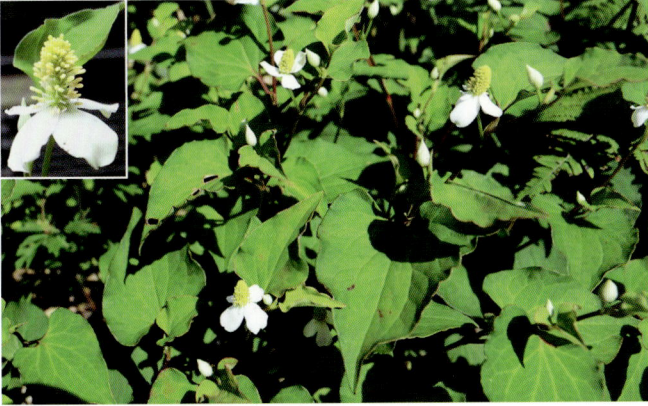

三白草 *Saururus chinensis* (Lour.) Baill.

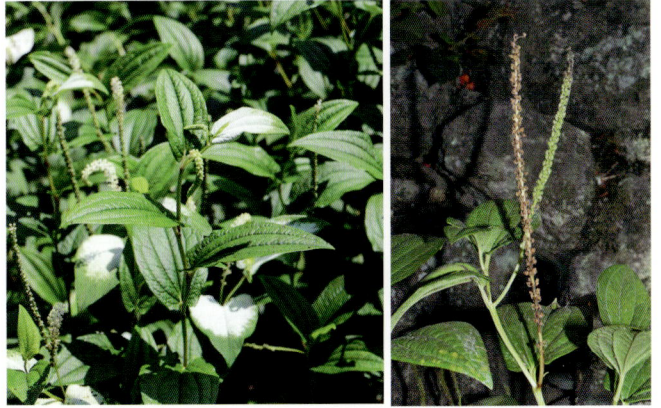

A11　胡椒科 Piperaceae

竹叶胡椒 *Piper bambusifolium* Tseng

山蒟 *Piper hancei* Maxim.

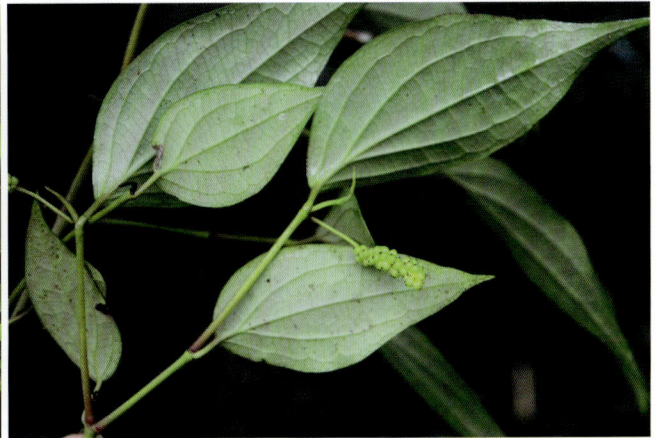

毛蒟 *Piper puberulum* (Benth.) Maxim.

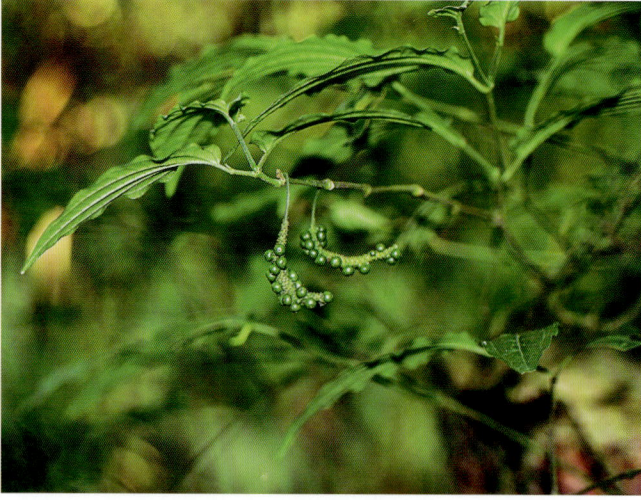

石南藤 *Piper wallichii* (Miq.) Hand.-Mazz.

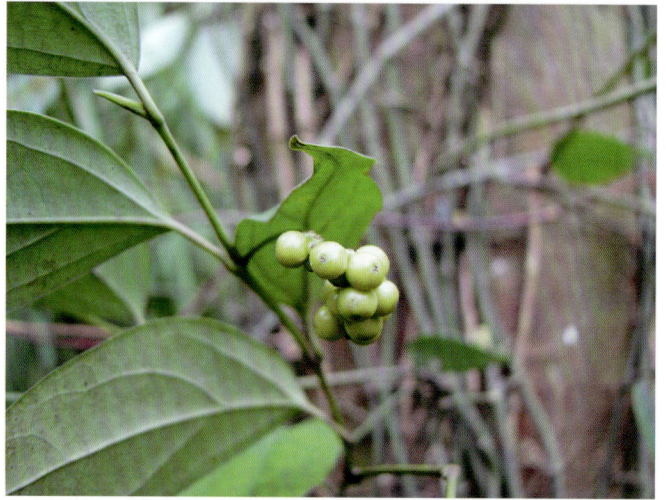

A12 马兜铃科 Aristolochiaceae

马兜铃 *Aristolochia debilis* Sieb. et Zucc.

通城虎 *Aristolochia fordiana* Hemsl.

寻骨风 *Aristolochia mollissima* Hance

管花马兜铃 *Aristolochia tubiflora* Dunn

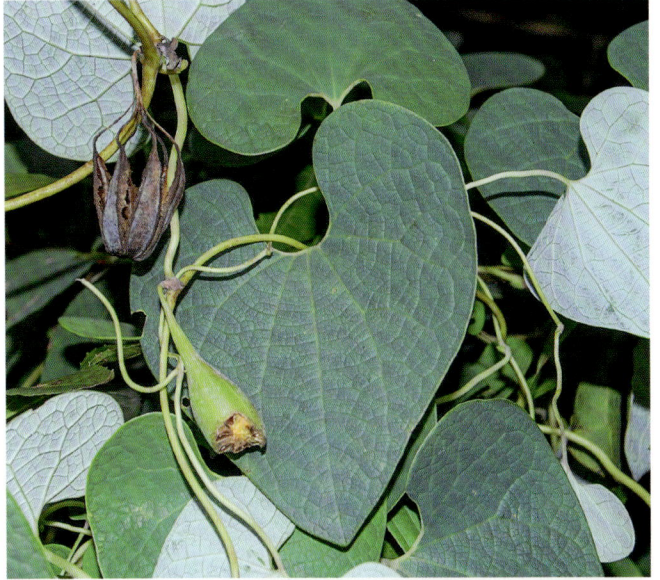

东方细辛 *Asarum campaniflorum*
Yong Wang et Q. F. Wang

尾花细辛 *Asarum caudigerum* Hance

杜衡
Asarum forbesii Maxim.

小叶马蹄香 *Asarum ichangense*
C. Y. Cheng et C. S. Yang

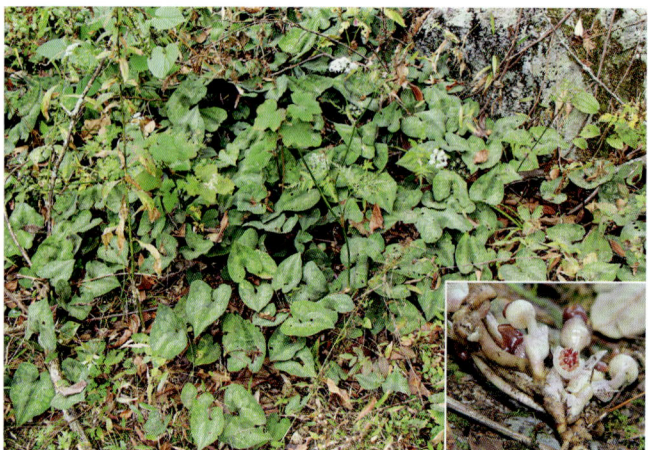

金耳环
Asarum insigne Diels

福建细辛 *Asarum fukienense*
C. Y. Cheng et C. S. Yang

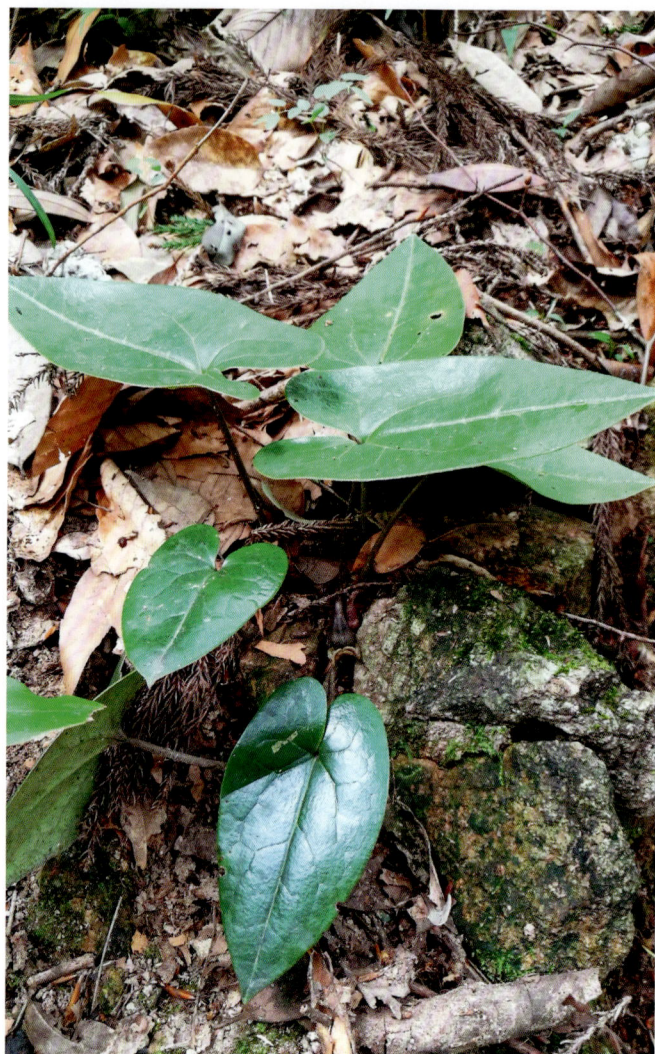

祁阳细辛 *Asarum magnificum*
Tsiang ex C. Y. Cheng et C. S. Yang

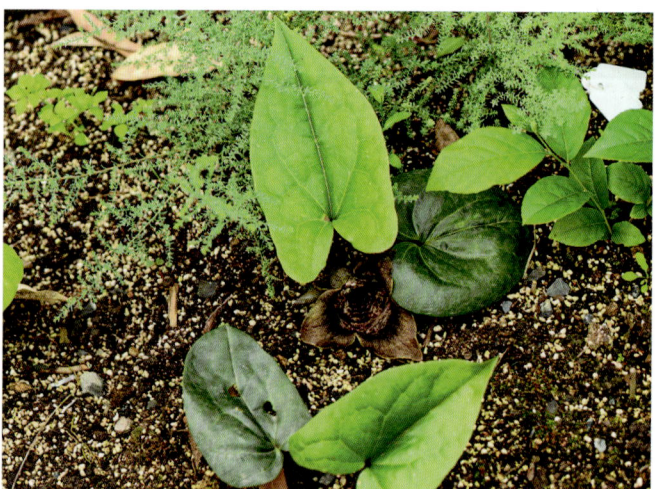

大叶细辛
Asarum maximum Hemsl.

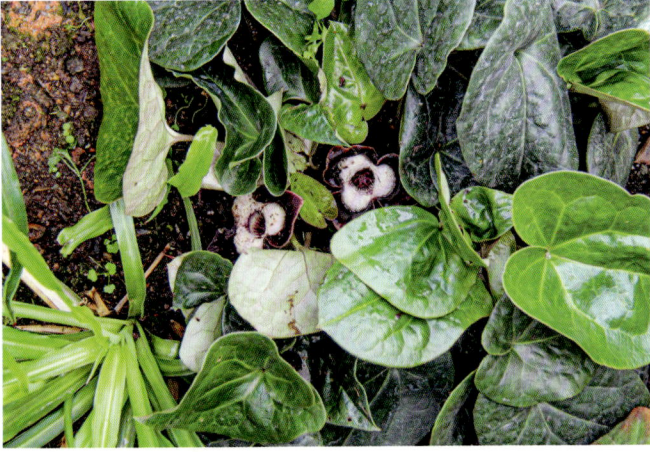

长毛细辛
Asarum pulchellum Hemsl.

紫背细辛 *Asarum porphyronotum* C. Y. Cheng et C. S. Yang

五岭细辛 *Asarum wulingense* C. F. Liang

马蹄香 *Saruma henryi* Oliv.

Order 6　木兰目 Magnoliales

A14　木兰科 Magnoliaceae

厚朴 *Houpoea officinalis* (Rehd. et Wils.) N. H. Xia et C. Y. Wu

鹅掌楸
Liriodendron chinense (Hemsl.) Sargent.

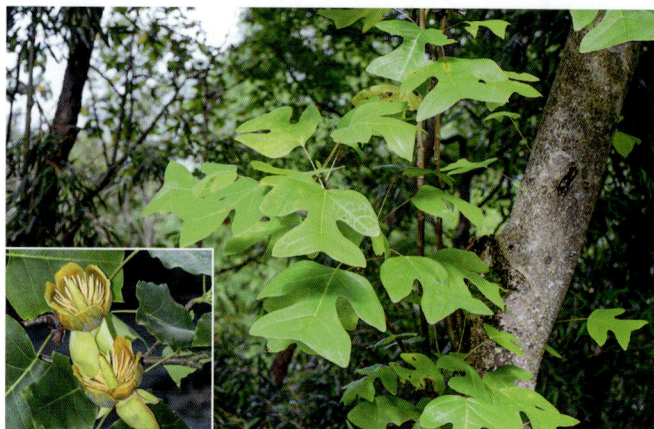

* 荷花玉兰 *Magnolia grandiflora* L.

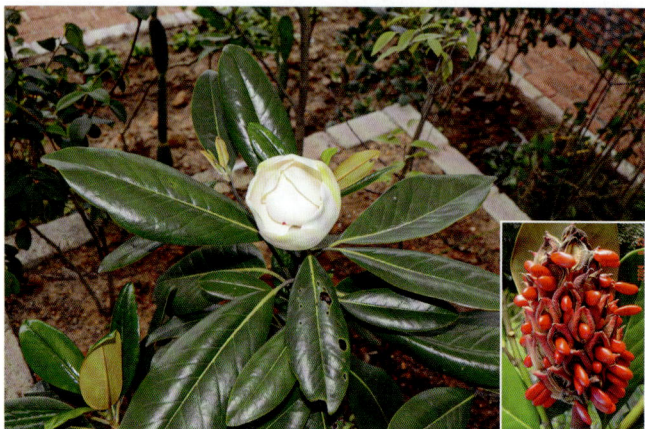

落叶木莲 *Manglietia decidua* Q. Y. Zheng

桂南木莲 *Manglietia conifera* Dandy

木莲 *Manglietia fordiana* Oliv.

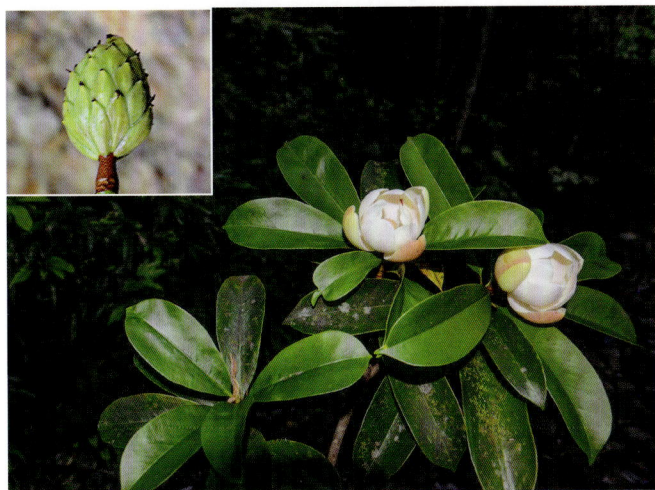

* 红花木莲 *Manglietia insignis* (Wall.) Bl.

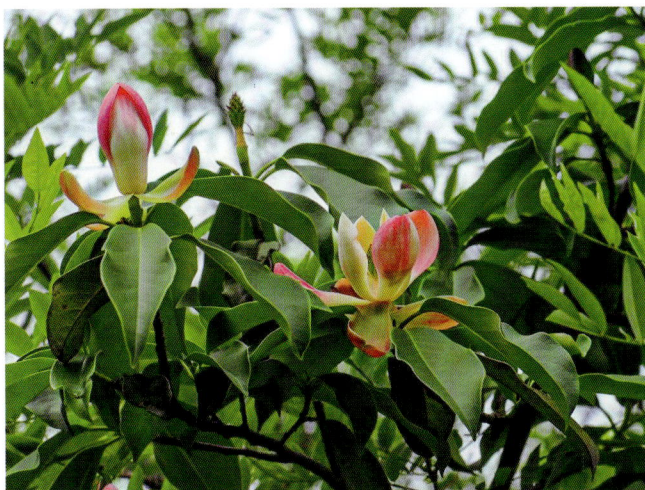

井冈山木莲 *Manglietia jinggangshanensis* R. L. Liu et Z. X. Zhang

阔瓣含笑 *Michelia cavaleriei* var. *platypetala* (Hand.-Mazz.) N. H. Xia

乐昌含笑 *Michelia chapensis* Dandy

紫花含笑 *Michelia crassipes* Y. W. Law

* **含笑花**
Michelia figo (Lour.) Spreng.

金叶含笑
Michelia foveolata Merr. ex Dandy

灰毛含笑 *Michelia foveolata* var.
cinerascens Law et Y. F. Wu

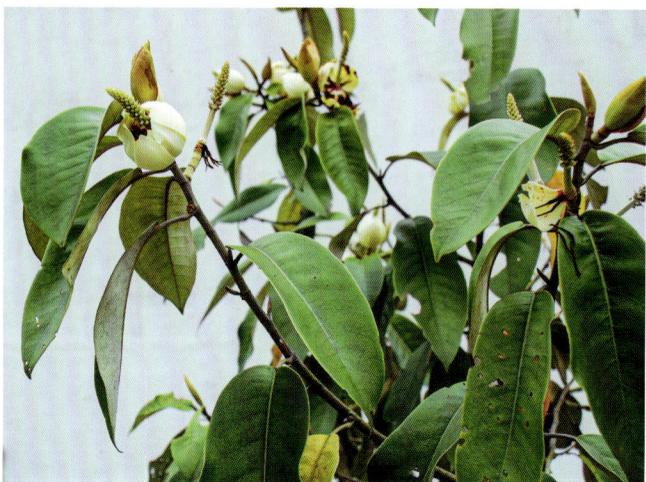

观光木 *Michelia odora* (Chun)
Nooteboom et B. L. Chen
[*Tsoongiodendron odorum* Chun]

深山含笑 *Michelia maudiae* Dunn

野含笑 *Michelia skinneriana* Dunn

天女花 *Oyama sieboldii* (K. Koch) N. H. Xia et C. Y. Wu [*Magnolia sieboldii* K. Koch]

乐东拟单性木兰 *Parakmeria lotungensis* (Chun et C. H. Tsoong) Law

天目玉兰 *Yulania amoena* (W. C. Cheng) D. L. Fu

望春玉兰
Yulania biondii (Pamp.) D. L. Fu

玉兰
Yulania denudata (Desr.) D. L. Fu

黄山玉兰 *Yulania cylindrica* (Wils.) D. L. Fu

紫玉兰
Yulania liliiflora (Desr.) D. L. Fu

武当玉兰
Yulania sprengeri (Pampanini) D. L. Fu

* 二乔玉兰
Yulania × soulangeana (Soul.-Bod.) D. L. Fu

A18 番荔枝科 Annonaceae

瓜馥木
Fissistigma oldhamii (Hemsl.) Merr.

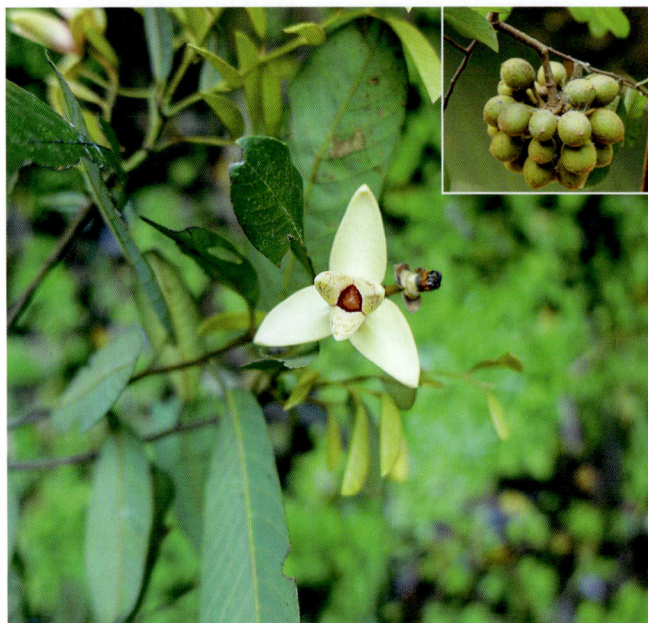

香港瓜馥木
Fissistigma uonicum (Dunn) Merr.

Order 7 樟目 Laurales

A19 蜡梅科 Calycanthaceae

* 夏蜡梅 *Calycanthus chinensis*
W. C. Cheng et S. Y. Chang

* 美国蜡梅
Calycanthus floridus L.

山蜡梅 *Chimonanthus nitens* Oliv.

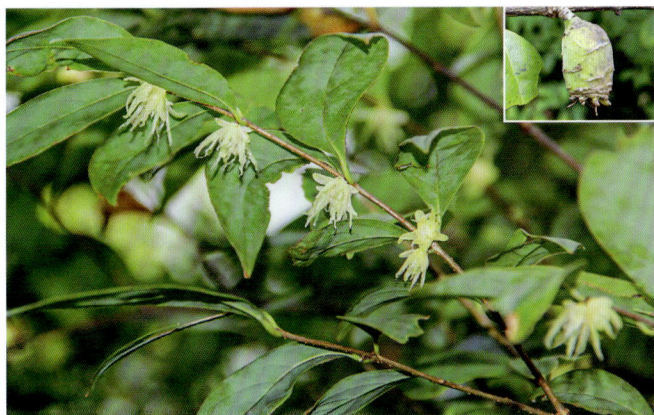

蜡梅 *Chimonanthus praecox* (L.) Link

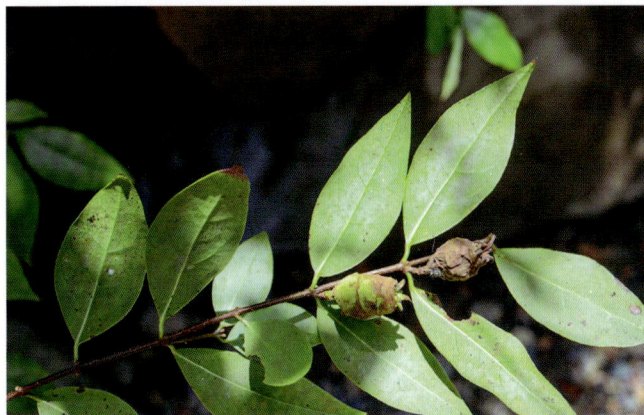

柳叶蜡梅 *Chimonanthus salicifolius* S. Y. Hu

A25　樟科 Lauraceae

红果黄肉楠
Actinodaphne cupularis (Hemsl.) Gamble

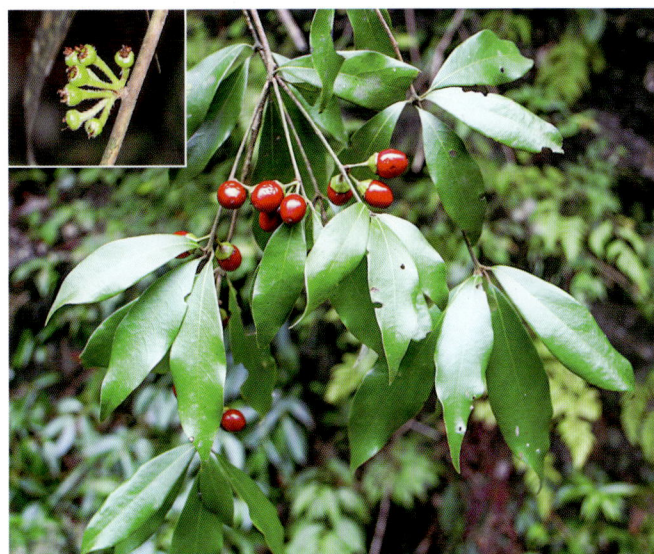

毛黄肉楠
Actinodaphne pilosa (Lour.) Merr.

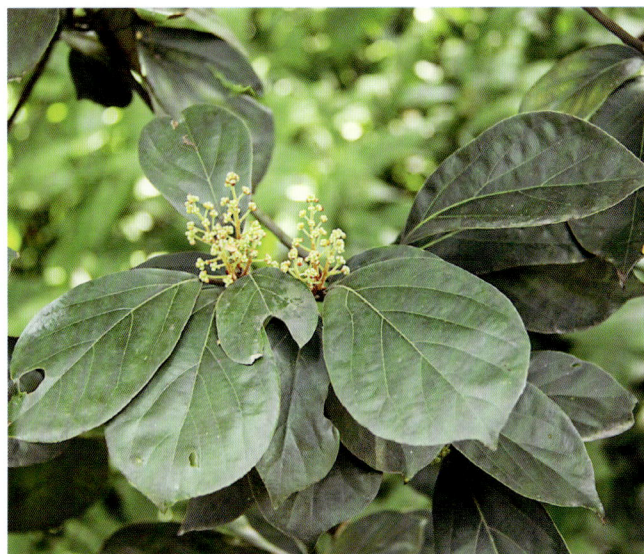

猴樟 *Camphora bodinieri* (H. Lév.) Y. Yang, Bing Liu et Zhi Yang

沉水樟 *Camphora micrantha* (Hayata) Y. Yang, Bing Liu et Zhi Yang

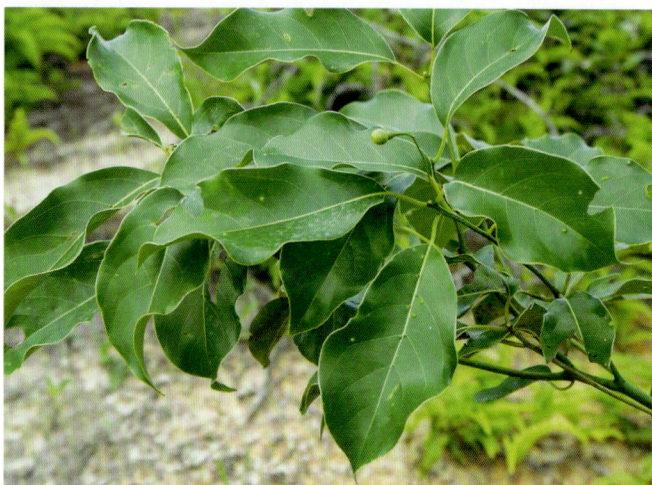

樟 *Camphora officinarum* Nees ex Wall.

黄樟 *Camphora parthenoxylon* (Jack) Nees

无根藤 *Cassytha filiformis* L.

毛桂 *Cinnamomum appelianum* Schewe

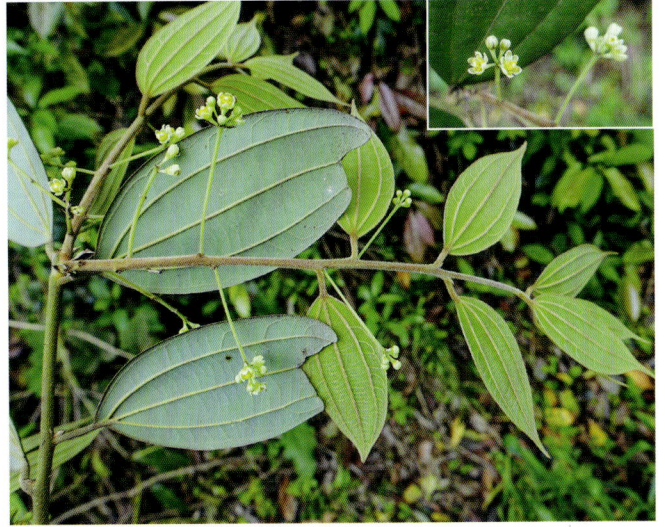

华南桂 *Cinnamomum austrosinense* H. T. Chang

阴香 *Cinnamomum burmanni* (Nees et T. Nees) Blume

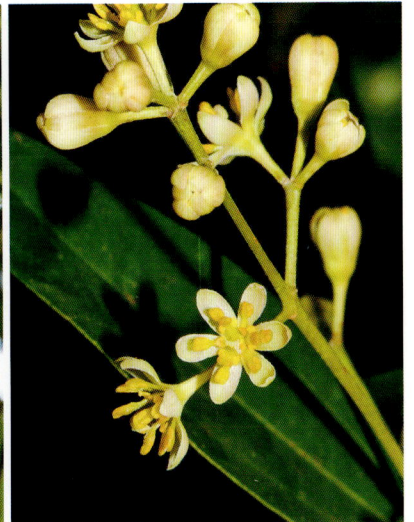

* 肉桂 *Cinnamomum cassia* Presl

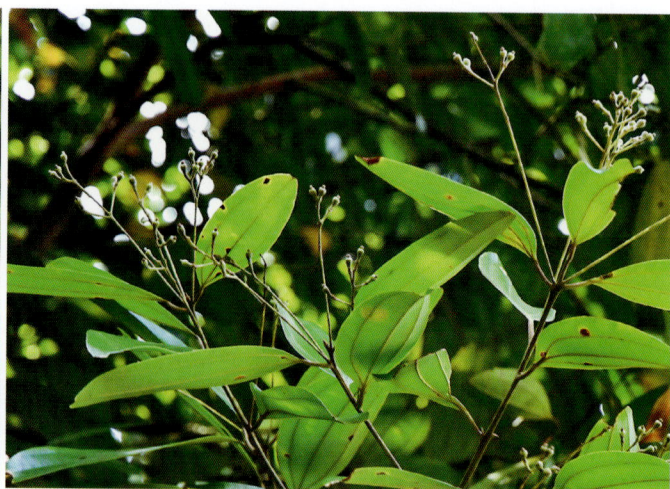

天竺桂
Cinnamomum japonicum Sieb.

野黄桂
Cinnamomum jensenianum Hand.-Mazz.

少花桂 *Cinnamomum pauciflorum* Nees

香桂 *Cinnamomum subavenium* Miq.

辣汁树 *Cinnamomum tsangii* Merr.

川桂 *Cinnamomum wilsonii* Gamble

厚壳桂
Cryptocarya chinensis (Hance) Hemsl.

硬壳桂 *Cryptocarya chingii* W. C. Cheng

黄果厚壳桂 *Cryptocarya concinna* Hance

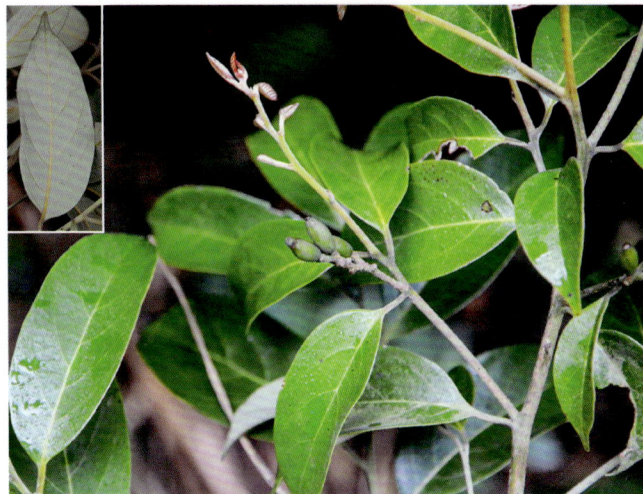

乌药 *Lindera aggregata* (Sims) Kosterm

狭叶山胡椒 *Lindera angustifolia* W. C. Cheng

江浙山胡椒 *Lindera chienii* W. C. Cheng

香叶树 *Lindera communis* Hemsl.

红果山胡椒 *Lindera erythrocarpa* Makino

绒毛钓樟
Lindera floribunda (Allen) H. P. Tsui

香叶子 *Lindera fragrans* Oliv.

山胡椒 *Lindera glauca* (Sieb. et Zucc.) Bl.

广东山胡椒
Lindera kwangtungensis (H. Liu) Allen

黑壳楠
Lindera megaphylla Hemsl.

绒毛山胡椒 *Lindera nacusua* (D. Don) Merr.

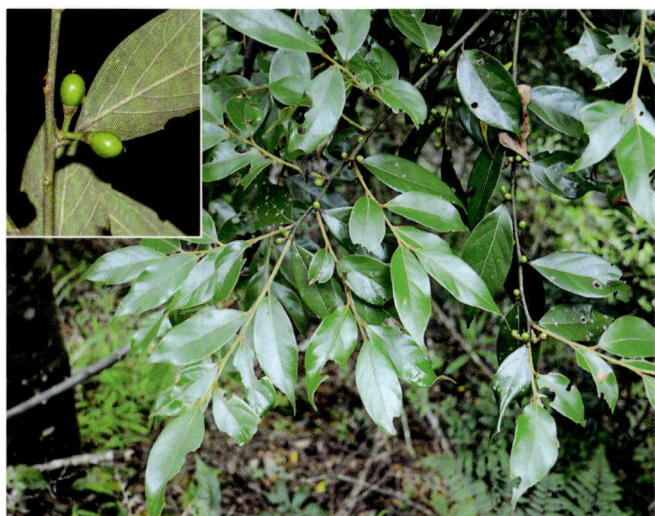

绿叶甘橿 *Lindera neesiana* (Nees) Kurz

三桠乌药 *Lindera obtusiloba* Bl.

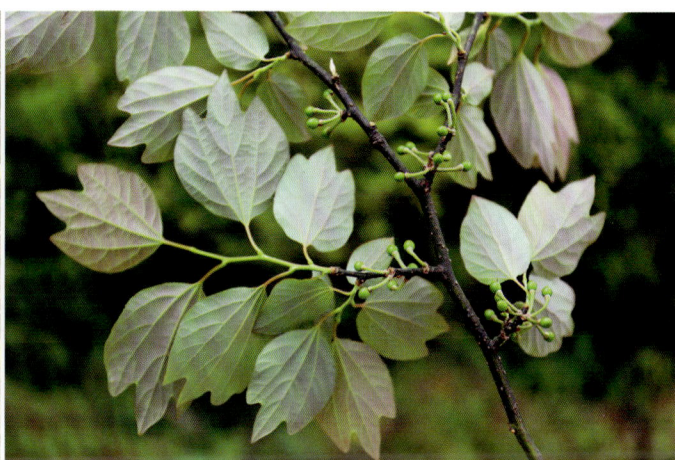

大果山胡椒
Lindera praecox (Sieb. et Zucc.) Bl.

香粉叶
Lindera pulcherrima var. *attenuata* Allen

山橿
Lindera reflexa Hemsl.

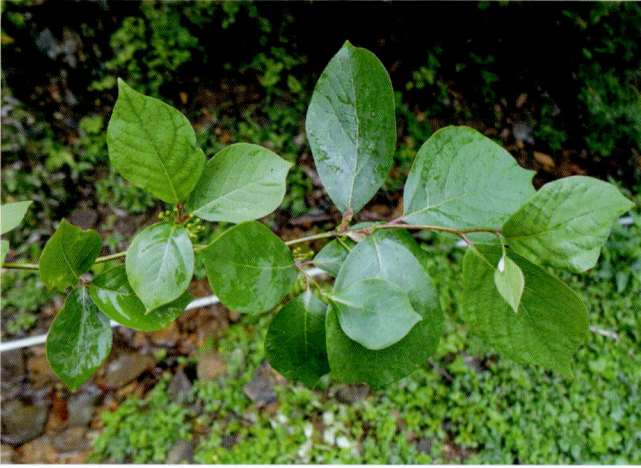

红脉钓樟 *Lindera rubronervia* Gamble

尖脉木姜子 *Litsea acutivena* Hayata

毛豹皮樟 *Litsea coreana* var. *lanuginosa* (Migo) Yang et P. H. Huang

豹皮樟 *Litsea coreana* **var.** *sinensis*
(Allen) Yang et P. H. Huang

山鸡椒
Litsea cubeba (Lour.) Pers.

毛山鸡椒
Litsea cubeba **var.** *formosana*
(Nakai) Yang et P. H. Huang

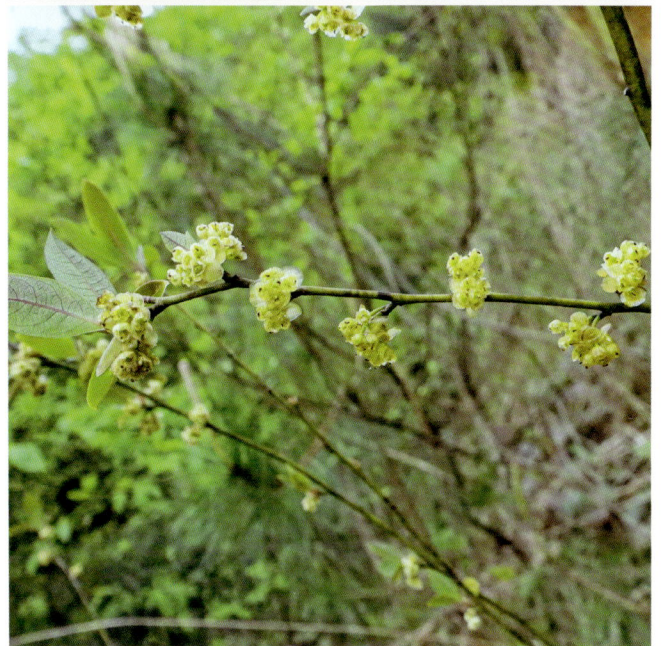

黄丹木姜子 *Litsea elongata* (Wall. ex Nees) Benth. et Hook. f.

石木姜子 *Litsea elongata* **var.** *faberi* (Hemsl.) Yang et P. H. Huang

清香木姜子 *Litsea euosma* W. W. Sm.

华南木姜子 *Litsea greenmaniana* Allen

毛叶木姜子 *Litsea mollis* Hemsl.

红皮木姜子 *Litsea pedunculata* (Diels) Y. C. Yang et P. H. Huang

木姜子 *Litsea pungens* Hemsl.

豺皮樟 *Litsea rotundifolia* **var.**
oblongifolia (Nees) Allen

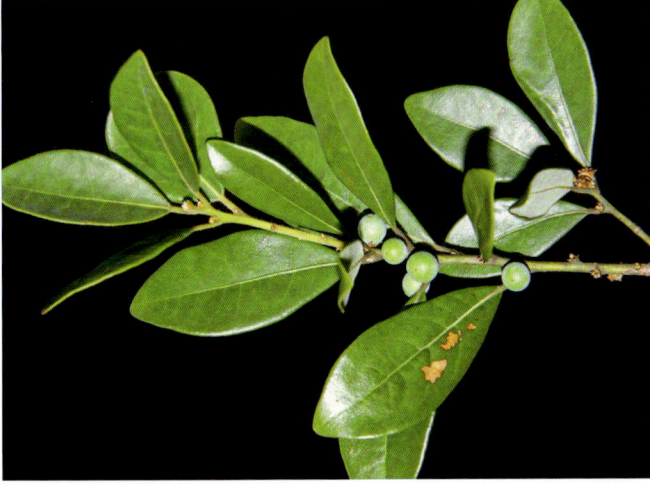

桂北木姜子 *Litsea subcoriacea*
Y. C. Yang et P. H. Huang

栓皮木姜子
Litsea suberosa Y. C. Yang et P. H. Huang

短序润楠
Machilus breviflora (Benth.) Hemsl.

浙江润楠
Machilus chekiangensis S. K. Lee

华润楠
Machilus chinensis (Champ. ex Benth.) Hemsl.

基脉润楠
Machilus decursinervis Chun

黄绒润楠
Machilus grijsii Hance

宜昌润楠 *Machilus ichangensis* Rehd. et Wils.

大叶润楠 *Machilus japonica* var. *kusanoi* (Hayata) J. C. Liao

广东润楠
Machilus kwangtungensis Y. C. Yang

薄叶润楠 *Machilus leptophylla* Hand.-Mazz.

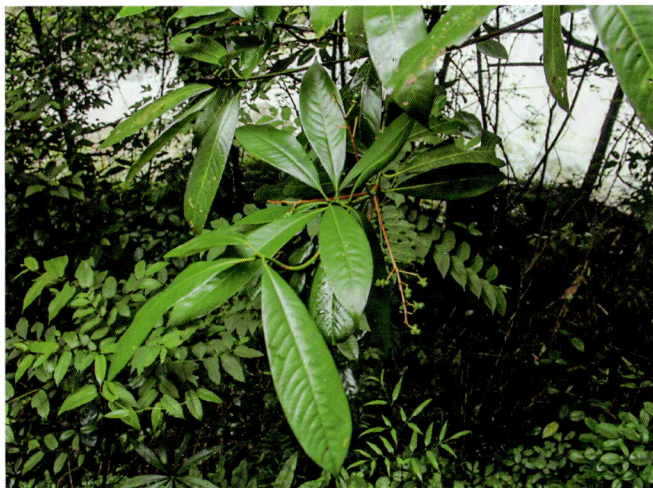

木姜润楠 *Machilus litseifolia* S. K. Lee

刨花润楠 *Machilus pauhoi* Kanehira

凤凰润楠 *Machilus phoenicis* Dunn

红楠 *Machilus thunbergii* Sieb. et Zucc.

绒毛润楠 *Machilus velutina* Champ. ex Benth.

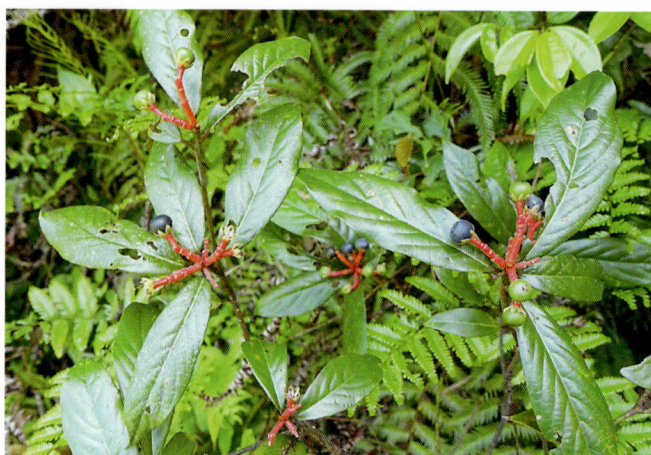

黄枝润楠
Machilus versicolora S. K. Lee et F. N. Wei

新木姜子
Neolitsea aurata (Hayata) Koidz.

浙江新木姜子 *Neolitsea aurata* var. *chekiangensis* (Nakai) Y. C. Yang et P. H. Huang

云和新木姜子 *Neolitsea aurata* var. *paraciculata* (Nakai) Y. C. Yang et P. H. Huang

锈叶新木姜子 *Neolitsea cambodiana* Lec.

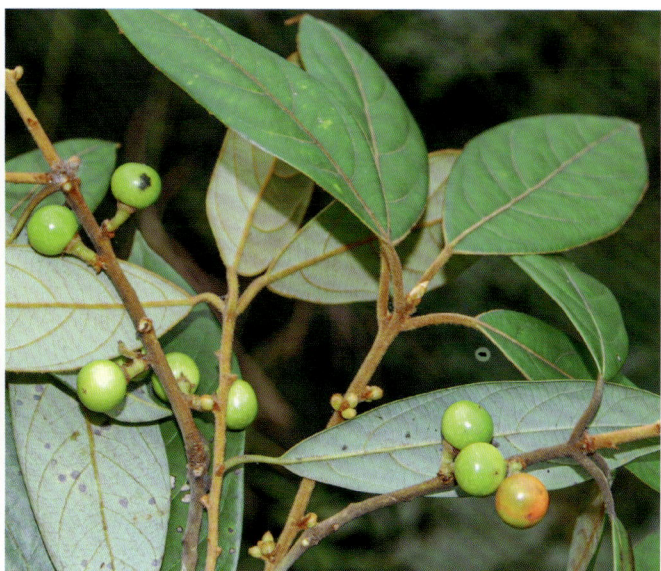

鸭公树
Neolitsea chuii Merr.

簇叶新木姜子
Neolitsea confertifolia (Hemsl.) Merr.

大叶新木姜子
Neolitsea levinei Merr.

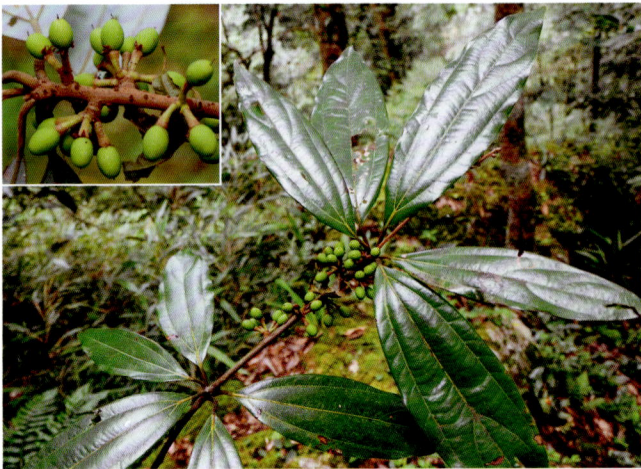

显脉新木姜子
Neolitsea phanerophlebia Merr.

美丽新木姜子
Neolitsea pulchella (Meissn.) Merr.

新宁新木姜子　*Neolitsea shingningensis*
Y. C. Yang et P. H. Huang

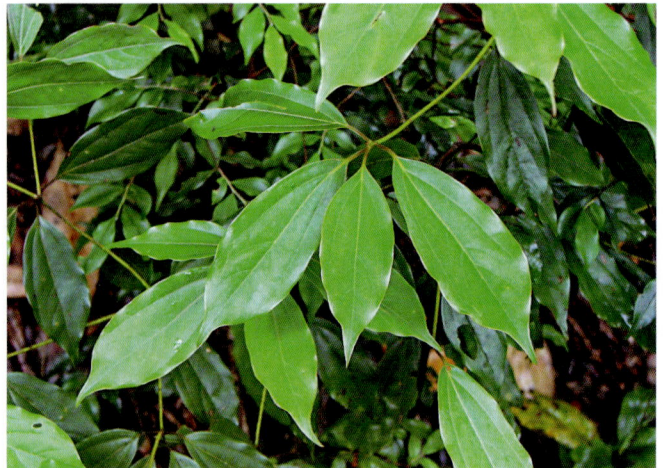

闽楠 *Phoebe bournei* (Hemsl.) Y. C. Yang

山楠 *Phoebe chinensis* Chun

湘楠 *Phoebe hunanensis* Hand.-Mazz.

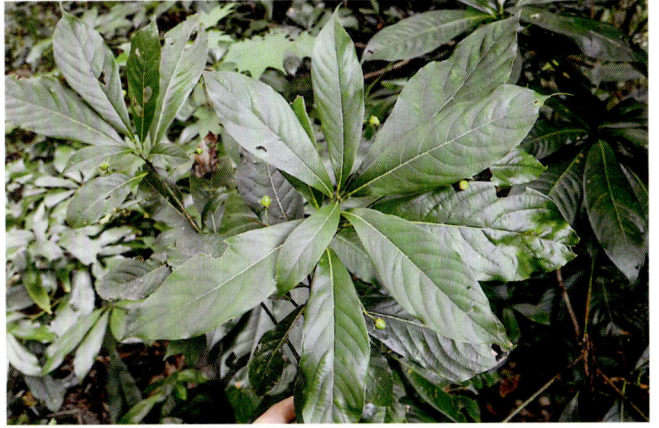

白楠 *Phoebe neurantha* (Hemsl.) Gamble

光枝楠 *Phoebe neuranthoides* S. K. Lee et F. N. Wei

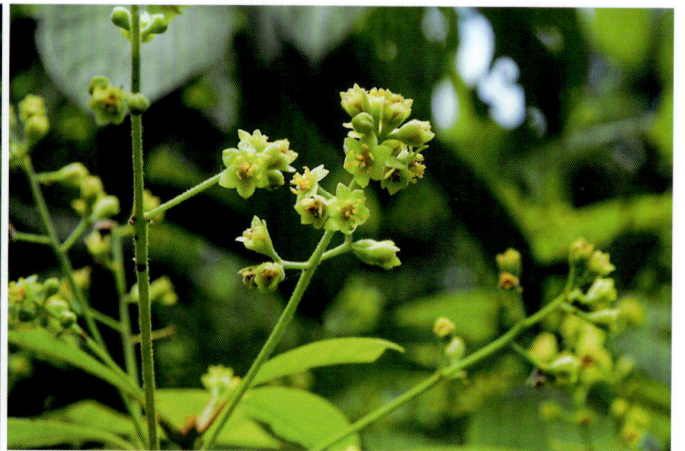

紫楠 *Phoebe sheareri* (Hemsl.) Gamble

檫木 *Sassafras tzumu* (Hemsl.) Hemsl.

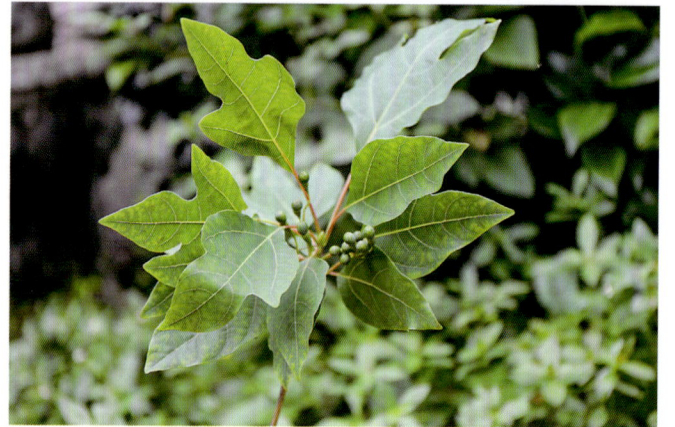

Order 8 金粟兰目 Chloranthales

A26 金粟兰科 Chloranthaceae

丝穗金粟兰 *Chloranthus fortunei* (A. Gray) Solms-Laub.

宽叶金粟兰 *Chloranthus henryi* Hemsl.

多穗金粟兰
Chloranthus multistachys Pei

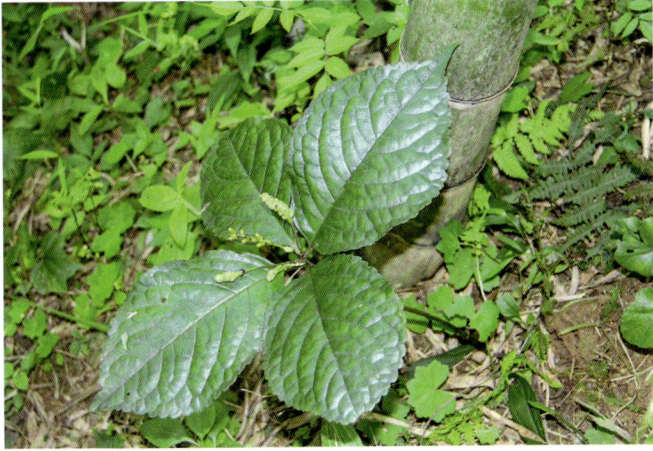

及已 *Chloranthus serratus*
(Thunb.) Roem et Schult

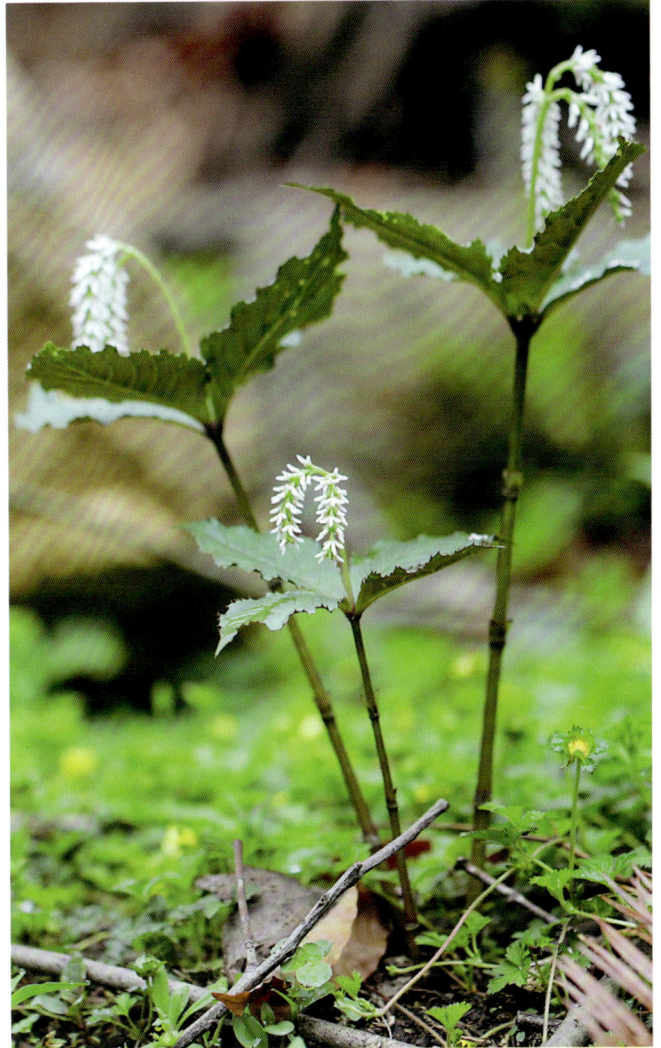

金粟兰
Chloranthus spicatus (Thunb.) Makino

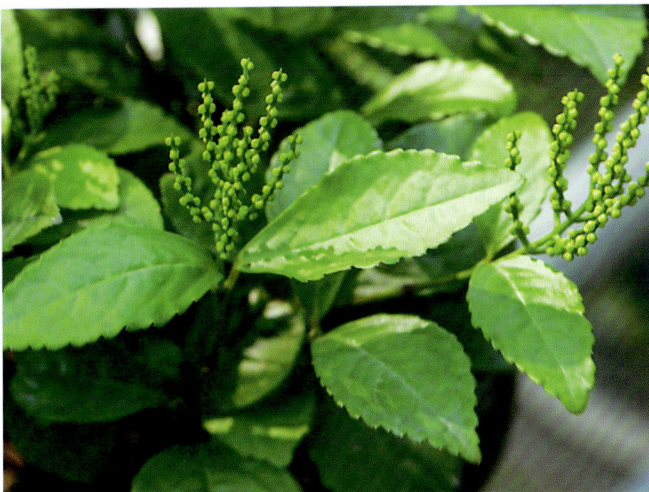

华南金粟兰 *Chloranthus sessilifolius* var.
austro-sinensis K. F. Wu

草珊瑚
Sarcandra glabra (Thunb.) Nakai

Order 9 菖蒲目 Acorales

A27 菖蒲科 Acoraceae

菖蒲
Acorus calamus L.

金钱蒲 *Acorus gramineus* Soland.

石菖蒲
Acorus tatarinowii Schott

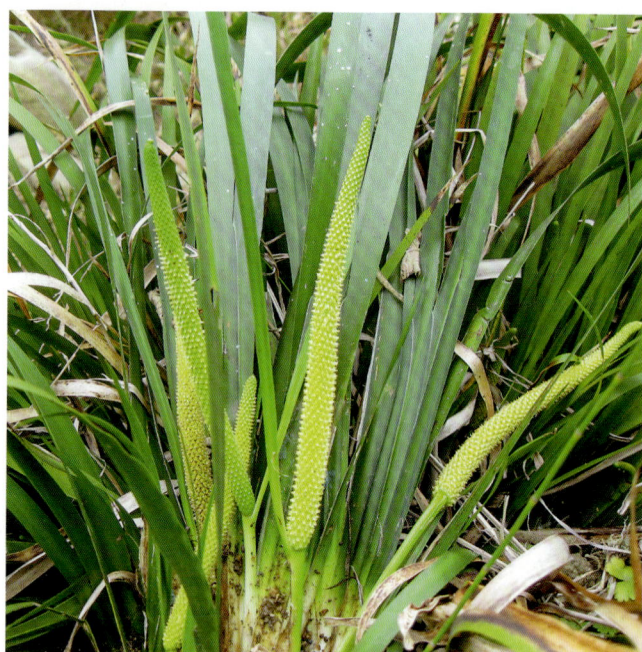

Order 10 泽泻目 Alismatales

A28 天南星科 Araceae

东亚魔芋 *Amorphophallus kiusianus* (Makino) Makino

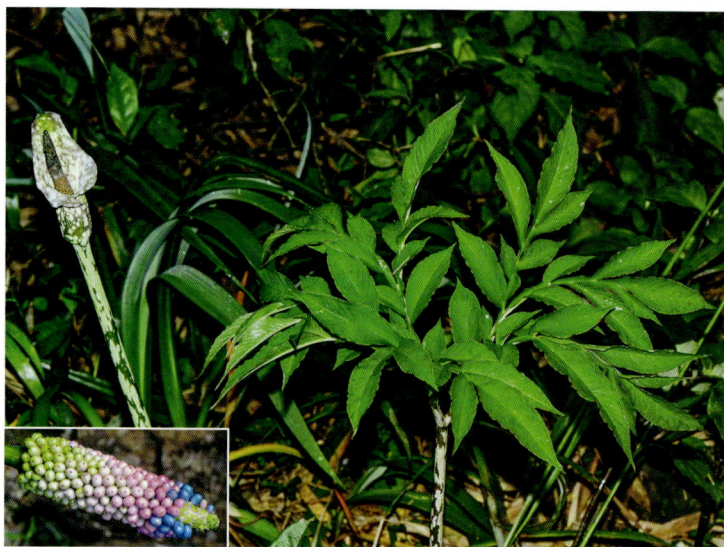

魔芋
Amorphophallus konjac K. Koch

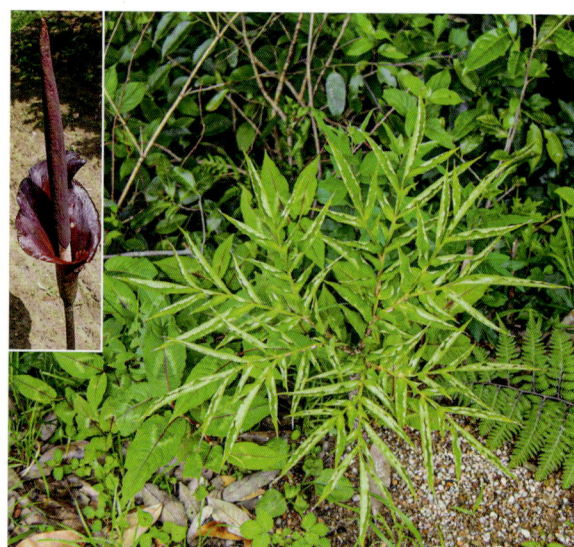

灯台莲 *Arisaema bockii* Engler [*Arisaema sikokianum var. serratum* (Makino) Hand.-Mazz.]

一把伞南星
Arisaema erubescens (Wall.) Schott

天南星
Arisaema heterophyllum Blume

湘南星 *Arisaema hunanense* Hand.-Mazz.

花南星 *Arisaema lobatum* Engl.

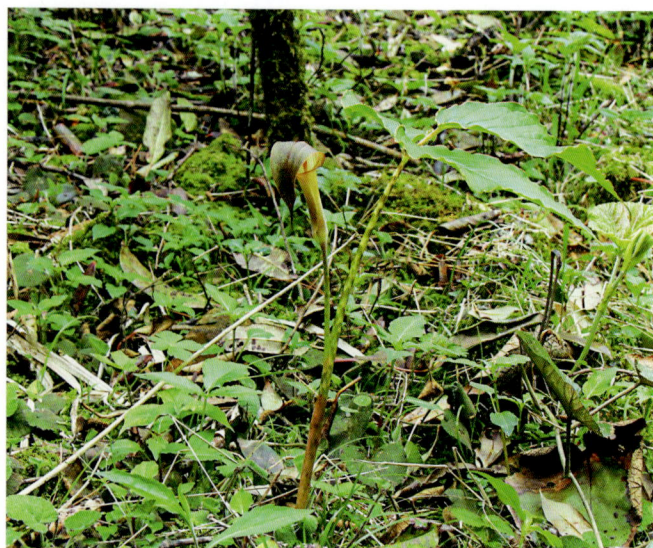

全缘灯台莲
Arisaema sikokianum Franch. et Sav.

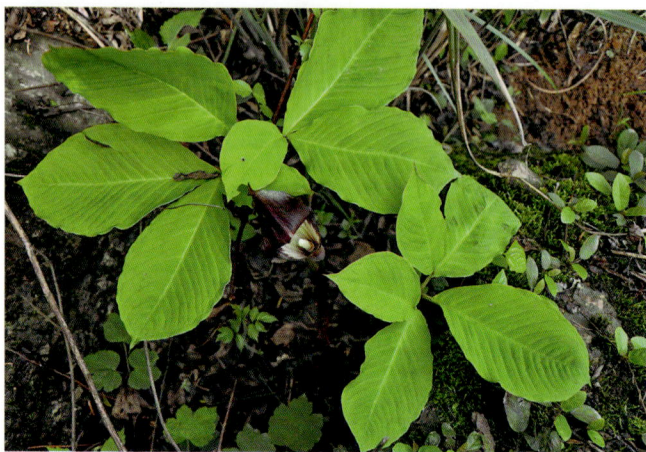

鄂西南星 *Arisaema silvestrii* Pamp.
[*Arisaema duboisreymondiae* Engl.]

野芋 *Colocasia antiquorum* Schott

* 芋 *Colocasia esculenta* (L.) Schott

稀脉浮萍 *Lemna aequinoctialis* Welwitsch

品藻 *Lemna trisulca* L.

滴水珠 *Pinellia cordata* N. E. Brown

湖南半夏
Pinellia hunanensis C. L. Long et X. J. Wu

虎掌半夏
Pinellia pedatisecta Schott

半夏 *Pinellia ternata* (Thunb.) Breit.

* 大藻 *Pistia stratiotes* L.

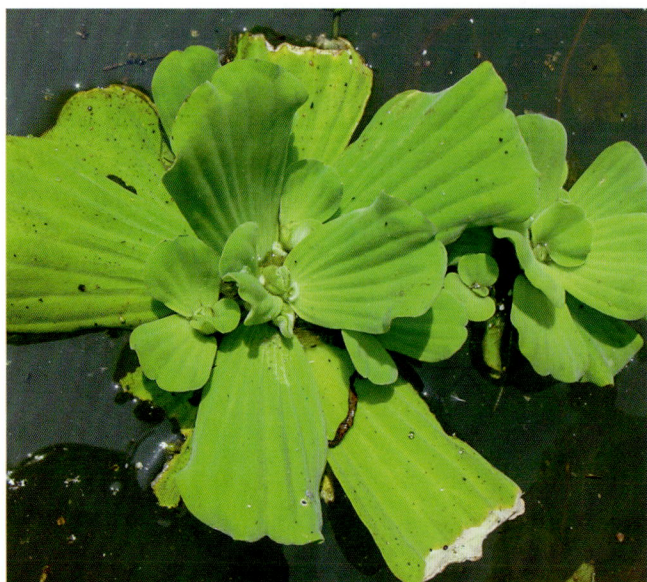

紫萍
Spirodela polyrhiza (L.) Schleid.

犁头尖
Typhonium blumei Nicolson et Sivadasan

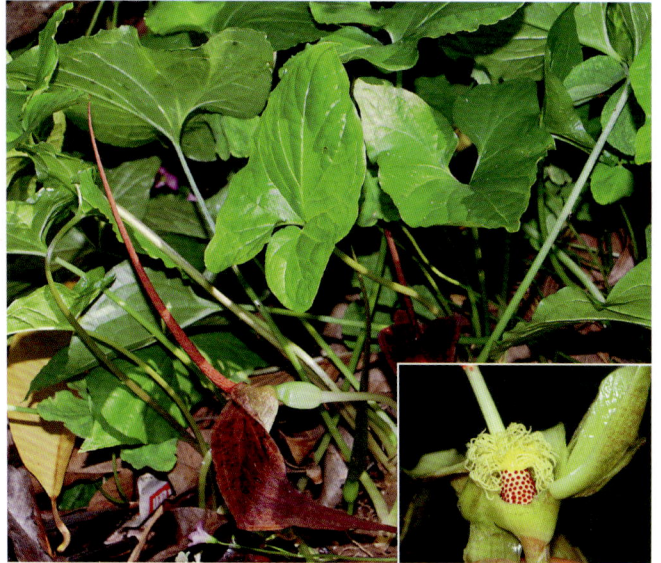

无根萍 *Wolffia arrhiza* (L.) Wimmer

注：照片中小的是无根萍，大的是浮萍。

A30 泽泻科 Alismataceae

窄叶泽泻
Alisma canaliculatum A. Braun et C. D. Bouché

东方泽泻
Alisma orientale (Samuel.) Juz.

泽苔草
Caldesia parnassifolia (Bassi ex L.) Parl.

长喙毛茛泽泻 *Ranalisma rostrata* Stapf

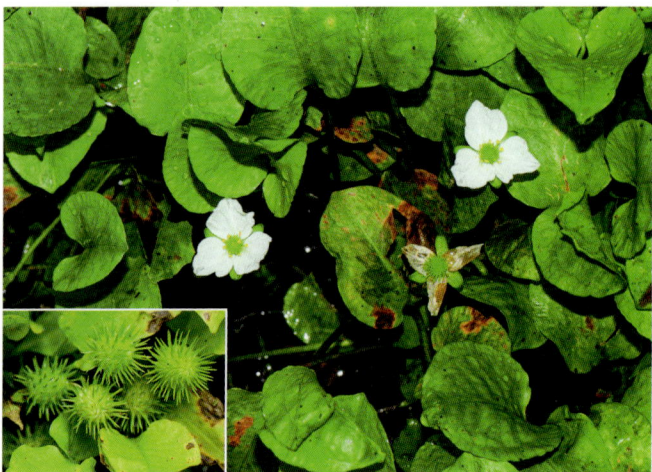

冠果草 ***Sagittaria guyanensis* subsp.** ***lappula*** (D. Don) Bojin

利川慈姑
Sagittaria lichuanensis J. K. Chen

小慈姑 ***Sagittaria potamogetonifolia*** Merr.

矮慈姑 ***Sagittaria pygmaea*** Miq.

* 欧洲慈姑 ***Sagittaria sagittifolia*** L.

野慈姑
Sagittaria trifolia L.

* 慈姑 *Sagittaria trifolia* subsp.
leucopetala (Miq.) Q. F. Wang

A32 水鳖科 Hydrocharitaceae

无尾水筛
Blyxa aubertii Rich.

有尾水筛
Blyxa echinosperma (Clarke) Hook. f.

水筛 *Blyxa japonica* (Miq.) Maxim.

黑藻 *Hydrilla verticillata* (L. f.) Royle

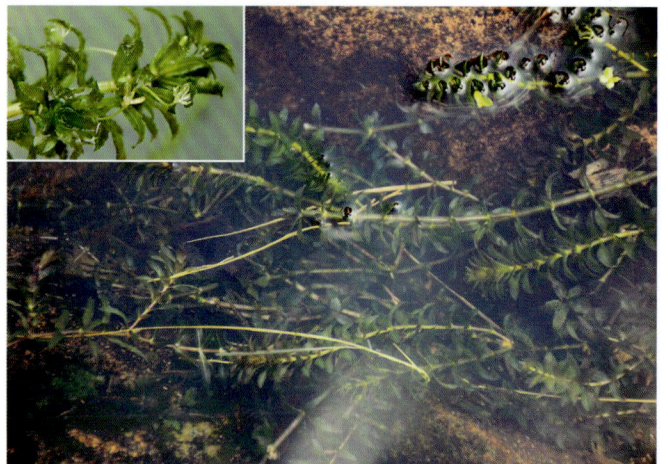

水鳖
Hydrocharis dubia (Bl.) Backer

纤细茨藻
Najas gracillima (A. Br.) Magnus

草茨藻　*Najas graminea* Del.

大茨藻　*Najas marina* L.

龙舌草　*Ottelia alismoides* (L.) Pers.

小茨藻　*Najas minor* All.

苦草 *Vallisneria natans* (Lour.) H. Hara

A34 水蕹科 Aponogetonaceae

水蕹 *Aponogeton lakhonensis* A. Camus

A38 眼子菜科 Potamogetonaceae

菹草 *Potamogeton crispus* L.

鸡冠眼子菜 *Potamogeton cristatus* Rgl. et Maack.

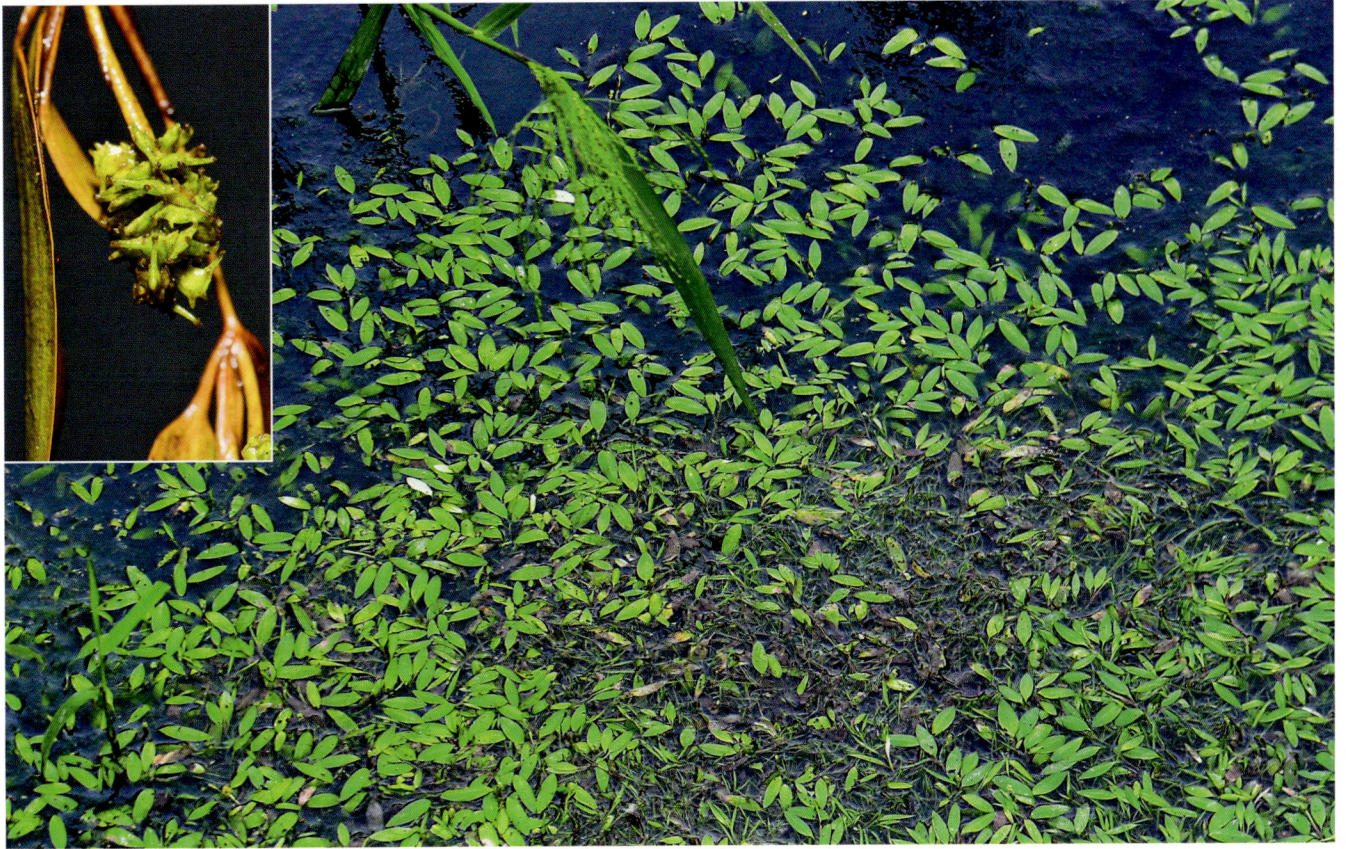

眼子菜 *Potamogeton distinctus* A. Benn.

光叶眼子菜
Potamogeton lucens L.

微齿眼子菜
Potamogeton maackianus A. Benn.

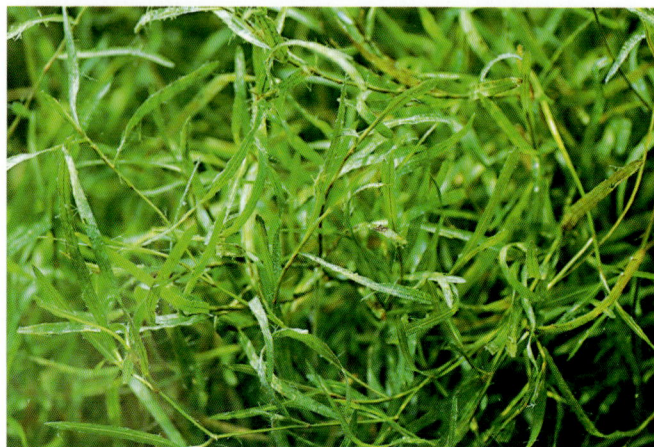

尖叶眼子菜 *Potamogeton oxyphyllus* Miq.

小眼子菜 *Potamogeton pusillus* L.

竹叶眼子菜 *Potamogeton wrightii* Morong

角果藻 *Zannichellia palustris* L.

Order 11　无叶莲目 Petrosaviales

A42　无叶莲科 Petrosaviaceae

疏花无叶莲
Petrosavia sakuraii
(Makino) J. J. Smith
ex van Steenis

Order 12　薯蓣目 Dioscoreales

A43　沼金花科 Nartheciaceae

短柄粉条儿菜 *Aletris scopulorum* Dunn

粉条儿菜 *Aletris spicata* (Thunb.) Franch.

A44 水玉簪科 Burmanniaceae

三品一枝花
Burmannia coelestis D. Don

宽翅水玉簪
Burmannia nepalensis (Miers) Hook. f.

头玉簪 ***Campylosiphon championii***
(Thwaites) Xiao Juan Li et D. X. Zhang

A45 薯蓣科 Dioscoreaceae

参薯 ***Dioscorea alata*** L.

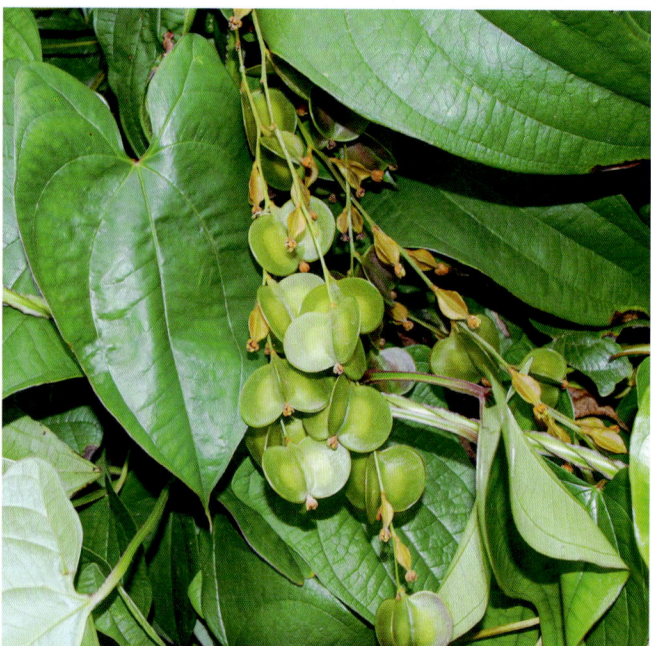

三叶薯蓣 *Dioscorea arachidna* Prain et Burkill

大青薯 *Dioscorea benthamii* Prain et Burkill

黄独 *Dioscorea bulbifera* L.

薯莨 *Dioscorea cirrhosa* Lour.

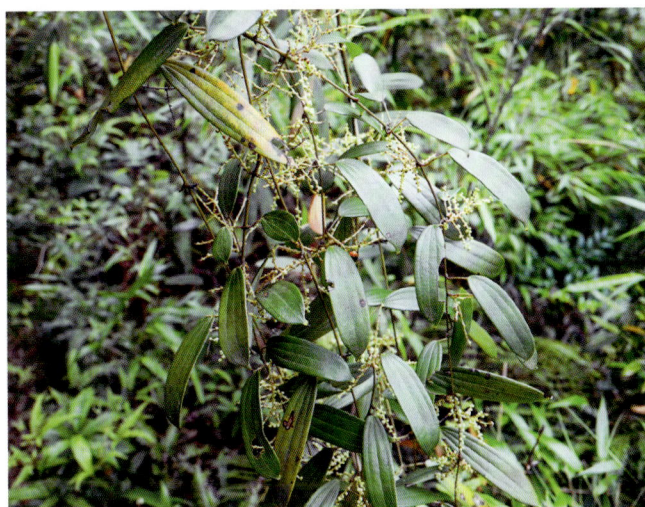

叉蕊薯蓣
Dioscorea collettii Hook. f.

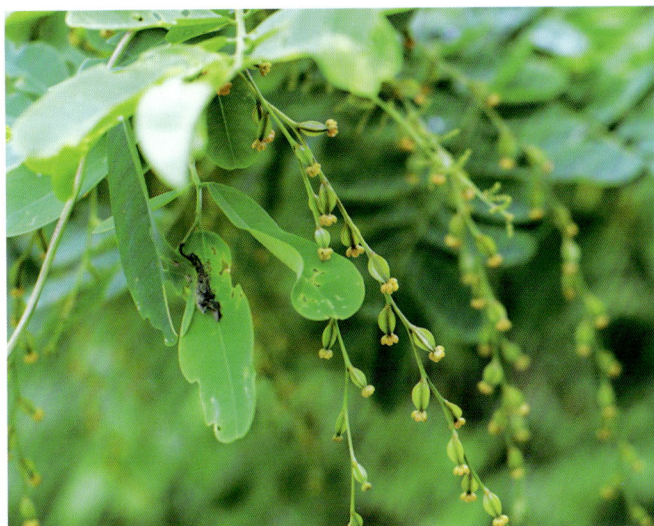

粉背薯蓣 *Dioscorea collettii* var. *hypoglauca* (Palibin) Pei et C. T. Ting

* 甘薯 *Dioscorea esculenta* (Lour.) Burkill

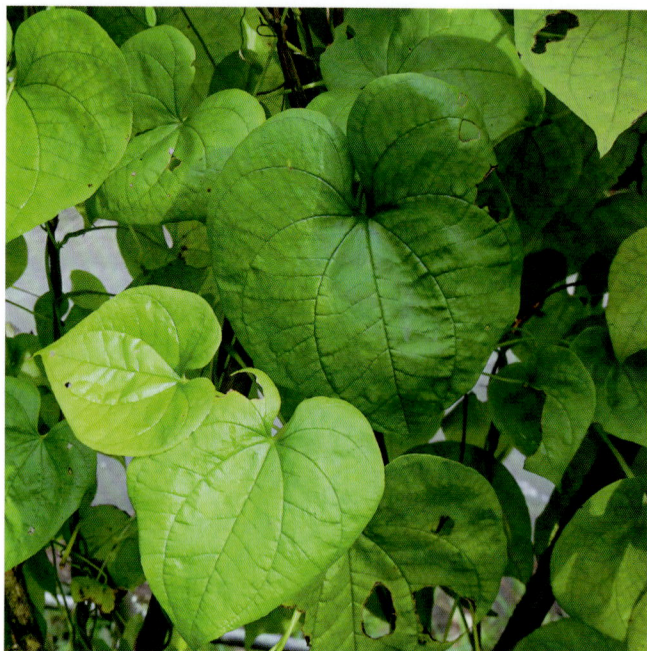

福州薯蓣
Dioscorea futschauensis Uline ex R. Knuth

日本薯蓣 *Dioscorea japonica* Thunb.

山薯 *Dioscorea fordii* Prain et Burkill

纤细薯蓣 *Dioscorea gracillima* Miq.

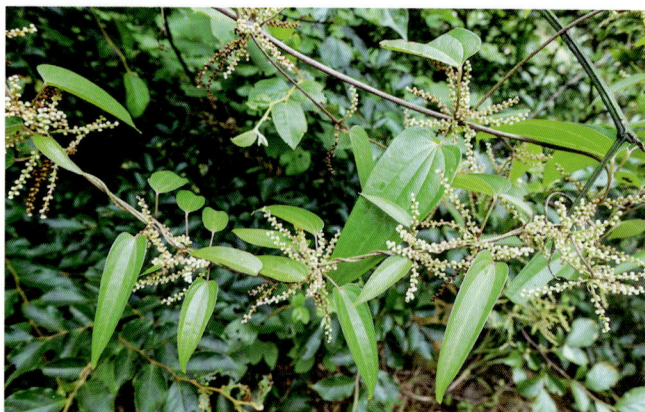

细叶日本薯蓣 *Dioscorea japonica* var. *oldhamii* Uline ex R. Knuth

毛芋头薯蓣
Dioscorea kamoonensis Kunth

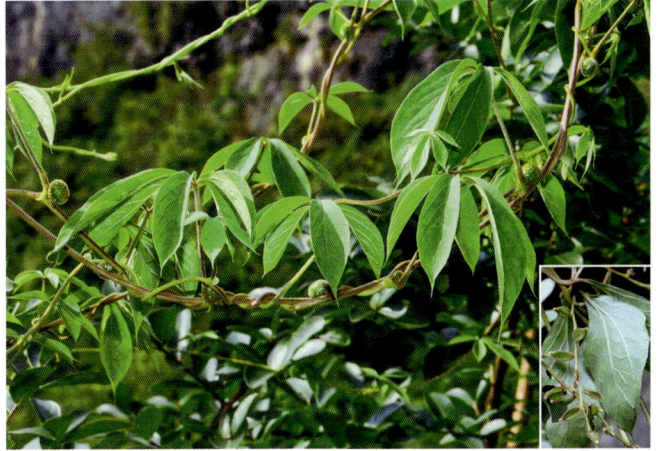

柳叶薯蓣
Dioscorea lineari-cordata Prain et Burkill

穿龙薯蓣
Dioscorea nipponica Makino

黄山药 *Dioscorea panthaica* Prain et Burkill

五叶薯蓣
Dioscorea pentaphylla L.

褐苞薯蓣
Dioscorea persimilis Prain et Burkill

薯蓣 *Dioscorea polystachya* Turcz.

绵萆薢 *Dioscorea spongiosa* J. Q. Xi, M. Mizuno et W. L. Zhao

山萆薢 *Dioscorea tokoro* Makino

盾叶薯蓣
Dioscorea zingiberensis C. H. Wright

细柄薯蓣
Dioscorea tenuipes Franch. et Sav.

裂果薯
Schizocapsa plantaginea Hance

Order 13　露兜树目 Pandanales

A48　百部科 Stemonaceae

金刚大 *Croomia japonica* Miq.

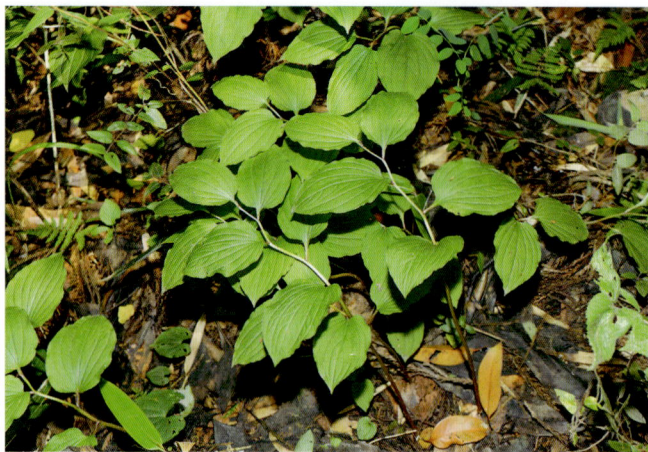

百部 *Stemona japonica* (Bl.) Miq.

大百部 *Stemona tuberosa* Lour.

Order 14 百合目 Liliales

A53 藜芦科 Melanthiaceae

中国白丝草 *Chamaelirium chinensis* (Krause) Tanaka
[*Chionographis chinensis* Krause]

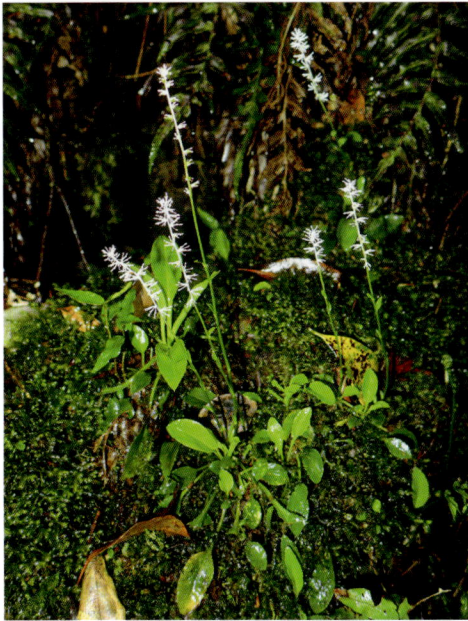

绿花白丝草
***Chamaelirium viridiflorum* L. Wang, Z. C. Liu et W. B. Liao**

球药隔重楼
***Paris fargesii* Franch.**

亮叶重楼
***Paris nitida* G. W. Hu, Zhi Wang et Q. F. Wang**

七叶一枝花
Paris polyphylla Sm.

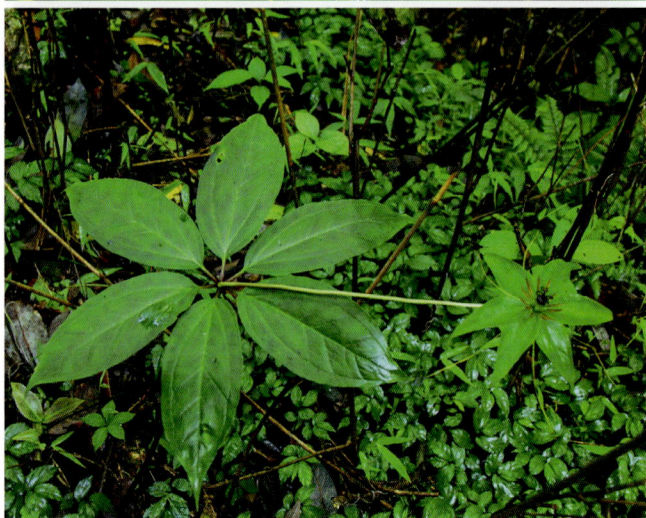

宽叶重楼
Paris polyphylla* var. *latifolia Wang et Chang

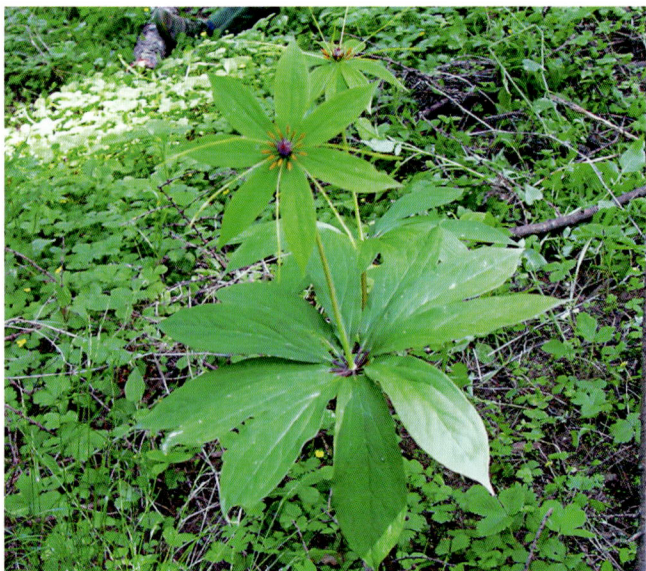

华重楼
Paris polyphylla* var. *chinensis (Franch.) Hara

狭叶重楼
Paris polyphylla* var. *stenophylla Franch.

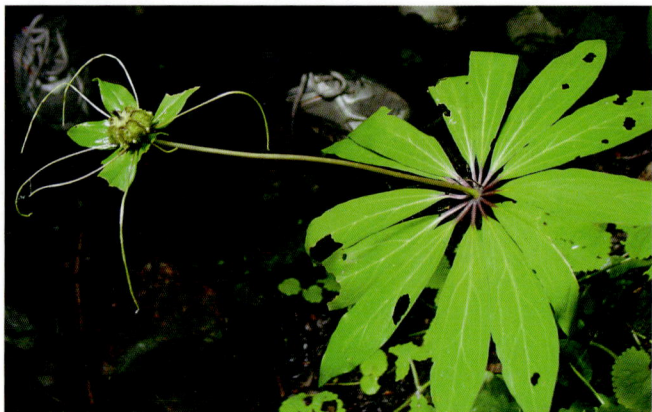

毛叶藜芦
Veratrum grandiflorum (Maxim.) Loes. f.

黑紫藜芦
Veratrum japonicum (Baker) Loes. f.

藜芦　*Veratrum nigrum* L.

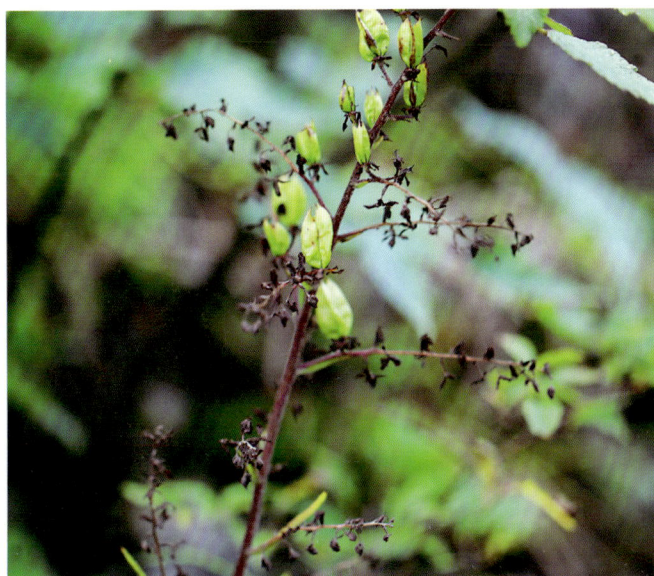

牯岭藜芦　*Veratrum schindleri* Loes. f.

丫蕊花　*Ypsilandra thibetica* Franch.

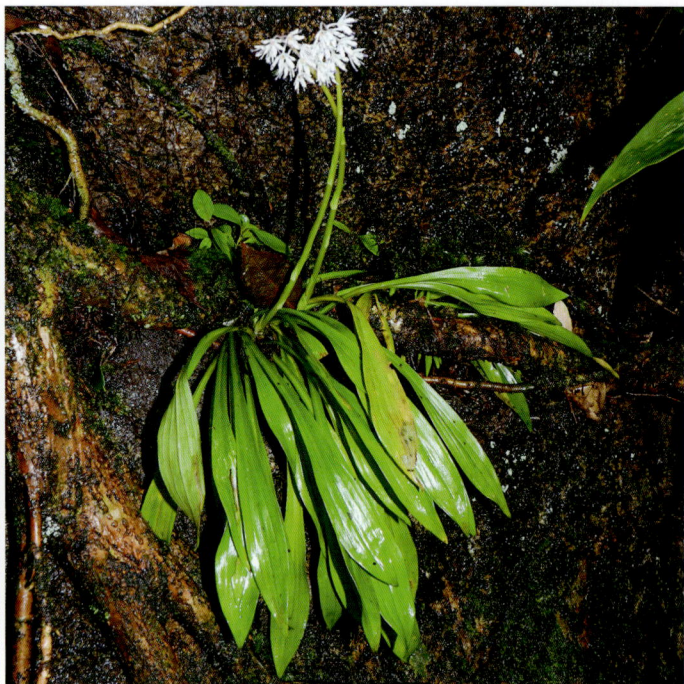

A56　秋水仙科 Colchicaceae

*万寿竹
Disporum cantoniense (Lour.) Merr.

长蕊万寿竹
Disporum longistylum (Lévl. et Vant.) H. Hara

南川万寿竹 *Disporum nanchuanense* X. X. Zhu et S. R. Yi

南投万寿竹 *Disporum nantouense* S. S. Ying

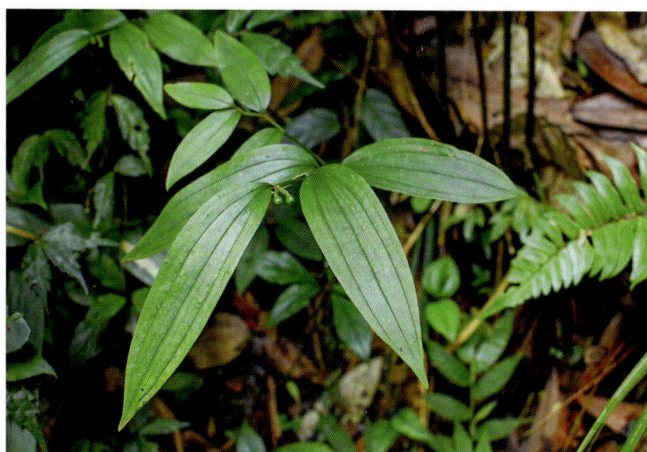

少花万寿竹 *Disporum uniflorum* Baker ex S. Moore

A59　菝葜科 Smilacaceae

尖叶菝葜 *Smilax arisanensis* Hayata

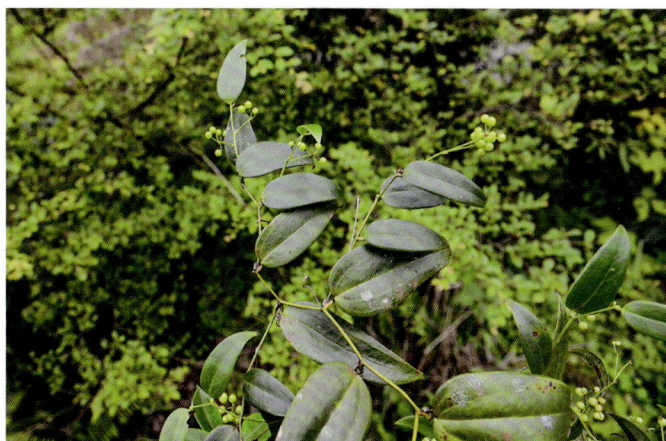

菝葜 *Smilax china* L.

柔毛菝葜
Smilax chingii F. T. Wang et Tang

光叶菝葜 *Smilax corbularia* var. *woodii* (Merr.) T. Koyama

小果菝葜 *Smilax davidiana* A. DC.

托柄菝葜 *Smilax discotis* Warb.

长托菝葜 *Smilax ferox* Wall. ex Kunth

土茯苓 *Smilax glabra* Roxb.

黑果菝葜 *Smilax glaucochina* Warb.

肖菝葜
Smilax japonica (Kunth) P. Li et C. X. Fu

粉背菝葜 *Smilax hypoglauca* Benth.

马甲菝葜
Smilax lanceifolia Roxb.

折枝菝葜 *Smilax lanceifolia* **var.** *elongate*
F. T. Wang et Tang

暗色菝葜 *Smilax lanceifolia* **var.** *opaca* A. DC.

粗糙菝葜 *Smilax lebrunii* Lévl.

大果菝葜 *Smilax megacarpa* A. DC.

缘脉菝葜 *Smilax nervomarginata* Hayata

白背牛尾菜 *Smilax nipponica* Miq.

红果菝葜 *Smilax polycolea* Warb.

牛尾菜 *Smilax riparia* A. DC.

尖叶牛尾菜 *Smilax riparia* var. *acuminata*
F. T. Wang et Tang

短梗菝葜
Smilax scobinicaulis C. H. Wright

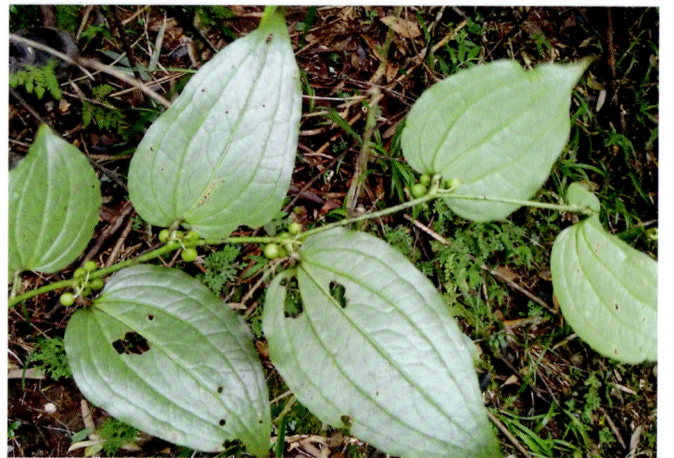

短柱肖菝葜 *Smilax septemnervia*
(F. T. Wang et Tang) P. Li et C. X. Fu
[*Heterosmilax septemnervia* F. T. Wang et Ts. Tang]

华东菝葜 *Smilax sieboldii* Miq.

鞘柄菝葜 *Smilax stans* Maxim.

三脉菝葜 *Smilax trinervula* Miq.

A60 百合科 Liliaceae

老鸦瓣
Amana edulis (Miq.) Honda

大百合 *Cardiocrinum giganteum*
(Wall.) Makino

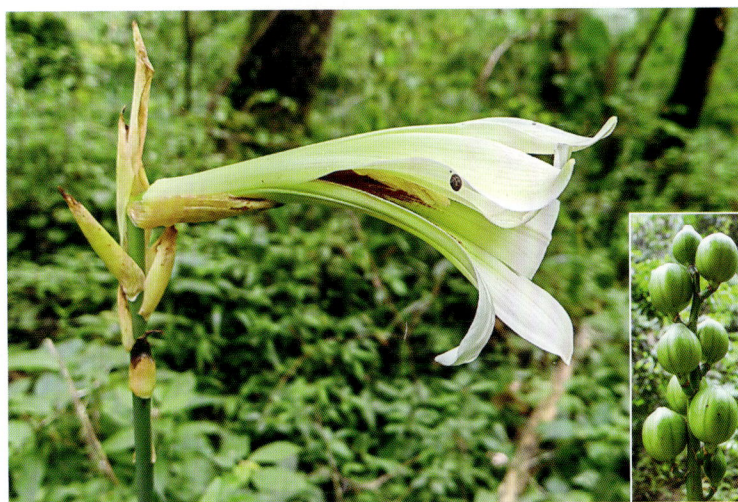

荞麦叶大百合
Cardiocrinum cathayanum (Wils.) Stearn

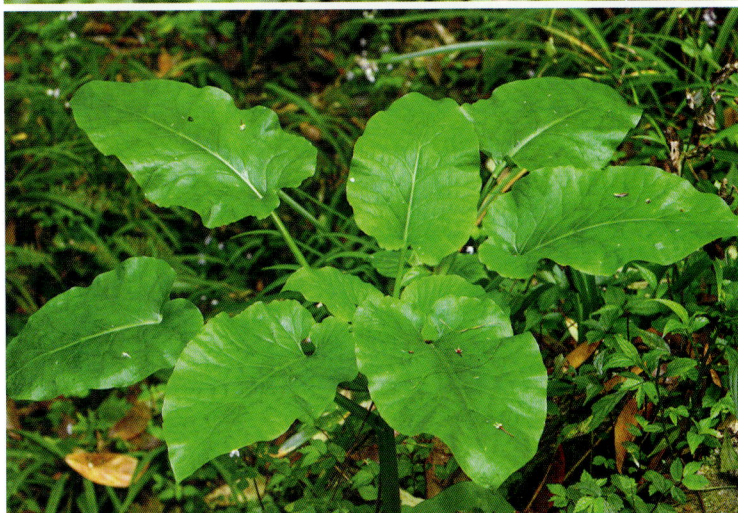

云南大百合 *Cardiocrinum giganteum* **var.** *yunnanense* (Leichtlin ex Elwes) Stearn

浙贝母
Fritillaria thunbergii Miq.

野百合 *Lilium brownii* N. E. Brown ex Miellez

百合 *Lilium brownii* **var.** *viridulum* Baker

条叶百合 *Lilium callosum* Sieb. et Zucc.

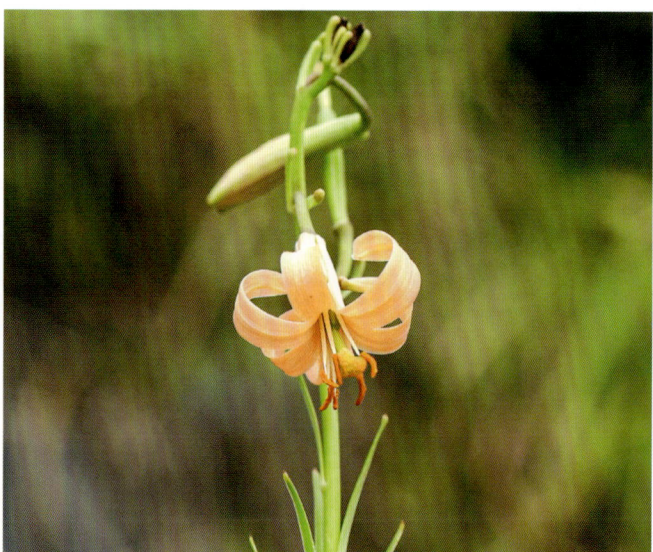

卷丹 *Lilium lancifolium* Thunb.
[*Lilium tigrinum* Ker Gawl.]

药百合
Lilium speciosum var. *gloriosoides* Baker

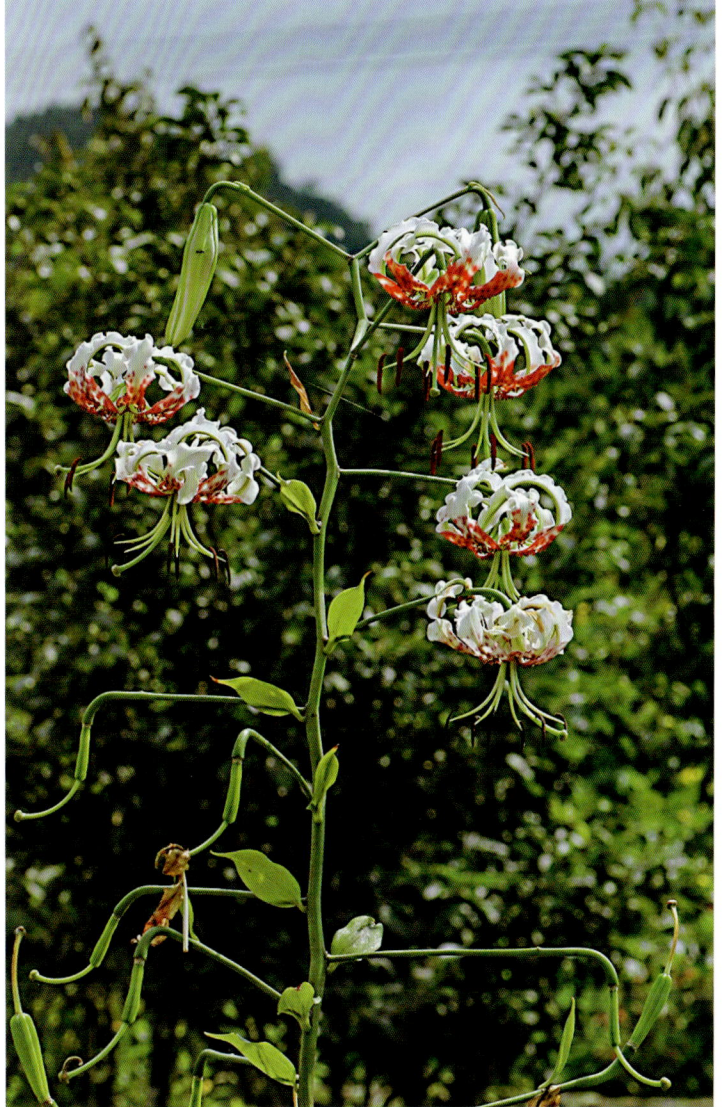

油点草 *Tricyrtis macropoda* Miq.

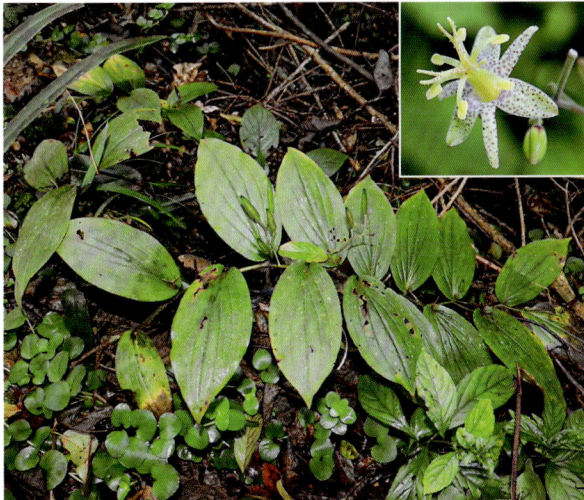

黄花油点草 *Tricyrtis pilosa* Wall.

绿花油点草 *Tricyrtis viridula* Hir.

Order 15　天门冬目 Asparagales

A61　兰科 Orchidaceae

金线兰
Anoectochilus roxburghii (Wall.) Lindl.

浙江金线兰 *Anoectochilus zhejiangensis*
Z. Wei et Y. B. Chang

多枝拟兰
Apostasia ramifera S. C. Chen

竹叶兰
Arundina graminifolia (D. Don) Hochr.

白及
Bletilla striata (Thunb. ex A. Murray) Rchb. f.

莲花卷瓣兰
Bulbophyllum hirundinis (Gagnep.) Seidenf.

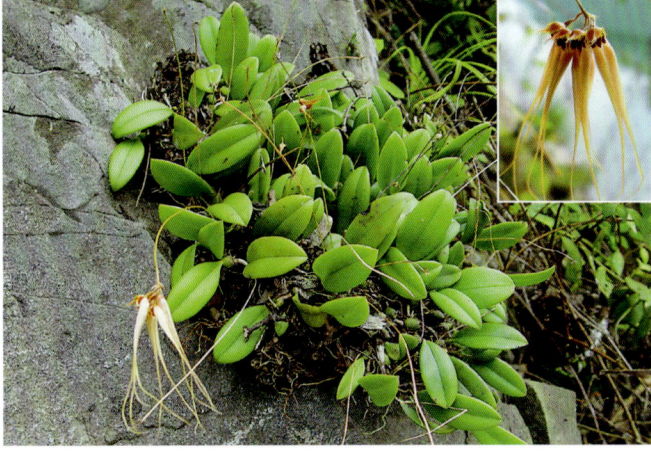

瘤唇卷瓣兰
Bulbophyllum japonicum (Makino) Makino

广东石豆兰
Bulbophyllum kwangtungense Schltr.

齿瓣石豆兰
Bulbophyllum levinei Schltr.

毛药卷瓣兰　*Bulbophyllum omerandrum* Hayata

伞花石豆兰
Bulbophyllum shweliense W. W. Smith

剑叶虾脊兰　*Calanthe davidii* Franch.

泽泻虾脊兰
Calanthe alismaefolia Lindl.

密花虾脊兰　*Calanthe densiflora* Lindl.

虾脊兰 *Calanthe discolor* Lindl.

钩距虾脊兰 *Calanthe graciliflora* Hayata

疏花虾脊兰 *Calanthe henryi* Rolfe

西南虾脊兰 *Calanthe herbacea* Lindl.

细花虾脊兰 *Calanthe mannii* Hook. f.

反瓣虾脊兰
Calanthe reflexa (Kuntze) Maxim.

大黄花虾脊兰
Calanthe sieboldii Decne.

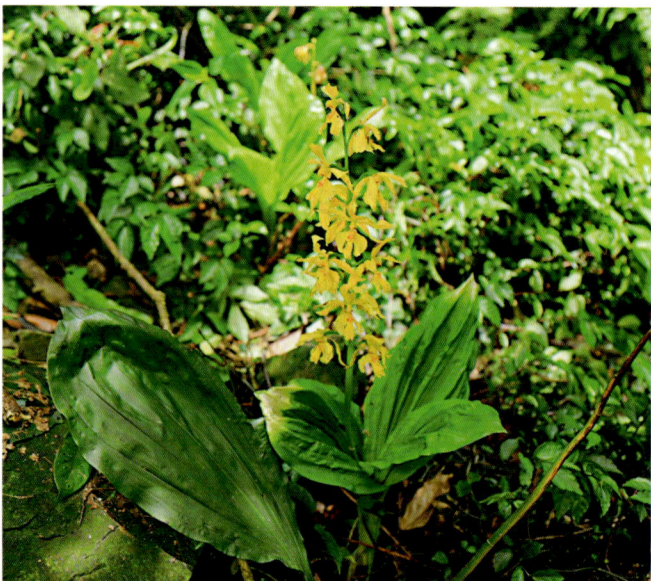

异大黄花虾脊兰
Calanthe sieboldopsis B. Y. Yang et Bo Li

长距虾脊兰
Calanthe sylvatica (Thou.) Lindl.

无距虾脊兰
Calanthe tsoongiana Tang et F. T. Wang

银兰
Cephalanthera erecta (Thunb. ex A. Murray) Bl.

金兰
Cephalanthera falcata (Thunb. ex A. Murray) Bl.

独花兰
Changnienia amoena S. S. Chien

大序隔距兰 *Cleisostoma paniculatum* (Ker-Gawl.) Garay

流苏贝母兰
Coelogyne fimbriata Lindl.

吻兰　*Collabium chinense*
(Rolfe) Tang et F. T. Wang

台湾吻兰
Collabium formosanum Hayata

杜鹃兰 *Cremastra appendiculata* (D. Don) Makino

建兰 *Cymbidium ensifolium* (L.) Sw.　　**蕙兰** *Cymbidium faberi* Rolfe

多花兰 *Cymbidium floribundum* Lindl.

春兰 *Cymbidium goeringii* (Rchb. f.) Rchb. f.

寒兰 *Cymbidium kanran* Makino

兔耳兰 *Cymbidium lancifolium* Hook.

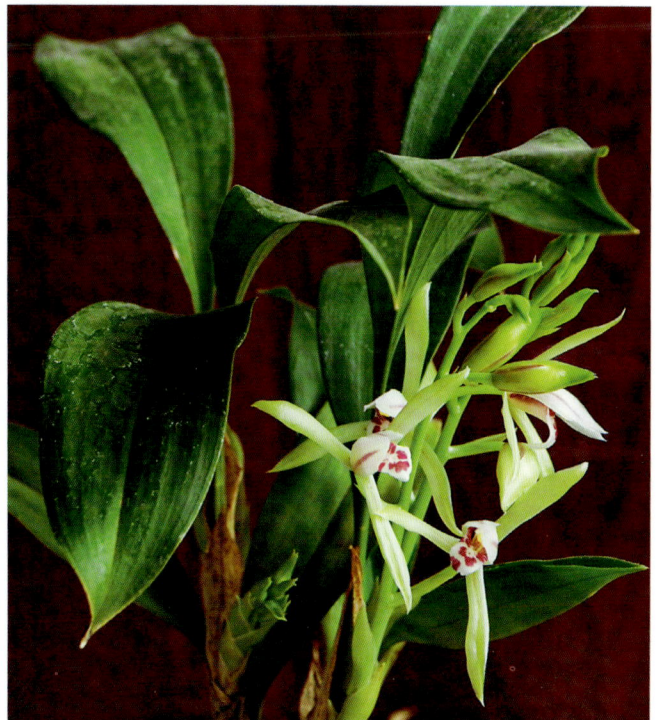

扇脉杓兰 *Cypripedium japonicum* Thunb.

井冈山丹霞兰
Danxiaorchis yangii B. Y. Yang et Bo Li

丹霞兰 *Danxiaorchis singchiana*
J. W. Zhai, F. W. Xing et Z. J. Liu

串珠石斛 *Dendrobium falconeri* Hook.

细叶石斛 *Dendrobium hancockii* Rolfe

细茎石斛
Dendrobium moniliforme (L.) Sw.

铁皮石斛
Dendrobium officinale Kimura et Migo

石斛 *Dendrobium nobile* Lindl.

球花石斛 *Dendrobium thyrsiflorum* Rchb. f.

单叶厚唇兰
Epigeneium fargesii (Finet) Gagnep.

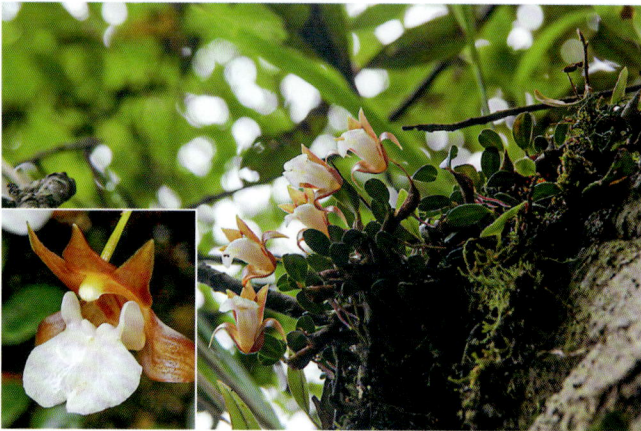

尖叶火烧兰 *Epipactis thunbergii* A. Gray

广东石斛 *Dendrobium wilsonii* Rolfe

美冠兰 *Eulophia graminea* Lindl.

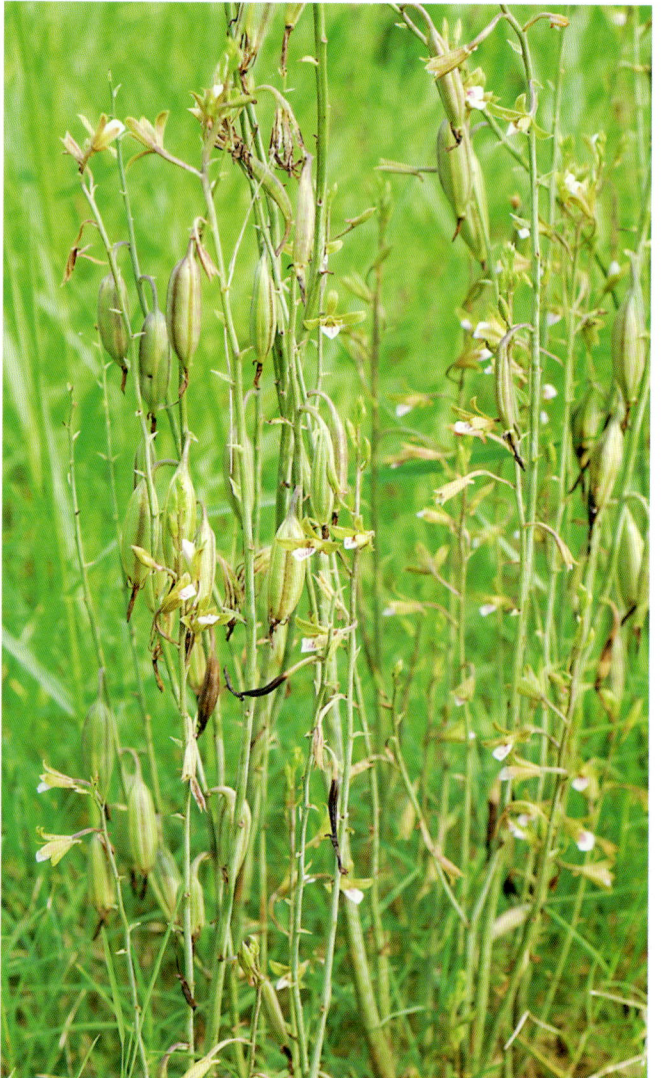

山珊瑚
Galeola faberi Rolfe

毛萼山珊瑚 *Galeola lindleyana*
(Hook. f. et Thoms.) Rchb. f.

台湾盆距兰 *Gastrochilus formosanus* (Hayata) Hayata

黄松盆距兰
Gastrochilus japonicus (Makino) Schltr.

中华盆距兰
Gastrochilus sinensis Z. H. Tsi

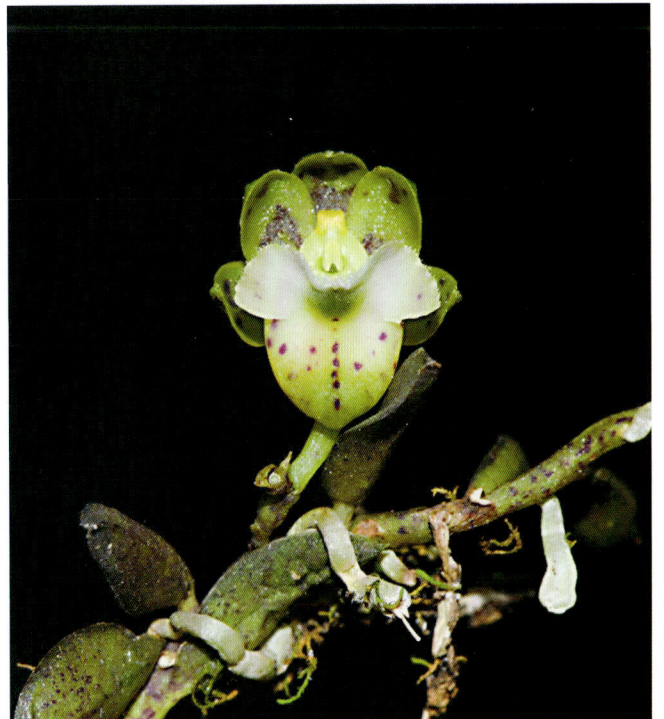

天麻
Gastrodia elata Bl.

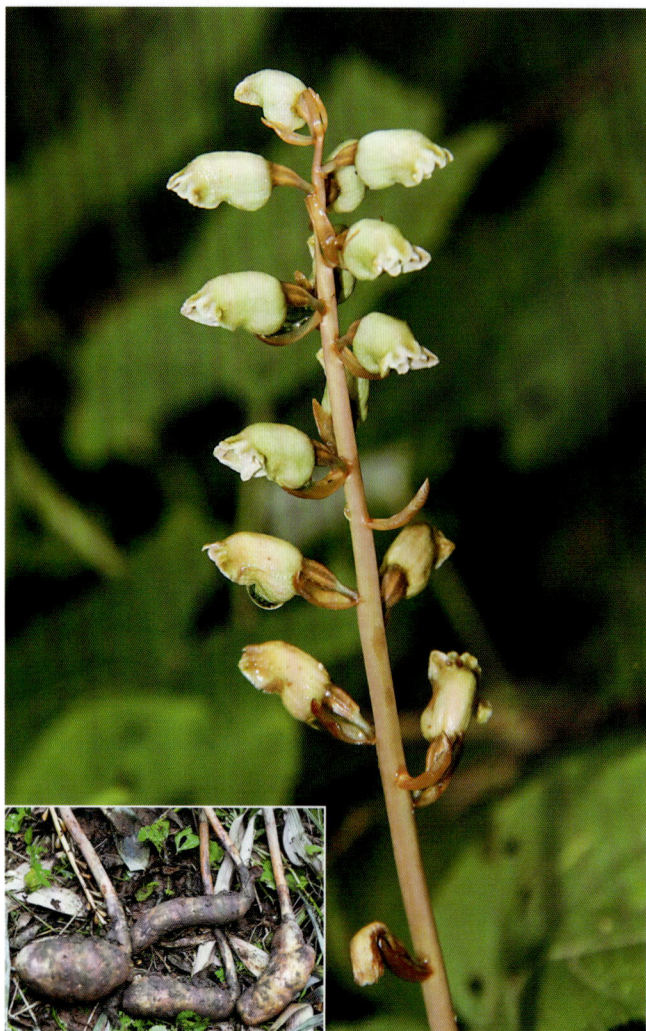

北插天天麻
Gastrodia peichatieniana S. S. Ying

大花斑叶兰　***Goodyera biflora*** (Lindl.) Hook. f.

多叶斑叶兰　***Goodyera foliosa*** (Lindl.) Benth.

光萼斑叶兰　***Goodyera henryi*** Rolfe

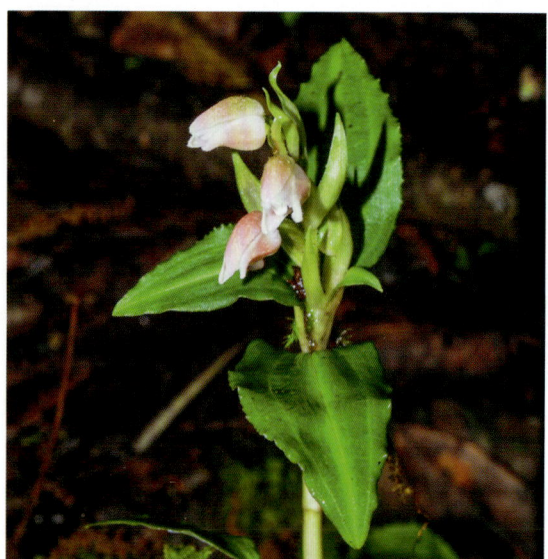

高斑叶兰
Goodyera procera (Ker-Gawl.) Hook.

小斑叶兰
Goodyera repens (L.) R. Br.

斑叶兰 *Goodyera schlechtendaliana* Rchb. f.

绒叶斑叶兰 *Goodyera velutina* Maxim.

绿花斑叶兰
Goodyera viridiflora (Bl.) Bl.

小小斑叶兰
Goodyera yangmeishanensis T. P. Lin

毛莛玉凤花 *Habenaria ciliolaris* Kraenzl.

鹅毛玉凤花 *Habenaria dentata* (Sw.) Schltr.

线叶十字兰 *Habenaria linearifolia* Maxim.

线瓣玉凤花 *Habenaria fordii* Rolfe

裂瓣玉凤花 *Habenaria petelotii* Gagnep.

橙黄玉凤花 *Habenaria rhodocheila* Hance

十字兰
Habenaria schindleri Schltr.

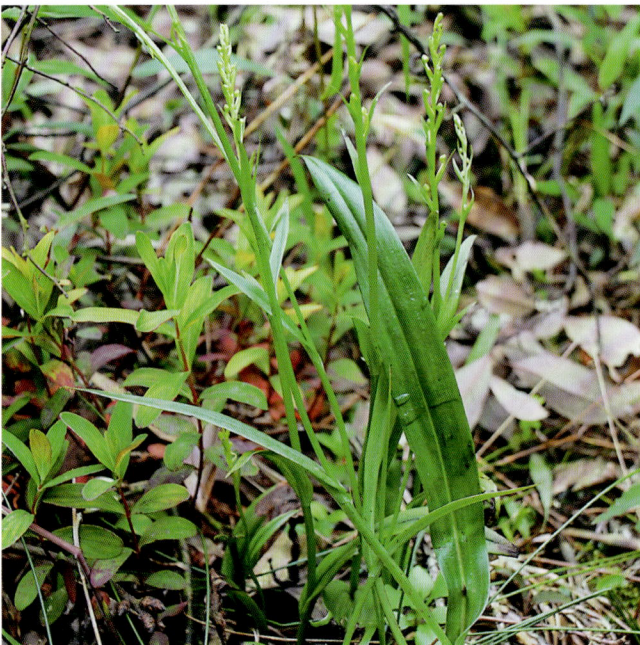

叉唇角盘兰
Herminium lanceum (Thunb. ex Sw.) Vuijk

盂兰 *Lecanorchis japonica* Bl.

镰翅羊耳蒜 *Liparis bootanensis* Griff.

齿唇羊耳蒜 *Liparis campylostalix* Rchb. f.

小巧羊耳蒜 *Liparis delicatula* Hook. f.

长苞羊耳蒜 *Liparis inaperta* Finet

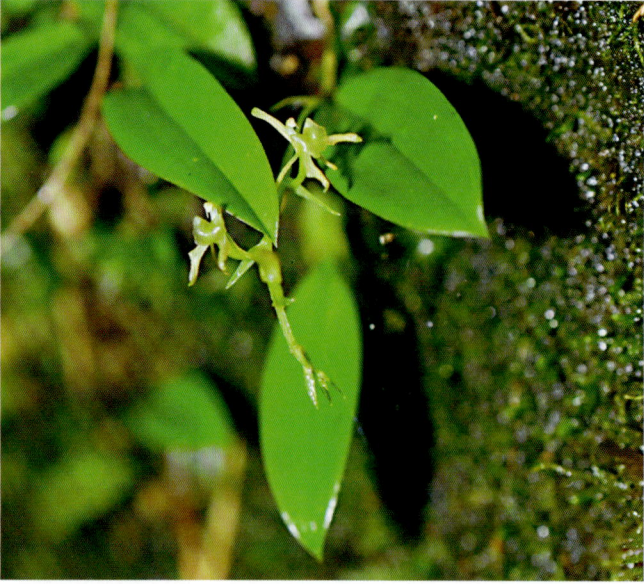

羊耳蒜 *Liparis japonica* (Miq.) Maxin.

广东羊耳蒜
Liparis kwangtungensis Schltr.

见血青
Liparis nervosa (Thunb. ex A. Murray) Lindl.

香花羊耳蒜 *Liparis odorata* (Willd.) Lindl.

长唇羊耳蒜 *Liparis pauliana* Hand.-Mazz.

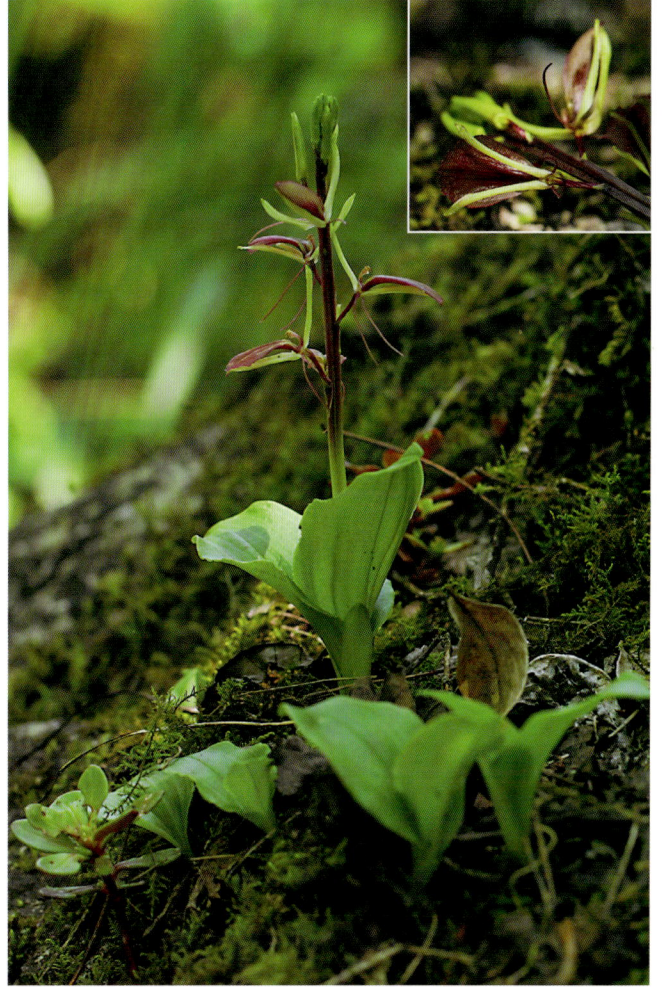

柄叶羊耳蒜 *Liparis petiolata*
(D. Don) P. F. Hunt et Summerh.

葱叶兰
Microtis unifolia (Forst.) Rchb. f.

日本全唇兰
Myrmechis japonica (Rchb. f.) Rolfe

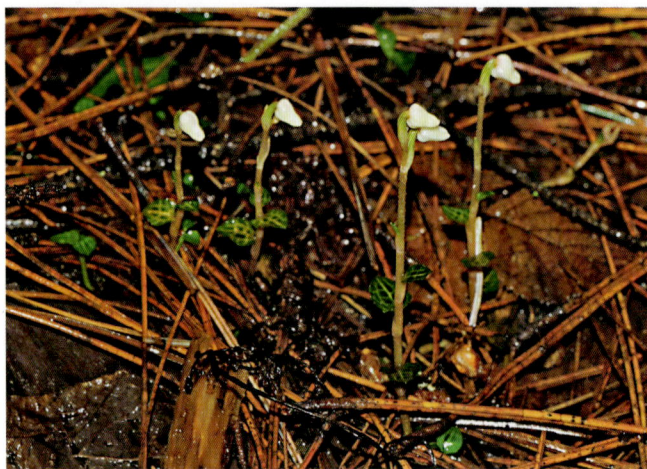

风兰 *Neofinetia falcata*
(Thunb. ex A. Murray) H. H. Hu

日本对叶兰 *Neottia japonica* (Bl.) Szlachetko
[*Listera japonica* Bl.]

狭叶鸢尾兰 *Oberonia caulescens* Lindl.

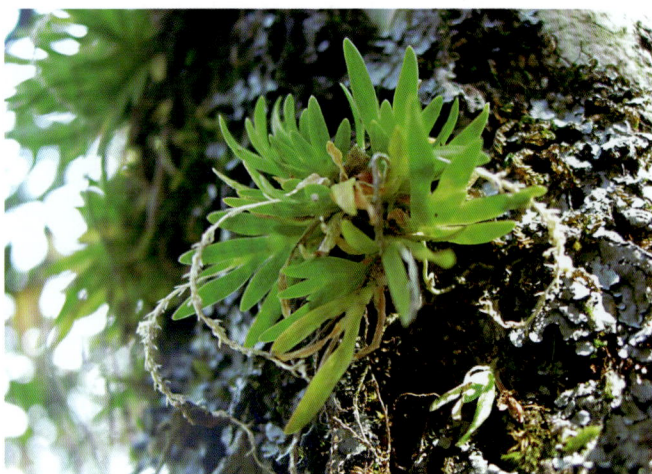

小叶鸢尾兰
Oberonia japonica (Maxim.) Makino

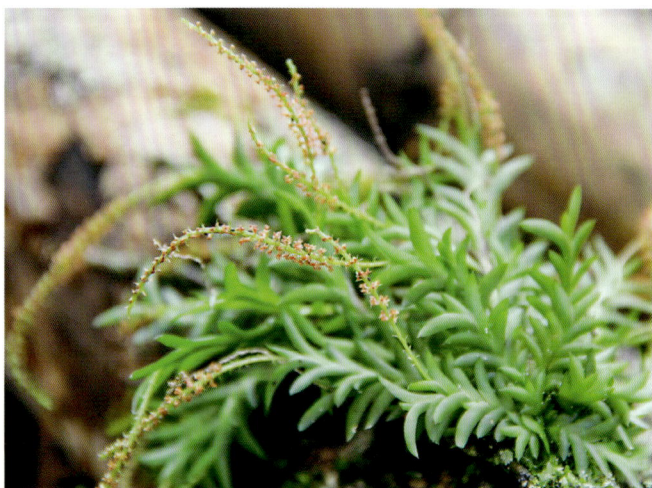

小沼兰 *Oberonioides microtatantha*
(Tang et F. T. Wang) Szlach.

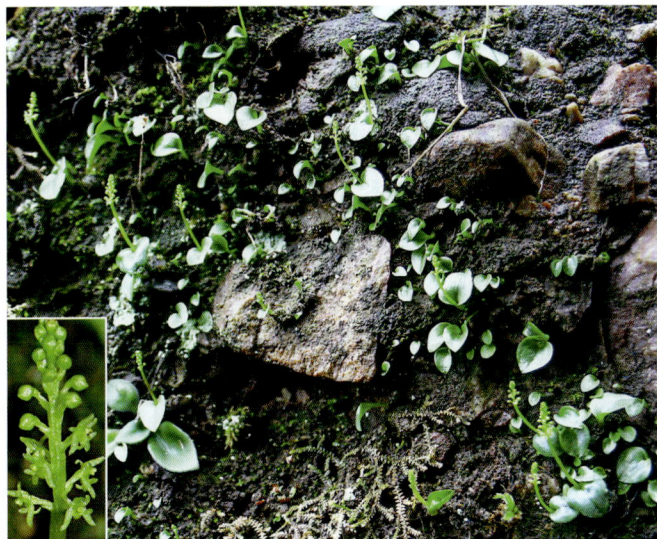

广东齿唇兰 *Odontochilus guangdongensis*
S. C. Chen, S. W. Gale et P. J. Cribb

[*Chamaegastrodia nanlingensis* H. Z. Tian et F. W. Xing]

齿爪齿唇兰 *Odontochilus poilanei*
(Gagnepain) Ormerod

[*Chamaegastrodia poilanei* (Gagnepain) Seidenfaden et A. N. Rao]

长须阔蕊兰
Peristylus calcaratus (Rolfe) S. Y. Hu

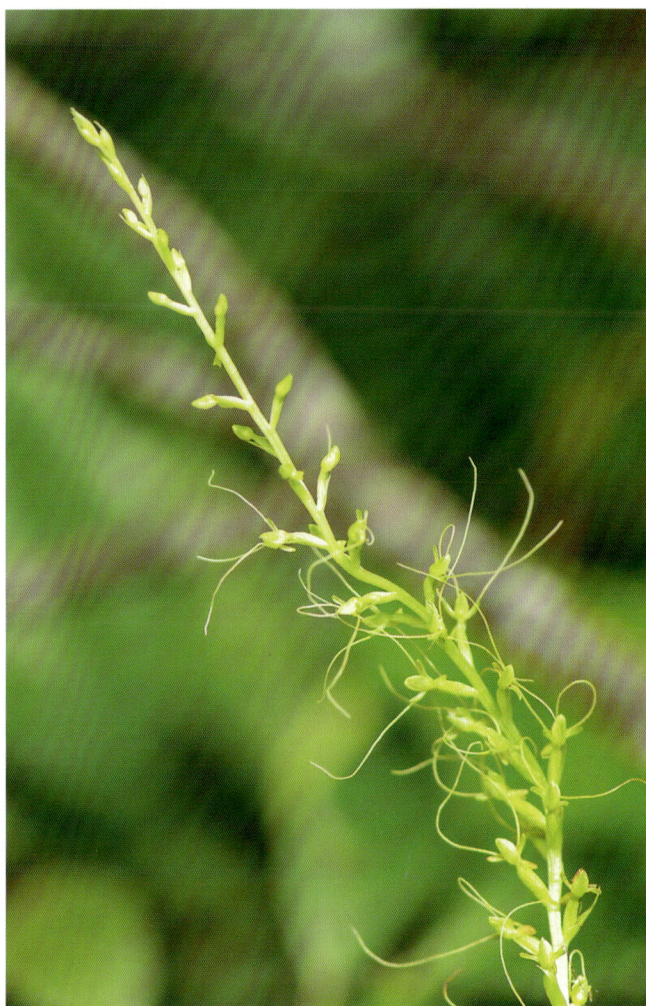

狭穗阔蕊兰
Peristylus densus (Lindl.) Santap. et Kapad.

阔蕊兰
Peristylus goodyeroides (D. Don) Lindl.

黄花鹤顶兰 ***Phaius flavus*** (Bl.) Lindl.

鹤顶兰 *Phaius tankervilleae* (Banks ex L'Herit.) Bl.

短茎萼脊兰 *Phalaenopsis subparishii* (Z. H. Tsi) Kocyan et Schuit.

[*Sedirea subparishii* (Z. H. Tsi) Christenson]

象鼻兰 *Phalaenopsis zhejiangensis*
(Z. H. Tsi) Schuit.
[*Nothodoritis zhejiangensis* Z. H. Tsi]

密花舌唇兰
Platanthera hologlottis Maxim.

细叶石仙桃
Pholidota cantonensis Rolfe

大明山舌唇兰 *Platanthera damingshanica*
K. Y. Lang et H. S. Guo

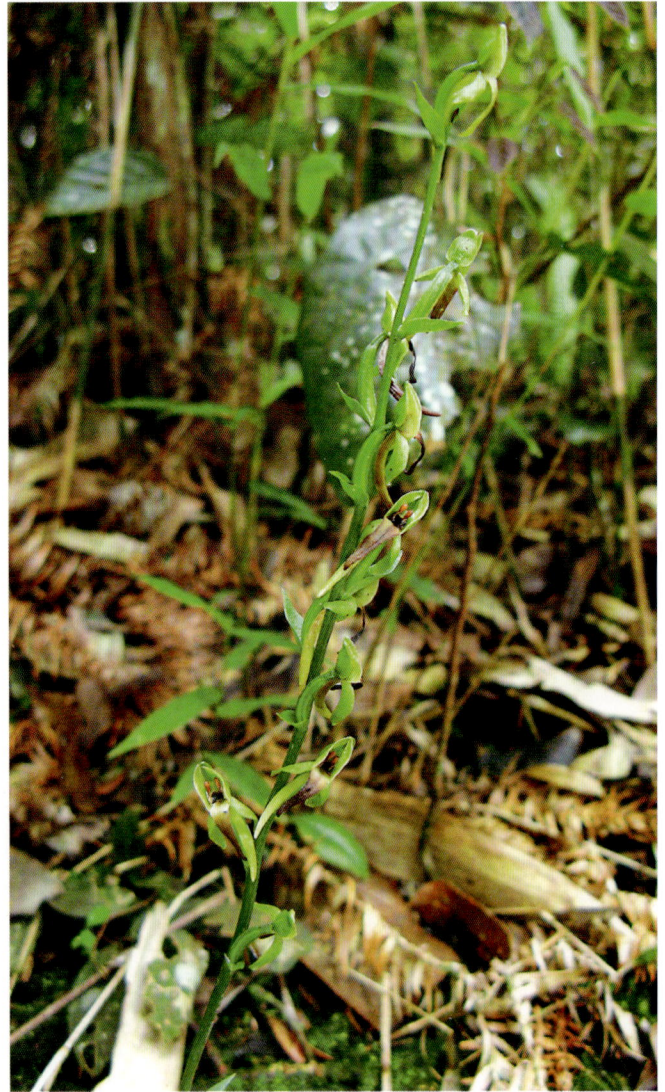

尾瓣舌唇兰
Platanthera mandarinorum Rchb. f.

小舌唇兰
Platanthera minor (Miq.) Rchb. f.

筒距舌唇兰
Platanthera tipuloides (L. f.) Lindl.

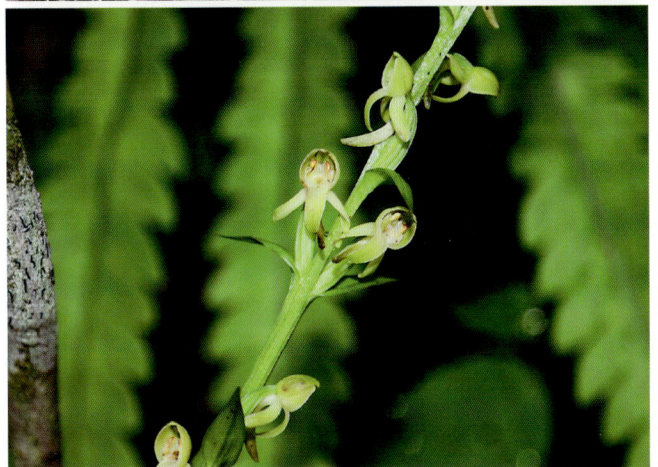

小花蜻蜓兰 *Platanthera ussuriensis*
(Regel et Maack) Maxim.
[*Tulotis ussuriensis* (Regel et Maack) H. Hara]

独蒜兰
Pleione bulbocodioides (Franch.) Rolfe

台湾独蒜兰 *Pleione formosana* Hayata

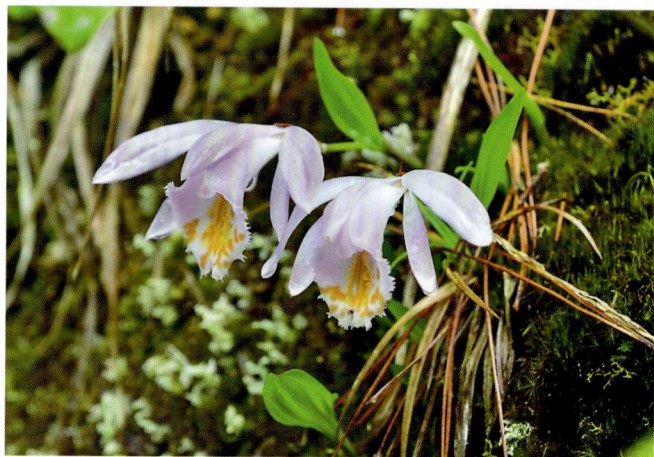

毛唇独蒜兰
Pleione hookeriana (Lindl.) B. S. Williams

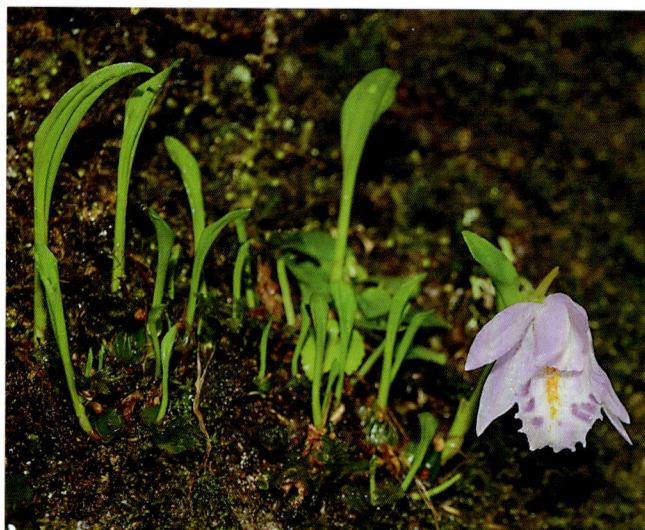

朱兰
Pogonia japonica Rchb. f.

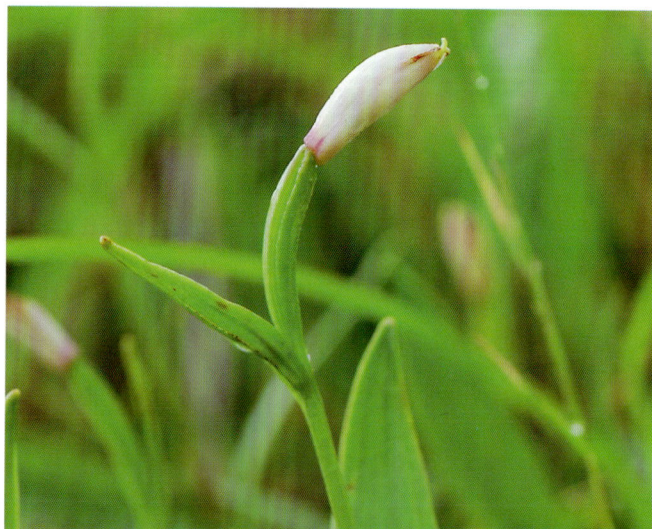

无柱兰 *Ponerorchis gracilis* (Bl.) X. H. Jin, Schuit. et W. T. Jin

[*Amitostigma gracile* (Bl.) Schltr.]

苞舌兰 *Spathoglottis pubescens* Lindl.

香港绶草
Spiranthes hongkongensis S. Y. Hu et Barretto

绶草 *Spiranthes sinensis* (Pers.) Ames

带叶兰 *Taeniophyllum glandulosum* Bl.

带唇兰 *Tainia dunnii* Rolfe

小叶白点兰
Thrixspermum japonicum (Miq.) Rchb. f.

长轴白点兰
Thrixspermum saruwatarii (Hayata) Schltr.

宽距兰 *Yoania japonica* Maxim.

印度宽距兰 *Yoania prainii* King et Pantl.

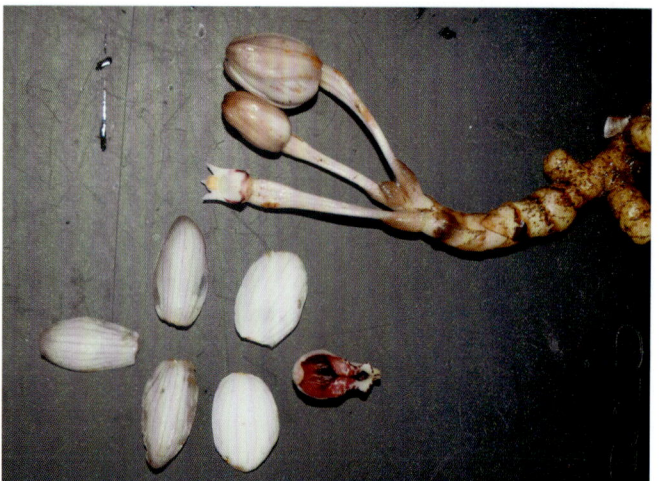

A66　仙茅科 Hypoxidaceae

仙茅 *Curculigo orchioides* Gaertn.　　**小金梅草 *Hypoxis aurea* Lour.**

A70　鸢尾科 Iridaceae

射干
Belamcanda chinensis (L.) Redoutch

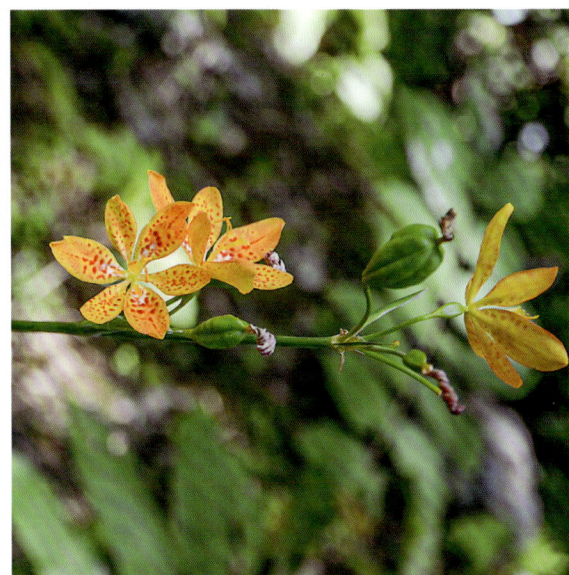

* 唐菖蒲
Gladiolus gandavensis Houtte

[*] 玉蝉花
Iris ensata Thunb.

[*] 花菖蒲
Iris ensata var. *hortensis* Makino et Nemoto

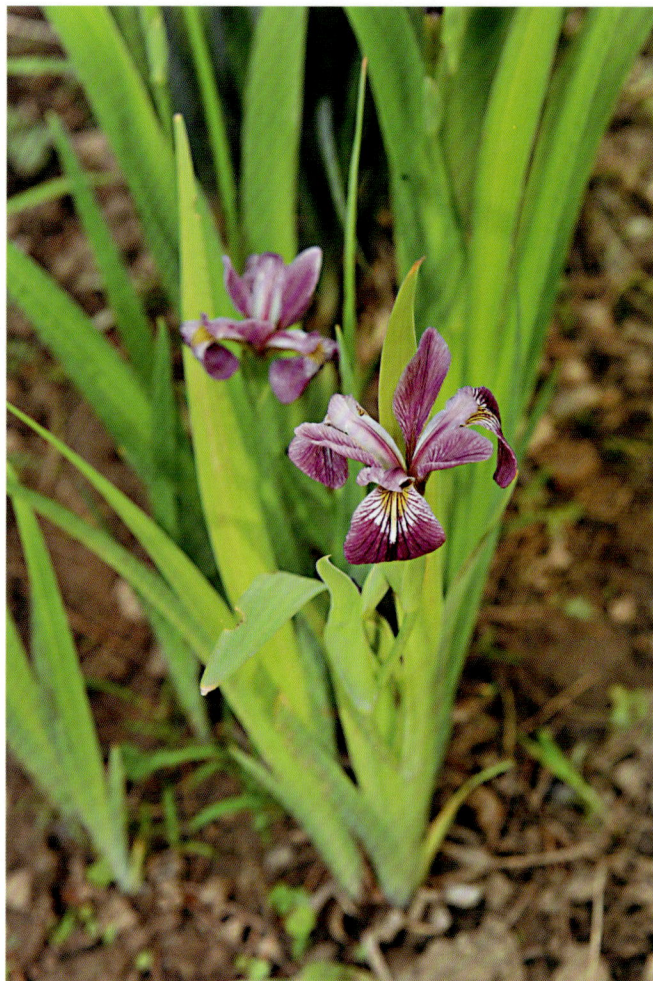

蝴蝶花
Iris japonica Thunb.

小鸢尾
Iris proantha Diels

小花鸢尾 *Iris speculatrix* Hance

鸢尾 *Iris tectorum* Maxim.

A72　阿福花科 Asphodelaceae

山菅 *Dianella ensifolia* (L.) DC.

黄花菜 *Hemerocallis citrina* Baroni

萱草 *Hemerocallis fulva* (L.) L.

A73　石蒜科 Amaryllidaceae

*洋葱 ***Allium cepa*** L.

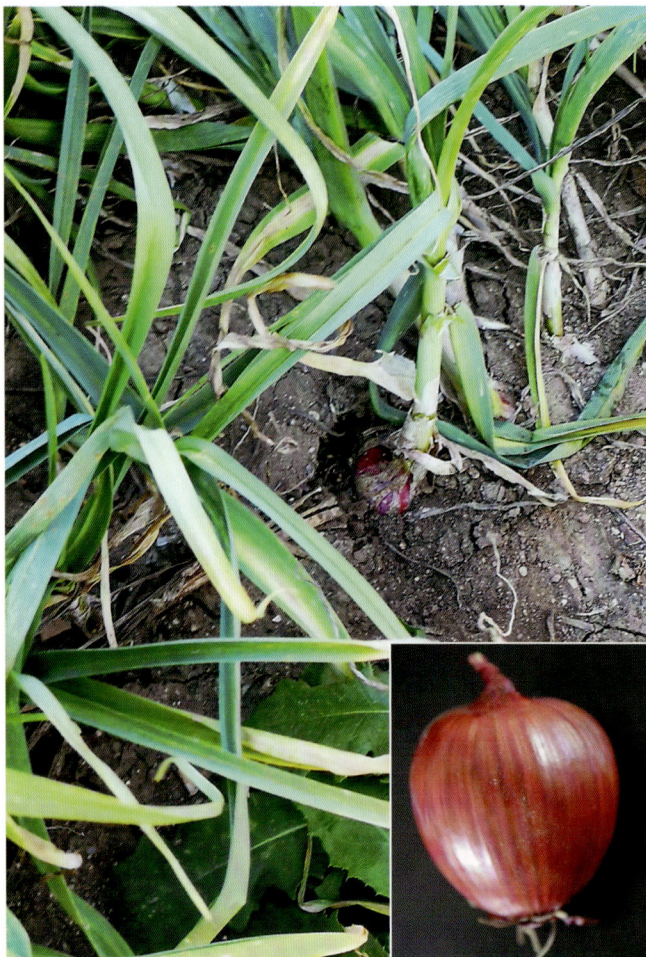

薤头 ***Allium chinense*** G. Don

野葱 ***Allium chrysanthum*** Regel

*葱 ***Allium fistulosum*** L.

宽叶韭 *Allium hookeri* Thwaites

薤白 *Allium macrostemon* Bunge

* 蒜 *Allium sativum* L.

*韭 *Allium tuberosum* Rottler ex Sprengle

*文殊兰 *Crinum asiaticum* var. *sinicum* (Roxb. ex Herb.) Baker

忽地笑 *Lycoris aurea* (L'Hér.) Herb.

中国石蒜 *Lycoris chinensis* Traub

石蒜 *Lycoris radiata* (L'Hér.) Herb.

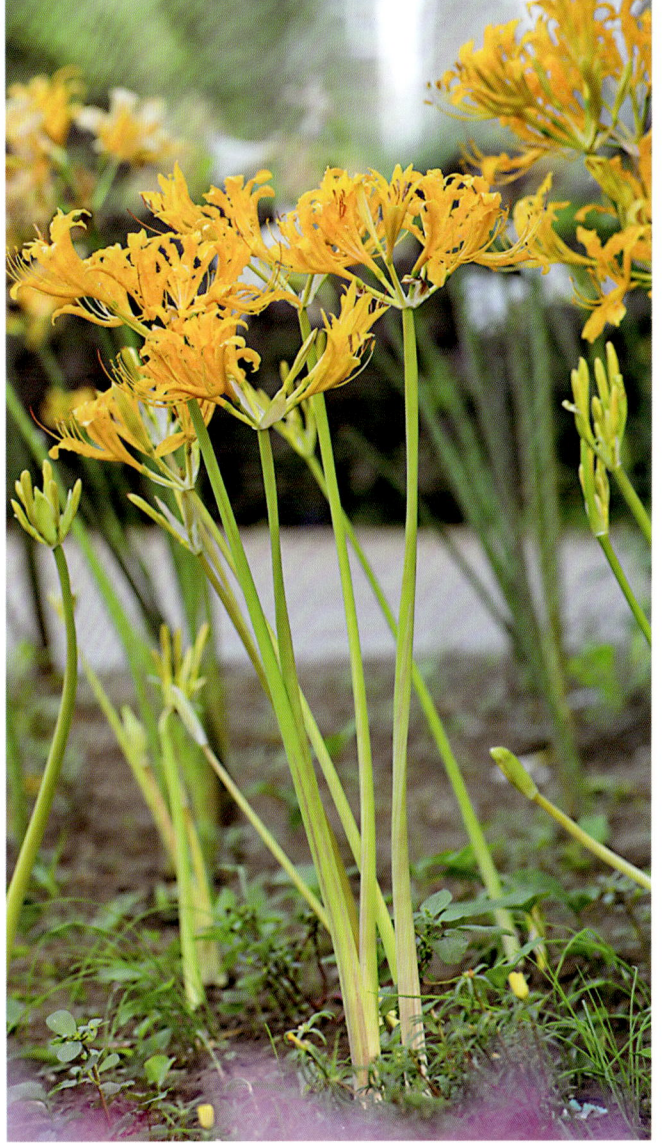

葱莲 *Zephyranthes candida* (Lindl.) Herb.

* 韭莲 *Zephyranthes carinata* Herb.

A74 天门冬科 Asparagaceae

* 龙舌兰 *Agave americana* L.

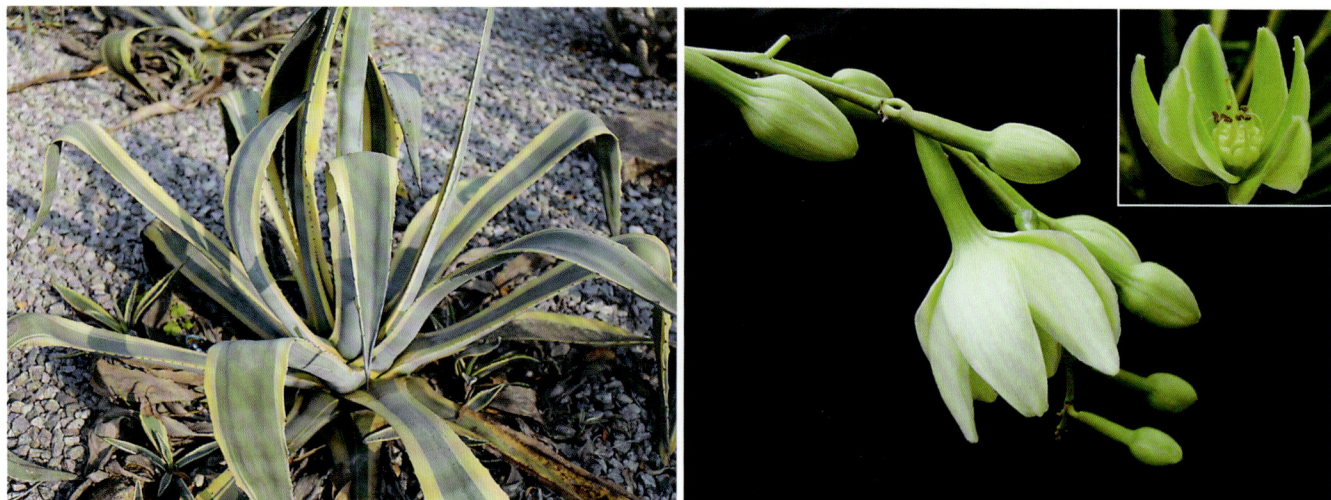

山文竹
Asparagus acicularis Wang et S. C. Chen

天门冬
Asparagus cochinchinensis (Lour.) Merr.

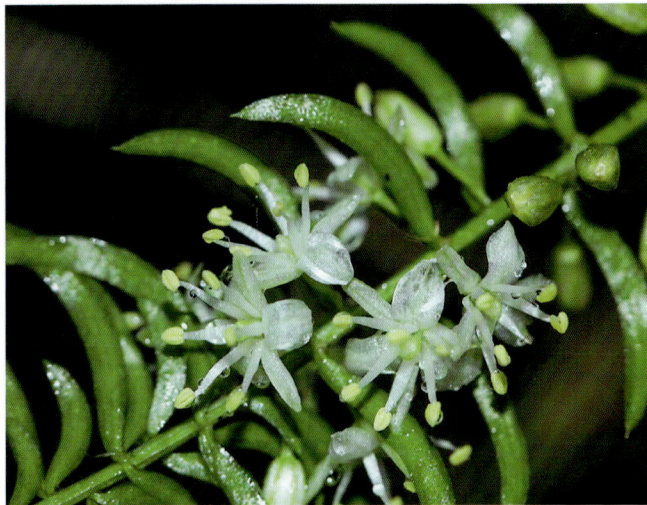

羊齿天门冬 *Asparagus filicinus* D. Don

蜘蛛抱蛋 *Aspidistra elatior* Bl.

流苏蜘蛛抱蛋
Aspidistra fimbriata F. T. Wang et K. Y. Lang

九龙盘
Aspidistra lurida Ker-Gawl.

小花蜘蛛抱蛋 ***Aspidistra minutiflora*** Stapf

绵枣儿 ***Barnardia japonica*** (Thunberg) Schultes et J. H. Schultes
[*Scilla scilloides* (Lindl.) Druce]

湖南蜘蛛抱蛋
Aspidistra triloba F. T. Wang et K. Y. Lang

开口箭
Campylandra chinensis (Baker) M. N. Tamura et al.

筒花开口箭　*Campylandra delavayi*
(Franchet) M. N. Tamura et al.

*吊兰
Chlorophytum comosum (Thunb.) Baker

散斑竹根七 *Disporopsis aspersa* (Hua) Engl. ex Krause

竹根七 *Disporopsis fuscopicta* Hance

深裂竹根七 *Disporopsis pernyi* (Hua) Diels

武功山异黄精 *Heteropolygonatum wugongshanensis* G. X. Chen, Y. Meng et J. W. Xiao

玉簪 *Hosta plantaginea* (Lam.) Aschers.

紫萼 *Hosta ventricosa* (Salisb.) Stearn

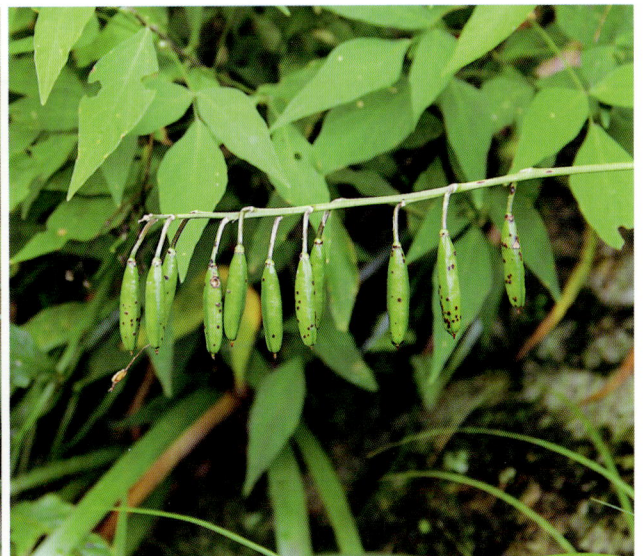

禾叶山麦冬
Liriope graminifolia (L.) Baker

阔叶山麦冬
Liriope muscari (Decne.) L. H. Bailey

山麦冬
Liriope spicata (Thunb.) Lour.

鹿药 *Maianthemum japonicum*
(A. Gray) La Frankie [*Smilacina japonica* A. Gray]

沿阶草
Ophiopogon bodinieri Lévl.

棒叶沿阶草
Ophiopogon clavatus C. H. Wright ex Oliv.

间型沿阶草 *Ophiopogon intermedius* D. Don

麦冬 *Ophiopogon japonicus* (L. f.) Ker-Gawl.

西南沿阶草 *Ophiopogon mairei* Lévl.

宽叶沿阶草
Ophiopogon platyphyllus Merr. et Chun

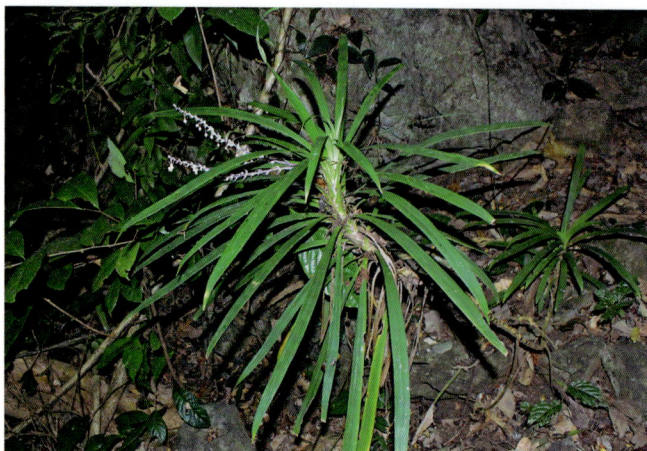

狭叶沿阶草
Ophiopogon stenophyllus (Merr.) Rodrig.

多花黄精 *Polygonatum cyrtonema* Hua

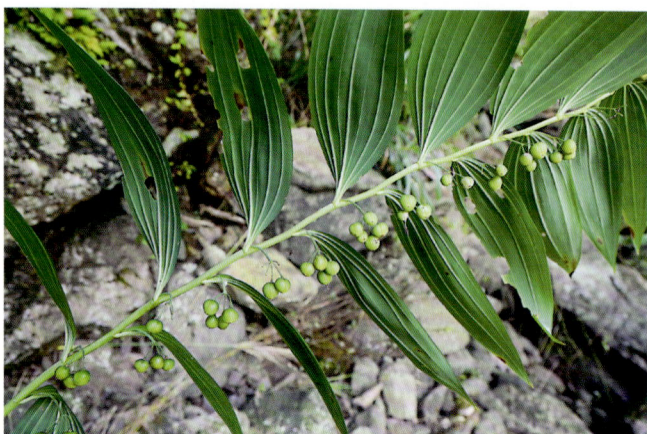

长梗黄精 *Polygonatum filipes* Merr.

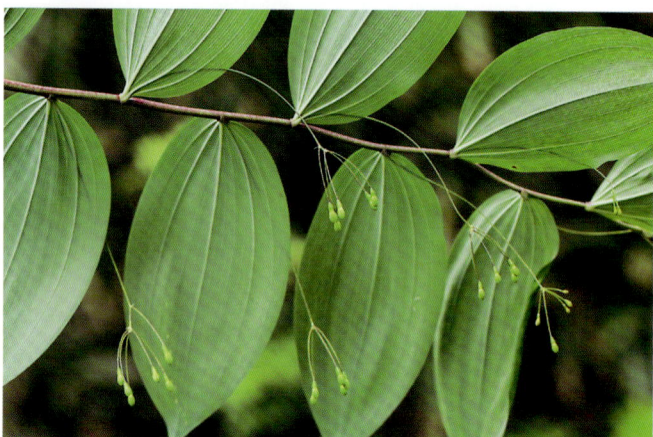

玉竹 *Polygonatum odoratum* (Mill.) Druce

黄精 *Polygonatum sibiricum* Delar. ex Redoute

湖北黄精
Polygonatum zanlanscianense Pamp.

吉祥草
Reineckea carnea (Andr.) Kunth

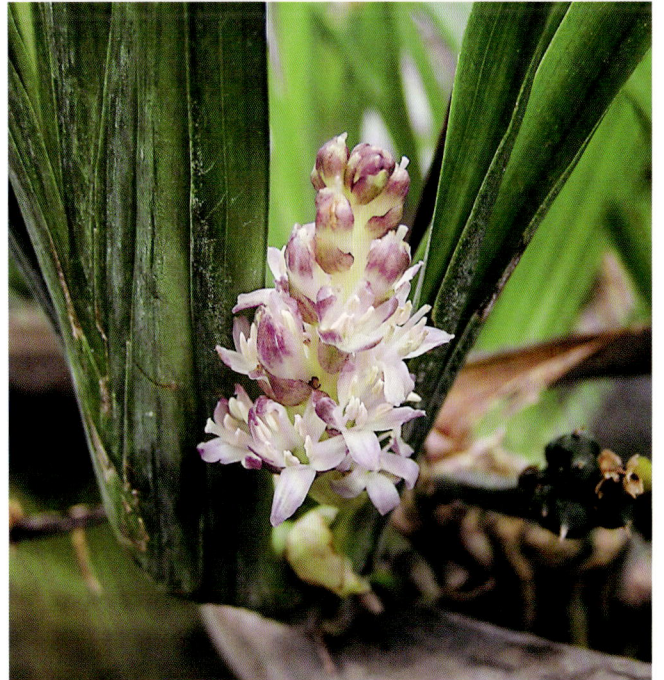

万年青 *Rohdea japonica* (Thunb.) Roth

*凤尾丝兰 *Yucca gloriosa* L.

白穗花 *Speirantha gardenii* (Hook.) Baill.

Order 16　棕榈目 Arecales

A76　棕榈科 Arecaceae

* 蒲葵 *Livistona chinensis* (Jacq.) R. Br.

棕榈
Trachycarpus fortunei (Hook.) H. Wendl.

棕竹 *Rhapis excelsa* (Thunb.) Henry ex Rehd.

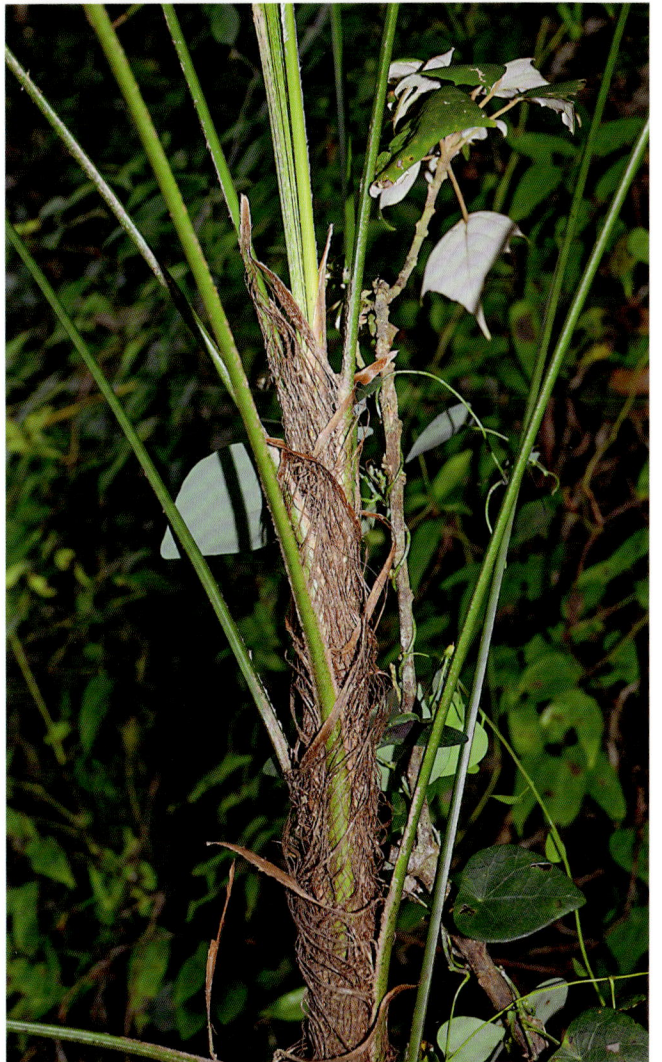

Order 17　鸭跖草目 Commelinales

A78　鸭跖草科 Commelinaceae

饭包草 *Commelina benghalensis* L.

鸭跖草 *Commelina communis* L.

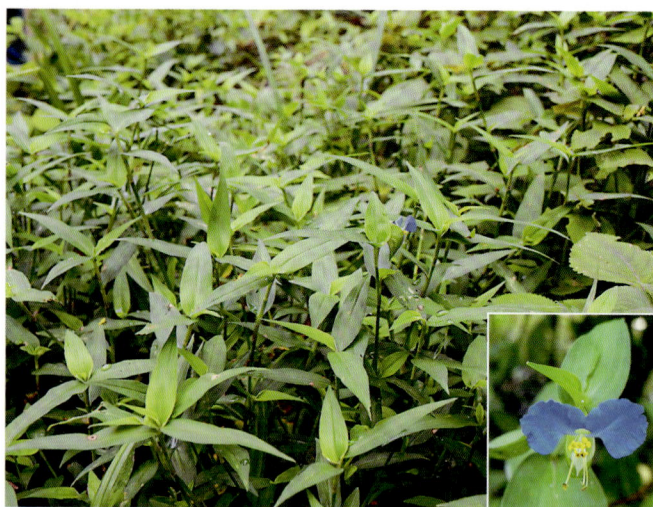

竹节菜 *Commelina diffusa* Burm. f.

大苞鸭跖草 *Commelina paludosa* Bl.

聚花草 *Floscopa scandens* Lour.

根茎水竹叶
Murdannia hookeri (C. B. Clarke) Brückn.

狭叶水竹叶
Murdannia kainantensis (Masam.) Hong

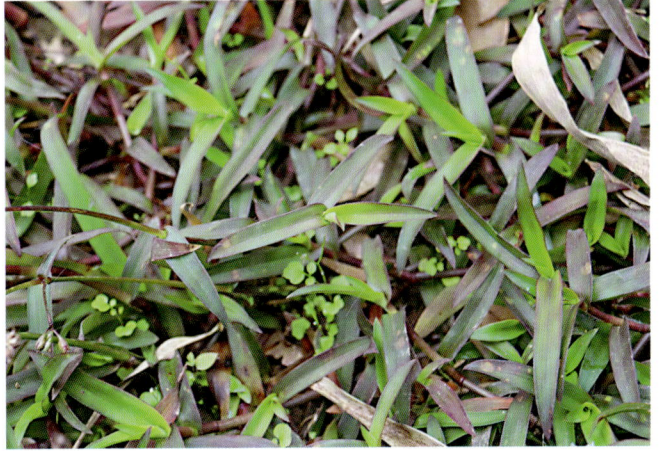

疣草
Murdannia keisak (Hassk.) Hand.-Mazz.

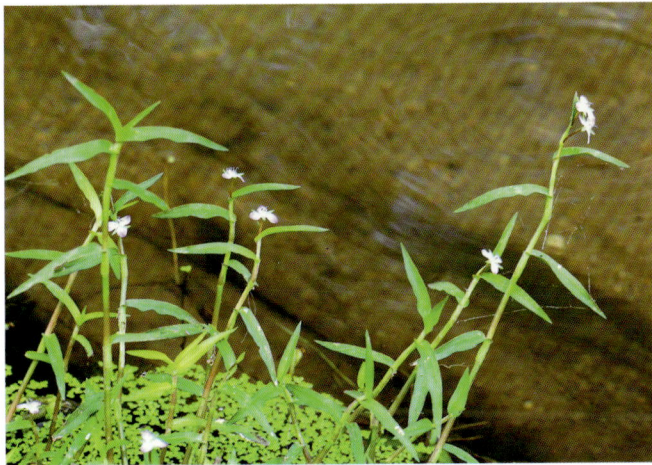

牛轭草 *Murdannia loriformis*
(Hassk.) Rolla et Kammathy

裸花水竹叶
Murdannia nudiflora (L.) Brenan

矮水竹叶
Murdannia spirata (L.) Brückn.

水竹叶 *Murdannia triquetra* (Wall.) Brückn.

杜若 *Pollia japonica* Thunb.

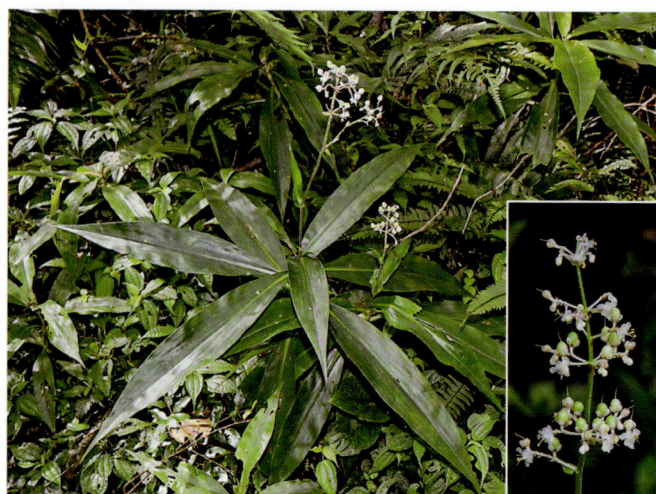

长花枝杜若
Pollia secundiflora (Bl.) Bakh. f.

钩毛子草
Rhopalephora scaberrima (Bl.) Faden

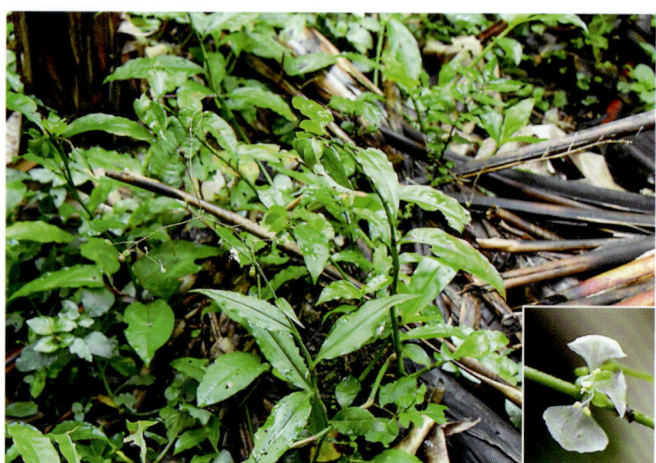

竹叶吉祥草
Spatholirion longifolium (Gagnep.) Dunn

竹叶子
Streptolirion volubile Edgew.

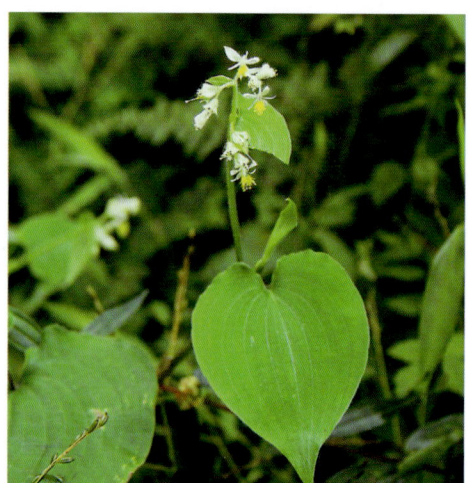

A80　雨久花科 Pontederiaceae

* 凤眼莲
Eichhornia crassipes (Mart.) Solms

鸭舌草
Monochoria vaginalis (Burm. f.) Presl

雨久花 *Monochoria korsakowii* Regel et Maack

Order 18 姜目 Zingiberales

A85 芭蕉科 Musaceae

野蕉 *Musa balbisiana* Colla

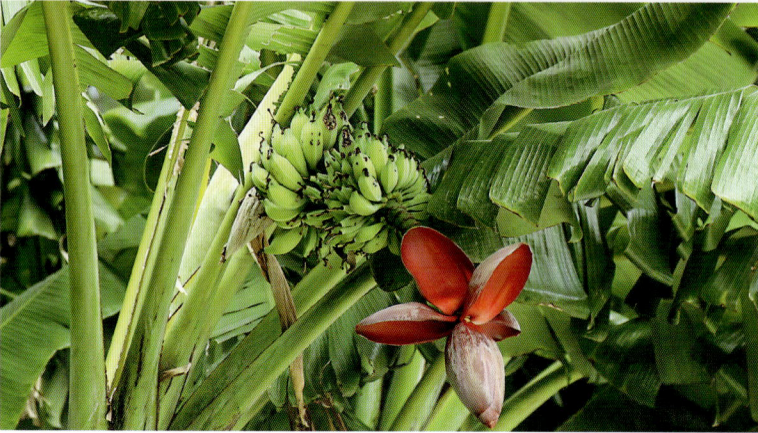

* 芭蕉 *Musa basjoo* Sieb. et Zucc.

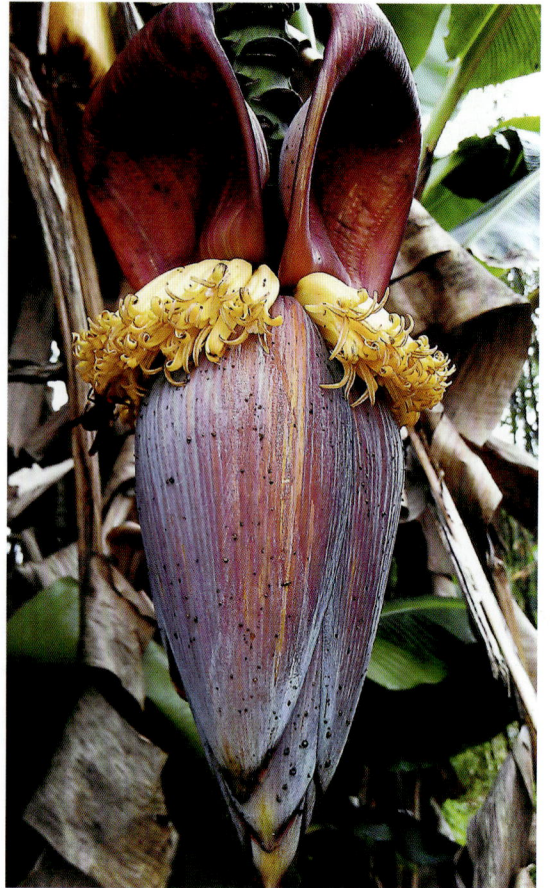

A86 美人蕉科 Cannaceae

* 蕉芋 *Canna edulis* Ker

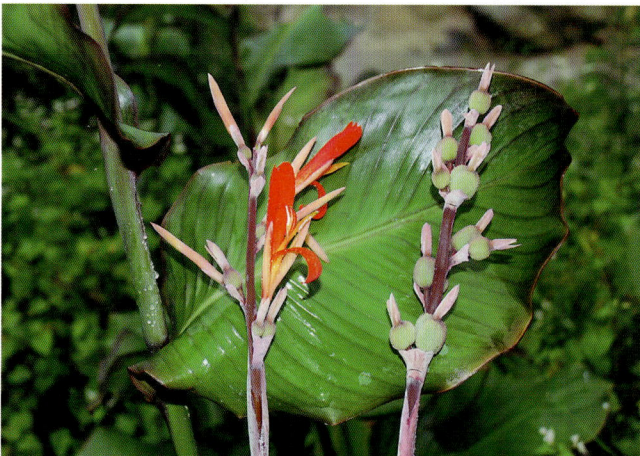

* 美人蕉 *Canna indica* L.

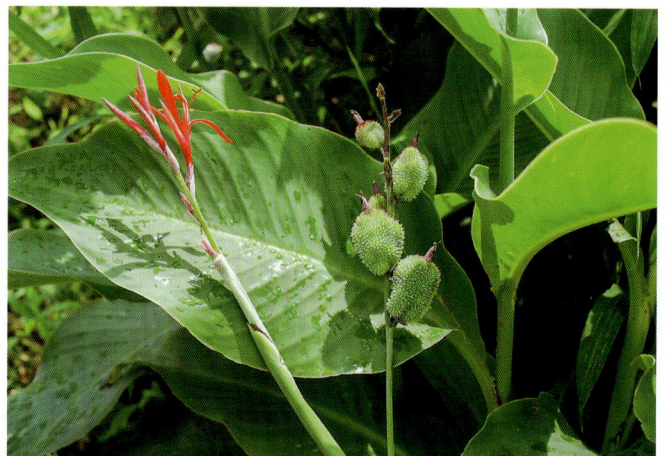

A87　竹芋科　Marantaceae

* 水竹芋　*Thalia dealbata* Fras.

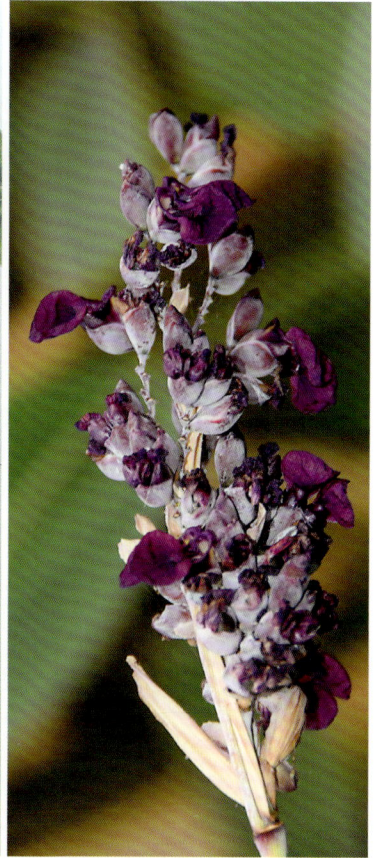

A88　闭鞘姜科　Costaceae

* 闭鞘姜　*Hellenia speciosa* (J. Koenig) Govaerts　[*Costus speciosus* (J. Koenig) Sm.]

A89 姜科 Zingiberaceae

山姜 *Alpinia japonica* (Thunb.) Miq.

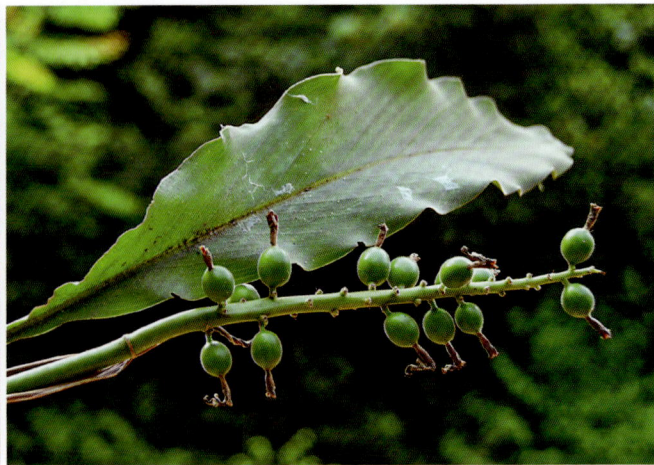

箭秆风 *Alpinia jianganfeng* T. L. Wu

华山姜 *Alpinia oblongifolia* Hayata

高良姜 *Alpinia officinarum* Hance

花叶山姜 *Alpinia pumila* Hook. f.

艳山姜
Alpinia zerumbet (Pers.) Burtt. et Smith

密苞山姜 *Alpinia stachyodes* Hance

华南豆蔻
Amomum austrosinense D. Fang

浙赣舞花姜 *Globba chekiangensis*
G. Y. Li, Z. H. Chen et G. H. Xia

峨眉舞花姜 *Globba emeiensis* Z. Y. Zhu

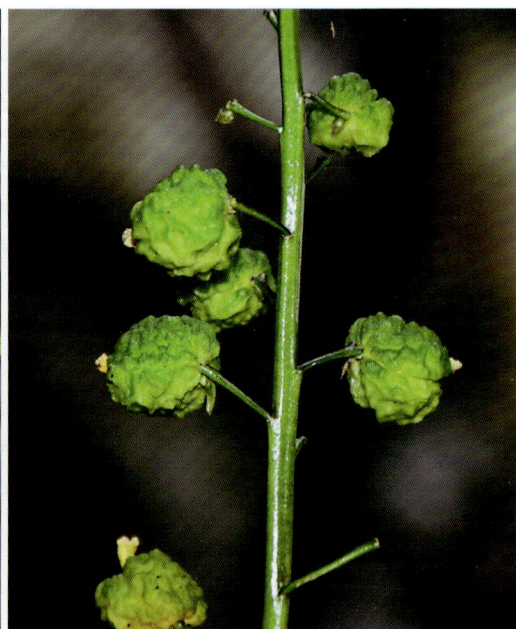

舞花姜 *Globba racemosa* Smith

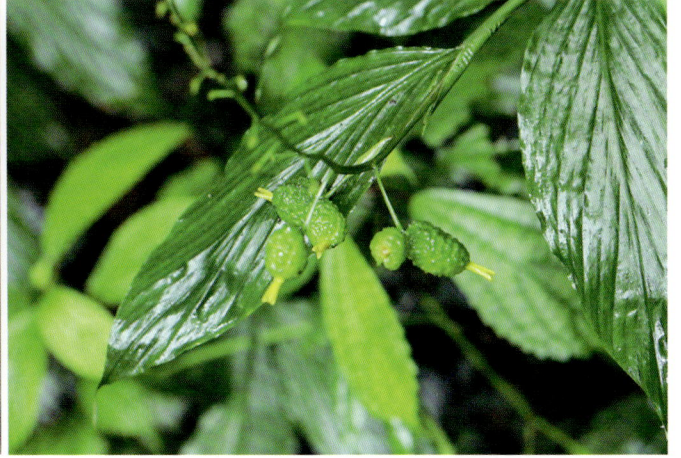

黄花大苞姜 *Monolophus coenobialis* Hance

* 姜花 *Hedychium coronarium* Koenig

蘘荷 *Zingiber mioga* (Thunb.) Rosc.

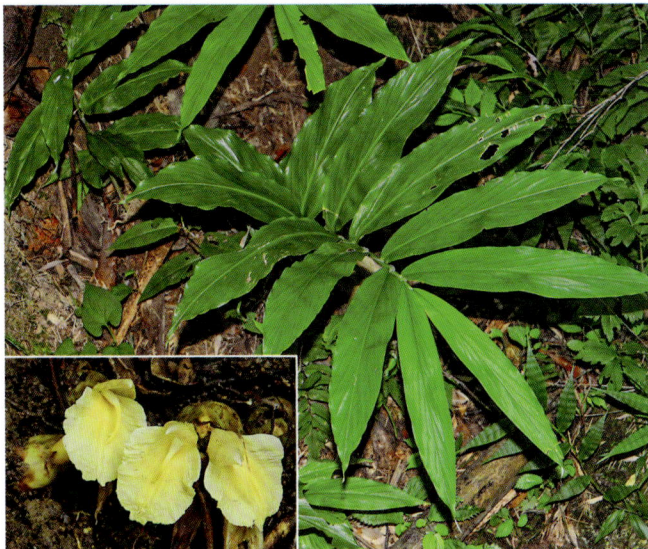

* 姜 *Zingiber officinale* Rosc.

阳荷 *Zingiber striolatum* Diels

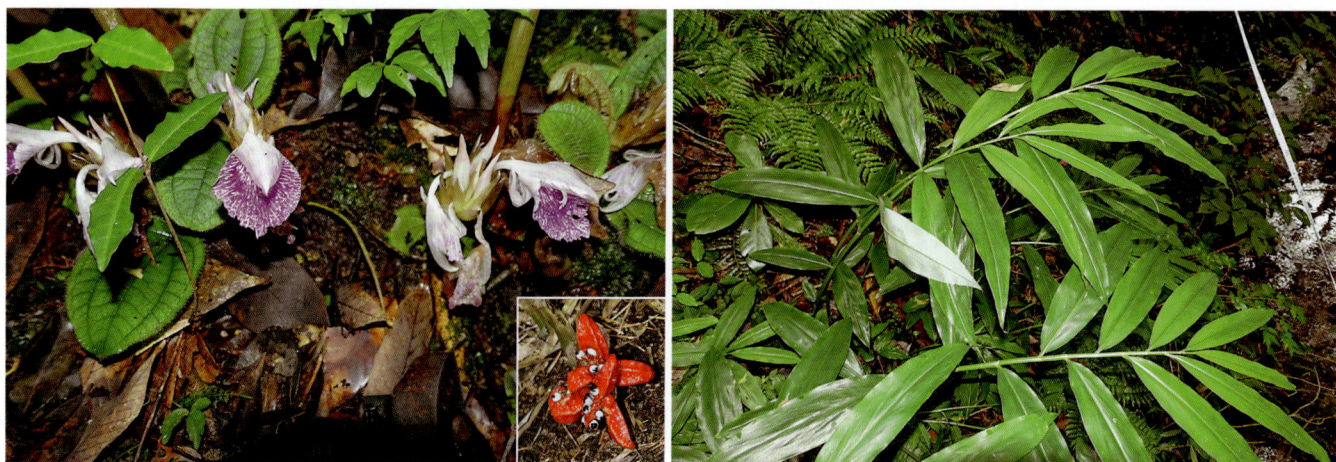

Order 19　禾本目 Poales

A90　香蒲科 Typhaceae

曲轴黑三棱
Sparganium fallax Graebn.

黑三棱 *Sparganium stoloniferum*
(Graebn.) Buch.-Ham. ex Juz.

水烛 *Typha angustifolia* L.

无苞香蒲 *Typha laxmannii* Lepech.

香蒲 *Typha orientalis* Presl

A93 黄眼草科 Xyridaceae

葱草 *Xyris pauciflora* Willd.

A94 谷精草科 Eriocaulaceae

谷精草 *Eriocaulon buergerianum* Koern.

白药谷精草 *Eriocaulon cinereum* R. Br.

长苞谷精草
Eriocaulon decemflorum
Maxim.

江南谷精草
Eriocaulon faberi Ruhl.

尼泊尔谷精草
Eriocaulon nepalense Presc. ex Bong.

华南谷精草
Eriocaulon sexangulare L.

四国谷精草 *Eriocaulon miquelianum* Kornicke
[*Eriocaulon sikokianum* Maxim.]

A97 灯芯草科 Juncaceae

翅茎灯芯草 *Juncus alatus* Franch. et Savat.

小花灯芯草 *Juncus articulatus* L.

小灯芯草 *Juncus bufonius* L.

星花灯芯草
Juncus diastrophanthus Buchen.

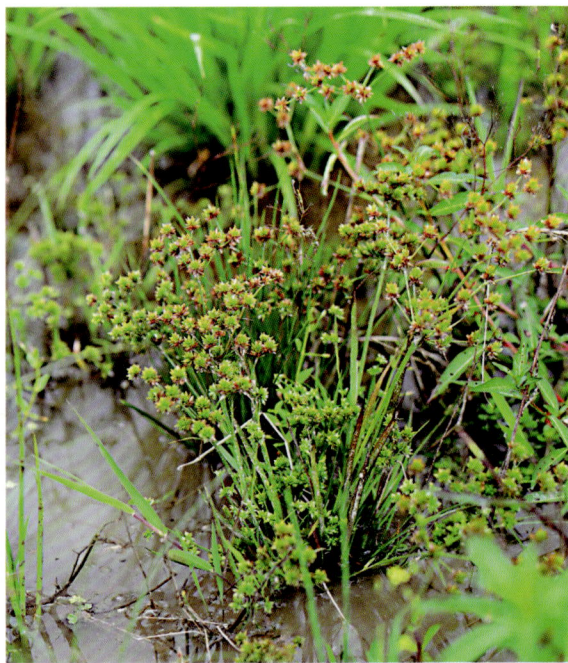

灯芯草　*Juncus effusus* L.

细茎灯芯草
Juncus gracilicaulis A. Camus

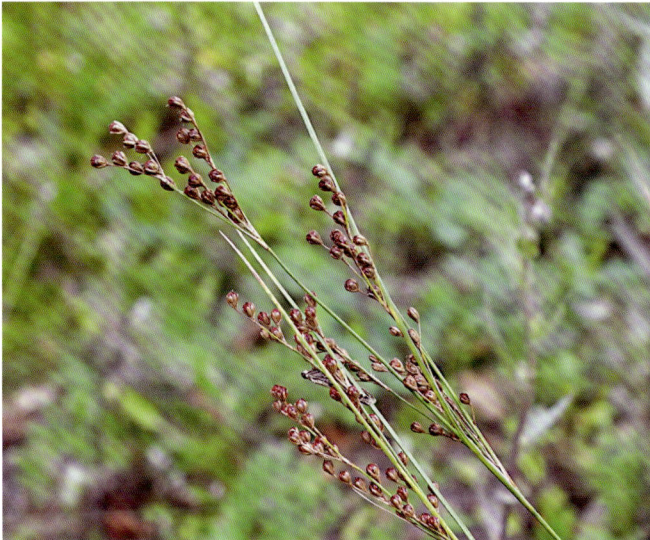

扁茎灯芯草　*Juncus gracillimus* (Buchen.) V. I. Kreczetowicz et Gontscharow

笄石菖　*Juncus prismatocarpus* R. Br.

野灯芯草 *Juncus setchuensis* Buchen.

坚被灯芯草 *Juncus tenuis* Willd.

多花地杨梅
Luzula multiflora (Retz.) Lej.

羽毛地杨梅
Luzula plumosa E. Mey.

A98　莎草科 Cyperaceae

荆三棱 *Bolboschoenus yagara*
(Ohwi) Y. C. Yang et M. Zhan

球柱草
Bulbostylis barbata (Rottb.) Kunth

丝叶球柱草
Bulbostylis densa (Wall.) Hand.-Mazz.

广东薹草 *Carex adrienii* E. G. Camus

禾状薹草 *Carex alopecuroides* D. Don

浆果薹草 *Carex baccans* Nees

滨海薹草 *Carex bodinieri* Franch.

短尖薹草 *Carex brevicuspis* C. B. Clarke

青绿薹草 *Carex breviculmis* R. Br.

亚澳薹草 *Carex brownii* Tuckerm.

褐果薹草 *Carex brunnea* Thunb.

发秆薹草 *Carex capillacea* Boott

中华薹草 *Carex chinensis* Retz.

灰化薹草 *Carex cinerascens* Kük.

十字薹草 *Carex cruciata* Wahlenb.

隐穗薹草 *Carex cryptostachys* Brongn.

无喙囊薹草
Carex davidii Franch.

二形鳞薹草 *Carex dimorpholepis* Steud.

皱果薹草 *Carex dispalata* Boott ex A. Gray

签草 *Carex doniana* Spreng.

蕨状薹草 *Carex filicina* Nees

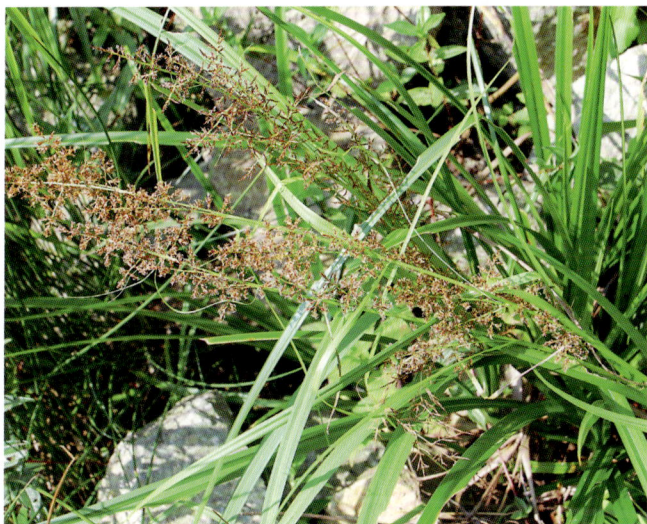

穿孔薹草
Carex foraminata C. B. Clarke

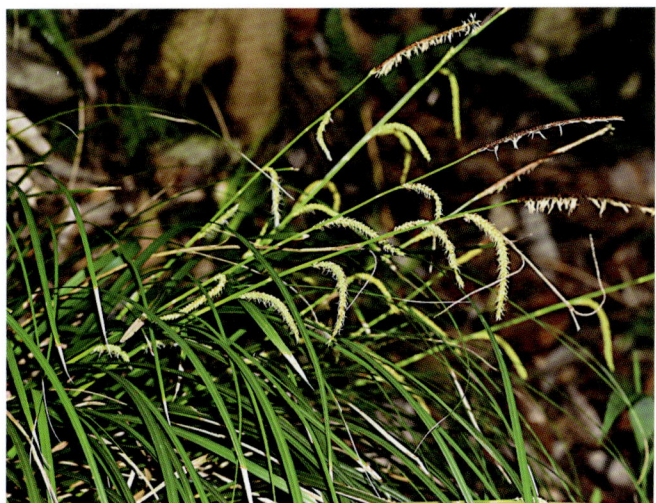

长梗扁果薹草 *Carex fulvorubescens*
subsp. *longistipes* (Hay.) T. Koyama

穹隆薹草 *Carex gibba* Wahlenb.

长梗薹草 *Carex glossostigma* Hand.-Mazz.

长囊薹草 *Carex harlandii* Boott

狭穗薹草 *Carex ischnostachya* Steud.

日本薹草 *Carex japonica* Thunb.

大披针薹草
Carex lanceolata Boott

亚柄薹草 *Carex lanceolata* var.
subpediformis Kük.

舌叶薹草 *Carex ligulata* Nees

弯喙薹草 *Carex laticeps* C. B. Clarke ex Franch.

卵果薹草 *Carex maackii* Maxim.

斑点果薹草 *Carex maculata* Boott

套鞘薹草 *Carex maubertiana* Boott

乳突薹草 *Carex maximowiczii* Miq.

锈果薹草 *Carex metallica* Lévl. et Vant.

柔果薹草 *Carex mollicula* Boott

条穗薹草 *Carex nemostachys* Steud.

翼果薹草 *Carex neurocarpa* Maxim.

短苞薹草 *Carex paxii* Kük.

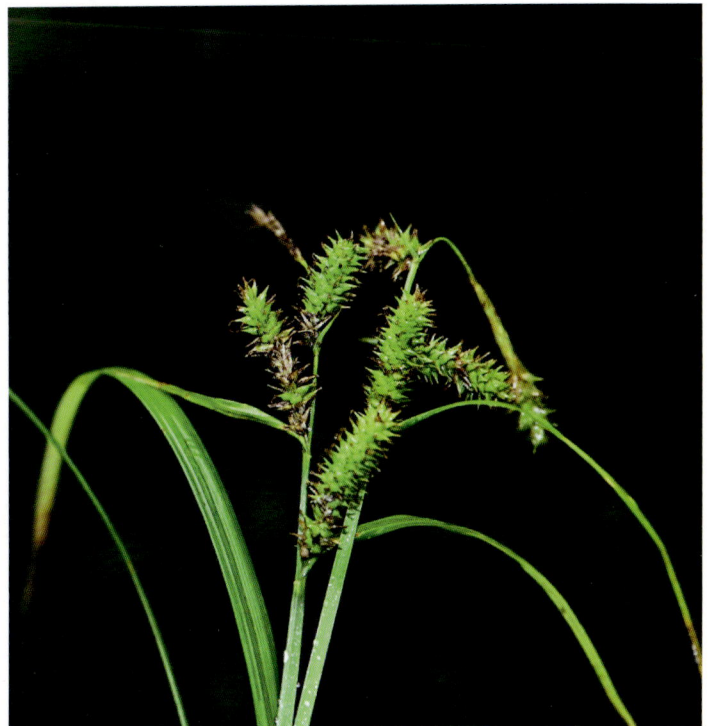

柄状薹草 *Carex pediformis* C. A. Mey.

霹雳薹草 *Carex perakensis* C. B. Clarke

镜子薹草 *Carex phacota* Spreng.

密苞叶薹草 *Carex phyllocephala* T. Koyama

粉被薹草　*Carex pruinosa* Boott

矮生薹草　*Carex pumila* Thunb.

松叶薹草　*Carex rara* Boott

书带薹草
Carex rochebruni Franch. et Savat.

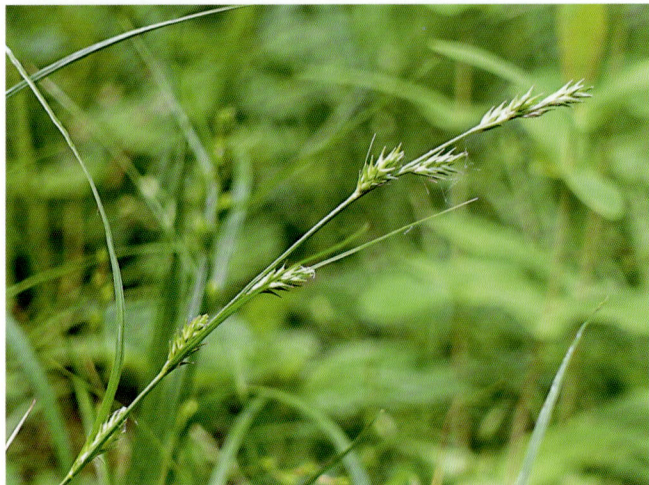

大理薹草 *Carex rubrobrunnea var. taliensis* (Franch.) Kük.

糙叶薹草 *Carex scabrifolia* Steud.

花葶薹草 *Carex scaposa* C. B. Clarke

硬果薹草 *Carex sclerocarpa* Franch.

柄果薹草 *Carex stipitinux* C. B. Clarke

仙台薹草 *Carex sendaica* Franch.

长柱头薹草 *Carex teinogyna* Boott

藏薹草 *Carex thibetica* Franch.

横果薹草 *Carex transversa* Boott

三穗薹草 *Carex tristachya* Thunb.

截鳞薹草 *Carex truncatigluma* C. B. Clarke

单性薹草 *Carex unisexualis* C. B. Clarke

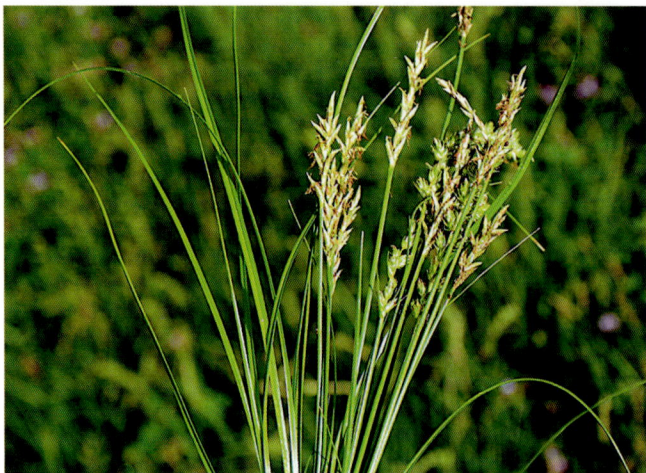

丫蕊薹草 *Carex ypsilandraefolia* Wang et Tang

华一本芒 *Cladium mariscus* (L.) Pohl
[*Cladium jamacence* subsp. *chinense* (Nees) T. Koyama]

阿穆尔莎草
Cyperus amuricus Maxim.

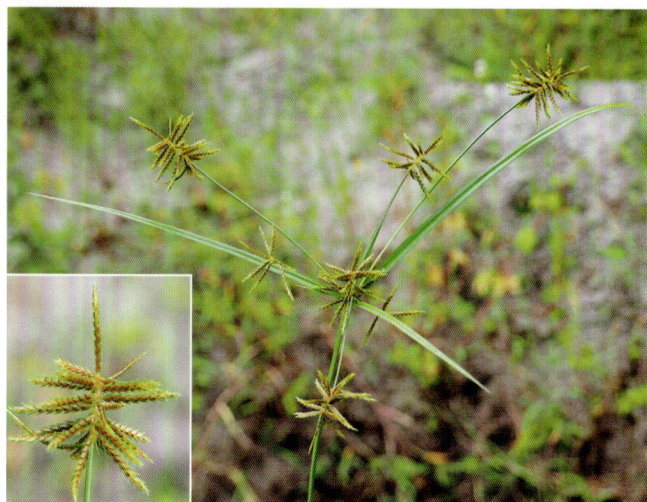

扁穗莎草　*Cyperus compressus* L.

长尖莎草　*Cyperus cuspidatus* H. B. K.

砖子苗　*Cyperus cyperoides* (L.) Kuntze

异型莎草 *Cyperus difformis* L.

高秆莎草 *Cyperus exaltatus* Retz.

畦畔莎草 *Cyperus haspan* L.

碎米莎草 *Cyperus iria* L.

旋鳞莎草 *Cyperus michelianus* (L.) Link

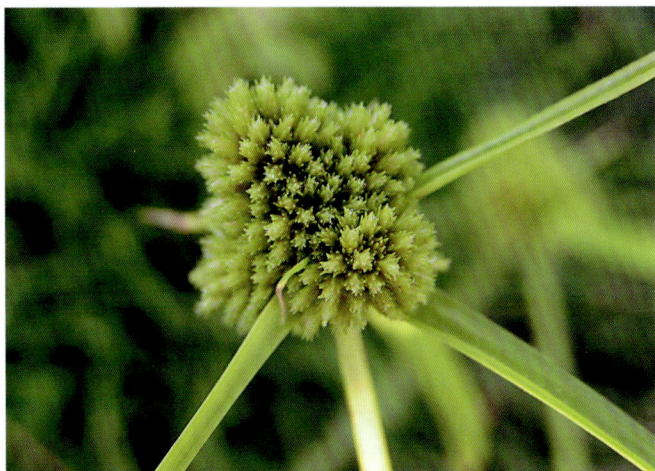

白鳞莎草
Cyperus nipponicus Franch. et Savat.

三轮草
Cyperus orthostachyus Franch. et Savat.

具芒碎米莎草 *Cyperus microiria* Steud.

毛轴莎草 *Cyperus pilosus* Vahl

香附子
Cyperus rotundus L.

水莎草 *Cyperus serotinus* Rottb.

裂颖茅 *Diplacrum caricinum* R. Br.

荸荠
Eleocharis dulcis (Burm. f.) Trin.

透明鳞荸荠
Eleocharis pellucida Presl

龙师草
Eleocharis tetraquetra Nees

具刚毛荸荠
Eleocharis valleculosa var. *setosa* Ohwi

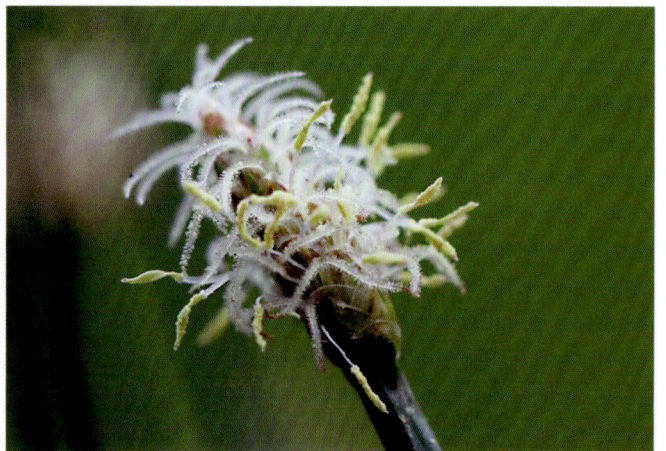

牛毛毡 *Eleocharis yokoscensis* (Franch. et Savat.) Tang et Wang

夏飘拂草 *Fimbristylis aestivalis* (Retz.) Vahl

秋飘拂草 *Fimbristylis autumnalis* (L.) Roemer et Schultes

复序飘拂草 *Fimbristylis bisumbellata* (Forsk.) Bubani

扁鞘飘拂草 *Fimbristylis complanata* (Retz.) Link

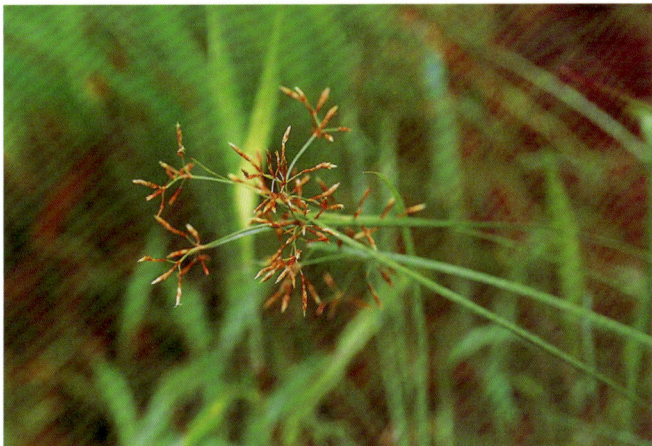

两歧飘拂草 *Fimbristylis dichotoma* (L.) Vahl

拟二叶飘拂草
Fimbristylis diphylloides Makino

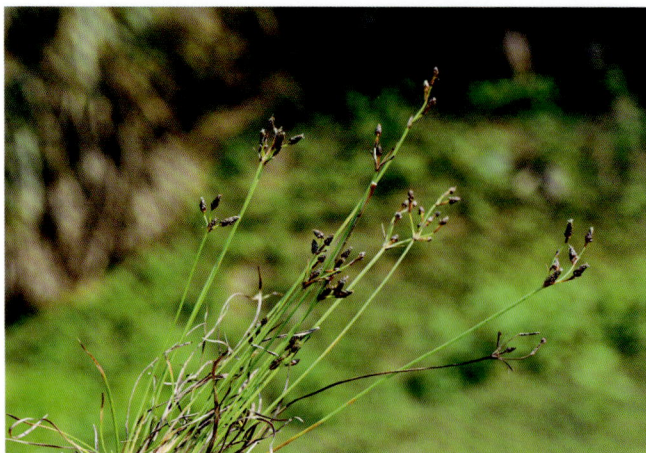

知风飘拂草
Fimbristylis eragrostis (Nees) Hance

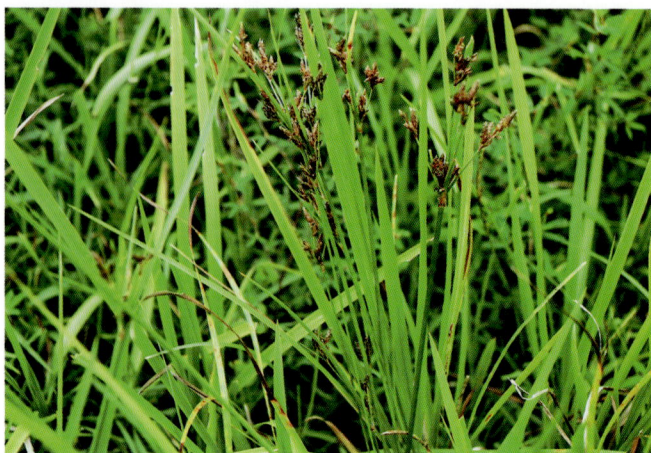

暗褐飘拂草
Fimbristylis fusca (Nees) Benth.

水虱草
Fimbristylis littoralis Grandich

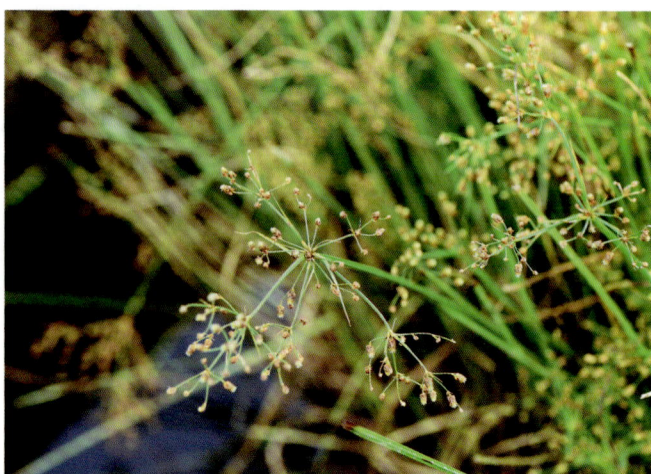

短尖飘拂草
Fimbristylis makinoana Ohwi

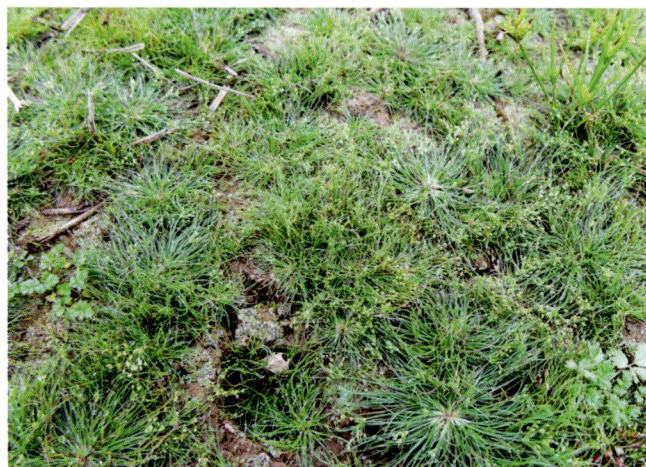

五棱秆飘拂草
Fimbristylis quinquangularis (Vahl) Kunth

结壮飘拂草
Fimbristylis rigidula Nees

少穗飘拂草
Fimbristylis schoenoides (Retz.) Vahl

双穗飘拂草
Fimbristylis subbispicata Nees et Meyen

四棱飘拂草
Fimbristylis tetragona R. Br.

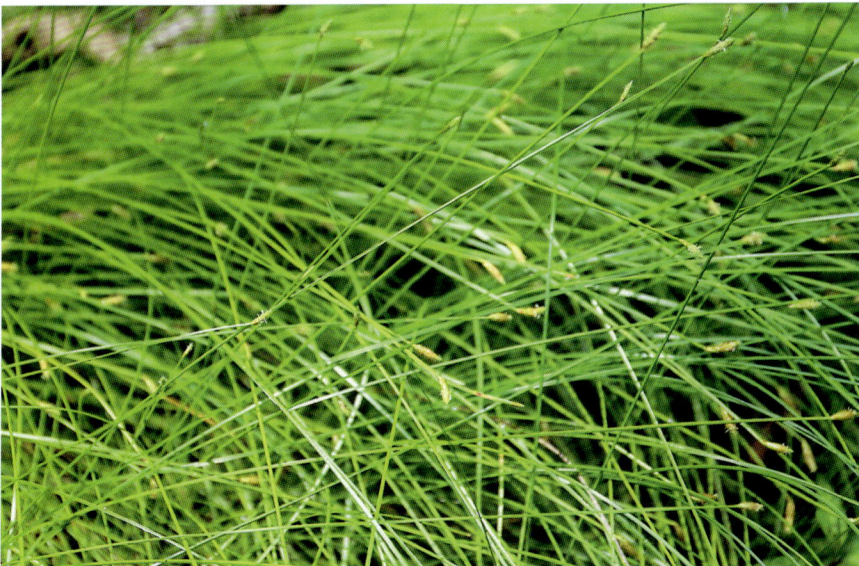

毛芙兰草
Fuirena ciliaris (L.) Roxb.

黑莎草 *Gahnia tristis* Nees

短叶水蜈蚣 *Kyllinga brevifolia* Rottb.

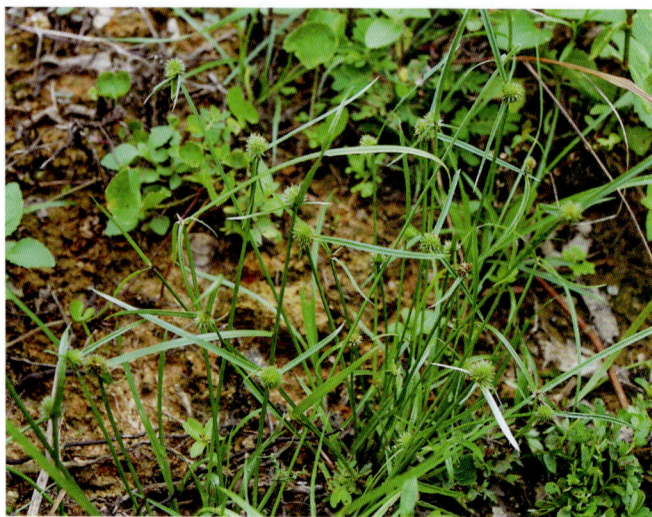

单穗水蜈蚣 *Kyllinga nemoralis* (J. R. et G. Forst.) Dandy ex Hutch. et Dalziel

三头水蜈蚣 *Kyllinga triceps* Rottb.

鳞籽莎
Lepidosperma chinense Nees ex Meyen

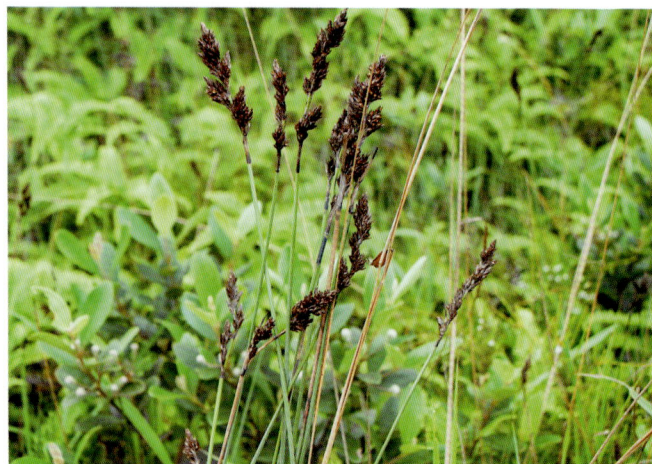

华湖瓜草 *Lipocarpha chinensis*
(Osbeck) Tang et F. T. Wang

湖瓜草
Lipocarpha microcephala (R. Br) Kunth

球穗扁莎 *Pycreus flavidus* Retz.

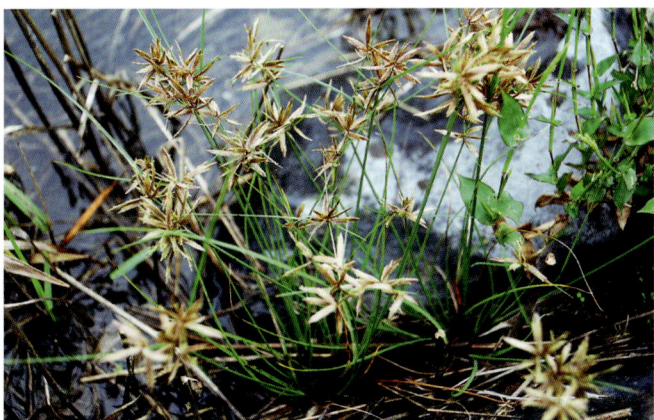

多枝扁莎
Pycreus polystachyus (Rottb.) P. Beauv.

小球穗扁莎 *Pycreus flavidus* var. *nilagiricus*
(Hochst. ex Steudel) C. Y. Wu ex Karthik.

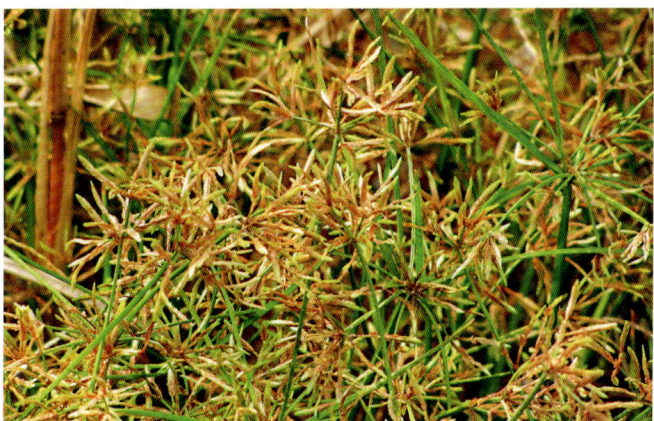

矮扁莎
Pycreus pumilus (L.) Domin

红鳞扁莎
Pycreus sanguinolentus (Vahl) Nees

白喙刺子莞
Rhynchospora brownii Roem. et Schult.

华刺子莞
Rhynchospora chinensis Nees et Meyen

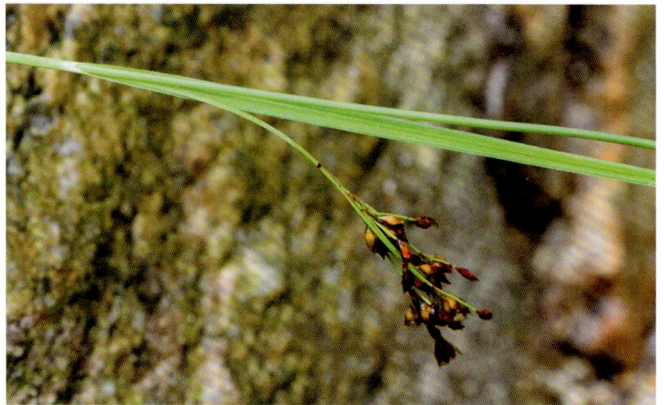

刺子莞
Rhynchospora rubra (Lour.) Makino

萤蔺
Schoenoplectus juncoides (Roxburgh) Palla

水毛花 *Schoenoplectus mucronatus*
subsp. *robustus* (Miquel) T. Koyama

三棱水葱 *Schoenoplectus triqueter* (L.) Palla

猪毛草 *Schoenoplectus*
wallichii (Nees) T. Koyama

茸球蔍草
Scirpus asiaticus Beetle

华东蔍草 *Scirpus karuisawensis* Makino
[*Scirpus karuizawensis* Makino]

庐山蔍草
Scirpus lushanensis Ohwi

百球蔍草 *Scirpus rosthornii* Diels

百穗蔍草 *Scirpus ternatanus* Reinw. ex Miq.

二花珍珠茅 *Scleria biflora* Roxb.

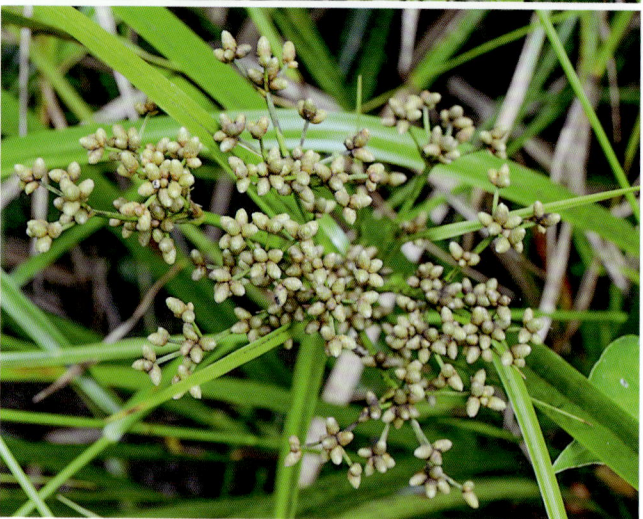

高秆珍珠茅 *Scleria elata* Thw.

毛果珍珠茅 *Scleria levis* Retz.
[*Scleria hebecarpa* Nees]

黑鳞珍珠茅 *Scleria hookeriana* Bocklr.

玉山蔺藨草 *Trichophorum subcapitatum* (Thwaites et Hook.) D. A. Simpson

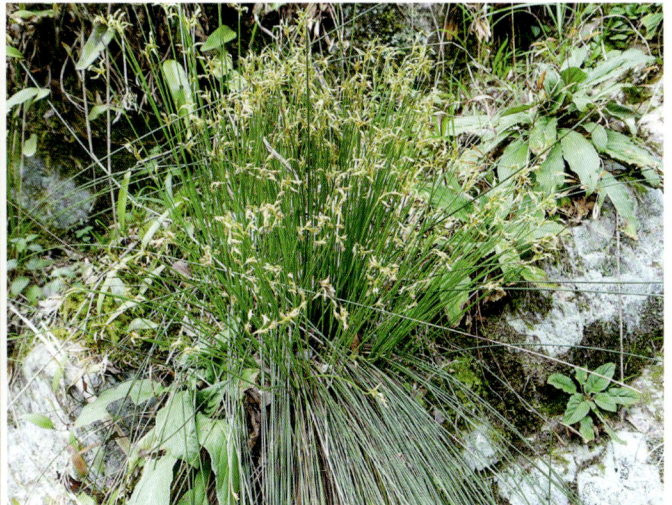

A103 禾本科 Poaceae

大叶直芒草
Achnatherum coreanum (Honda) Ohwi

獐毛
Aeluropus sinensis (Debeaux) Tzvel.

华北剪股颖 *Agrostis clavata* Trin.

巨序剪股颖 *Agrostis gigantea* Roth

台湾剪股颖 *Agrostis sozanensis* Hayata

看麦娘 *Alopecurus aequalis* Sobol.

日本看麦娘 *Alopecurus japonicus* Steud.

沟稃草 *Aniselytron treutleri* (Kuntze) Soják

水蔗草 *Apluda mutica* L.

瑞氏楔颖草 *Apocopis wrightii* Munro

苉草 *Arthraxon hispidus* (Thunb.) Makino

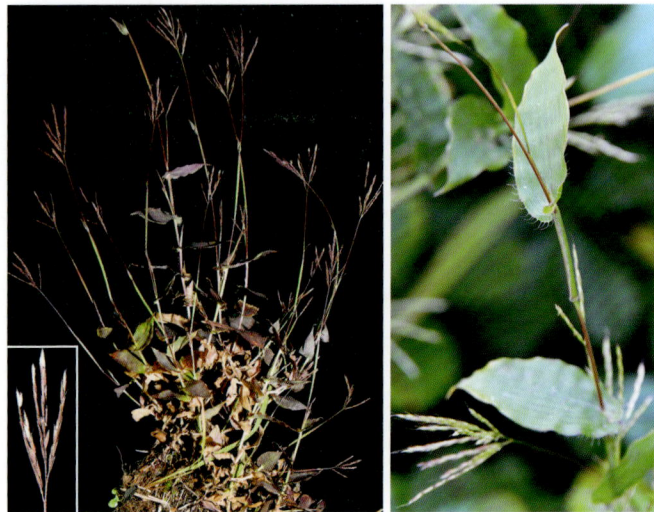

野古草
Arundinella anomala Steud.

大序野古草
Arundinella cochinchinensis Keng

毛节野古草
Arundinella barbinodis Keng

溪边野古草
Arundinella fluviatilis Hand.-Mazz.

毛秆野古草
Arundinella hirta (Thunb.) Tanaka

庐山野古草 *Arundinella hirta* var. *hondana* Koidzumi

刺芒野古草
Arundinella setosa Trin.

无刺野古草 *Arundinella setosa* var. *esetosa* Bor

芦竹 *Arundo donax* L.

野燕麦 *Avena fatua* L.

光稃野燕麦
Avena fatua **var.** *glabrata* Peterm.

花竹
Bambusa albo-lineata Chia

坭竹
Bambusa gibba McClure

孝顺竹 *Bambusa multiplex* (Lour.) Raeuschel ex J. A. et J. H. Schult.

*凤尾竹 *Bambusa multiplex* Rob. A. Young **cv. 'Fernleaf'**

绿竹
Bambusa oldhamii Munro

撑篙竹
Bambusa pervariabilis McClure

菵草
Beckmannia syzigachne (Steud.) Fern.

臭根子草
Bothriochloa bladhii (Retz.) S. T. Blake

白羊草
Bothriochloa ischaemum (L.) Keng

四生臂形草　***Brachiaria subquadripara*** (Trin.) Hitchc.

毛臂形草
Brachiaria villosa (Lam.) A. Camus

日本短穎草 *Brachyelytrum erectum* var. *japonicum* Hack.

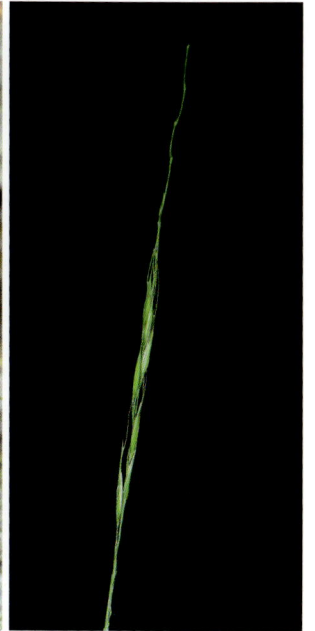

扁穗雀麦 *Bromus catharticus* Vahl

雀麦 *Bromus japonicus* Thunb.

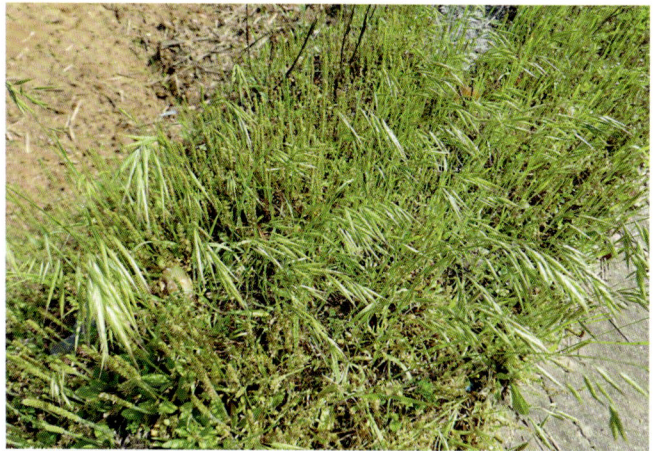

疏花雀麦 *Bromus remotiflorus* (Steud.) Ohwi

旱雀麦
Bromus tectorum L.

硬秆子草 *Capillipedium assimile* (Steud.) A. Camus

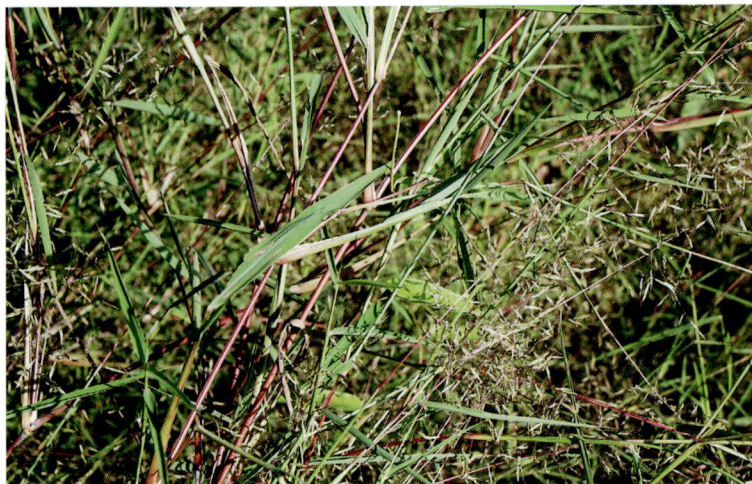

细柄草 *Capillipedium parviflorum* (R. Br.) Stapf

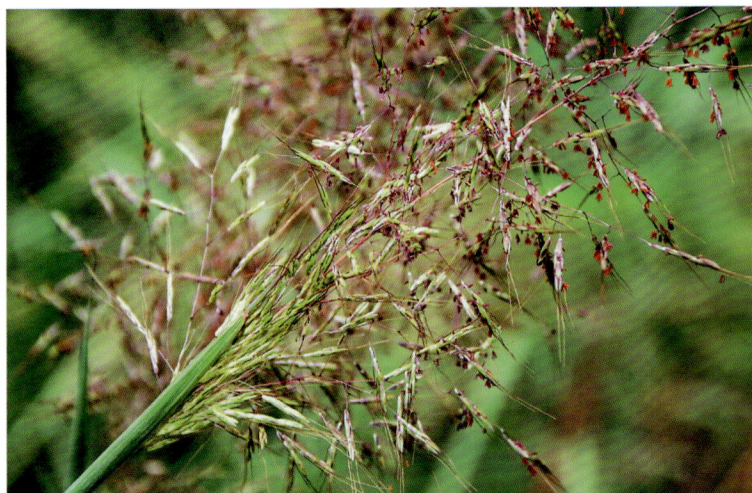

拂子茅
Calamagrostis epigeios (L.) Roth

狭叶方竹 *Chimonobambusa angustifolia* C. D. Chu et C. S. Chao

方竹 **Chimonobambusa quadrangularis**
(Fenzi) Makino

朝阳隐子草
Cleistogenes hackelii (Honda) Honda

* 薏米 **Coix lacryma-jobi** var. **ma-yuen**
(Rom. Caill.) Stapf

薏苡 **Coix lacryma-jobi** L.

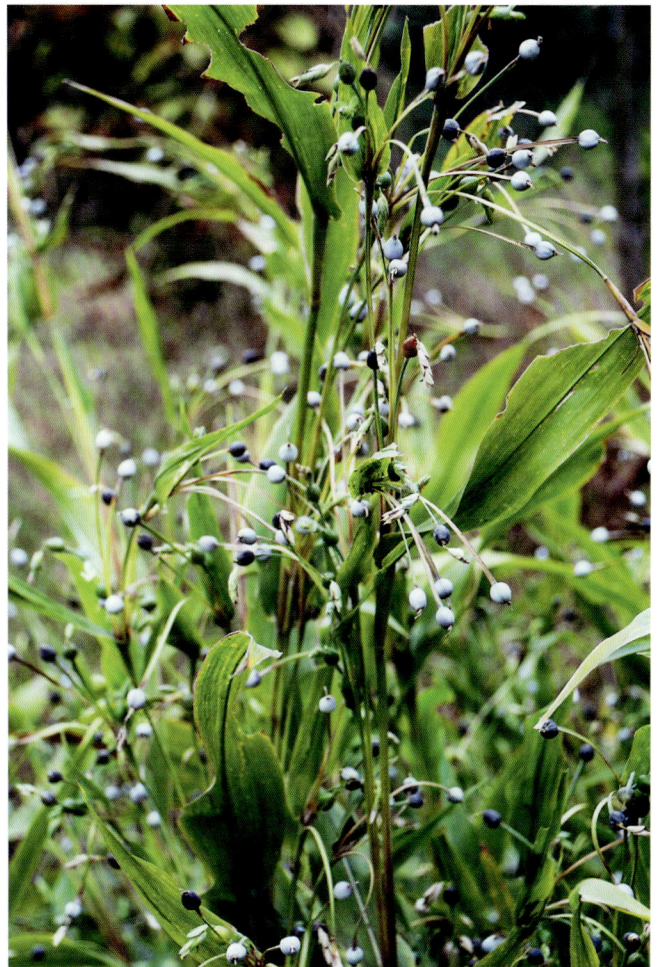

橘草
Cymbopogon goeringii (Steud.) A. Camus

狗牙根
Cynodon dactylon (L.) Pers.

弓果黍
Cyrtococcum patens (L.) A. Camus

鸭茅
Dactylis glomerata L.

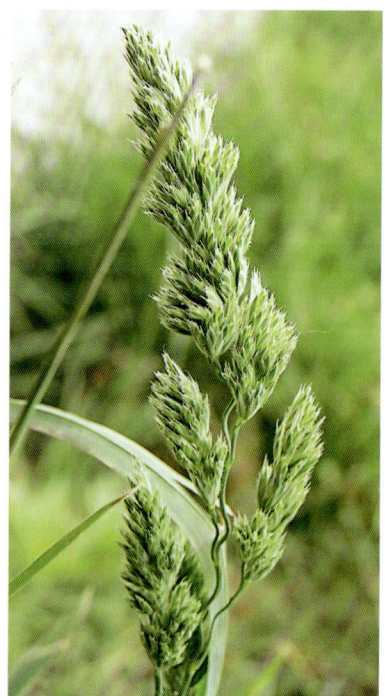

龙爪茅
Dactyloctenium aegyptium (L.) Beauv.

疏穗野青茅 *Deyeuxia effusiflora* Rendle
[疏花野青茅 *Deyeuxia arundinacea* var. *laxiflora* (Rendle) P. C. Kuo et S. L. Lu]

箱根野青茅
Deyeuxia hakonensis
(Franch. et Savat.)
Keng

野青茅 *Deyeuxia pyramidalis* (Host) Veldkamp
[纤毛野青茅 *Deyeuxia arundinacea* var. *ciliata* (Honda) P. C. Kuo et S. L. Lu；长舌野青茅 *Deyeuxia arundinacea* var. *ligulata* (Rendle) P. C. Kuo et S. L. Lu]

毛马唐 *Digitaria chrysoblephara* Fig.

纤毛马唐 *Digitaria ciliaris* (Retz.) Koel.

双花草
Dichanthium annulatum (Forssk.) Stapf

二型马唐
Digitaria heterantha (Hook. f.) Merr.

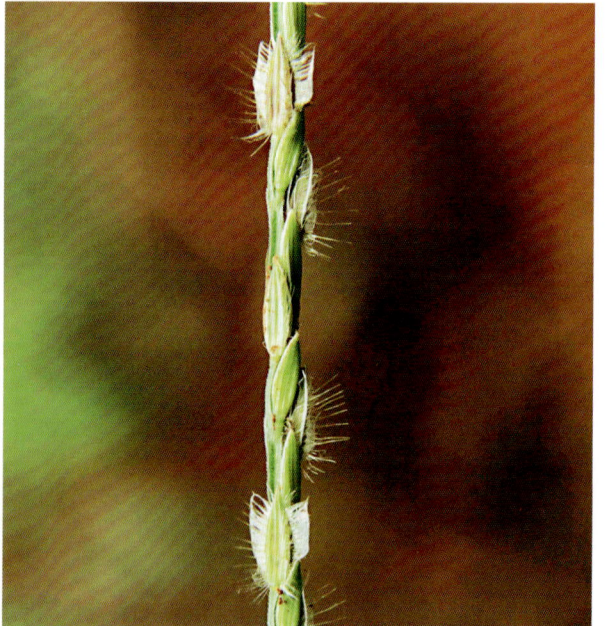

止血马唐 *Digitaria ischaemum* (Schreb.) Schreb. ex Muhl.

长花马唐 *Digitaria longiflora* (Retz.) Pers.

红尾翎 *Digitaria radicosa* (Presl) Miq.

马唐 *Digitaria sanguinalis* (L.) Scop.

紫马唐 *Digitaria violascens* Link

鷸茅 *Dimeria ornithopoda* Trin.

华鷸茅 *Dimeria sinensis* Rendle

长芒稗 *Echinochloa caudata* Roshev.

光头稗 *Echinochloa colona* (L.) Link

稗 *Echinochloa crus-galli* (L.) Beauv.

小旱稗 *Echinochloa crus-galli* **var.** *austrojaponensis* Ohwi

无芒稗 *Echinochloa crus-galli* **var.** *mitis* (Pursh) Peterm.

牛筋草 *Eleusine indica* (L.) Gaertn.

西来稗 *Echinochloa crus-galli* **var.** *zelayensis* (H. B. K.) Hitchc.

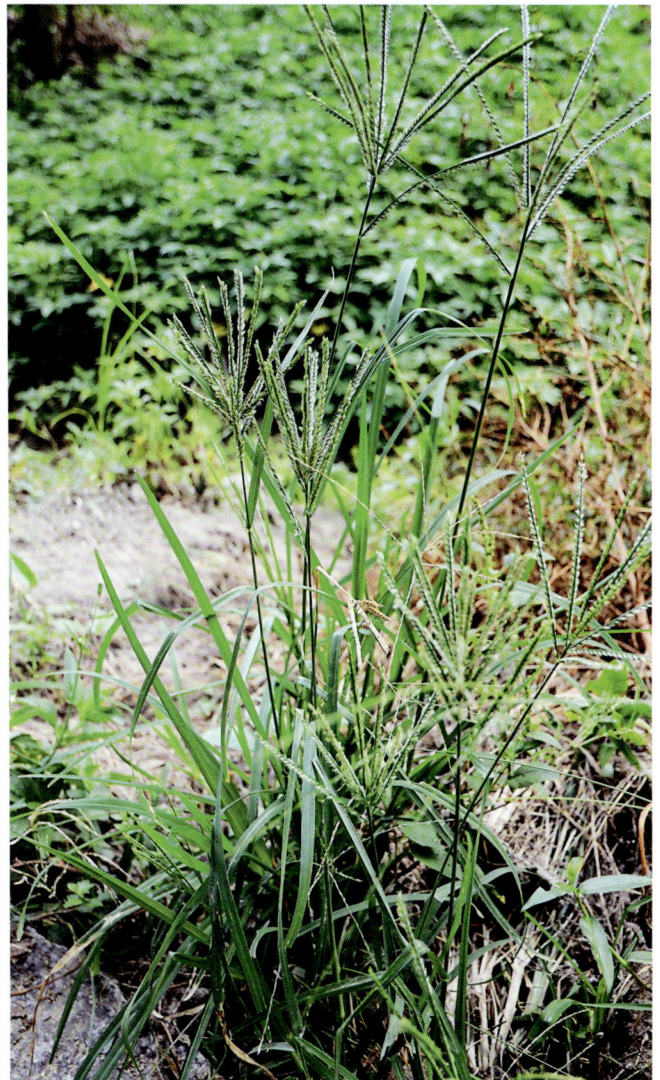

纤毛鹅观草 *Elymus ciliaris* (Trin. ex Bunge) Tzvelev Nevski

日本纤毛草
Elymus ciliaris **var.** *hackelianus* (Honda) G. H. Zhu et S. L. Chen
[*Roegneria japonensis* (Honda) Keng]

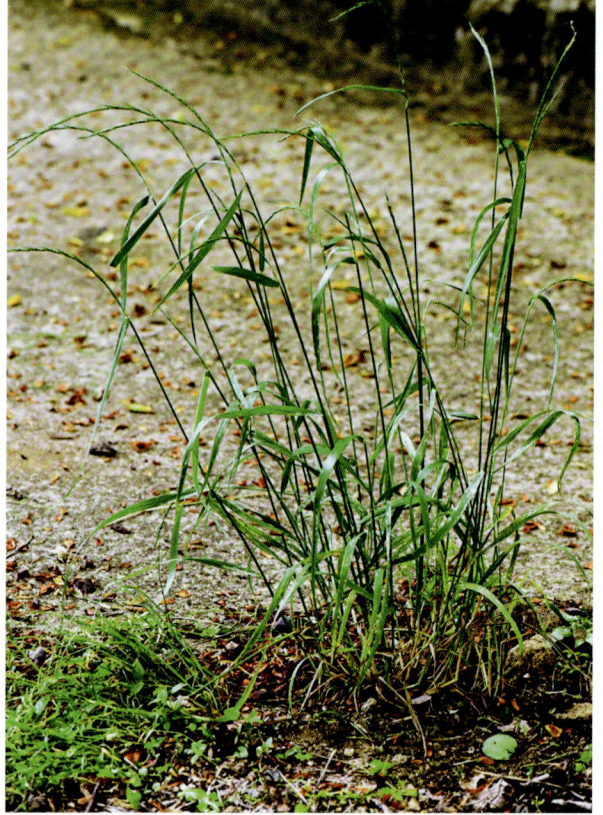

鹅观草
Elymus kamoji (Ohwi) S. L. Chen

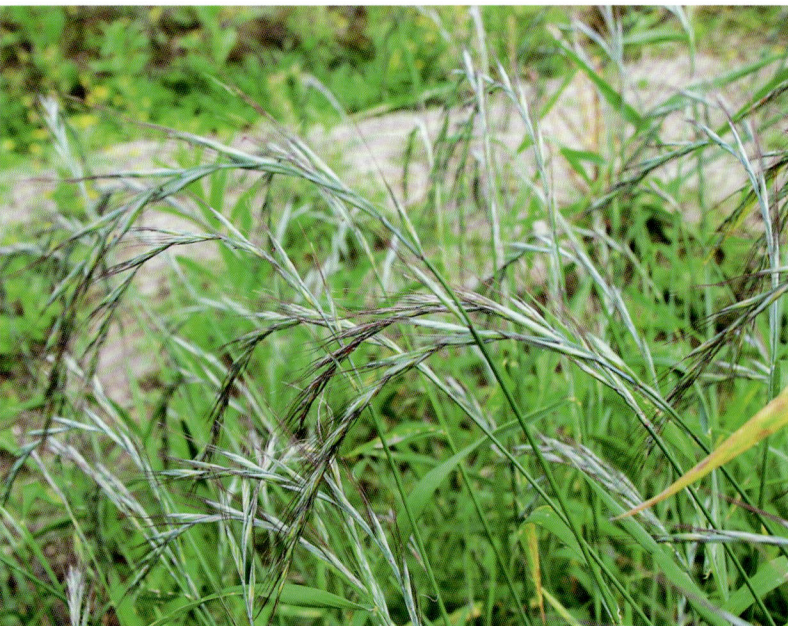

缘毛鹅观草 *Elymus pendulinus* (Nevski) Tzvelev

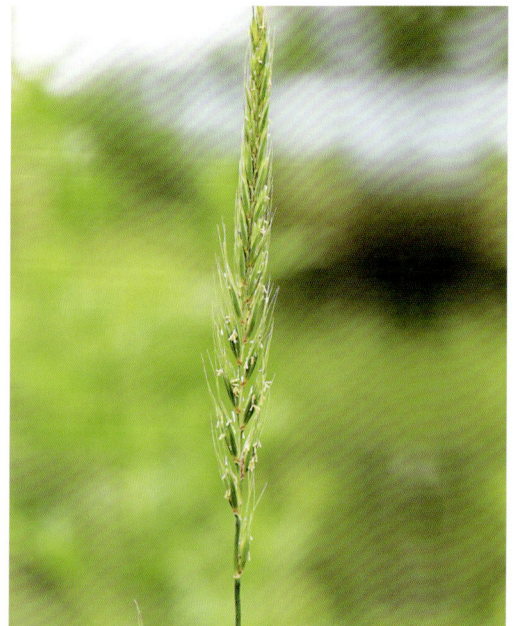

鼠妇草 *Eragrostis atrovirens* (Desf.) Trin. ex Steud.

大画眉草 *Eragrostis cilianensis* (All.) Link. ex Vignclo-Lutati

秋画眉草
Eragrostis autumnalis Keng

珠芽画眉草
Eragrostis bulbillifera Steud.

知风草
Eragrostis ferruginea (Thunb.) Beauv.

乱草
Eragrostis japonica (Thunb.) Trin.

黑穗画眉草
Eragrostis nigra Nees ex Steud.

小画眉草 *Eragrostis minor* Host

宿根画眉草 *Eragrostis perennans* Keng

疏穗画眉草 *Eragrostis perlaxa*
Keng ex Keng f. et L. Liou

画眉草
Eragrostis pilosa (L.) Beauv.

多毛知风草
Eragrostis pilosissima Link

牛虱草
Eragrostis unioloides (Retz.) Nees ex Steud.

长画眉草
Eragrostis zeylanica Nees et Mey.

蜈蚣草
Eremochloa ciliaris (L.) Merr.

假俭草
Eremochloa ophiuroides (Munro) Hack.

鹧鸪草　*Eriachne pallescens* R. Br.

野黍
Eriochloa villosa (Thunb.) Kunth

四脉金茅
Eulalia quadrinervis (Hack.) Kuntze

金茅 *Eulalia speciosa* (Debeaux) Kuntze

莐状羊茅 *Festuca arundinacea* Schreb.

小颖羊茅 *Festuca parvigluma* Steud.

紫羊茅 *Festuca rubra* L.

井冈寒竹
Gelidocalamus stellatus Wen

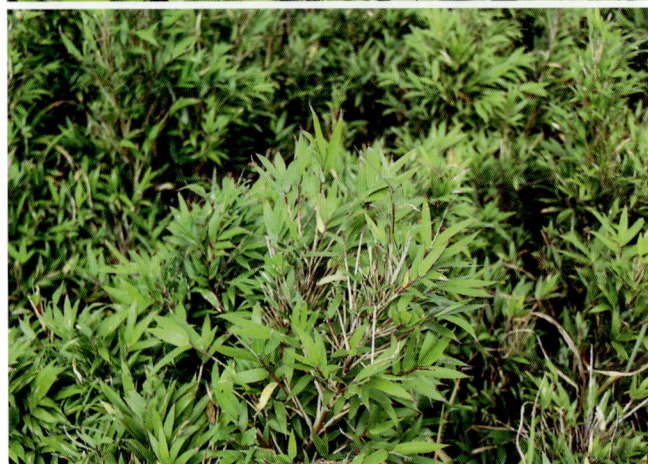

资兴短枝竹 *Gelidocalamus zixingensis*
W. G. Zhang, G. Y. Yang et C. K. Wang

甜茅 *Glyceria acutiflora* subsp. *japonica*
(Steud.) T. Koyama et Kawano

假鼠妇草
Glyceria leptolepis Ohwi

球穗草
Hackelochloa granularis (L.) Kuntze

大牛鞭草　***Hemarthria altissima***
(Poir.) Stapf et C. E. Hubb.

扁穗牛鞭草
Hemarthria compressa (L. f.) R. Br.

黄茅　***Heteropogon contortus*** (L.) Beauv.

* 大麦 *Hordeum vulgare* L.

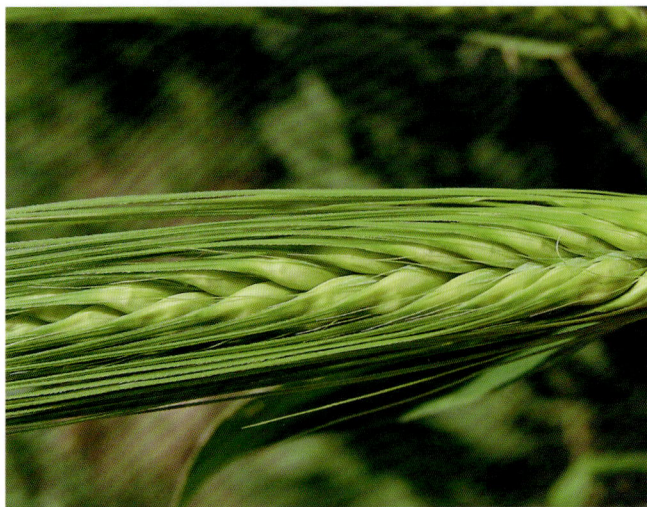

距花黍
Ichnanthus vicinus (F. M. Bail.) Merr.

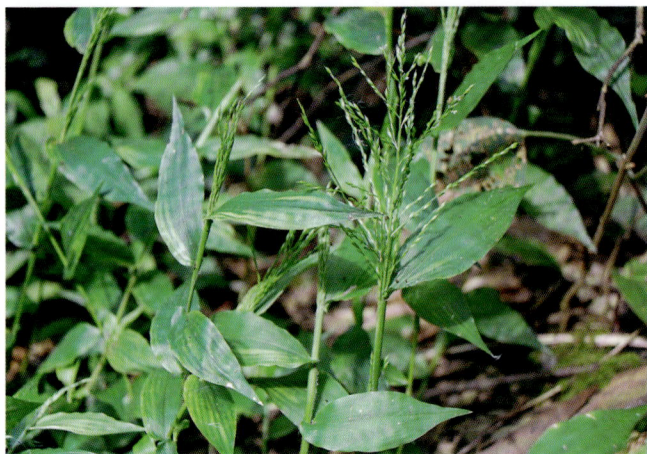

白茅 *Imperata cylindrica* (L.) Beauv.

展穗膜稃草 *Hymenachne patens* L. Liou

大白茅 *Imperata cylindrica* var. *major* (Nees) Hubb. ex Vaugh.

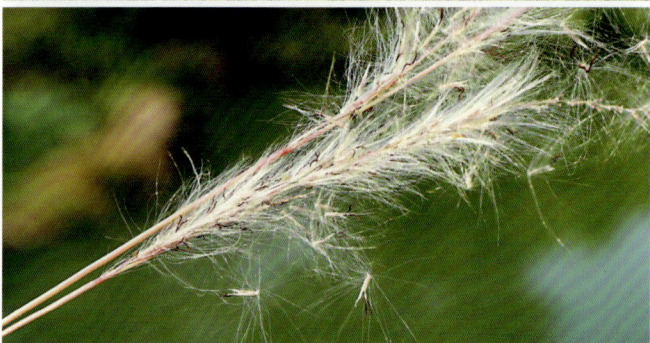

丝茅
Imperata koenigii (Retz.) Beauv.

阔叶箬竹
Indocalamus latifolius (Keng) McClure

[*Pseudosasa hirta* S. L. Chen]

箬叶竹
Indocalamus longiauritus Hand.-Mazz.

箬竹
Indocalamus tessellatus (Munro) Keng f.

二型柳叶箬 *Isachne dispar* Trin.

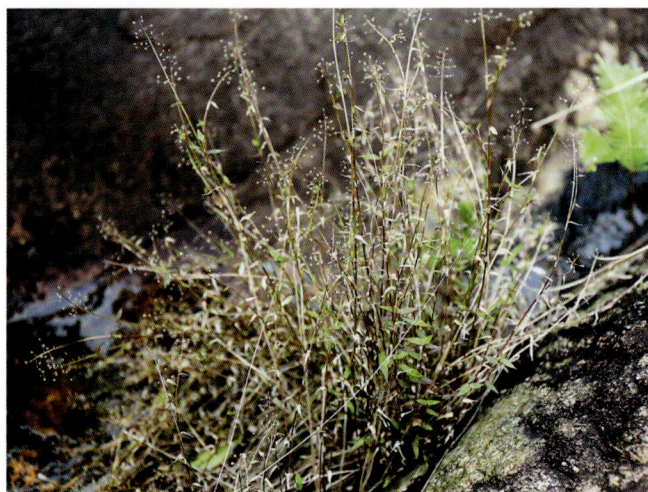

柳叶箬 *Isachne globosa* (Thunb.) Kuntze

浙江柳叶箬 *Isachne hoi* Keng f.

日本柳叶箬 *Isachne nipponensis* Ohwi

平颖柳叶箬 *Isachne truncata* A. Camus

有芒鸭嘴草 *Ischaemum aristatum* L.

鸭嘴草 *Ischaemum aristatum var. glaucum* (Honda) T. Koyama

粗毛鸭嘴草
Ischaemum barbatum Retz.

纤毛鸭嘴草 *Ischaemum ciliare* Retz.

李氏禾 *Leersia hexandra* Swartz

假稻 *Leersia japonica* (Makino) Honda

千金子 *Leptochloa chinensis* (L.) Nees

秕壳草 *Leersia sayanuka* Ohwi

蚊子草 *Leptochloa panicea* (Retz.) Ohwi

黑麦草 *Lolium perenne* L.

硬直黑麦草
Lolium rigidum Gaud.

中华淡竹叶
Lophatherum sinense Rendle

淡竹叶
Lophatherum gracile Brongn.

大花臭草 *Melica grandiflora* (Hack.) Koidz.

广序臭草 *Melica onoei* Franch. et Savat.

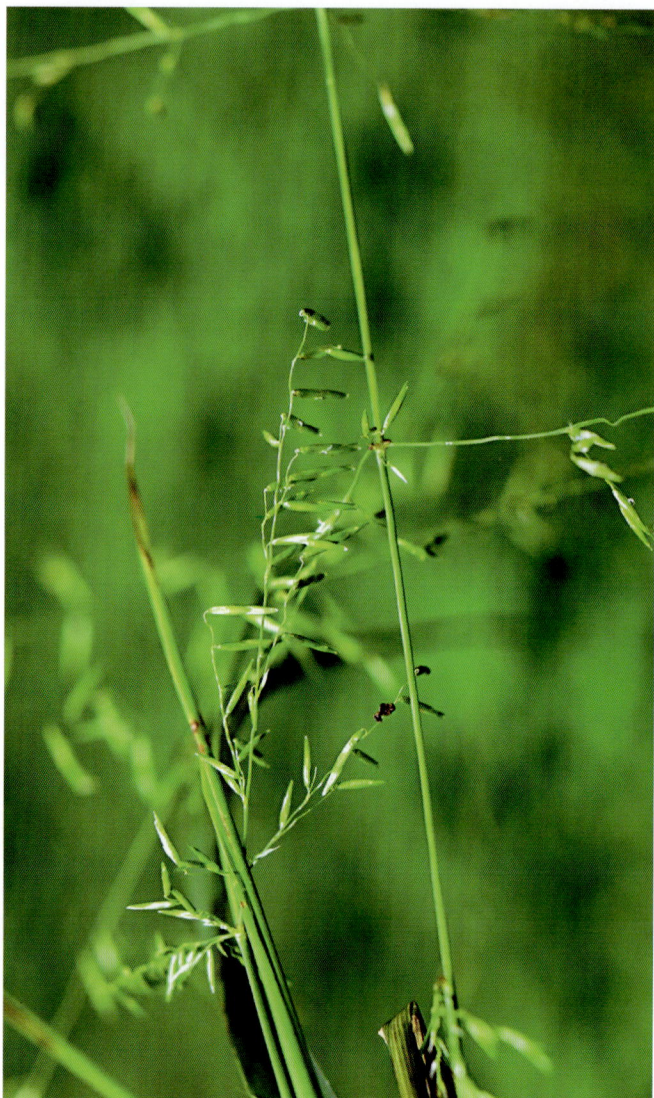

刚莠竹
Microstegium ciliatum (Trin.) A. Camus

蔓生莠竹
Microstegium fasciculatum (L.) Henrard

竹叶茅
Microstegium nudum (Trin.) A. Camus

莠竹　*Microstegium vimineum* (Trin.) A. Camus
[*Microstegium nodosum* (Kom.) Tzvel.]

粟草　*Milium effusum* L.

五节芒 *Miscanthus floridulus*
(Lab.) Warb. ex Schum. et Laut.

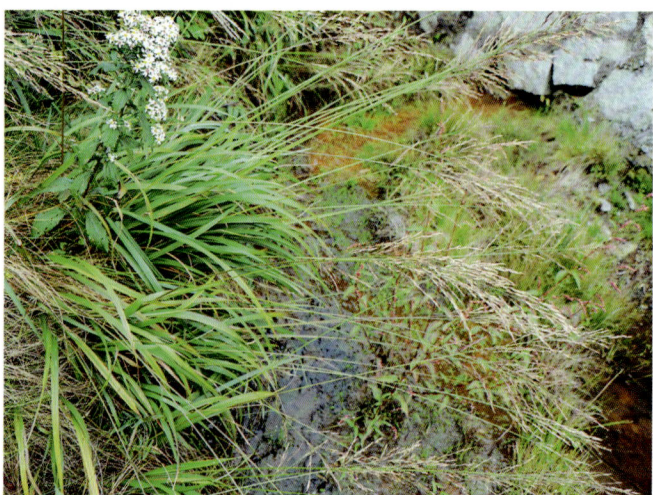

荻 *Miscanthus sacchariflorus*
(Maximowicz) Hackel

芒 *Miscanthus sinensis* Anderss.

拟麦氏草
Molinia hui Pilger

乱子草
Muhlenbergia hugelii Trin.

日本乱子草
Muhlenbergia japonica Steud.

多枝乱子草
Muhlenbergia ramosa (Hack.) Makino

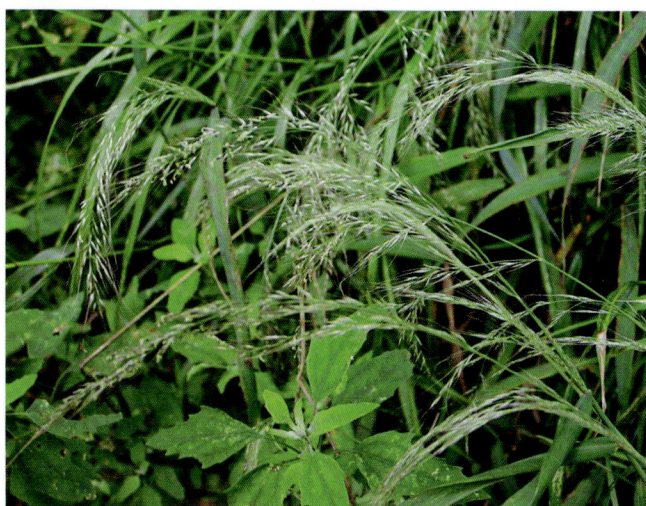

山类芦
Neyraudia montana Keng

类芦　_Neyraudia reynaudiana_ (Kunth) Keng ex Hitchc.

糙花少穗竹 *Oligostachyum scabriflorum*
(McClure) Z. P. Wang et G. H. Ye

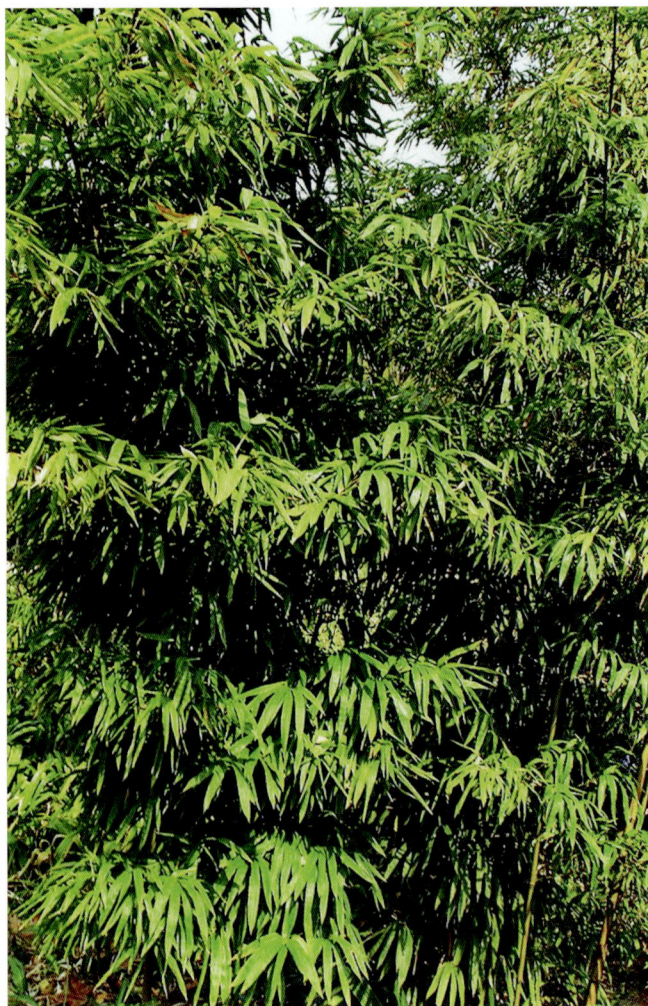

竹叶草
Oplismenus compositus (L.) Beauv.

求米草
Oplismenus undulatifolius (Arduino) Beauv.

狭叶求米草 *Oplismenus undulatifolius* var.
imbecillis (R. Br.) Hack.

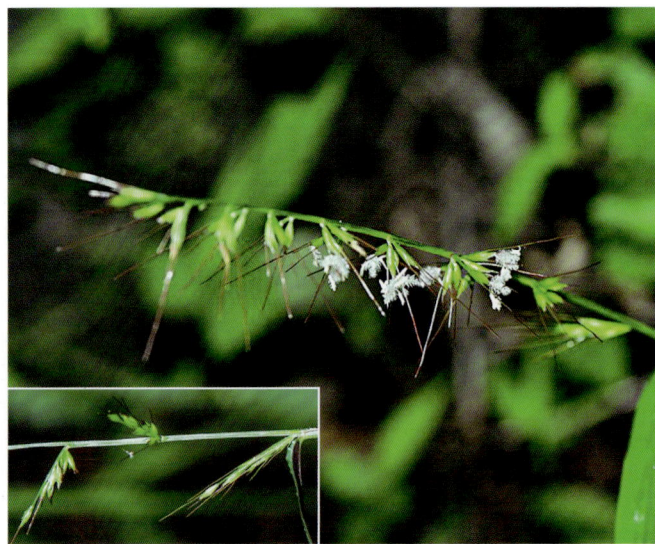

日本求米草 *Oplismenus undulatifolius*
var. *japonicus* (Steud.) Koidz.

野生稻
Oryza rufipogon Griff.

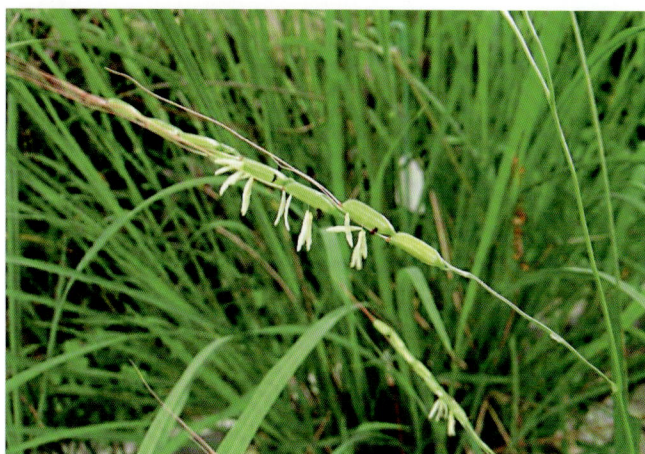

* 稻 *Oryza sativa* L.

糠稷
Panicum bisulcatum Thunb.

短叶黍
Panicum brevifolium L.

藤竹草 *Panicum incomtum* Trin.

细柄黍 *Panicum psilopodium* Trin.

铺地黍 *Panicum repens* L.

双穗雀稗 *Paspalum distichum* L.

长叶雀稗
Paspalum longifolium Roxb.

圆果雀稗 *Paspalum scrobiculatum* var.
orbiculare (G. Forster) Hackel

雀稗 *Paspalum thunbergii* Kunth ex Steud.   丝毛雀稗 *Paspalum urvillei* Steud.

狼尾草 *Pennisetum alopecuroides* (L.) Spreng.

显子草
Phaenosperma globosa Munro ex Benth.

䕌草 *Phalaris arundinacea* L.

* **花叶䕌草**
Phalaris arundinacea **var.** *picta* L.

鬼蜡烛 *Phleum paniculatum* Huds.

芦苇
Phragmites australis (Cav.) Trin. ex Steud.

卡开芦
Phragmites karka (Retz.) Trin. ex Steud.

人面竹
Phyllostachys aurea Carr. ex A. et C. Riv.

毛竹
Phyllostachys edulis (Carr.) J. Houzeau

淡竹　**Phyllostachys glauca** McClure

水竹 *Phyllostachys heteroclada* Oliv.

美竹 *Phyllostachys mannii* Gamble

篌竹
Phyllostachys nidularia Munro

紫竹
Phyllostachys nigra (Lodd. ex Lindl.) Munro

毛金竹 *Phyllostachys nigra* var. *henonis* (Mitford) Stapf ex Rendle

灰竹 *Phyllostachys nuda* McClure

早园竹 *Phyllostachys propinqua* McClure

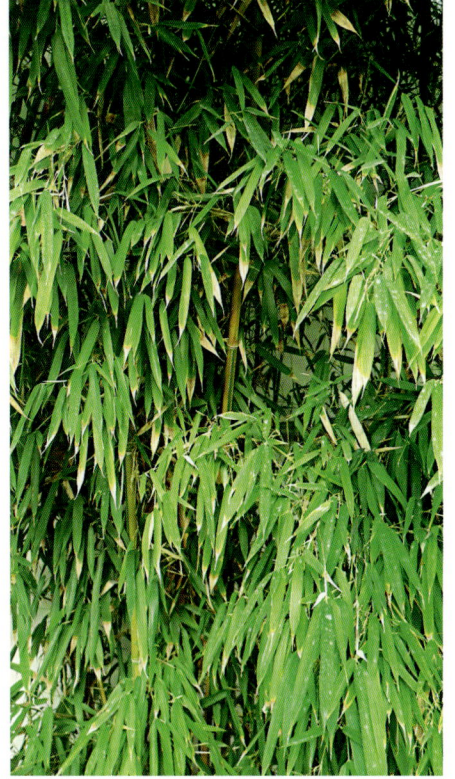

桂竹 *Phyllostachys reticulata* (Rupr.) K. Koch

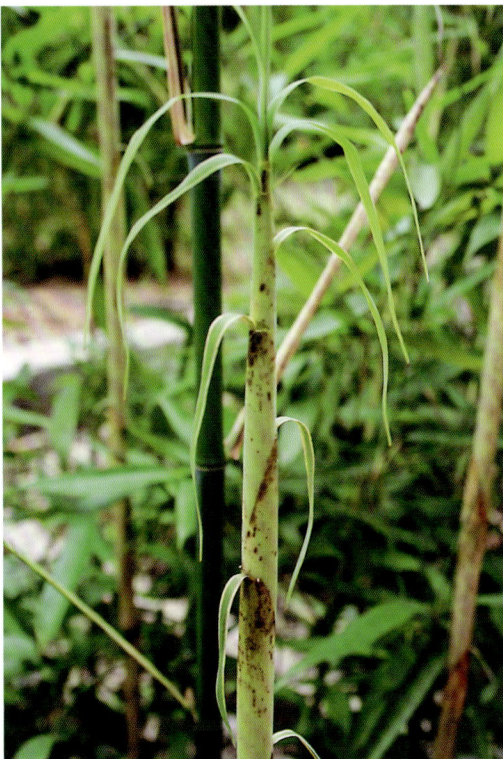

金竹
Phyllostachys sulphurea (Carr.) A. et C. Riv.

刚竹 *Phyllostachys sulphurea* var. *viridis* R. A. Young

斑苦竹 *Pleioblastus maculatus* (McClure) C. D. Chu et C. S. Chao

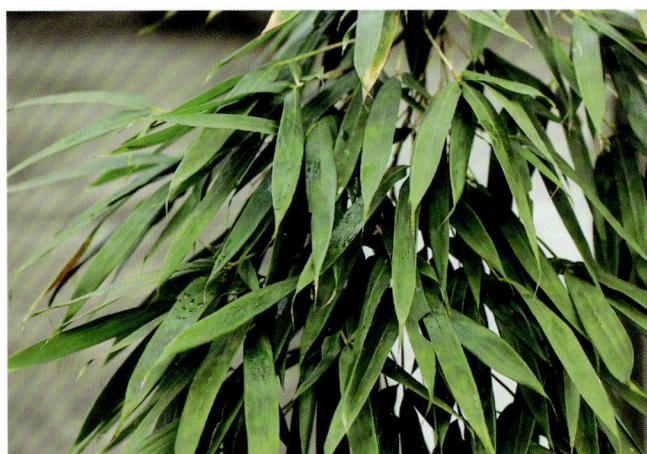

苦竹 *Pleioblastus amarus* (Keng) Keng f.

白顶早熟禾 *Poa acroleuca* Steud.

早熟禾 *Poa annua* L.

法氏早熟禾 *Poa faberi* Rendle

草地早熟禾 *Poa pratensis* L.

硬质早熟禾 *Poa sphondylodes* Trin.

普通早熟禾 *Poa trivialis* L.

金丝草 *Pogonatherum crinitum* (Thunb.) Kunth

金发草 *Pogonatherum paniceum* (Lam.) Hack.

棒头草 *Polypogon fugax* Nees ex Steud.

长芒棒头草 *Polypogon monspeliensis* (L.) Desf.

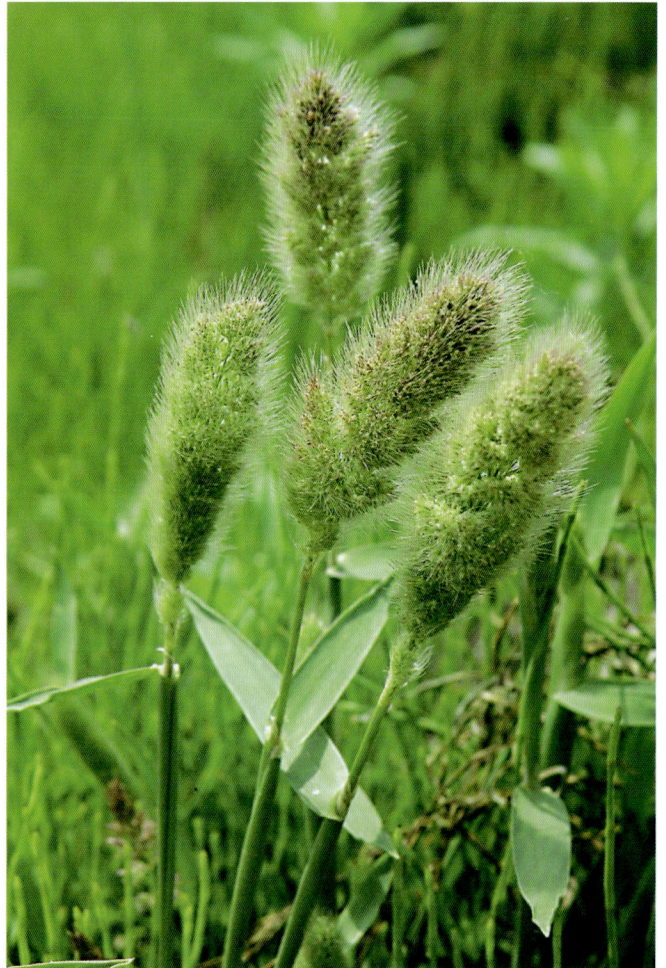

瘦脊伪针茅 *Pseudoraphis spinescens*
var. *depauperata* (Nees) Bor

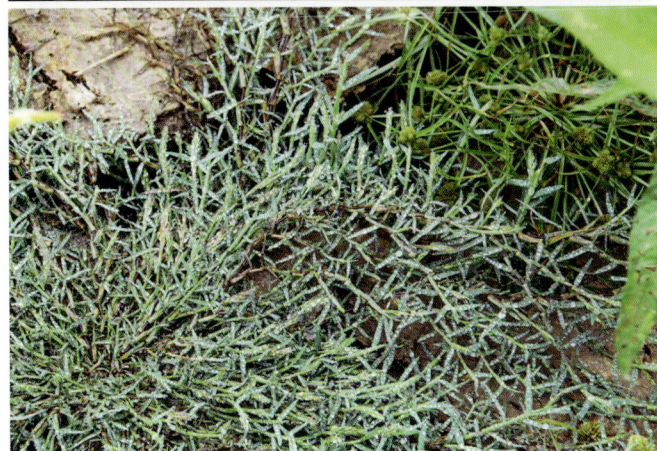

简轴草
Rottboellia cochinchinensis (Lour.) Clayton
[*Rottboellia exaltata* L. f.]

茶竿竹
Pseudosasa amabilis (McClure) Keng f.

斑茅
Saccharum arundinaceum Retz.

河八王 *Saccharum narenga* (Nees ex Steud.) Wall. ex Hack

*甘蔗
Saccharum officinarum L.

*竹蔗
Saccharum sinense Roxb.

甜根子草
Saccharum spontaneum L.

囊颖草
Sacciolepis indica (L.) A. Chase

赤竹
Sasa longiligulata McClure

裂稃草　*Schizachyrium brevifolium*
(Sw.) Nees ex Buse

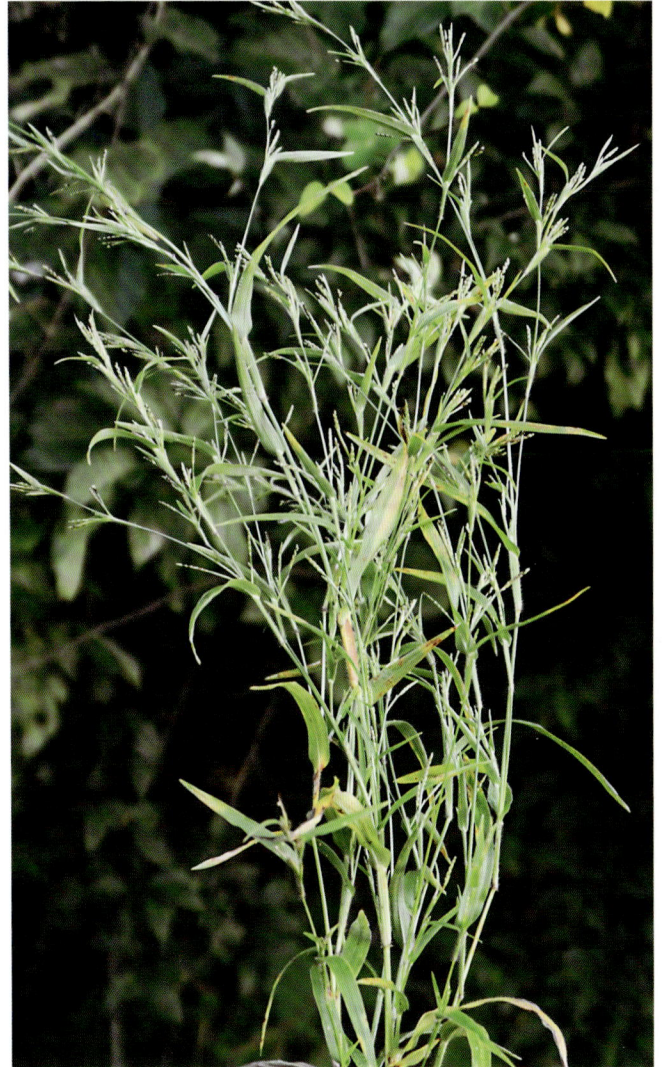

红裂稃草
Schizachyrium sanguineum
(Retz.) Alston

耿氏硬草
Sclerochloa kengiana (Ohwi) Tzvel.
[*Pseudosclerochloa kengiana* (Ohwi) Tzvel.]

短穗竹 *Semiarundinaria densiflora*
(Rendle) T. H. Wen

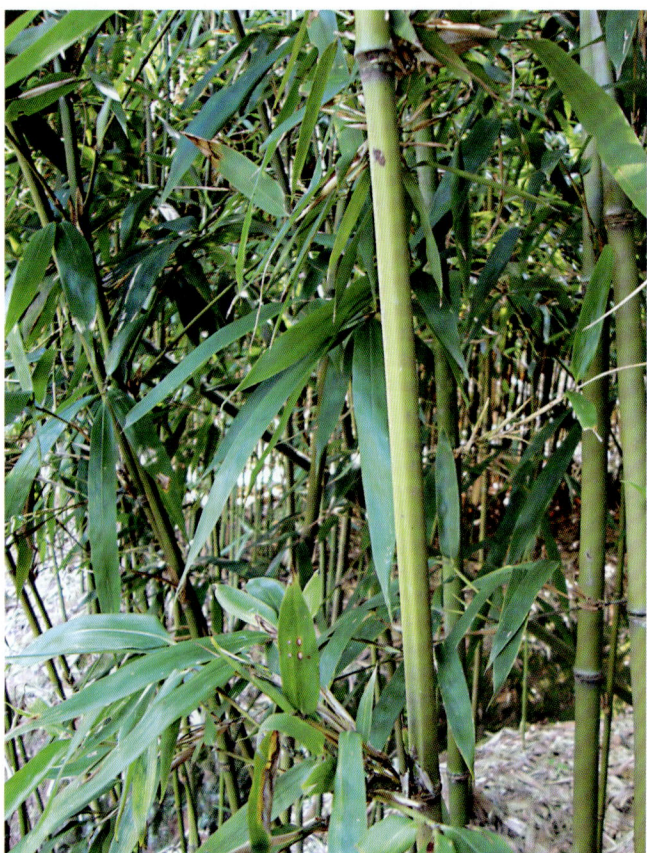

大狗尾草
Setaria faberi R. A. W. Herrmann

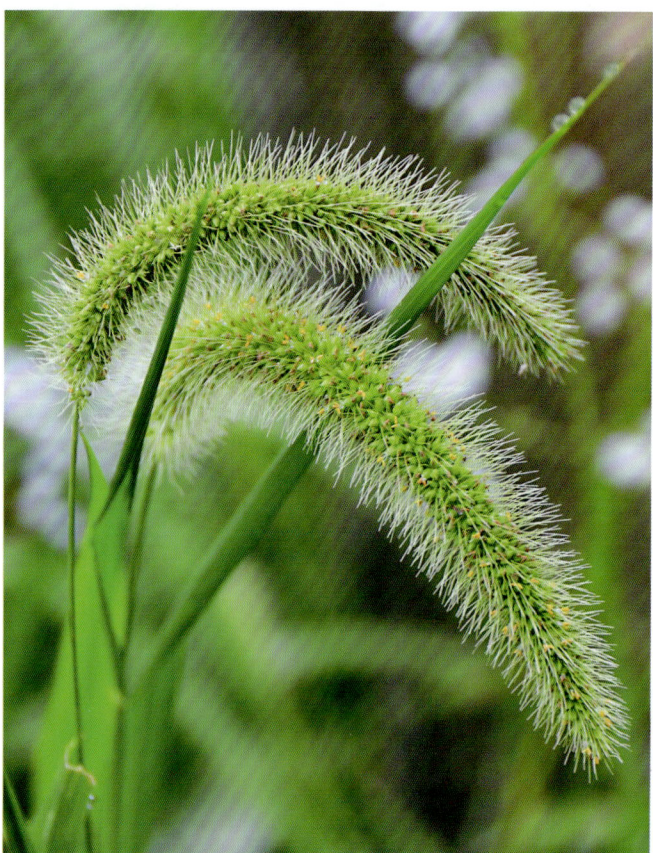

莠狗尾草 *Setaria geniculata* (Lam.) Beauv.

* 粱 *Setaria italica* (L.) Beauv.

褐毛狗尾草 *Setaria pallidifusca* (Schumach.) Stapf et Hubb.

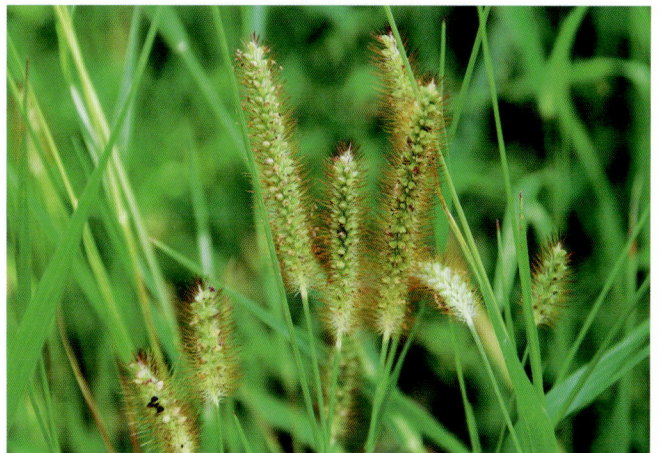

棕叶狗尾草
Setaria palmifolia (Koen.) Stapf

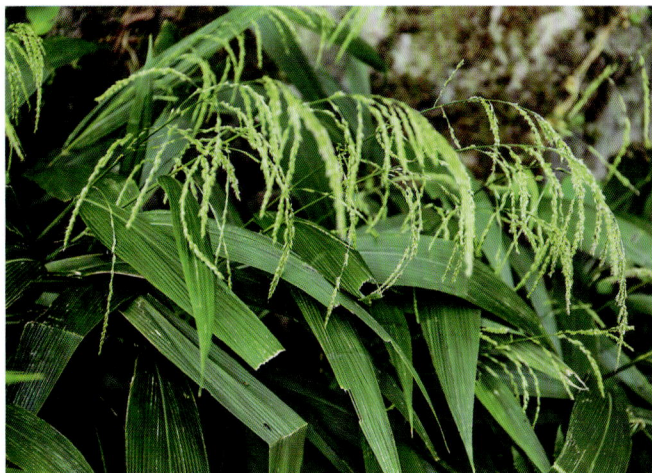

皱叶狗尾草
Setaria plicata (Lam.) T. Cooke

金色狗尾草
Setaria pumila (Poiret) Roemer et Schultes

狗尾草
Setaria viridis (L.) Beauv.

鹅毛竹 *Shibataea chinensis* Nakai

* **高粱** *Sorghum bicolor* (L.) Moench

光高粱
Sorghum nitidum (Vahl) Pers.

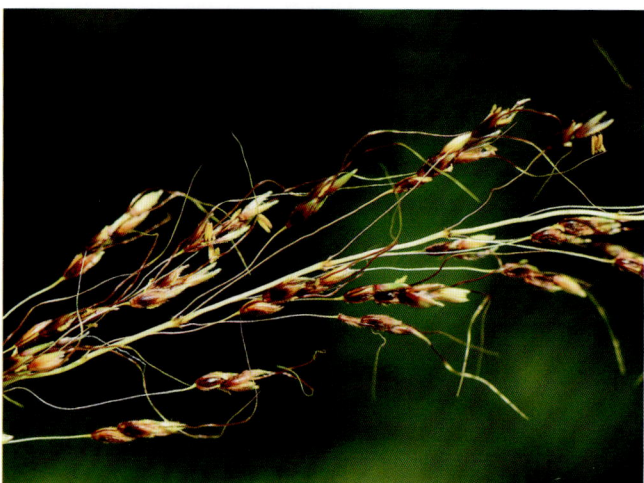

拟高粱
Sorghum propinquum (Kunth) Hitchc.

* 苏丹草
Sorghum sudanense (Piper) Stapf

稗荩
Sphaerocaryum malaccense (Trin.) Pilger

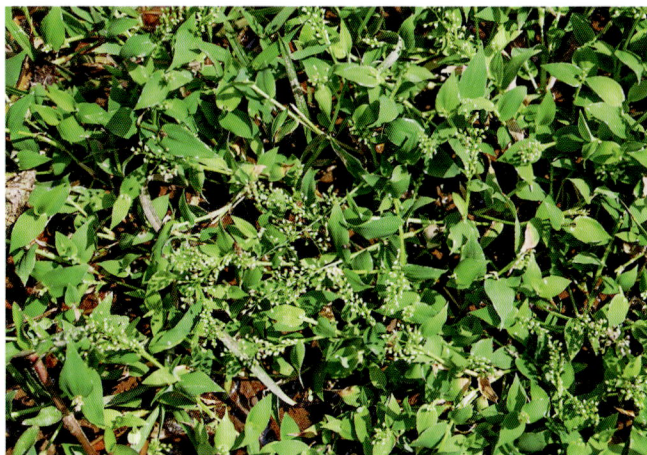

油芒
Spodiopogon cotulifer (Thunb.) Hackel

大油芒
Spodiopogon sibiricus Trin.

鼠尾粟
Sporobolus fertilis (Steud.) W. D. Clayt.

苞子草
Themeda caudata (Nees) A. Camus

黄背草
Themeda triandra Forssk.

菅
Themeda villosa (Poir.) A. Camus

虱子草
Tragus berteronianus Schult.

棕叶芦 *Thysanolaena latifolia*
(Roxburgh ex Hornemann) Honda

线形草沙蚕
Tripogon filiformis Nees ex Steud.

长芒草沙蚕
Tripogon longearistatus Nakai

三毛草
Trisetum bifidum (Thunb.) Ohwi

湖北三毛草
Trisetum henryi Rendle

毛玉山竹 *Yushania basihirsuta*
(McClure) Z. P. Wang et G. H. Ye

* 小麦
Triticum aestivum L.

鼠茅 *Vulpia myuros* (L.) Gmel.

湖南玉山竹
Yushania farinosa Z. P. Wang et G. H. Ye

庐山玉山竹
Yushania varians Yi

[*] 玉蜀黍 *Zea mays* L.

菰 *Zizania latifolia* (Griseb.) Stapf

结缕草 *Zoysia japonica* Steud.

中华结缕草 *Zoysia sinica* Hance

Order 20　金鱼藻目 Ceratophyllales

A104　金鱼藻科 Ceratophyllaceae

金鱼藻 *Ceratophyllum demersum* L.

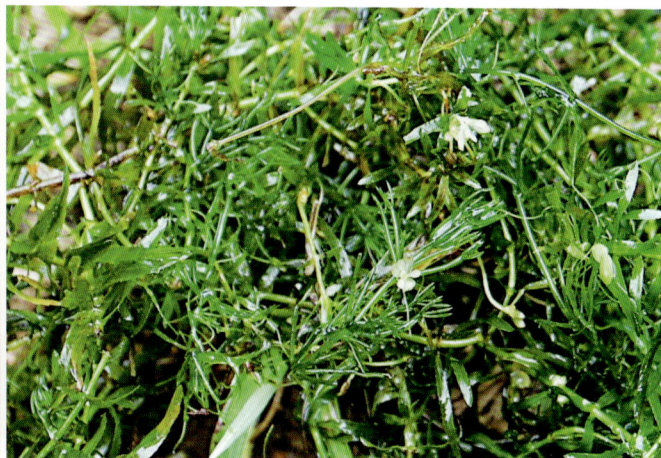

五刺金鱼藻 *Ceratophyllum platyacanthum* **subsp.** *oryzetorum* Chamisso

Order 21 毛茛目 Ranunculales

A105 领春木科 Eupteleaceae

领春木 *Euptelea pleiosperma* Hook. f. et Thoms.

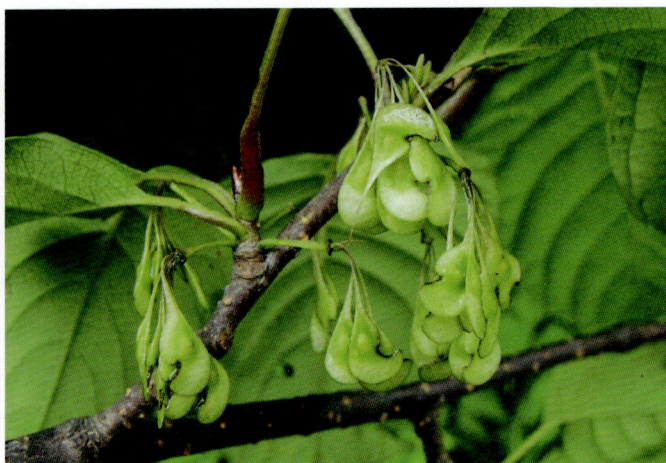

A106 罂粟科 Papaveraceae

北越紫堇 *Corydalis balansae* Prain

夏天无 *Corydalis decumbens* (Thunb.) Pers.

紫堇 *Corydalis edulis* Maxim.

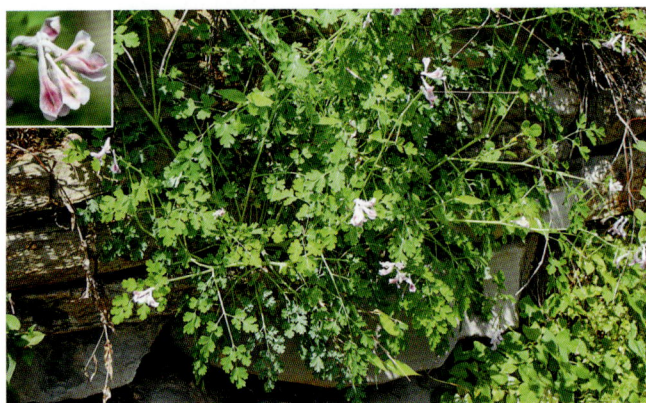

刻叶紫堇 *Corydalis incisa* (Thunb.) Pers.

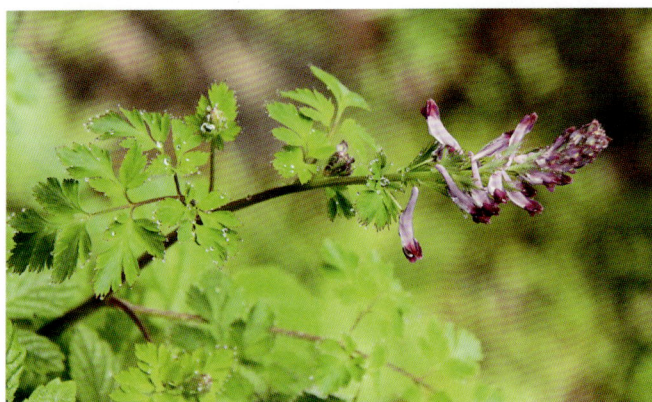

蛇果黄堇 *Corydalis ophiocarpa* Hook. f. et Thoms.

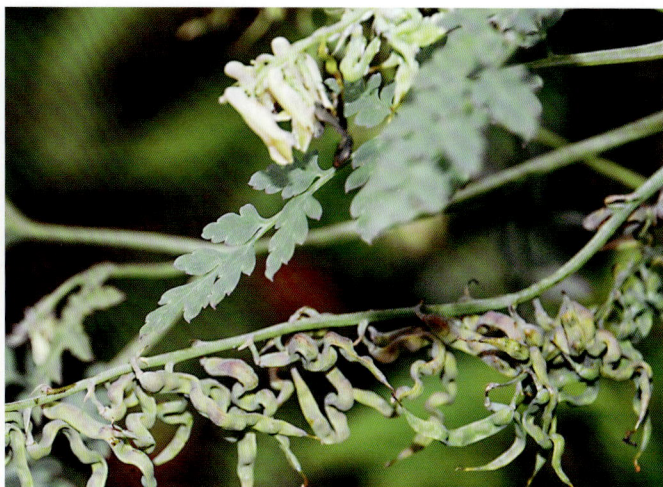

黄堇 *Corydalis pallida* (Thunb.) Pers.

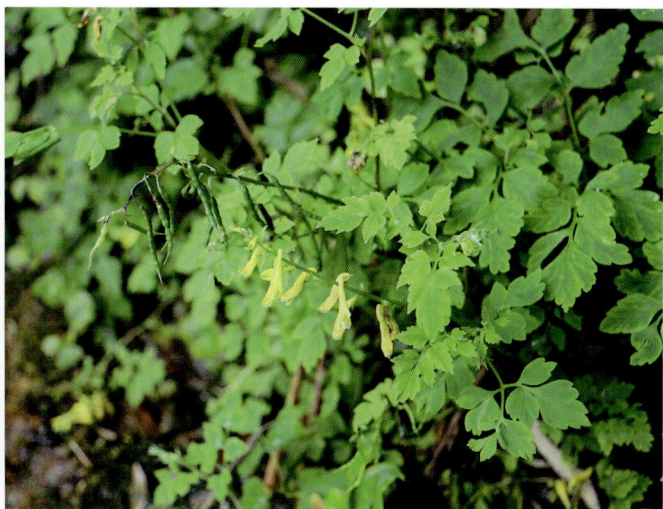

小花黄堇 *Corydalis racemosa* (Thunb.) Pers.

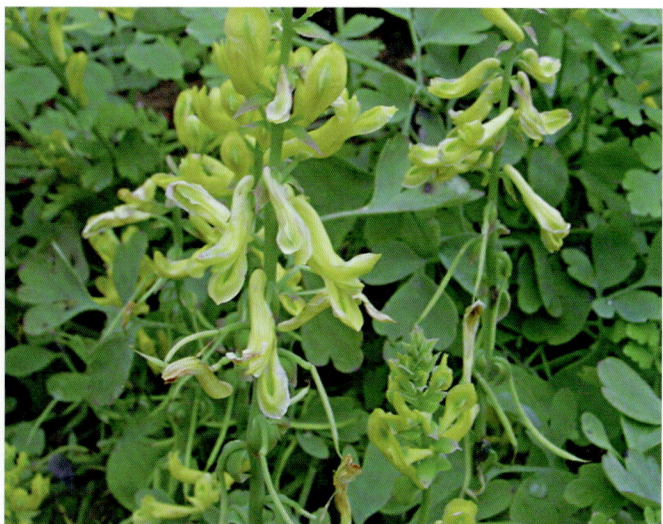

全叶延胡索
Corydalis repens Mandl et Muhld.

珠果黄堇 *Corydalis speciosa* Maxim.

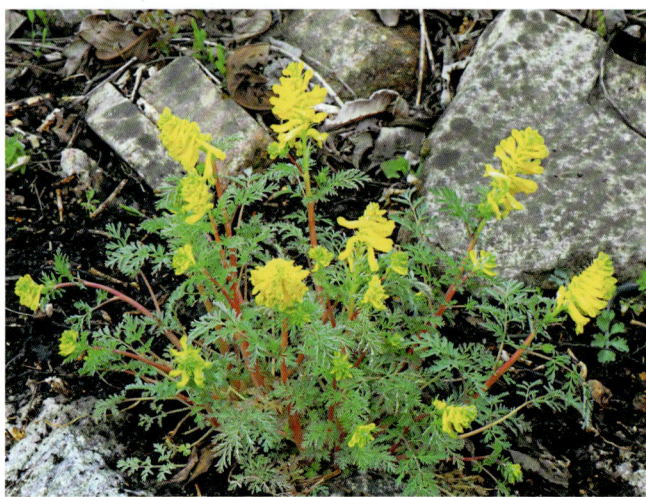

血水草 *Eomecon chionantha* Hance

地锦苗
Corydalis sheareri S. Moore

齿瓣延胡索 *Corydalis turtschaninovii* Bess.

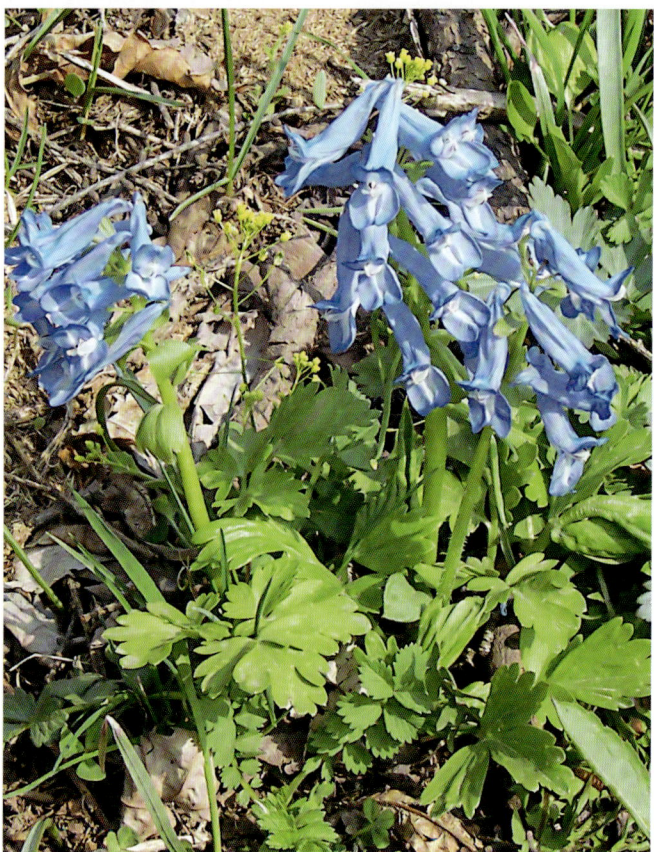

荷青花
Hylomecon japonica (Thunb.) Prantl

博落回
Macleaya cordata (Willd.) R. Br.

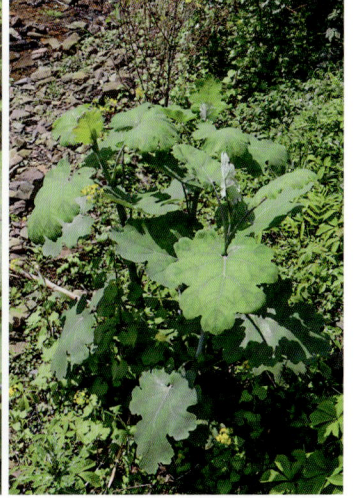

* 虞美人　*Papaver rhoeas* L.

A108　木通科 Lardizabalaceae

长序木通
Akebia longeracemosa Matsumura

木通
Akebia quinata (Houtt.) Decne.

三叶木通 *Akebia trifoliata* (Thunb.) Koidz.

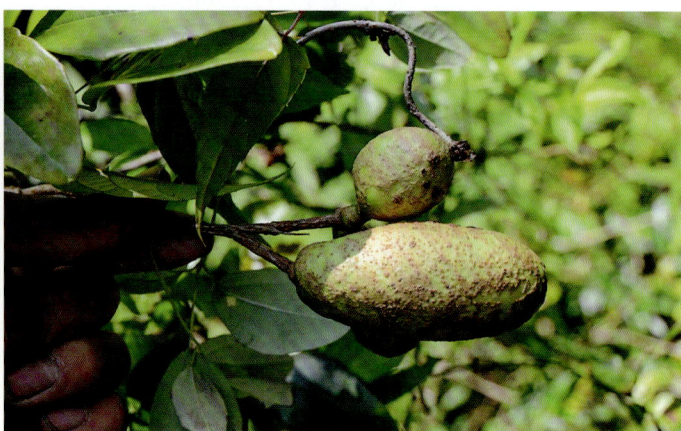

白木通 *Akebia trifoliata* subsp. *australis*
(Diels) T. Shimizu

猫儿屎 *Decaisnea insignis* (Griff.)
Hook. f. et Thoms.

五月瓜藤 *Holboellia angustifolia* Wall.

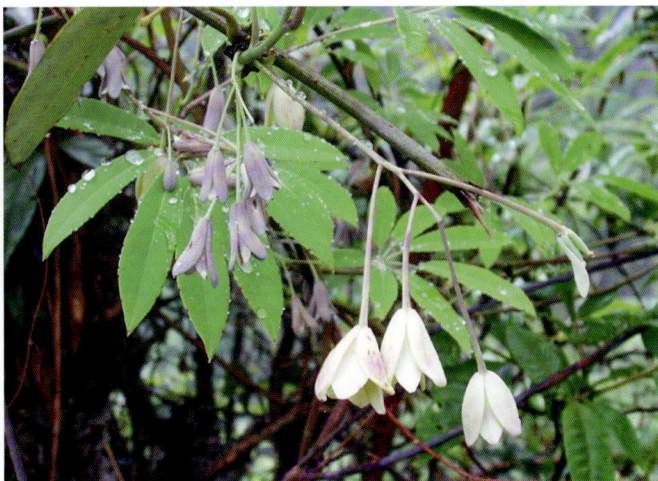

鹰爪枫 *Holboellia coriacea* Diels

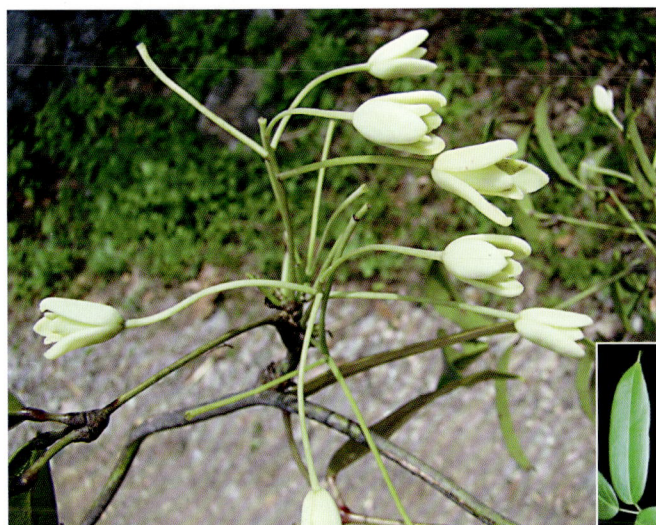

牛姆瓜 *Holboellia grandiflora* Reaub.

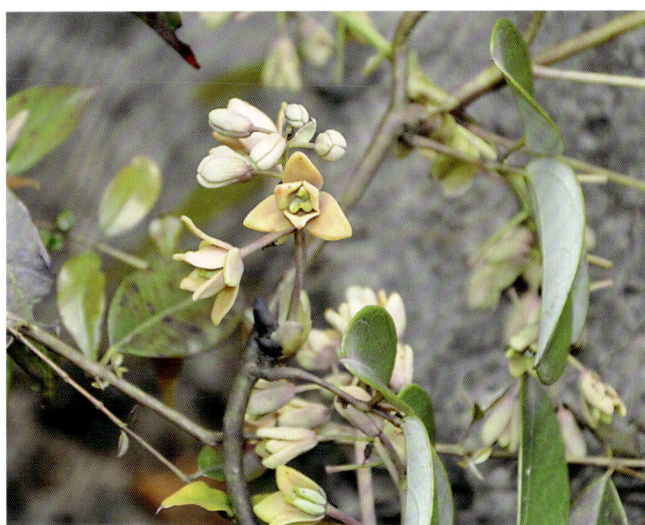

八月瓜 *Holboellia latifolia* Wall.

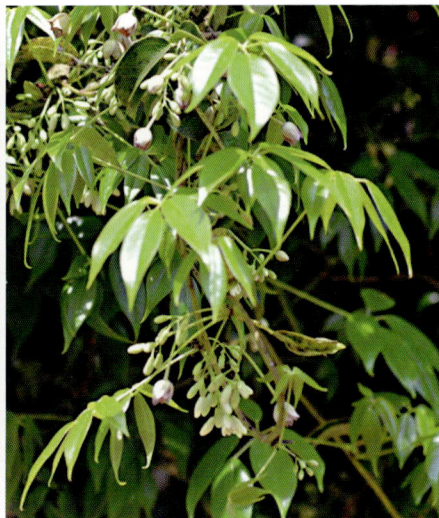

大血藤 *Sargentodoxa cuneata* (Oliv.) Rehd. et Wils.

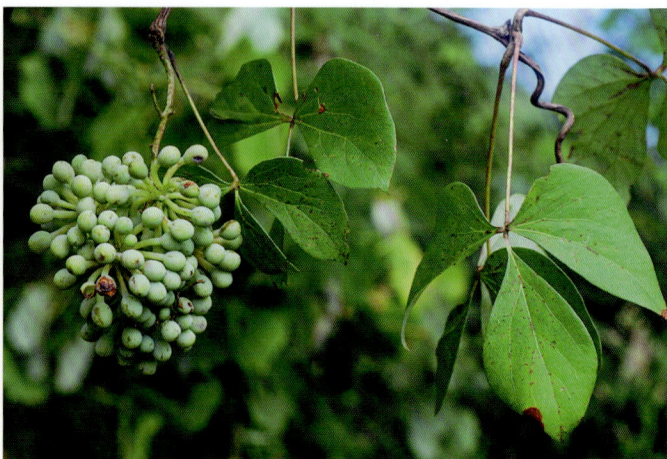

串果藤
Sinofranchetia chinensis (Franch.) Hemsl.

黄蜡果
Stauntonia brachyanthera Hand.-Mazz.

野木瓜 *Stauntonia chinensis* DC.

显脉野木瓜
Stauntonia conspicua R. H. Chang

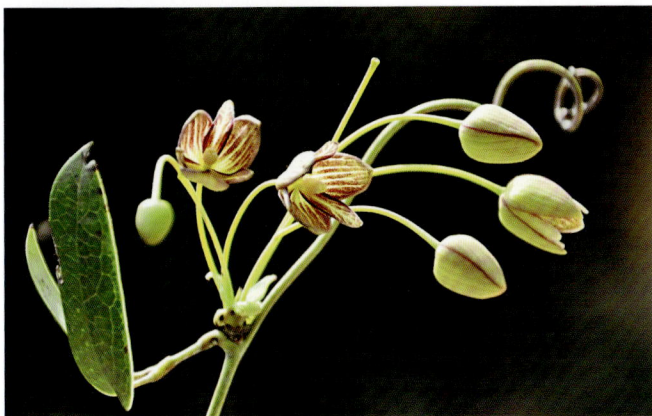

羊瓜藤
Stauntonia duclouxii Gagnep.

牛藤果
Stauntonia elliptica Hemsl.

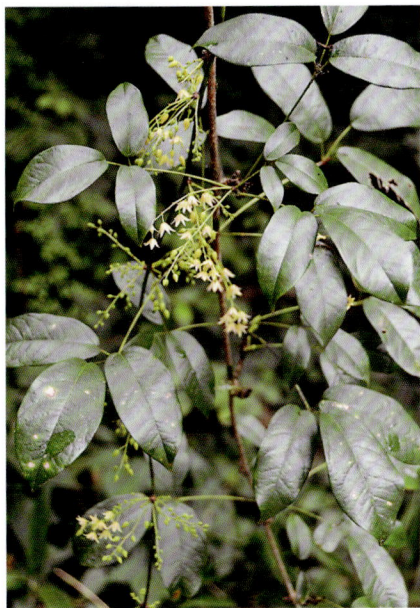

钝药野木瓜
Stauntonia leucantha Diels ex Y. C. Wu

倒卵叶野木瓜 *Stauntonia obovata* Hemsl.

五指那藤 *Stauntonia obovatifoliola* subsp. *intermedia* (C. Y. Wu) T. Chen

尾叶那藤 *Stauntonia obovatifoliola* subsp. *urophylla* (Hand.-Mazz.) H. N. Qin

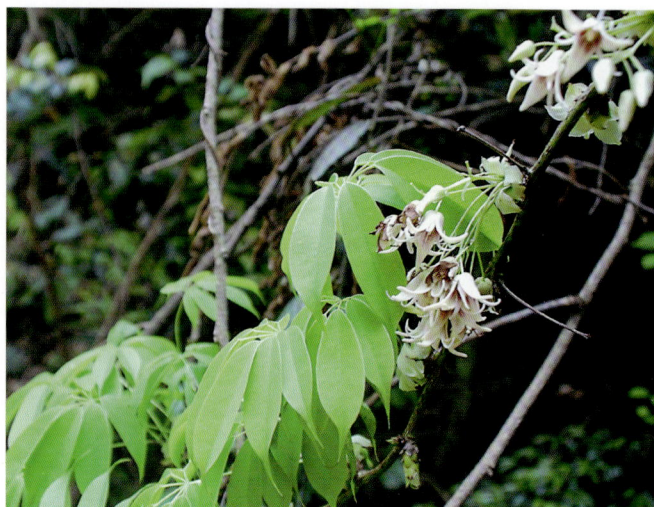

A109 防己科 Menispermaceae

樟叶木防己 *Cocculus laurifolius* DC.

木防己 *Cocculus orbiculatus* (L.) DC.

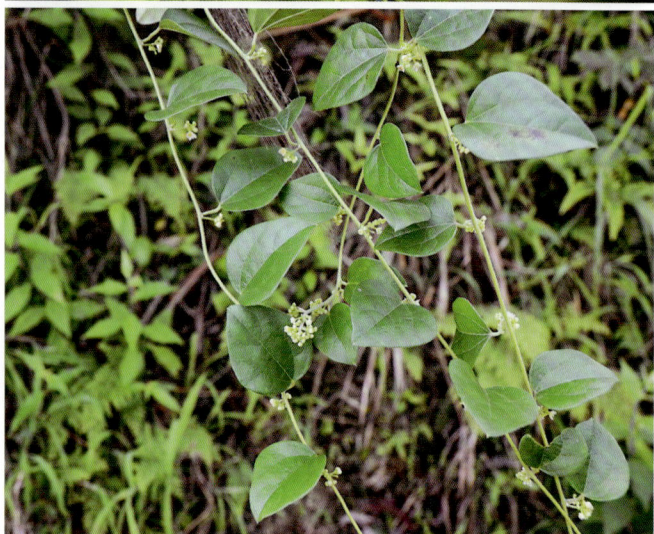

毛叶轮环藤
Cyclea barbata Miers

粉叶轮环藤
Cyclea hypoglauca (Schauer) Diels

轮环藤　*Cyclea racemosa* Oliv.

四川轮环藤　*Cyclea sutchuenensis* Gagnep.

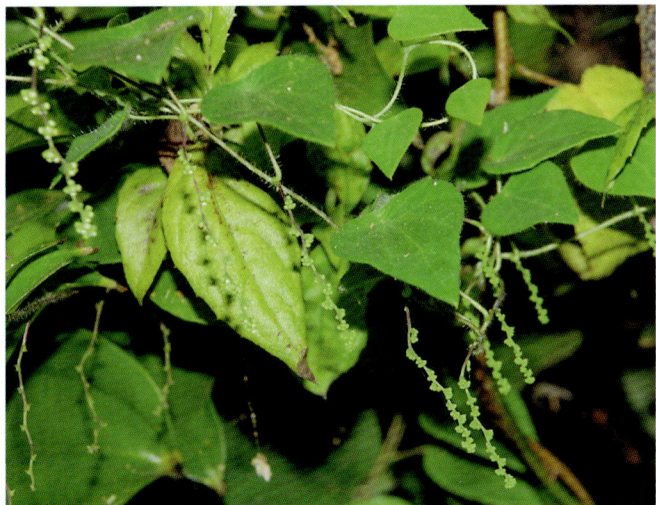

秤钩风 *Diploclisia affinis* (Oliv.) Diels

蝙蝠葛 *Menispermum dauricum* DC.

细圆藤 *Pericampylus glaucus* (Lam.) Merr.

风龙 *Sinomenium acutum*
(Thunb.) Rehd. et Wils.

血散薯 *Stephania dielsiana* Y. C. Wu

金线吊乌龟
Stephania cephalantha Hayata

江南地不容 *Stephania excentrica* Lo

草质千金藤 *Stephania herbacea* Gagnep.

千金藤 *Stephania japonica* (Thunb.) Miers

粪箕笃 *Stephania longa* Lour.

青牛胆 *Tinospora sagittata* (Oliv.) Gagnep.

粉防己 *Stephania tetrandra* S. Moore

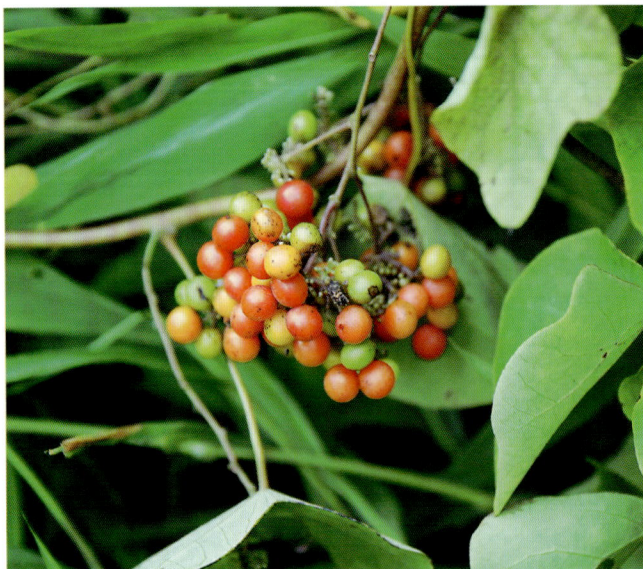

A110 小檗科 Berberidaceae

华东小檗 *Berberis chingii* W. C. Cheng

南岭小檗 *Berberis impedita* Schneid.

江西小檗
Berberis jiangxiensis C. M. Hu

短叶江西小檗 *Berberis jiangxiensis* **var. pulchella** C. M. Hu

豪猪刺 *Berberis julianae* Schneid.

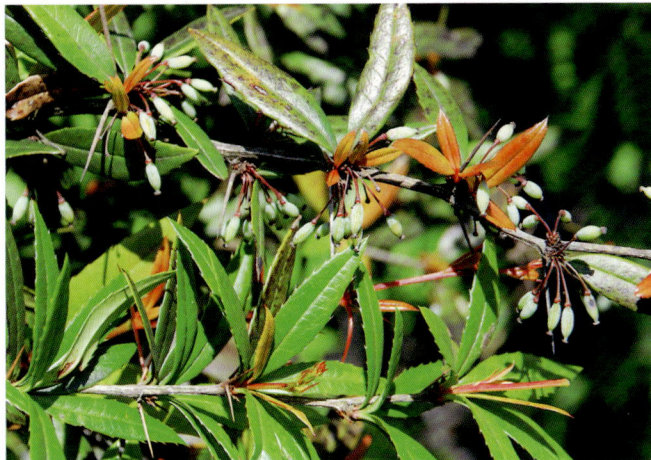

天台小檗 *Berberis lempergiana* Ahrendt

假豪猪刺 *Berberis soulieana* Schneid.

庐山小檗 *Berberis virgetorum* Schneid.

红毛七 *Caulophyllum robustum* Maxim.

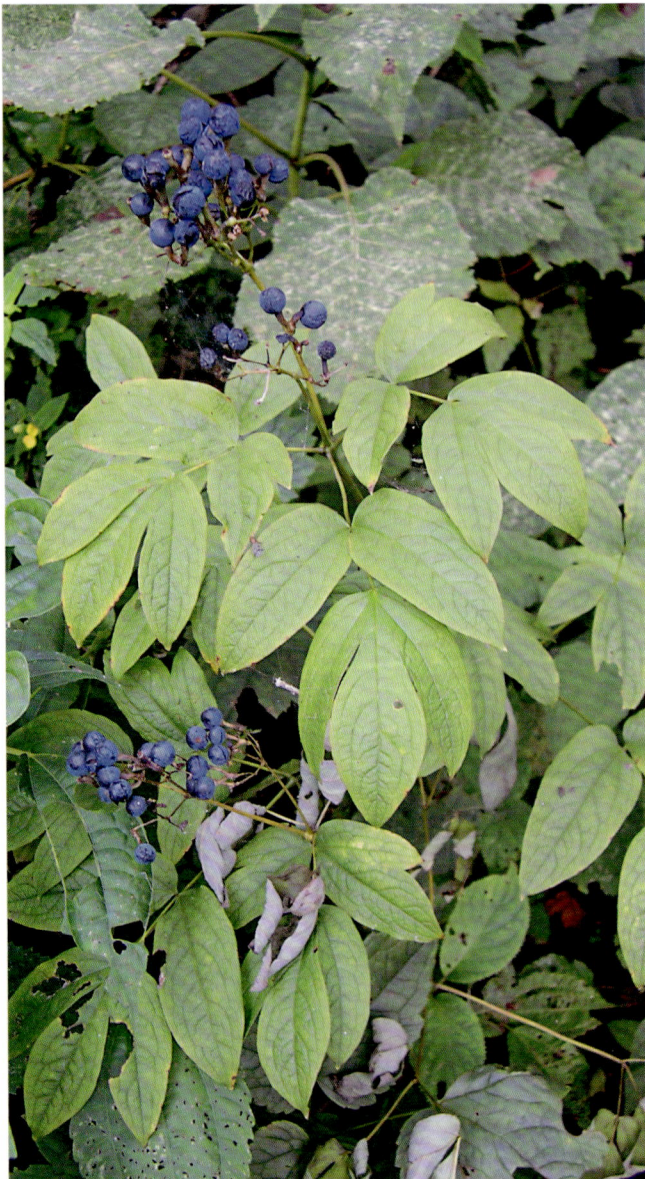

六角莲 *Dysosma pleiantha* (Hance) Woods.

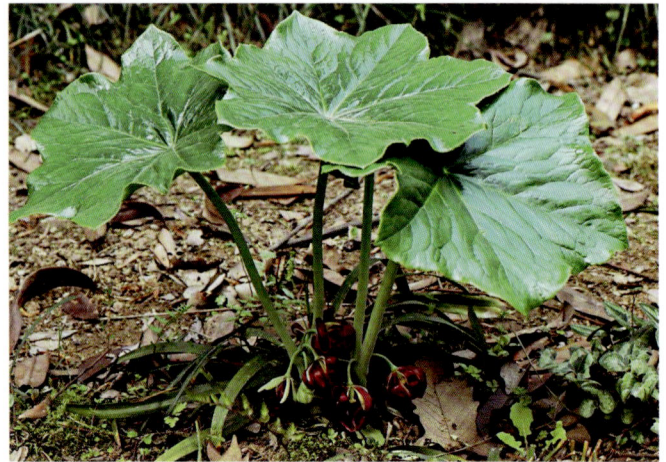

八角莲 *Dysosma versipellis* (Hance) M. Cheng ex Ying

淫羊藿
Epimedium brevicornu Maxim.

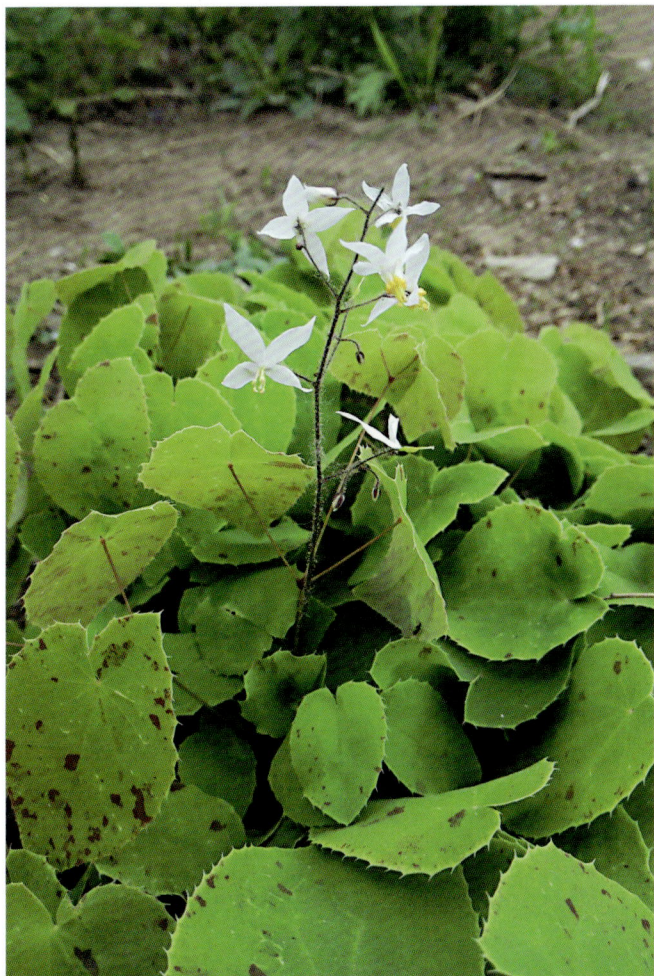

柔毛淫羊藿
Epimedium pubescens Maxim.

湖南淫羊藿　*Epimedium hunanense* (Hand.-Mazz.) Hand.-Mazz.

时珍淫羊藿
Epimedium lishihchenii Stearn

三枝九叶草 *Epimedium sagittatum*
(Sieb. et Zucc.) Maxim.

小果十大功劳 *Mahonia bodinieri* Gagnep.

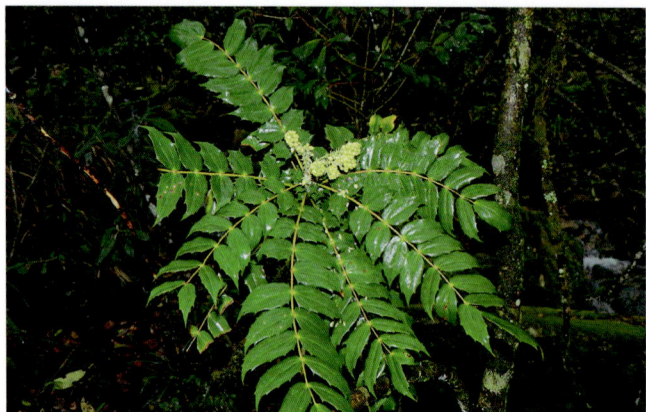

十大功劳 *Mahonia fortunei* (Lindl.) Fedde

阔叶十大功劳
Mahonia bealei (Fort.) Carr.

北江十大功劳 *Mahonia fordii* Schneid.

沈氏十大功劳 *Mahonia shenii* Chun

南天竹 *Nandina domestica* Thunb.

A111 毛茛科 Ranunculaceae

乌头
Aconitum carmichaelii
Debx.

赣皖乌头
Aconitum finetianum Hand.-Mazz.

瓜叶乌头
Aconitum hemsleyanum Pritz.

花葶乌头 *Aconitum scaposum* Franch.

狭盔高乌头 *Aconitum sinomontanum* var. *angustius* W. T. Wang

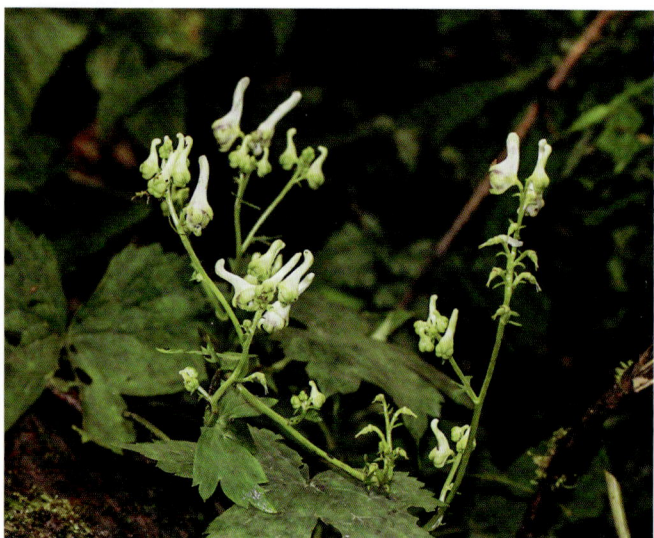

升麻 *Actaea cimicifuga* L.
[*Cimicifuga foetida* L.]

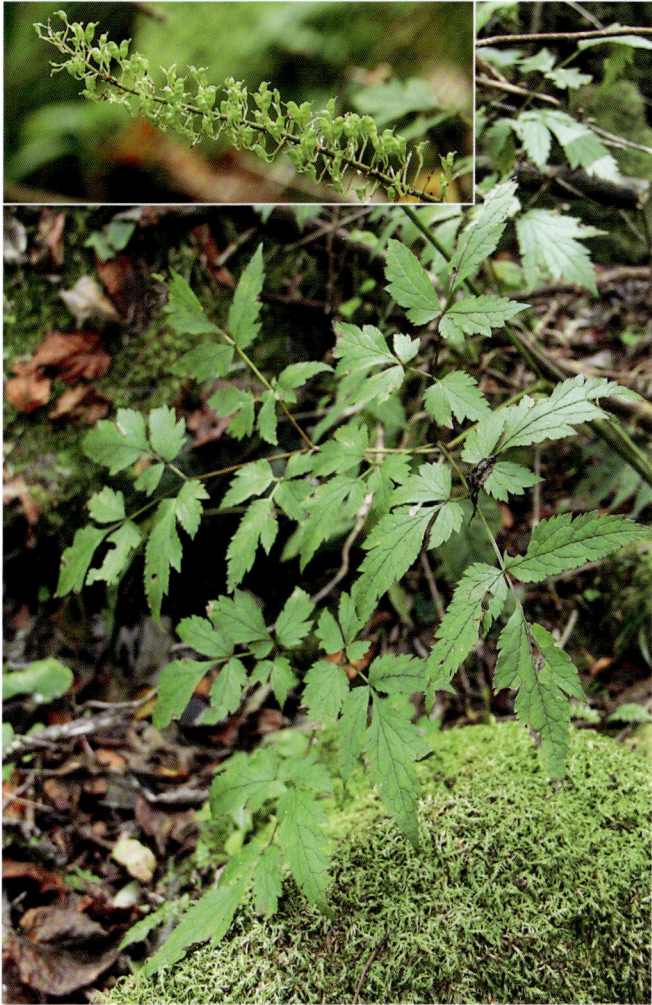

小升麻 *Actaea japonica* Thunb.
[*Cimicifuga japonica* (Thunb.) Spreng.]

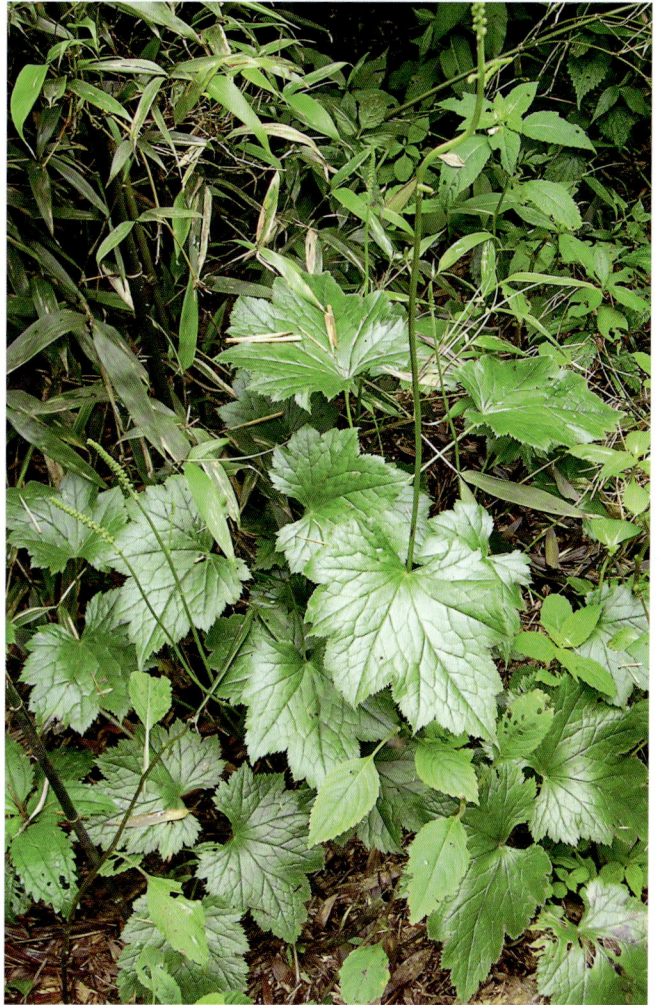

卵叶银莲花
Anemone begoniifolia Lévl. et Vant.

西南银莲花
Anemone davidii Franch.

鹅掌草 *Anemone flaccida* Fr. Schmidt

打破碗花花 *Anemone hupehensis* Lem.

秋牡丹 *Anemone hupehensis* **var.**
japonica (Thunb.) Bowles et Stearn

大火草
Anemone tomentosa (Maxim.) Pei

水毛茛
Batrachium bungei (Steud.) L. Liou

女萎
Clematis apiifolia DC.

钝齿铁线莲 *Clematis apiifolia* var.
argentilucida (Lévl. et Vant.) W. T. Wang

小木通
Clematis armandi Franch.

短尾铁线莲
Clematis brevicaudata DC.

短柱铁线莲
Clematis cadmia Buch.-Ham. ex Wall.

威灵仙
Clematis chinensis Osbeck

安徽铁线莲 *Clematis chinensis var. anhweiensis* (M. C. Chang) W. T. Wang
[*Clematis anhweiensis* M. C. Chang]

厚叶铁线莲 *Clematis crassifolia* Benth.

大花威灵仙
Clematis courtoisii Hand.-Mazz.

山木通
Clematis finetiana Lévl. et Vant.

铁线莲
Clematis florida Thunb.

粗齿铁线莲 *Clematis grandidentata*
(Rehd. et Wils.) W. T. Wang

毛萼铁线莲
Clematis hancockiana Maxim.

单叶铁线莲 *Clematis henryi* Oliv.

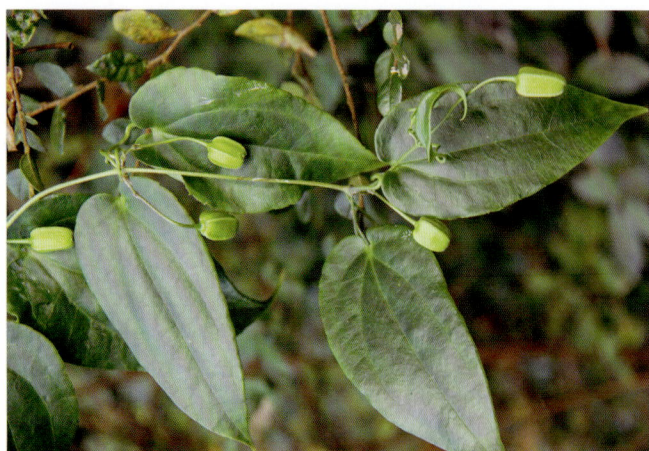

吴兴铁线莲 *Clematis huchouensis* Tamura

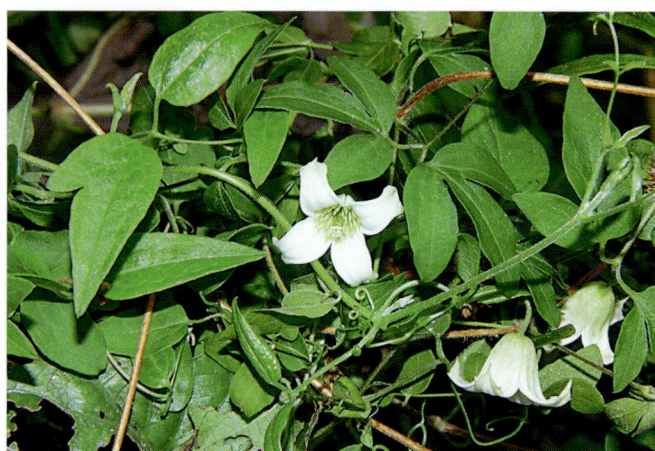

毛蕊铁线莲 *Clematis lasiandra* Maxim.

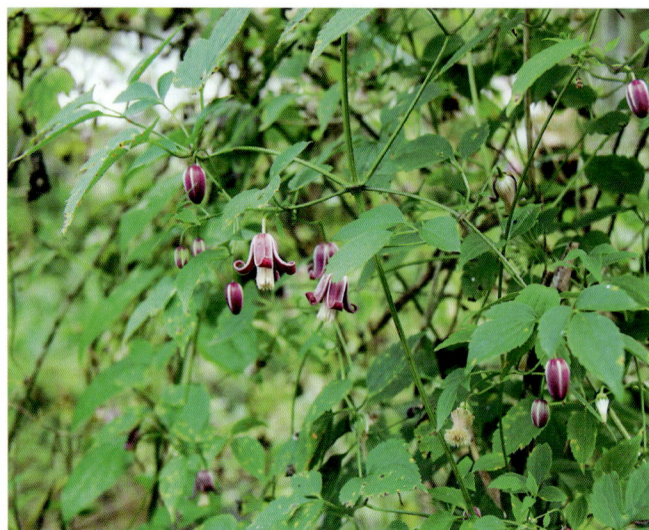

锈毛铁线莲 *Clematis leschenaultiana* DC.

毛柱铁线莲 *Clematis meyeniana* Walp.

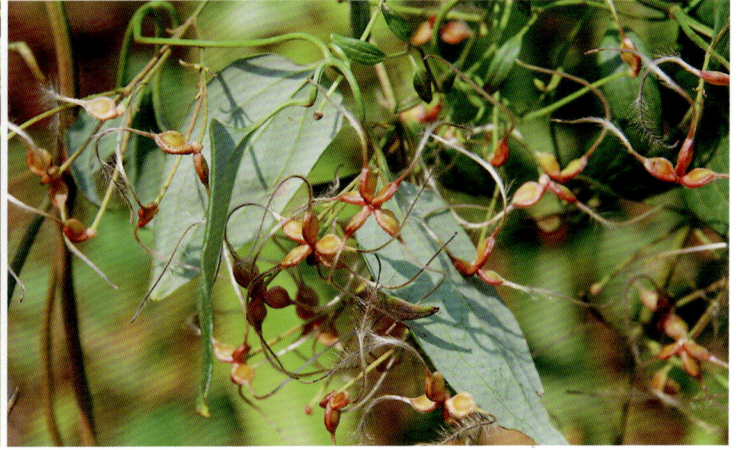

绣球藤
Clematis montana Buch.-Ham. ex DC.

裂叶铁线莲
Clematis parviloba Gardn. et Champ.

钝萼铁线莲
Clematis peterae Hand.-Mazz.

毛果铁线莲 ***Clematis peterae* var. *trichocarpa*** W. T. Wang

扬子铁线莲 *Clematis puberula* var. *ganpiniana* (Lévl. et Vant.) W. T. Wang

五叶铁线莲
Clematis quinquefoliolata Hutch.

曲柄铁线莲 *Clematis repens* Finet et Gagn.

圆锥铁线莲 *Clematis terniflora* DC.

柱果铁线莲 *Clematis uncinata* Champ.

皱叶铁线莲
Clematis uncinata var. *coriacea* Pamp.

尾叶铁线莲
Clematis urophylla Franch.

短萼黄连　*Coptis chinensis* var.
brevisepala W. T. Wang et Hsiao

还亮草
Delphinium anthriscifolium Hance

卵瓣还亮草　*Delphinium anthriscifolium*
var. *savatieri* (Franch.) Munz

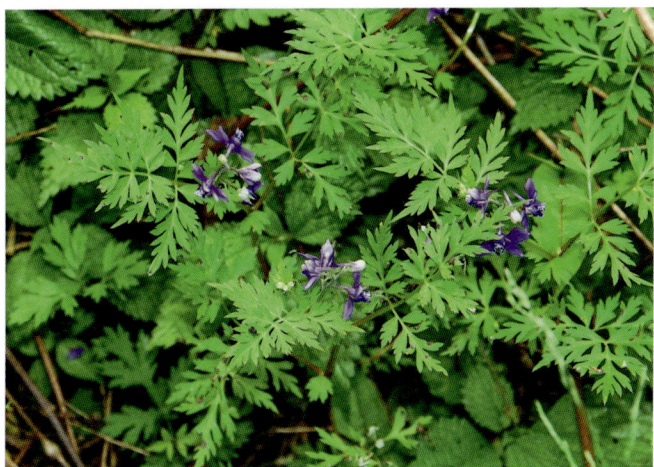

蕨叶人字果 *Dichocarpum dalzielii* (Drumm. et Hutch.) W. T. Wang et Hsiao

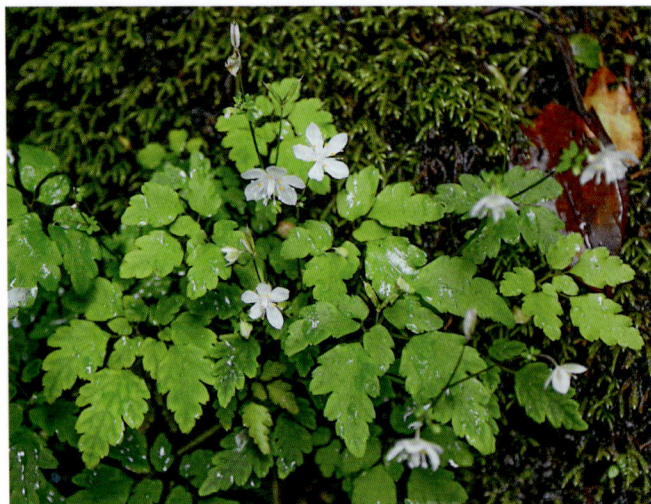

小花人字果 *Dichocarpum franchetii* (Finet et Gagn.) W. T. Wang et Hsiao

禺毛茛 *Ranunculus cantoniensis* DC.

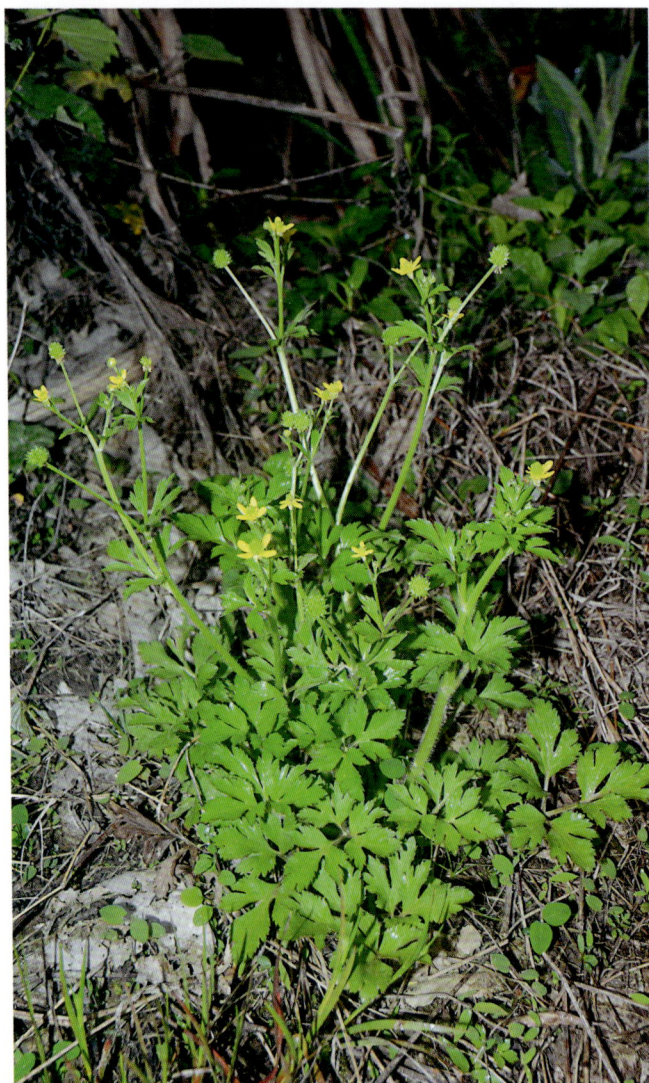

茴茴蒜 *Ranunculus chinensis* Bunge

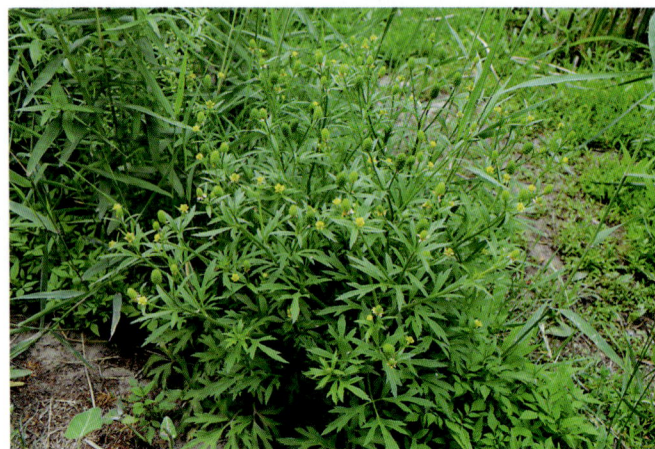

西南毛茛 *Ranunculus ficariifolius* Lévl. et Vant.

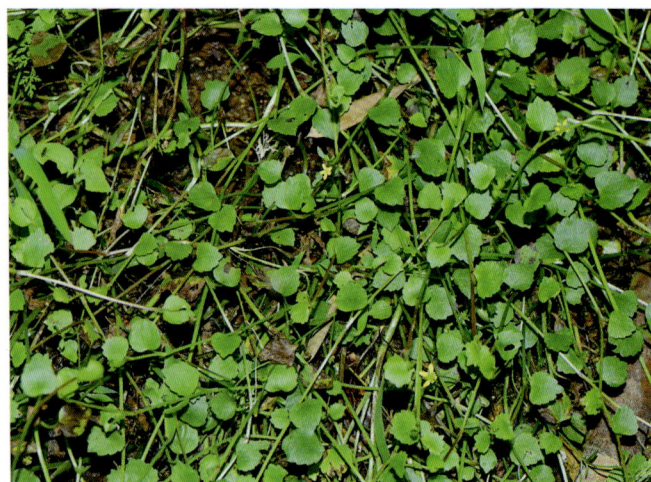

毛茛
Ranunculus japonicus Thunb.

刺果毛茛
Ranunculus muricatus L.

肉根毛茛
Ranunculus polii Franch. ex Hemsl.

石龙芮
Ranunculus sceleratus L.

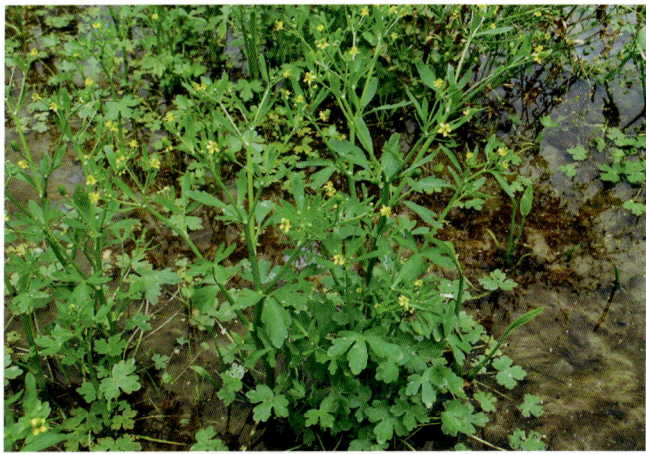

扬子毛茛 **Ranunculus sieboldii** Miq.

钩柱毛茛 **Ranunculus silerifolius** Lévl.

猫爪草
Ranunculus ternatus Thunb.

天葵
Semiaquilegia adoxoides (DC.) Makino

尖叶唐松草 *Thalictrum acutifolium*
(Hand.-Mazz.) Boivin

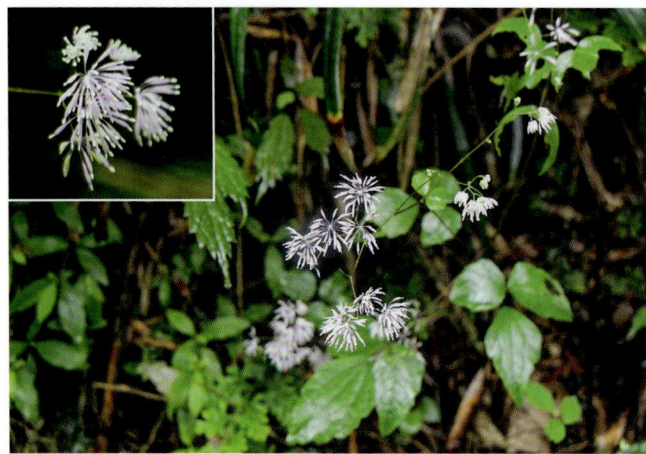

大叶唐松草
Thalictrum faberi Ulbr.

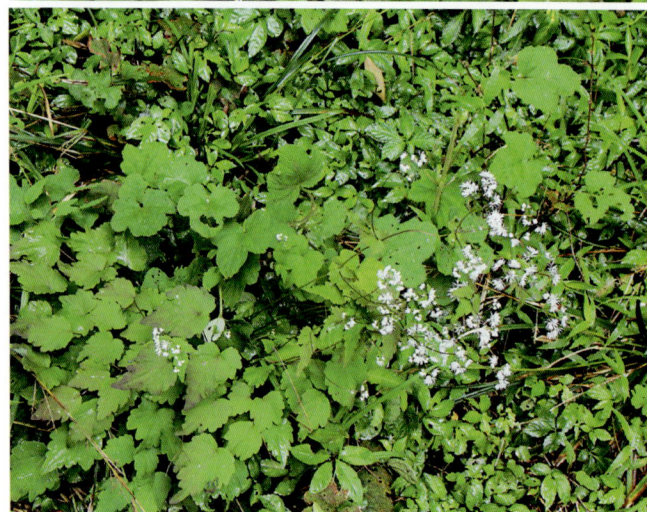

华东唐松草
Thalictrum fortunei S. Moore

盾叶唐松草
Thalictrum ichangense Lecoy. ex Oliv.

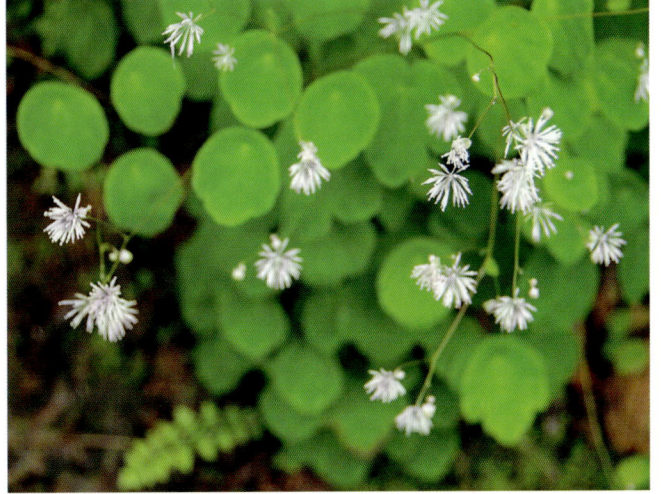

小果唐松草　*Thalictrum microgynum* Lecoy. ex Oliv.

东亚唐松草　*Thalictrum minus* var. *hypoleucum* (Sieb. et Zucc.) Miq.

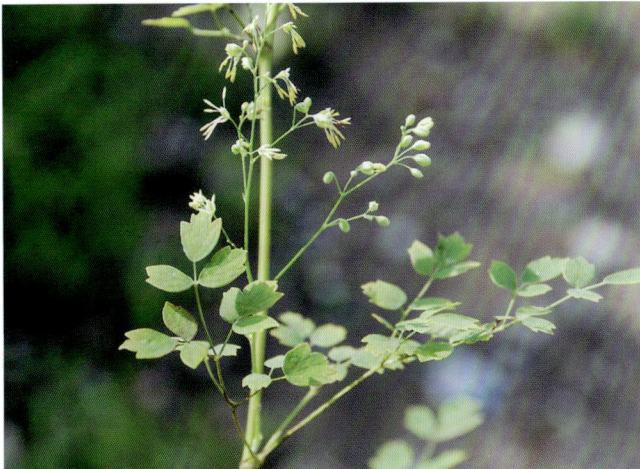

阴地唐松草
Thalictrum umbricola Ulbr.

新宁唐松草 *Thalictrum xinningense* W. T. Wang

Order 22 山龙眼目 Proteales

A112 清风藤科 Sabiaceae

珂楠树 *Kingsboroughia alba* (Schltdl.) Liebm.

泡花树 *Meliosma cuneifolia* Franch.

垂枝泡花树 *Meliosma flexuosa* Pamp.

香皮树 *Meliosma fordii* Hemsl.

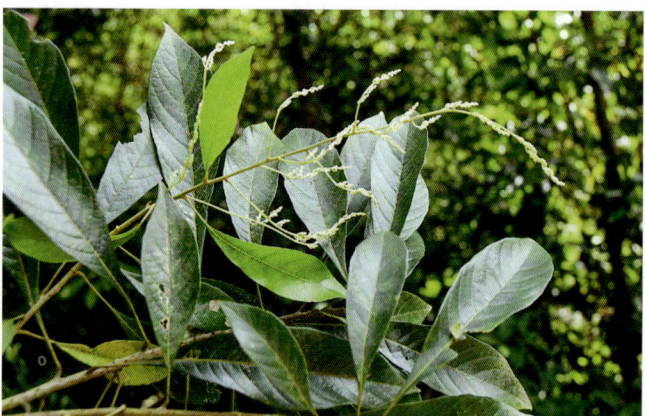

腺毛泡花树
Meliosma glandulosa Cufod.

多花泡花树
Meliosma myriantha Sieb. et Zucc.

异色泡花树　*Meliosma myriantha var. discolor* Dunn

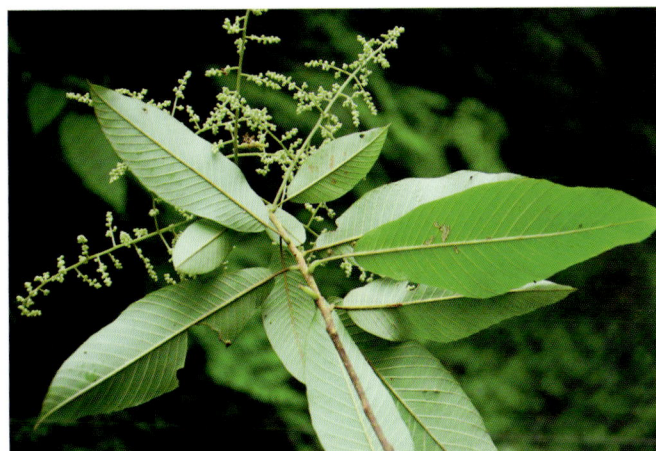

红柴枝
Meliosma oldhamii Maxim.

柔毛泡花树　*Meliosma myriantha var. pilosa* (Lecomte) Law

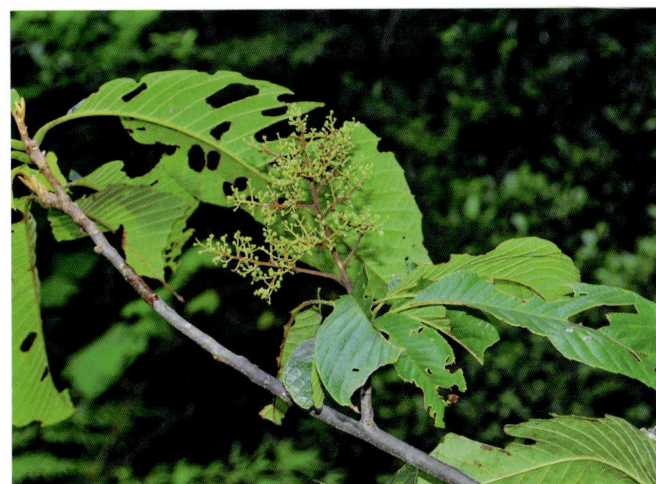

有腺泡花树 *Meliosma oldhamii* **var. *glandulifera*** Cufod.

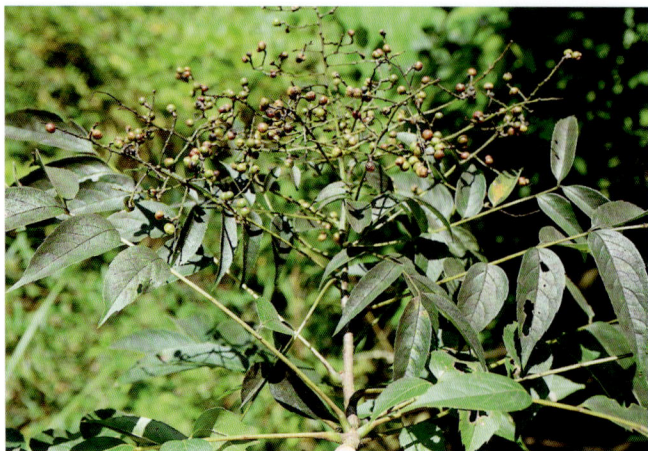

羽叶泡花树
Meliosma pinnata Roxb. ex Maxim.

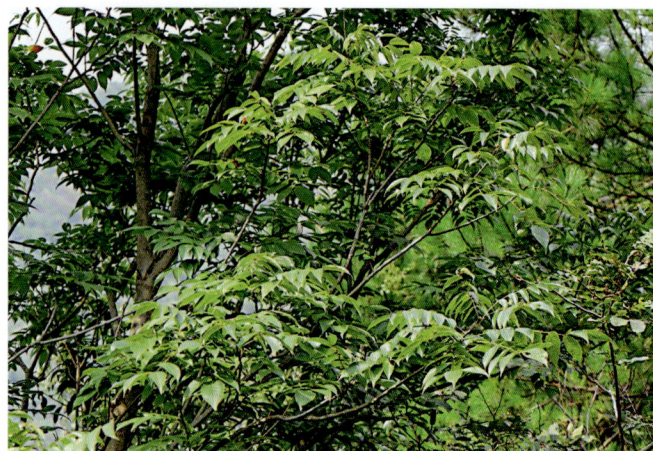

腋毛泡花树 *Meliosma rhoifolia* **var. *barbulata*** (Cufod.) Law

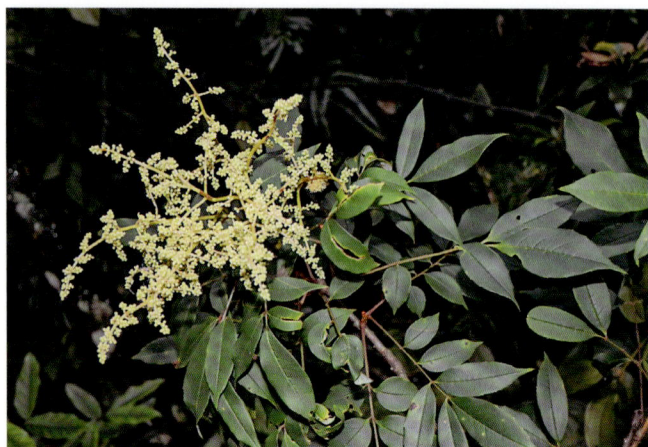

笔罗子
Meliosma rigida Sieb. et Zucc.

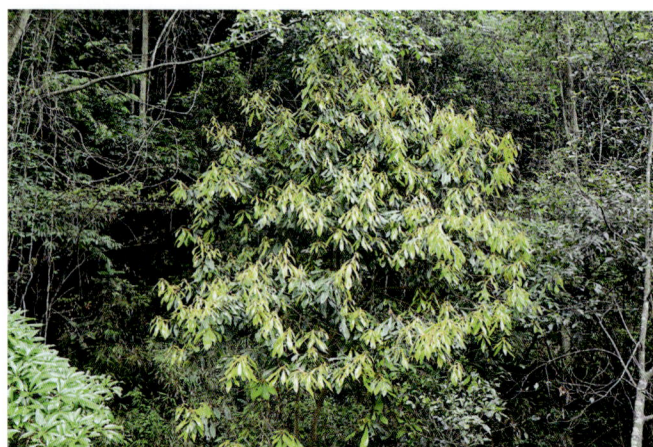

毡毛泡花树 *Meliosma rigida* **var. *pannosa*** (Hand.-Mazz.) Law

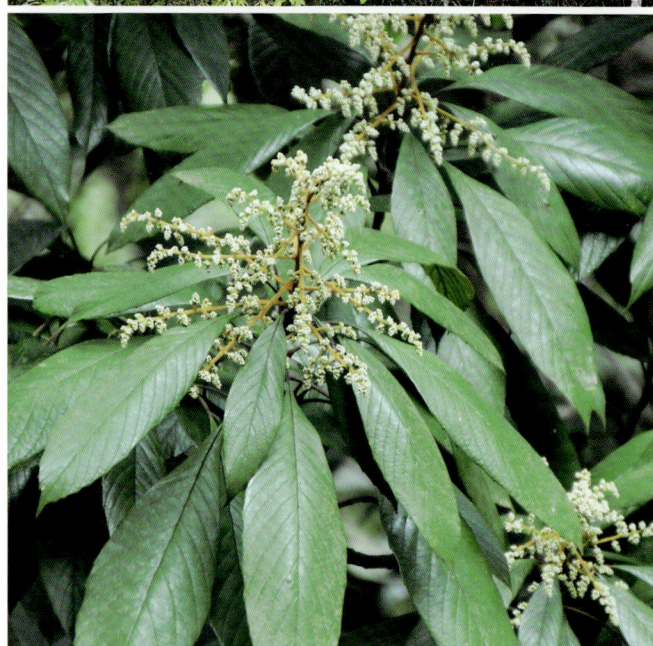

樟叶泡花树
Meliosma squamulata Hance

山榉叶泡花树
Meliosma thorelii Lecomte

钟花清风藤 ***Sabia campanulata*** Wall. ex Roxb.

鄂西清风藤 ***Sabia campanulata*** **subsp.** ***ritchieae*** (Rehd. et Wils.) Y. F. Wu

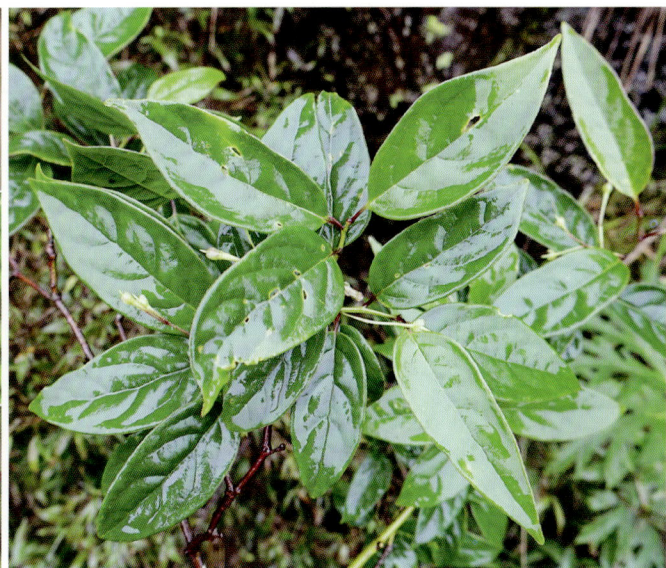

革叶清风藤
Sabia coriacea Rehd. et Wils.

凹萼清风藤
Sabia emarginata Lecomte

清风藤
Sabia japonica Maxim.

灰背清风藤
Sabia discolor Dunn

中华清风藤
Sabia japonica* var. *sinensis (Stapf) L. Chen

四川清风藤
Sabia schumanniana Diels

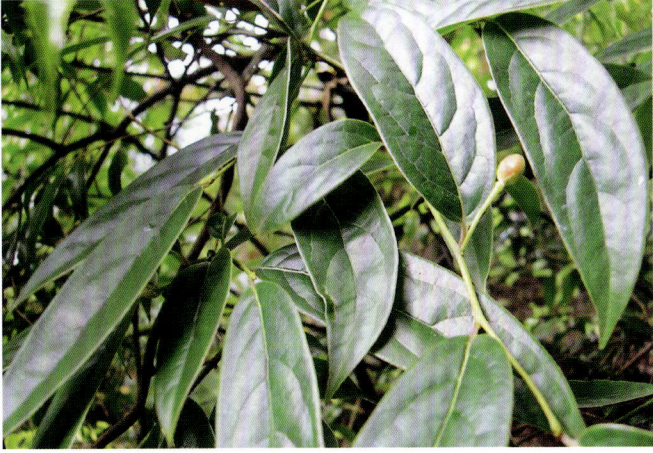

尖叶清风藤
Sabia swinhoei Hemsl. ex Forb. et Hemsl.

阔叶清风藤 **Sabia yunnanensis** subsp. **latifolia** (Rehd. et Wils.) Y. F. Wu

A113　莲科 Nelumbonaceae

* 莲 **Nelumbo nucifera** Gaertn.

A114 悬铃木科 Platanaceae

* 二球悬铃木（英国梧桐）
Platanus × acerifolia (Aiton) Willd.

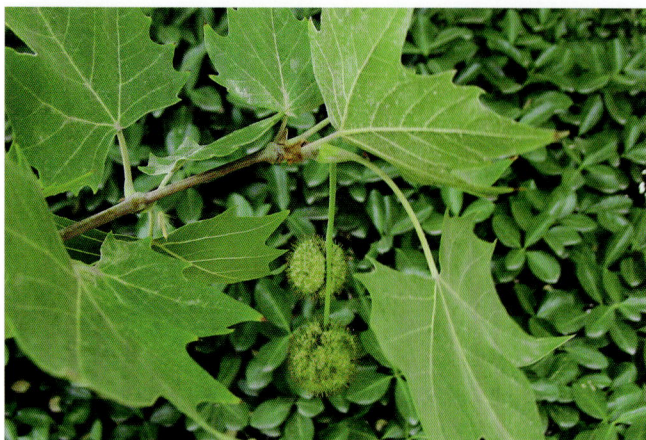

* 一球悬铃木（美国梧桐）
Platanus occidentalis L.

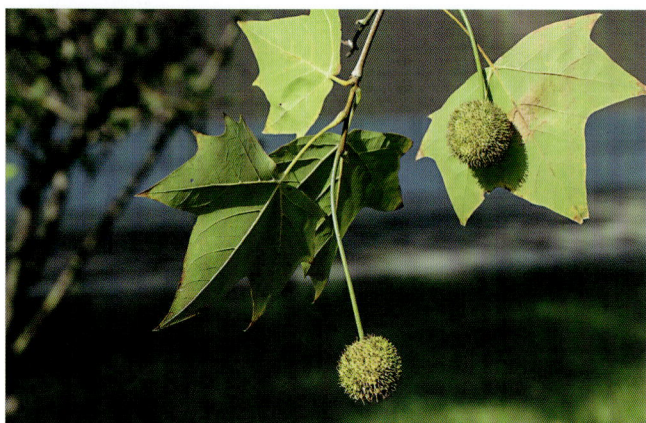

* 三球悬铃木（法国梧桐）
Platanus orientalis L.

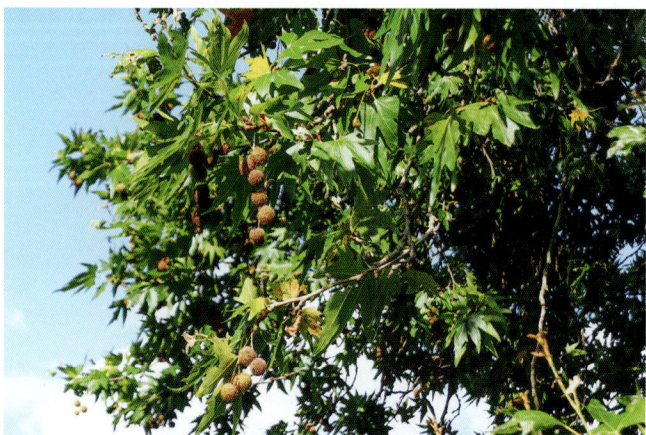

A115 山龙眼科 Proteaceae

* 银桦
Grevillea robusta A. Cunn. ex R. Br.

小果山龙眼
Helicia cochinchinensis Lour.

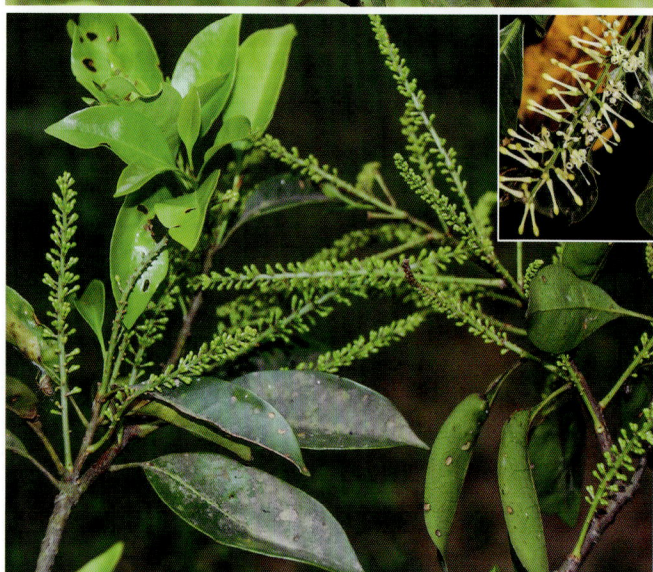

广东山龙眼
Helicia kwangtungensis W. T. Wang

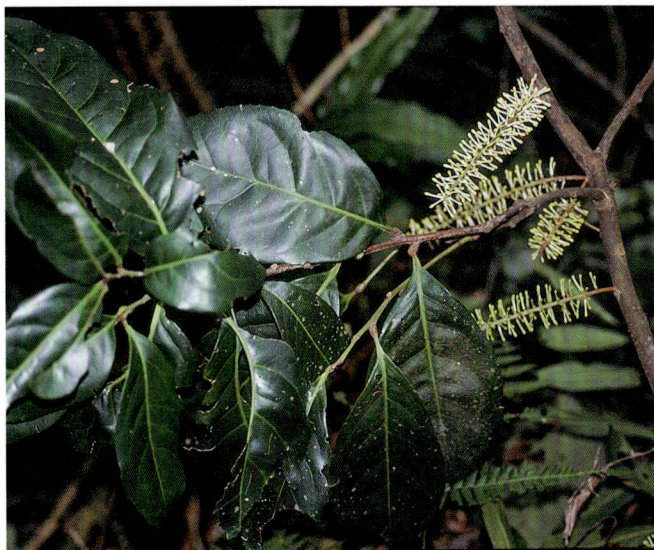

网脉山龙眼
Helicia reticulata W. T. Wang

Order 24　黄杨目　Buxales

A117　黄杨科　Buxaceae

雀舌黄杨
Buxus bodinieri Lévl.

* 匙叶黄杨
Buxus harlandii Hance

大叶黄杨
Buxus megistophylla Lévl.

黄杨
Buxus sinica (Rehd. et Wils.) M. Cheng

小叶黄杨
Buxus sinica var. *parvifolia* M. Cheng

尖叶黄杨　*Buxus sinica* subsp. *aemulans* (Rehd. et Wils.) M. Cheng

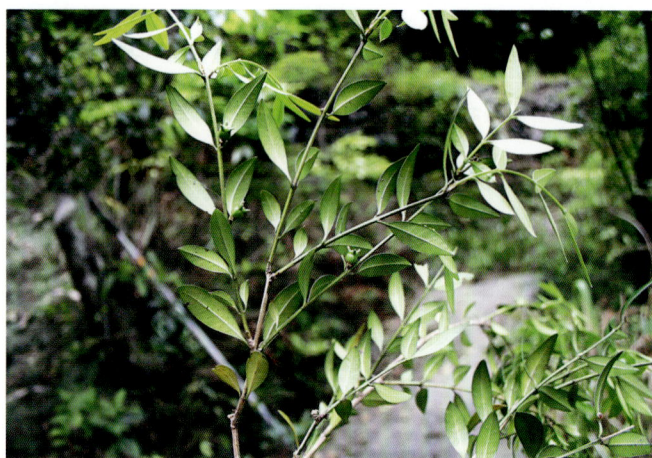

越橘叶黄杨
Buxus sinica var. *vacciniifolia* M. Cheng

板凳果
Pachysandra axillaris Franch.

多毛板凳果　*Pachysandra axillaris* var. *stylosa* (Dunn) M. Cheng

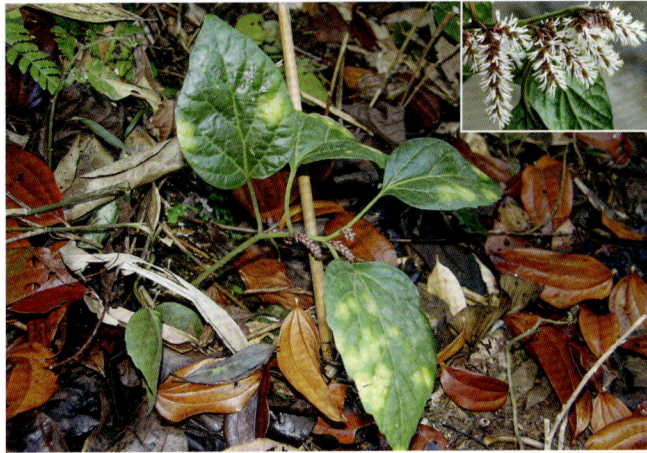

顶花板凳果
Pachysandra terminalis Sieb. et Zucc.

羽脉野扇花
Sarcococca hookeriana Baiall.

长叶柄野扇花
Sarcococca longipetiolata M. Cheng

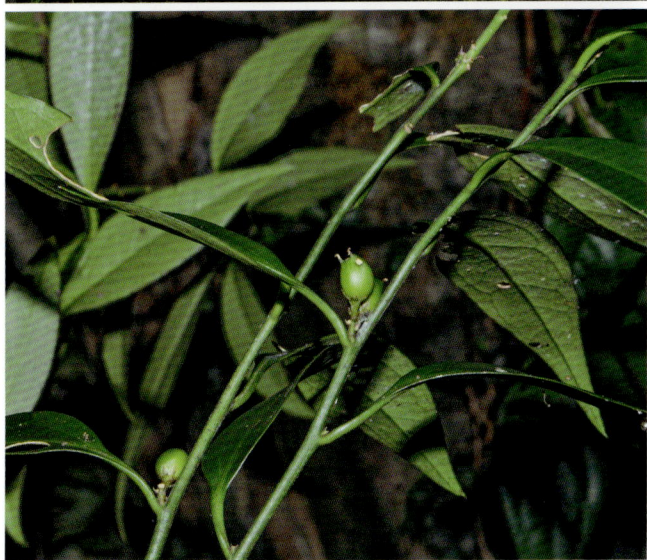

东方野扇花 *Sarcococca orientalis* C. Y. Wu **野扇花** *Sarcococca ruscifolia* Stapf

Order 27 虎耳草目 Saxifragales

A122 芍药科 Paeoniaceae

* **芍药** *Paeonia lactiflora* Pall.

草芍药 *Paeonia obovata* Maxim.

A123 蕈树科 Altingiaceae

蕈树
Altingia chinensis (Champ.) Oliv. ex Hance

细柄蕈树
Altingia gracilipes Hemsl.

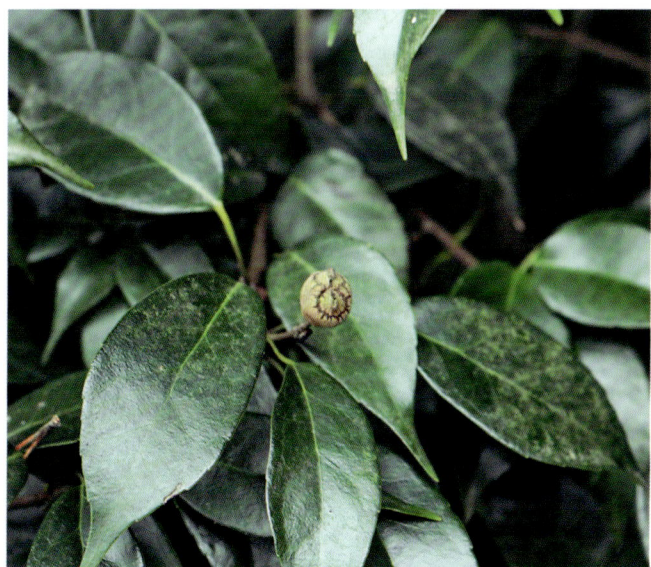

缺萼枫香树 *Liquidambar acalycina* Chang

枫香树
Liquidambar formosana Hance

半枫荷
Semiliquidambar cathayensis H. T. Chang

A124　金缕梅科 Hamamelidaceae

腺蜡瓣花 *Corylopsis glandulifera* Hemsl.

瑞木 *Corylopsis multiflora* Hance

蜡瓣花
Corylopsis sinensis Hemsl.

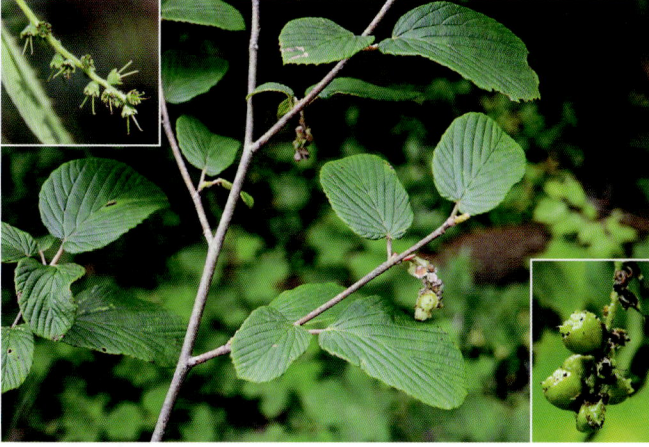

秃蜡瓣花 *Corylopsis sinensis* var.
calvescens Rehd. et Wils.

长柄双花木 *Disanthus cercidifolius* subsp.
longipes (H. T. Chang) K. Y. Pan

小叶蚊母树
Distylium buxifolium (Hance.) Merr.

杨梅叶蚊母树
Distylium myricoides Hemsl.

蚊母树
Distylium racemosum Sieb. et Zucc.

秀柱花
Eustigma oblongifolium Gardn. et Champ.

大果马蹄荷
Exbucklandia tonkinensis (Lec.) Steenis

牛鼻栓
Fortunearia sinensis Rehd. et Wils.

金缕梅
Hamamelis mollis Oliv.

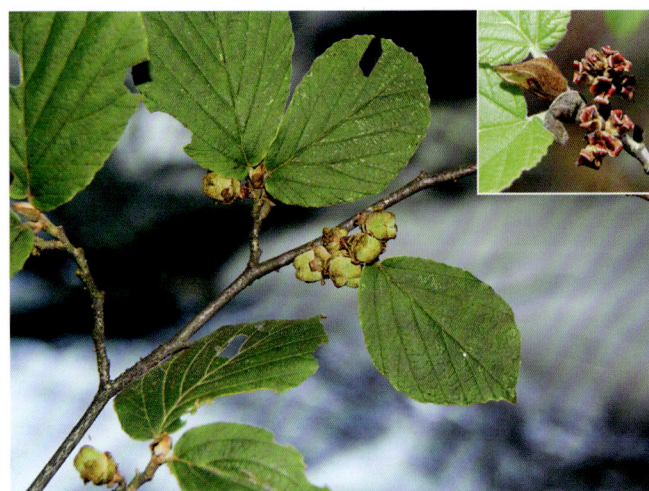

檵木
Loropetalum chinense (R. Br.) Oliv.

* 红花檵木
Loropetalum chinense var. *rubrum* Yieh

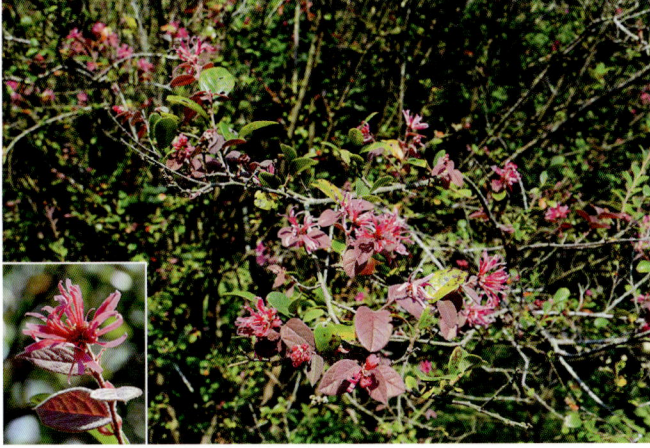

* 壳菜果
Mytilaria laosensis Lec.

尖叶水丝梨
Sycopsis dunnii Hemsl.

水丝梨
Sycopsis sinensis Oliv.

A125　连香树科　Cercidiphyllaceae

连香树　*Cercidiphyllum japonicum* Sieb. et Zucc.

A126 虎皮楠科 Daphniphyllaceae

牛耳枫 *Daphniphyllum calycinum* Benth.

虎皮楠
Daphniphyllum oldhamii (Hemsl.) Rosenth.

交让木 *Daphniphyllum macropodum* Miq.

A127 鼠刺科 Iteaceae

鼠刺 *Itea chinensis* Hook. et Arn.

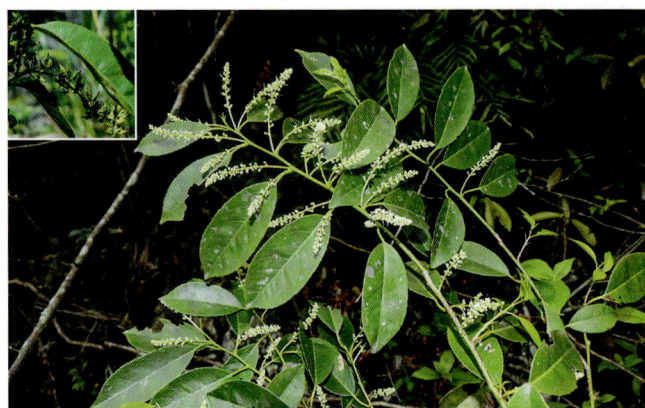

厚叶鼠刺 *Itea coriacea* Y. C. Wu

腺鼠刺 *Itea glutinosa* Hand.-Mazz.

峨眉鼠刺 *Itea omeiensis* C. K. Schneider

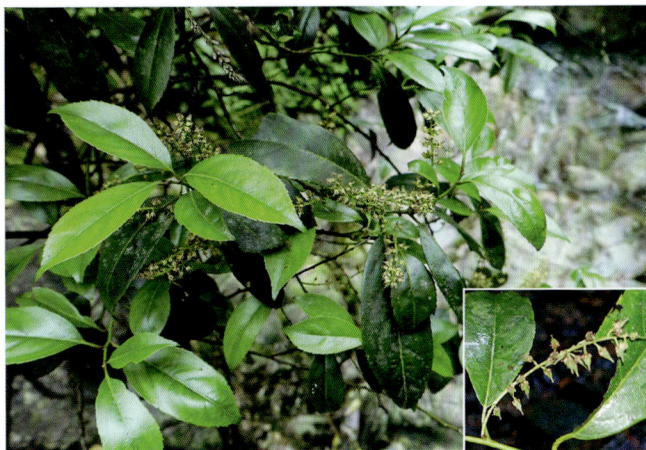

A128 茶藨子科 Grossulariaceae

革叶茶藨子
Ribes davidii Franch.

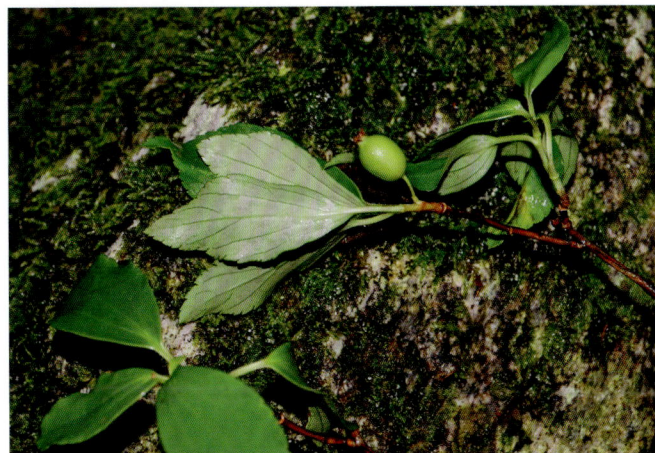

华蔓茶藨子
Ribes fasciculatum var. *chinense* Maxim.

冰川茶藨子 *Ribes glaciale* Wall.

细枝茶藨子 *Ribes tenue* Jancz.

A129 虎耳草科 Saxifragaceae

落新妇
Astilbe chinensis (Maxim.) Franch. et Savat.

大落新妇
Astilbe grandis Stapf ex Wils.

大果落新妇 *Astilbe macrocarpa* Knoll

肾萼金腰
Chrysosplenium delavayi Franch.

日本金腰
Chrysosplenium japonicum (Maxim.) Makino

绵毛金腰
Chrysosplenium lanuginosum Hook. f. et Thoms.

大叶金腰
Chrysosplenium macrophyllum Oliv.

毛金腰
Chrysosplenium pilosum Maxim.

毛柄金腰 *Chrysosplenium pilosum var. pilosopetiolatum* (Jien) J. T. Pan

中华金腰
Chrysosplenium sinicum Maxim.

罗霄虎耳草 *Saxifraga luoxiaoensis* W. B. Liao, L. Wang et X. J. Zhang

红毛虎耳草
Saxifraga rufescens Balf. f.

神农虎耳草 *Saxifraga shennongii* L. Wang, W. B. Liao et J. J. Zhang

球茎虎耳草　*Saxifraga sibirica* L.

虎耳草　*Saxifraga stolonifera* Curt.

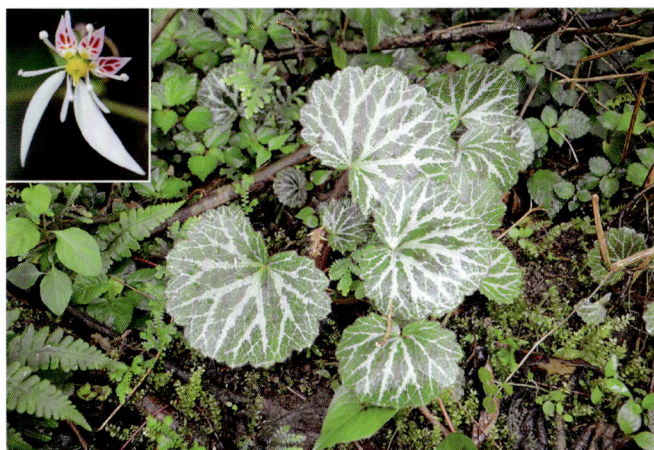

黄水枝　*Tiarella polyphylla* D. Don

A130　景天科　Crassulaceae

* 落地生根　*Bryophyllum pinnatum* (L. f.) Oken

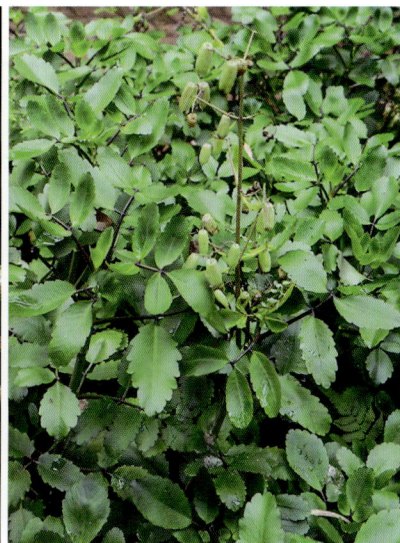

八宝 *Hylotelephium erythrostictum* (Miq.) H. Ohba

紫花八宝 *Hylotelephium mingjinianum* (S. H. Fu) H. Ohba

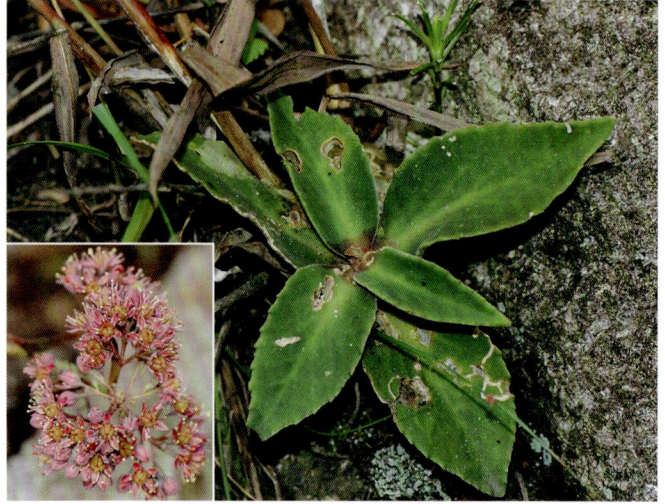

轮叶八宝
Hylotelephium verticillatum (L.) H. Ohba

费菜 *Phedimus aizoon* (L.) 't Hart

瓦松
Orostachys fimbriatus (Turcz.) Berger

东南景天
Sedum alfredii Hance

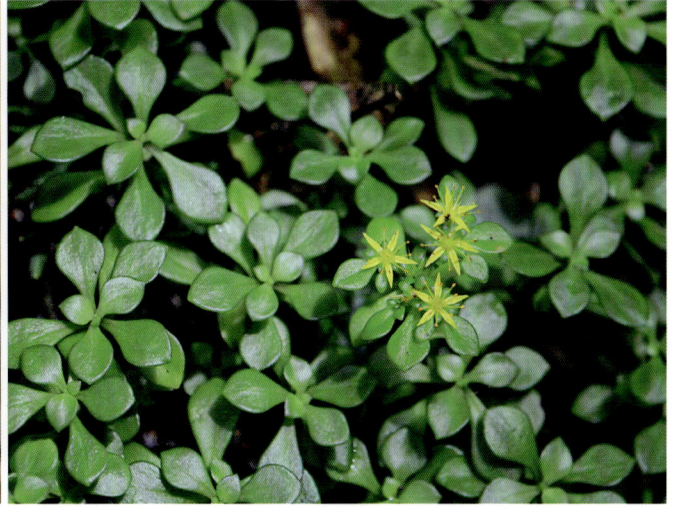

对叶景天　***Sedum baileyi*** Praeg.

珠芽景天　***Sedum bulbiferum*** Makino

大叶火焰草　***Sedum drymarioides*** Hance

凹叶景天　***Sedum emarginatum*** Migo

薄叶景天 *Sedum leptophyllum* Frod.

佛甲草 *Sedum lineare* Thunb.

庐山景天 *Sedum lushanense* S. S. Lai

大苞景天 *Sedum oligospermum* Maire

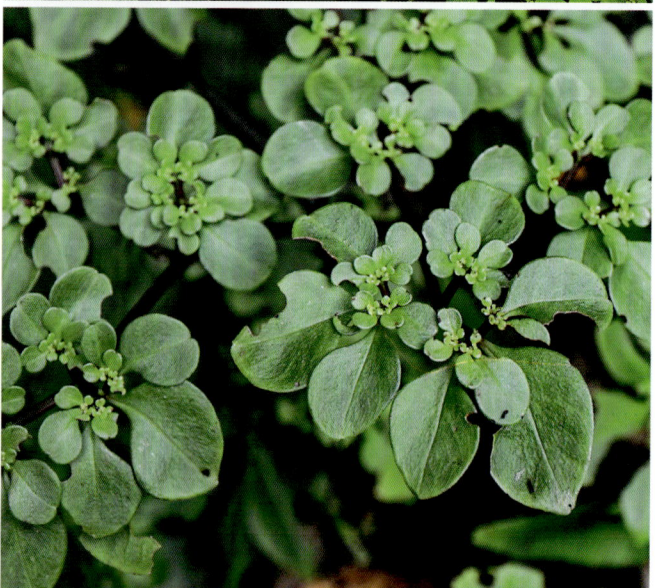

叶花景天　*Sedum phyllanthum* Lévl. et Vant.

藓状景天　*Sedum polytrichoides* Hemsl.

垂盆草　*Sedum sarmentosum* Bunge

火焰草　*Sedum stellariifolium* Franch.

细小景天　*Sedum subtile* Miq.

四芒景天　*Sedum tetractinum* Frod.

土佐景天 *Sedum tosaense* Makino

日本景天 *Sedum uniflorum* var. *japonicum* (Siebold ex Miq.) H. Ohba
[*Sedum japonicum* Sieb. ex Miq.]

短蕊景天 *Sedum yvesii* Hamet

A133 扯根菜科 Penthoraceae

扯根菜
Penthorum chinense Pursh

A134　小二仙草科 Haloragaceae

黄花小二仙草
Gonocarpus chinensis (Lour.) Orchard

小二仙草
Gonocarpus micranthus Thunb.

穗状狐尾藻　*Myriophyllum spicatum* L.

狐尾藻　*Myriophyllum verticillatum* L.

Order 28 葡萄目 Vitales

A136 葡萄科 Vitaceae

蓝果蛇葡萄
Ampelopsis bodinieri (Lévl. et Vant.) Rehd.

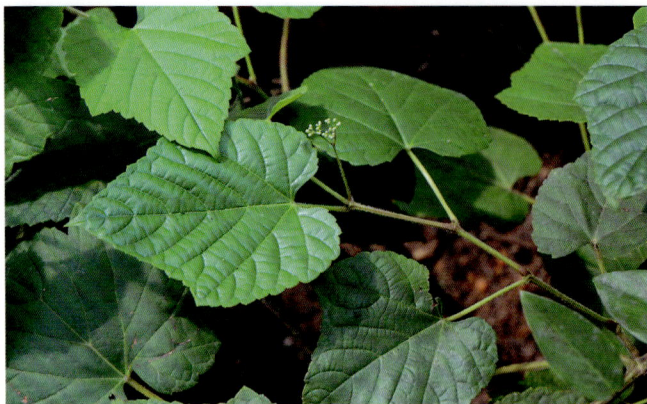

灰毛蛇葡萄 *Ampelopsis bodinieri* var. *cinerea* (Gagnep.) Rehd.

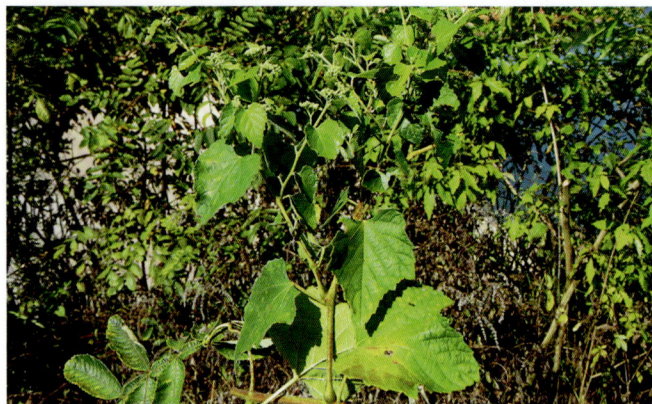

广东蛇葡萄 *Ampelopsis cantoniensis* (Hook. et Arn.) Planch.

羽叶蛇葡萄 *Ampelopsis chaffanjonii* (Lévl. et Vant.) Rehd.

三裂蛇葡萄
Ampelopsis delavayana Planch.

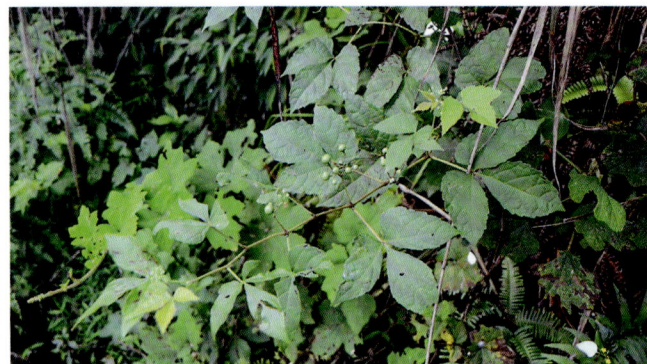

毛三裂蛇葡萄 *Ampelopsis delavayana* var. *setulosa* (Diels et Gilg) C. L. Li

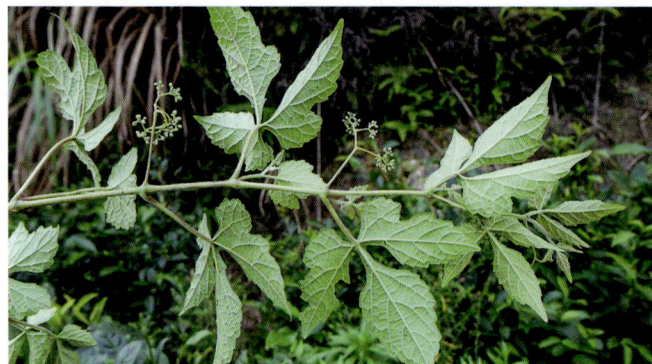

蛇葡萄
Ampelopsis glandulosa (Wallich) Momiy.

光叶蛇葡萄 *Ampelopsis glandulosa* var.
hancei (Planchon) Momiy.

异叶蛇葡萄 *Ampelopsis glandulosa* var.
heterophylla (Thunb.) Momiy.

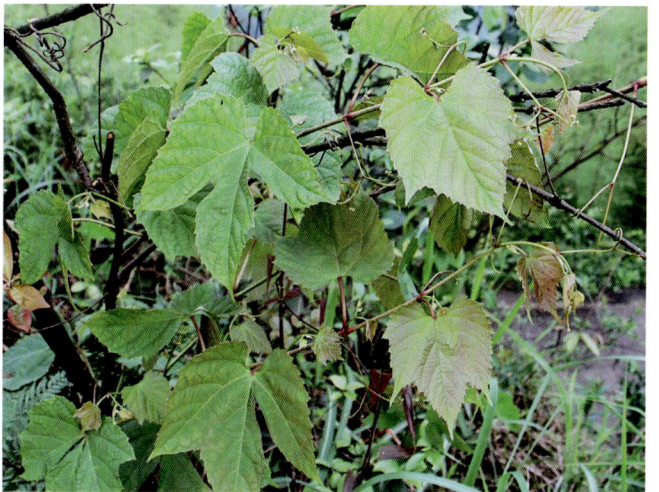

牯岭蛇葡萄 *Ampelopsis glandulosa* var.
kulingensis (Rehder) Momiy.

显齿蛇葡萄 *Ampelopsis grossedentata*
(Hand.-Mazz.) W. T. Wang

锈毛蛇葡萄
Ampelopsis heterophylla **var.** *vestita* Rehd.

葎叶蛇葡萄
Ampelopsis humulifolia Bunge

白蔹
Ampelopsis japonica (Thunb.) Makino

毛枝蛇葡萄
Ampelopsis rubifolia (Wall.) Planch.

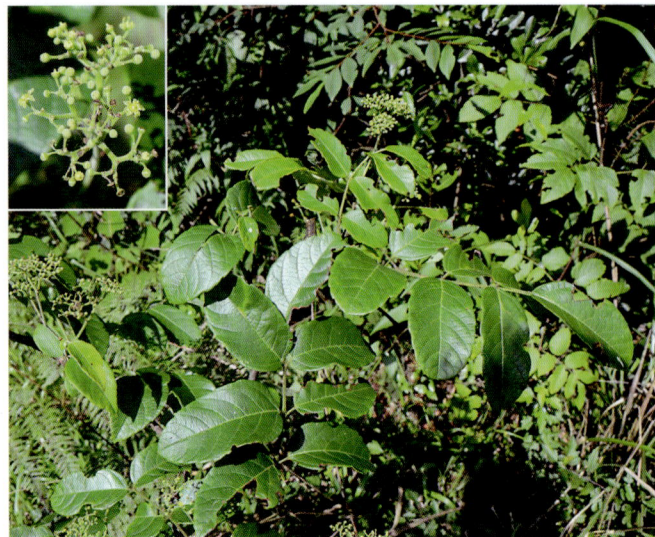

角花乌蔹莓
Cayratia corniculata (Hook.) Gagn.

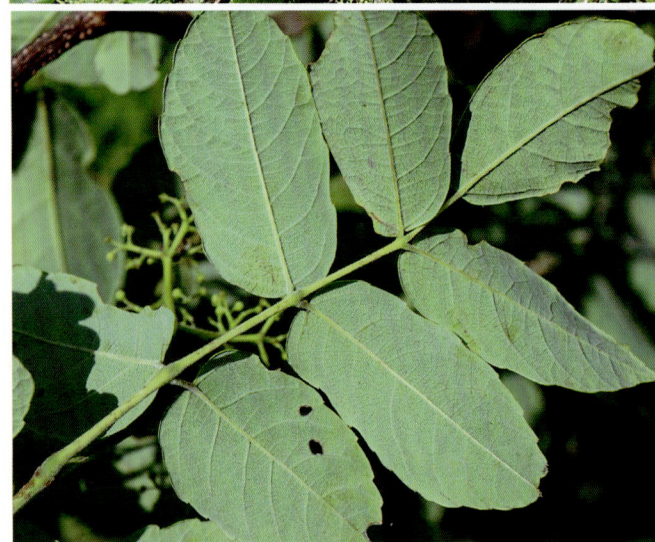

乌蔹莓 *Cayratia japonica* (Thunb.) Gagnep.

毛乌蔹莓 *Cayratia japonica* var. *mollis* (Wall.) Momiy.

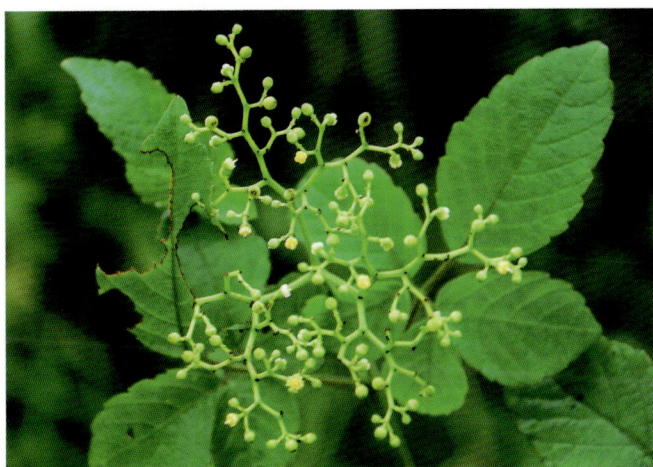

三叶乌蔹莓 *Cayratia trifolia* (L.) Domin

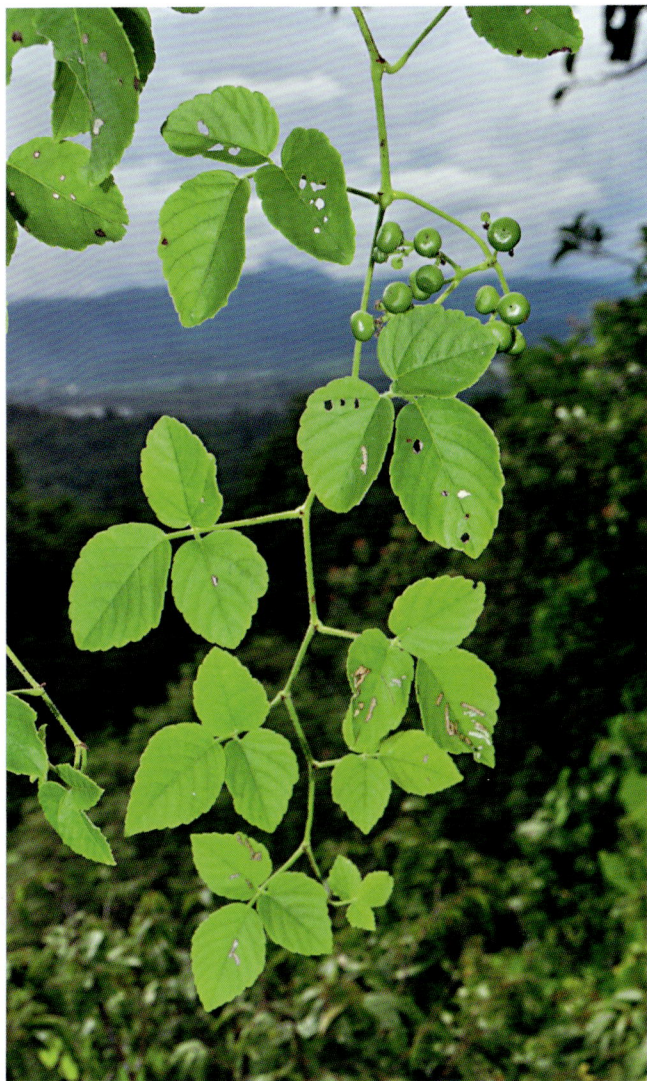

尖叶乌蔹莓 *Cayratia japonica* var. *pseudotrifolia* (W. T. Wang) C. L. Li

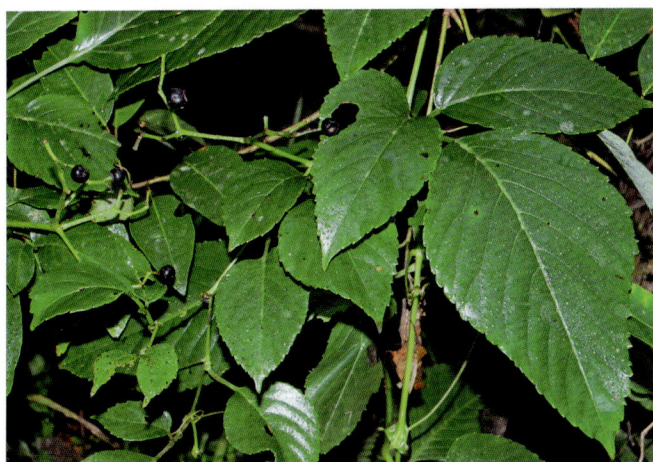

苦郎藤 *Cissus assamica* (Laws.) Craib

大叶牛果藤 *Nekemias megalophylla* (Diels et Gilg) J. Wen et Z. L. Nie

异叶地锦 *Parthenocissus dalzielii* Gagnep.

绿叶地锦 *Parthenocissus laetevirens* Rehd.

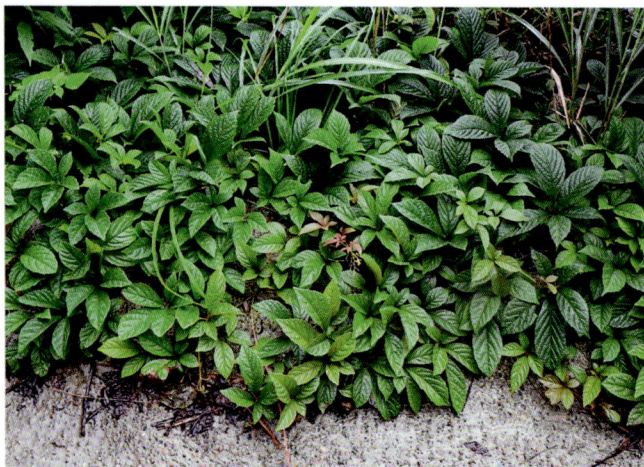

五叶地锦 *Parthenocissus quinquefolia* (L.) Planch.

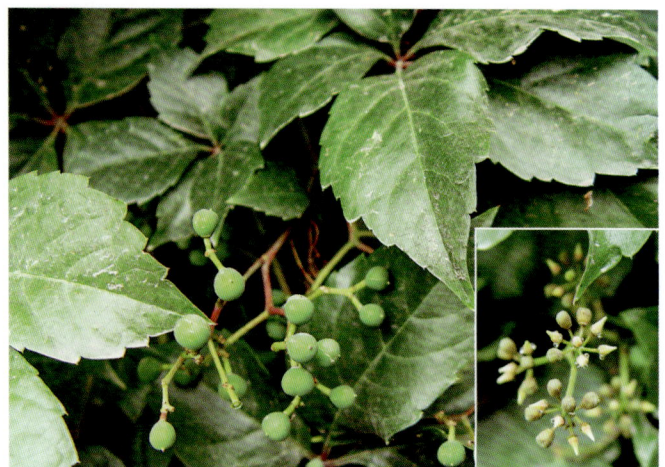

三叶地锦 *Parthenocissus semicordata* (Wall. ex Roxb.) Planch.

地锦 *Parthenocissus tricuspidata* (Sieb. et Zucc.) Planch.

异果拟乌蔹莓 *Pseudocayratia dichromocarpa* (H. Lév.) J. Wen et Z. D. Chen

华中拟乌蔹莓 *Pseudocayratia oligocarpa* (H. Lév. et Vant.) J. Wen et L. M. Lu

尾叶崖爬藤 *Tetrastigma caudatum* Merr. et Chun

三叶崖爬藤
Tetrastigma hemsleyanum Diels et Gilg

崖爬藤
Tetrastigma obtectum (Wall.) Planch.

无毛崖爬藤 ***Tetrastigma obtectum* var. *glabrum*** (Lévl. et Vant.) Gagn.

小果葡萄
Vitis balanseana Planch.

华南美丽葡萄
Vitis bellula* var. *pubigera C. L. Li

蘡薁
Vitis bryoniifolia Bunge

东南葡萄
Vitis chunganensis Hu

闽赣葡萄
Vitis chungii Metcalf

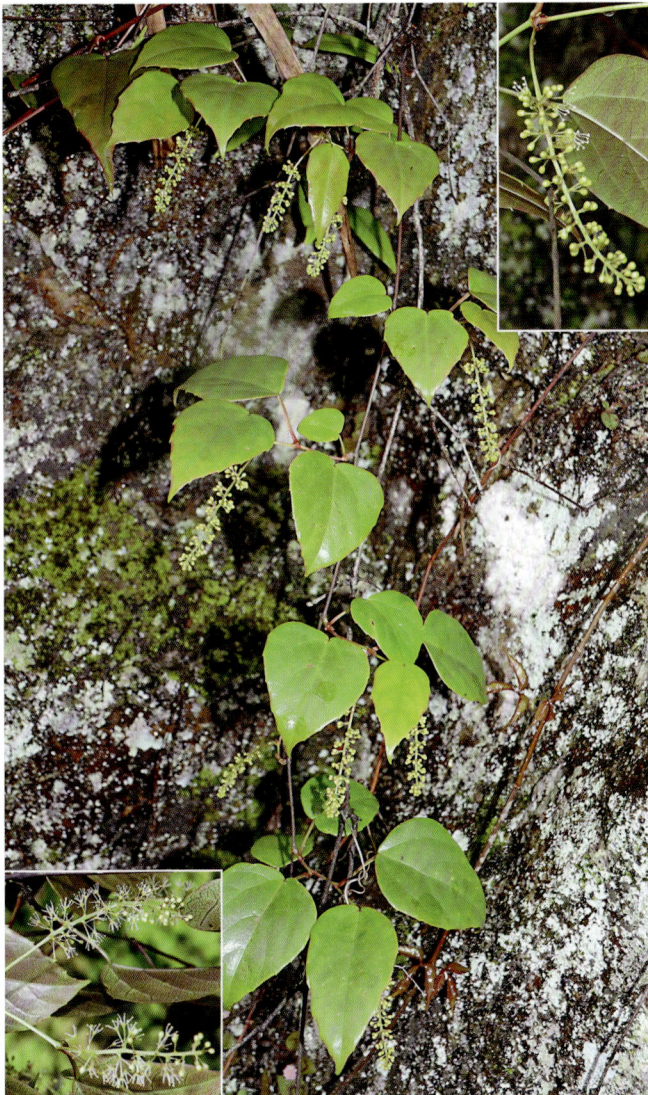

刺葡萄
Vitis davidii (Roman. du Caill.) Föex

锈毛刺葡萄
Vitis davidii var. *ferruginea* Merr. et Chun

红叶葡萄 *Vitis erythrophylla* W. T. Wang

葛藟葡萄 *Vitis flexuosa* Thunb.

菱叶葡萄 *Vitis hancockii* Hance

毛葡萄
Vitis heyneana Roem. et Schult.

桑叶葡萄 *Vitis heyneana* subsp. *ficifolia*
(Bge.) C. L. Li

庐山葡萄 *Vitis hui* Cheng

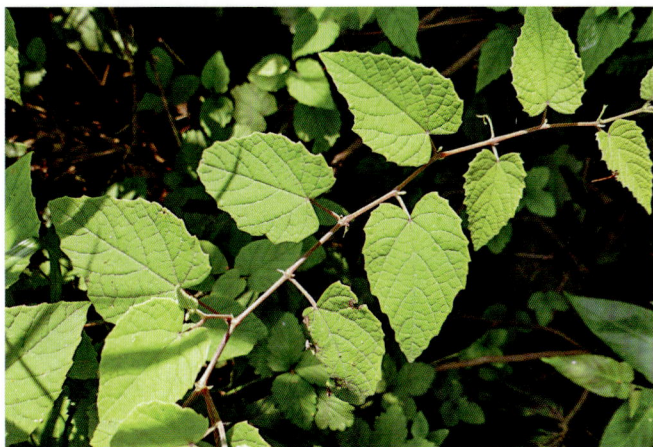

鸡足葡萄 *Vitis lanceolatifoliosa* C. L. Li

井冈葡萄 *Vitis jinggangensis* W. T. Wang

华东葡萄
Vitis pseudoreticulata W. T. Wang

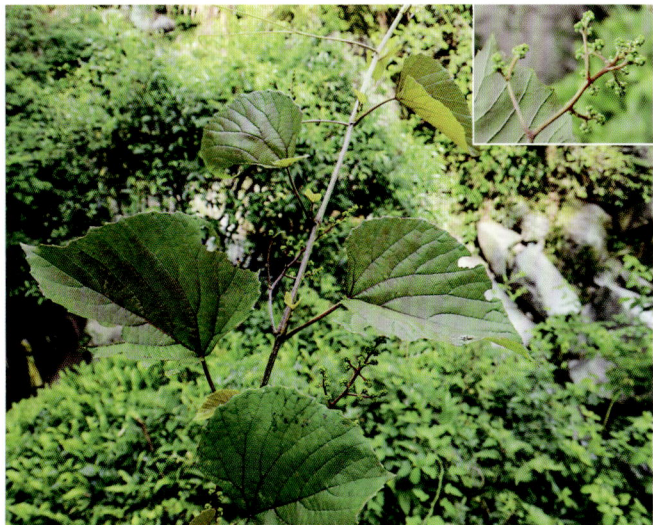

小叶葡萄
Vitis sinocinerea W. T. Wang

狭叶葡萄 *Vitis tsoii* Merr.

* 葡萄 *Vitis vinifera* L.

网脉葡萄 *Vitis wilsoniae* Veitch

大果俞藤 *Yua austroorientalis* (Metcalf) C. L. Li

俞藤
Yua thomsonii (Laws.) C. L. Li

华西俞藤 *Yua thomsonii* var.
glaucescens (Diels et Gilg) C. L. Li

Order 29　蒺藜目 Zygophyllales

A138　蒺藜科 Zygophyllaceae

蒺藜 *Tribulus terrestris* L.

Order 30 豆目 Fabales

A140 豆科 Fabaceae

*银荆 ***Acacia dealbata*** Link

合萌 ***Aeschynomene indica*** L.

合欢 ***Albizia julibrissin*** Durazz.

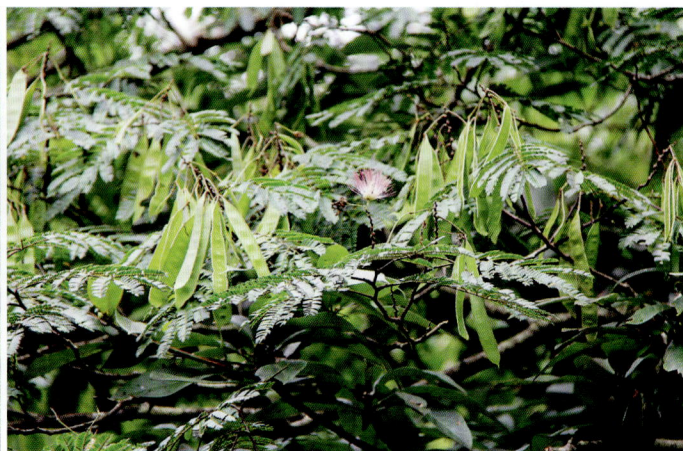

山槐 ***Albizia kalkora*** (Roxb.) Prain
[山合欢 *Albizia macrophylla* (Bunge) P. C. Huang]

香合欢 ***Albizia odoratissima*** (L. f.) Benth.

* 紫穗槐　*Amorpha fruticosa* L.

两型豆　*Amphicarpaea edgeworthii* Benth.

肉色土圞儿
Apios carnea (Wall.) Benth. ex Baker

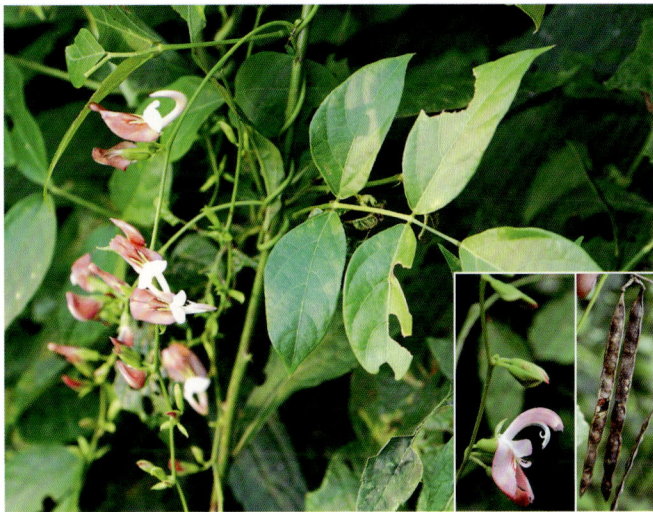

南岭土圞儿　*Apios chendezhaoana*
(Y. K. Yang, L. H. Liu et J. K. Wu) Bo Pan
[*Sinolegumenea chendezhaoana* Y. K. Yang, L. H. Liu et J. K. Wu]

土圞儿　*Apios fortunei* Maxim.

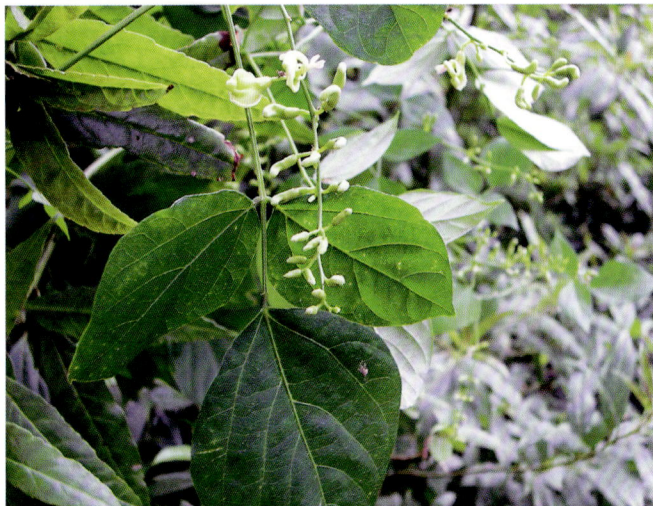

* 落花生
Arachis hypogaea L.

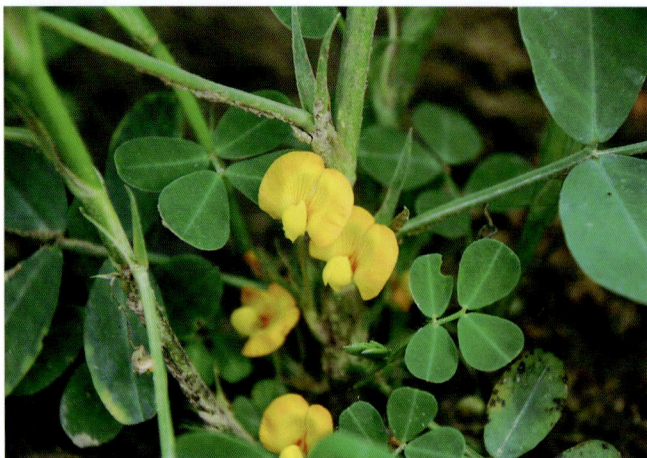

紫云英
Astragalus sinicus L.

阔裂叶羊蹄甲
Bauhinia apertilobata Merr. et Metc.

亮叶猴耳环
Archidendron lucidum (Benth.) Kosterm.

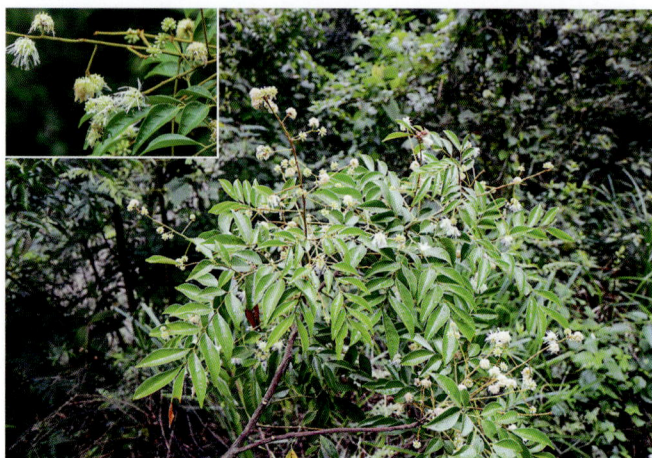

云实 ***Biancaea decapetala*** (Roth) O. Deg.
[*Caesalpinia decapetala* (Roth) Alston]

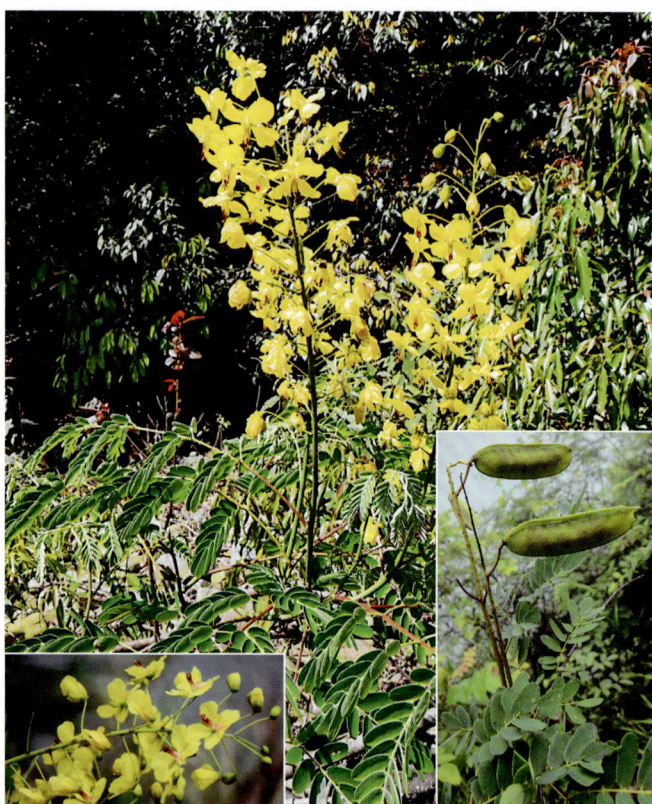

小叶云实 *Biancaea millettii*
(Hook. et Arn.) Gagnon et G. P. Lewis

蔓草虫豆
Cajanus scarabaeoides (L.) Thouars

密花鸡血藤 *Callerya congestiflora* (T. C. Chen) Z. Wei et Pedley

香花鸡血藤 *Callerya dielsiana* (Harms) P. K. Lôc ex Z. Wei et Pedley

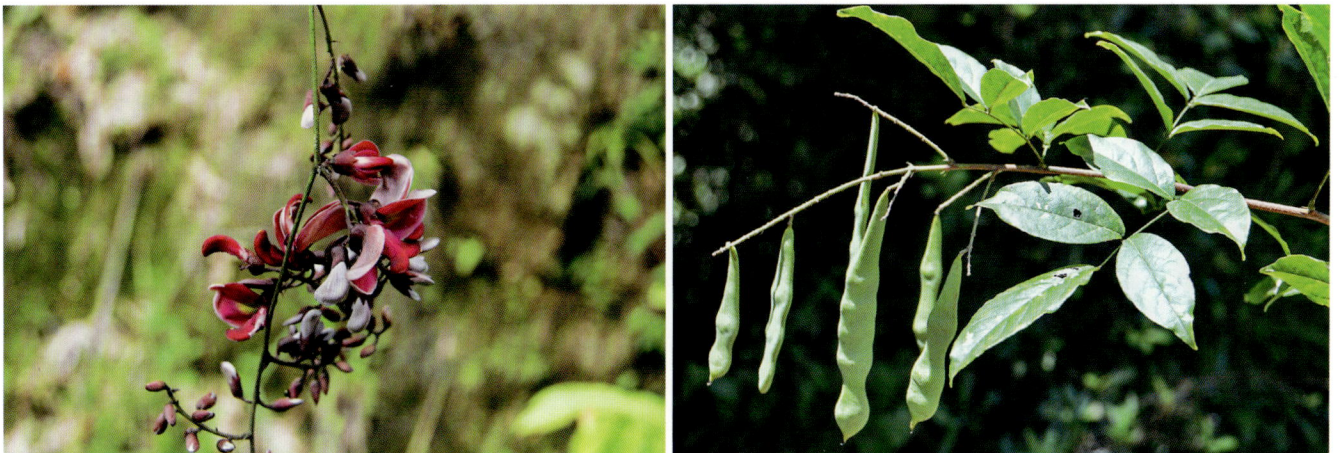

亮叶鸡血藤
Callerya nitida (Bentham) R. Geesink

丰城鸡血藤 *Callerya nitida* var. *hirsutissima* (Z. Wei) X. Y. Zhu

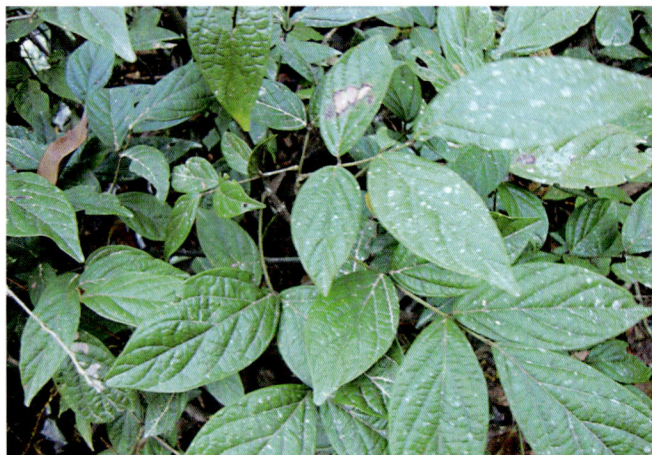

菥子梢
Campylotropis macrocarpa (Bunge) Rehd.

* 刀豆 *Canavalia gladiata* (Jacq.) DC.

锦鸡儿 *Caragana sinica* (Buc'hoz) Rehd.

紫荆 *Cercis chinensis* Bunge

广西紫荆 *Cercis chuniana* Metc.

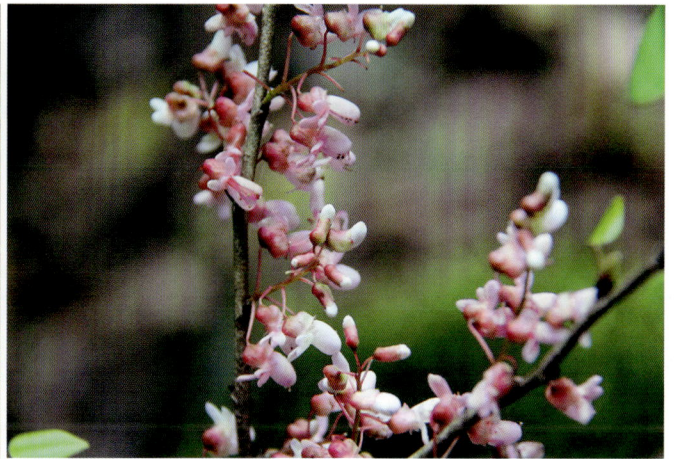

湖北紫荆 *Cercis glabra* Pamp.

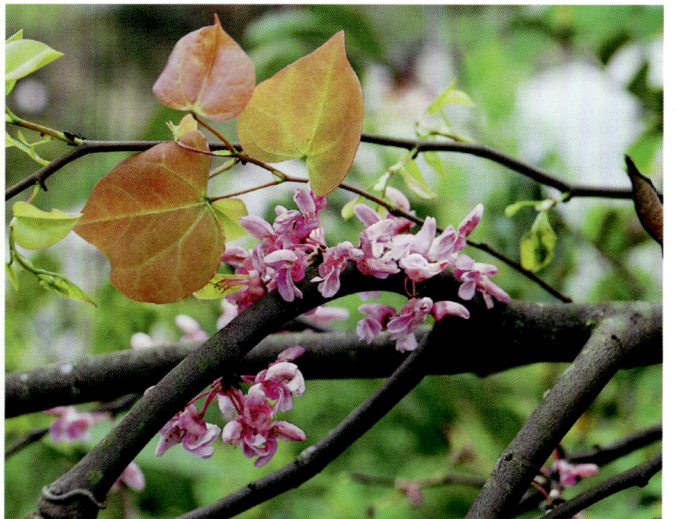

大叶山扁豆 *Chamaecrista leschenaultiana*
(Candolle) O. Degener

粉叶首冠藤 *Cheniella glauca*
(Benth.) R. Clark et Mackinder

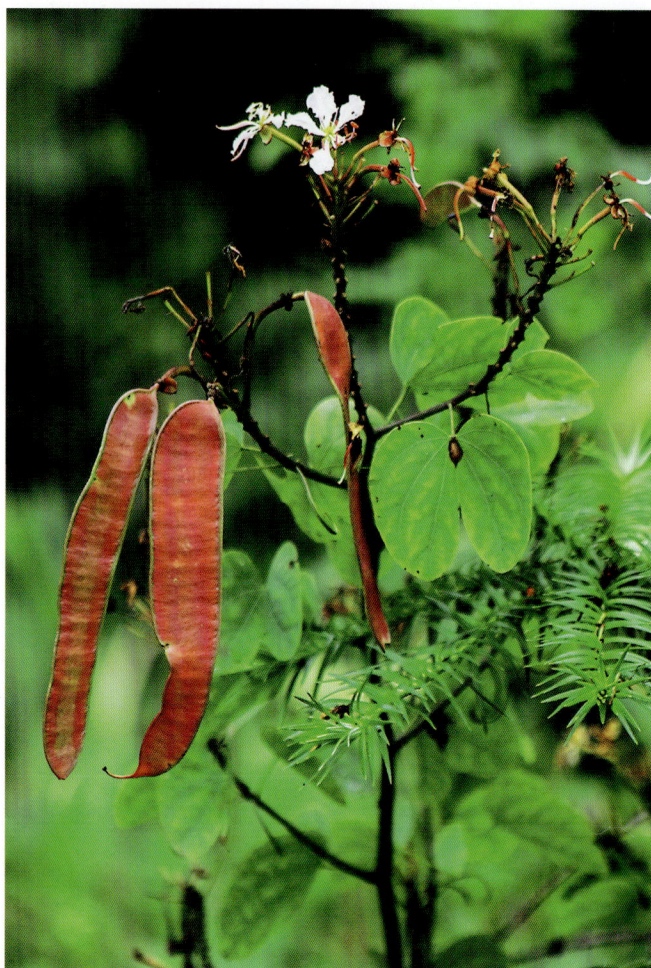

含羞草山扁豆
Chamaecrista mimosoides (L.) Greene

翅荚香槐
Cladrastis platycarpa (Maxim.) Makino

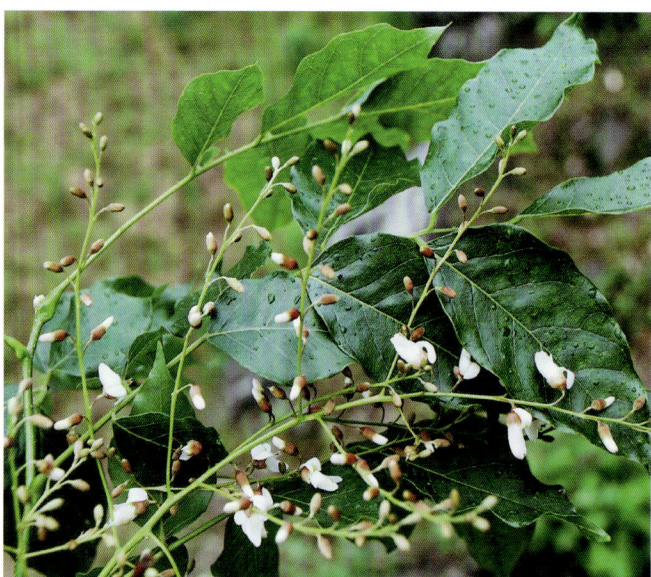

香槐 *Cladrastis wilsonii* Takeda

响铃豆 *Crotalaria albida* Heyne ex Roth

大猪屎豆 *Crotalaria assamica* Benth.

中国猪屎豆 *Crotalaria chinensis* L.

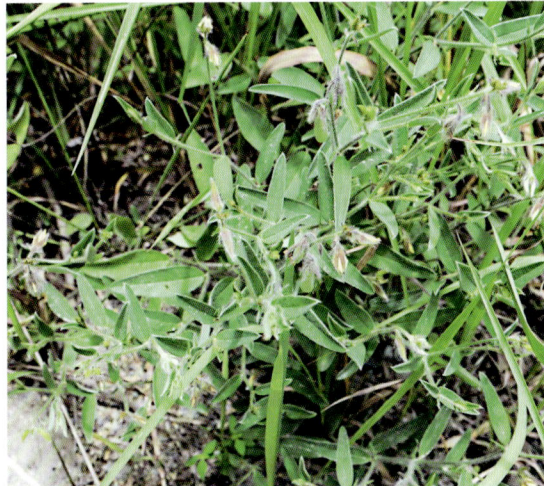

假地蓝 *Crotalaria ferruginea* Grah. ex Benth.

猪屎豆 *Crotalaria pallida* Ait.

农吉利 *Crotalaria sessiliflora* L.

大托叶猪屎豆 *Crotalaria spectabilis* Roth

* 补骨脂 *Cullen corylifolium* (L.) Medik.

南岭黄檀（秧青） *Dalbergia assamica* Benth. [Dalbergia balansae Prain]

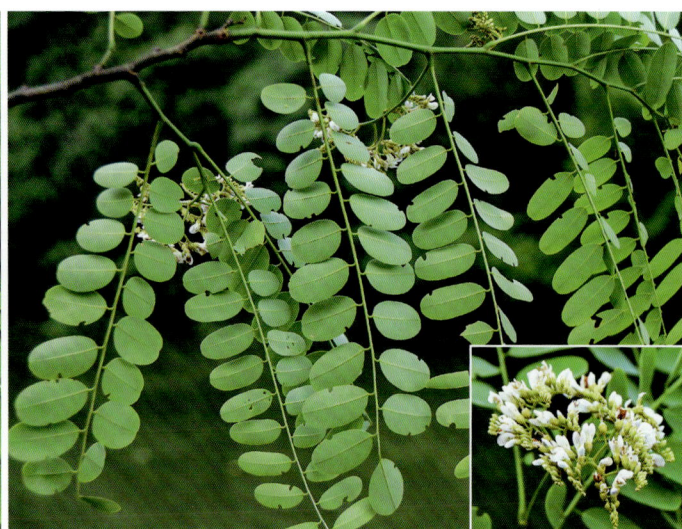

大金刚藤 *Dalbergia dyeriana* Prain ex Harms

藤黄檀 *Dalbergia hancei* Benth.

黄檀 *Dalbergia hupeana* Hance

象鼻藤 *Dalbergia mimosoides* Franch.

中南鱼藤
Derris fordii Oliv.

厚果鱼藤
Derris taiwaniana (Hayata) Z. Q. Song

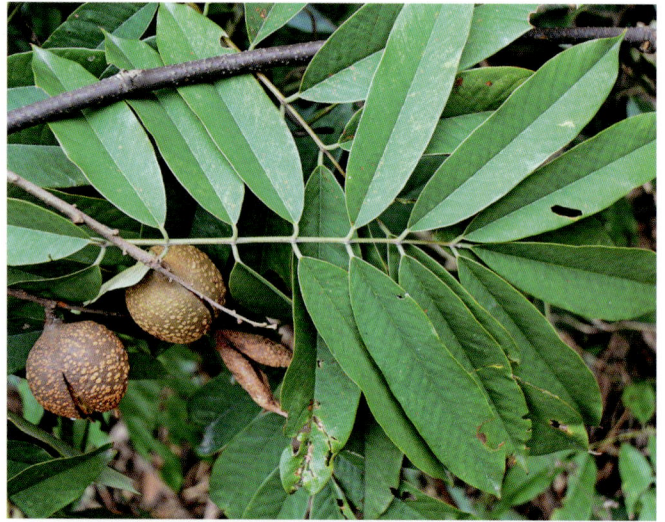

硬毛山黑豆 *Dumasia hirsuta* Craib

山黑豆 *Dumasia truncata* Sieb. et Zucc.

柔毛山黑豆 *Dumasia villosa* DC.

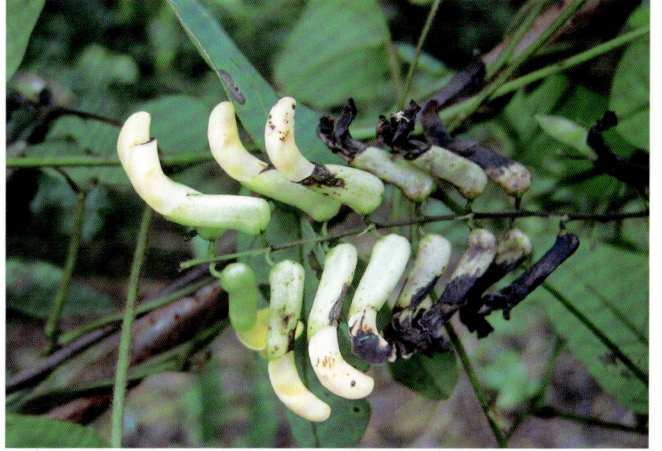

野扁豆
Dunbaria villosa (Thunb.) Makino

山豆根
Euchresta japonica Hook. f. ex Regel

管萼山豆根
Euchresta tubulosa Dunn

大叶千斤拔
Flemingia macrophylla (Willd.) Prain

千斤拔
Flemingia prostrata Roxburgh

乳豆 *Galactia tenuiflora*
(Klein ex Willd.) Wight et Arn.

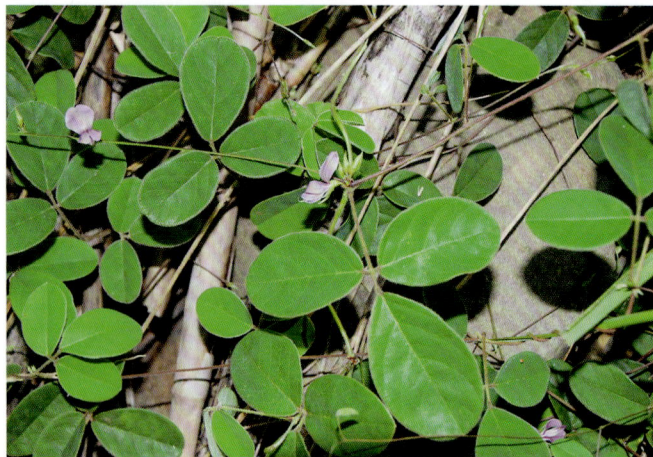

华南皂荚 *Gleditsia fera* (Lour.) Merr.

山皂荚
Gleditsia japonica Miq.

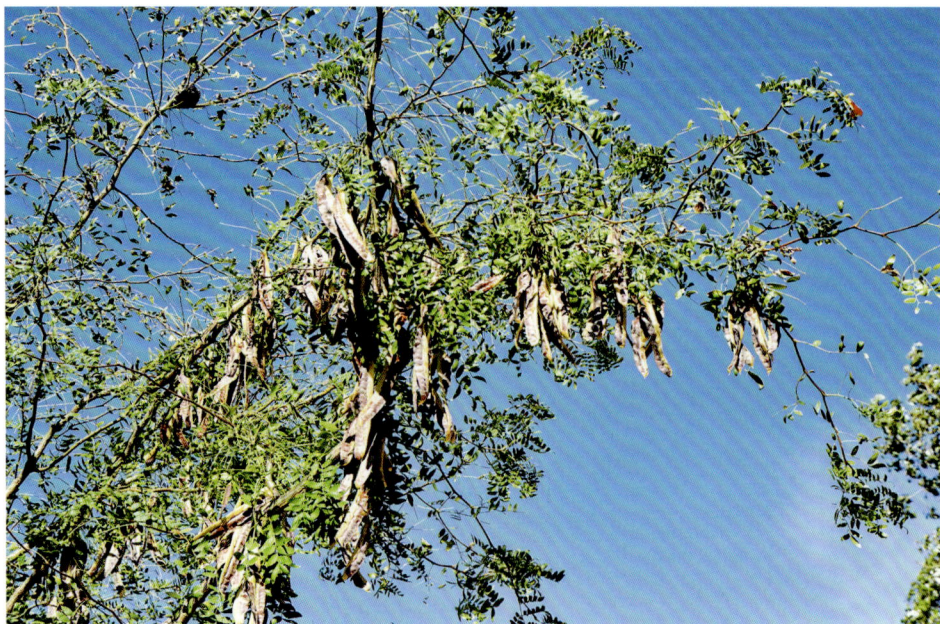

皂荚　*Gleditsia sinensis* Lam.

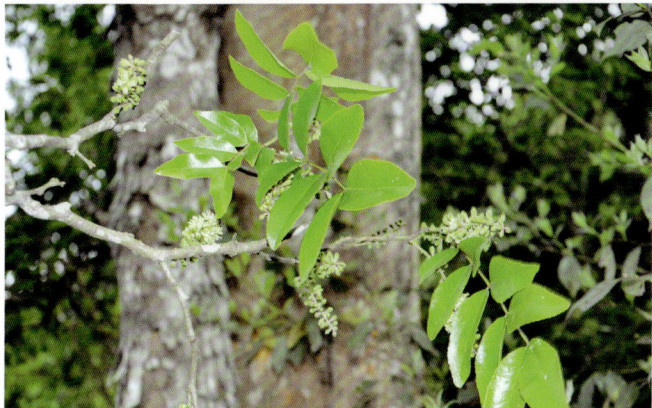

大豆　Glycine max (L.) Merr.

野大豆　*Glycine soja* Sieb. et Zucc.

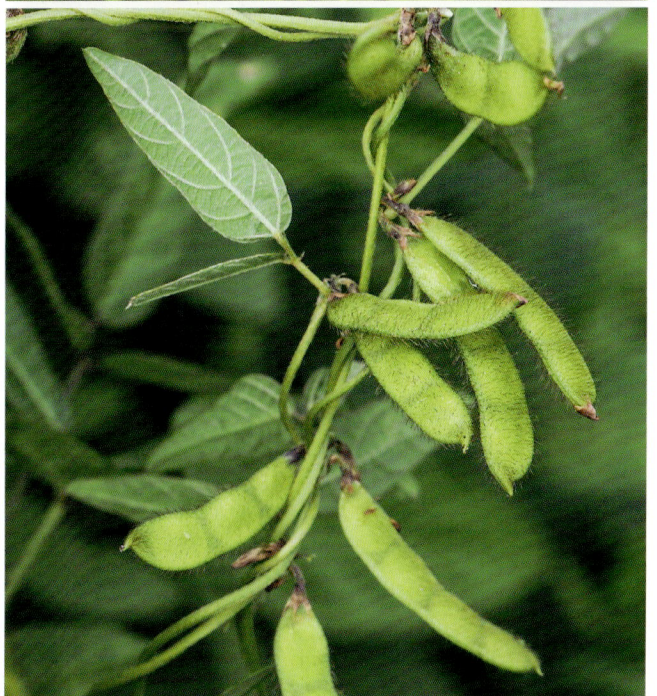

假地豆 *Grona heterocarpos* (L.) H. Ohashi et K. Ohashi
[*Desmodium heterocarpon* (L.) DC.]

异叶三点金 *Grona heterophylla* (Willd.) H. Ohashi et K. Ohashi
[*Desmodium heterophyllum* (Willd.) DC.]

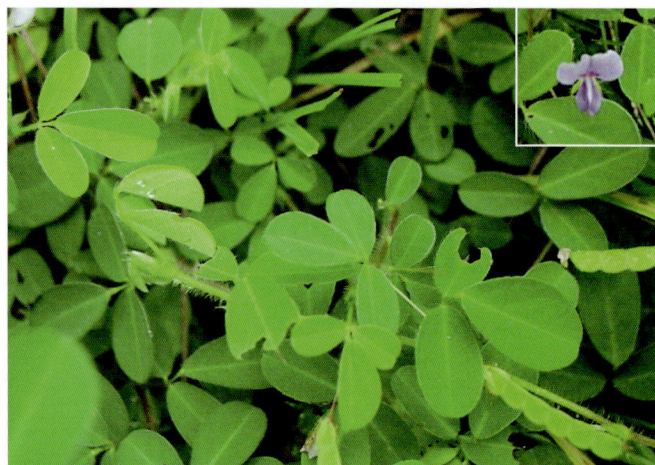

三点金 *Grona triflora* (L.) H. Ohashi et K. Ohashi [*Desmodium triflorum* (L.) DC.]

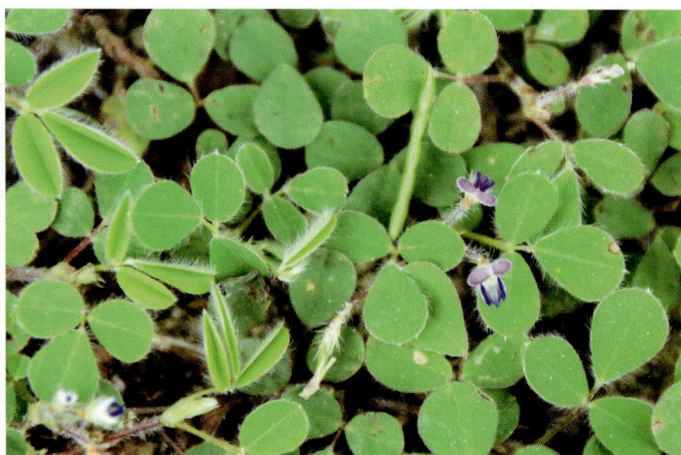

肥皂荚 *Gymnocladus chinensis* Baill.

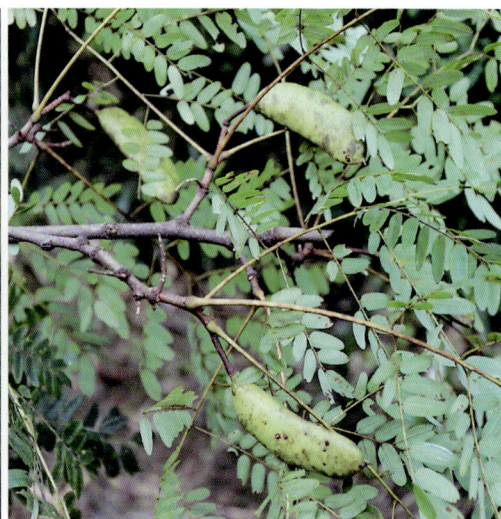

疏花长柄山蚂蟥
Hylodesmum laxum (DC.) H. Ohashi et R. R. Mill

羽叶长柄山蚂蟥
Hylodesmum oldhamii
(Oliv.) H. Ohashi et R. R. Mill

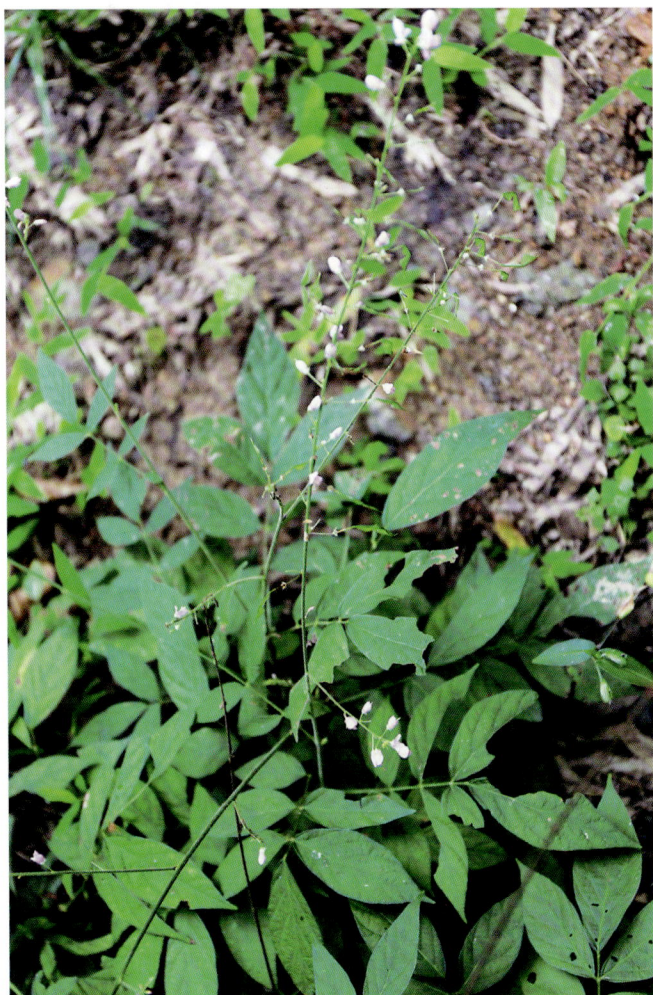

长柄山蚂蟥
Hylodesmum podocarpum
(DC.) H. Ohashi et R. R. Mill

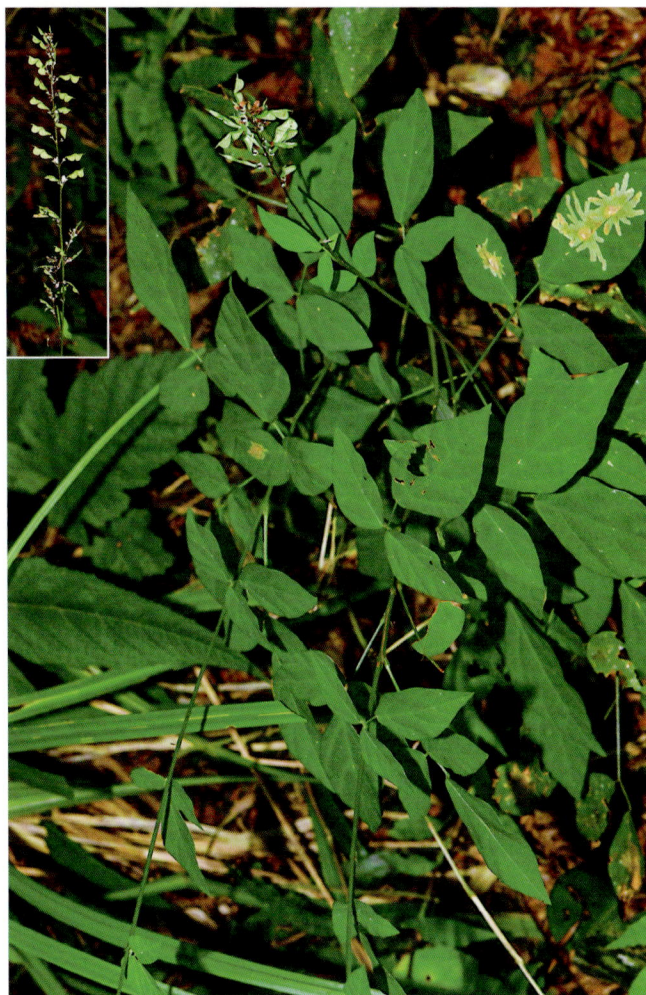

宽卵叶长柄山蚂蟥
Hylodesmum podocarpum subsp. *fallax*
(Schindl.) H. Ohashi et R. R. Mill

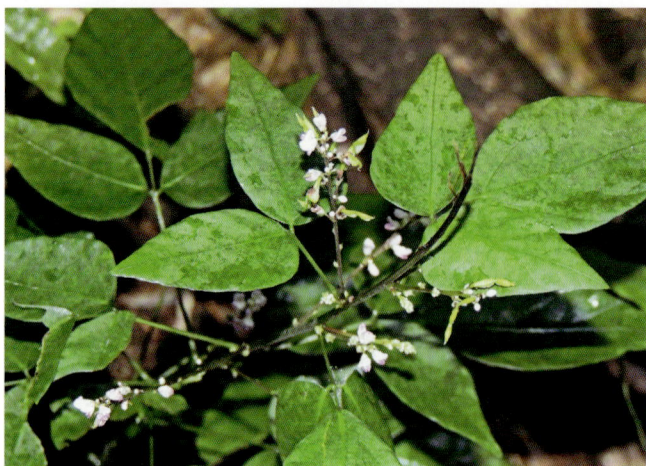

尖叶长柄山蚂蟥
Hylodesmum podocarpum subsp.
oxyphyllum (DC.) H. Ohashi et R. R. Mill

多花木蓝 *Indigofera amblyantha* Craib

深紫木蓝 *Indigofera atropurpurea*
Buch.-Ham. ex Hornem.

河北木蓝
Indigofera bungeana Walpers

苏木蓝 *Indigofera carlesii* Craib

庭藤 *Indigofera decora* Lindl.

宜昌木蓝
Indigofera decora var. *ichangensis* (Craib) Y. Y. Fang et C. Z. Zheng

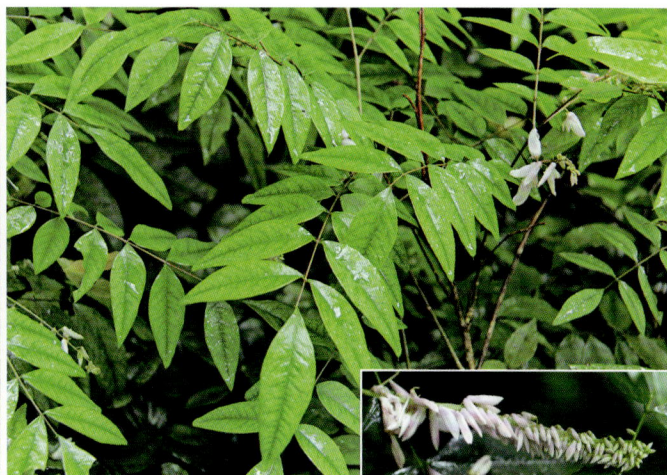

密果木蓝 *Indigofera densifructa*
Y. Y. Fang et C. Z. Zheng

华东木蓝
Indigofera fortunei Craib.

浙江木蓝 *Indigofera parkesii* Craib

黑叶木蓝
Indigofera nigrescens Kurz

木蓝 *Indigofera tinctoria* L.

尖叶木蓝
Indigofera zollingeriana Miq.

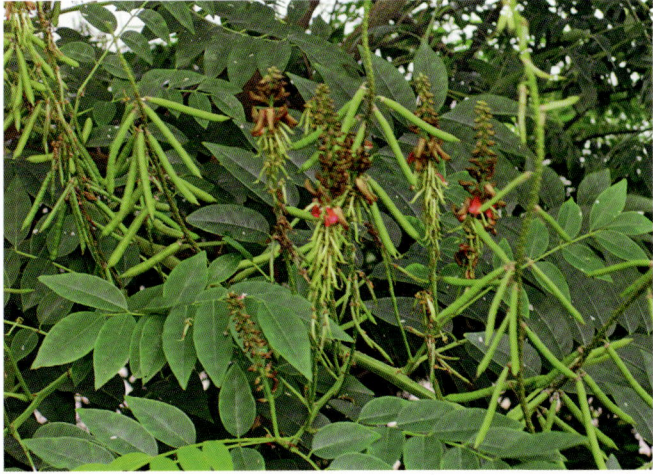

长萼鸡眼草
Kummerowia stipulacea (Maxim.) Makino

鸡眼草 *Kummerowia striata* (Thunb.) Schindl.

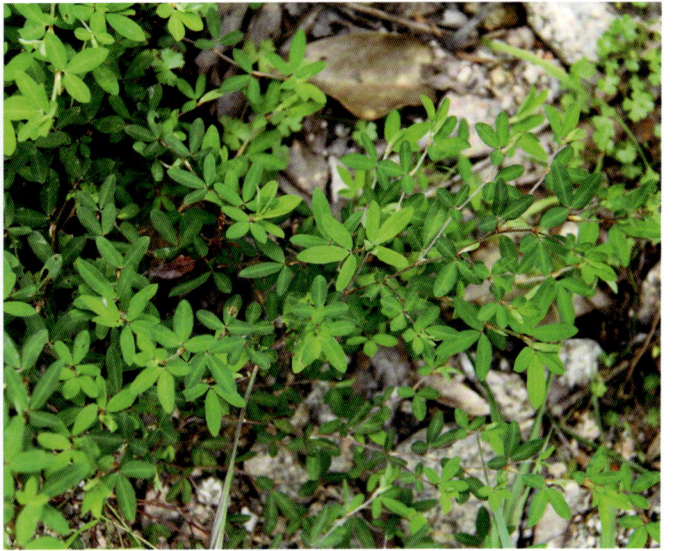

* **扁豆** *Lablab purpureus* (L.) Sweet

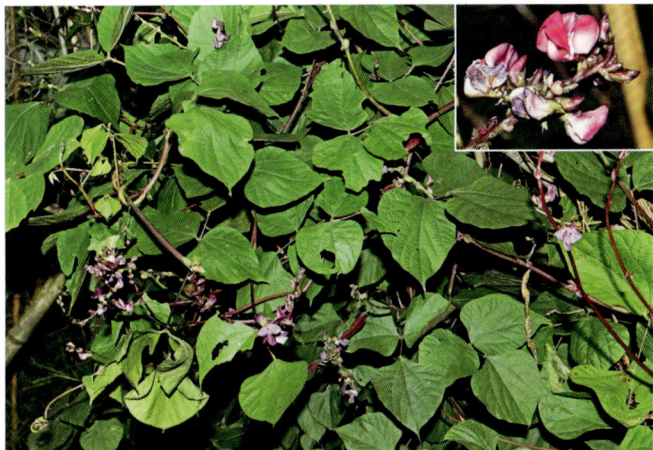

* **香豌豆** *Lathyrus odoratus* L.

小叶细蚂蟥 *Leptodesmia microphylla* (Thunb.) H. Ohashi et K. Ohashi
[小叶三点金 *Desmodium microphyllum* (Thunb.) DC.]

绿叶胡枝子 *Lespedeza buergeri* Miq.

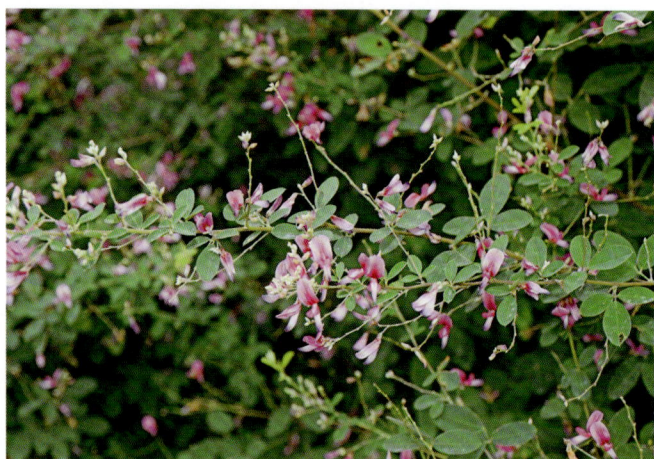

胡枝子 *Lespedeza bicolor* Turcz.

中华胡枝子 *Lespedeza chinensis* G. Don

截叶铁扫帚
Lespedeza cuneata G. Don

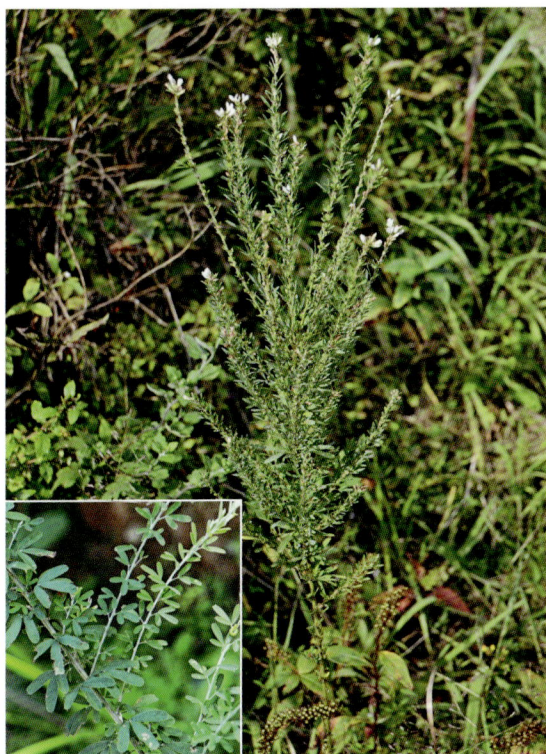

兴安胡枝子 ***Lespedeza davurica*** (Laxm.) Schindl.

[*Lespedeza daurica* (Laxm.) Schindl.]

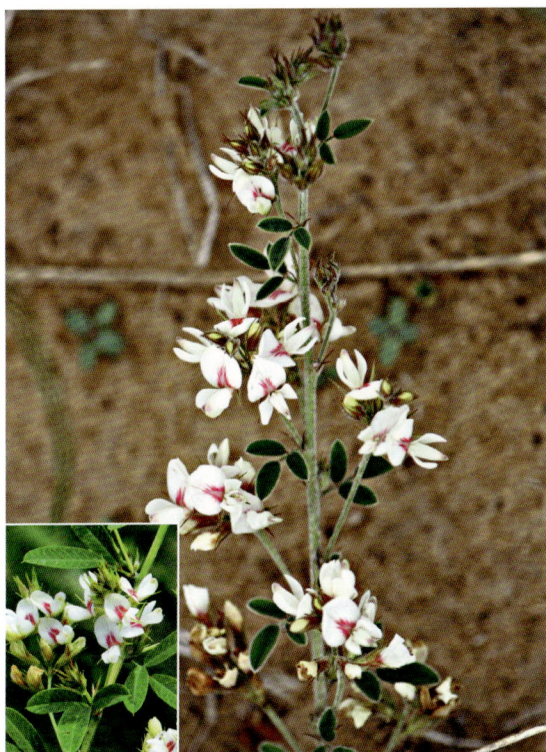

大叶胡枝子
Lespedeza davidii Franch.

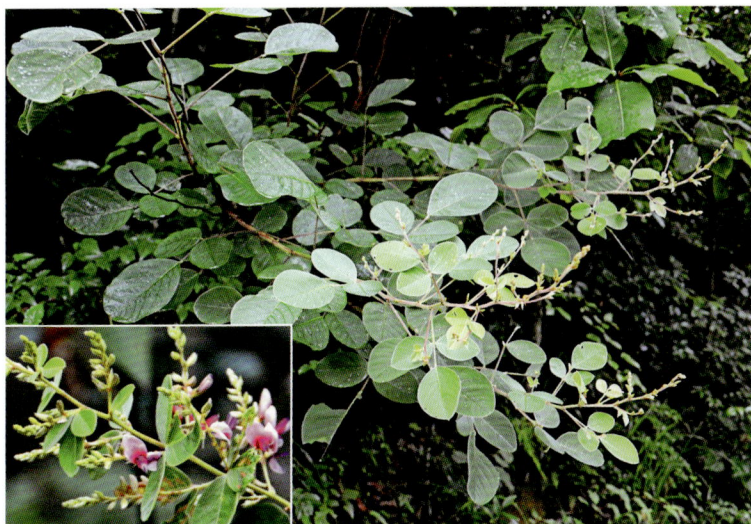

多花胡枝子 ***Lespedeza floribunda*** Bunge

广东胡枝子 ***Lespedeza fordii*** Schindl.

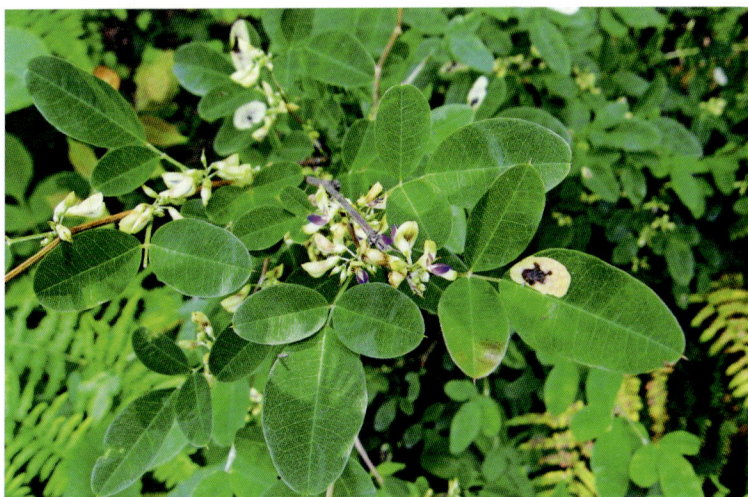

宽叶胡枝子
Lespedeza maximowiczii Schneid.

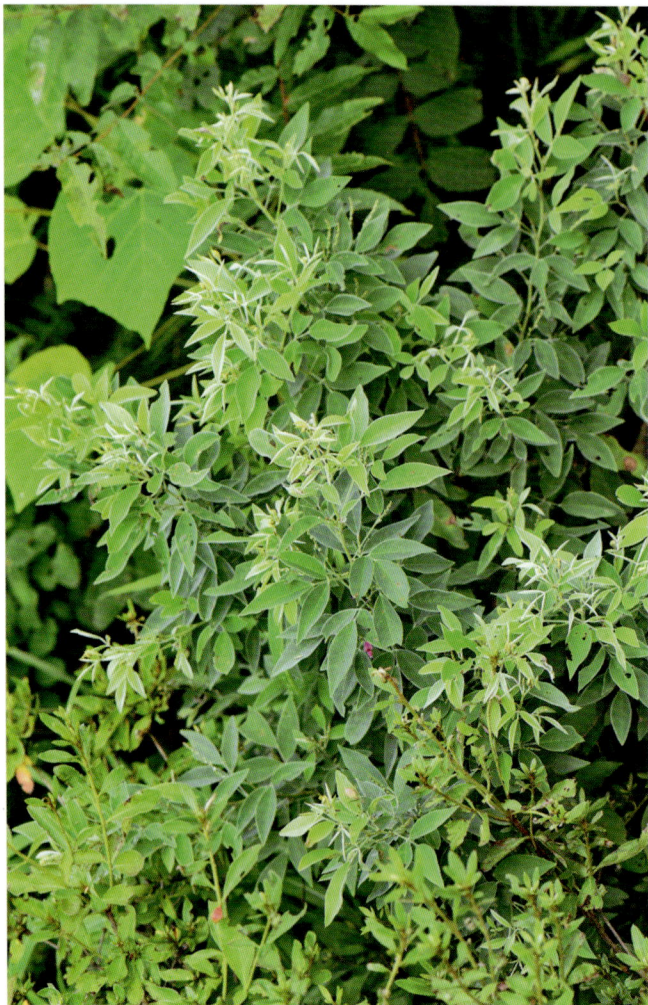

展枝胡枝子
Lespedeza patens Nakai

美丽胡枝子 *Lespedeza thunbergii* subsp.
formosa (Vogel) H. Ohashi

铁马鞭
Lespedeza pilosa (Thunb.) Sieb. et Zucc.

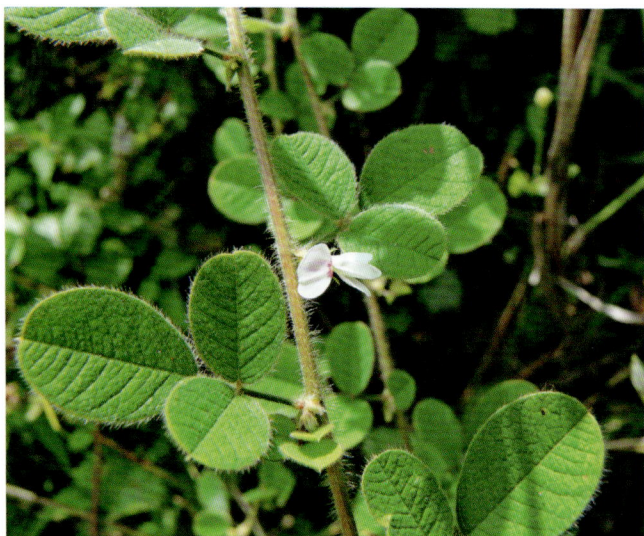

绒毛胡枝子　*Lespedeza tomentosa* (Thunb.) Sieb. ex Maxim.

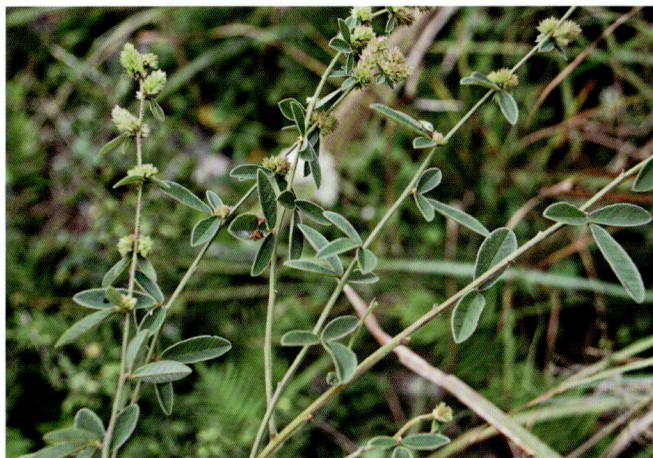

细梗胡枝子
Lespedeza virgata (Thunb.) DC.

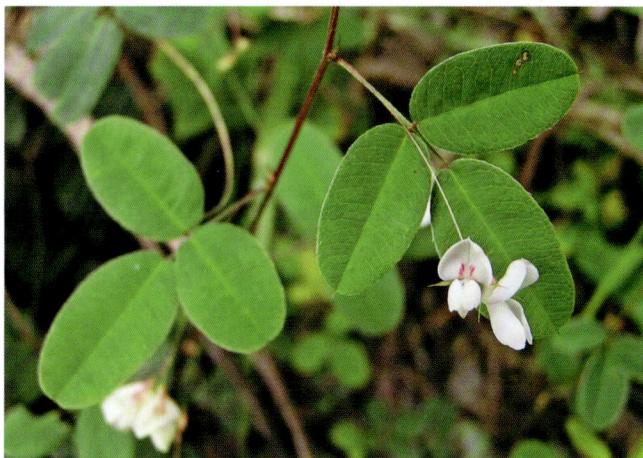

* 银合欢
Leucaena leucocephala (Lam.) de Wit.

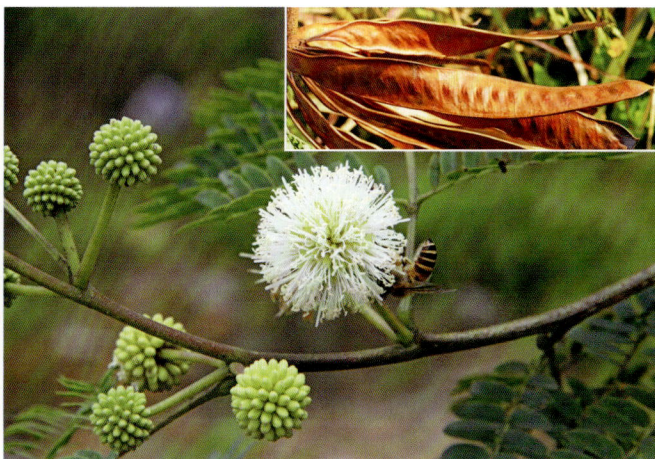

马鞍树
Maackia hupehensis Takeda

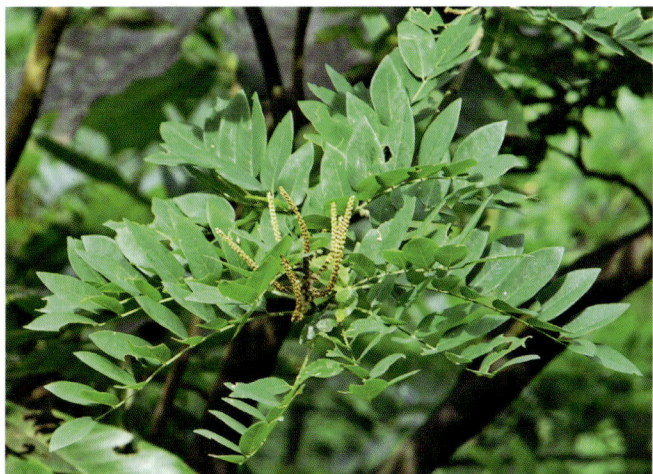

光叶马鞍树
Maackia tenuifolia (Hemsl.) Hand.-Mazz.

天蓝苜蓿 *Medicago lupulina* L.

* 南苜蓿 *Medicago polymorpha* L.

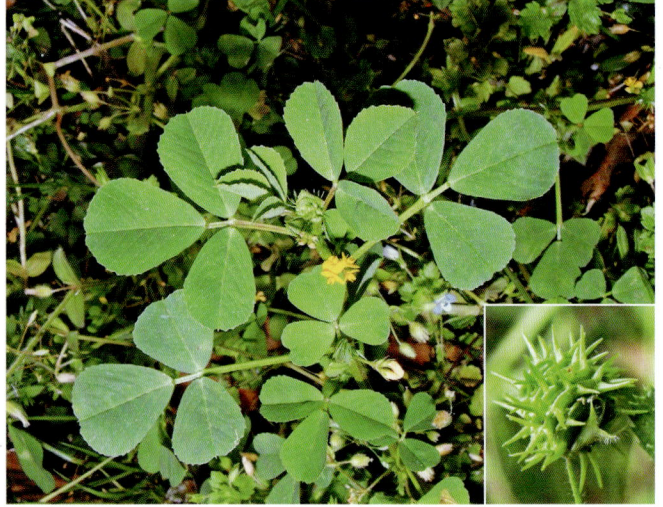

* 白花草木樨
Melilotus alba Medic. ex Desr.

草木樨
Melilotus officinalis (L.) Pall.

* 含羞草 *Mimosa pudica* L.

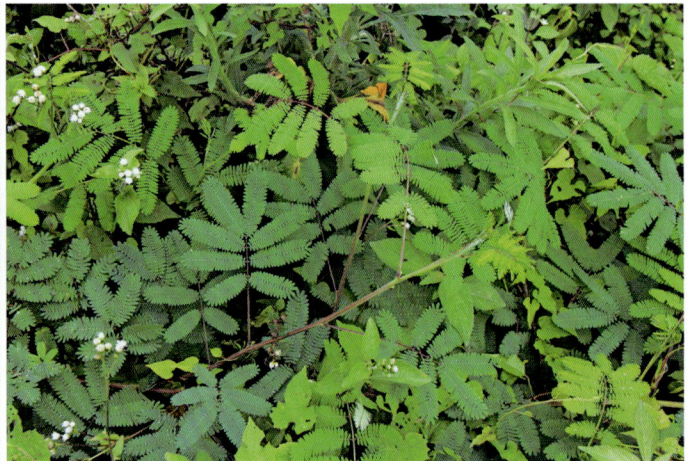

褶皮黧豆
Mucuna lamellata Wilmot-Dear

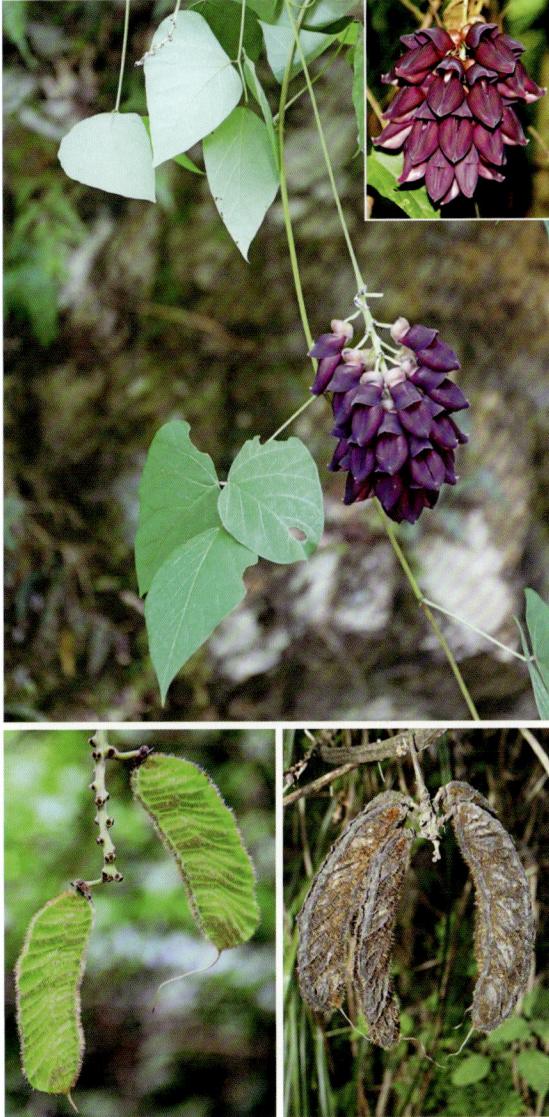

常春油麻藤
Mucuna sempervirens Hemsl.

小槐花　***Ohwia caudata*** (Thunb.) Ohashi

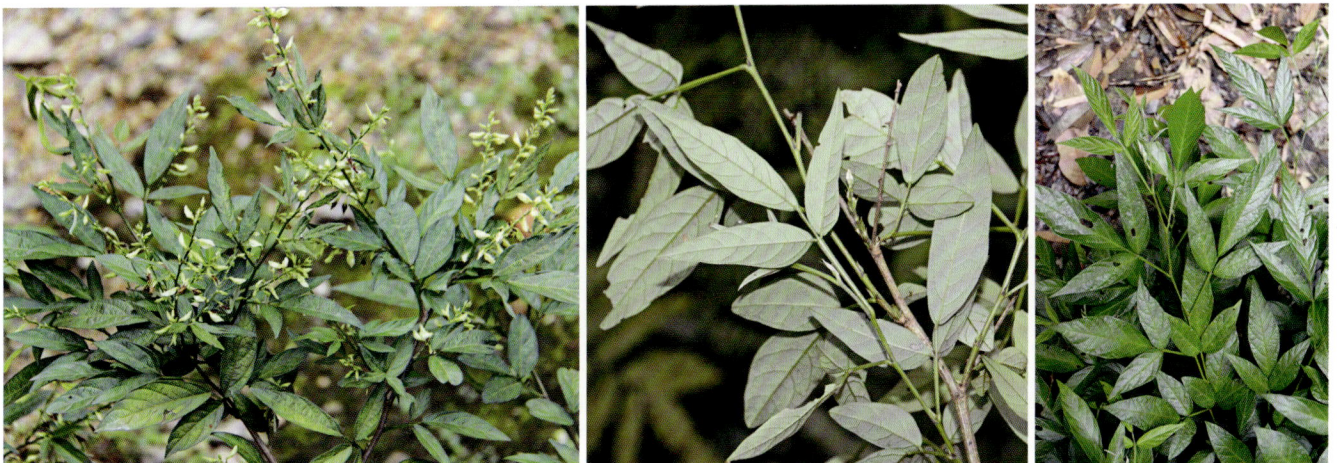

光叶红豆 *Ormosia glaberrima* Y. C. Wu

花榈木 *Ormosia henryi* Prain

红豆树 *Ormosia hosiei* Hemsl. et Wils.

软荚红豆 *Ormosia semicastrata* Hance

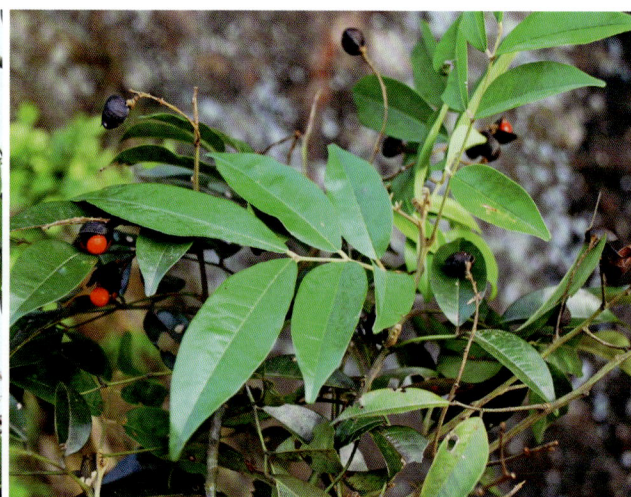

木荚红豆
Ormosia xylocarpa Chun ex L. Chen

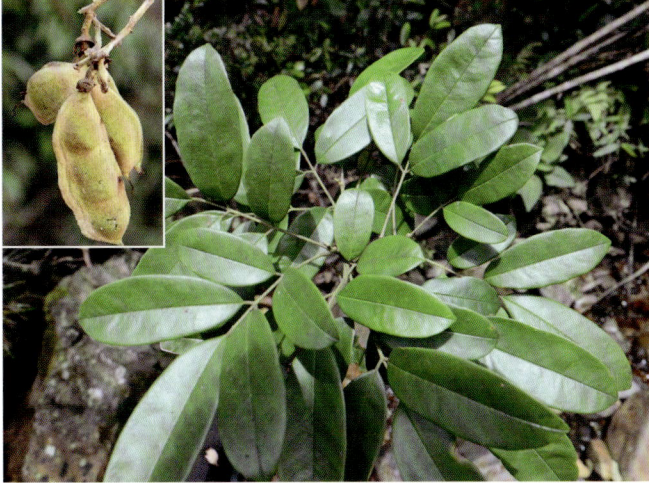

饿蚂蟥　*Ototropis multiflora* (DC.) H. Ohashi et K. Ohashi
[*Desmodium multiflorum* DC.]

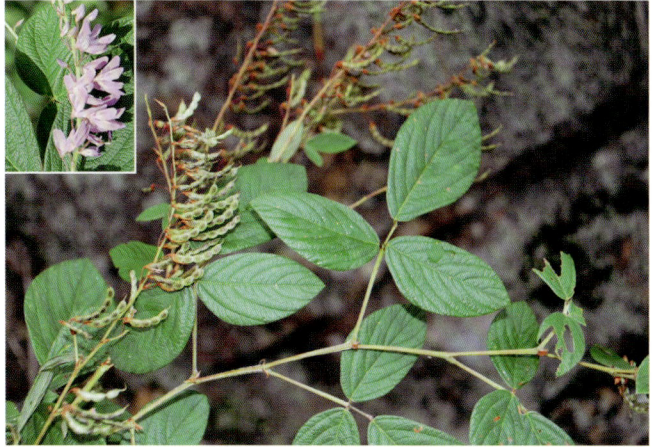

* 豆薯　*Pachyrhizus erosus* (L.) Urb.

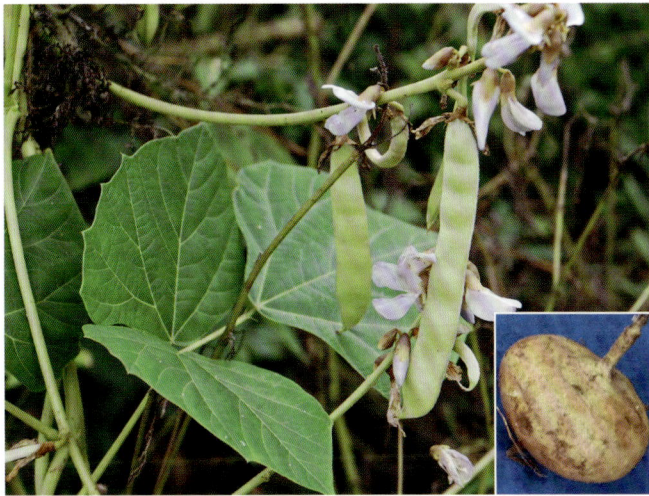

龙须藤　*Phanera championii* Benth.

* 荷包豆　*Phaseolus coccineus* L.

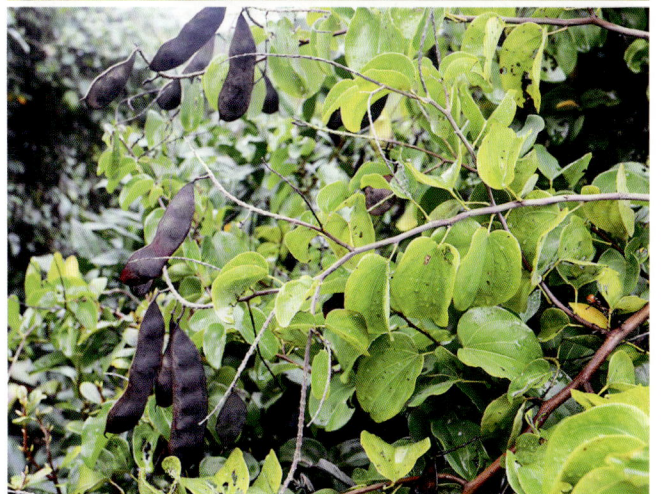

* 棉豆 *Phaseolus lunatus* L.

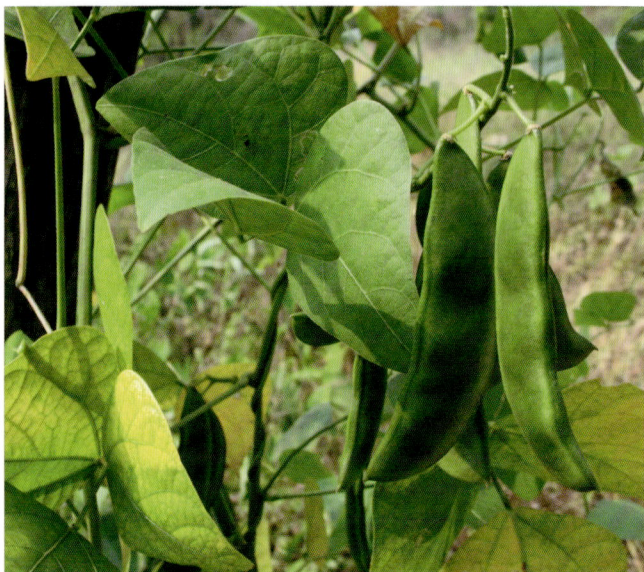

* 菜豆 *Phaseolus vulgaris* L.

蝉豆 *Pleurolobus gangeticus* (L.) J. St.-Hil.
[大叶山蚂蟥 *Desmodium gangeticum* (L.) DC.]

老虎刺
Pterolobium punctatum Hemsl.

* 豌豆 *Pisum sativum* L.

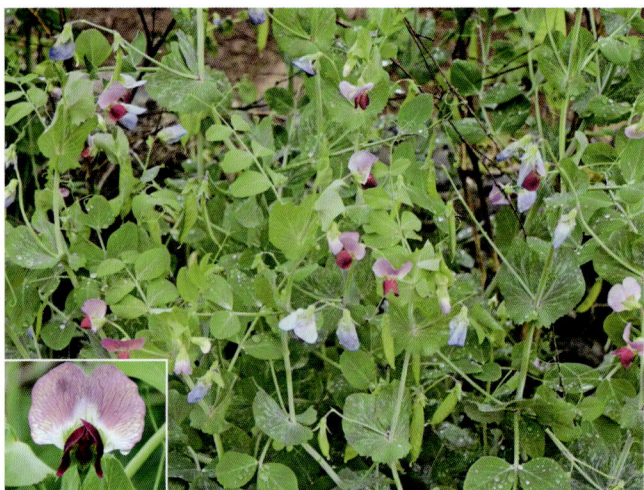

葛
Pueraria montana (Lour.) Merr.

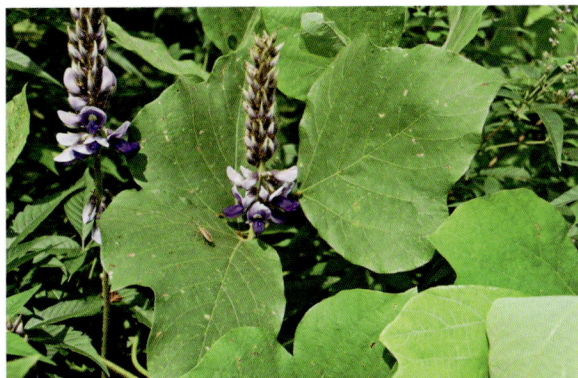

葛麻姆　*Pueraria montana* var. *lobata* (Willdenow) Maesen et S. M. Almeida ex Sanjappa et Predeep

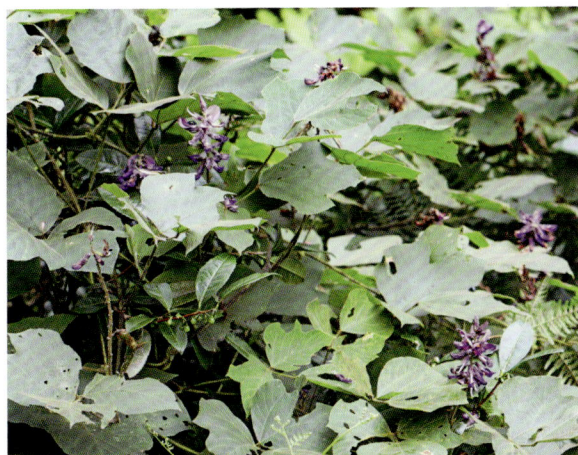

粉葛　*Pueraria montana* var. *thomsonii* (Benth.) Wiersema ex D. B. Ward

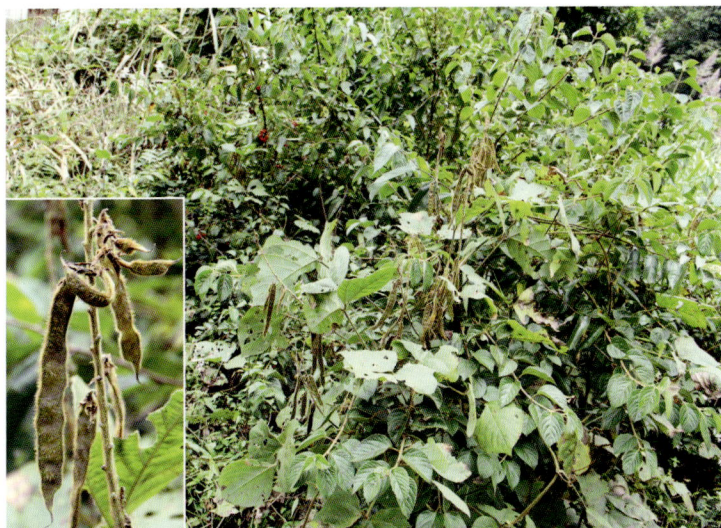

三裂叶野葛
Pueraria phaseoloides (Roxb.) Benth.

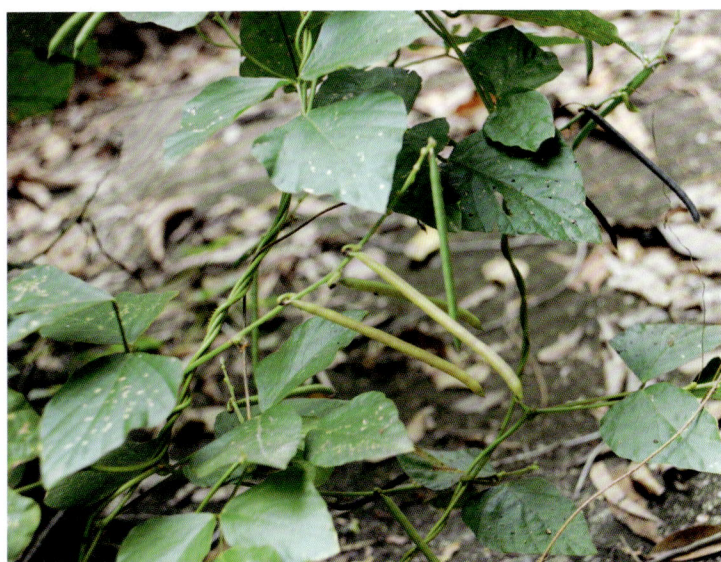

渐尖叶鹿藿
Rhynchosia acuminatifolia Makino

* 刺槐　*Robinia pseudoacacia* L.

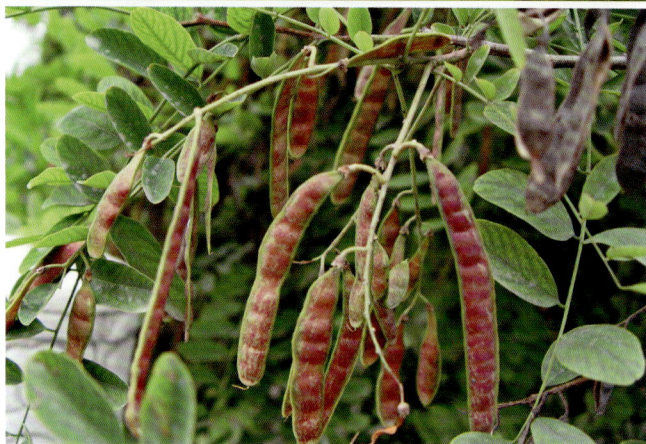

菱叶鹿藿
Rhynchosia dielsii Harms

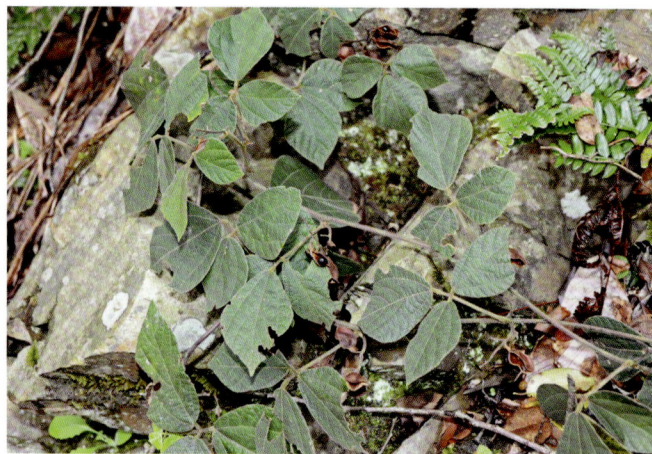

鹿藿　*Rhynchosia volubilis* Lour.

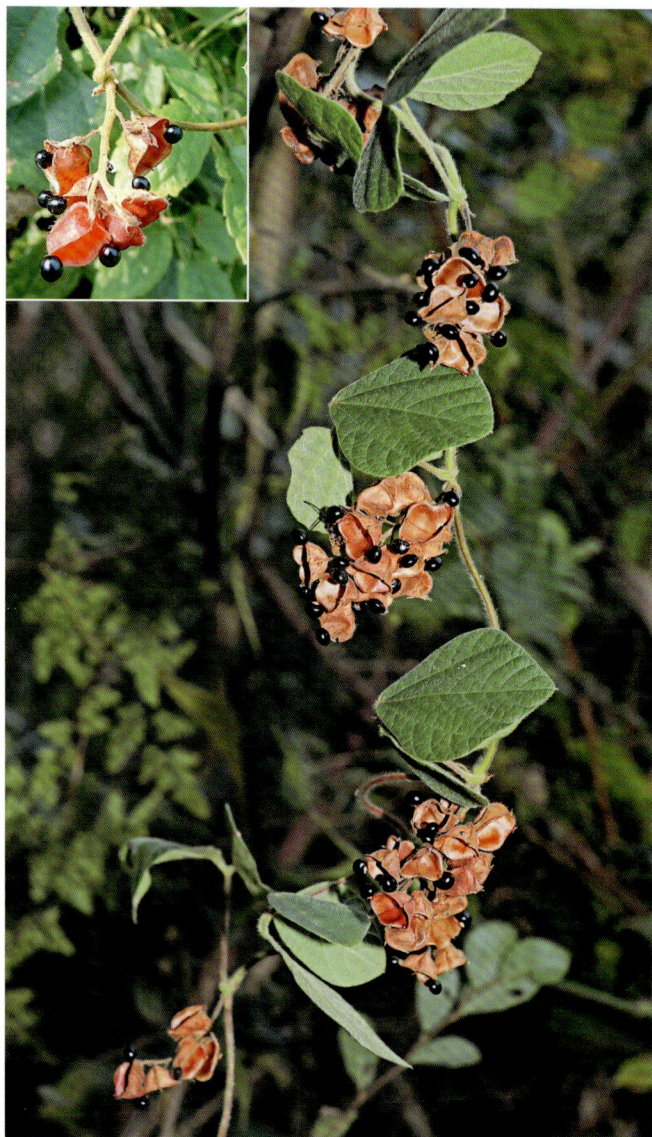

皱荚藤儿茶（藤金合欢）
Senegalia rugata (Lam.) Britton et Rose
[*Acacia concinna* (Willd.) DC.]

* 决明 *Senna tora* (L.) Roxb.

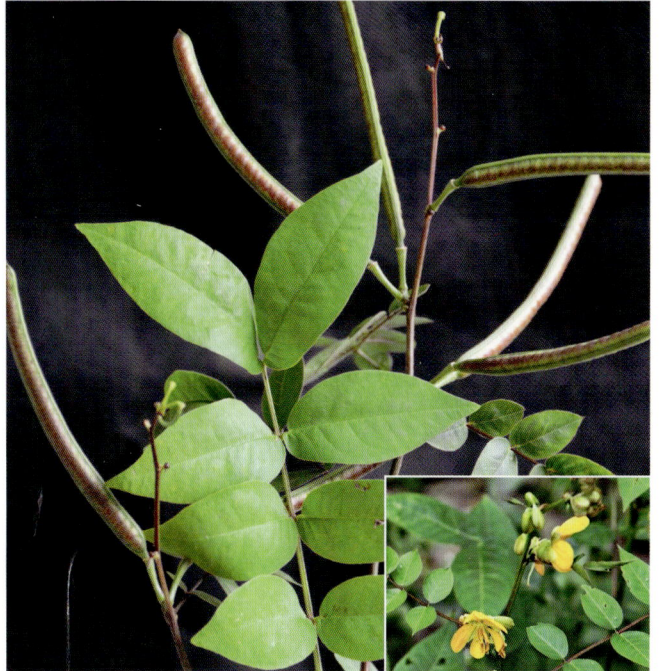

* 望江南
Senna occidentalis (L.) Link

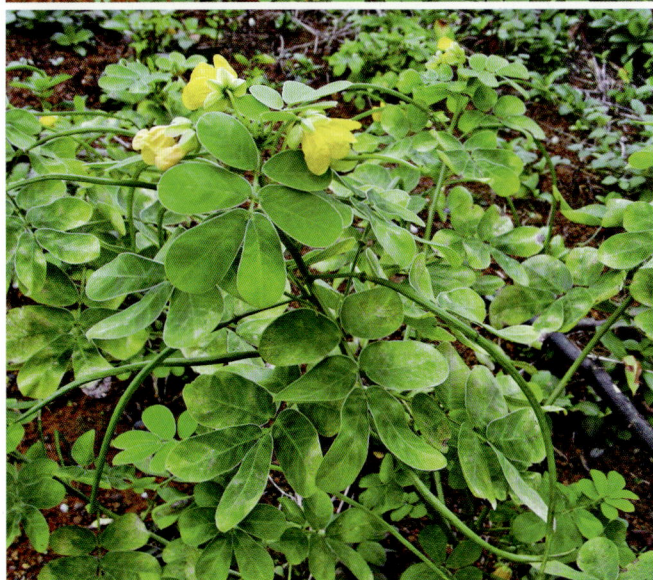

* 田菁 *Sesbania cannabina* (Retz.) Poir.

坡油甘 *Smithia sensitiva* Ait.

大叶拿身草 *Sohmaea laxiflora* (DC.) H. Ohashi et K. Ohashi
[*Desmodium laxiflorum* DC.]

* **短蕊槐** *Sophora brachygyna* C. Y. Ma

苦参 *Sophora flavescens* Alt.

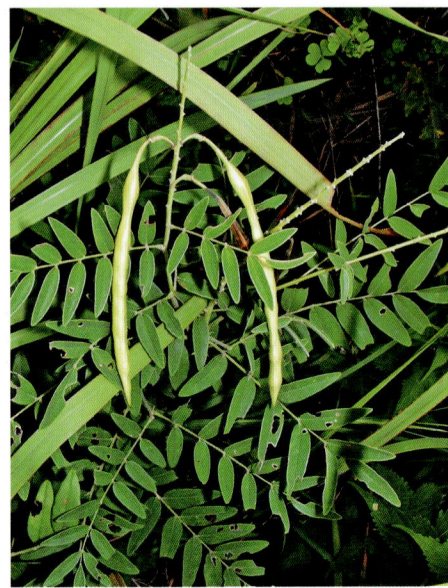

* **槐** *Styphnolobium japonicum* (L.) Schott

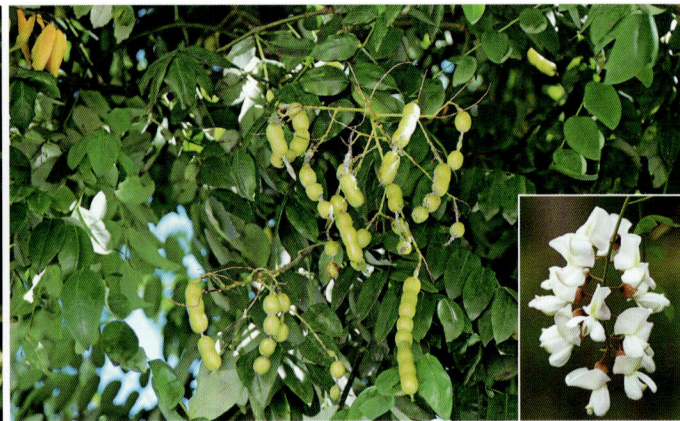

葫芦茶　*Tadehagi triquetrum* (L.) Ohashi

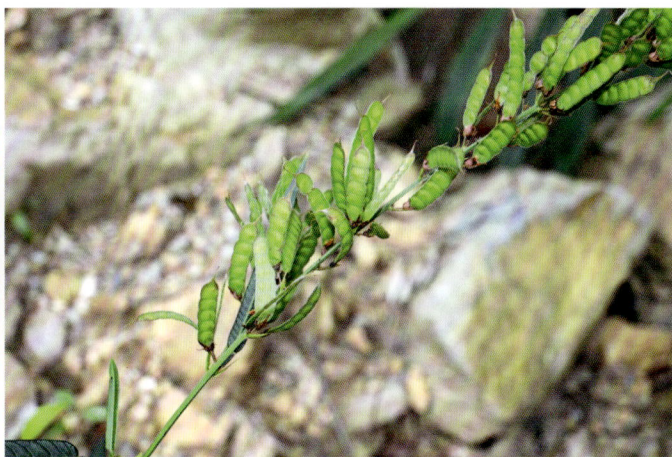

* 白灰毛豆　*Tephrosia candida* DC.

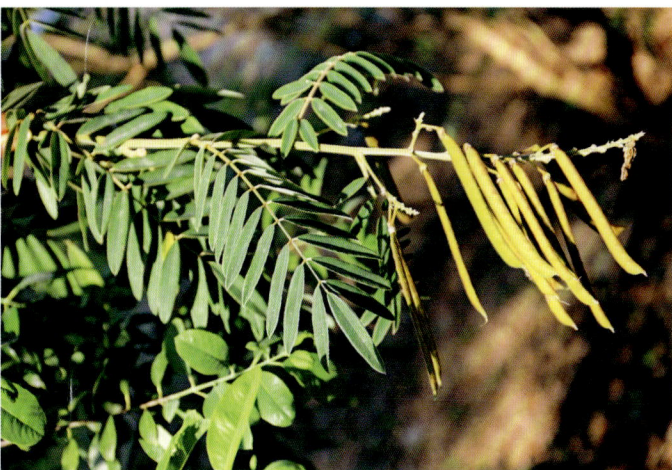

* 红车轴草　*Trifolium pratense* L.

* 白车轴草　*Trifolium repens* L.

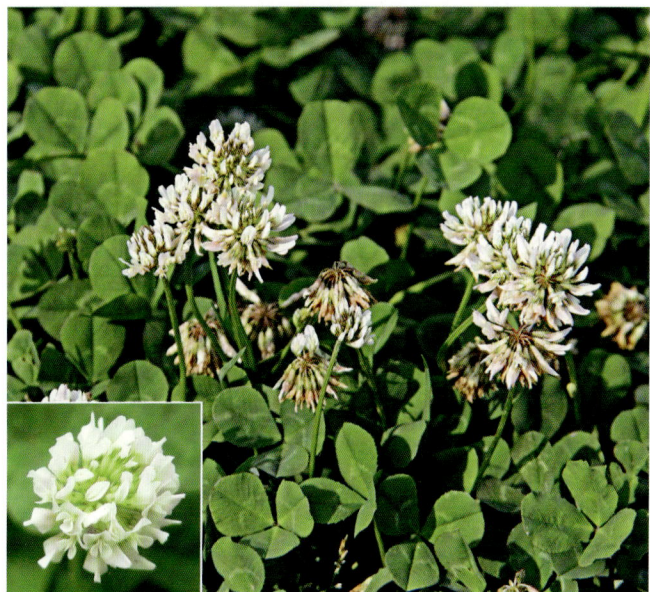

猫尾草 *Uraria crinita* (L.) Desv. ex DC.

狸尾草
Uraria lagopodioides (L.) Desv. ex DC.

窄叶野豌豆
Vicia angustifolia L. ex Reichard

广布野豌豆 *Vicia cracca* L.

*蚕豆 *Vicia faba* L.

小巢菜 *Vicia hirsuta* (L.) S. F. Gray

牯岭野豌豆 *Vicia kulingiana* Bailey

救荒野豌豆 *Vicia sativa* L.

四籽野豌豆
Vicia tetrasperma (L.) Schreber

歪头菜
Vicia unijuga A. Br.

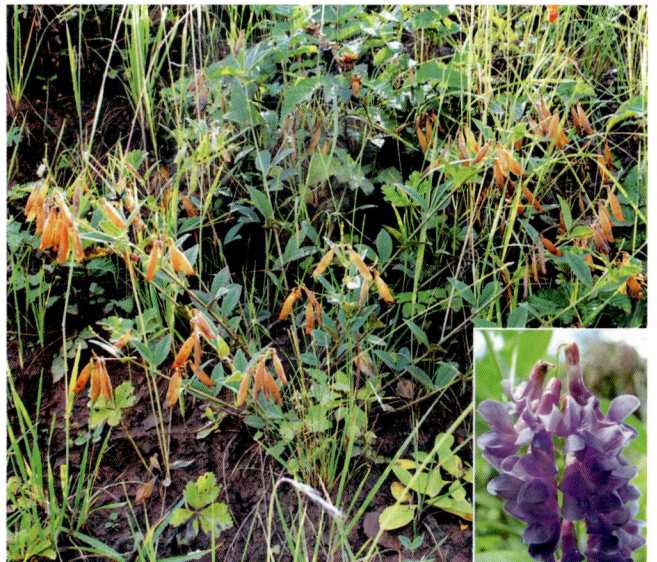

贼小豆
Vigna minima (Roxb.) Ohwi et Ohashi

*绿豆
Vigna radiata (L.) Wilczek

赤小豆
Vigna umbellata (Thunb.) Ohwi et Ohashi

*豇豆
Vigna unguiculata (L.) Walp.

野豇豆 *Vigna vexillata* (L.) Rich.

紫藤
Wisteria sinensis (Sims) Sweet

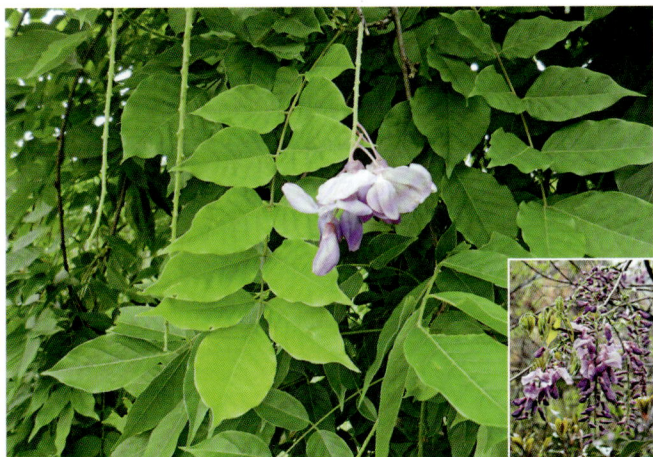

江西夏藤 *Wisteriopsis kiangsiensis*
(Z. Wei) J. Compton et Schrire

网络夏藤 *Wisteriopsis reticulata*
(Benth.) J. Compton et Schrire

丁癸草
Zornia gibbosa Spanog.

A142 远志科 Polygalaceae

荷包山桂花
Polygala arillata Buch.-Ham. ex D. Don

华南远志
Polygala chinensis L.

黄花倒水莲 *Polygala fallax* Hemsl.

香港远志 *Polygala hongkongensis* Hemsl.

狭叶香港远志 *Polygala hongkongensis* **var.** *stenophylla* (Hay.) Migo

瓜子金
Polygala japonica Houtt.

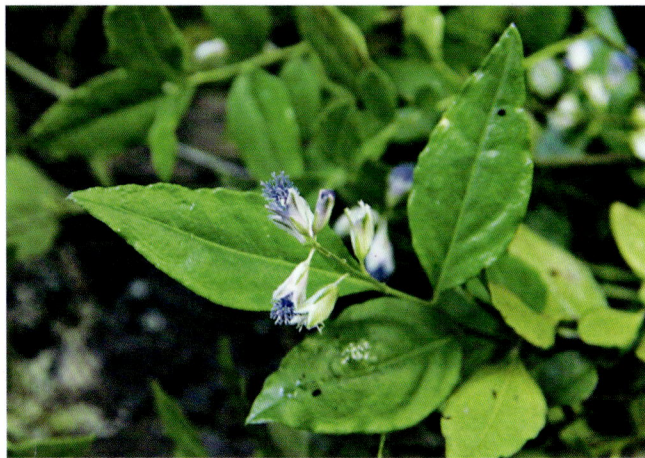

曲江远志
Polygala koi Merr.

小花远志 *Polygala polifolia* C. Presl

大叶金牛 *Polygala latouchei* Franch.

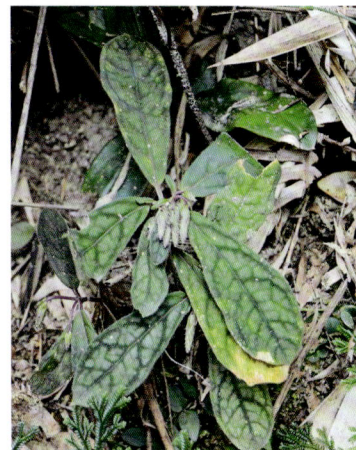

西伯利亚远志 *Polygala sibirica* L.

小扁豆 *Polygala tatarinowii* Regel

远志 *Polygala tenuifolia* Willd.

长毛籽远志 *Polygala wattersii* Hance

齿果草 *Salomonia cantoniensis* Lour.

椭圆叶齿果草 *Salomonia oblongifolia* DC.

Order 31 蔷薇目 Rosales

A143 蔷薇科 Rosaceae

小花龙牙草 *Agrimonia nipponica* var. *occidentalis* Skalicky

龙牙草
Agrimonia pilosa Ldb.

黄龙尾 *Agrimonia pilosa* var. *nepalensis* (D. Don) Nakai

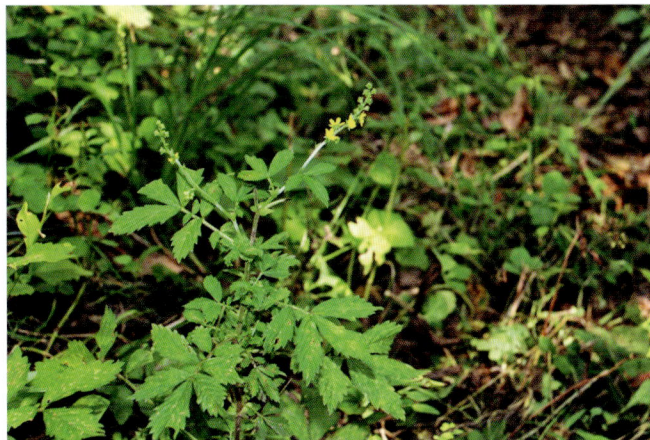

东亚唐棣 *Amelanchier asiatica* (Sieb. et Zucc.) Endl. ex Walp.

假升麻
Aruncus sylvester Kostel.

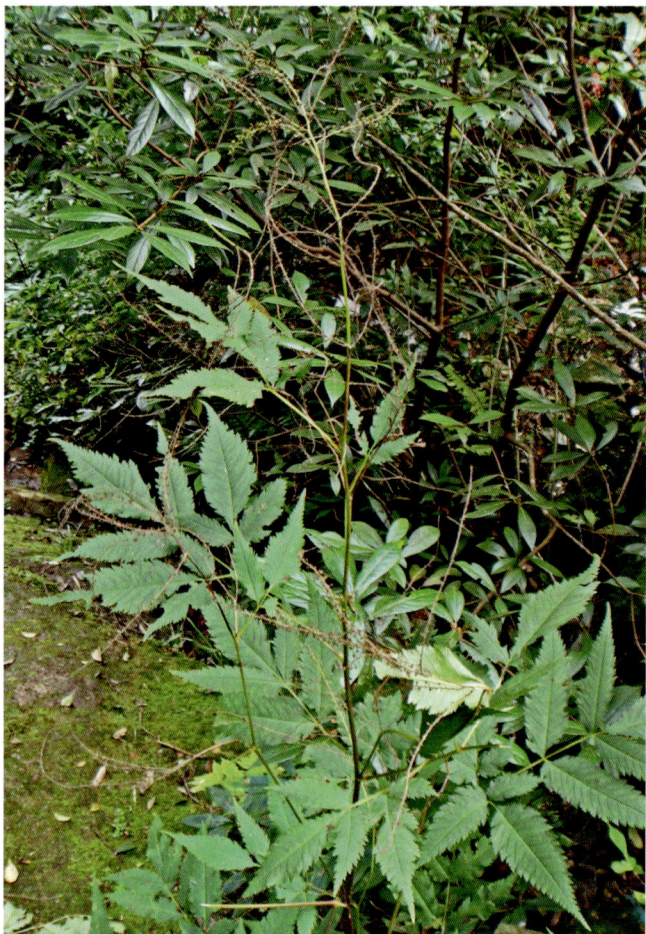

* **皱皮木瓜**
Chaenomeles speciosa (Sweet) Nakai

* **毛叶木瓜** *Chaenomeles cathayensis* (Hemsl.) Schneid.

* **木瓜**
Chaenomeles sinensis (Thouin) Koehne

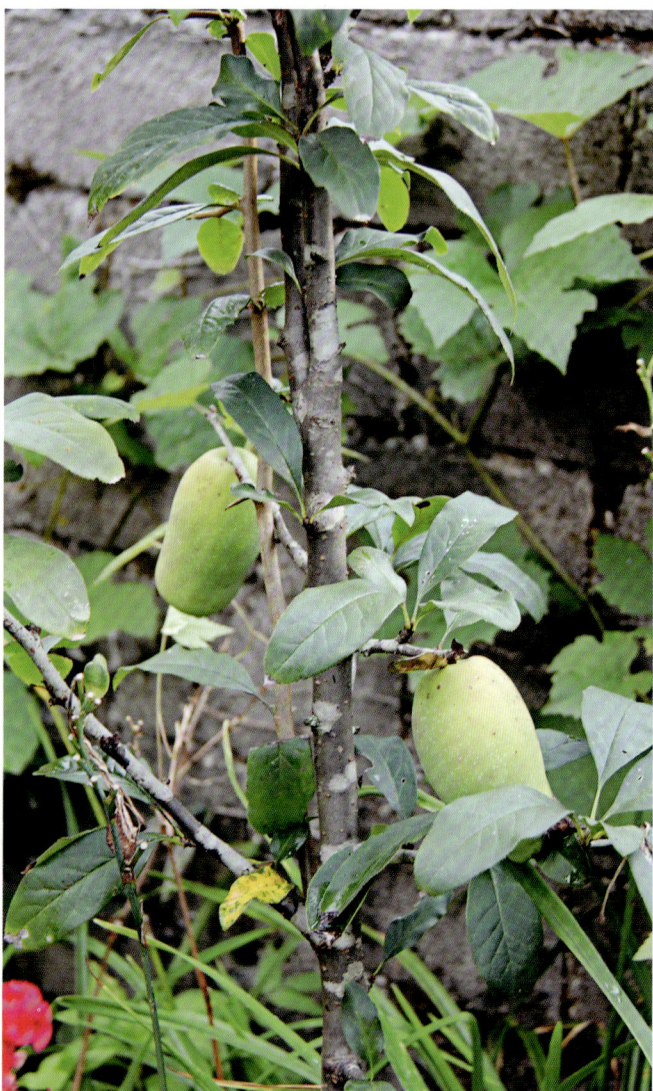

野山楂
Crataegus cuneata Sieb. et Zucc.

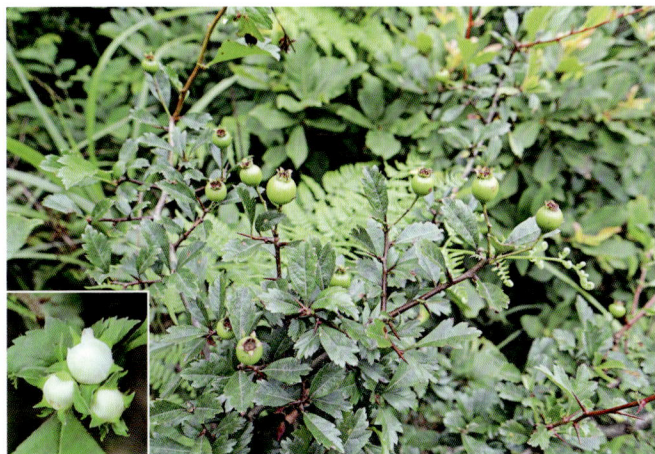

湖北山楂
Crataegus hupehensis Sarg.

华中山楂
Crataegus wilsonii Sarg.

皱果蛇莓
Duchesnea chrysantha (Zoll. et Mor.) Miq.

蛇莓
Duchesnea indica (Andr.) Focke

大花枇杷
Eriobotrya cavaleriei (Lévl.) Rehd.

香花枇杷
Eriobotrya fragrans Champ.

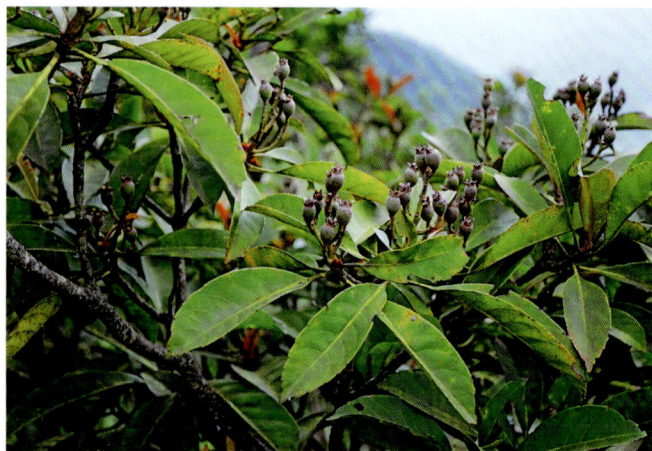

枇杷
Eriobotrya japonica (Thunb.) Lindl.

白鹃梅
Exochorda racemosa (Lindl.) Rehd.

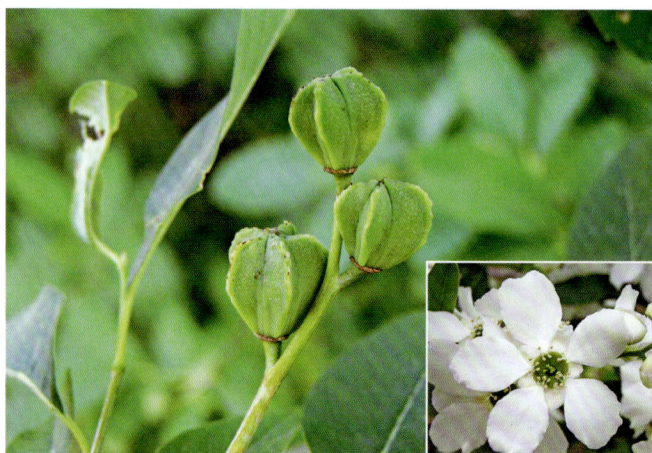

* 草莓
Fragaria × ananassa Duch.

路边青
Geum aleppicum Jacq.

柔毛路边青
Geum japonicum var. *chinense* F. Bolle

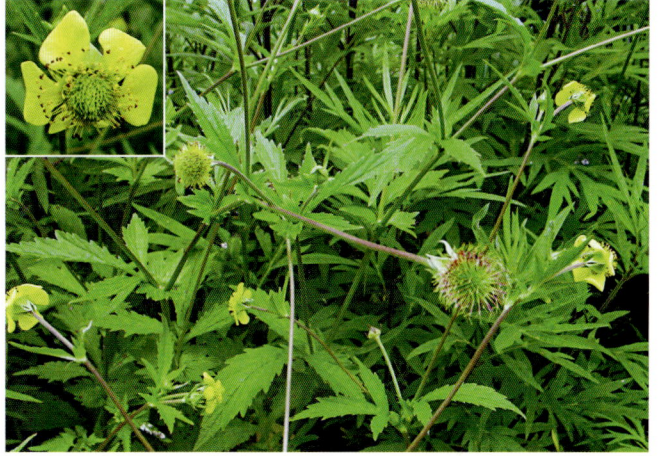

棣棠花
Kerria japonica (L.) DC.

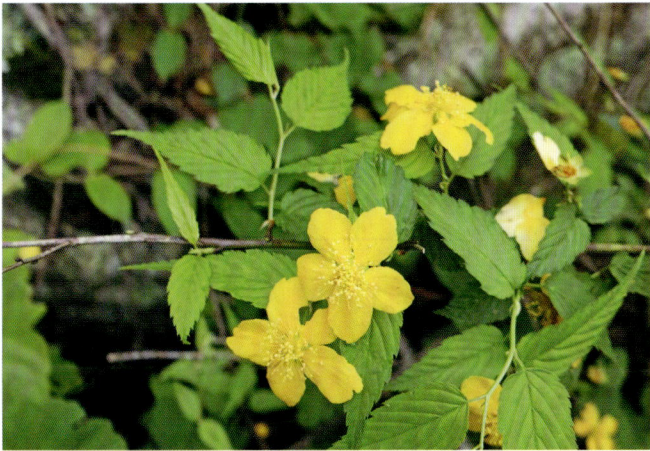

台湾林檎
Malus doumeri (Bois) Chev.

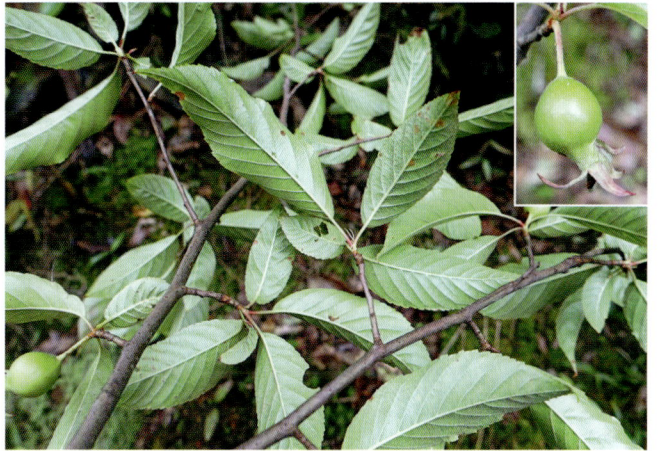

* 垂丝海棠 *Malus halliana* Koehne

湖北海棠 *Malus hupehensis* (Pamp.) Rehd.

光萼林檎 *Malus leiocalyca* S. Z. Huang

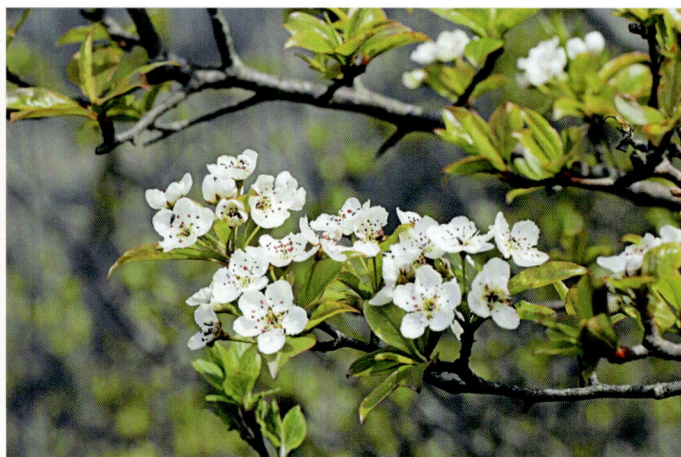

三叶海棠
Malus sieboldii (Regel) Rehd.

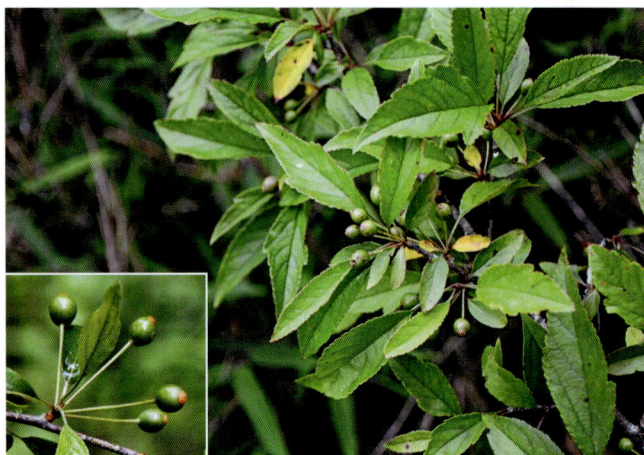

井冈山绣线梅
Neillia jinggangshanensis Z. X. Yu

中华绣线梅
Neillia sinensis Oliv.

*** 绣线梅**
Neillia thyrsiflora D. Don

红果树 *Photinia davidiana* (Decne.) Cardot

[*Stranvaesia davidiana* Decne.]

波叶红果树

Photinia davidiana var. *undulata* (Decne.) Long Y. Wang, W. Guo et W. B. Liao

[*Stranvaesia davidiana* var. *undulata* (Decne.) Rehd. et Wils.]

光叶石楠

Photinia glabra (Thunb.) Maxim.

倒卵叶石楠

Photinia lasiogyna (Franch.) Schneid.

脱毛石楠 *Photinia lasiogyna* var. *glabrescens* L. T. Lu et C. L. Li

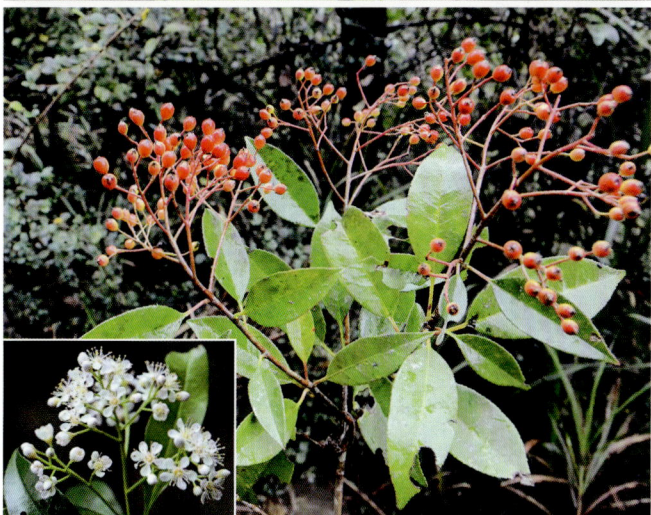

桃叶石楠
Photinia prunifolia (Hook. et Arn.) Lindl.

石楠
Photinia serratifolia (Desf.) Kalkman

委陵菜 *Potentilla chinensis* Ser.

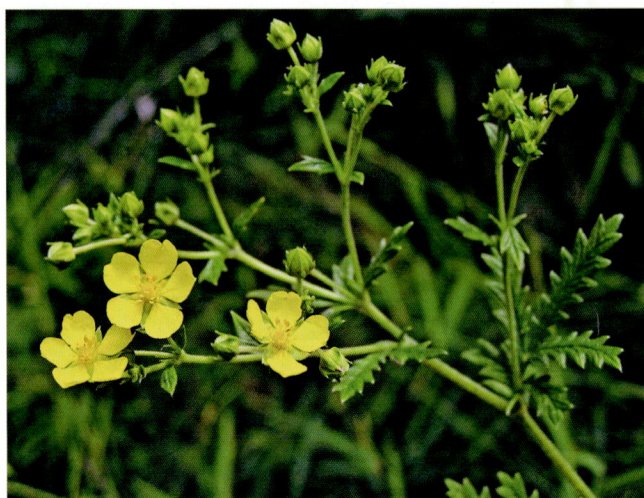

翻白草 *Potentilla discolor* Bunge

莓叶委陵菜 *Potentilla fragarioides* L.

三叶委陵菜 *Potentilla freyniana* Bornm

中华三叶委陵菜
Potentilla freyniana var. *sinica* Migo

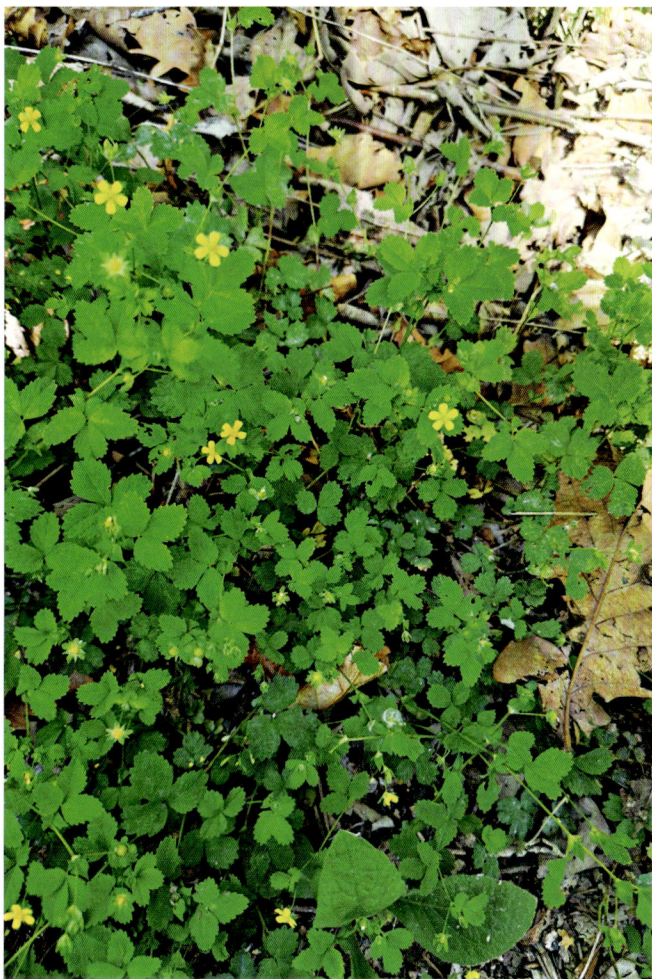

蛇含委陵菜
Potentilla kleiniana Wight et Arn.

下江委陵菜
Potentilla limprichtii J. Krause

朝天委陵菜
Potentilla supina L.

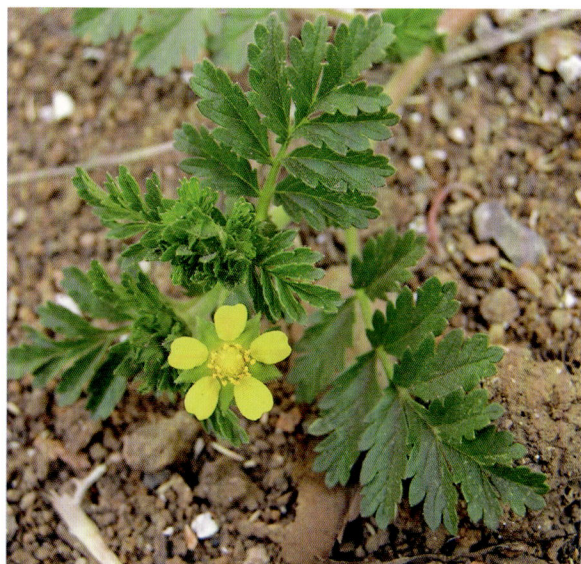

三叶朝天委陵菜
Potentilla supina var. *ternata* Peterm.

毛萼落叶石楠 *Pourthiaea amphidoxa*
(C. K. Schneid.) Rehd. et Wils.

[*Stranvaesia amphidoxa* Schneid.]

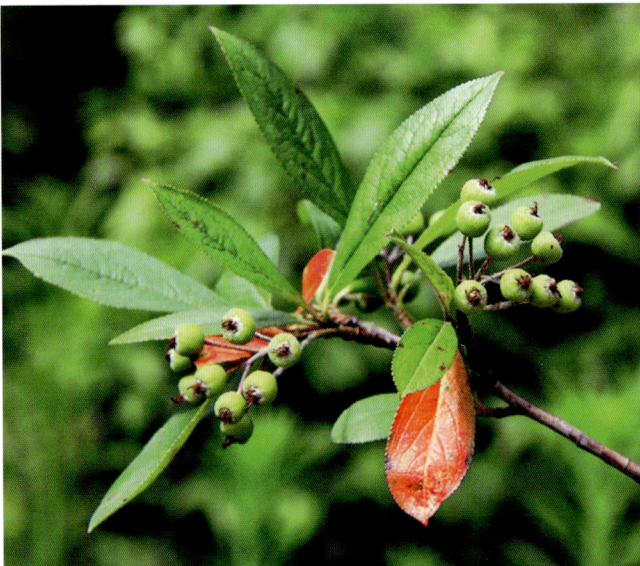

中华落叶石楠
Pourthiaea arguta (Lindl.) Decne.

[中华石楠 *Photinia beauverdiana* Schneid.；*Photinia schneideriana* Rehd. et Wils.]

褐毛落叶石楠　*Pourthiaea hirsuta* (Hand.-Mazz.) H. Iketani et H. Ohashi
[*Photinia hirsuta* Hand.-Mazz.]

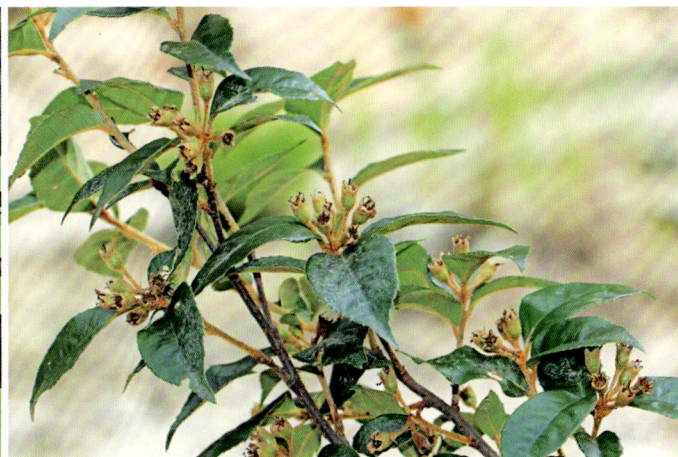

小叶落叶石楠
Pourthiaea villosa (Thunb.) Decne.

[*Photinia villosa* (Thunb.) DC.；*Photinia villosa* var. *sinica* Rehd. et Wils.；*Photinia komarovii* (Lévl. et Vant.) L. T. Lu et C. L. Li；*Photinia parvifolia* (Pritz.) Schneid.]

*杏 **Prunus armeniaca** L.
[*Armeniaca vulgaris* Lam.]

短梗稠李　*Prunus brachypoda* Batalin
[*Padus brachypoda* (Batalin) Schneid.]

椤木 *Prunus buergeriana* Miq. [*Padus buergeriana* (Miq.) Yü et Ku]

钟花樱桃 *Prunus campanulata* Maxim. [*Cerasus campanulata* (Maxim.) Yü et Li]

微毛樱桃 *Prunus clarofolia* C. K. Schneid.
[*Cerasus clarofolia* (Schneid.) Yü et Li]

华中樱桃 *Prunus conradinae* Koehne
[*Cerasus conradinae* (Koehne) Yü et Li]

长阳山樱桃 *Prunus cyclamina* Koehne
[*Cerasus cyclamina* (Koehne) Yü et Li]

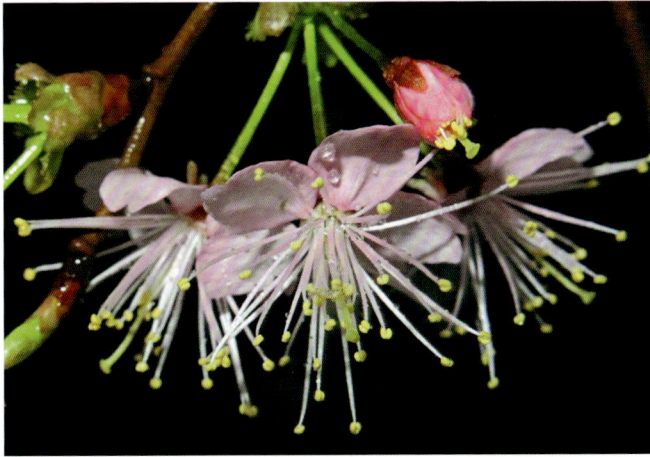

* 山桃 *Prunus davidiana* (Carr.) Franch.
[*Amygdalus davidiana* (Carr.) de Vos ex L. Henry]

尾叶樱桃
Prunus dielsiana C. K. Schneid.
[*Cerasus dielsiana* (Schneid.) Yü et Li]

短梗尾叶樱桃
Prunus dielsiana var. *abbreviata* Cardot
[*Cerasus dielsiana* var. *abbreviata* (Cardot) Yü et Li]

迎春樱桃 *Prunus discoidea*
(T. T. Yü et C. L. Li) Z. Wei et Y. B. Chang
[*Cerasus discoidea* Yü et Li]

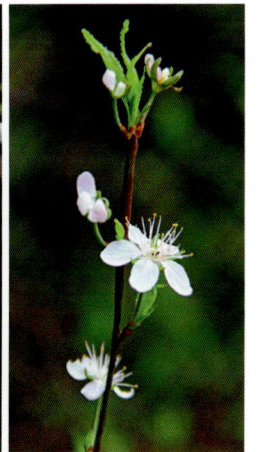

华南桂樱 *Prunus fordiana* Dunn
[*Laurocerasus fordiana* (Dunn) Yü et Lu]

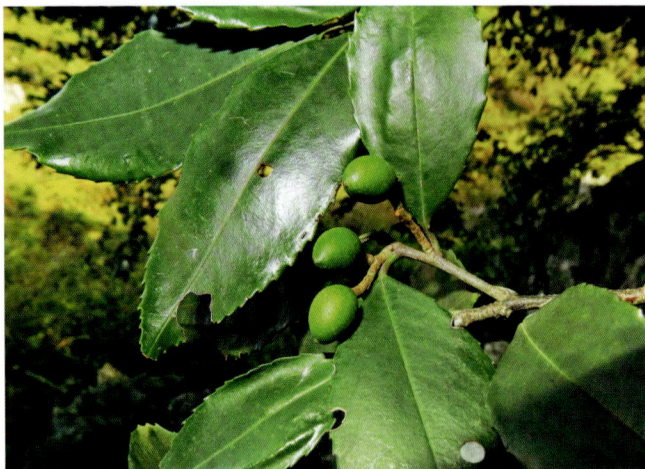

灰叶稠李 *Prunus grayana* Maxim.

麦李 *Prunus glandulosa* Thunb.
[*Cerasus glandulosa* (Thunb.) Lois.]

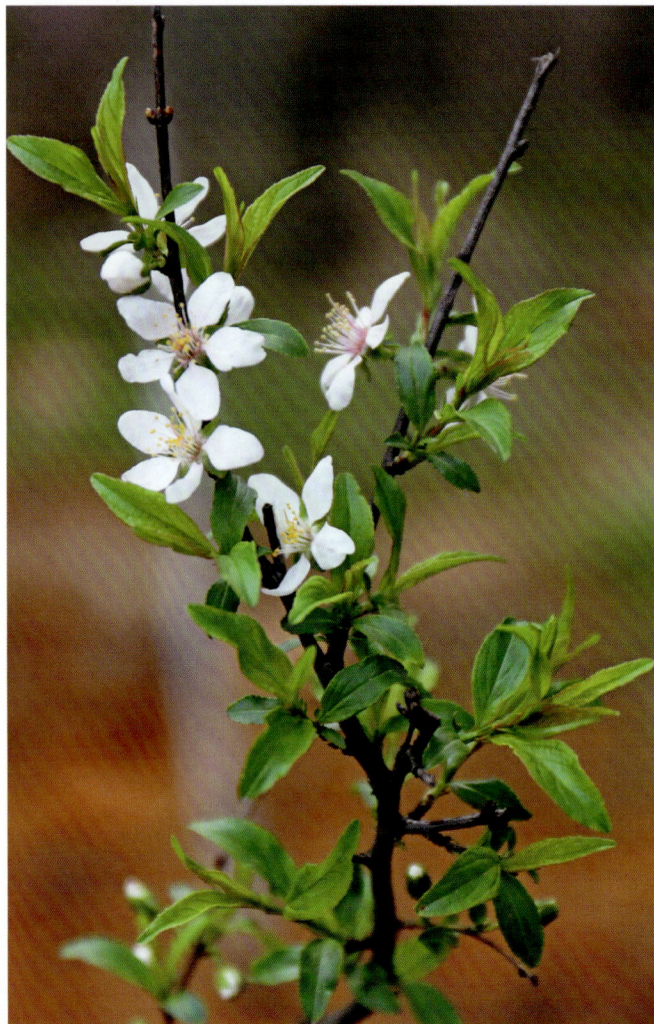

臭樱 *Prunus hypoleuca* (Koehne) J. Wen [*Maddenia hypoleuca* Koehne]

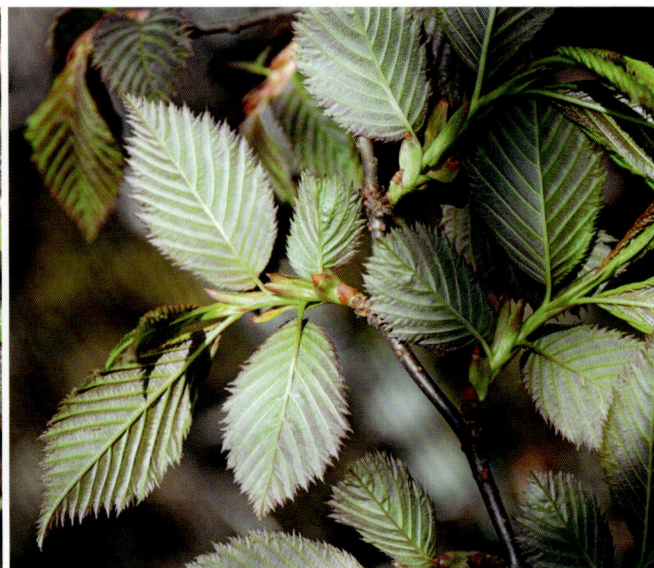

* 郁李 *Prunus japonica* Thunb.
[*Cerasus japonica* (Thunb.) Lois.]

* 梅 *Prunus mume* (Sieb.) Sieb. et Zucc.
[*Armeniaca mume* Sieb.]

粗梗稠李 *Prunus napaulensis* (Ser.) Steud.
[*Padus napaulensis* (Ser.) Schneid.]

细齿稠李 *Prunus obtusata* Koehne
[*Padus obtusata* (Koehne) Yü et Ku]

* 桃 *Prunus persica* (L.) Batsch
[*Amygdalus persica* L.]

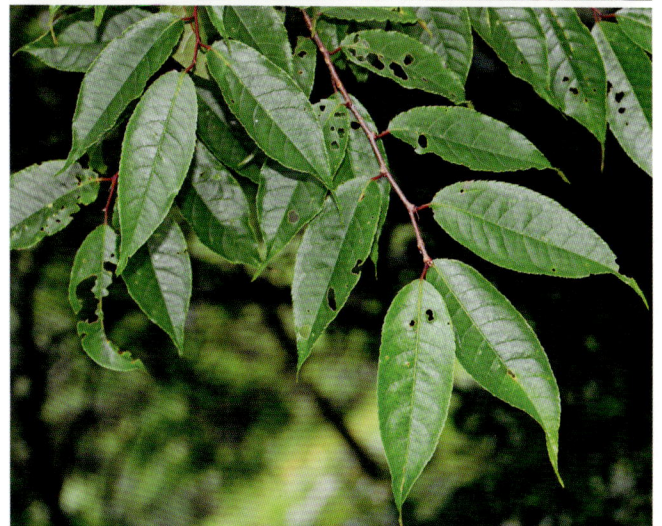

腺叶桂樱 *Prunus phaeosticta* (Hance) Maxim.
[*Laurocerasus phaeosticta* (Hance) Schneid.]

毛柱郁李 *Prunus pogonostyla* Maxim.
[*Cerasus pogonostyla* (Maxim.) Yü et Li]

长尾毛樱桃
Prunus pogonostyla **var.** *obovata* Koehne
[*Cerasus pogonostyla* var. *obovata* (Koehne) T. T. Yü et C. L. Li]

* **樱桃** *Prunus pseudocerasus* Lindl.
[*Cerasus pseudocerasus* (Lindl.) G. Don]

* 李 *Prunus salicina* Lindl.

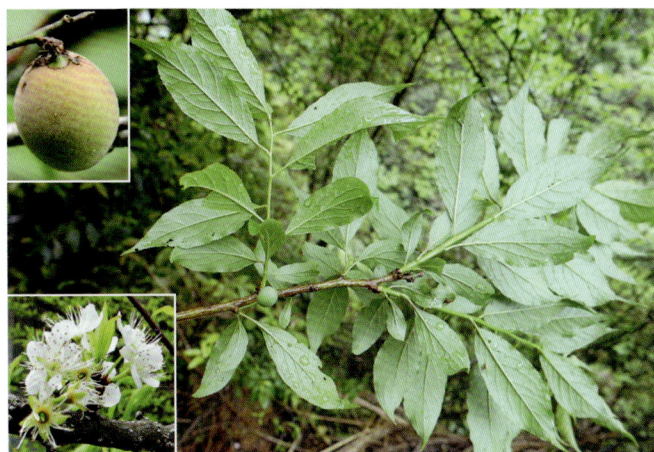

山樱花 *Prunus serrulata* (Lindl.) G. Don ex London
[*Cerasus serrulata* (Lindl.) London]

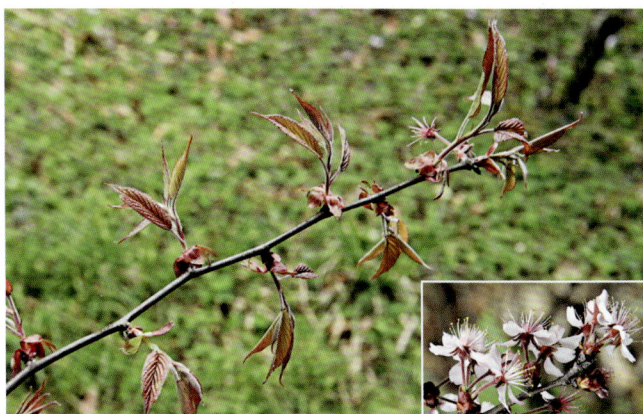

浙闽樱桃 *Prunus schneideriana* Koehne
[*Cerasus schneideriana* (Koehne) Yü et Li]

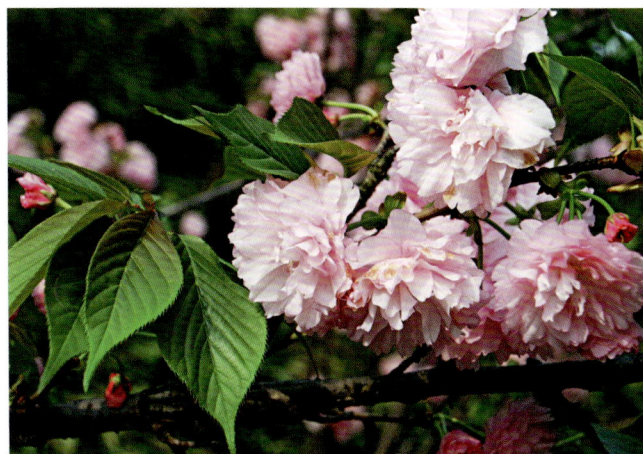

* 日本晚樱 *Prunus serrulata* var. *lannesiana* (Carr.) Makino
[*Cerasus serrulata* var. *lannesiana* (Carr.) Makino]

毛叶山樱花 *Prunus serrulata* var. *pubescens* (Makino) E. H. Wils.
[*Cerasus serrulata* var. *pubescens* (Makino) Yü et Li]

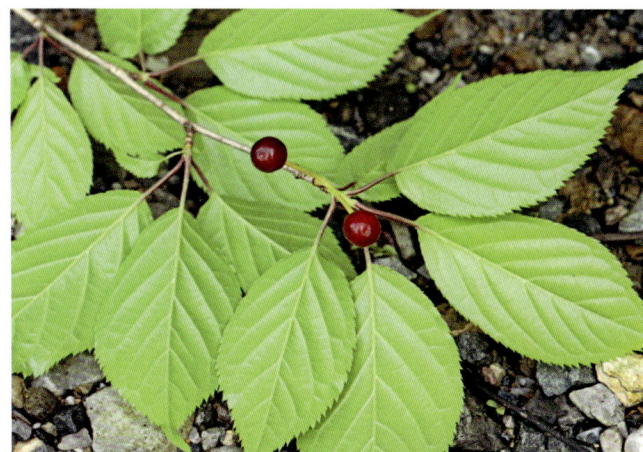

刺叶桂樱 *Prunus spinulosa* Sieb. et Zucc.
[*Laurocerasus spinulosa* (Sieb. et Zucc.) Schneid.]

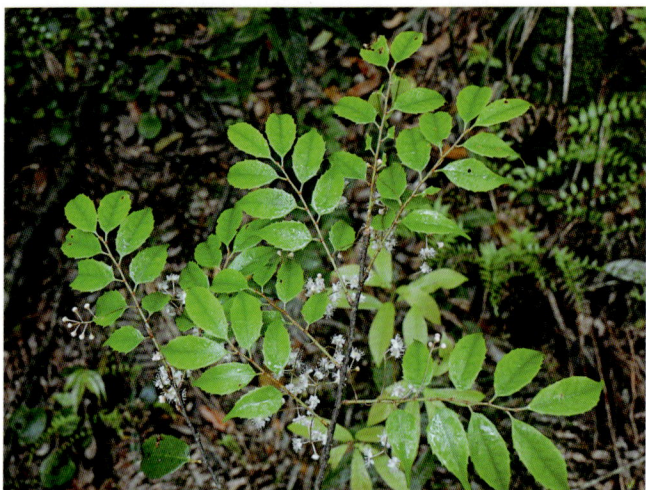

毛樱桃 *Prunus tomentosa* Thunb.
[*Cerasus tomentosa* (Thunb.) Wall. ex T. T. Yü et C. L. Li]

* **榆叶梅** *Prunus triloba* Lindl.
[*Amygdalus triloba* (Lindl.) Ricker]

尖叶桂樱 *Prunus undulata* Buch.-Ham. ex D. Don
[*Laurocerasus undulata* (D. Don) Roem.]

绢毛稠李
Prunus wilsonii (C. K. Schneid.) Koehne
[*Padus wilsonii* Schneid.]

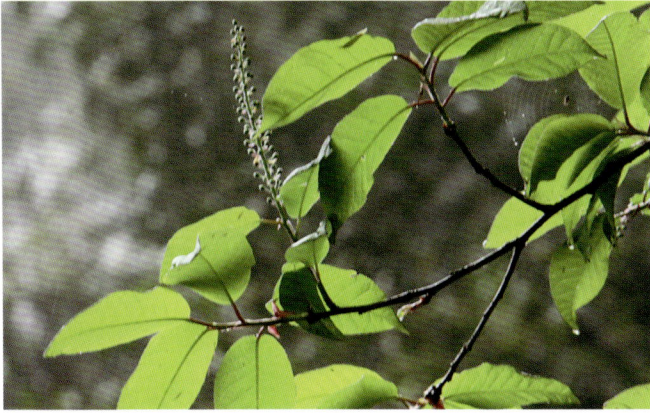

全缘火棘
Pyracantha atalantioides (Hance) Stapf

火棘
Pyracantha fortuneana (Maxim.) Li

大叶桂樱　*Prunus zippeliana* Miq.
[*Laurocerasus zippeliana* (Miq.) Yü et Lu]

* 杜梨　*Pyrus betulifolia* Bunge

豆梨
Pyrus calleryana Decne.

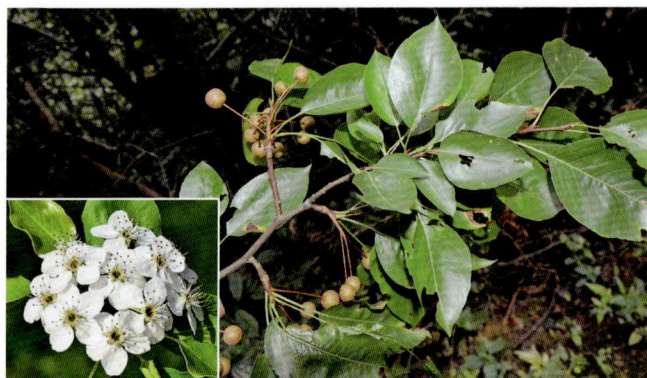

楔叶豆梨
Pyrus calleryana* var. *koehnei (Schneid.) Yü

柳叶豆梨
Pyrus calleryana* var. *lanceolata Yü

*沙梨
Pyrus pyrifolia (Burm. f.) Nakai

*麻梨
Pyrus serrulata Rehd.

石斑木
Rhaphiolepis indica (L.) Lindl.

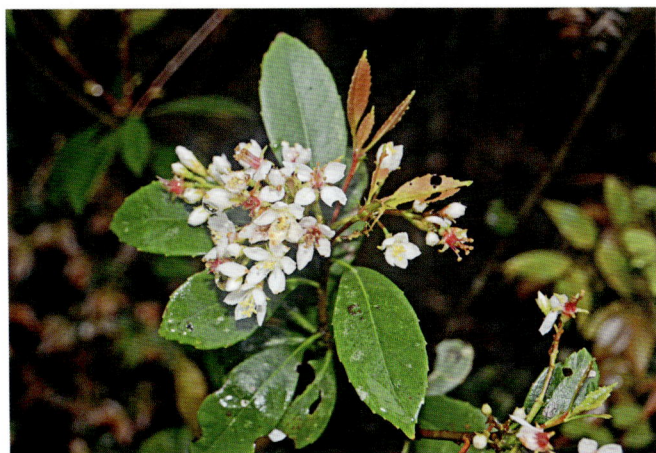

锈毛石斑木
Rhaphiolepis ferruginea Metcalf

细叶石斑木
Rhaphiolepis lanceolata Hu

大叶石斑木
Rhaphiolepis major Card.

柳叶石斑木 *Rhaphiolepis salicifolia* Lindl.

* **单瓣白木香**
Rosa banksiae var. *normalis* Regel

硕苞蔷薇
Rosa bracteata Wendl.

* **月季花** *Rosa chinensis* Jacq.

小果蔷薇 *Rosa cymosa* Tratt.

毛叶山木香
Rosa cymosa **var.** *puberula* Yü et Ku

金樱子 *Rosa laevigata* Michx.

软条七蔷薇
Rosa henryi Bouleng.

野蔷薇 *Rosa multiflora* Thunb.

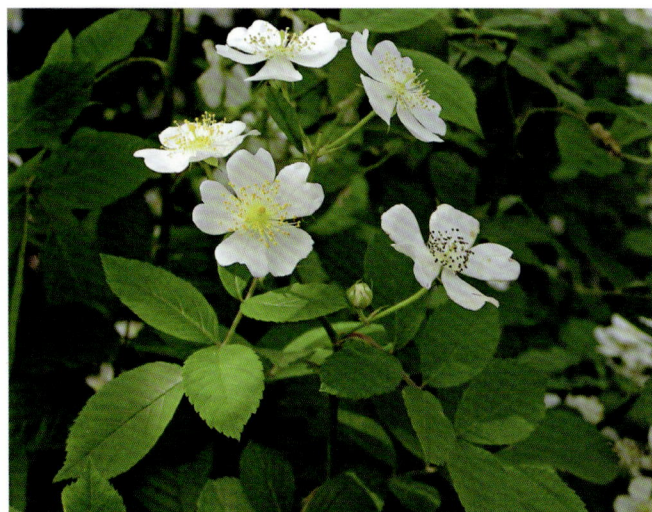

七姊妹 *Rosa multiflora* **var.** *carnea* Thory

粉团蔷薇 *Rosa multiflora* **var.** *cathayensis* Rehd. et Wils.

缫丝花 *Rosa roxburghii* Tratt.

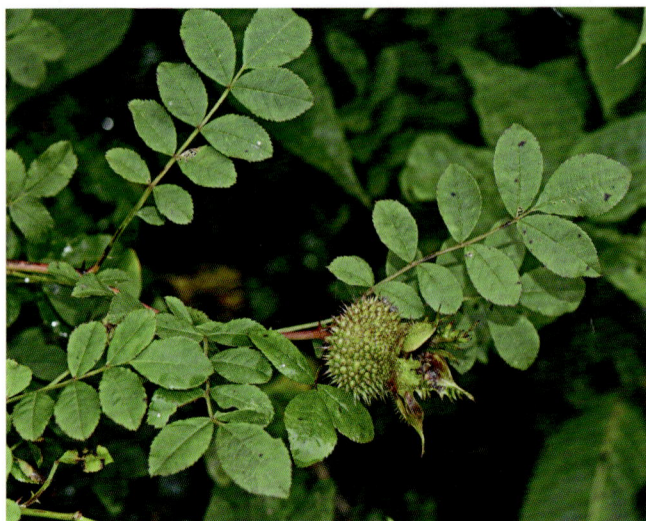

悬钩子蔷薇 *Rosa rubus* Lévl. et Vant.

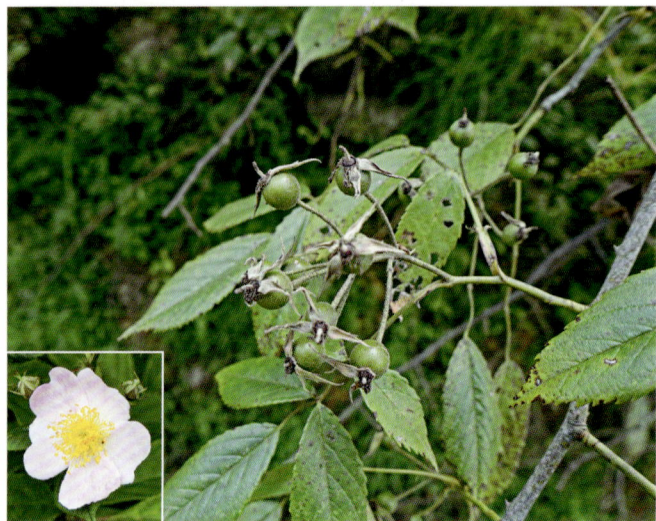

* **玫瑰** *Rosa rugosa* Thunb.

钝叶蔷薇 *Rosa sertata* Rolfe

腺毛莓 *Rubus adenophorus* Rolfe

粗叶悬钩子 *Rubus alceifolius* Poir.

周毛悬钩子
Rubus amphidasys Focke ex Diels

尾叶悬钩子
Rubus caudifolius Wuzhi

寒莓
Rubus buergeri Miq.

长序莓 *Rubus chiliadenus* Focke

掌叶复盆子 *Rubus chingii* Hu

毛萼莓 *Rubus chroosepalus* Focke

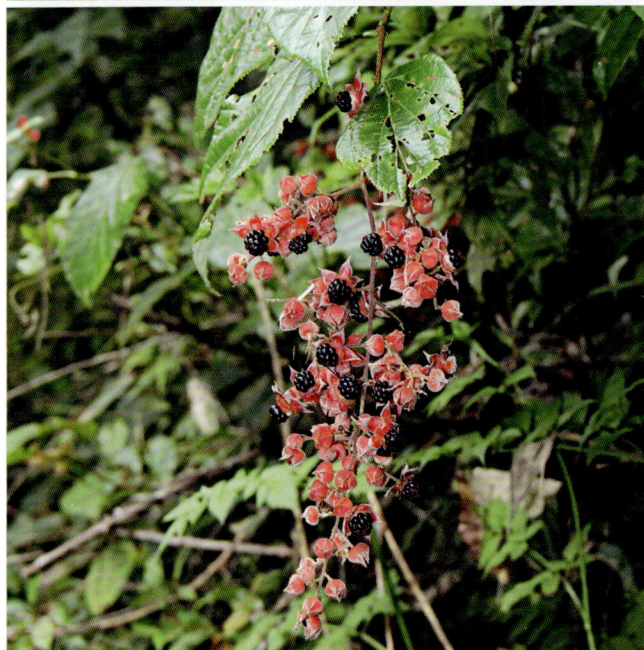

小柱悬钩子 *Rubus columellaris* Tutcher

山莓 *Rubus corchorifolius* L. f.

插田泡
Rubus coreanus Miq.

毛叶插田泡
Rubus coreanus var. *tomentosus* Card.

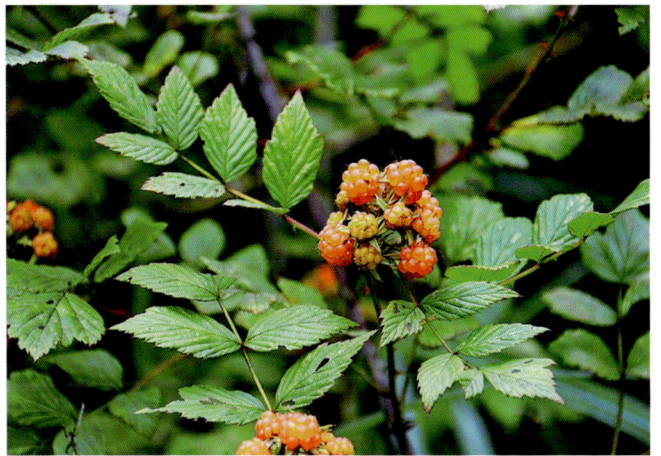

厚叶悬钩子 *Rubus crassifolius* Yü et Lu

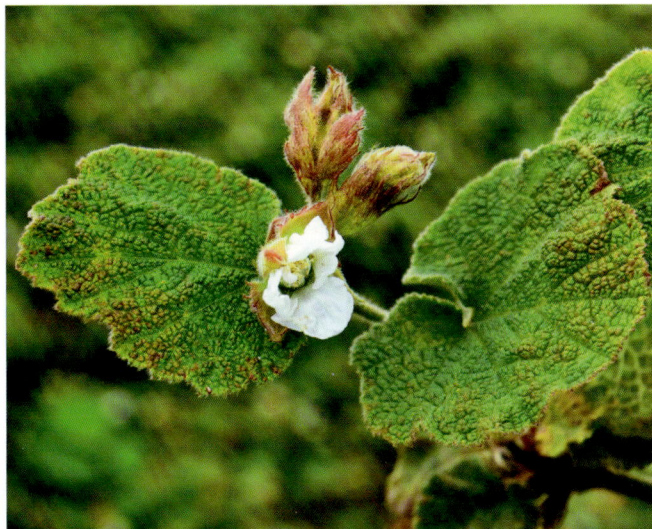

闽粤悬钩子 *Rubus dunnii* Metc.

大红泡
Rubus eustephanus Focke ex Diels

攀枝莓
Rubus flagelliflorus Focke ex Diels

光果悬钩子
Rubus glabricarpus Cheng

腺果悬钩子
Rubus glandulosocarpus M. X. Nie

中南悬钩子　*Rubus grayanus* Maxim.

江西悬钩子　*Rubus gressittii* Metc.

华南悬钩子
Rubus hanceanus Ktze.

蓬蘽 ***Rubus hirsutus*** Thunb.

湖南悬钩子
Rubus hunanensis Hand.-Mazz.

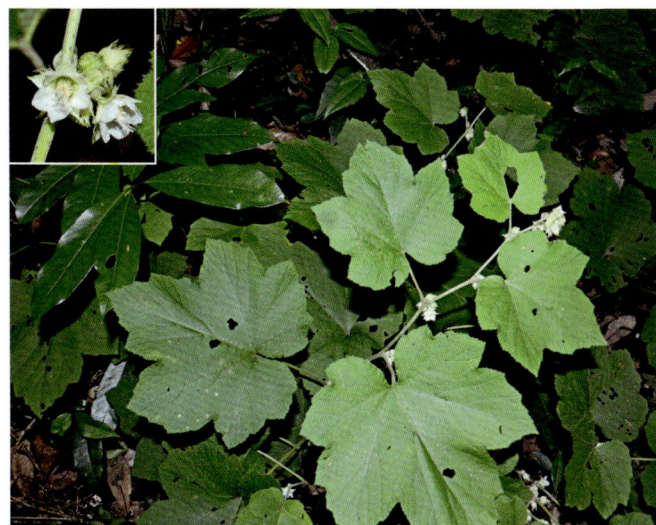

戟叶悬钩子
Rubus hastifolius Lévl. et Vant.

宜昌悬钩子
Rubus ichangensis Hemsl. et Ktze.

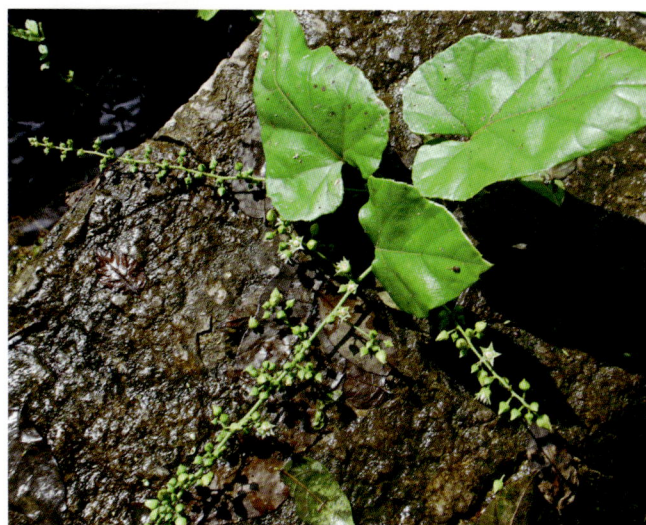

覆盆子
Rubus idaeus L.

陷脉悬钩子
Rubus impressinervius Metc.

白叶莓
Rubus innominatus S. Moore

蜜腺白叶莓 *Rubus innominatus* var. *aralioides* (Hance) Yü et Lu

五叶白叶莓
Rubus innominatus var. *quinatus* Bailey

无腺白叶莓 *Rubus innominatus* var. *kuntzeanus* (Hemsl.) Bailey

灰毛泡 *Rubus irenaeus* Focke

蒲桃叶悬钩子
Rubus jambosoides Hance

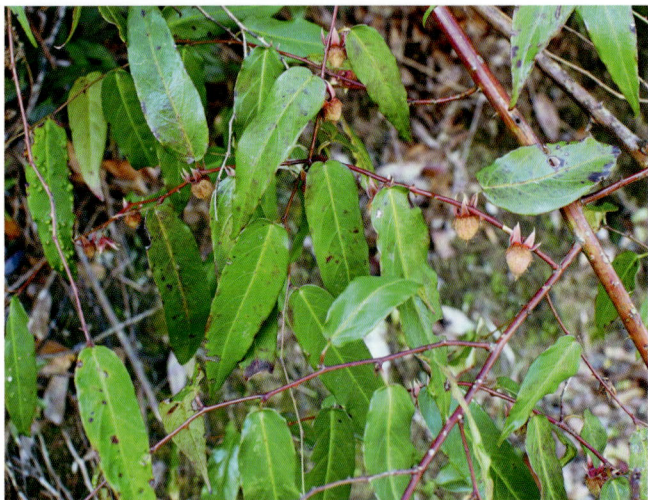

常绿悬钩子
Rubus jianensis L. T. Lu et Boufford

牯岭悬钩子 *Rubus kulinganus* Bailey

高粱泡
Rubus lambertianus Ser.

光滑高粱泡
Rubus lambertianus var. glaber Hemsl.

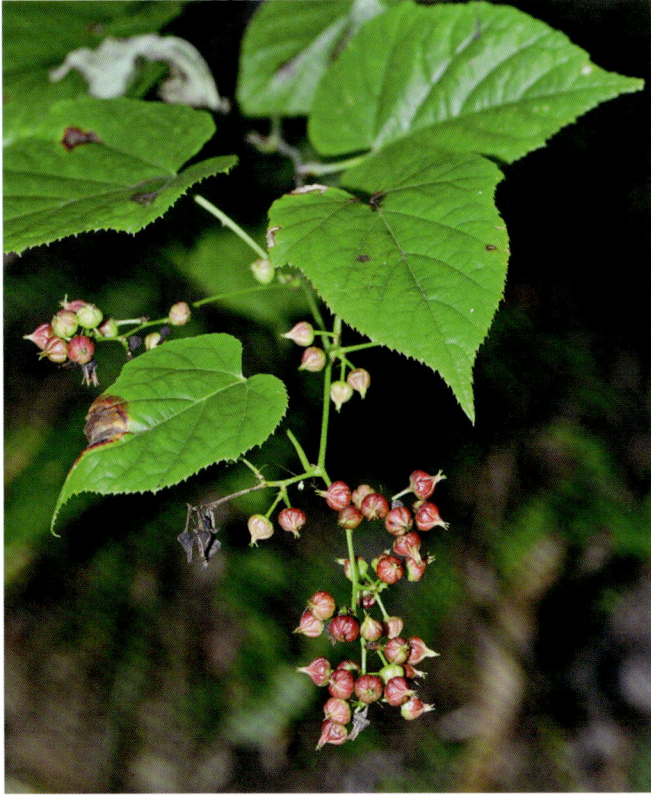

白花悬钩子
Rubus leucanthus Hance

棠叶悬钩子 *Rubus malifolius* Focke

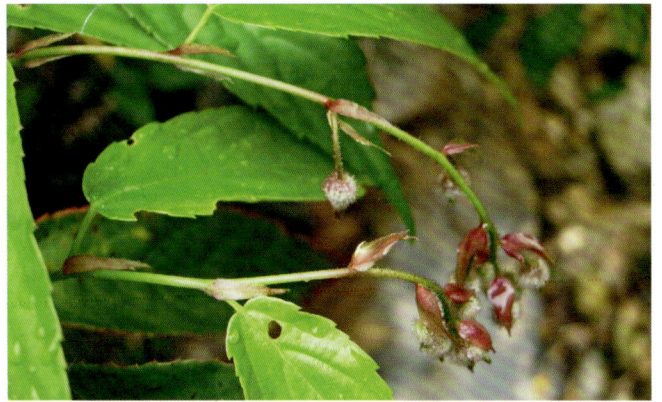

太平莓 *Rubus pacificus* Hance

茅莓 *Rubus parvifolius* L.

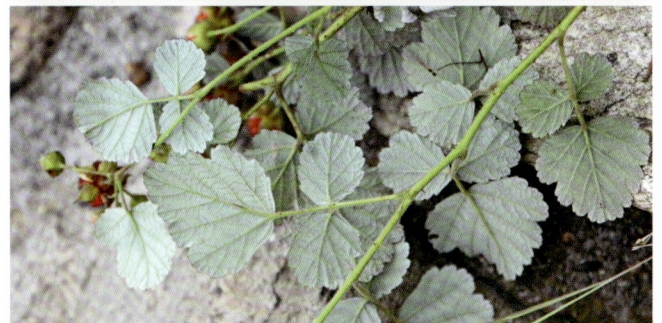

黄泡 *Rubus pectinellus* Maxim.

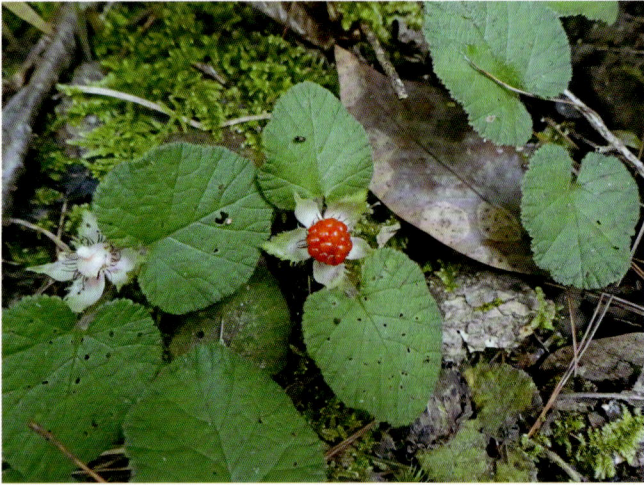

盾叶莓 *Rubus peltatus* Maxim.

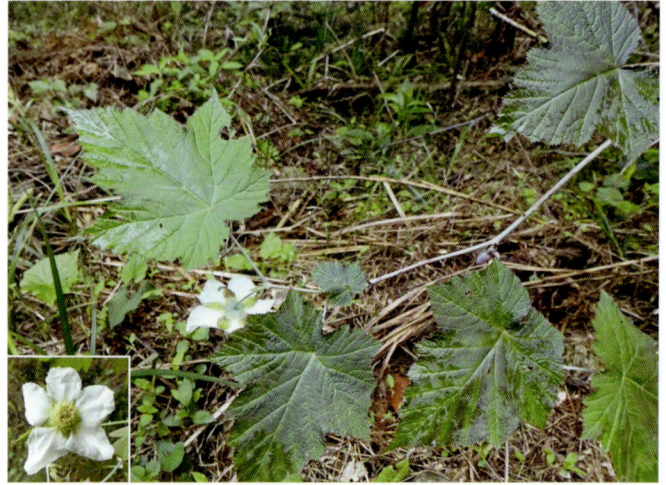

梨叶悬钩子 *Rubus pirifolius* Smith

针刺悬钩子 *Rubus pungens* Camb.

香莓
Rubus pungens **var.** *oldhamii* (Miq.) Maxim.

锈毛莓
Rubus reflexus Ker.

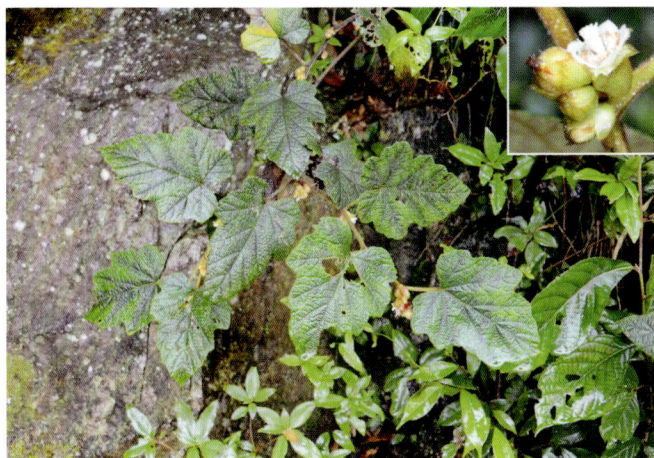

浅裂锈毛莓 *Rubus reflexus* var. *hui* (Diels apud Hu) Metc.

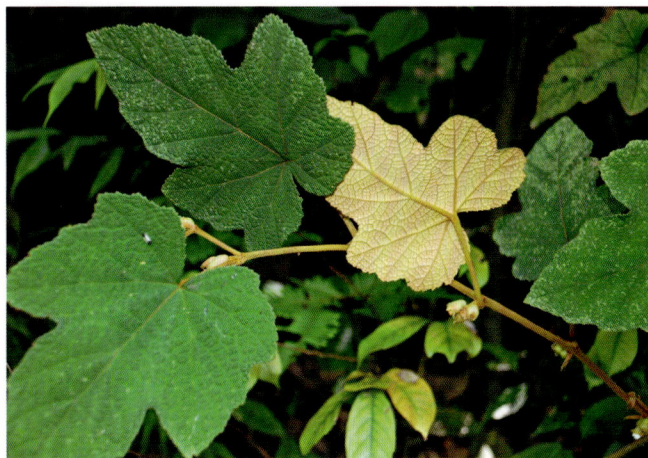

深裂锈毛莓
Rubus reflexus var. *lanceolobus* Metc.

长叶锈毛莓
Rubus reflexus var. *orogenes* Hand.-Mazz.

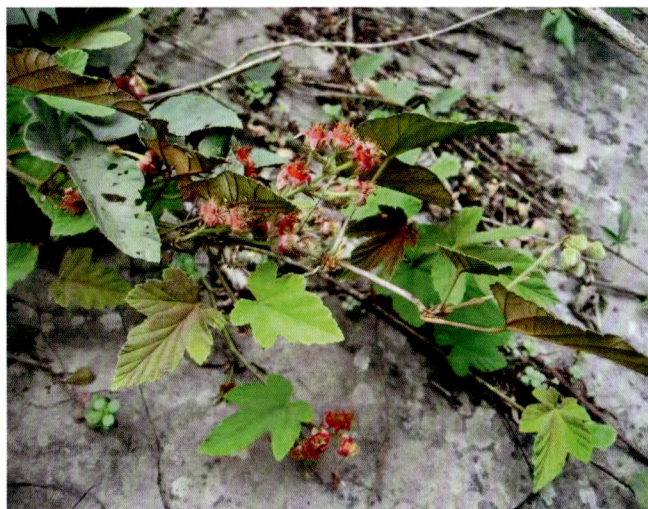

空心泡 *Rubus rosifolius* Smith

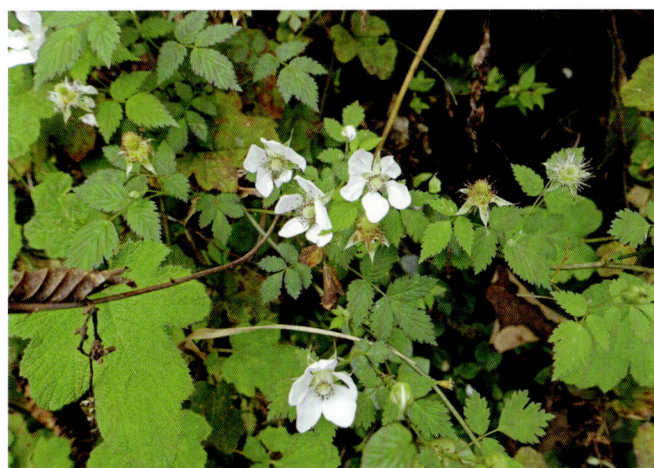

棕红悬钩子 *Rubus rufus* Focke

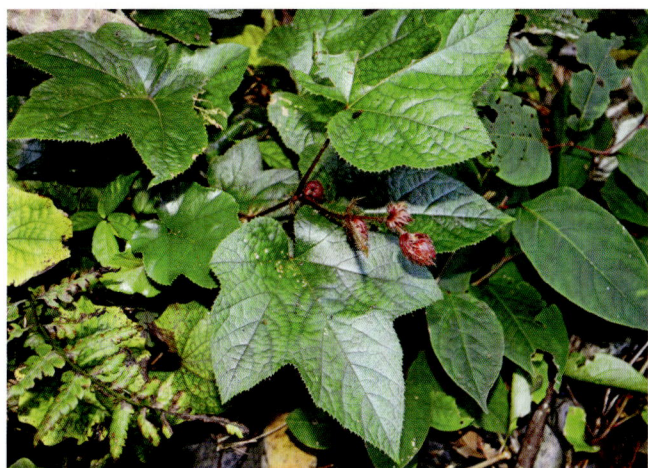

红腺悬钩子
Rubus sumatranus Miq.

木莓
Rubus swinhoei Hance

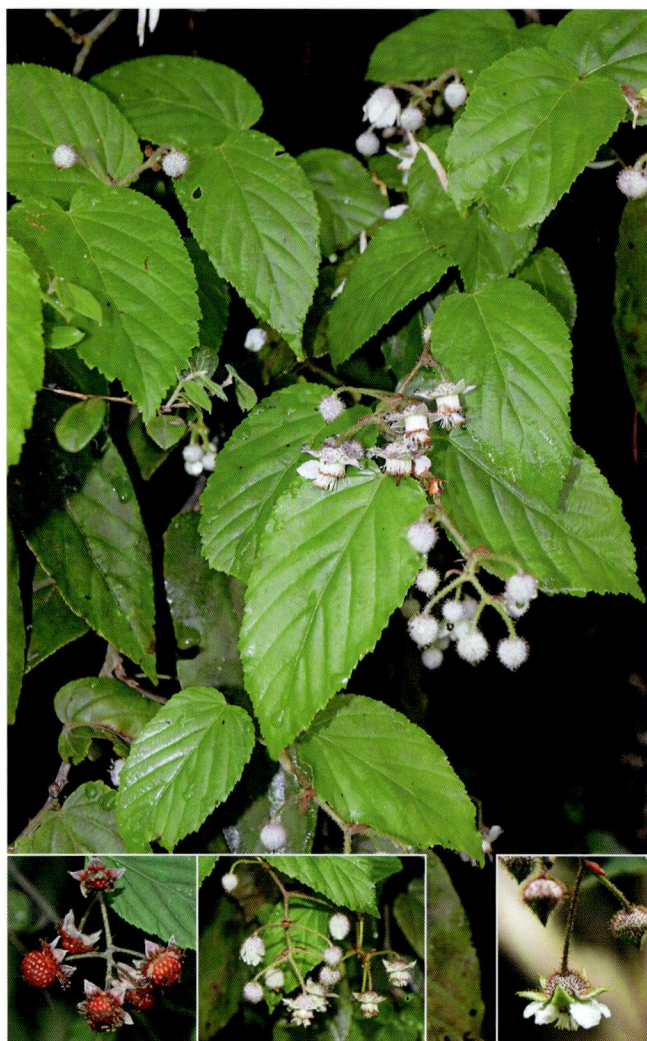

灰白毛莓
Rubus tephrodes Hance

无腺灰白毛莓 *Rubus tephrodes* **var. ampliflorus** (Lévl. et Vant.) Hand.-Mazz.

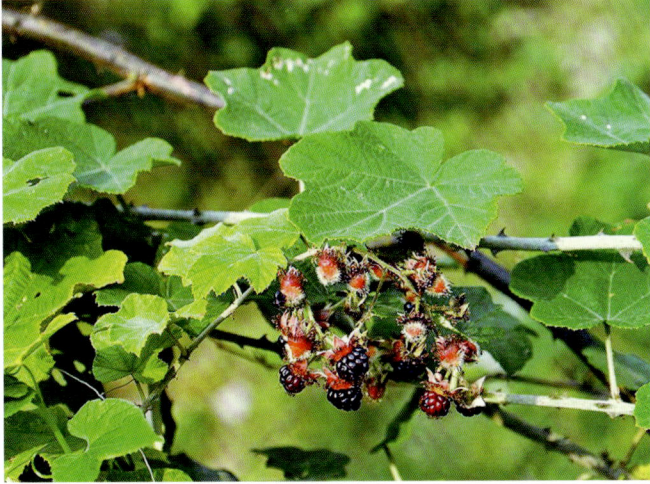

长腺灰白毛莓 *Rubus tephrodes* **var. setosissimus** Hand.-Mazz.

三花悬钩子 *Rubus trianthus* Focke

光滑悬钩子 *Rubus tsangii* Merr.

东南悬钩子
Rubus tsangiorum Hand.-Mazz

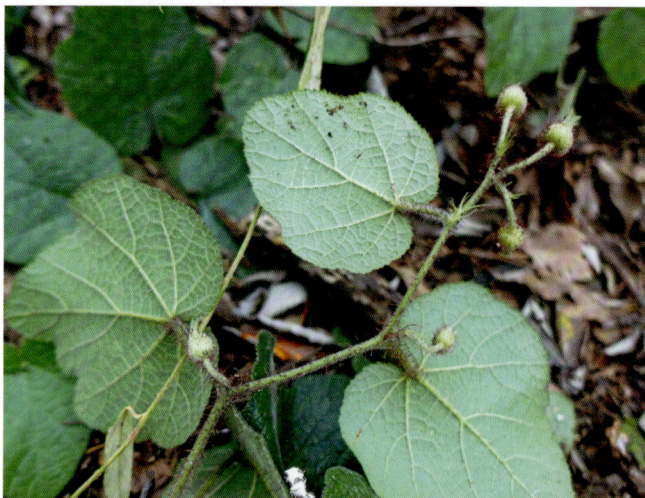

黄脉莓
Rubus xanthoneurus Focke

地榆
Sanguisorba officinalis L.

长叶地榆 *Sanguisorba officinalis* var.
longifolia (Bertol.) Yü et Li

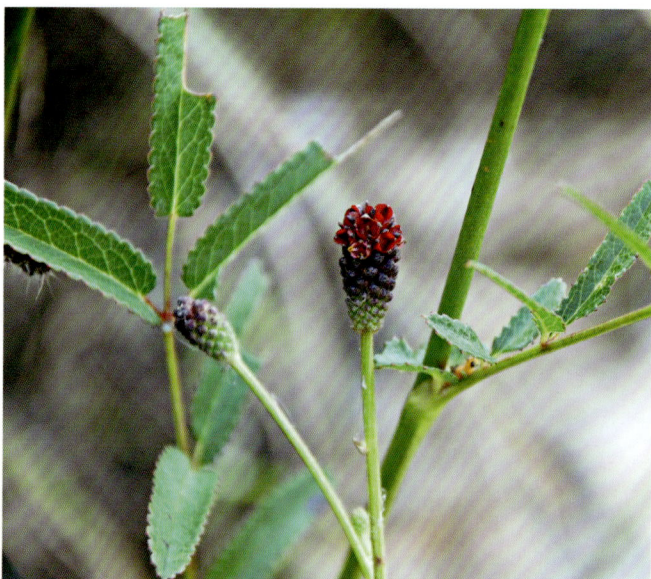

水榆花楸
Sorbus alnifolia (Sieb. et Zucc.) K. Koch

黄山花楸
Sorbus amabilis Cheng ex Yü

美脉花楸
Sorbus caloneura (Stapf) Rehd.

棕脉花楸
Sorbus dunnii Rehd.

石灰花楸
Sorbus folgneri (Schneid.) Rehd.

江南花楸 *Sorbus hemsleyi* (Schneid.) Rehd.

大果花楸 *Sorbus megalocarpa* Rehd.

湖北花楸 *Sorbus hupehensis* Schneid.

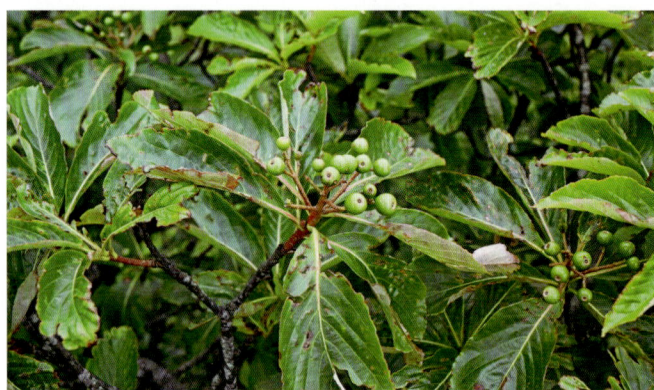

毛序花楸 *Sorbus keissleri* (Schneid.) Rehd.

华西花楸 *Sorbus wilsoniana* Schneid.

绣球绣线菊 *Spiraea blumei* G. Don

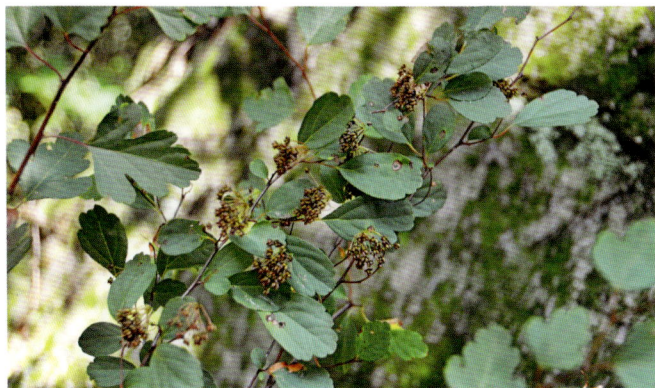

麻叶绣线菊 *Spiraea cantoniensis* Lour.

中华绣线菊 *Spiraea chinensis* Maxim.

毛花绣线菊 *Spiraea dasyantha* Bunge

疏毛绣线菊 *Spiraea hirsuta* (Hemsl.) Schneid.

渐尖粉花绣线菊 *Spiraea japonica* var. *acuminata* Franch.

光叶粉花绣线菊 *Spiraea japonica* var. *fortunei* (Planchon) Rehd.

无毛粉花绣线菊 *Spiraea japonica* var. *glabra* (Regel) Koidz.

李叶绣线菊
Spiraea prunifolia Sieb. et Zucc.

单瓣李叶绣线菊
Spiraea prunifolia var. *simpliciflora* Nakai

珍珠绣线菊
Spiraea thunbergii Bl.

菱叶绣线菊
Spiraea vanhouttei (Briot) Zabel

华空木　*Stephanandra chinensis* Hance

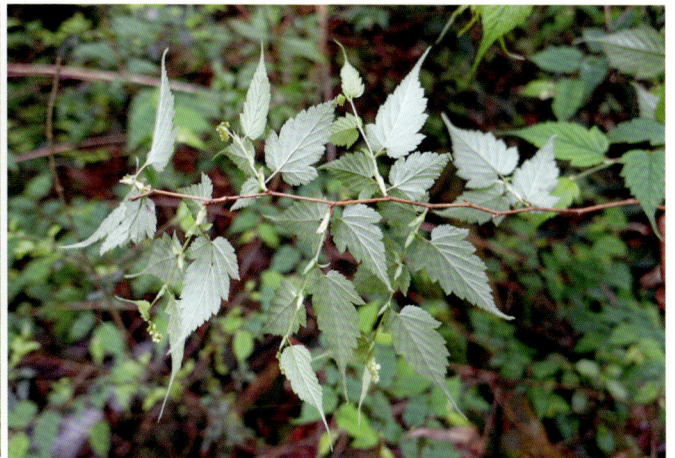

椤木　*Weniomeles bodinieri* (H. Lév.) B. B. Liu
[*Stranvaesia bodinieri* (Lévl.) B. B. Liu et J. Wen]

A146 胡颓子科 Elaeagnaceae

佘山羊奶子 *Elaeagnus argyi* Lévl.

长叶胡颓子 *Elaeagnus bockii* Diels

毛木半夏 *Elaeagnus courtoisii* Belval

巴东胡颓子 *Elaeagnus difficilis* Serv.

蔓胡颓子 *Elaeagnus glabra* Thunb.

角花胡颓子 *Elaeagnus gonyanthes* Benth.

宜昌胡颓子 *Elaeagnus henryi* Warb.

钟花胡颓子 *Elaeagnus griffithii* Serv.

湖南胡颓子
Elaeagnus hunanensis C. J. Qi et Q. Z. Lin

江西羊奶子
Elaeagnus jiangxiensis C. Y. Chang

披针叶胡颓子 *Elaeagnus lanceolata* Warb.

银果牛奶子 *Elaeagnus magna* Rehd.

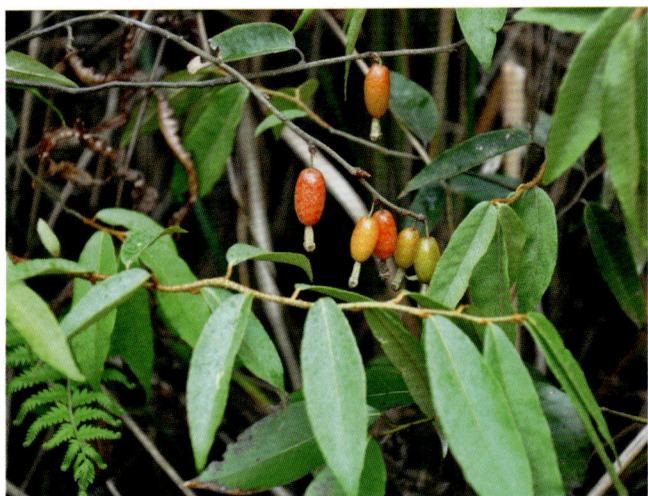

木半夏 *Elaeagnus multiflora* Thunb.

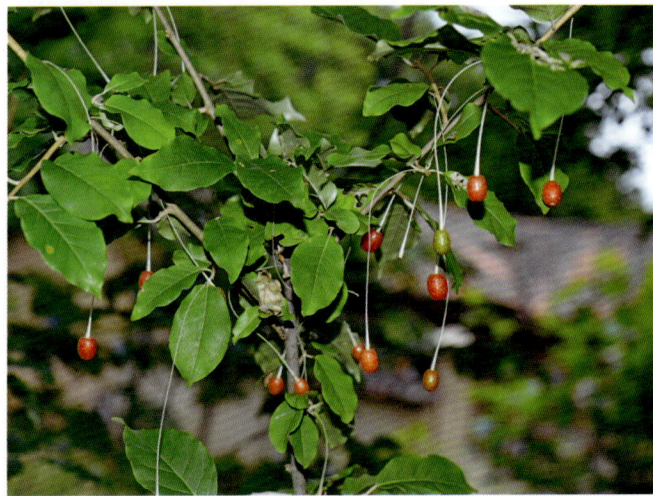

胡颓子 *Elaeagnus pungens* Thunb.

星毛羊奶子 *Elaeagnus stellipila* Rehd.

牛奶子 *Elaeagnus umbellata* Thunb.

A147　鼠李科　Rhamnaceae

多花勾儿茶 *Berchemia floribunda* (Wall.) Brongn.

大叶勾儿茶
Berchemia huana Rehd.

牯岭勾儿茶
Berchemia kulingensis Schneid.

多叶勾儿茶
Berchemia polyphylla Wall. ex Laws

光枝勾儿茶 *Berchemia polyphylla* var. *leioclada* Hand.-Mazz.

勾儿茶
Berchemia sinica Schneid.

长叶冻绿
Frangula crenata (Sieb. et Zucc.) Miq.
[*Rhamnus crenata* Sieb. et Zucc.]

两色冻绿 *Frangula crenata* **var. *discolor***
(Rehder) H. Yu, H. G. Ye et N. H. Xia
[*Rhamnus crenata* var. *discolor* Rehd.]

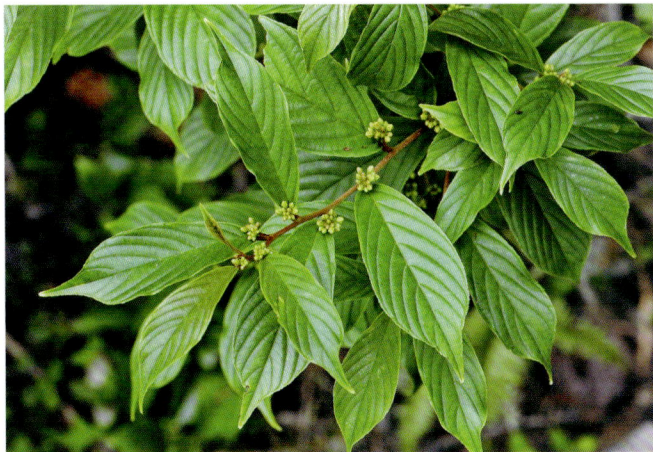

长柄鼠李 *Frangula longipes*
(Merr. et Chun) Grubov
[*Rhamnus longipes* Merr. et Chun]

枳椇 *Hovenia acerba* Lindl.

北枳椇 *Hovenia dulcis* Thunb.

毛果枳椇
Hovenia trichocarpa Chun et Tsiang

光叶毛果枳椇 *Hovenia trichocarpa* **var.** *robusta* (Nakai et Y. Kimura) Y. L. Chon et P. K. Chou

铜钱树
Paliurus hemsleyanus Rehd.

硬毛马甲子
Paliurus hirsutus Hemsl.

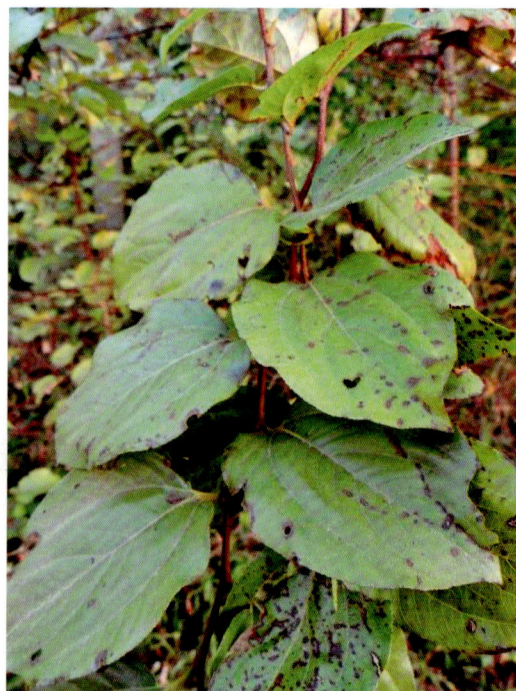

马甲子
Paliurus ramosissimus (Lour.) Poir.

猫乳
Rhamnella franguloides (Maxim.) Weberb.

山绿柴
Rhamnus brachypoda C. Y. Wu ex Y. L. Chen

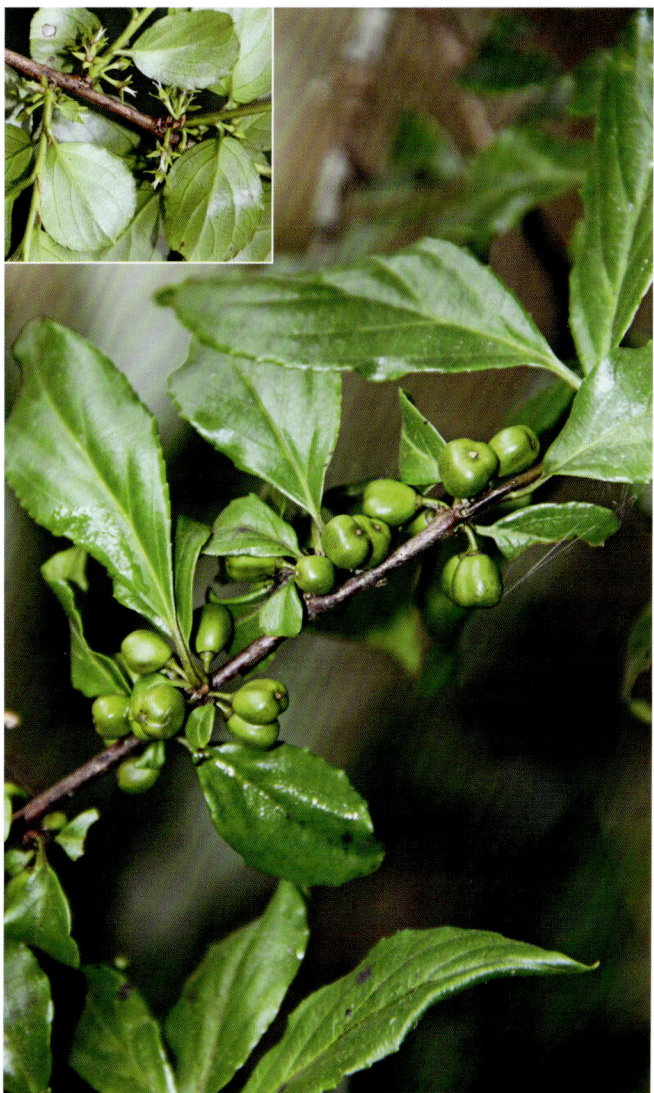

圆叶鼠李
Rhamnus globosa Bunge

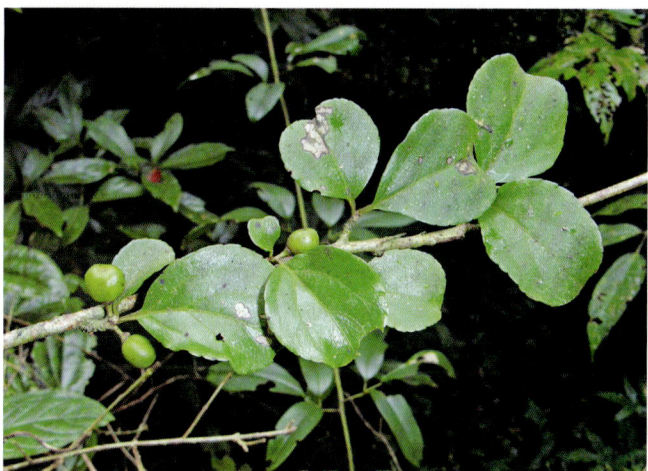

钩齿鼠李
Rhamnus lamprophylla Schneid.

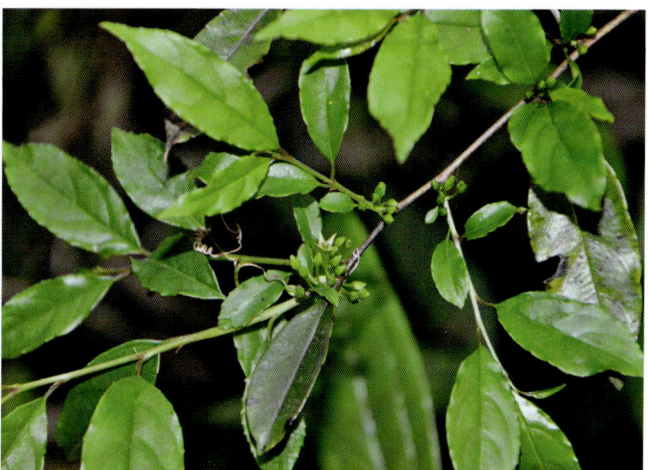

薄叶鼠李
Rhamnus leptophylla Schneid.

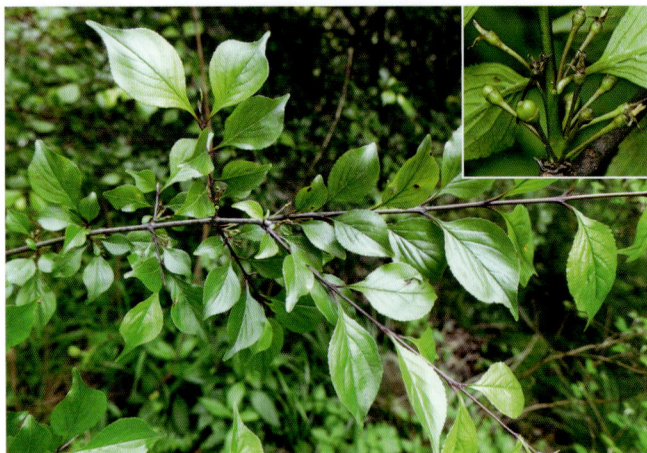

皱叶鼠李 *Rhamnus rugulosa* Hemsl.

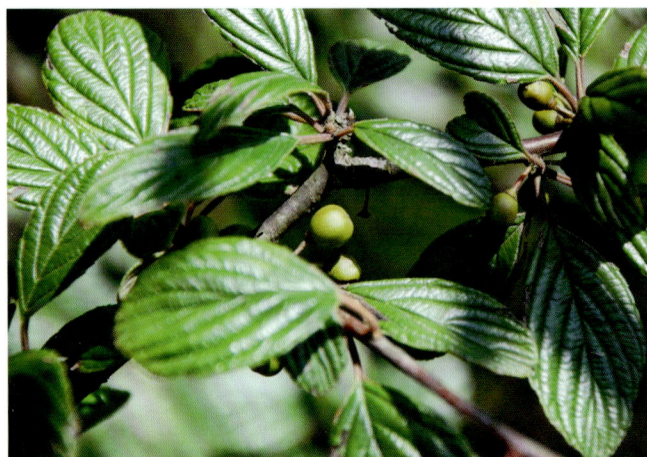

尼泊尔鼠李
Rhamnus napalensis (Wall.) Laws.

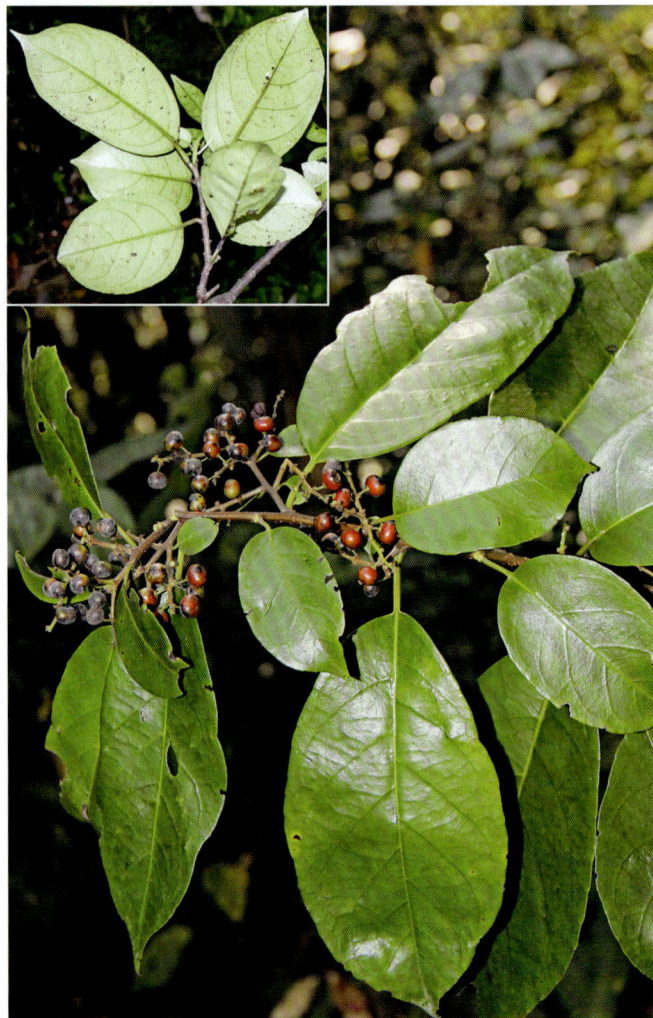

冻绿
Rhamnus utilis Decne.

山鼠李
Rhamnus wilsonii Schneid.

毛山鼠李
Rhamnus wilsonii var. *pilosa* Rehd.

钩刺雀梅藤
Sageretia hamosa (Wall.) Brongn.

梗花雀梅藤
Sageretia henryi Drumm. et Sprague

刺藤子
Sageretia melliana Hand.-Mazz.

皱叶雀梅藤 *Sageretia rugosa* Hance

尾叶雀梅藤
Sageretia subcaudata Schneid.

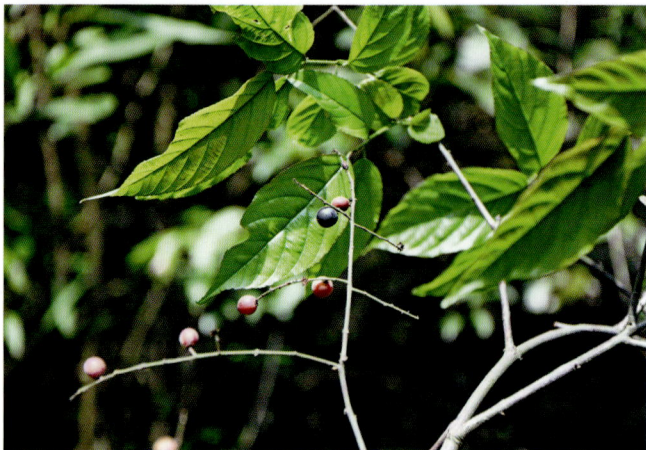

毛叶雀梅藤 *Sageretia thea* var. *tomentosa*
(Schneid.) Y. L. Chen et P. K. Chou

雀梅藤
Sageretia thea (Osbeck) Johnst.

翼核果
Ventilago leiocarpa Benth.

*枣
Ziziphus jujuba Mill.

A148　榆科 Ulmaceae

兴山榆
Ulmus bergmanniana Schneid.

多脉榆
Ulmus castaneifolia Hemsl.

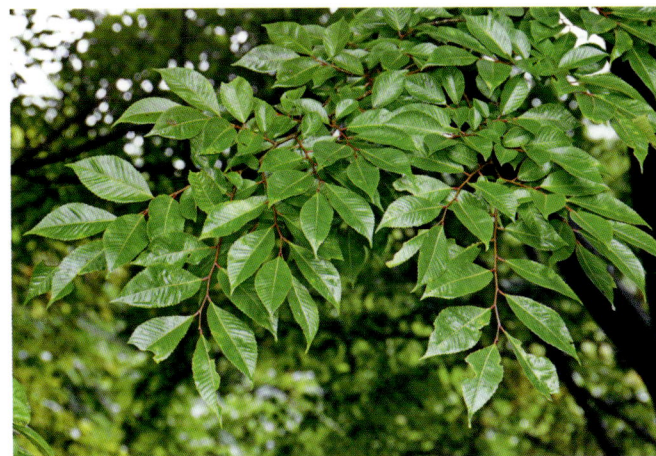

杭州榆
Ulmus changii Cheng

春榆 ***Ulmus davidiana* var. *japonica***
(Rehd.) Nakai

长序榆 ***Ulmus elongata*** L. K. Fu et C. S. Ding

榔榆 ***Ulmus parvifolia*** Jacq.

榆树 *Ulmus pumila* L.

红果榆 *Ulmus szechuanica* Fang

大叶榉树
Zelkova schneideriana Hand.-Mazz.

榉树
Zelkova serrata (Thunb.) Makino

A149 大麻科 Cannabaceae

糙叶树 *Aphananthe aspera* (Thunb.) Planch.

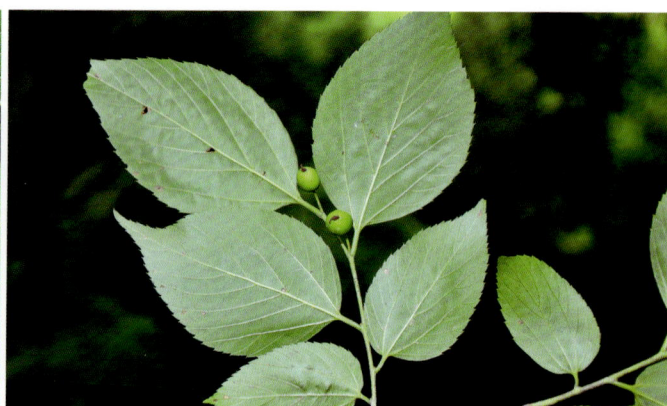

* 大麻　*Cannabis sativa* L.

紫弹树　*Celtis biondii* Pamp.

黑弹树　*Celtis bungeana* Bl.

珊瑚朴　*Celtis julianae* Schneid.

朴树　*Celtis sinensis* Pers.

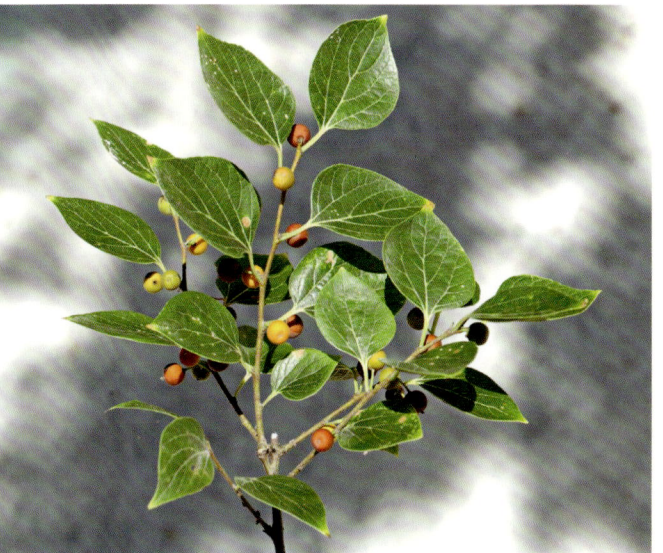

西川朴
Celtis vandervoetiana Schneid.

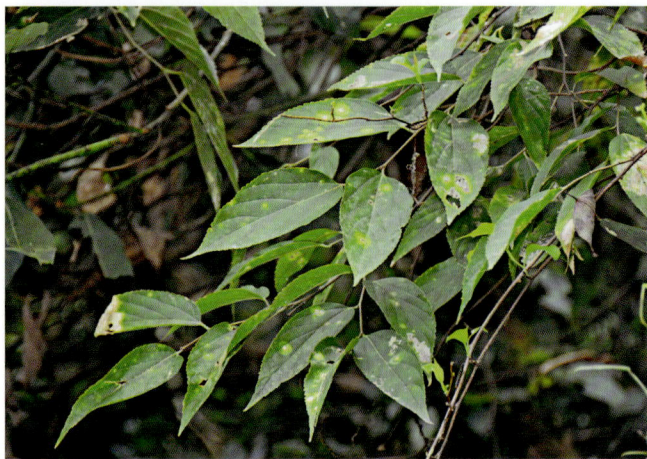

葎草
Humulus scandens (Lour.) Merr.

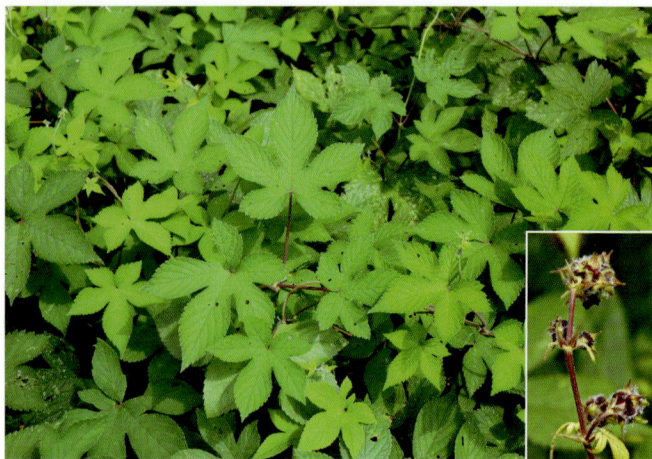

青檀
Pteroceltis tatarinowii Maxim.

光叶山黄麻
Trema cannabina Lour.

山油麻 *Trema cannabina* var. *dielsiana*
(Hand.-Mazz.) C. J. Chen

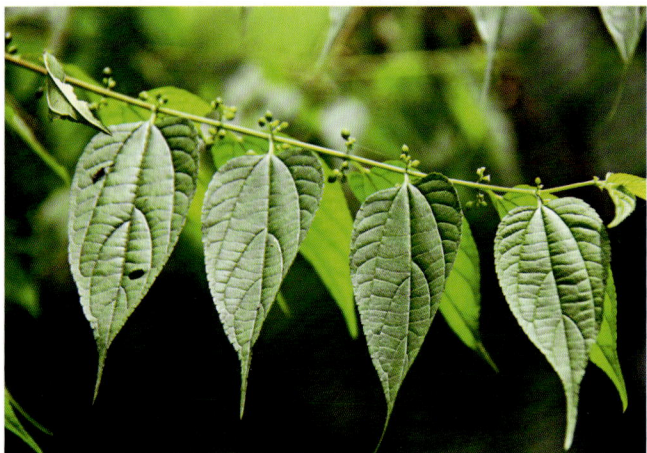

异色山黄麻
Trema orientalis (L.) Bl.

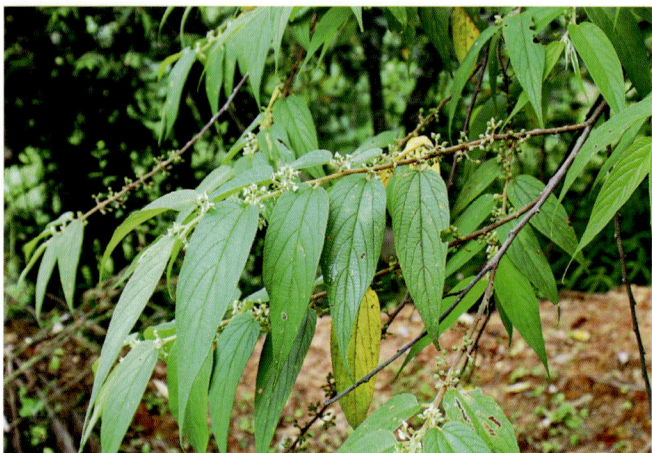

A150　桑科 Moraceae

白桂木 *Artocarpus hypargyreus* Hance　　　**藤构** *Broussonetia kaempferi* Sieb.

楮 *Broussonetia monoica* Hance

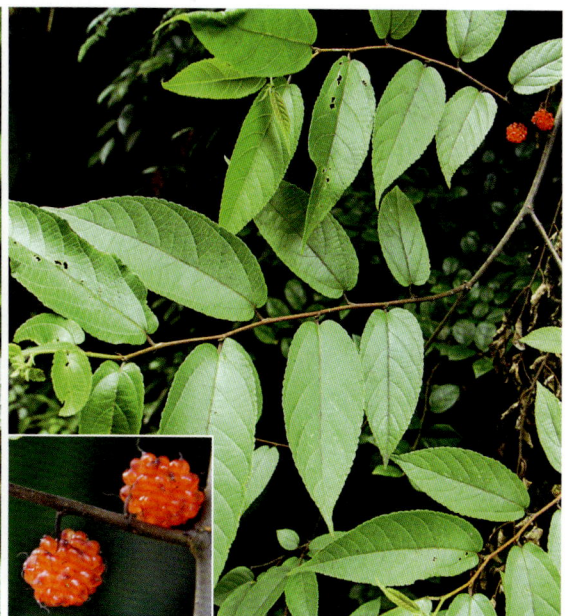

楮构 *Broussonetia* × *kazinoki* Sieb.

构树
Broussonetia papyrifera (L.) L'Hér. ex Vent.

水蛇麻
Fatoua villosa (Thunb.) Nakai

石榕树 *Ficus abelii* Miq.

* 无花果　*Ficus carica* L.

纸叶榕　*Ficus chartacea* Wall. ex King

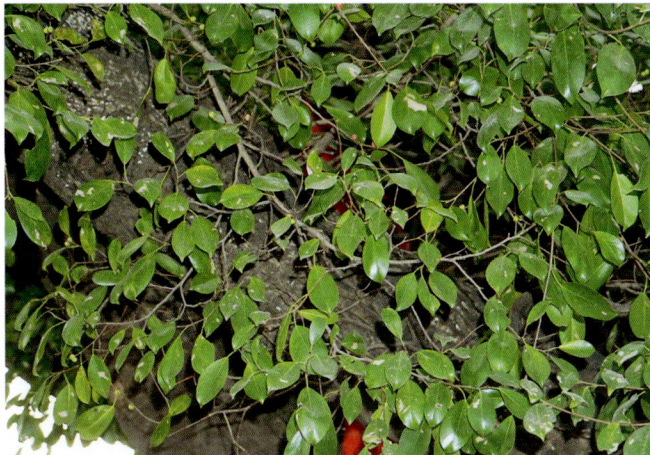

雅榕
Ficus concinna (Miq.) Miq.

糙毛榕
Ficus cumingii Miq.

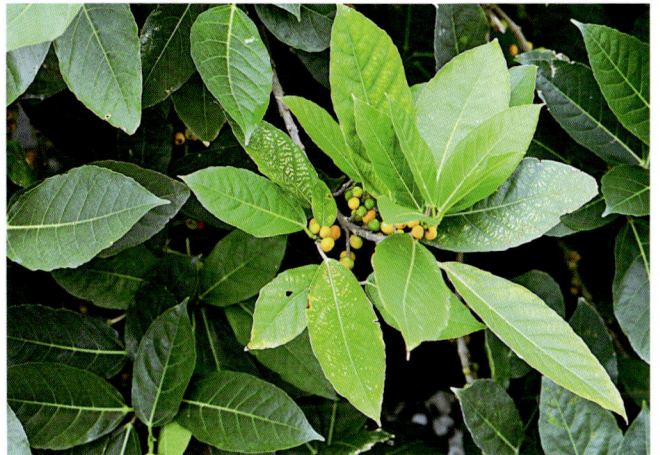

* 印度榕
Ficus elastica Roxb. ex Hornem.

矮小天仙果
Ficus erecta Thunb.

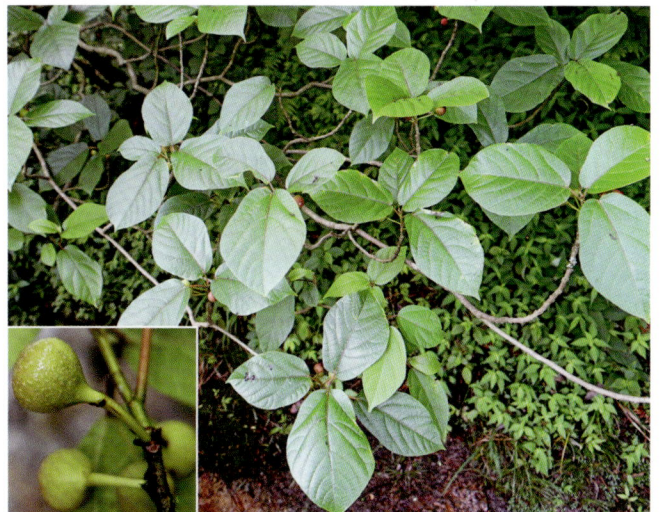

天仙果 *Ficus erecta* **var.** *beecheyana* (Hook. et Arn.) King

黄毛榕 *Ficus esquiroliana* H. Lévl.

台湾榕 *Ficus formosana* Maxim.

冠毛榕 *Ficus gasparriniana* Miq.

长叶冠毛榕 *Ficus gasparriniana* **var. esquirolii** (Lévl. et Vant.) Corner

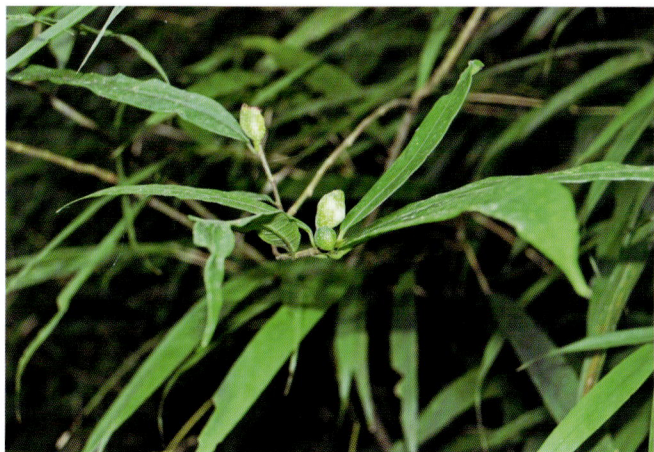

绿叶冠毛榕 *Ficus gasparriniana* **var. viridescens** (Lévl. et Vant.) Corner

异叶榕
Ficus heteromorpha Hemsl.

粗叶榕
Ficus hirta Vahl

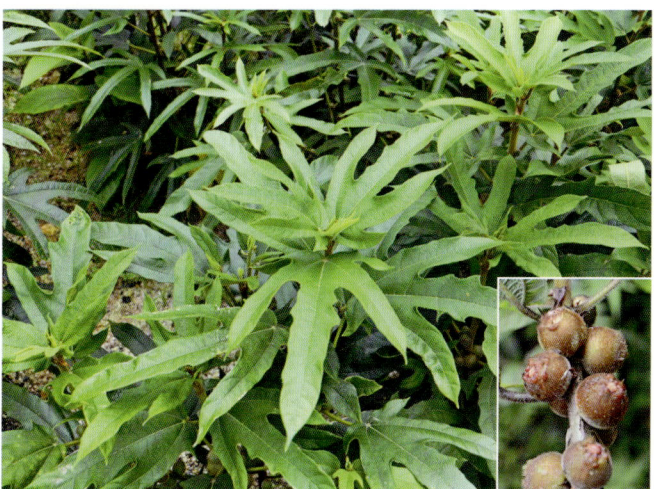

榕树
Ficus microcarpa L. f.

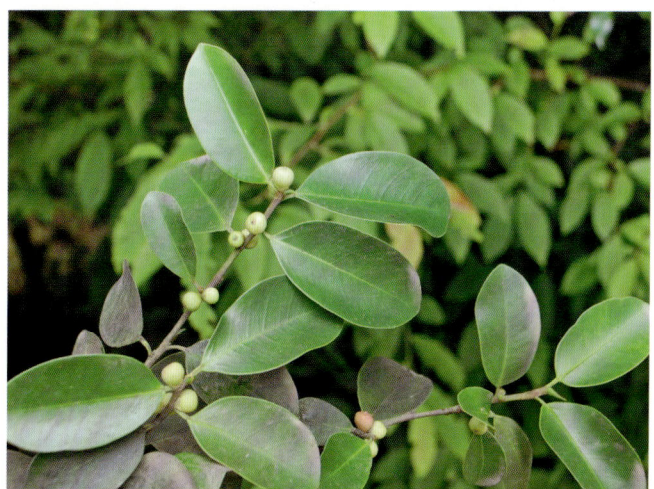

琴叶榕
Ficus pandurata Hance

全缘琴叶榕
Ficus pandurata var. *holophylla* Migo

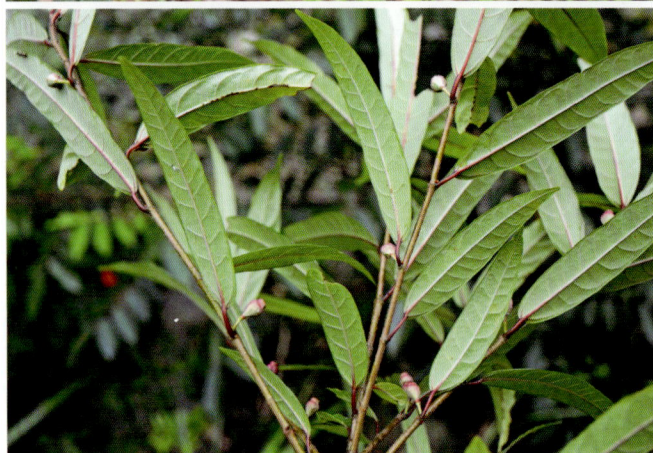

条叶榕
Ficus pandurata var. *angustifolia* Cheng

薜荔
Ficus pumila L.

匍茎榕
Ficus sarmentosa Buch.-Ham. ex J. E. Sm.

珍珠莲 *Ficus sarmentosa* var. *henryi* (King ex Oliv.) Corner

爬藤榕 *Ficus sarmentosa* var. *impressa* (Champ.) Corner

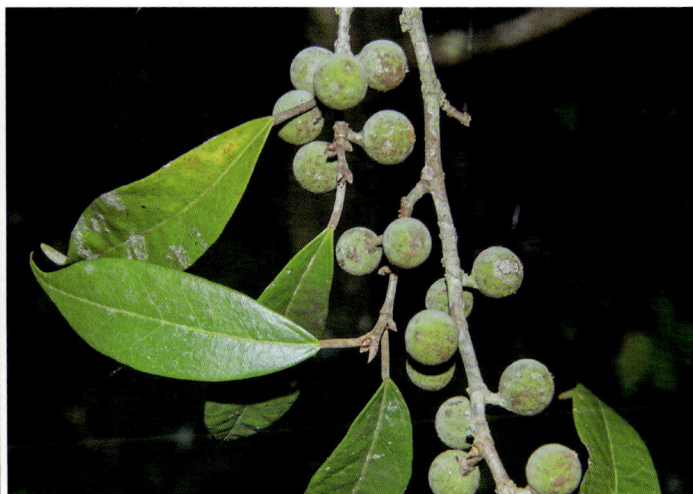

尾尖爬藤榕 *Ficus sarmentosa* var. *lacrymans* (Lévl. et Vant.) Corner

白背爬藤榕 *Ficus sarmentosa* **var.**
nipponica (Fr. et Savat.) King

竹叶榕
Ficus stenophylla Hemsl.

地果
Ficus tikoua Bur.

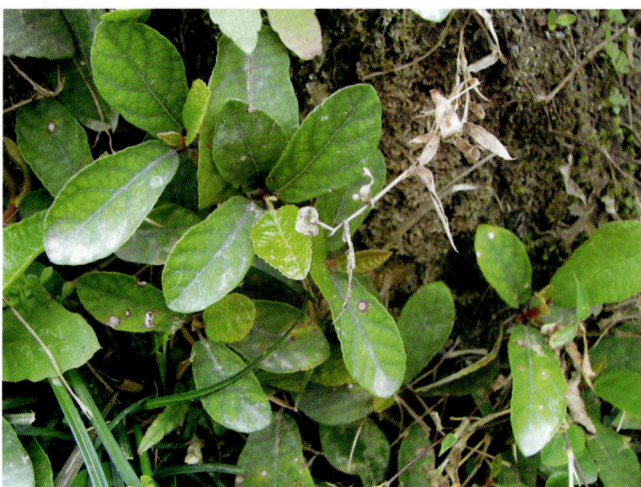

变叶榕
Ficus variolosa Lindl. ex Benth.

构棘
Maclura cochinchinensis (Loureiro) Corner

柘藤
Maclura fruticosa (Roxburgh) Corner

桑
Morus alba L.

鸡桑
Morus australis Poir.

柘
Maclura tricuspidata Carr.

华桑 *Morus cathayana* Hemsl.

蒙桑 *Morus mongolica* (Bur.) Schneid.

A151 荨麻科 Urticaceae

序叶苎麻 *Boehmeria clidemioides var. diffusa* (Wedd.) Hand.-Mazz.

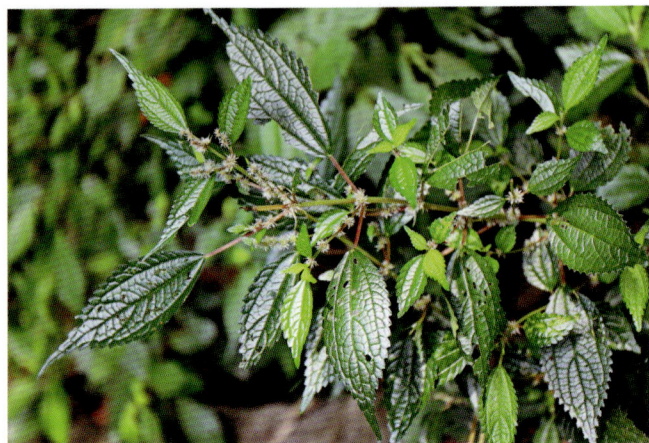

密球苎麻
Boehmeria densiglomerata W. T. Wang

海岛苎麻 *Boehmeria formosana* Hayata

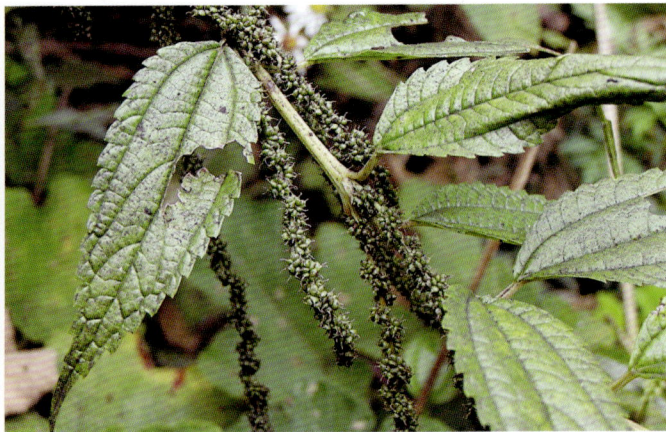

细苎麻 ***Boehmeria gracilis*** C. H. Wright

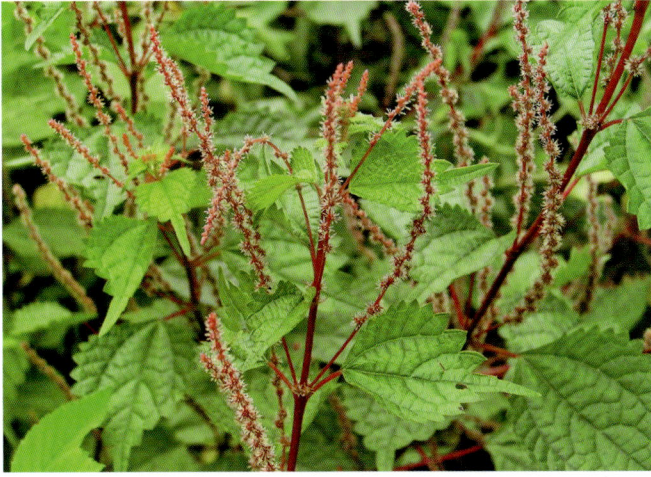

日本苎麻
Boehmeria japonica (L. f.) Miq.
[*Boehmeria grandifolia* Wedd.]

大叶苎麻 ***Boehmeria longispica*** Steud.

水苎麻
Boehmeria macrophylla Hornem.

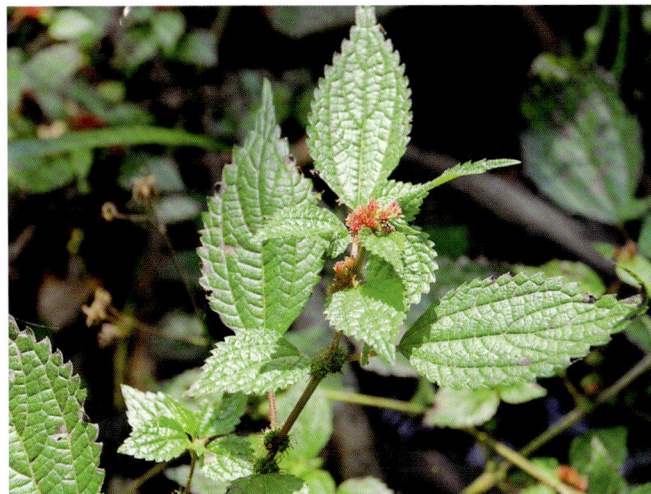

糙叶水苎麻 ***Boehmeria macrophylla*** var. ***scabrella*** (Roxb.) Long

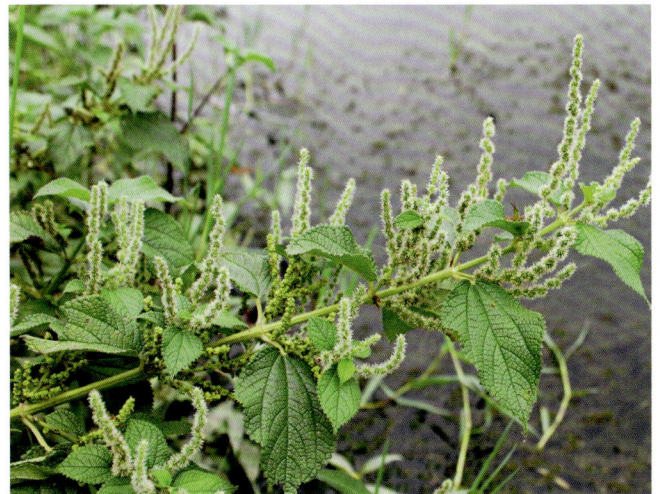

苎麻 *Boehmeria nivea* (L.) Gaudich.

青叶苎麻 *Boehmeria nivea* var. *tenacissima* (Gaudich.) Miq.

赤麻
Boehmeria silvestrii (Pamp.) W. T. Wang

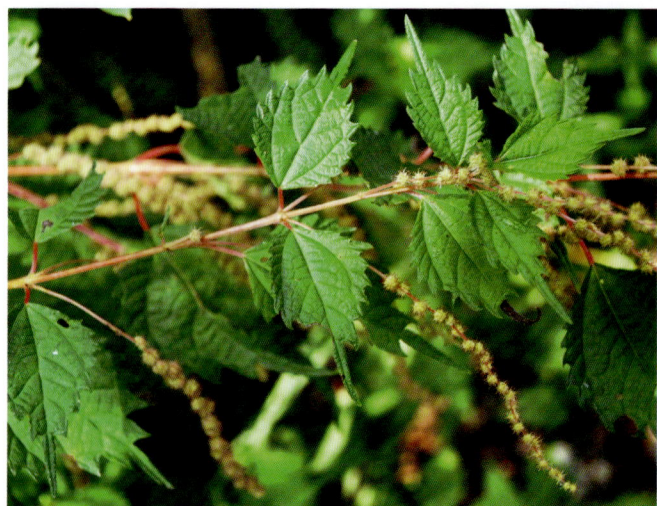

小赤麻
Boehmeria spicata (Thunb.) Thunb.

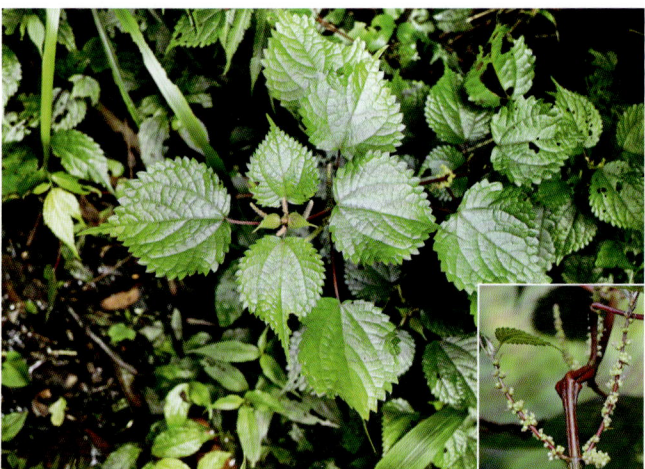

悬铃叶苎麻
Boehmeria tricuspis (Hance) Makino

微柱麻 *Chamabainia cuspidata* Wight

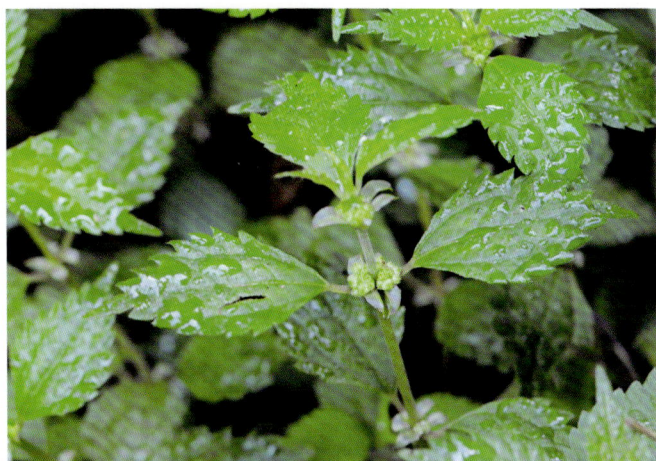

* 水麻 *Debregeasia orientalis* C. J. Chen

骤尖楼梯草
Elatostema cuspidatum Wight

锐齿楼梯草 *Elatostema cyrtandrifolium*
(Zoll. et Mor.) Miq.

宜昌楼梯草
Elatostema ichangense H. Schroter

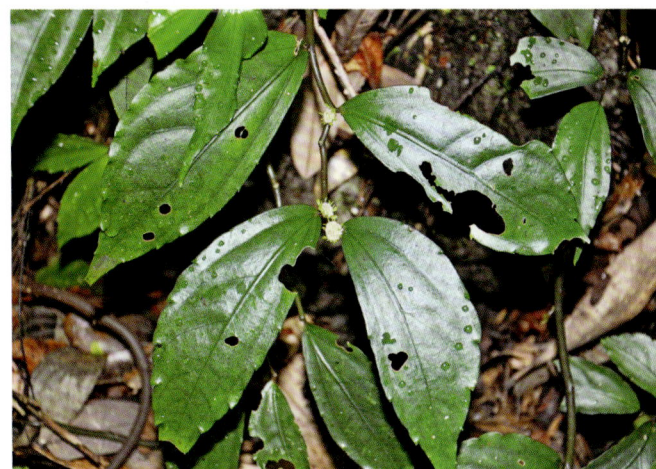

楼梯草
Elatostema involucratum Franch. et Savat.

狭叶楼梯草 *Elatostema lineolatum* Wight

托叶楼梯草 *Elatostema nasutum* Hook. f.

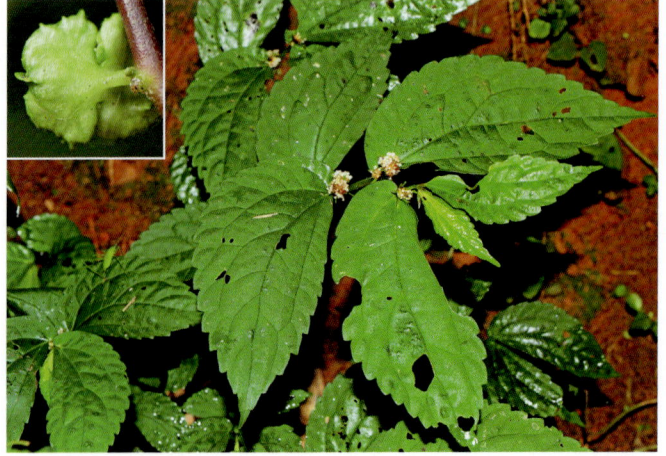

短毛楼梯草 *Elatostema nasutum* var. *puberulum* (W. T. Wang) W. T. Wang

对叶楼梯草
Elatostema sinense H. Schroter

庐山楼梯草
Elatostema stewardii Merr.

大蝎子草 *Girardinia diversifolia* (Link) Friis

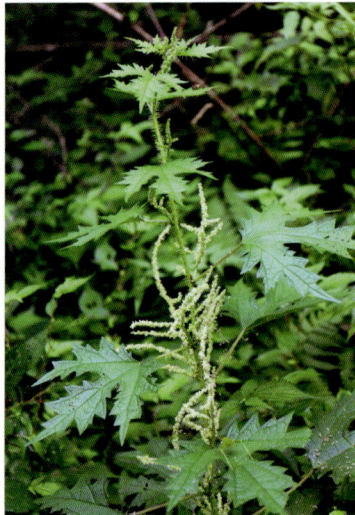

蝎子草 *Girardinia suborbiculata* C. J. Chen

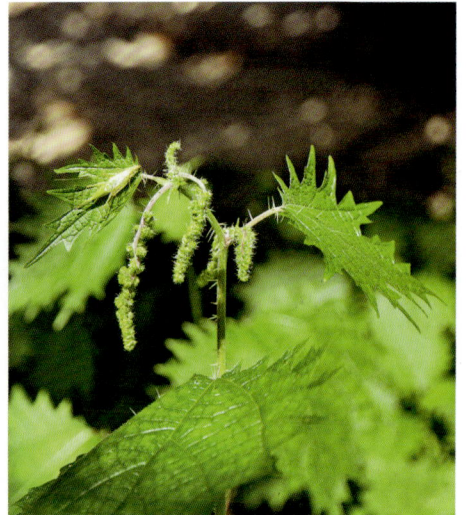

糯米团
Gonostegia hirta (Bl.) Miq.

珠芽艾麻
Laportea bulbifera (Sieb. et Zucc.) Wedd.

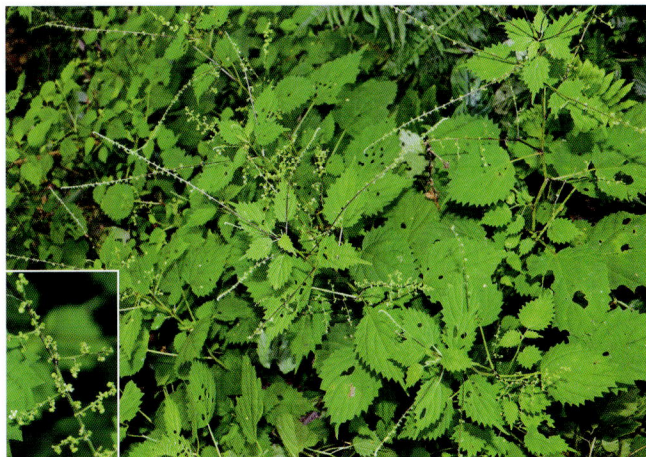

艾麻
Laportea cuspidata (Wedd.) Friis

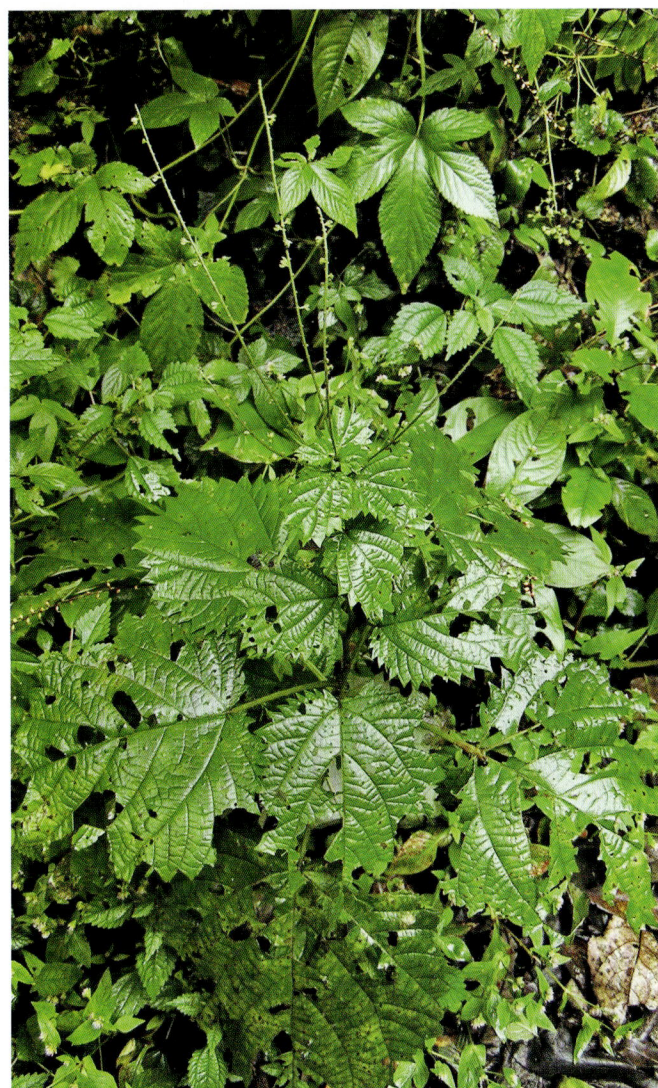

假楼梯草　*Lecanthus peduncularis*
(Wall. ex Royle) Wedd.

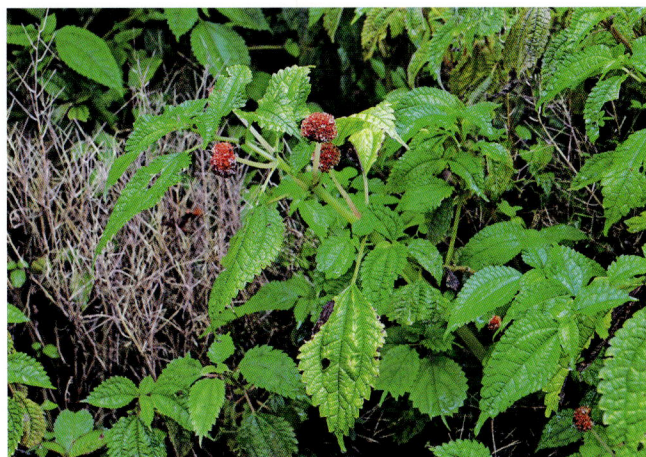

水丝麻
Maoutia puya (Hook.) Wedd.

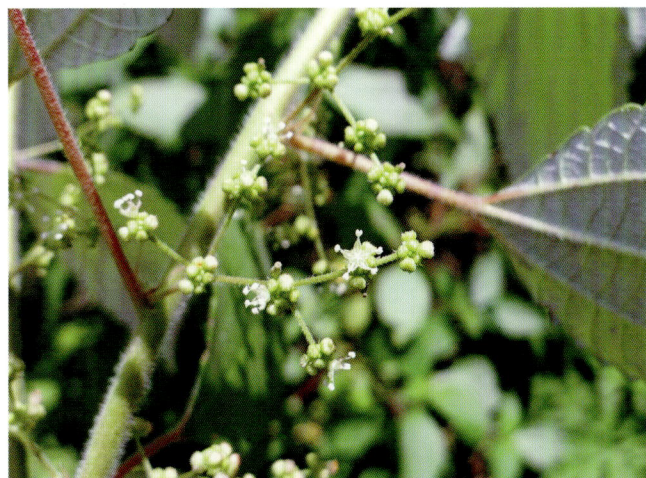

花点草
Nanocnide japonica Blume

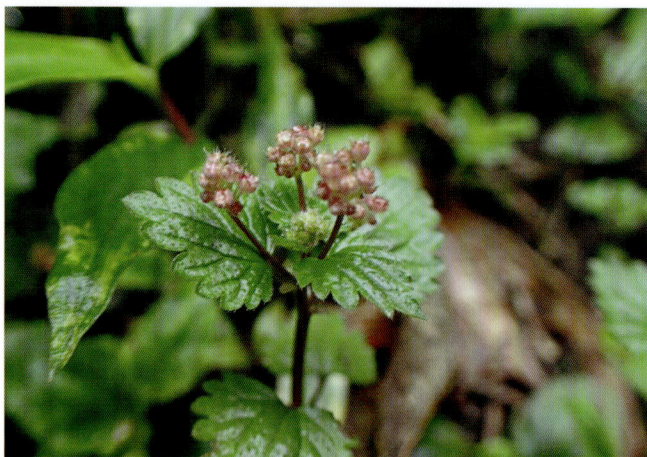

毛花点草
Nanocnide lobata Wedd.

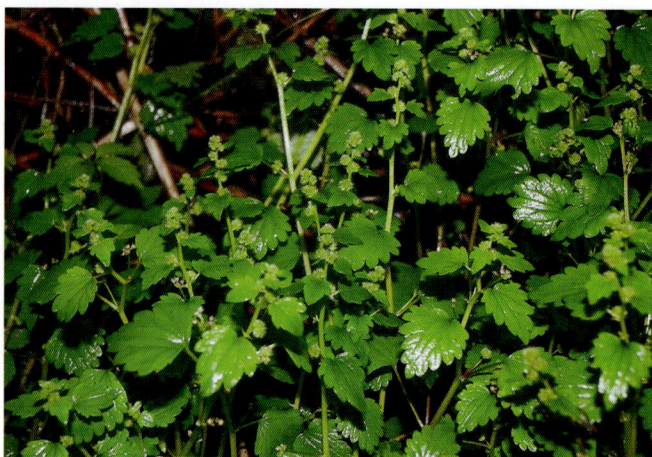

紫麻
Oreocnide frutescens (Thunb.) Miq.

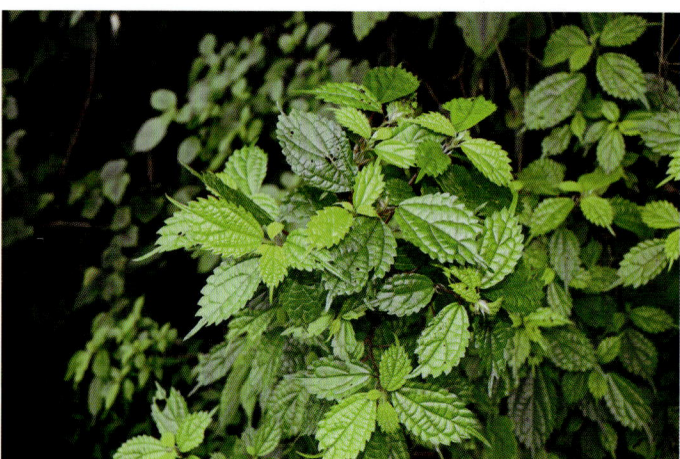

倒卵叶紫麻
Oreocnide obovata (C. H. Wright) Merr.

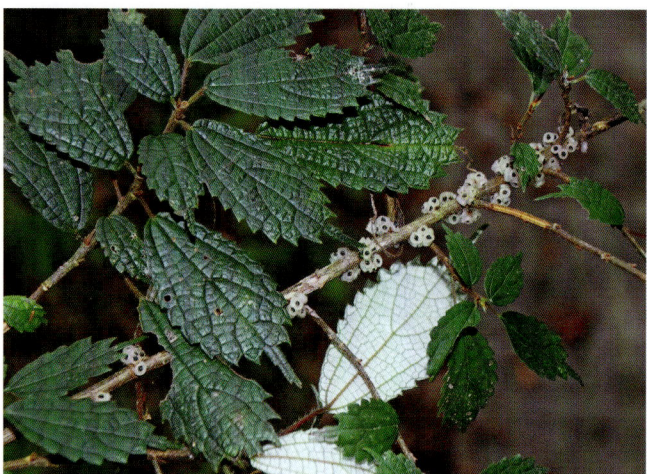

短叶赤车
Pellionia brevifolia Benth.

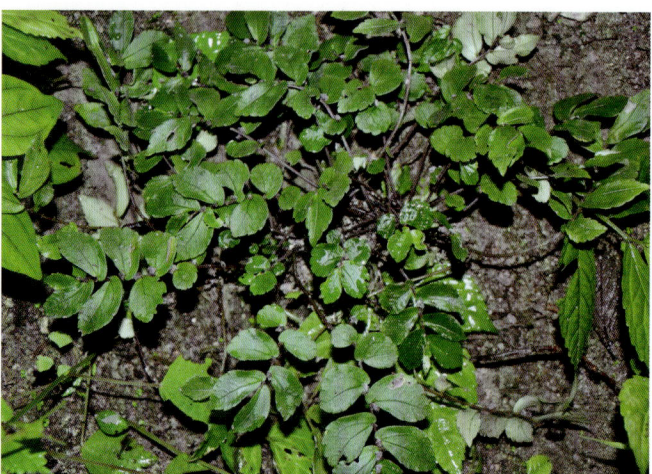

华南赤车
Pellionia grijsii Hance

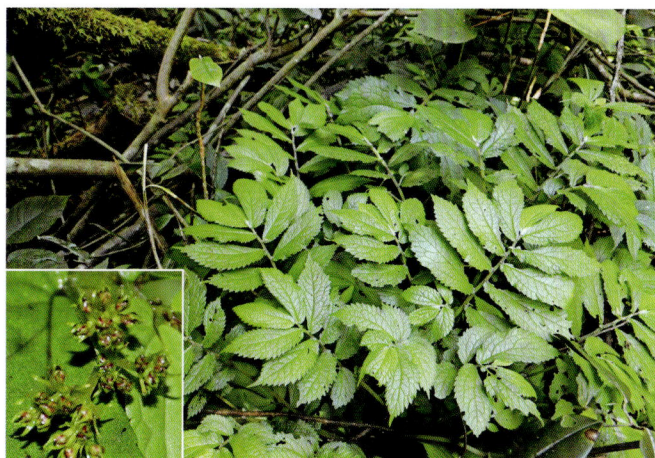

小赤车
Pellionia minima Makino

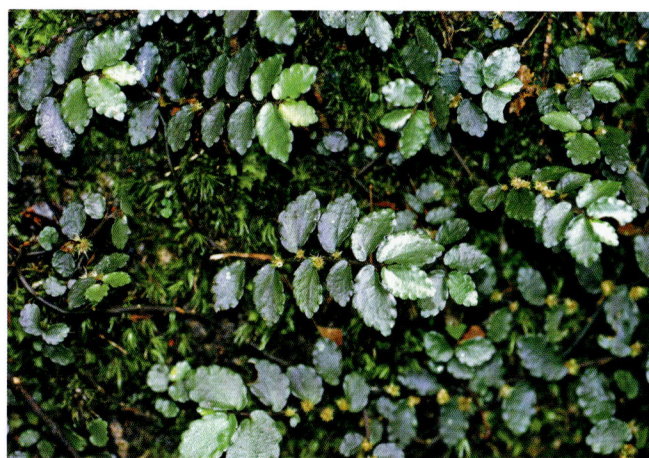

赤车
Pellionia radicans (Sieb. et Zucc.) Wedd.

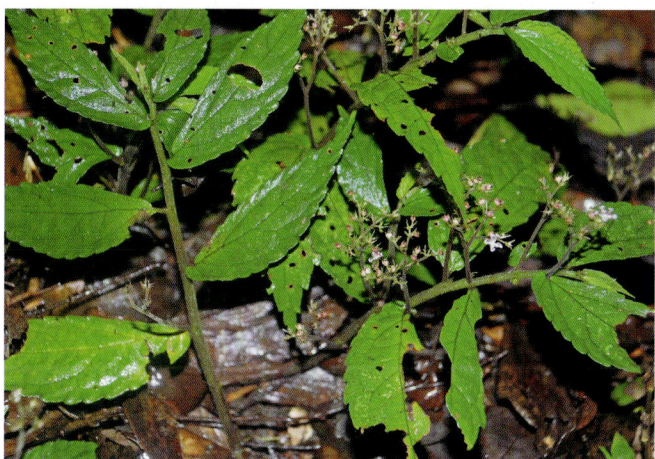

曲毛赤车
Pellionia retrohispida W. T. Wang

蔓赤车
Pellionia scabra Benth.

圆瓣冷水花
Pilea angulata (Bl.) Bl.

华中冷水花
Pilea angulata* subsp. *latiuscula C. J. Chen

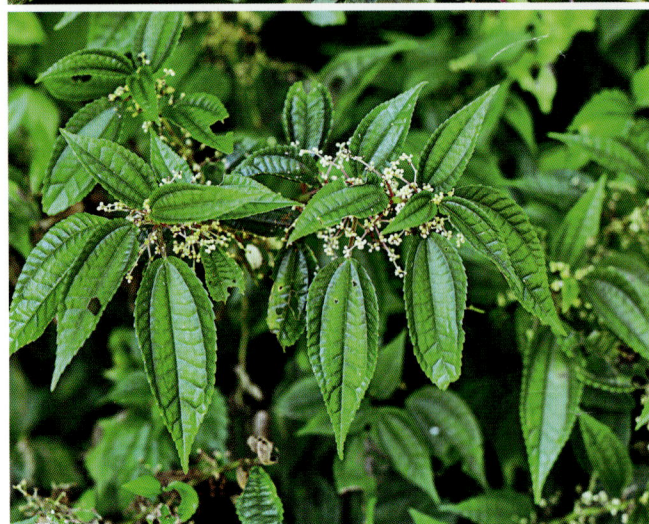

长柄冷水花 *Pilea angulata* subsp.
petiolaris (Sieb. et Zucc.) C. J. Chen

湿生冷水花
Pilea aquarum Dunn

波缘冷水花　*Pilea cavaleriei* Lévl.

点乳冷水花
Pilea glaberrima (Bl.) Bl.

山冷水花
Pilea japonica (Maxim.) Hand.-Mazz.

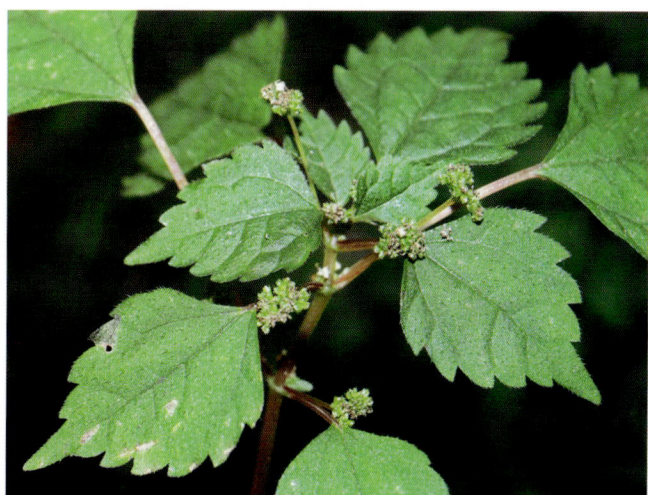

大叶冷水花
Pilea martini (Lévl.) Hand.-Mazz.

小叶冷水花
Pilea microphylla (L.) Liebm.

念珠冷水花
Pilea monilifera Hand.-Mazz.

冷水花
Pilea notata C. H. Wright

矮冷水花
Pilea peploides (Gaudich.) Hook. et Arn.

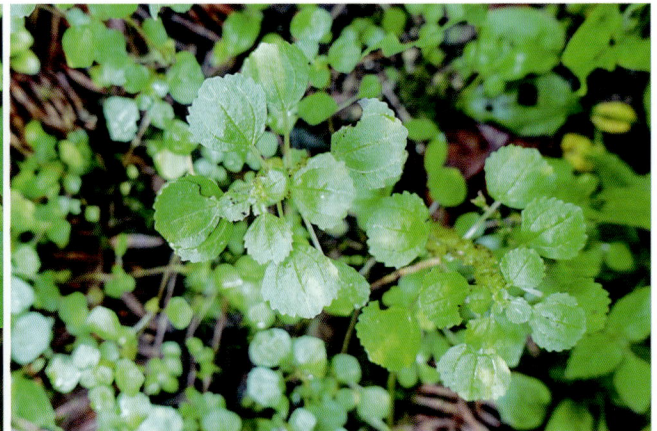

透茎冷水花　*Pilea pumila* (L.) A. Gray

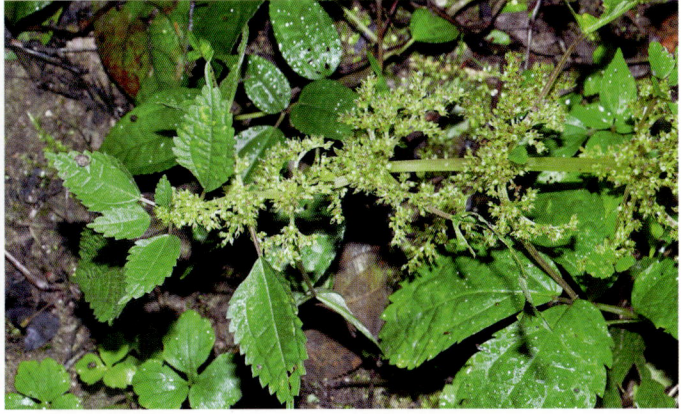

紫背冷水花
Pilea purpurella C. J. Chen

镰叶冷水花
Pilea semisessilis Hand.-Mazz.

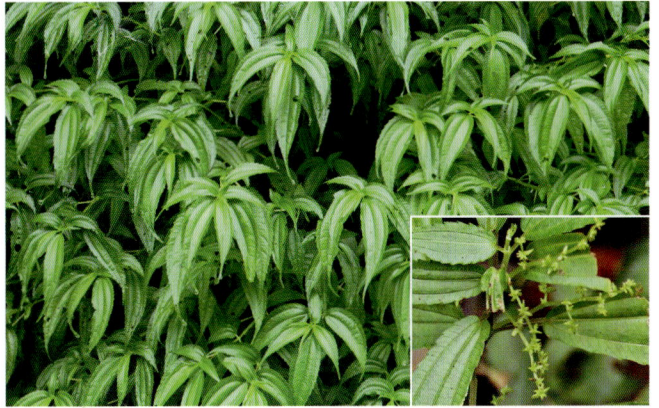

粗齿冷水花
Pilea sinofasciata C. J. Chen

翅茎冷水花　*Pilea subcoriacea*
(Hand.-Mazz.) C. J. Chen

三角形冷水花 *Pilea swinglei* Merr.

疣果冷水花 *Pilea verrucosa* Hand.-Mazz.

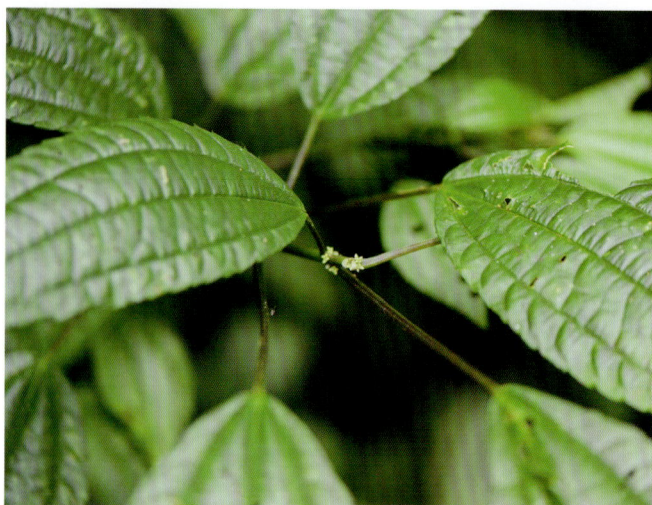

雾水葛
Pouzolzia zeylanica (L.) Benn.

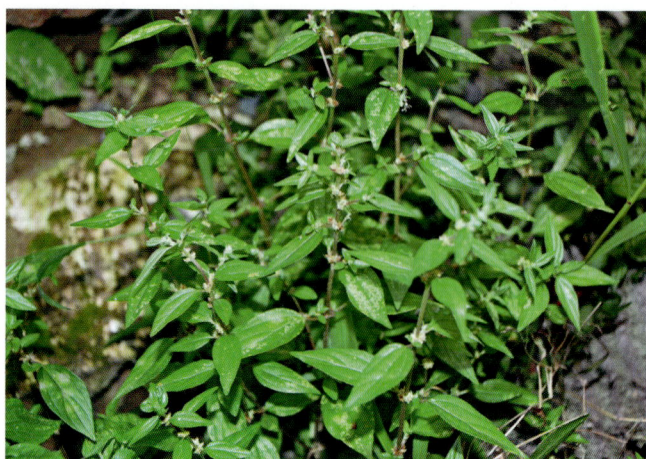

多枝雾水葛 *Pouzolzia zeylanica* var. *microphylla* (Wedd.) W. T. Wang

荨麻 *Urtica fissa* E. Pritz.

宽叶荨麻 *Urtica laetevirens* Maxim.

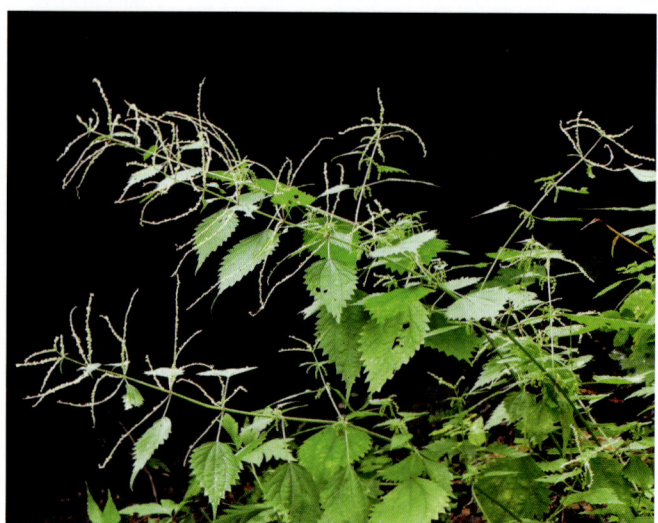

Order 32　壳斗目 **Fagales**

A153　壳斗科 Fagaceae

锥栗 *Castanea henryi* (Skan) Rehd. et Wils.　　**栗** *Castanea mollissima* Bl.

茅栗 *Castanea seguinii* Dode

米槠 *Castanopsis carlesii* (Hemsl.) Hay.

厚皮锥 *Castanopsis chunii* Cheng

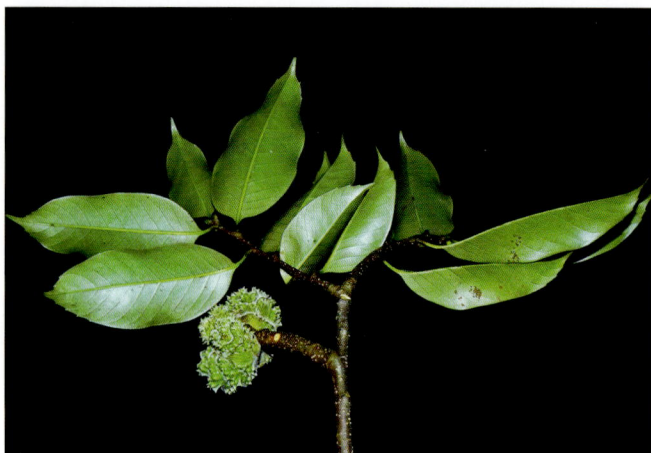

甜槠 *Castanopsis eyrei* (Champ.) Tutch.

罗浮锥 *Castanopsis faberi* Hance

栲 *Castanopsis fargesii* Franch.

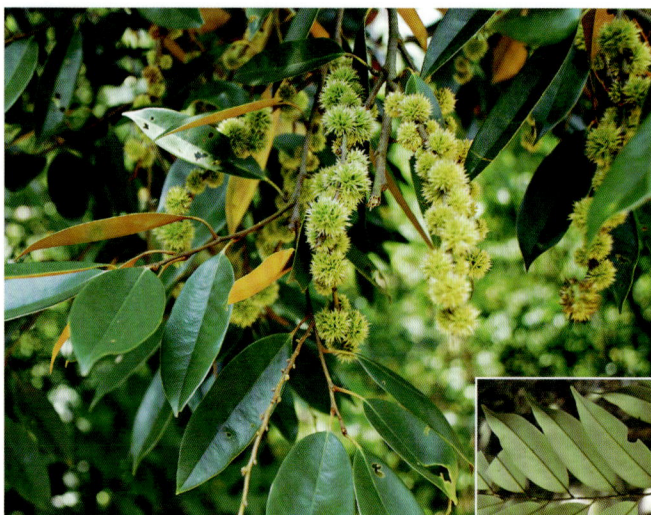

黧蒴锥　*Castanopsis fissa*
(Champ. ex Benth.) Rehd. et Wils.

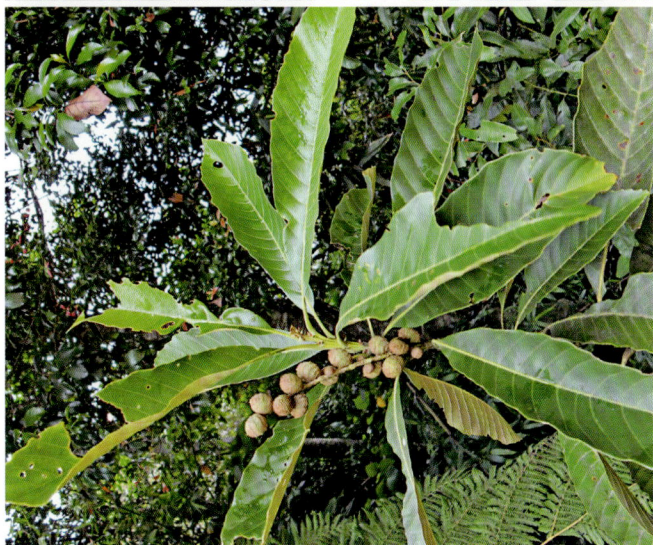

毛锥
Castanopsis fordii Hance

红锥　*Castanopsis hystrix* Miq.

秀丽锥
Castanopsis jucunda Hance

吊皮锥
Castanopsis kawakamii Hayata

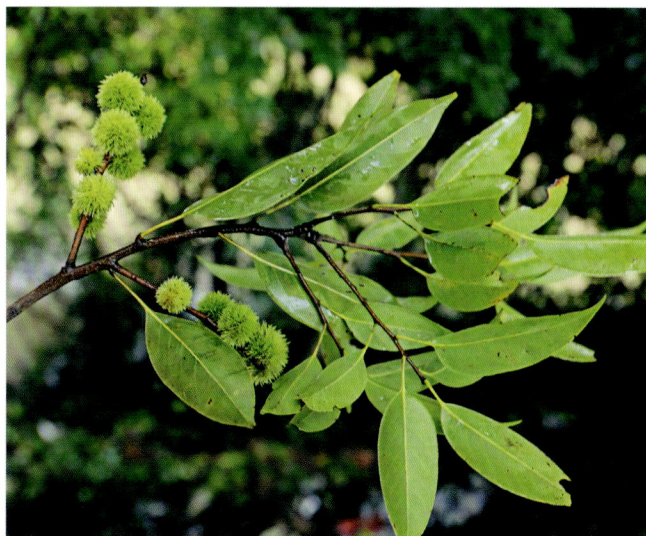

鹿角锥 *Castanopsis lamontii* Hance

黑叶锥
Castanopsis nigrescens Chun et Huang

苦槠
Castanopsis sclerophylla (Lindl.) Schott.

钩锥
Castanopsis tibetana Hance

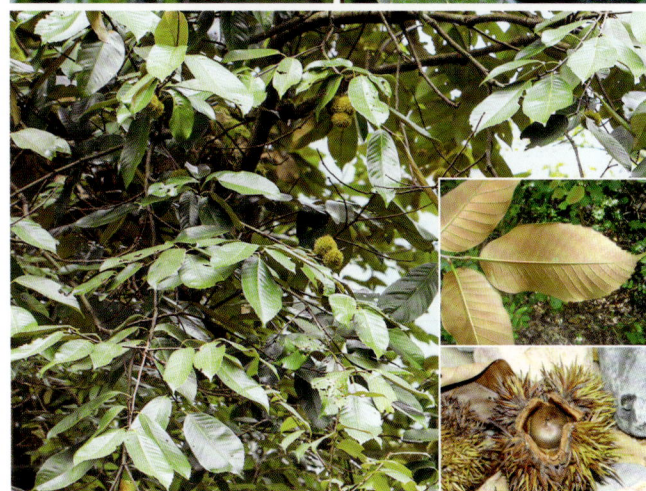

竹叶青冈 ***Cyclobalanopsis bambusaefolia***
(Hance) Chun ex Y. C. Hsu et H. W. Jen

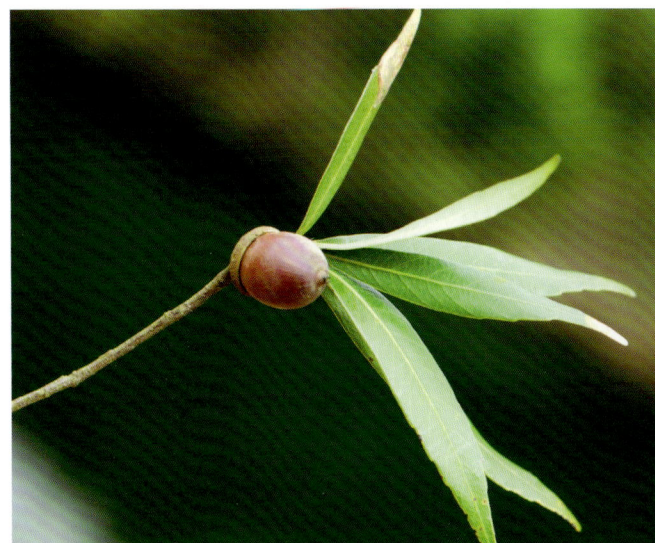

福建青冈 ***Cyclobalanopsis chungii*** (Metc.)
Y. C. Hsu et H. W. Jen ex Q. F. Zheng

上思青冈 *Cyclobalanopsis delicatula* (Chun et Tsiang) Y. C. Hsu et H. W. Jen

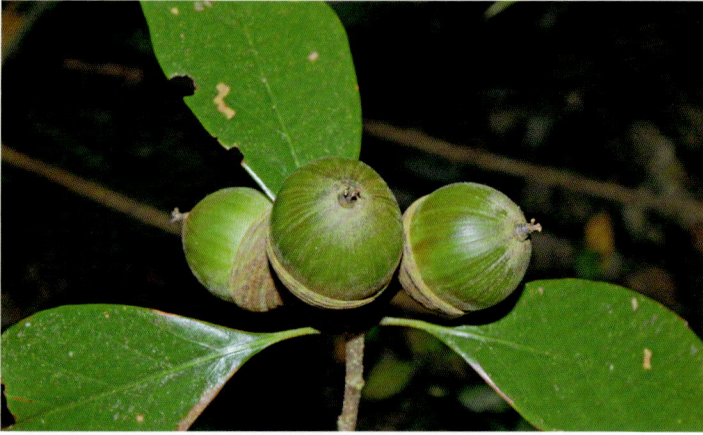

碟斗青冈 *Cyclobalanopsis disciformis* (Chun et Tsiang) Y. C. Hsu et H. W. Jen

饭甑青冈 *Cyclobalanopsis fleuryi* (Hick. et A. Camus) Chun ex Q. F. Zheng

赤皮青冈 *Cyclobalanopsis gilva* (Blume) Oerst.

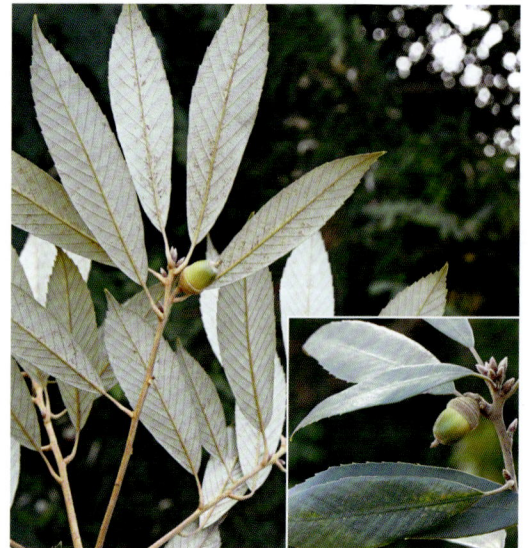

青冈 *Cyclobalanopsis glauca* (Thunb.) Oerst.

细叶青冈 *Cyclobalanopsis gracilis* (Rehd. et Wils.) Cheng et T. Hong

大叶青冈 *Cyclobalanopsis jenseniana* (Hand.-Mazz.) Cheng et T. Hong

多脉青冈 *Cyclobalanopsis multinervis* Cheng et T. Hong

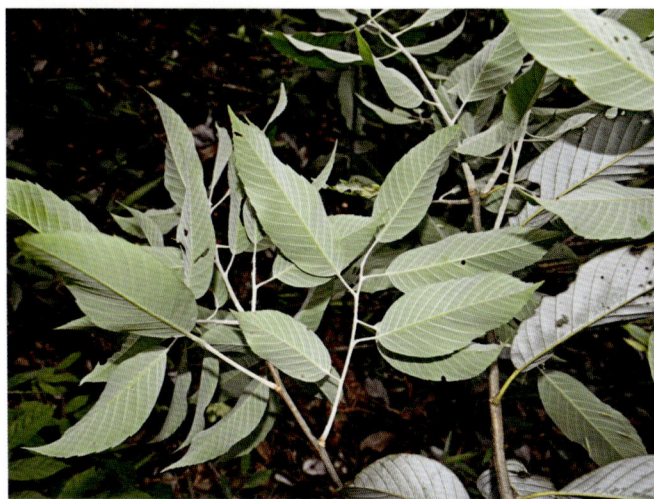

小叶青冈 *Cyclobalanopsis myrsinifolia* (Blume) Oerst.

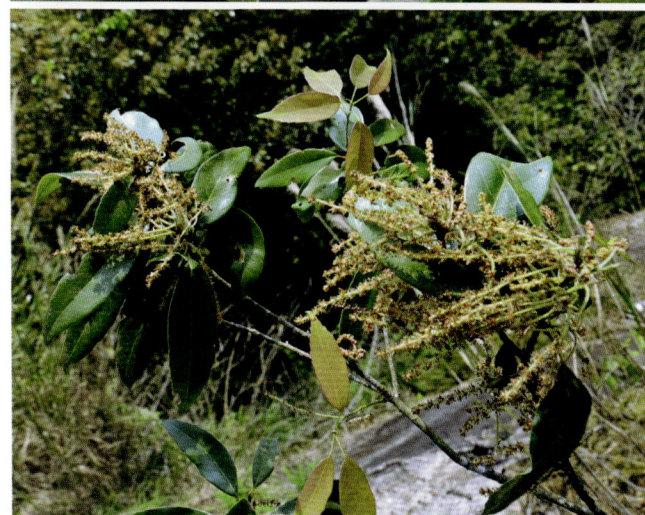

宁冈青冈 *Cyclobalanopsis ningangensis* Cheng et Y. C. Hsu

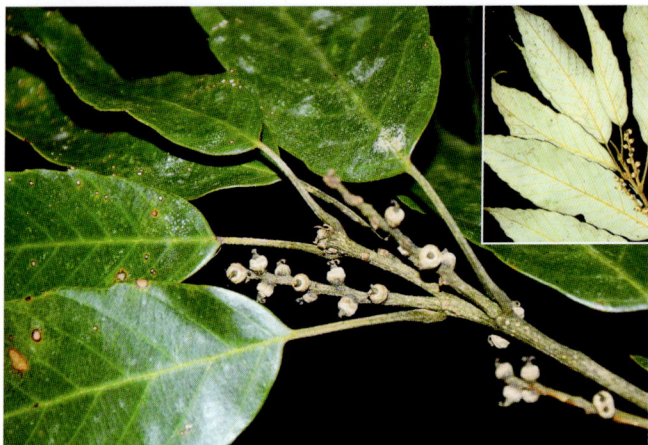

倒卵叶青冈 *Cyclobalanopsis obovatifolia* (Huang) Q. F. Zheng

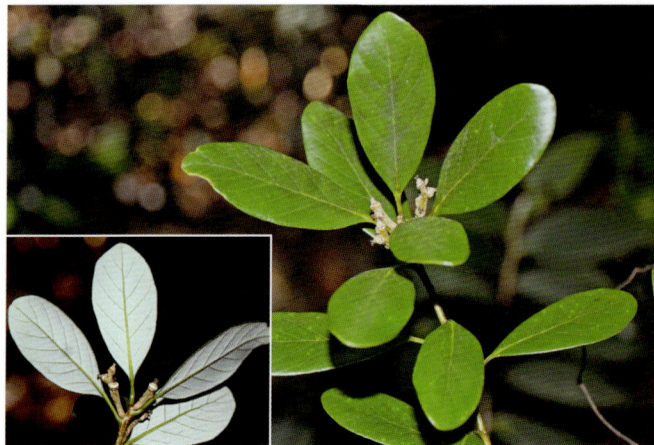

曼青冈
Cyclobalanopsis oxyodon (Miq.) Oerst.

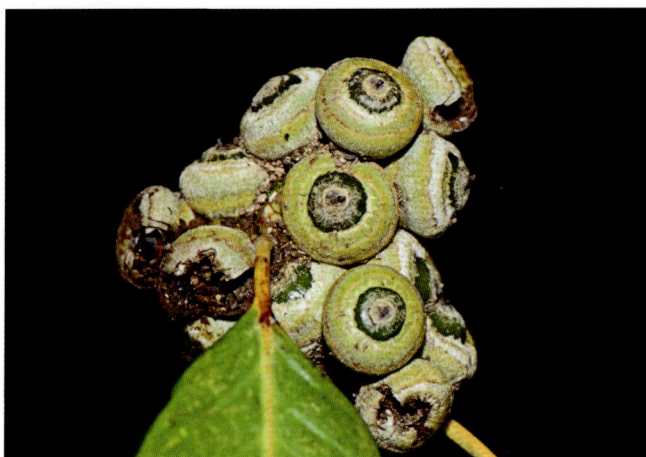

毛果青冈
Cyclobalanopsis pachyloma (Seem.) Schott.

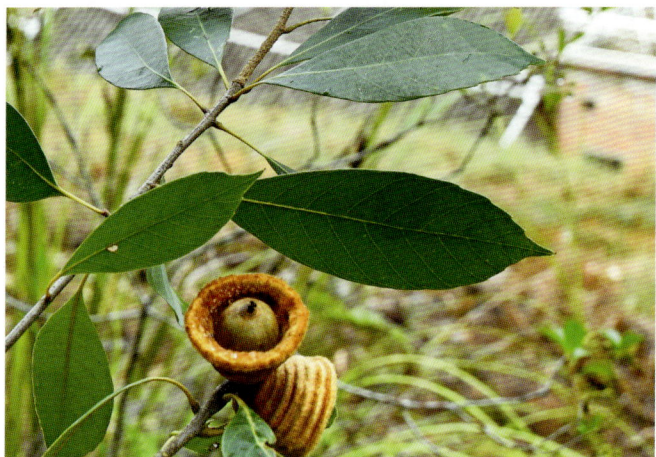

云山青冈 *Cyclobalanopsis sessilifolia* (Blume) Schott.

褐叶青冈 *Cyclobalanopsis stewardiana*
(A. Camus) Y. C. Hsu et H. W. Jen

米心水青冈
Fagus engleriana Seem.

水青冈 *Fagus longipetiolata* Seem.

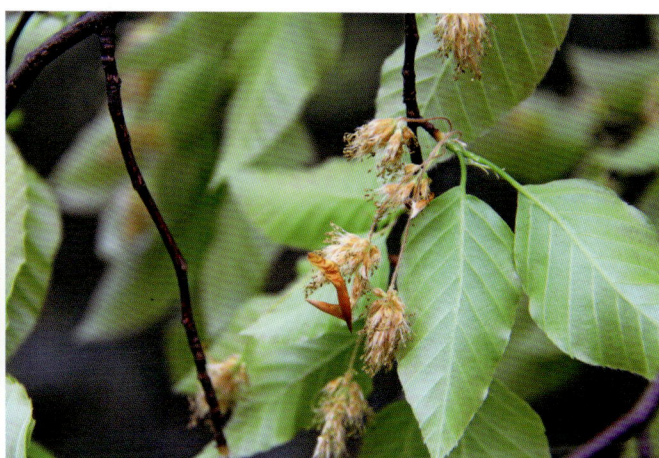

光叶水青冈
Fagus lucida Rehd. et Wils.

杏叶柯
Lithocarpus amygdalifolius (Skan) Hayata

短尾柯
Lithocarpus brevicaudatus (Skan) Hayata

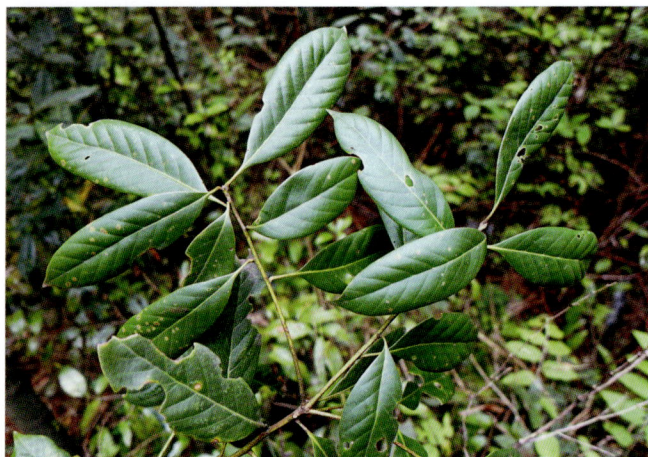

美叶柯
Lithocarpus calophyllus Chun

金毛柯
Lithocarpus chrysocomus Chun et Tsiang

包果柯 ***Lithocarpus cleistocarpus***
(Seem.) Rehd. et Wils.

烟斗柯 ***Lithocarpus corneus*** (Lour.) Rehd.

泥柯
Lithocarpus fenestratus (Roxb.) Rehd.

柯 *Lithocarpus glaber* (Thunb.) Nakai

港柯 *Lithocarpus harlandii* (Hance) Rehd.

庵耳柯 *Lithocarpus haipinii* Chun

硬壳柯 *Lithocarpus hancei* (Benth.) Rehd.

灰柯
Lithocarpus henryi (Seem.) Rehd. et Wils.

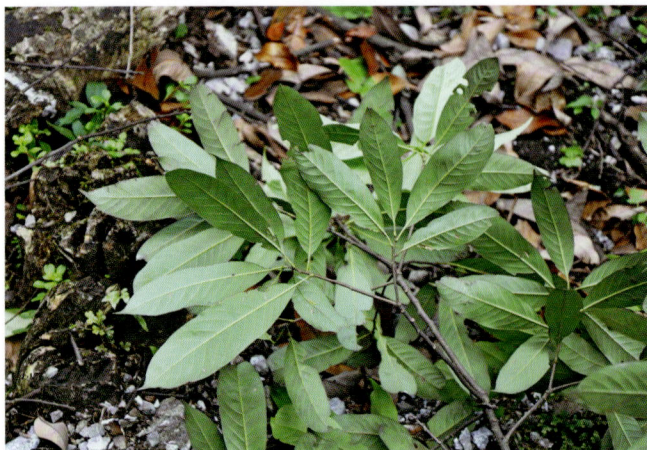

鼠刺叶柯
Lithocarpus iteaphyllus (Hance) Rehd.

木姜叶柯
Lithocarpus litseifolius (Hance) Chun

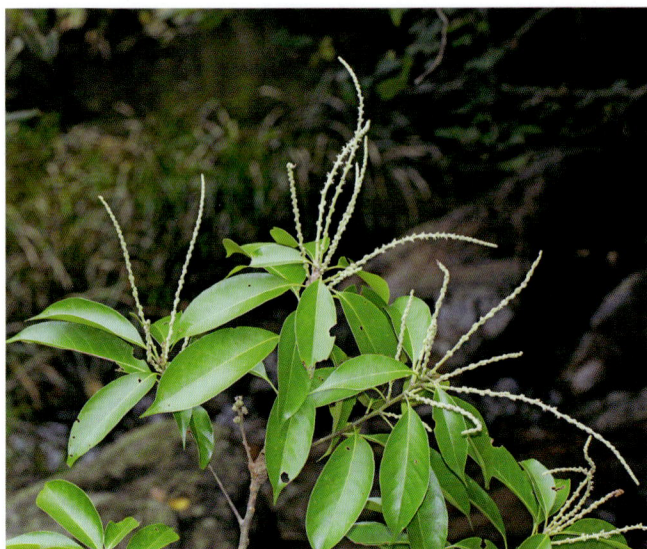

榄叶柯
Lithocarpus oleifolius A. Camus

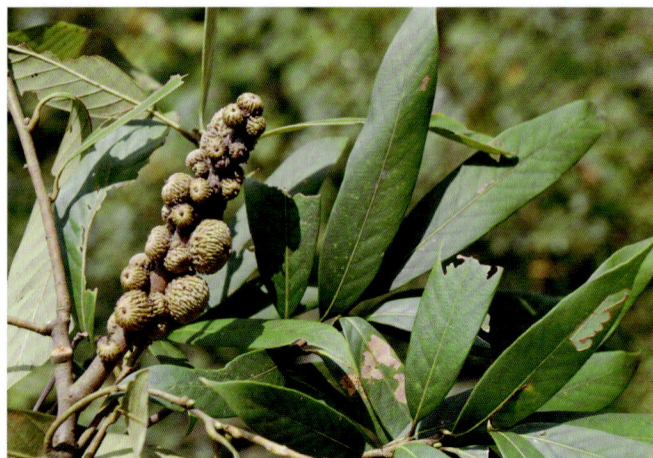

大叶苦柯
Lithocarpus paihengii Chun et Tsiang

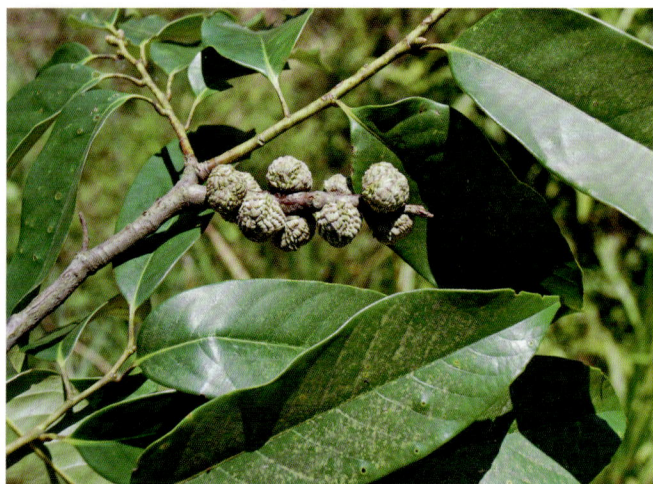

圆锥柯 *Lithocarpus paniculatus* Hand.-Mazz.

多穗石栎 *Lithocarpus polystachyus* (Wall. ex A. DC.) Rehd.

栎叶柯 *Lithocarpus quercifolius* Huang et Y. T. Chang

滑皮柯 *Lithocarpus skanianus* (Dunn) Rehd.

菱果柯
Lithocarpus taitoensis (Hayata) Hayata

紫玉盘柯
Lithocarpus uvariifolius (Hance) Rehd.

麻栎
Quercus acutissima Carruth.

槲栎
Quercus aliena Bl.

锐齿槲栎 *Quercus aliena* var. *acutiserrata* Maxim. ex Wenz.

小叶栎
Quercus chenii Nakai

巴东栎
Quercus engleriana Seem.

白栎
Quercus fabri Hance

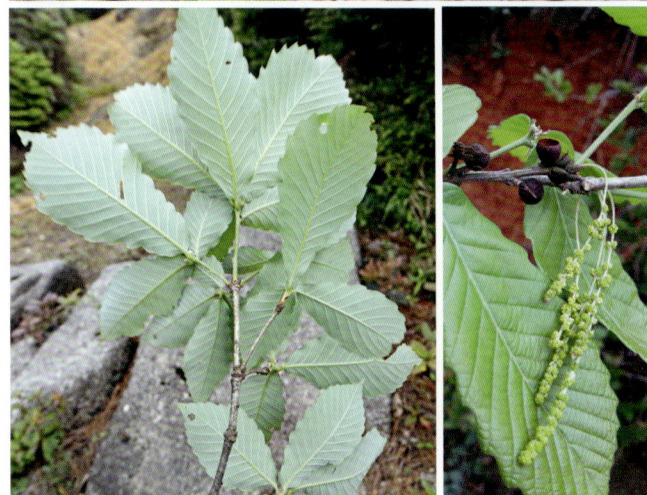

乌冈栎 *Quercus phillyreoides* A. Gray

枹栎 *Quercus serrata* Thunb.

短柄枹栎 *Quercus serrata* var. *brevipetiolata* (A. DC.) Nakai

刺叶高山栎 *Quercus spinosa* David ex Franch.

黄山栎 *Quercus stewardii* Rehd.　　**栓皮栎** *Quercus variabilis* Bl.

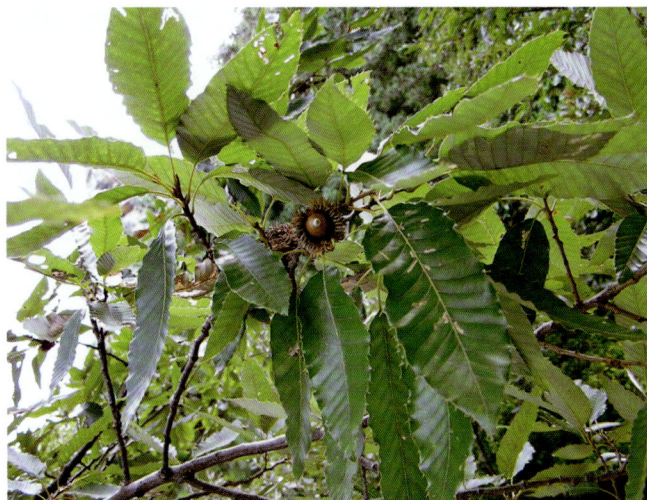

A154　杨梅科 Myricaceae

杨梅 *Myrica rubra* (Lour.) Sieb. et Zucc.

A155 胡桃科 Juglandaceae

山核桃
Carya cathayensis Sarg.

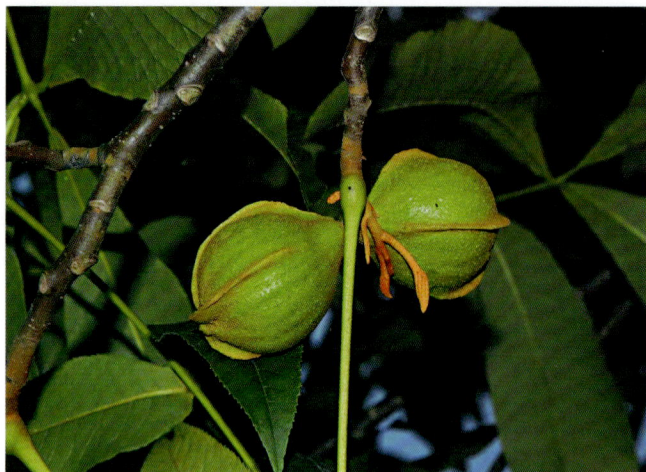

* 美国山核桃
Carya illinoensis (Wangenh.) K. Koch

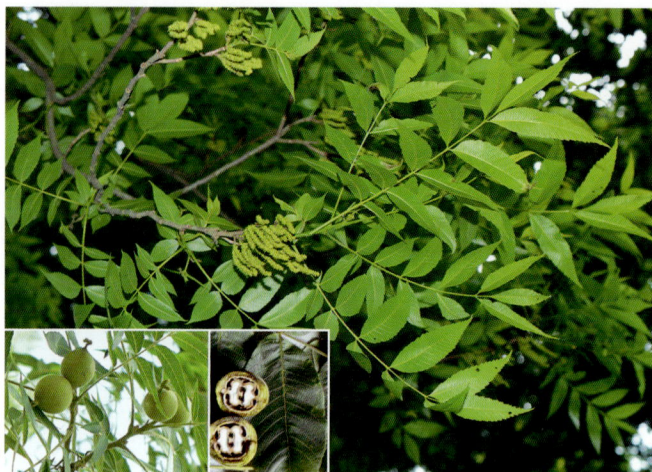

青钱柳
Cyclocarya paliurus (Batal.) Iljinsk.

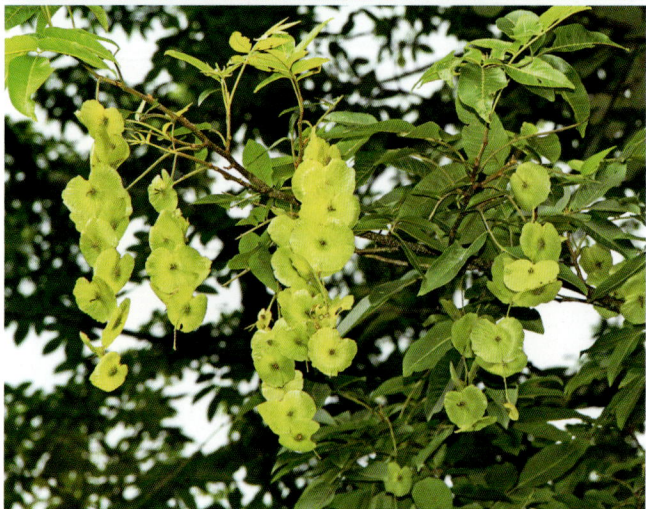

少叶黄杞
Engelhardia fenzelii Merr.

黄杞 *Engelhardia roxburghiana* Wall.

胡桃楸 *Juglans mandshurica* Maxim.

野核桃 *Juglans cathayensis* Dode

华东野核桃 *Juglans cathayensis* var. *formosana* (Hayata) A. M. Lu et R. H. Chang

胡桃
Juglans regia L.

化香树
Platycarya strobilacea Sieb. et Zucc.

湖北枫杨 *Pterocarya hupehensis* Skan

枫杨 *Pterocarya stenoptera* C. DC.

A158　桦木科 Betulaceae

*桤木 *Alnus cremastogyne* Burk.

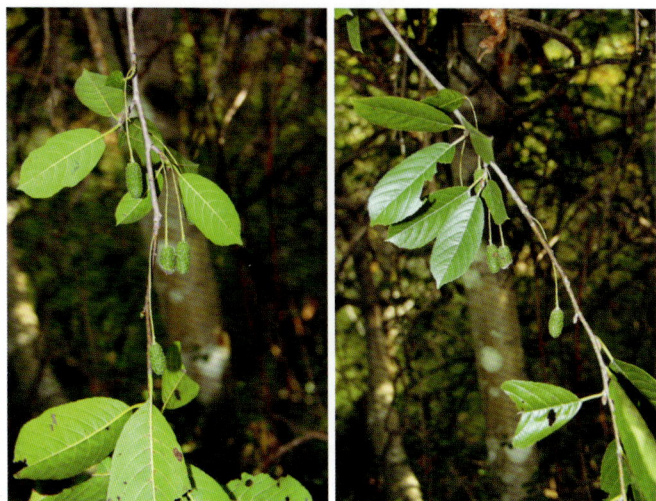

江南桤木 *Alnus trabeculosa* Hand.-Mazz.

华南桦
Betula austrosinensis Chun ex P. C. Li

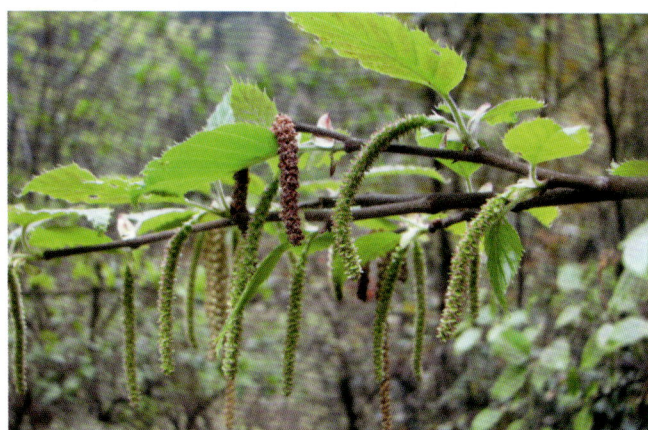

香桦
Betula insignis Franch.

亮叶桦 *Betula luminifera* H. Winkl.

* 白桦 *Betula platyphylla* Suk.

湖北鹅耳枥 *Carpinus hupeana* Hu

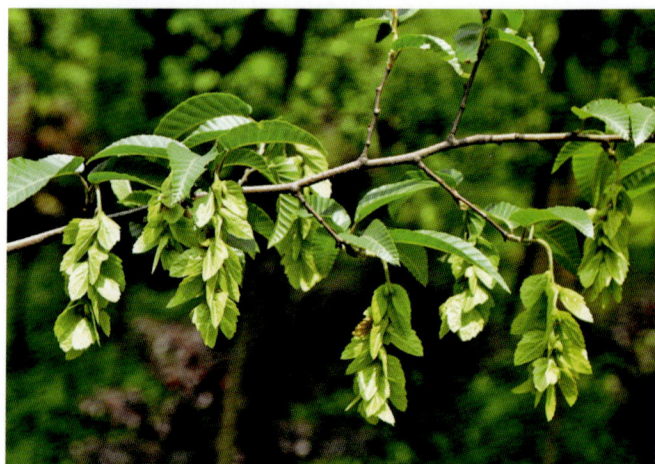

短尾鹅耳枥
Carpinus londoniana H. Winkl.

多脉鹅耳枥
Carpinus polyneura Franch.

昌化鹅耳枥 *Carpinus tschonoskii* Maxima.

雷公鹅耳枥 *Carpinus viminea* Wall.

华榛 *Corylus chinensis* Franch.

*榛
Corylus heterophylla Fisch.

川榛 *Corylus heterophylla* var. *sutchuenensis* Franch.

Order 33　葫芦目 Cucurbitales

A162　马桑科 Coriariaceae

马桑 *Coriaria nepalensis* Wall.

A163　葫芦科 Cucurbitaceae

盒子草 *Actinostemma tenerum* Griff.

*冬瓜 *Benincasa hispida* (Thunb.) Cogn.

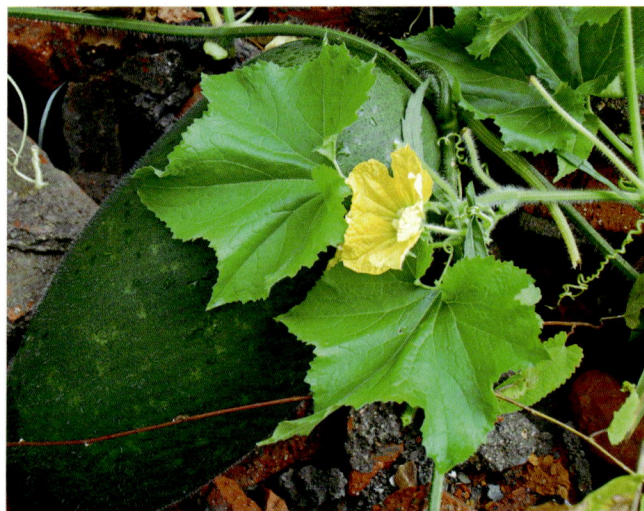

* 西瓜
Citrullus lanatus (Thunb.) Matsum. et Nakai

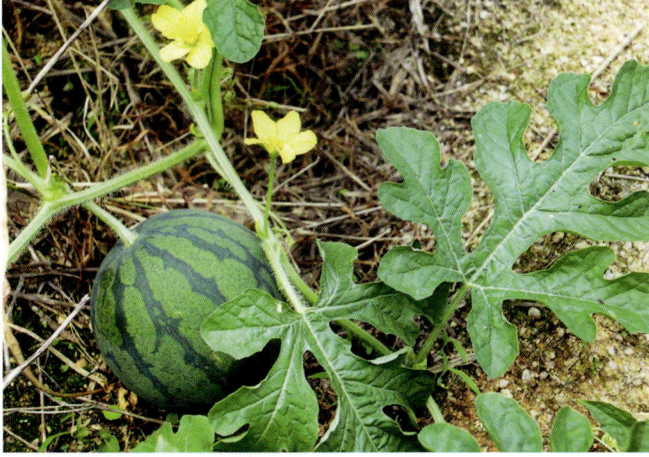

* 黄瓜
Cucumis sativus L.

* 南瓜 ***Cucurbita moschata***
(Duch. ex Lam.) Duch. ex Poiret

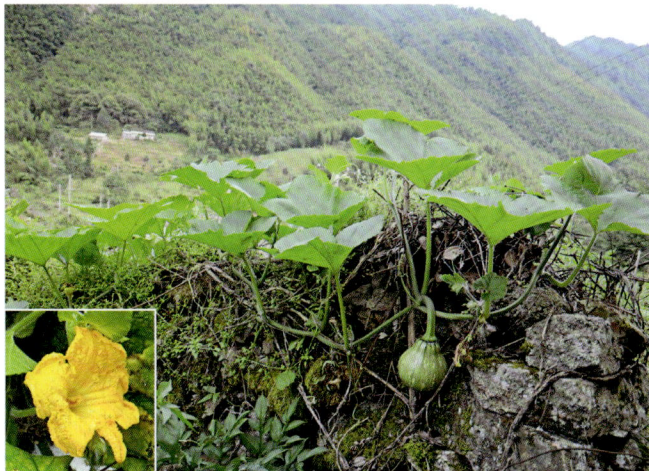

* 甜瓜
Cucumis melo L.

*西葫芦
Cucurbita pepo L.

光叶绞股蓝
Gynostemma laxum (Wall.) Cogn.

绞股蓝 *Gynostemma pentaphyllum* (Thunb.) Makino

雪胆 *Hemsleya chinensis* Cogn. ex Forbes et Hemsl.

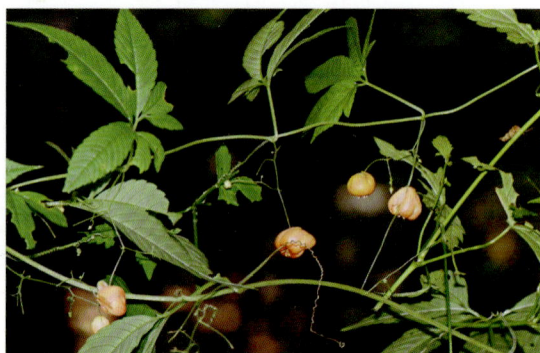

马铜铃 *Hemsleya graciliflora* (Harms) Cogn.

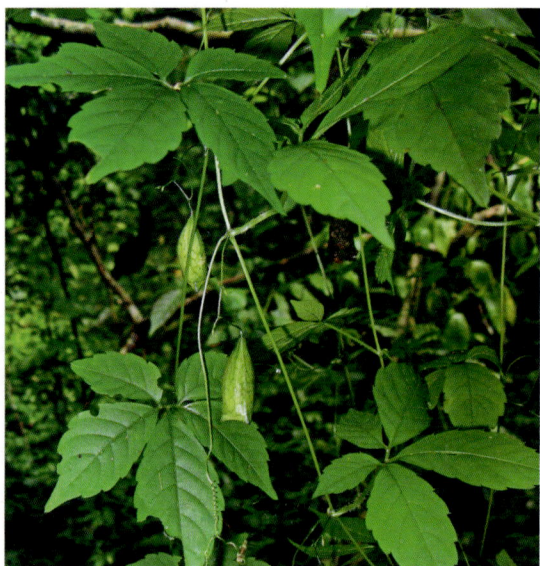

浙江雪胆 *Hemsleya zhejiangensis* C. Z. Zheng

* 葫芦
Lagenaria siceraria (Molina) Standl.

* 广东丝瓜
Luffa acutangula (L.) Roem.

* 丝瓜
Luffa aegyptiaca Miller

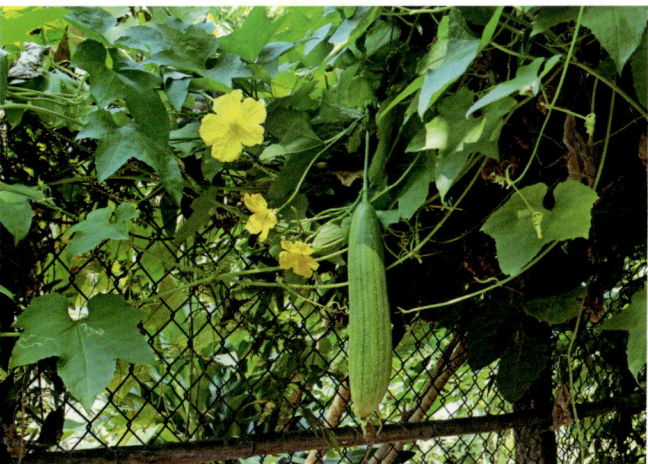

* 苦瓜
Momordica charantia L.

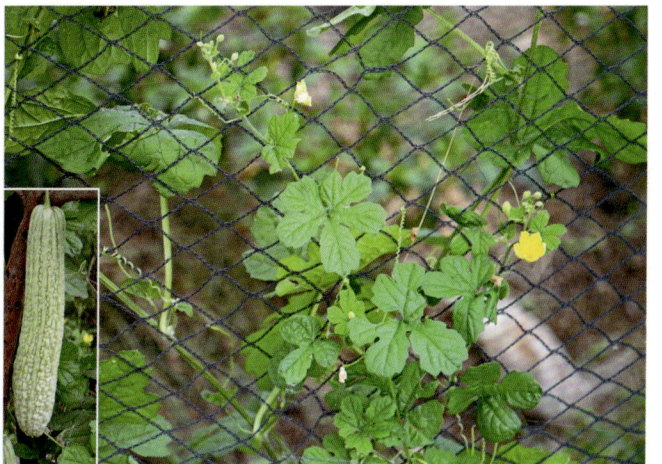

木鳖子
Momordica cochinchinensis (Lour.) Spreng.

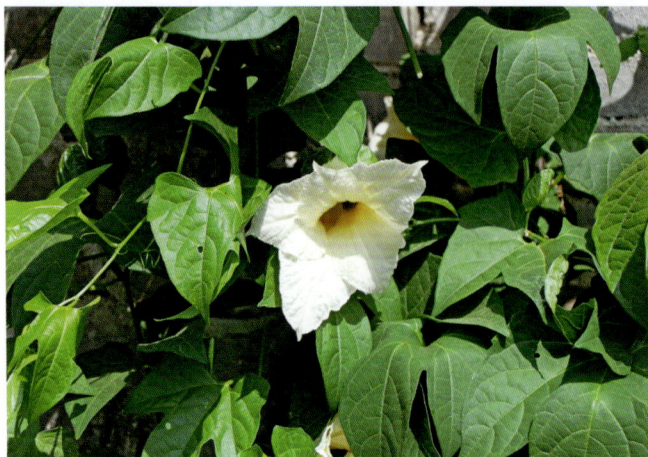

帽儿瓜
Mukia maderaspatana (L.) M. J. Roem.

*佛手瓜
Sechium edule (Jacq.) Swartz

罗汉果　*Siraitia grosvenorii*
(Swingle) C. Jeffrey ex Lu et Z. Y. Zhang

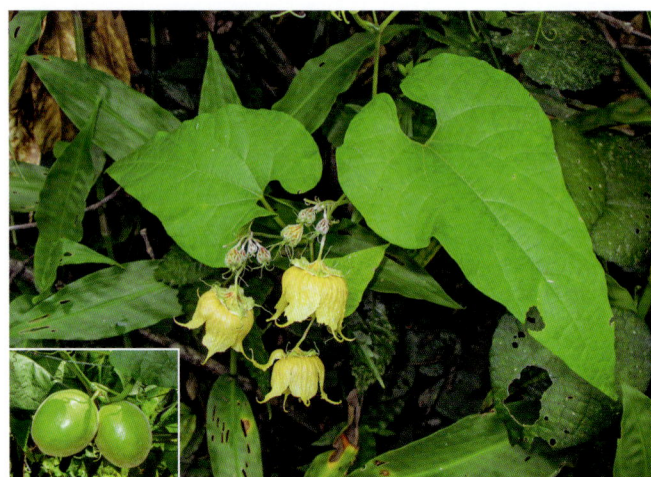

茅瓜　*Solena amplexicaulis* (Lam.) Gandhi

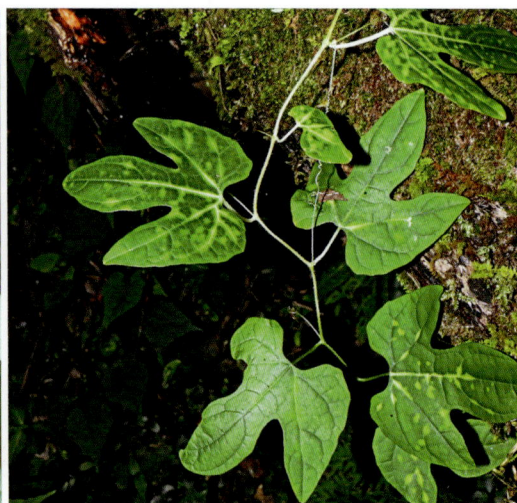

大苞赤瓟
Thladiantha cordifolia (Bl.) Cogn.

齿叶赤瓟
Thladiantha dentata Cogn.

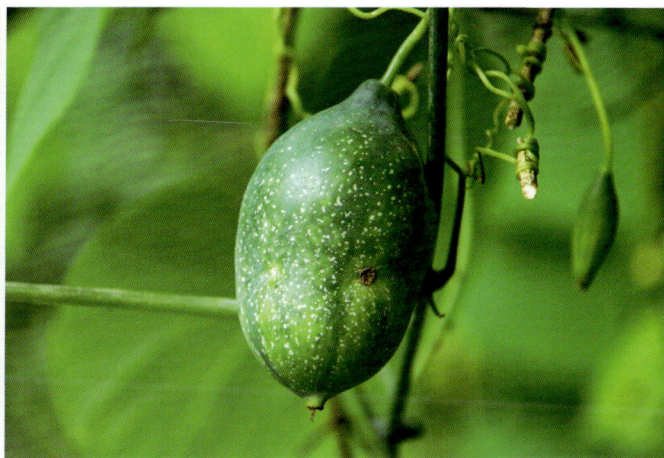

球果赤瓟　*Thladiantha globicarpa* A. M. Lu et Z. Y. Zhang

长叶赤瓟
Thladiantha longifolia Cogn. ex Oliv.

南赤瓟　*Thladiantha nudiflora* Hemsl. ex Forbes et Hemsl.

台湾赤瓟
Thladiantha punctata Hayata

瓜叶栝楼
Trichosanthes cucumerina L.

*蛇瓜
Trichosanthes anguina L.

王瓜
Trichosanthes cucumeroides (Ser.) Maxim.

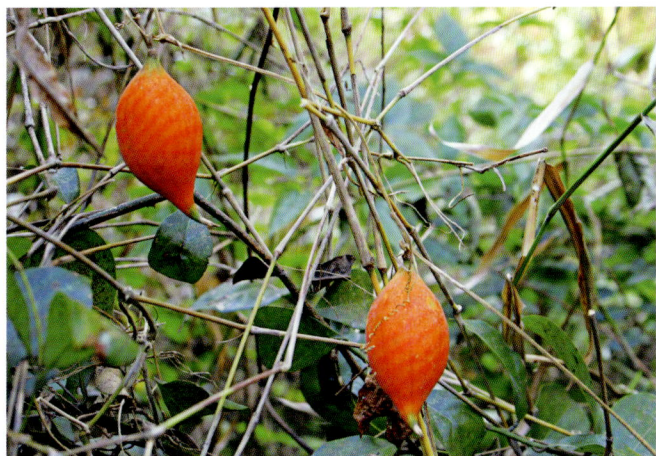

井冈栝楼
Trichosanthes jinggangshanica Yueh

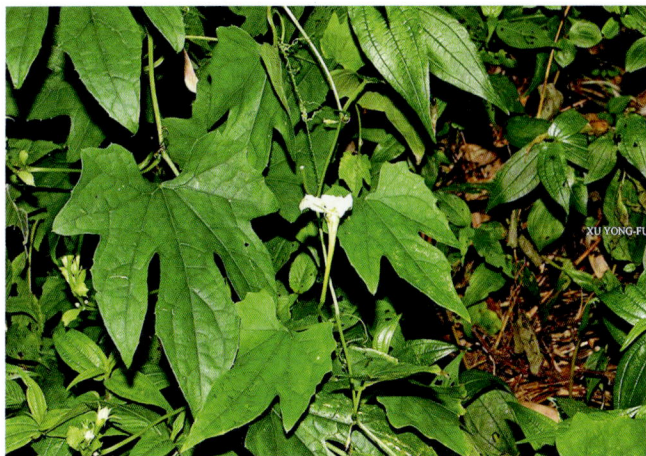

栝楼
Trichosanthes kirilowii Maxim

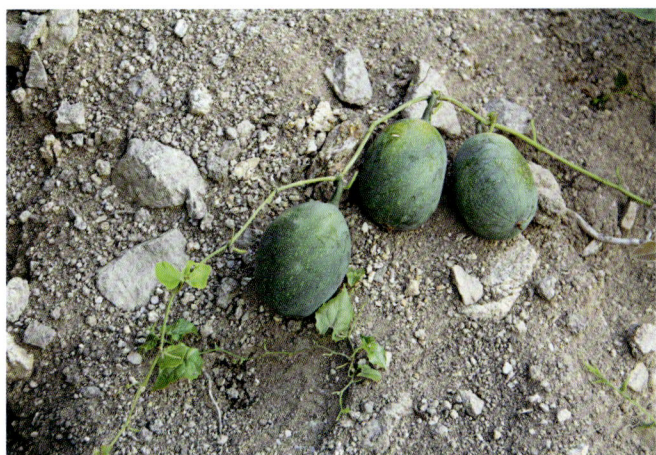

长萼栝楼
Trichosanthes laceribractea Hayata

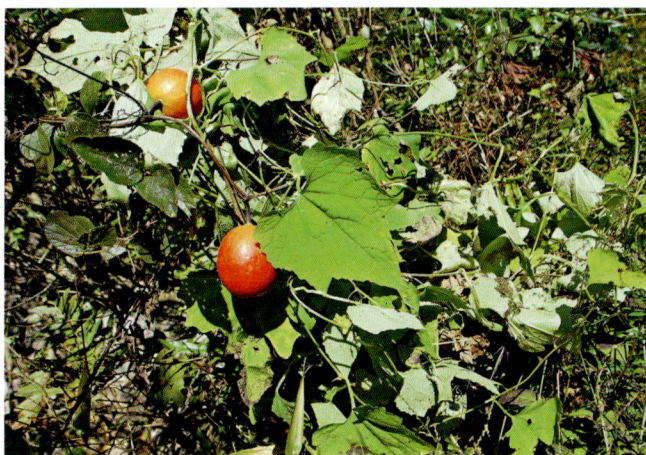

全缘栝楼
Trichosanthes ovigera Bl.

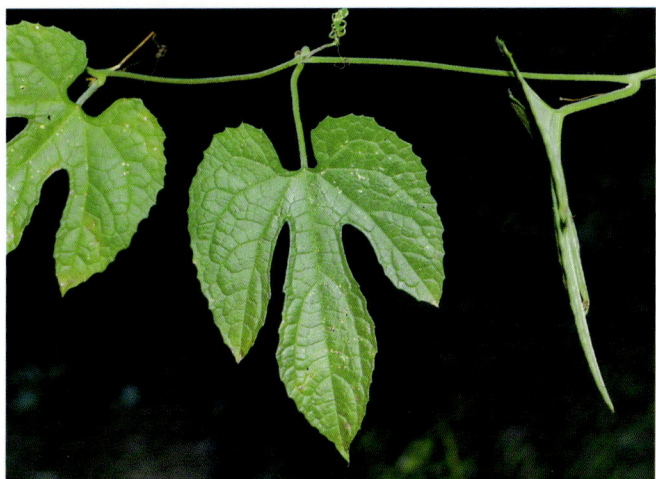

中华栝楼
Trichosanthes rosthornii Harms

马㼎儿
Zehneria japonica (Thunberg) H. Y. Liu

钮子瓜
Zehneria maysorensis (Wight et Arn.) Arn.

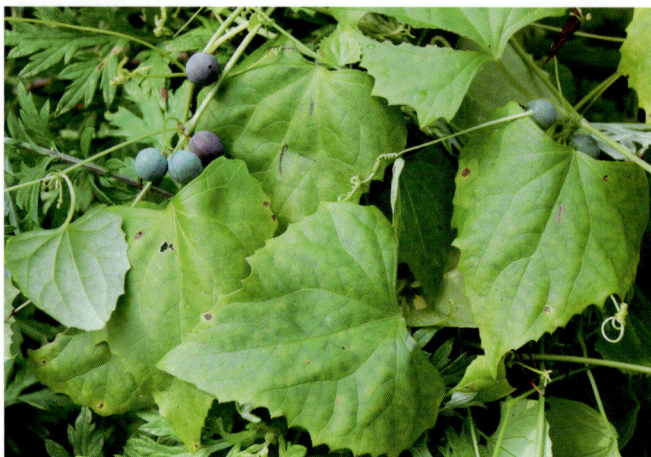

A166 秋海棠科 Begoniaceae

美丽秋海棠
Begonia algaia L. B. Sm. et Wassh.

周裂秋海棠
Begonia circumlobata Hance

槭叶秋海棠
Begonia digyna Irmsch.

紫背天葵
Begonia fimbristipula Hance

秋海棠
Begonia grandis Dry.

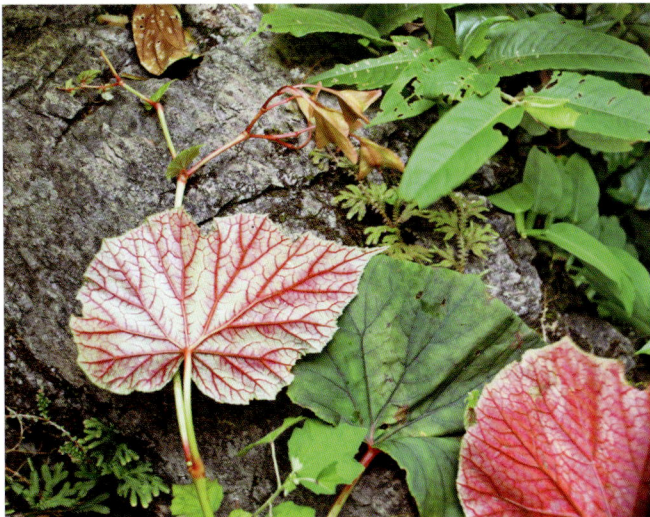

中华秋海棠 *Begonia grandis* subsp.
sinensis (A. DC.) Irmsch.

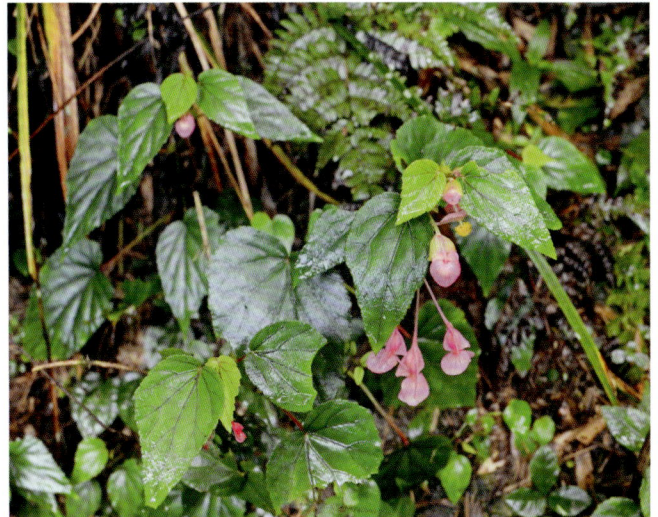

裂叶秋海棠
Begonia palmata D. Don

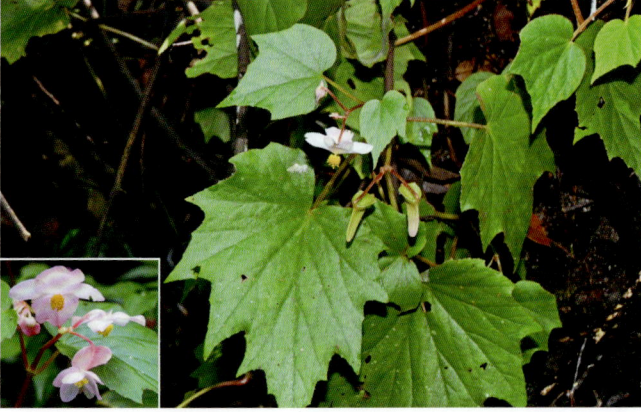

红孩儿 *Begonia palmata* var. *bowringiana* (Champ. ex Benth.) J. Golding et C. Kareg.

掌裂叶秋海棠
Begonia pedatifida Lévl.

* 四季秋海棠
Begonia semperflorens Link et Otto

Order 34　卫矛目　Celastrales

A168　卫矛科　Celastraceae

过山枫 *Celastrus aculeatus* Merr.

苦皮藤 *Celastrus angulatus* Maxim.

刺苞南蛇藤
Celastrus flagellaris Rupr.

大芽南蛇藤
Celastrus gemmatus Loes.

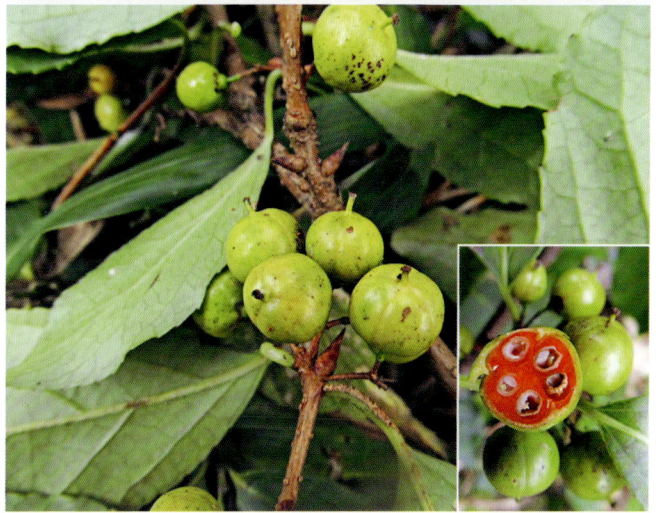

灰叶南蛇藤
Celastrus glaucophyllus Rehd. et Wils.

青江藤
Celastrus hindsii Benth.

薄叶南蛇藤
Celastrus hypoleucoides P. L. Chiu

独子藤　*Celastrus monospermus* Roxb.

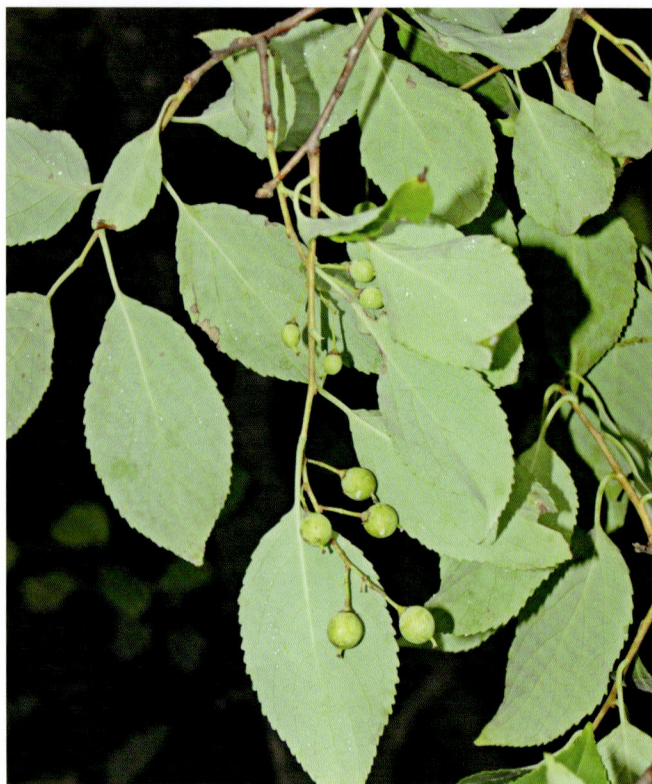

粉背南蛇藤
Celastrus hypoleucus (Oliv.) Warb. ex Loes.

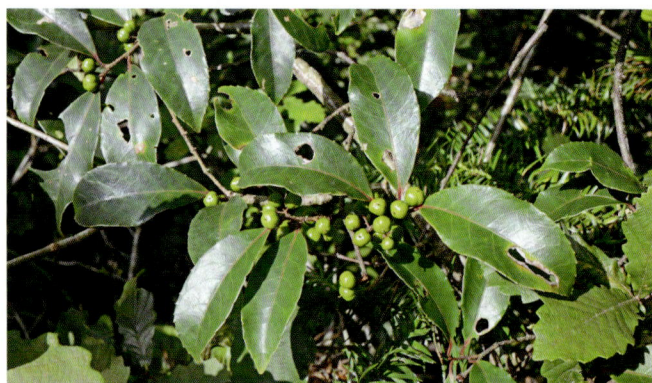

窄叶南蛇藤
Celastrus oblanceifolius Wang et Tsoong

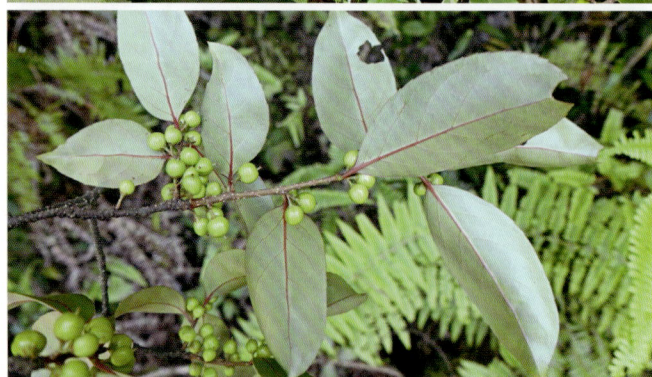

南蛇藤
Celastrus orbiculatus Thunb.

短梗南蛇藤
Celastrus rosthornianus Loes.

显柱南蛇藤
Celastrus stylosus Wall.

毛脉显柱南蛇藤 *Celastrus stylosus* var. *puberulus* (Hsu) C. Y. Cheng et T. C. Kao

刺果卫矛 *Euonymus acanthocarpus* Franch.

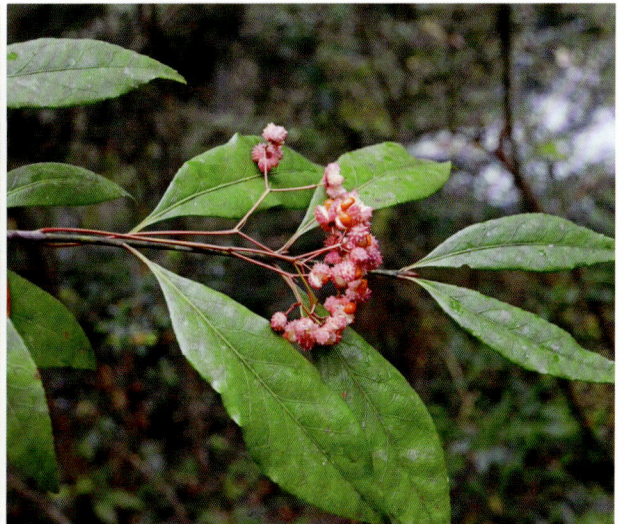

卫矛 *Euonymus alatus* (Thunb.) Sieb.

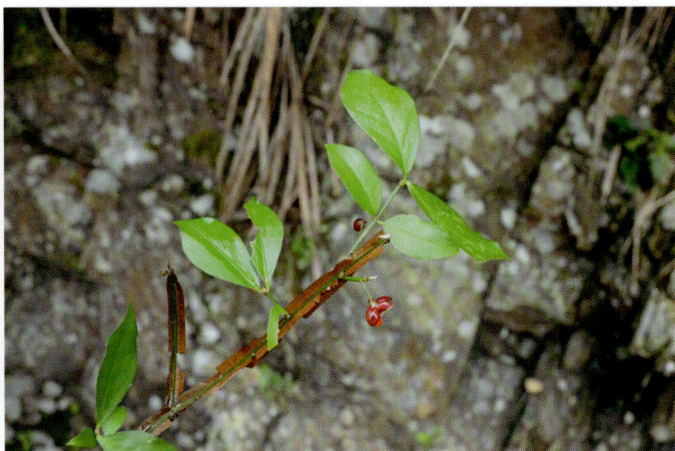

肉花卫矛
Euonymus carnosus Hemsl.

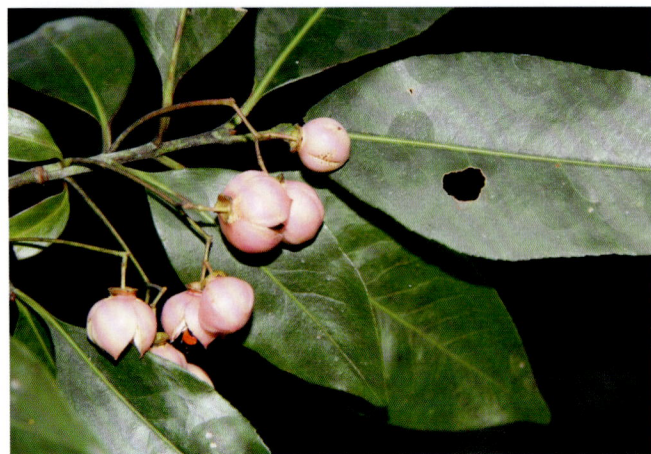

陈谋卫矛
Euonymus chenmoui Cheng

百齿卫矛
Euonymus centidens Lévl.

角翅卫矛
Euonymus cornutus Hemsl.

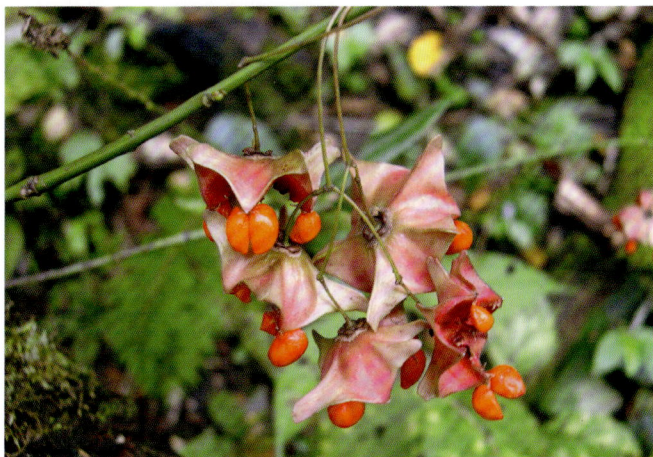

裂果卫矛
Euonymus dielsianus Loes.

棘刺卫矛
Euonymus echinatus Sprague

鸦椿卫矛
Euonymus euscaphis Hand.-Mazz.

扶芳藤
Euonymus fortunei (Turcz.) Hand.-Mazz.

西南卫矛
Euonymus hamiltonianus Wall. ex Roxb.

*冬青卫矛
Euonymus japonicus Thunb.

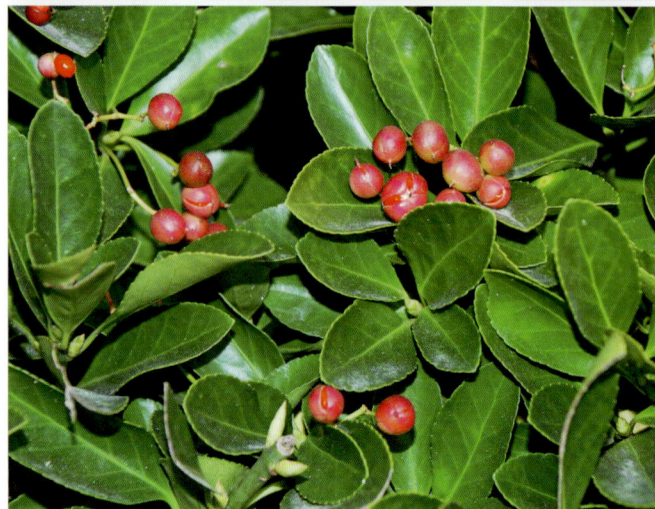

疏花卫矛 *Euonymus laxiflorus* Champ. ex Benth.

庐山卫矛 *Euonymus lushanensis* F. H. Chen et M. C. Wang

白杜 *Euonymus maackii* Rupr.

大果卫矛 *Euonymus myrianthus* Hemsl.

中华卫矛 *Euonymus nitidus* Benth.

矩叶卫矛
Euonymus oblongifolius Loes. et Rehd.

垂丝卫矛
Euonymus oxyphyllus Miq.

无柄卫矛
Euonymus subsessilis Sprague

游藤卫矛
Euonymus vagans Wall. ex Roxb.

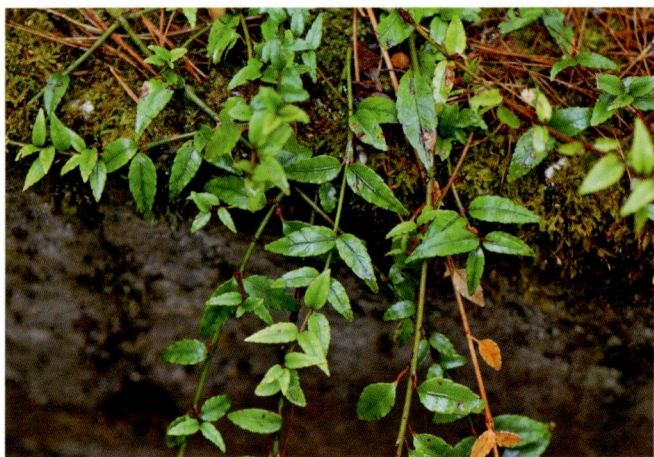

福建假卫矛
Microtropis fokienensis Dunn

密花假卫矛
Microtropis gracilipes Merr. et Metc.

永瓣藤
Monimopetalum chinense Rehd.

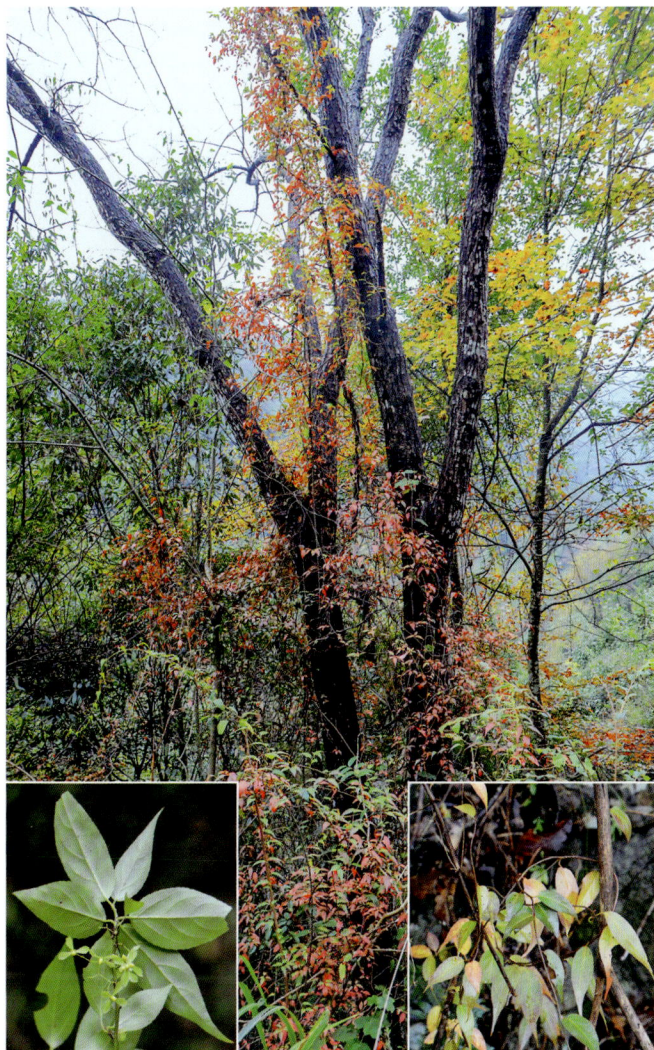

白耳菜
Parnassia foliosa Hook. f. et Thoms.

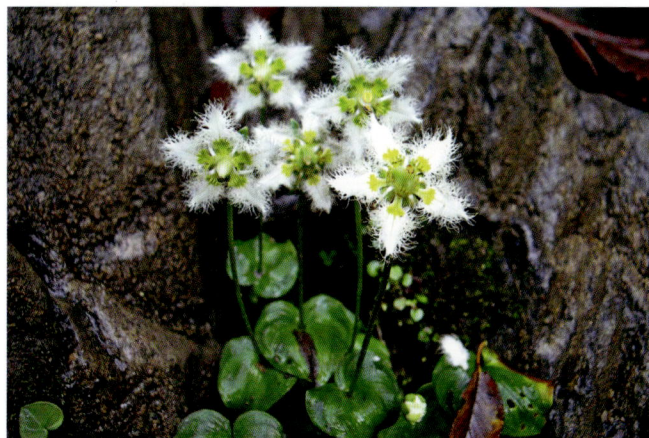

鸡肫梅花草
Parnassia wightiana Wall. ex Wight et Arn.

雷公藤　*Tripterygium wilfordii* Hook. f.　[*Tripterygium hypoglaucum* (Lévl.) Hutch.]

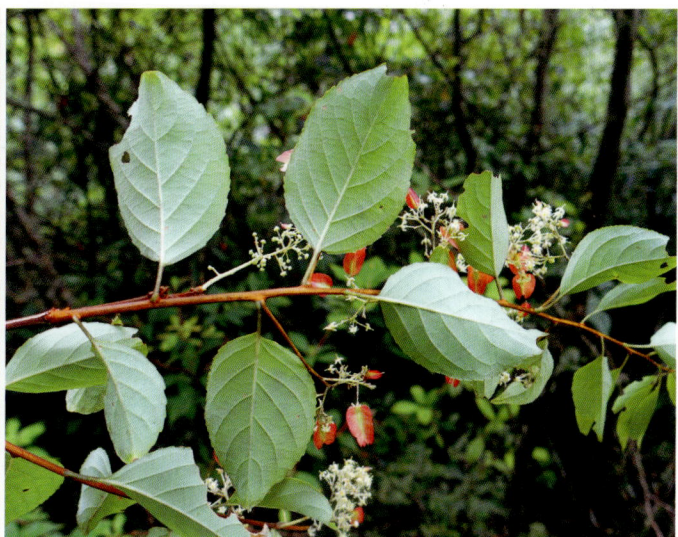

Order 35 酢浆草目 Oxalidales

A171 酢浆草科 Oxalidaceae

酢浆草
Oxalis corniculata L.

山酢浆草
Oxalis griffithii Edgeworth et Hook. f.

* **红花酢浆草** *Oxalis corymbosa* DC.

A173　杜英科 Elaeocarpaceae

中华杜英 *Elaeocarpus chinensis*
(Gardn. et Champ.) Hook. f.

秃瓣杜英 *Elaeocarpus glabripetalus* Merr.

杜英
Elaeocarpus decipiens Hemsl.

褐毛杜英 *Elaeocarpus duclouxii* Gagn.

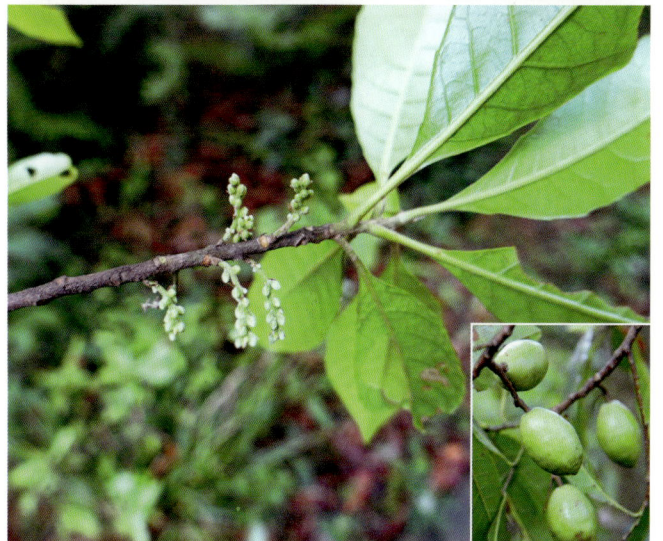

日本杜英
Elaeocarpus japonicus Sieb. et Zucc.

山杜英
Elaeocarpus sylvestris (Lour.) Poir.

* 仿栗 *Sloanea hemsleyana*
(Itô) Rehd. et Wils.

猴欢喜
Sloanea sinensis (Hance) Hemsl.

Order 36　金虎尾目 Malpighiales

A180　古柯科 Erythroxylaceae

东方古柯 *Erythroxylum sinense* C. Y. Wu

A183　藤黄科 Clusiaceae

木竹子
Garcinia multiflora Champ. ex Benth.

A186　金丝桃科 Hypericaceae

黄海棠
Hypericum ascyron L.

赶山鞭 *Hypericum attenuatum* Choisy

挺茎遍地金
Hypericum elodeoides Choisy

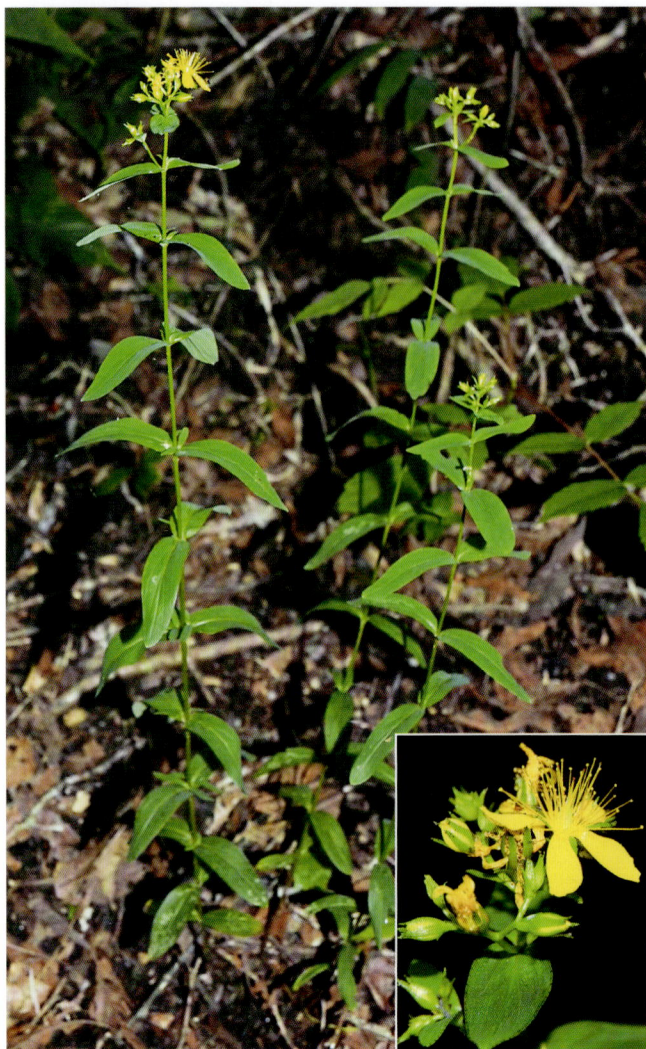

衡山金丝桃
Hypericum hengshanense W. T. Wang

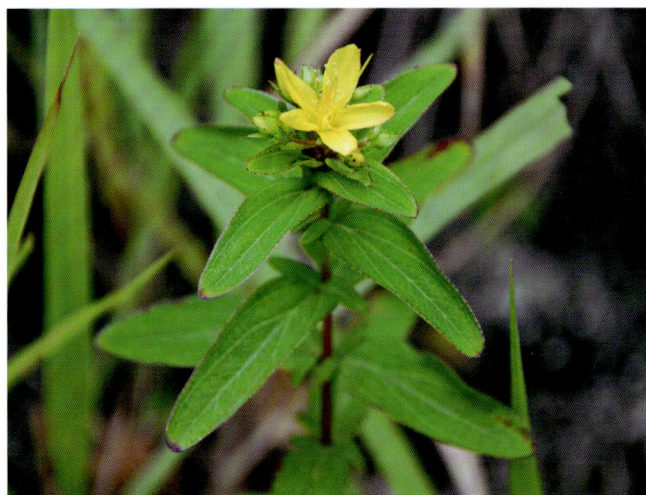

小连翘
Hypericum erectum Thunb. ex Murray

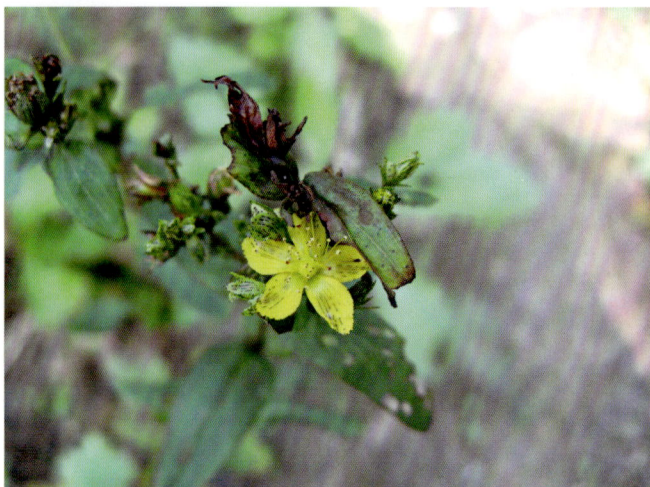

扬子小连翘 *Hypericum faberi* R. Keller

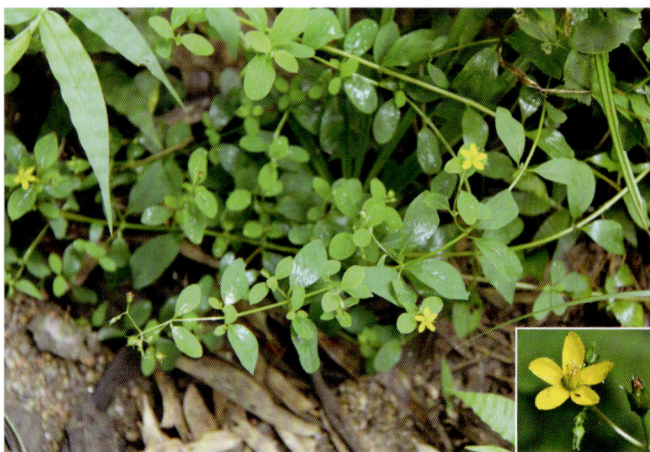

地耳草
Hypericum japonicum Thunb. ex Murray

长柱金丝桃
Hypericum longistylum Oliv.

金丝桃
Hypericum monogynum L.

金丝梅
Hypericum patulum Thunb. ex Murray

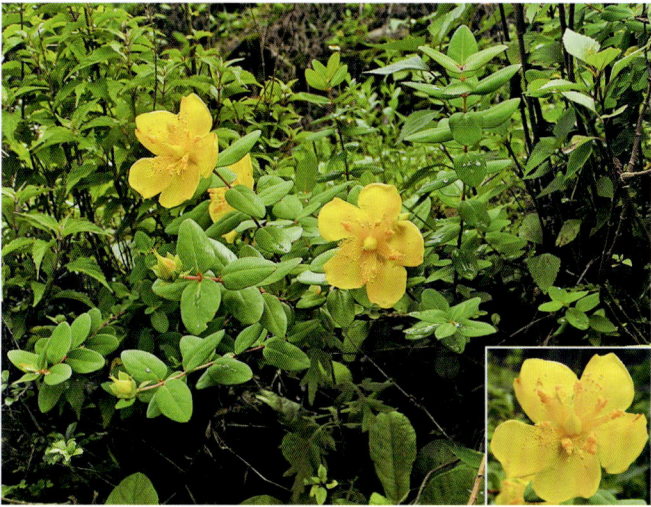

贯叶连翘
Hypericum perforatum L.

短柄小连翘 *Hypericum petiolulatum*
Hook. f. et Thoms. ex Dyer

元宝草 *Hypericum sampsonii* Hance

密腺小连翘 *Hypericum seniawinii* Maxim.

三腺金丝桃 *Triadenum breviflorum* (Wall. ex Dyer) Y. Kimura

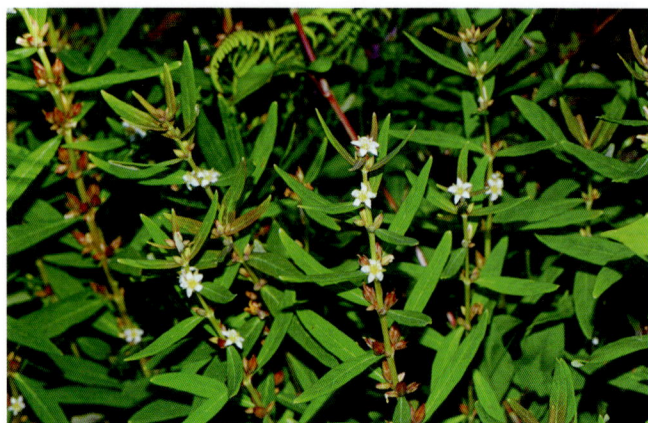

A191　沟繁缕科 Elatinaceae

田繁缕
Bergia ammannioides Roxb. ex Roth

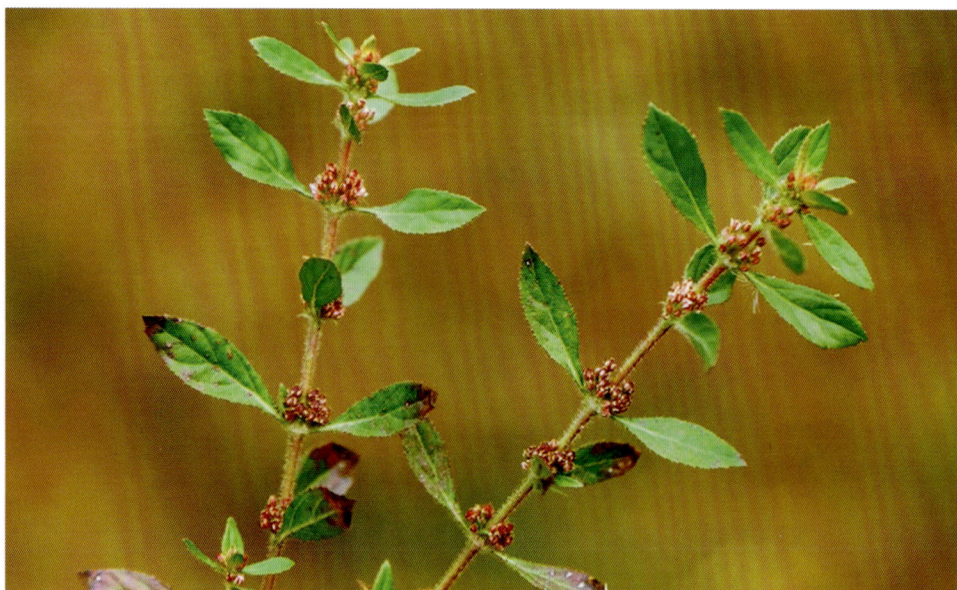

A200　董菜科　Violaceae

鸡腿董菜 *Viola acuminata* Ledeb.

如意草 *Viola arcuata* Bl.

戟叶董菜
Viola betonicifolia J. E. Smith

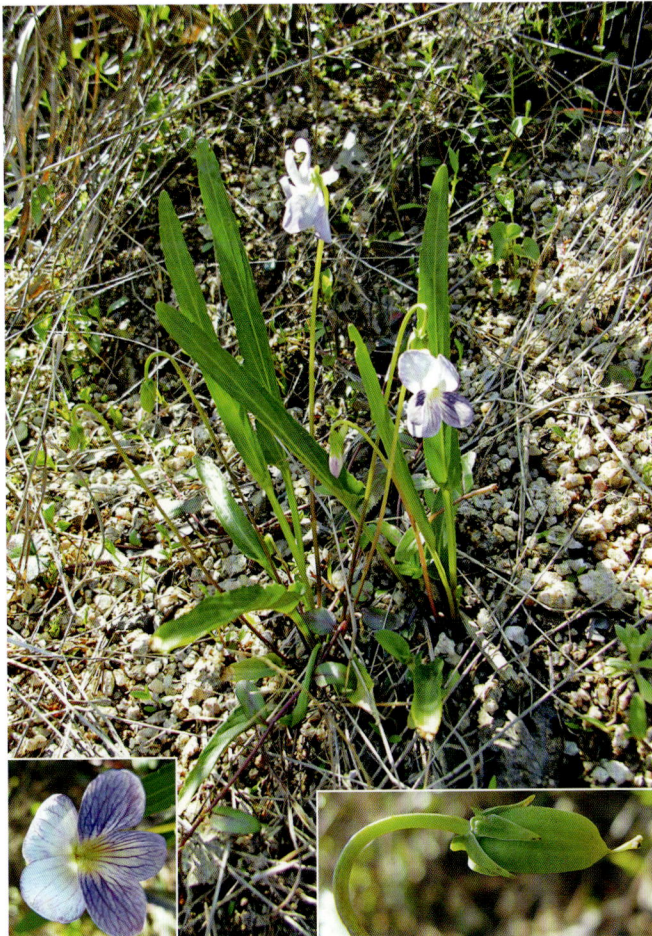

南山董菜
Viola chaerophylloides (Regel) W. Beck.

球果堇菜
Viola collina Bess.

深圆齿堇菜
Viola davidii Franch.

七星莲 *Viola diffusa* Ging.

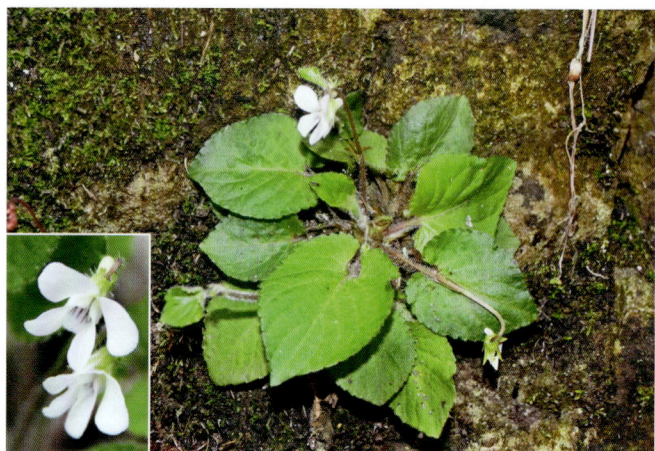

柔毛堇菜 *Viola fargesii* H. Boiss

紫花堇菜 *Viola grypoceras* A. Gray

日本球果堇菜 *Viola hondoensis* W. Becker et H. Boissieu

湖南堇菜 *Viola hunanensis* Hand.-Mazz.

长萼堇菜 *Viola inconspicua* Blume

犁头草
***Viola japonica* Langsd. ex DC.**

井冈山堇菜 *Viola jinggangshanensis*
Z. L. Ning et J. P. Liao

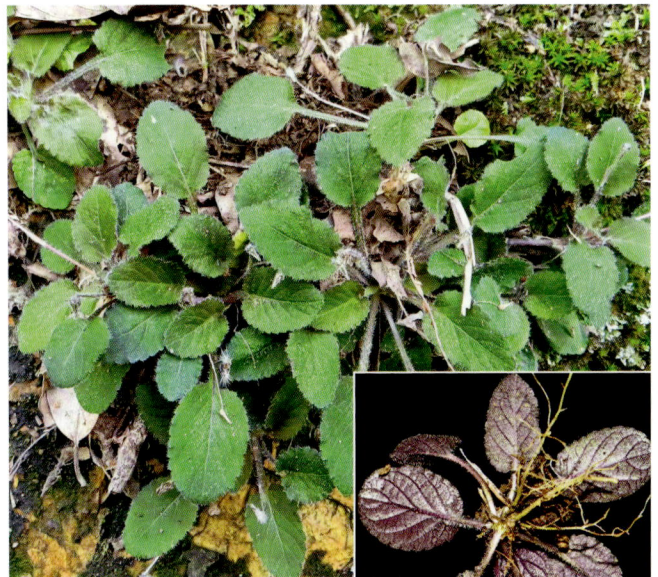

江西堇菜
Viola kiangsiensis W. Beck.

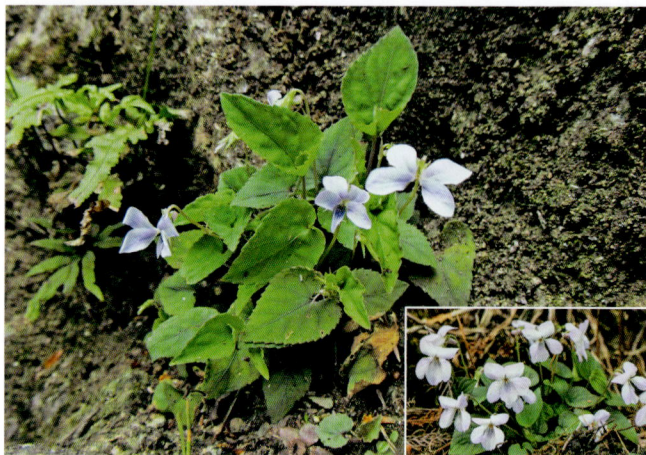

福建堇菜
Viola kosanensis Hayata

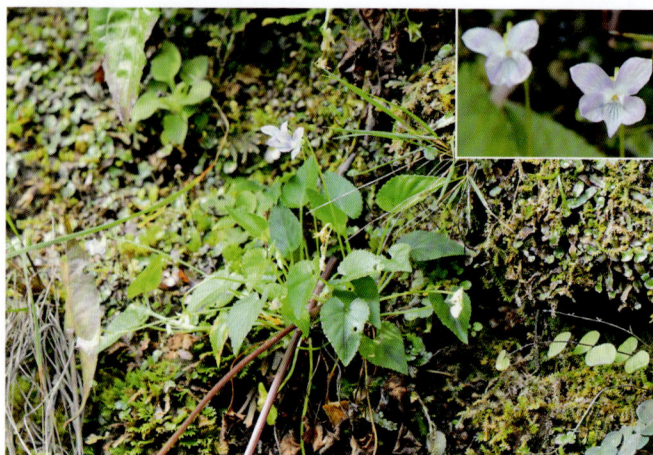

白花堇菜
Viola lactiflora Nakai

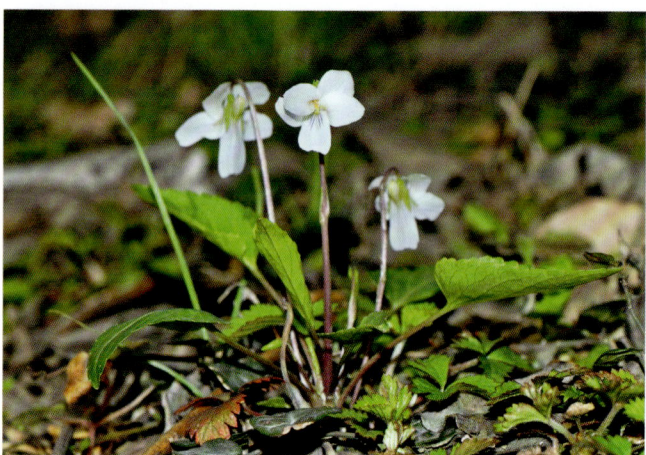

亮毛堇菜
Viola lucens W. Beck.

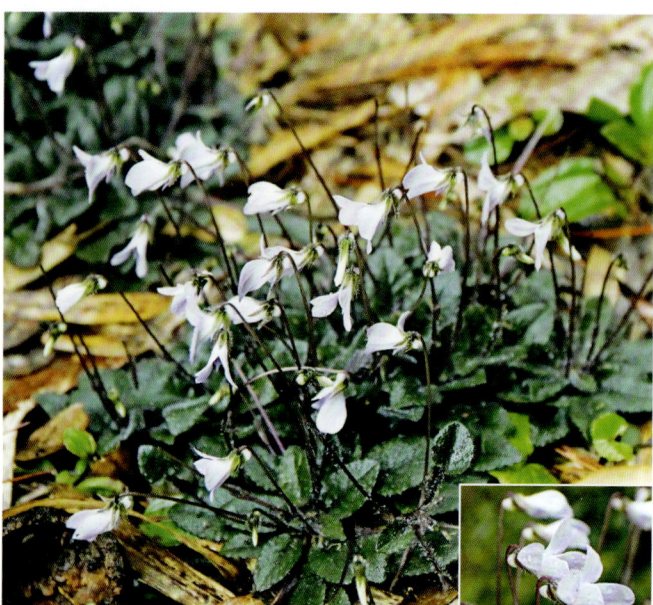

犁头叶堇菜
Viola magnifica C. J. Wang et X. D. Wang

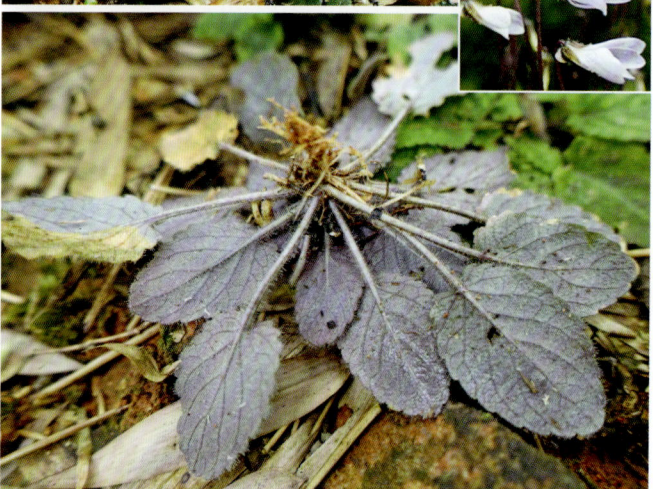

萱
Viola moupinensis Franch.

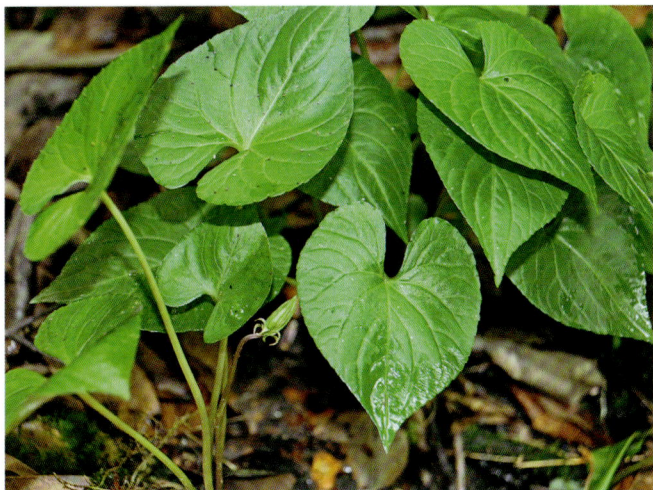

紫花地丁
Viola philippica Cav.

早开堇菜
Viola prionantha Bunge

圆叶堇菜
Viola pseudobambusetorum Chang

辽宁堇菜
Viola rossii Hemsl. ex Forbes et Hemsl.

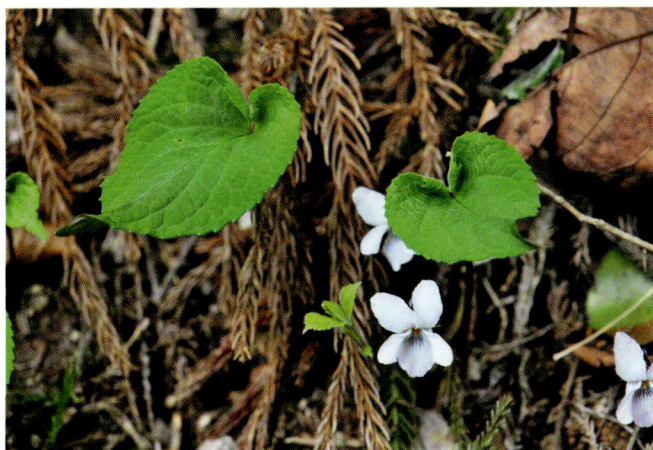

浅圆齿堇菜
Viola schneideri W. Beck.

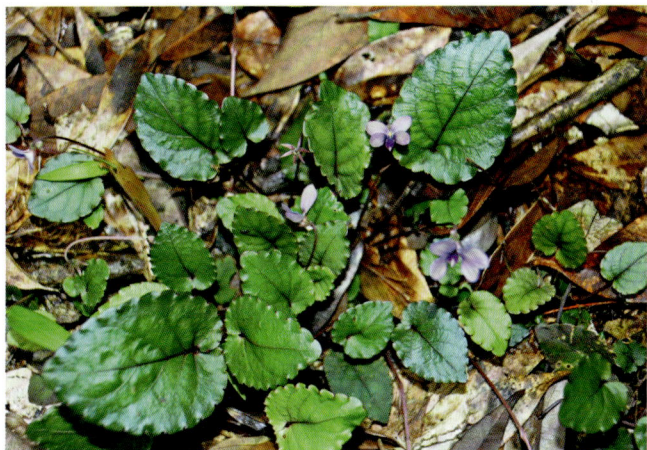

深山堇菜
Viola selkirkii Pursh ex Gold.

庐山堇菜
Viola stewardiana W. Beck.

三角叶堇菜
Viola triangulifolia W. Beck.

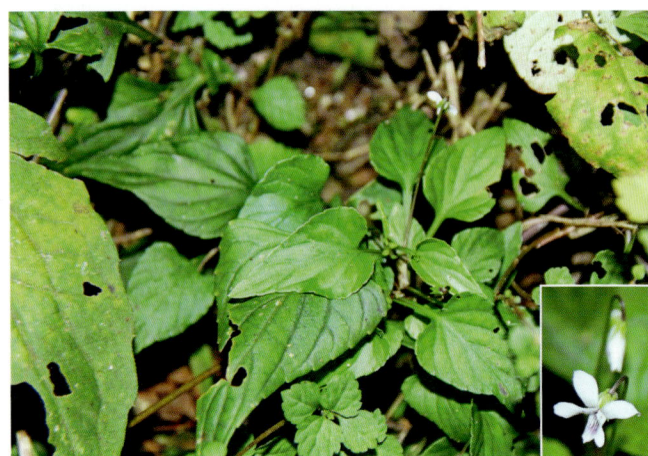

心叶堇菜
Viola yunnanfuensis W. Beck.

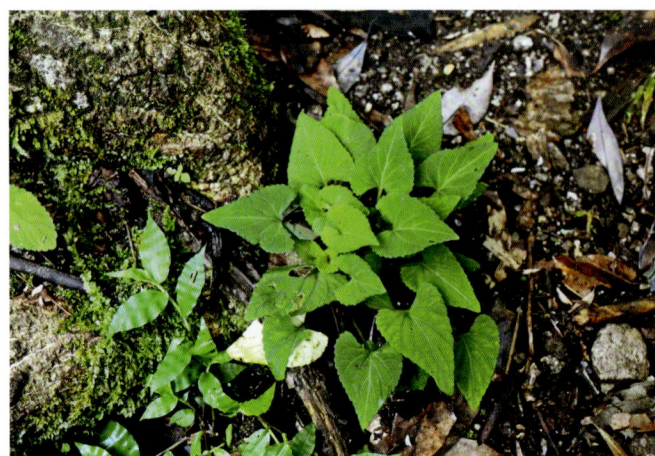

A202　西番莲科 Passifloraceae

广东西番莲 *Passiflora kwangtungensis* Merr.

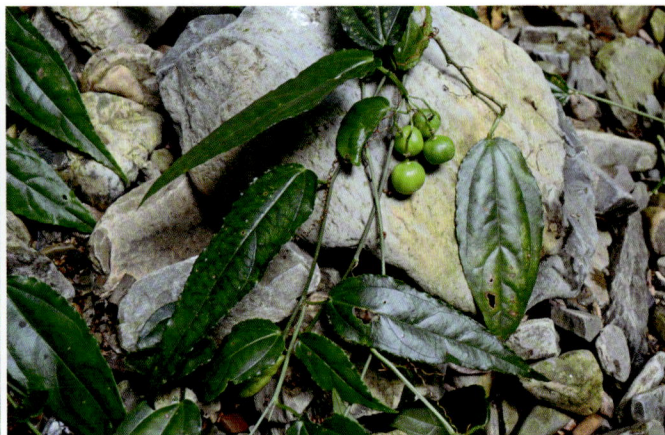

A204 杨柳科 Salicaceae

山桂花
Bennettiodendron leprosipes (Clos) Merr.

天料木
Homalium cochinchinense (Lour.) Druce

山桐子
Idesia polycarpa Maxim.

毛叶山桐子
Idesia polycarpa var. **vestita** Diels

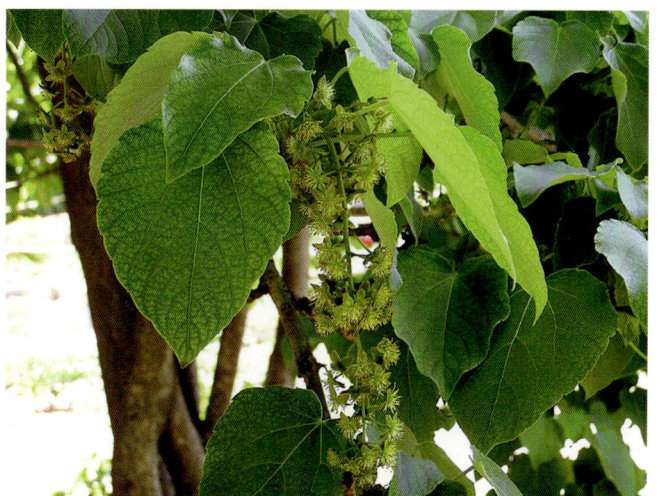

山拐枣
Poliothyrsis sinensis Oliv.

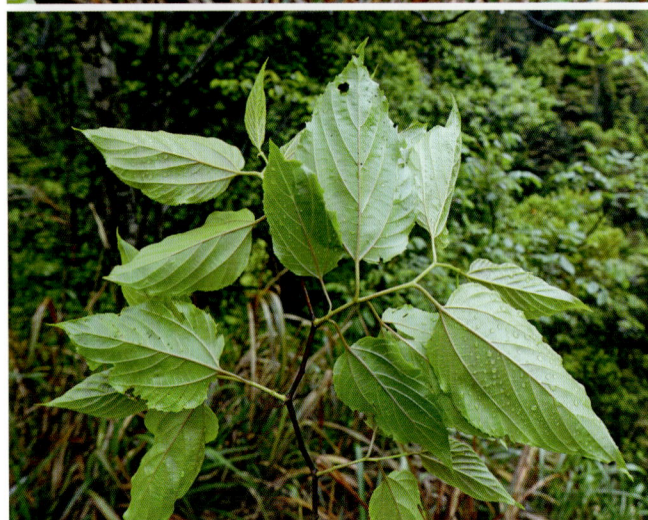

* 毛白杨
Populus tomentosa Carr.

* 响叶杨
Populus adenopoda Maxim.

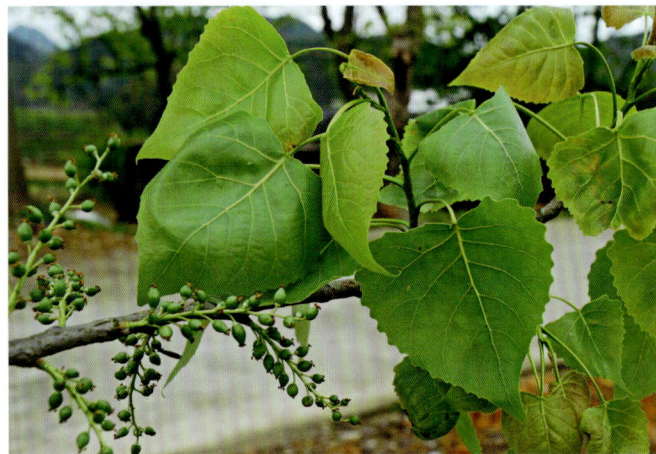

* 钻天杨 *Populus nigra* var. *italica* (Moench) Koehne

* 垂柳 *Salix babylonica* L.

井冈柳 *Salix baileyi* C. K. Schneid.

银叶柳 *Salix chienii* Cheng

* 腺柳 *Salix chaenomeloides* Kimura

长梗柳 *Salix dunnii* Schneid.

粤柳 *Salix mesnyi* Hance

* 旱柳 *Salix matsudana* Koidz.

南川柳 *Salix rosthornii* Seemen

* 红皮柳
Salix sinopurpurea C. Wang et Ch. Y. Yang

紫柳
Salix wilsonii Seemen

柞木 *Xylosma congesta* (Loureiro) Merrill

南岭柞木 *Xylosma controversa* Clos

A207　大戟科 Euphorbiaceae

铁苋菜 *Acalypha australis* L.

裂苞铁苋菜 *Acalypha brachystachya* Hornem

山麻杆 *Alchornea davidii* Franch.

红背山麻杆
Alchornea trewioides (Benth.) Müll. Arg.

毛果巴豆 *Croton lachnocarpus* Benth.

巴豆
Croton tiglium L.

假奓包叶 *Discocleidion rufescens*
(Franch.) Pax et Hoffm.

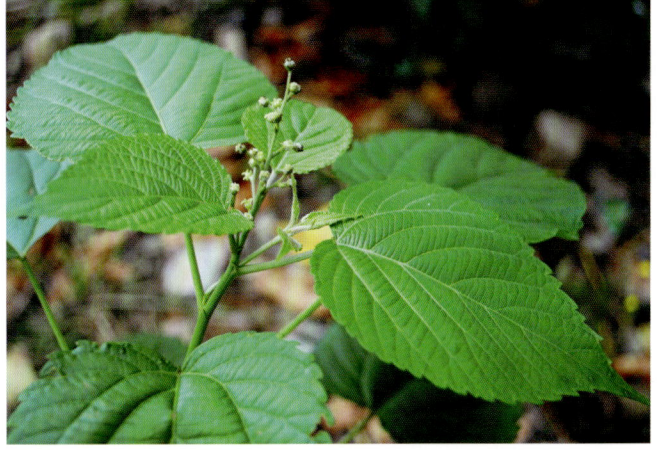

细齿大戟 *Euphorbia bifida* Hook. et Arn.

乳浆大戟 *Euphorbia esula* L.

泽漆 *Euphorbia helioscopia* L.

飞扬草 *Euphorbia hirta* L.

地锦草
Euphorbia humifusa Willd. ex Schlecht.

湖北大戟
Euphorbia hylonoma Hand.-Mazz.

通奶草 *Euphorbia hypericifolia* L.

甘遂 *Euphorbia kansui* T. N. Liou ex S. B. Ho

续随子 *Euphorbia lathyris* L.

斑地锦 *Euphorbia maculata* L.

* 铁海棠
Euphorbia milii Des Moulins

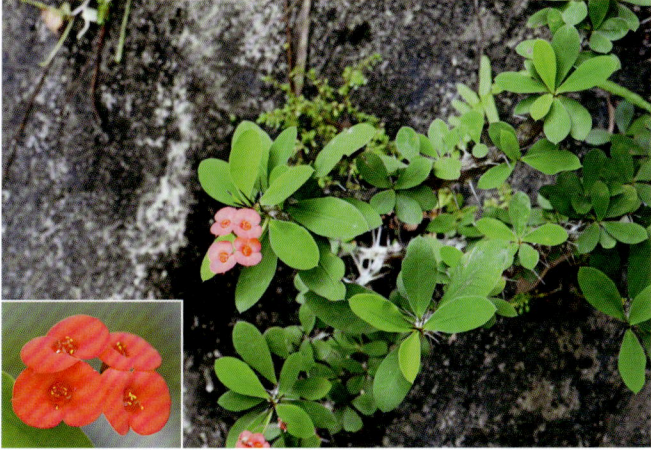

大戟
Euphorbia pekinensis Rupr.

匍匐大戟
Euphorbia prostrata Ait.

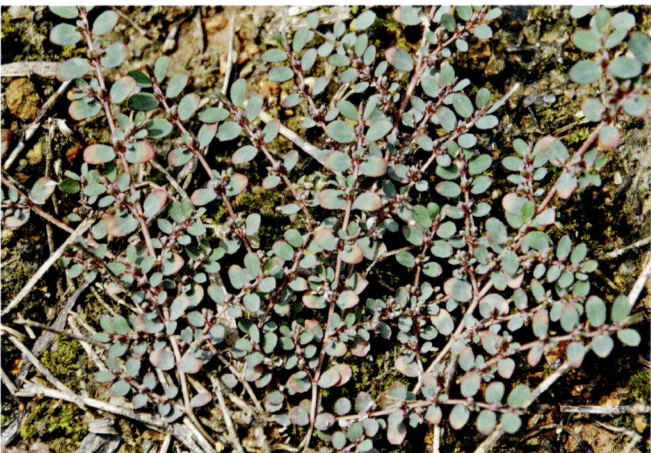

* 一品红
Euphorbia pulcherrima Willd. et Kl.

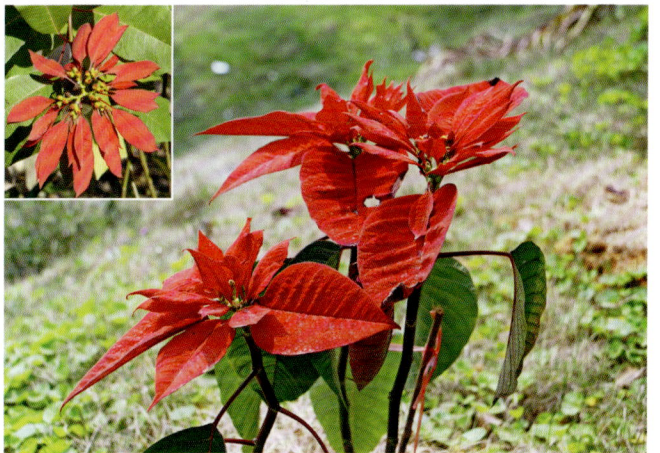

钩腺大戟
Euphorbia sieboldiana Morr. et Decne.

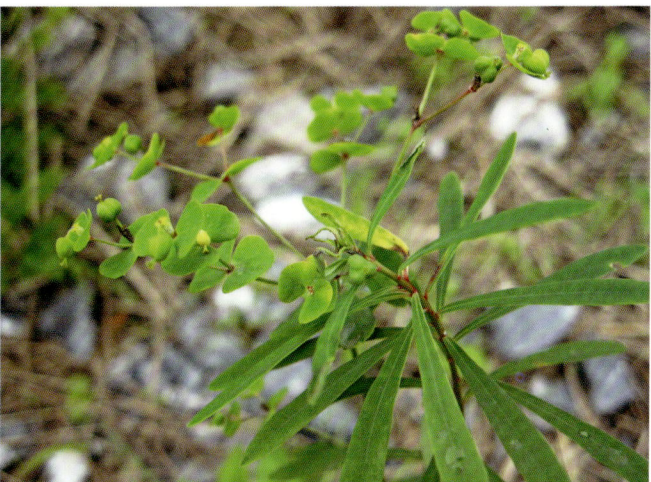

千根草
Euphorbia thymifolia L.

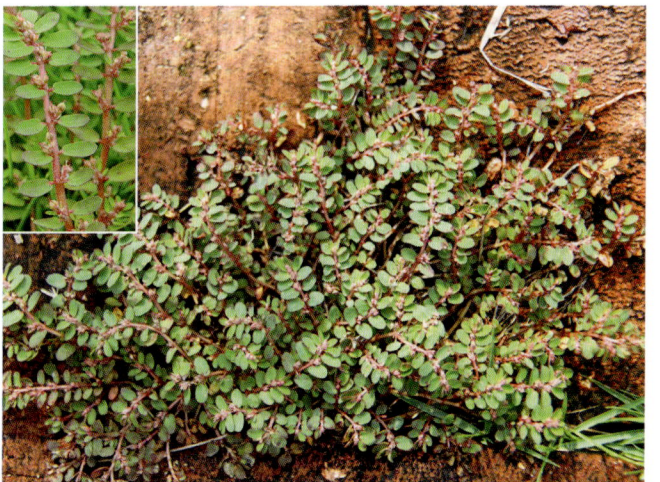

中平树
Macaranga denticulata (Blume) Müll. Arg.

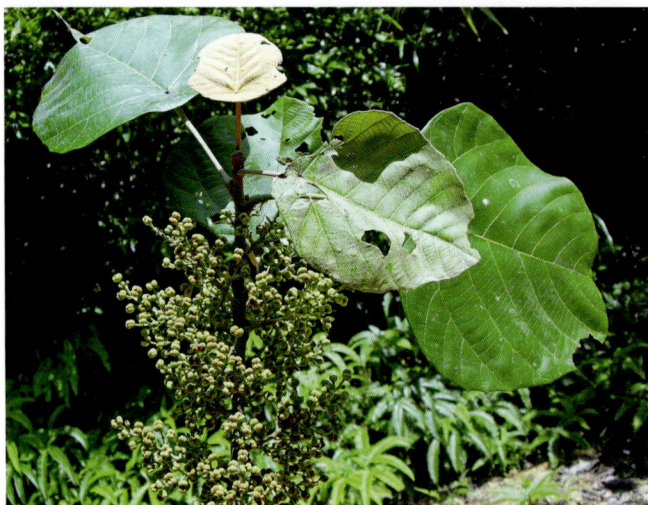

白背叶
Mallotus apelta (Lour.) Müll. Arg.

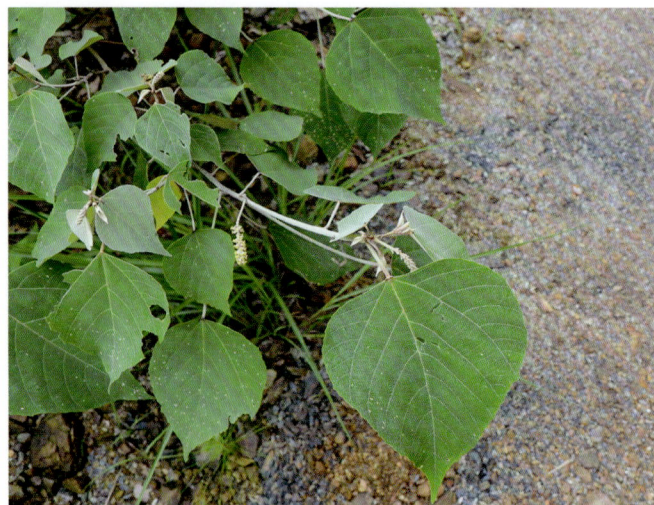

毛桐
Mallotus barbatus (Wall.) Müll. Arg.

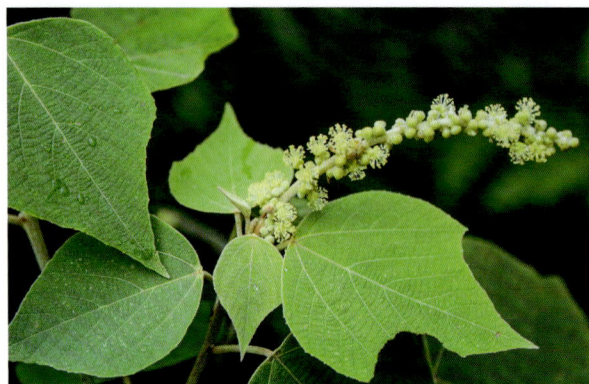

野梧桐
Mallotus japonicus (Thunb.) Müll. Arg.

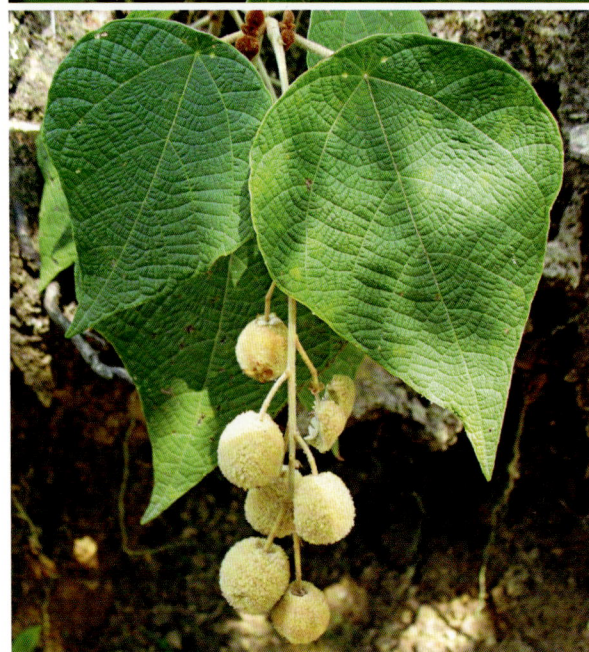

东南野桐 **Mallotus lianus** Croiz.

小果野桐
Mallotus microcarpus Pax et Hoffm.

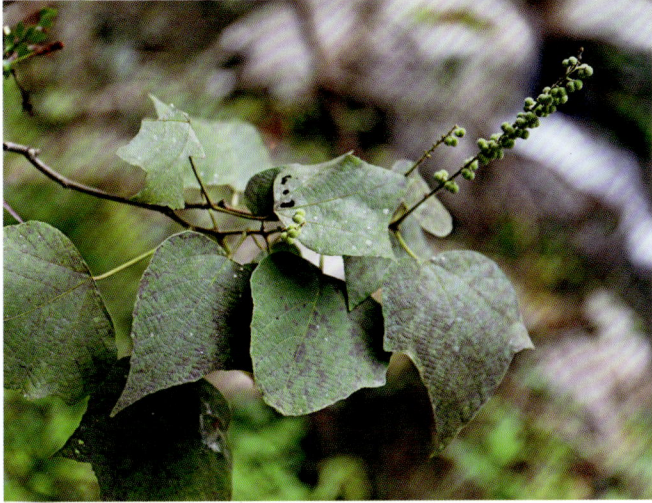

山地野桐　**_Mallotus oreophilus_** Müll. Arg.
[_Mallotus japonicus_ var. _oreophilus_ (Müll. Arg.) S. M. Hwang]

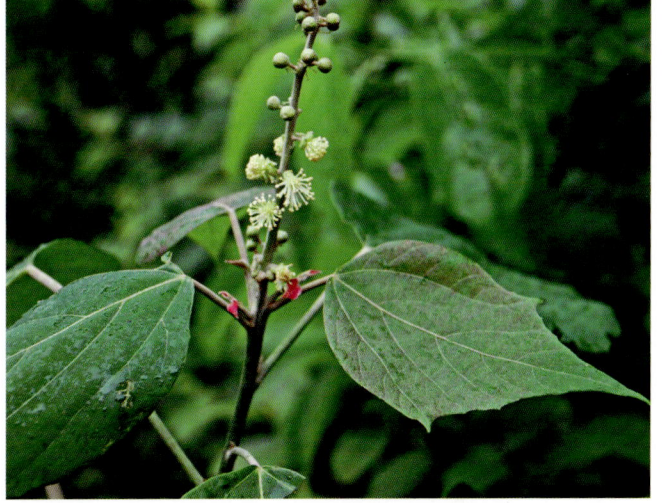

粗糠柴
Mallotus philippensis (Lam.) Müll. Arg.

石岩枫
Mallotus repandus (Willd.) Müll. Arg.

杠香藤　**_Mallotus repandus_** var. **_chrysocarpus_** (Pamp.) S. M. Hwang

野桐
Mallotus tenuifolius Pax

红叶野桐 *Mallotus tenuifolius* var. *paxii* (Pamp.) H. S. Kiu

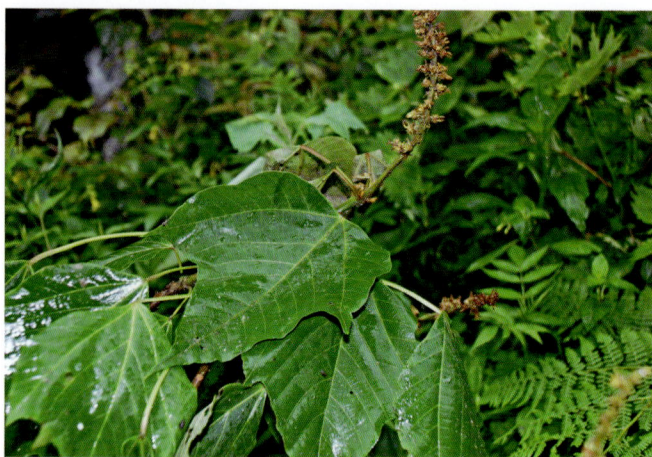

斑子乌桕 *Neoshirakia atrobadiomaculata* (F. P. Metcalf) Esser et P. T. Li

白木乌桕
Neoshirakia japonica (Sieb. et Zucc.) Esser

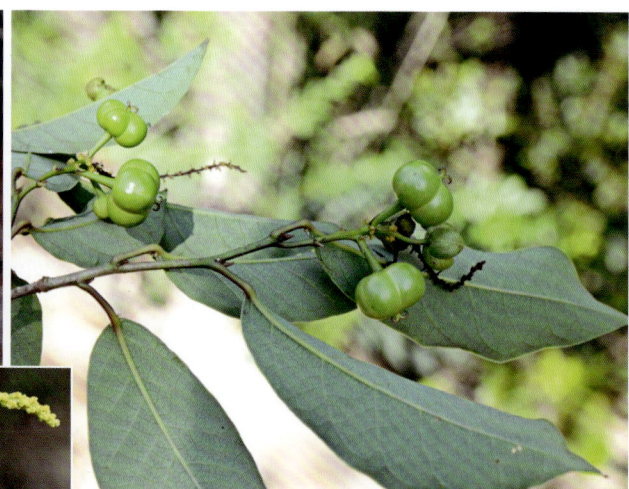

* 蓖麻
Ricinus communis L.

广东地构叶 *Speranskia cantonensis* (Hance) Pax et Hoffm.

山乌桕 *Triadica cochinchinensis* Lour.

乌桕 *Triadica sebifera* (L.) Small

油桐 *Vernicia fordii* (Hemsl.) Airy Shaw

木油桐 *Vernicia montana* Lour.

A211 叶下珠科 Phyllanthaceae

*五月茶
Antidesma bunius (L.) Spreng.

日本五月茶
Antidesma japonicum Sieb. et Zucc.

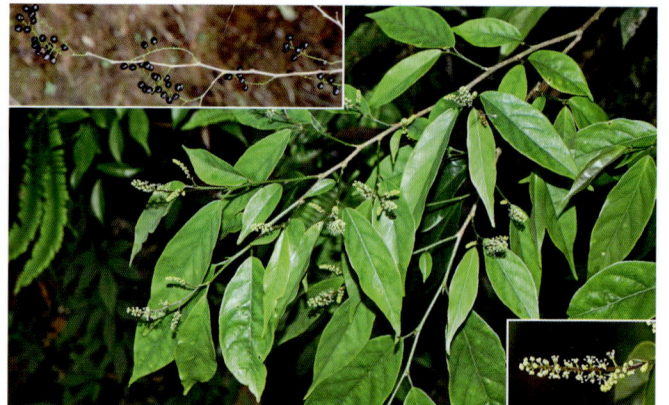

柳叶五月茶
Antidesma pseudomicrophyllum Croiz.

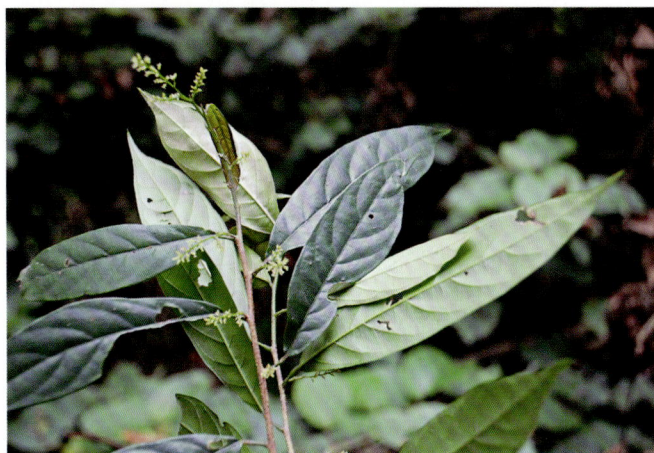

一叶萩　***Flueggea suffruticosa*** (Pall.) Baill.
[*Securinega suffruticosa* (Pall.) Rehd.]

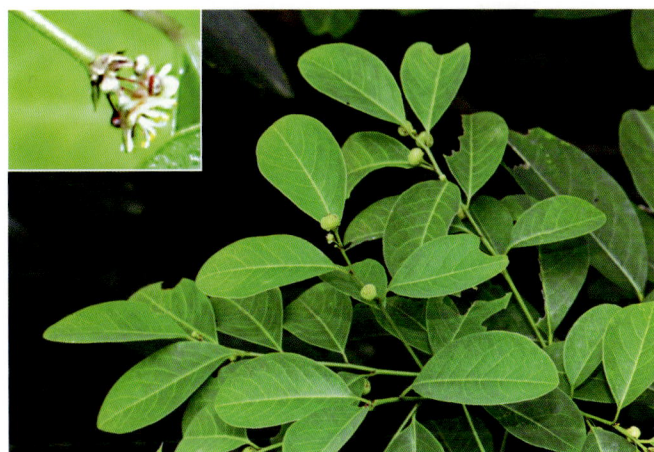

白饭树
Flueggea virosa (Roxb. ex Willd.) Voigt

重阳木
Bischofia polycarpa (Lévl.) Airy Shaw

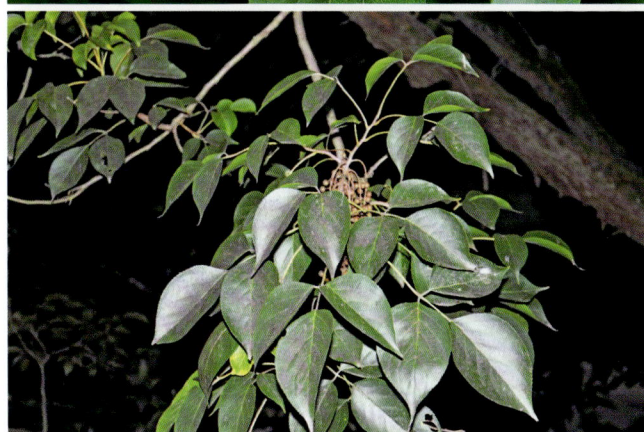

革叶算盘子
Glochidion daltonii (Müll. Arg.) Kurz

算盘子
Glochidion puberum (L.) Hutch.

里白算盘子
Glochidion triandrum (Blanco) C. B. Rob.

湖北算盘子
Glochidion wilsonii Hutch.

落萼叶下珠 *Phyllanthus flexuosus*
(Sieb. et Zucc.) Müll. Arg.

青灰叶下珠
Phyllanthus glaucus Wall. ex Müll. Arg.

小果叶下珠
Phyllanthus reticulatus Poir.

叶下珠
Phyllanthus urinaria L.

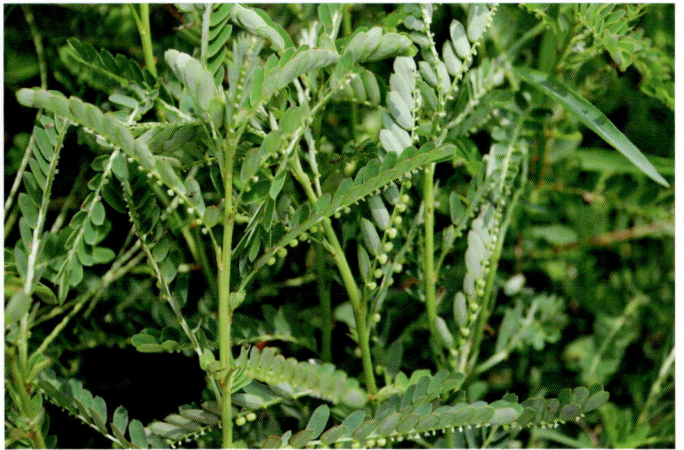

蜜甘草
Phyllanthus ussuriensis Rupr. et Maxim.

黄珠子草
Phyllanthus virgatus Forst. f.

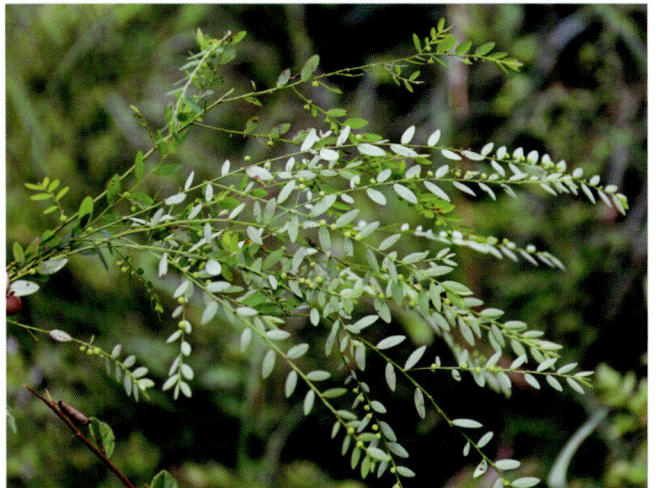

Order 37　牻牛儿苗目 Geraniales

A212　牻牛儿苗科 Geraniaceae

牻牛儿苗 *Erodium stephanianum* Willd.

野老鹳草 *Geranium carolinianum* L.

尼泊尔老鹳草
Geranium nepalense Sweet

中日老鹳草 *Geranium nepalense* **var.** *thunbergii* (Sieb. et Zucc.) Kudô

鼠掌老鹳草 *Geranium sibiricum* L.

老鹳草 *Geranium wilfordii* Maxim.

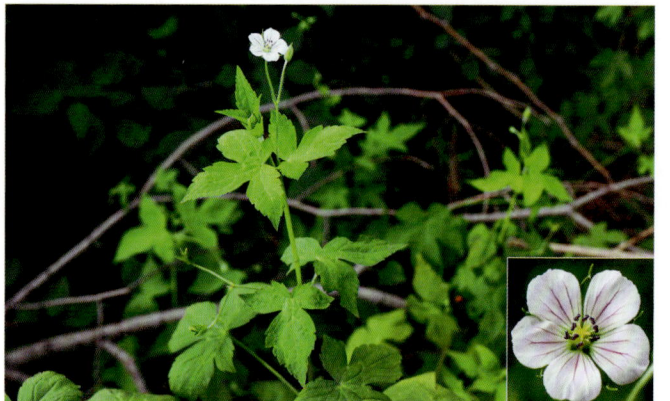

Order 38　桃金娘目 Myrtales

A214　使君子科 Combretaceae

风车子
Combretum alfredii Hance

*使君子
Quisqualis indica L.

A215　千屈菜科 Lythraceae

耳基水苋
Ammannia auriculata Willd.
[*Ammannia arenaria* H. B. Kunth]

水苋菜
Ammannia baccifera L.

多花水苋
Ammannia multiflora Roxb.

* **小叶萼距花**
Cuphea hyssopifolia H. B. Kunth.

尾叶紫薇 *Lagerstroemia caudata*
Chun et F. C. How ex S. K. Lee et L. F. Lau

紫薇
Lagerstroemia indica L.

南紫薇 *Lagerstroemia subcostata* Koehne

千屈菜　*Lythrum salicaria* L.

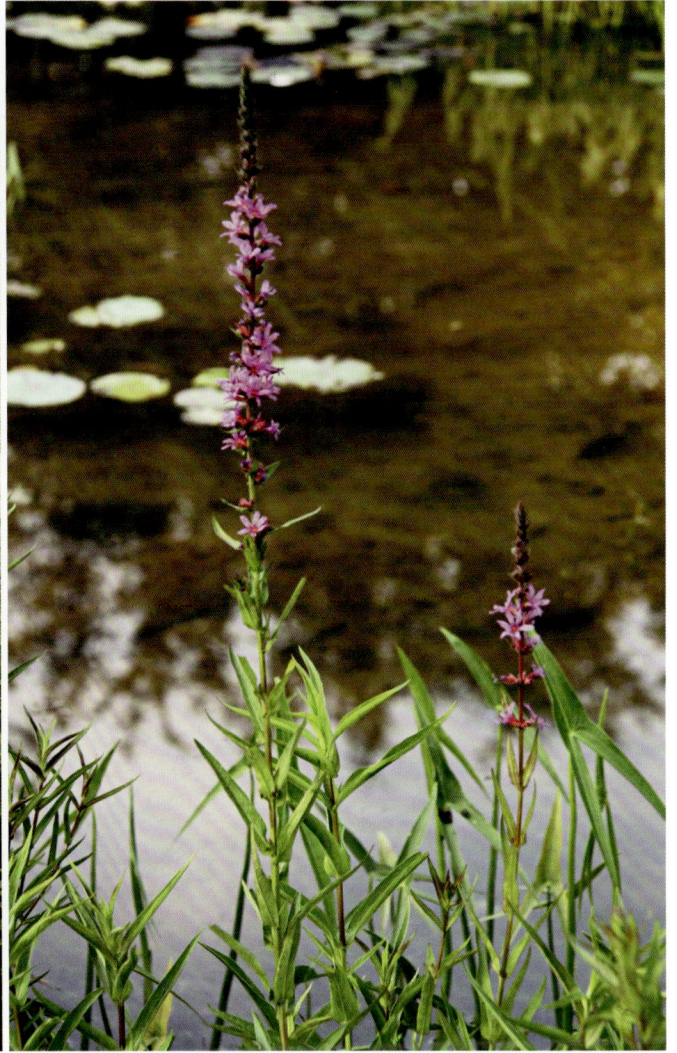

* 石榴　*Punica granatum* L.

节节菜
Rotala indica (Willd.) Koehne

细果野菱 *Trapa incisa* Sieb. et Zucc.

欧菱 *Trapa natans* L.

圆叶节节菜 *Rotala rotundifolia*
(Buch.-Ham. ex Roxb.) Koehne

A216　柳叶菜科 Onagraceae

露珠草 *Circaea cordata* Royle

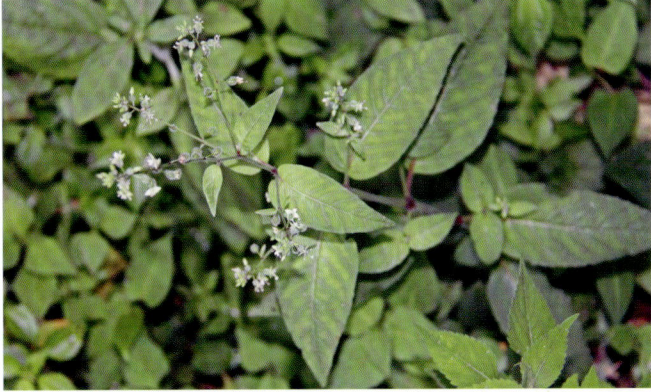

谷蓼 *Circaea erubescens* Franch. et Sav.

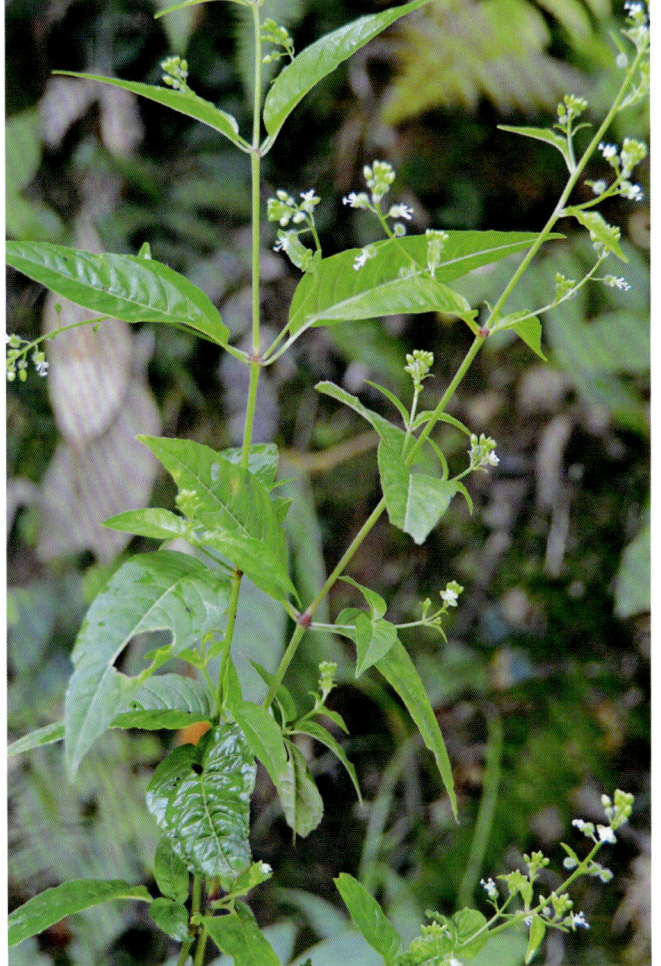

水珠草 *Circaea lutetiana* L.

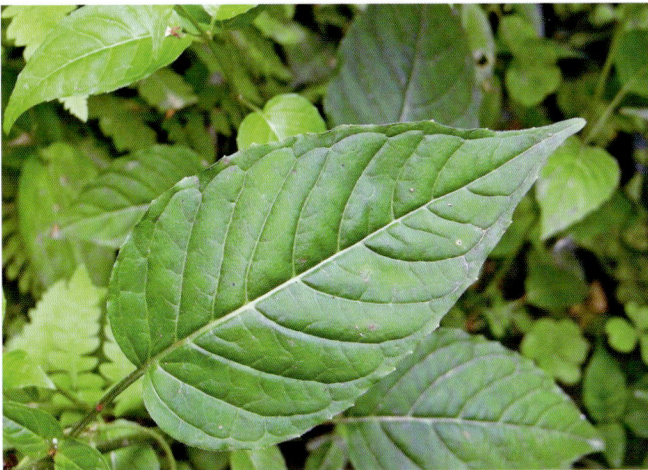

南方露珠草 *Circaea mollis* Sieb. et Zucc.

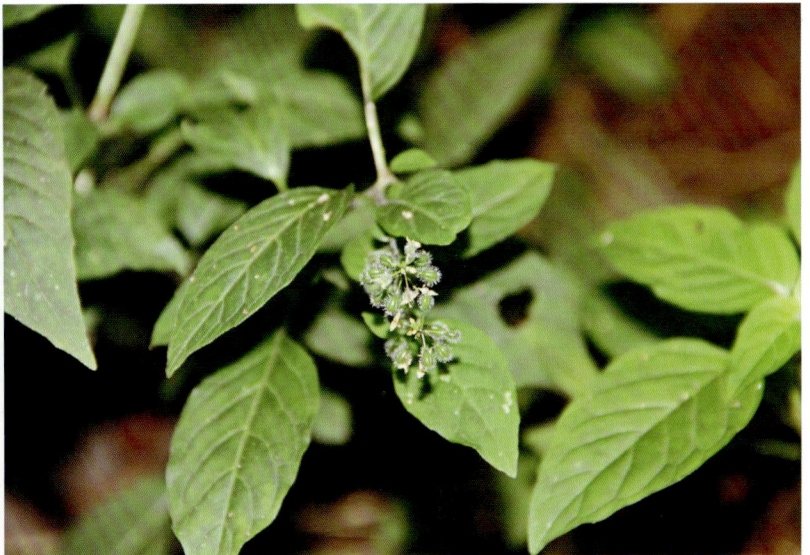

匍匐露珠草
Circaea repens Wallich ex Asch. et Magnus

光滑柳叶菜 *Epilobium amurense* **subsp.** *cephalostigma* (Hausskn.) C. J. Chen

毛脉柳兰 *Epilobium angustifolium* **subsp.** *circumvagum* Mosquin

腺茎柳叶菜 *Epilobium brevifolium* **subsp.** *trichoneurum* (Hausskn.) Raven

柳叶菜
Epilobium hirsutum L.

小花柳叶菜
Epilobium parviflorum Schreber

长籽柳叶菜
Epilobium pyrricholophum Franch. et Sav.

*山桃草 *Gaura lindheimeri*
Engelm. et Gray

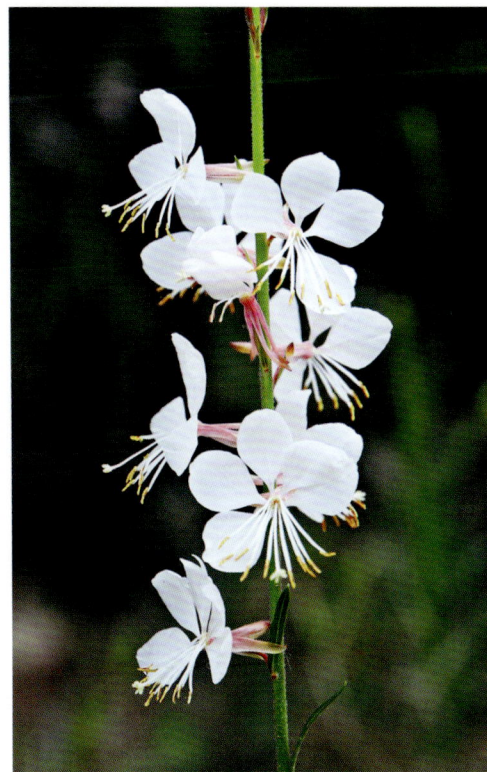

水龙 *Ludwigia adscendens* (L.) H. Hara

假柳叶菜 *Ludwigia epilobioides* Maxim.

草龙 *Ludwigia hyssopifolia* (G. Don) Exell

毛草龙 *Ludwigia octovalvis* (Jacq.) Raven

卵叶丁香蓼
Ludwigia ovalis Miq.

黄花水龙 *Ludwigia peploides* subsp.
stipulacea (Ohwi) Raven

丁香蓼 *Ludwigia prostrata* Roxb.

月见草 *Oenothera biennis* L.

A218 桃金娘科 Myrtaceae

岗松
Baeckea frutescens L.

* 细叶桉
Eucalyptus tereticornis Smith

桃金娘 *Rhodomyrtus tomentosa* (Ait.) Hassk.

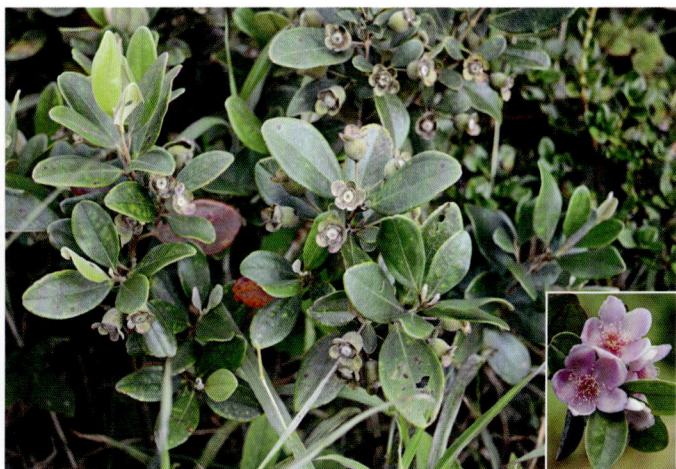

华南蒲桃
Syzygium austrosinense Chang et Miau

轮叶蒲桃
Syzygium grijsii (Hance) Merr. et Perry

赤楠
Syzygium buxifolium Hook. et Arn.

A219　野牡丹科 Melastomataceae

棱果花
Barthea barthei (Hance ex Benth.) Krasser

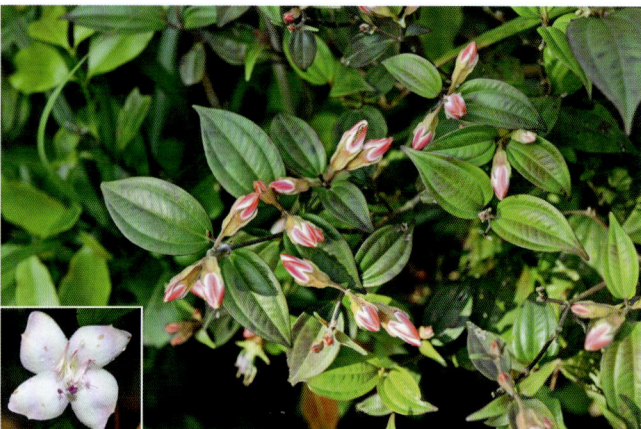

线萼金花树
Blastus apricus (Hand.-Mazz.) H. L. Li

柏拉木　*Blastus cochinchinensis* Lour.

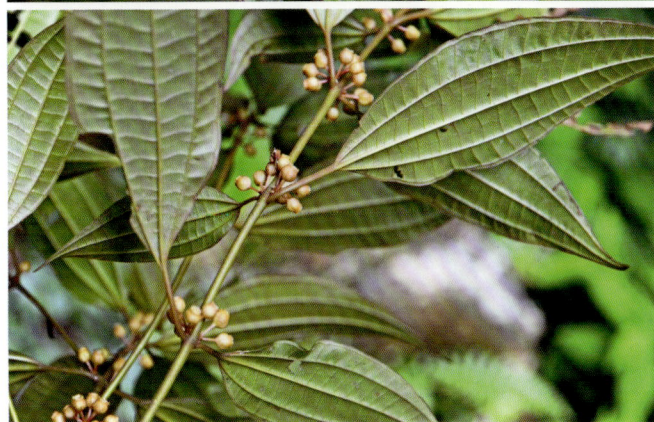

少花柏拉木
Blastus pauciflorus (Benth.) Guillaum.

金花树　*Blastus dunnianus* Lévl.

留行草　*Blastus ernae* Hand.-Mazz.

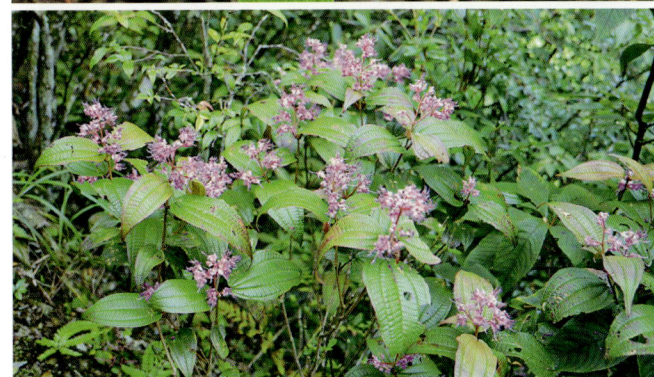

张氏野海棠　*Bredia changii*
W. Y. Zhao, X. H. Zhan et W. B. Liao

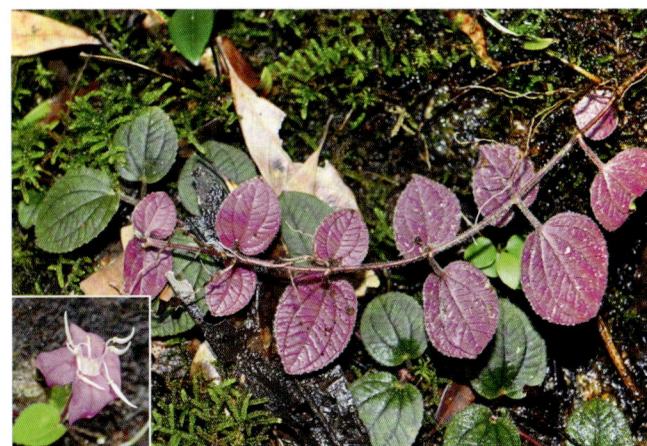

叶底红 *Bredia fordii* (Hance) Diels

桂东锦香草 *Bredia guidongensis* (K. M. Liu et J. Tian) R. Zhou et Ying Liu
[*Phyllagathis guidongensis* K. M. Liu et J. Tian]

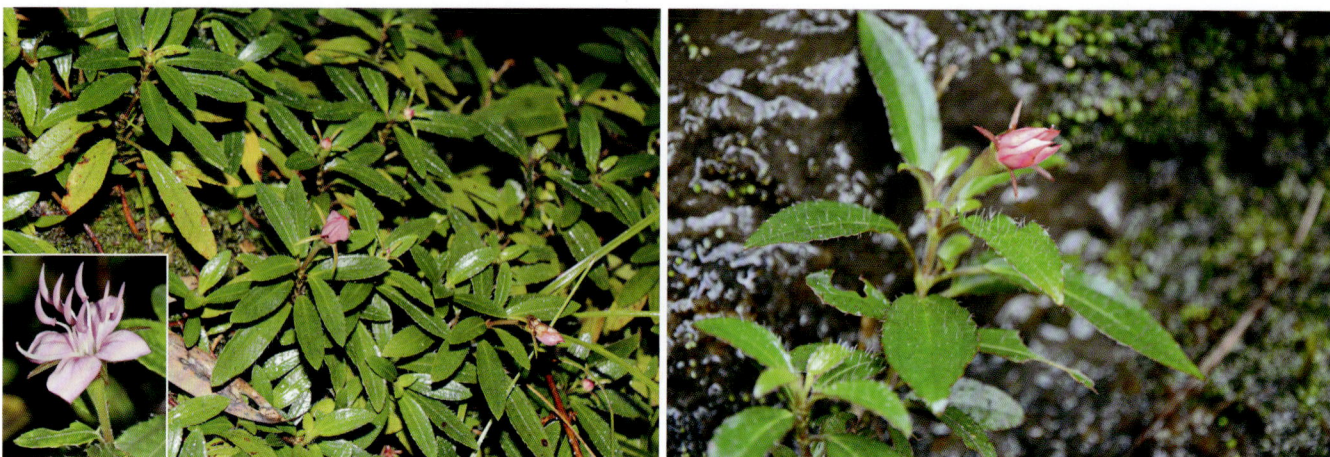

长萼野海棠 *Bredia longiloba* (Hand.-Mazz.) Diels

异药花　*Fordiophyton faberi* Stapf

野牡丹　*Melastoma candidum* D. Don

地菍　*Melastoma dodecandrum* Lour.

金锦香
Osbeckia chinensis L.

朝天罐
Osbeckia opipara C. Y. Wu et C. Chen

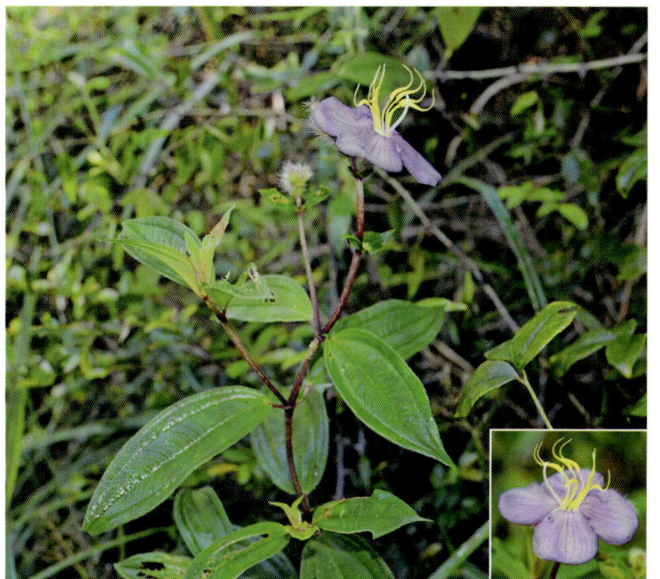

星毛金锦香 *Osbeckia stellata*
Buchanan-Hamilton ex Kew Gawler

锦香草 *Phyllagathis cavaleriei*
(Lévl. et Vant.) Guillaum.

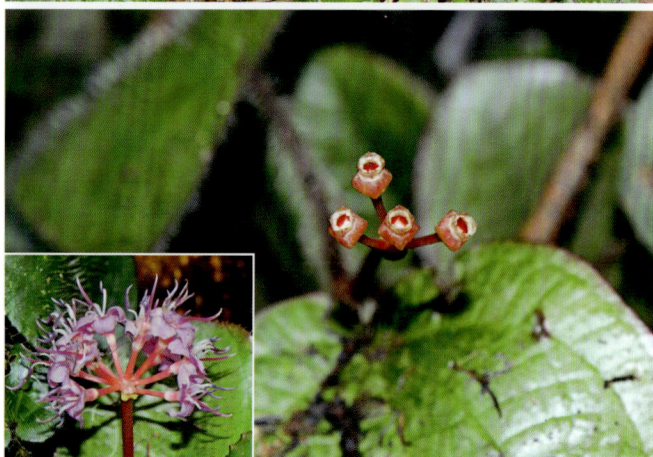

短毛熊巴掌 *Phyllagathis cavaleriei* **var.**
tankahkeei (Merr.) C. Y. Wu ex C. Chen

肉穗草
Sarcopyramis bodinieri Lévl. et Vant.

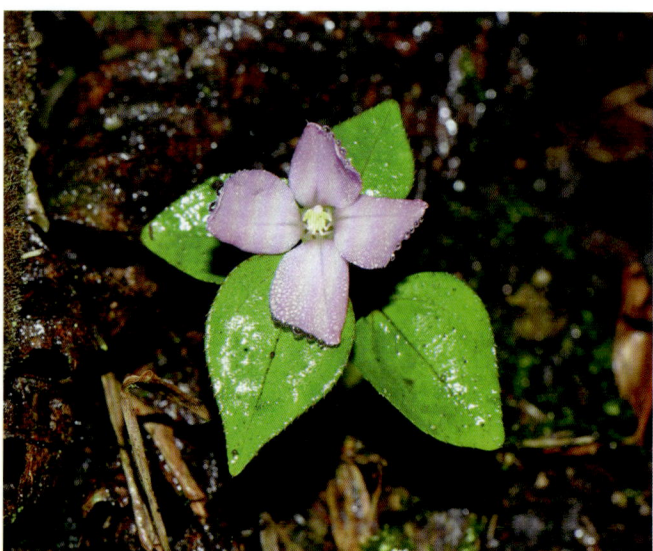

东方肉穗草
Sarcopyramis bodinieri* var. *delicata (C. B. Robins.) C. Chen

楮头红　*Sarcopyramis napalensis* Wall.

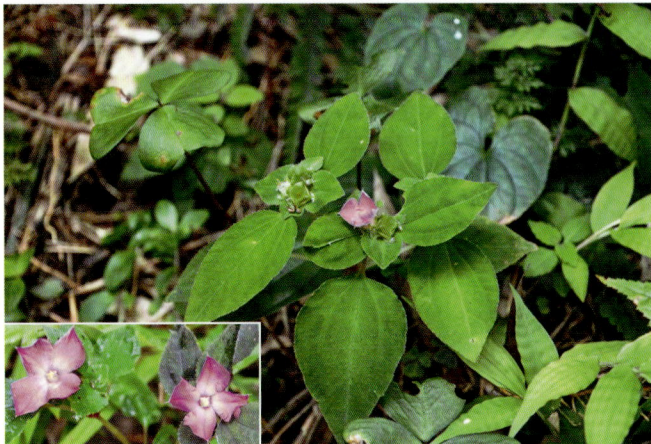

三蕊草　*Sonerila tenera* Royle

过路惊　*Tashiroea quadrangularis*
(Cogn.) R. Zhou et Ying Liu

[*Bredia quadrangularis* Cogn.]

毛柄锦香草　*Tashiroea oligotricha*
(Merr.) R. Zhou et Ying Liu

[*Phyllagathis oligotricha* Merr.]

Order 39　缨子木目 Crossosomatales

A226　省沽油科 Staphyleaceae

福建野鸦椿 *Euscaphis fukienensis* Hsu

野鸦椿 *Euscaphis japonica* (Thunb.) Dippel

省沽油 *Staphylea bumalda* DC.

膀胱果 *Staphylea holocarpa* Hemsl.

锐尖山香圆 *Turpinia arguta* (Lindl.) Seem.

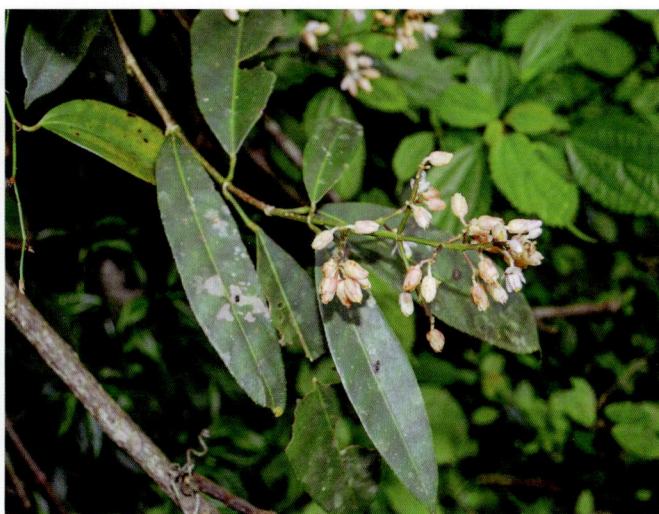

绒毛锐尖山香圆 *Turpinia arguta* var. *pubescens* T. Z. Hsu

山香圆 *Turpinia montana* (Bl.) Kurz

A228 旌节花科 Stachyuraceae

中国旌节花
Stachyurus chinensis Franch.

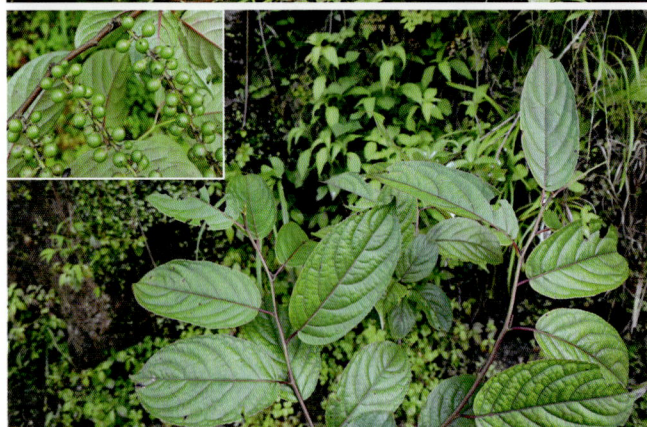

西域旌节花 *Stachyurus himalaicus*
Hook. f. et Thoms. ex Benth.

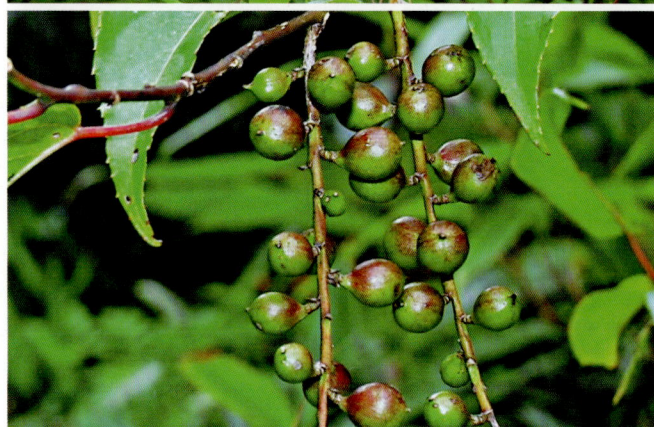

Order 41 腺椒树目 Huerteales

A233 瘿椒树科 Tapisciaceae

瘿椒树 *Tapiscia sinensis* Oliv.

Order 42　无患子目 Sapindales

A239　漆树科 Anacardiaceae

南酸枣 *Choerospondias axillaris* (Roxb.) Burtt et Hill.

黄连木 *Pistacia chinensis* Bunge

盐麸木 *Rhus chinensis* Mill.

白背麸杨 *Rhus hypoleuca* Champ. ex Benth.

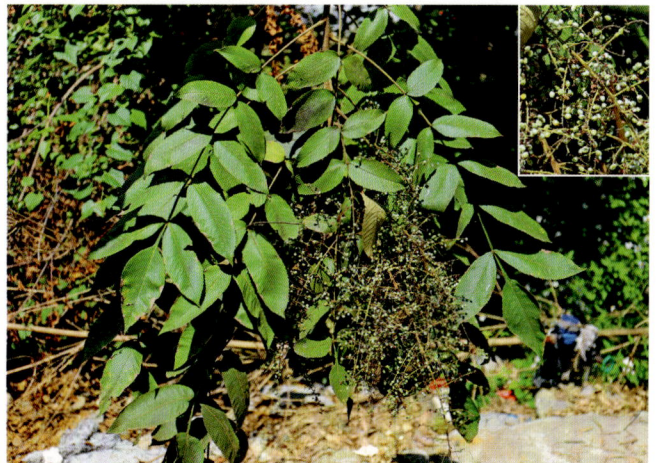

刺果毒漆藤 *Toxicodendron radicans* **subsp.** *hispidum* (Engl.) Gillis

野漆 *Toxicodendron succedaneum* (L.) O. Kuntze

木蜡树 *Toxicodendron sylvestre* (Sieb. et Zucc.) O. Kuntze

毛漆树 *Toxicodendron trichocarpum* (Miq.) O. Kuntze

漆 *Toxicodendron vernicifluum* (Stokes) F. A. Barkl.

A240　无患子科 Sapindaceae

锐角槭 *Acer acutum* Fang

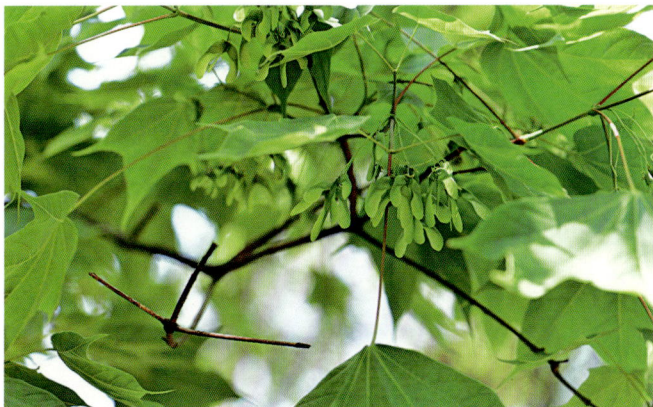

阔叶槭 *Acer amplum* Rehd.

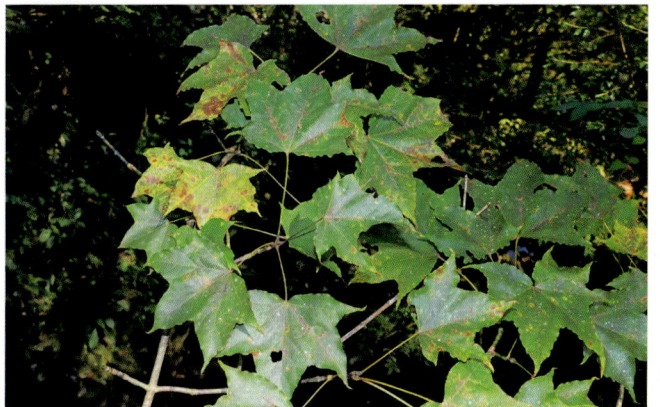

天台阔叶槭 *Acer amplum* var. *tientaiense*
(Schneid.) Rehd.

三角槭
Acer buergerianum Miq.

紫果槭
Acer cordatum Pax

两型叶紫果槭 *Acer cordatum* var.
dimorphifolium (F. P. Metcalf) Y. S. Chen

樟叶槭 *Acer coriaceifolium* Lévl.

青榨槭 *Acer davidii* Franch.

葛萝槭 *Acer davidii* **subsp.** *grosseri* (Pax) P. C. de Jong

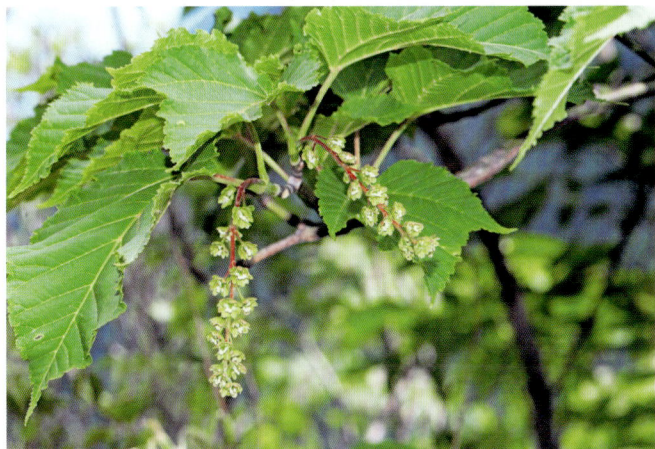

秀丽槭
Acer elegantulum Fang et P. L. Chiu

罗浮槭 *Acer fabri* Hance

扇叶槭 *Acer flabellatum* Rehd.

建始槭 *Acer henryi* Pax

临安槭 *Acer linganense* Fang et P. L. Chiu

亮叶槭 *Acer lucidum* Metc.

南岭槭 *Acer metcalfii* Rehd.

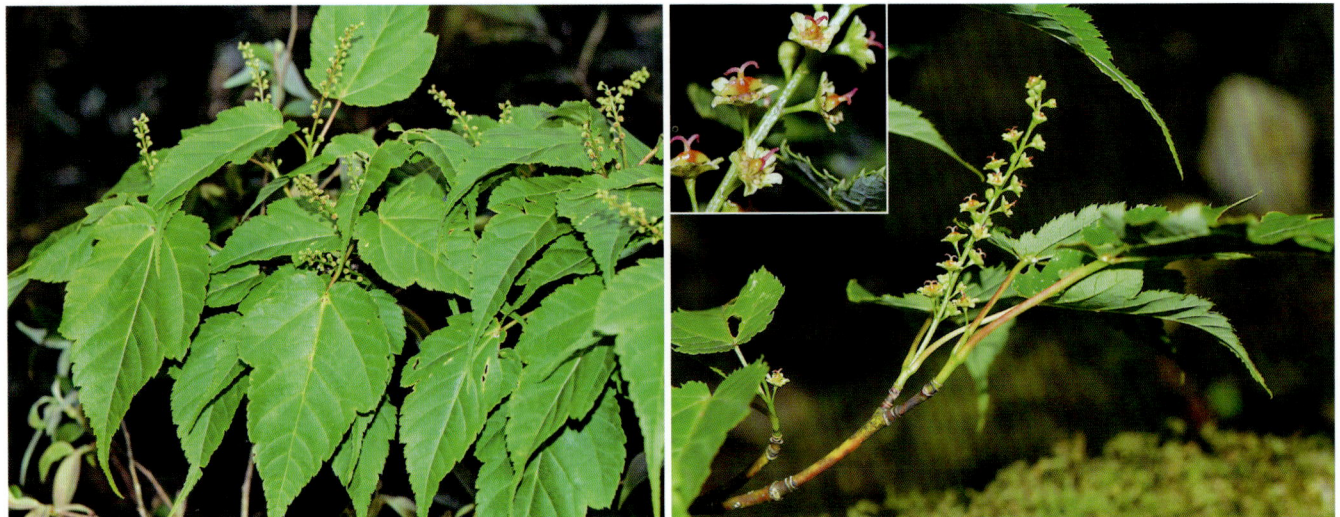

* 梣叶槭 *Acer negundo* L.

毛果槭 *Acer nikoense* Maxim.

飞蛾槭 *Acer oblongum* Wall. ex DC.

五裂槭 *Acer oliverianum* Pax

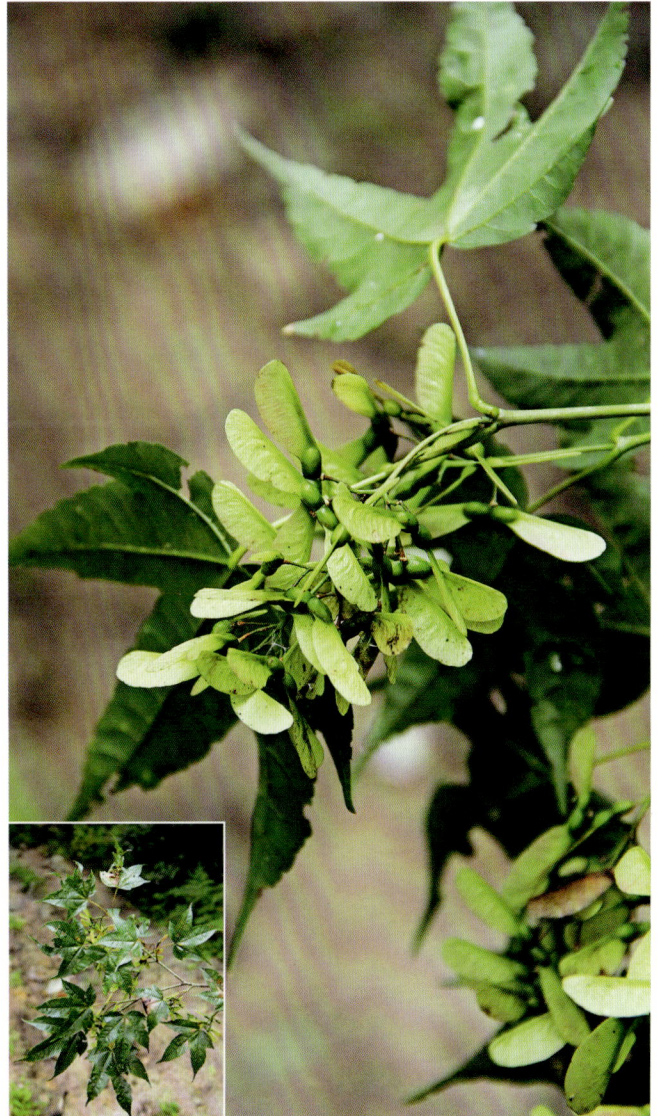

* 鸡爪槭 *Acer palmatum* Thunb.

色木槭 *Acer pictum* **subsp.** *mono* (Maxim.) H. Ohashi
[Acer mono Maxim.]

毛脉槭
Acer pubinerve Rehd.

中华槭 *Acer sinense* Pax

天目槭
Acer sinopurpurascens Cheng

苦茶槭 *Acer tataricum* **subsp.** *theiferum*
(W. P. Fang) Y. S. Chen et P. C. de Jong

元宝槭 *Acer truncatum* Bunge

岭南槭 *Acer tutcheri* Duthie

三峡槭 *Acer wilsonii* Rehd.

七叶树 *Aesculus chinensis* Bunge

天师栗 *Aesculus chinensis* **var.** *wilsonii* (Rehder) Turland et N. H. Xia

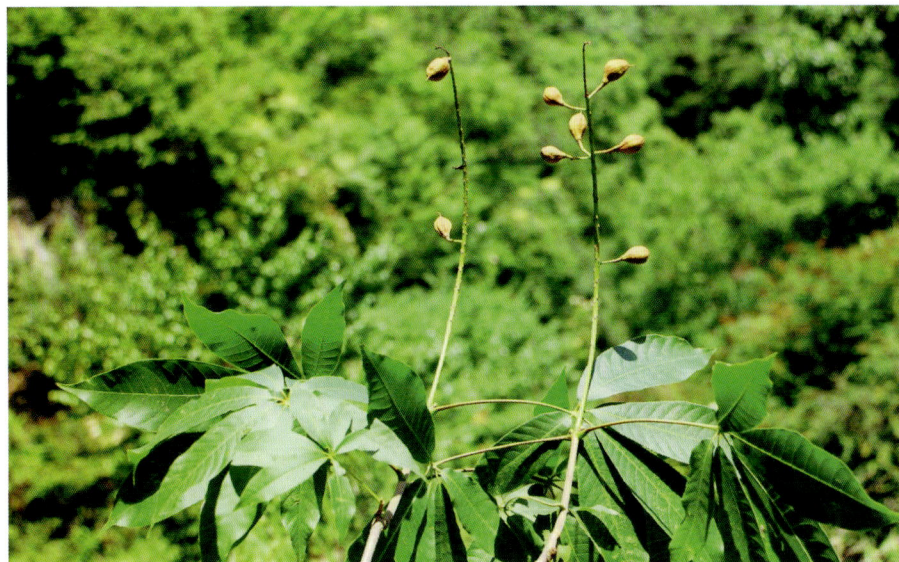

* **倒地铃** *Cardiospermum halicacabum* L.

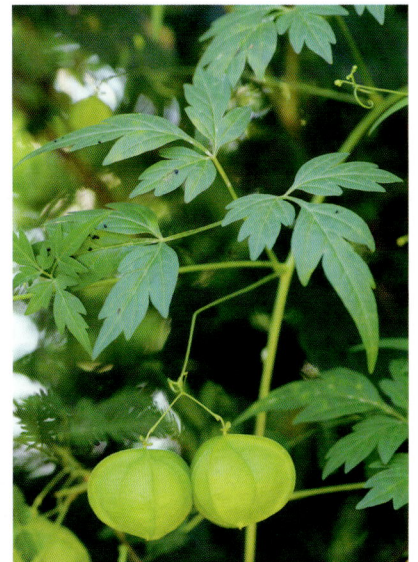

车桑子
Dodonaea viscosa (L.) Jacq.

伞花木 *Eurycorymbus cavaleriei* (Lévl.) Rehd. et Hand.-Mazz.

复羽叶栾树
Koelreuteria bipinnata Franch.

* 全缘叶栾树 *Koelreuteria bipinnata* var. *integrifoliola* (Merr.) T. Chen

* 栾树 *Koelreuteria paniculata* Laxm.

无患子 *Sapindus saponaria* L.

A241　芸香科 Rutaceae

臭节草 ***Boenninghausenia albiflora*** (Hook.) Reichb.

山橘（金橘） ***Citrus japonica*** Thunb. [*Fortunella hindsii* (Champ. ex Benth.) Swingle]

* **柠檬** *Citrus limon* (L.) Burm. f.

* **柚** *Citrus maxima* (Burm.) Merr.

* **柑橘** *Citrus reticulata* Blanco

枳
Citrus trifoliata L.

白鲜
Dictamnus dasycarpus Turcz.

小花山小橘
Glycosmis parviflora (Sims) Kurz

* 千里香
Murraya paniculata (L.) Jack.

臭常山　***Orixa japonica*** Thunb.

黄檗　***Phellodendron amurense*** Rupr.

川黄檗 *Phellodendron chinense* Schneid.

秃叶黄檗 *Phellodendron chinense* var. *glabriusculum* Schneid.

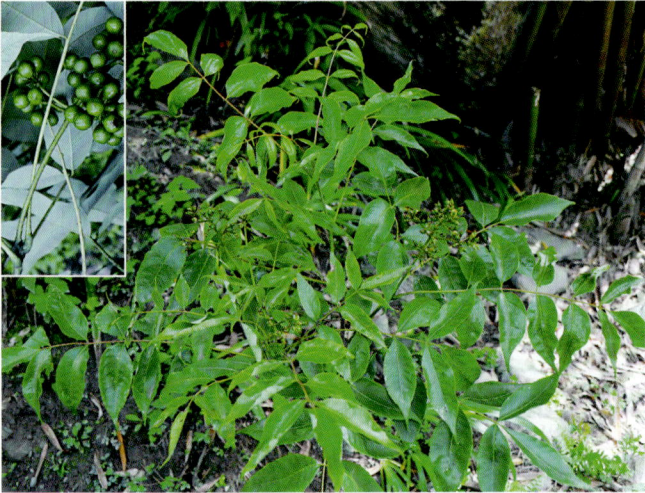

* 芸香 *Ruta graveolens* L.

茵芋 *Skimmia reevesiana* Fort.

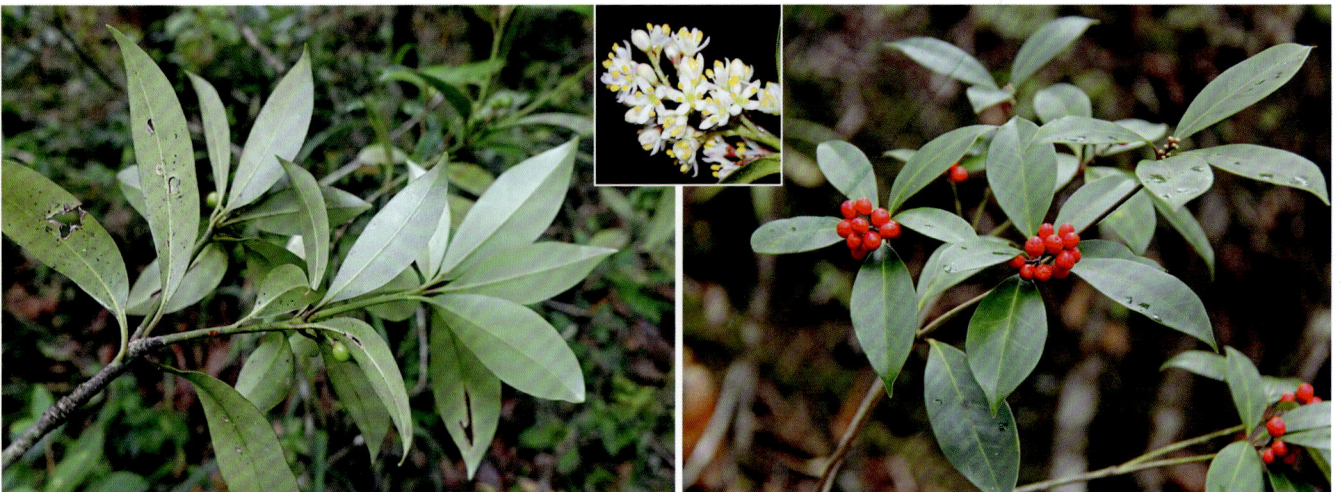

华南吴萸　*Tetradium austrosinense* (Hand.-Mazz.) T. G. Hartley

[*Evodia austrosinensis* Hand.-Mazz.]

楝叶吴茱萸　*Tetradium glabrifolium* (Champ. ex Benth.) T. G. Hartley

[*Euodia fargesii* Dode]

吴茱萸　*Tetradium ruticarpum* (A. Juss.) T. G. Hartley

飞龙掌血　*Toddalia asiatica* (L.) Lam.

椿叶花椒 *Zanthoxylum ailanthoides* Sieb. et Zucc.

竹叶花椒 *Zanthoxylum armatum* DC.

岭南花椒 *Zanthoxylum austrosinense* Huang

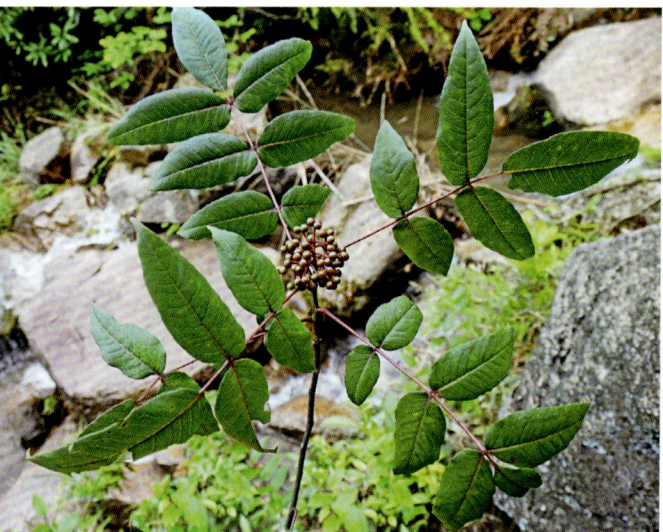

毛红椿 ***Toona ciliata* var. *pubescens***
(Franch.) Hand.-Mazz.

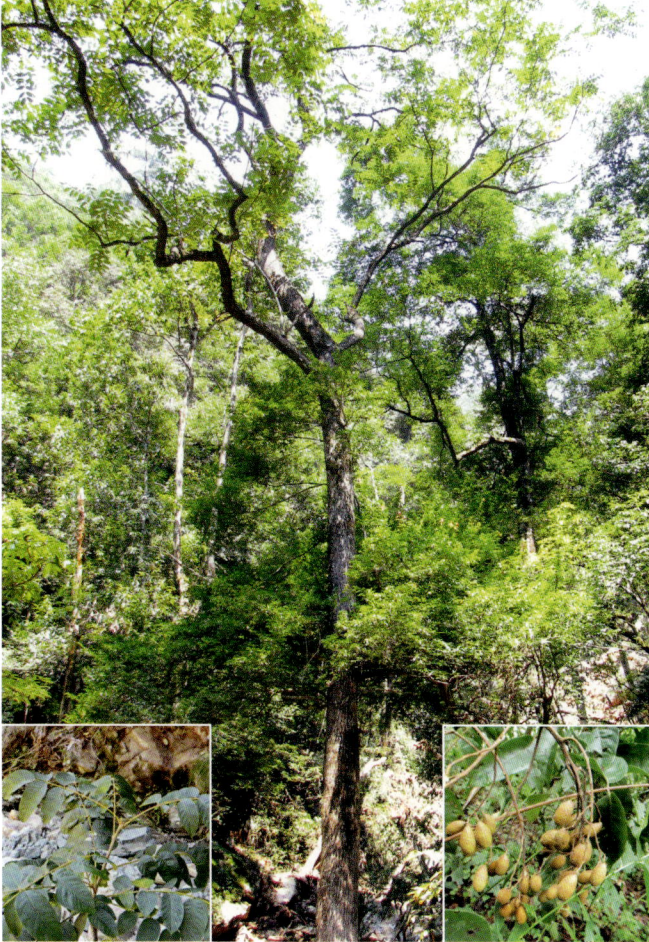

香椿
Toona sinensis (A. Juss.) Roem.

Order 43 锦葵目 Malvales

A247 锦葵科 Malvaceae

* 咖啡黄葵
Abelmoschus esculentus (L.) Moench

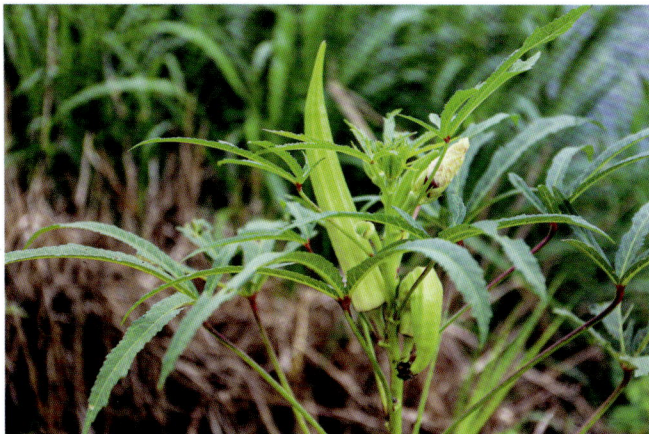

* 黄蜀葵
Abelmoschus manihot (L.) Medik.

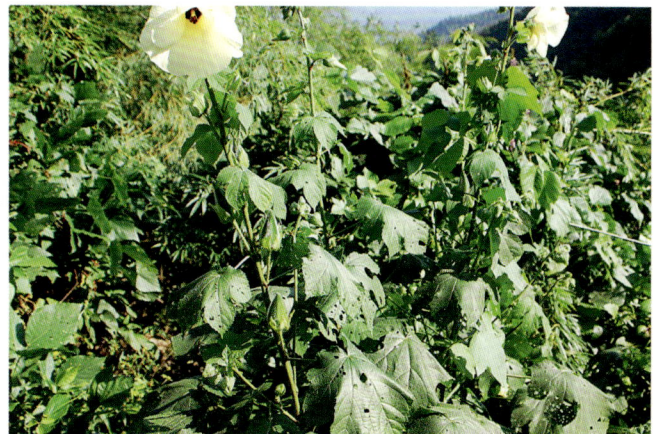

* 黄葵 *Abelmoschus moschatus* (L.) Medik.　　苘麻 *Abutilon theophrasti* Medik.

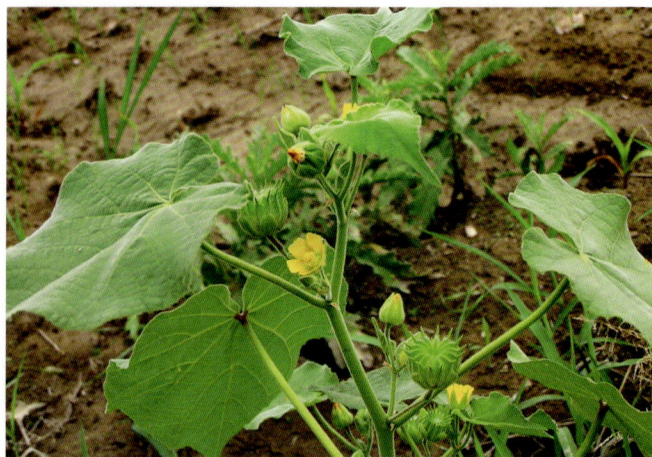

* 蜀葵 *Althaea rosea* (L.) Cavan.

田麻 *Corchoropsis crenata* Sieb. et Zucc.

甜麻 *Corchorus aestuans* L.

黄麻 *Corchorus capsularis* L.

梧桐 *Firmiana simplex* (L.) W. Wight

* 陆地棉 *Gossypium hirsutum* L.

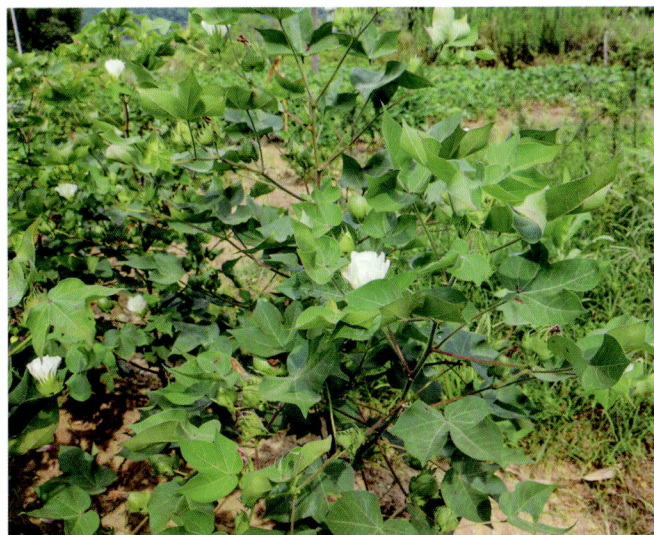

扁担杆 *Grewia biloba* G. Don

小花扁担杆 *Grewia biloba* **var.** *parviflora* (Bge.) Hand.-Mazz.

黄麻叶扁担杆
Grewia henryi Burret

山芝麻 *Helicteres angustifolia* L.

* **大麻槿** *Hibiscus cannabinus* L.

木芙蓉 *Hibiscus mutabilis* L.

庐山芙蓉 *Hibiscus paramutabilis* Bailey

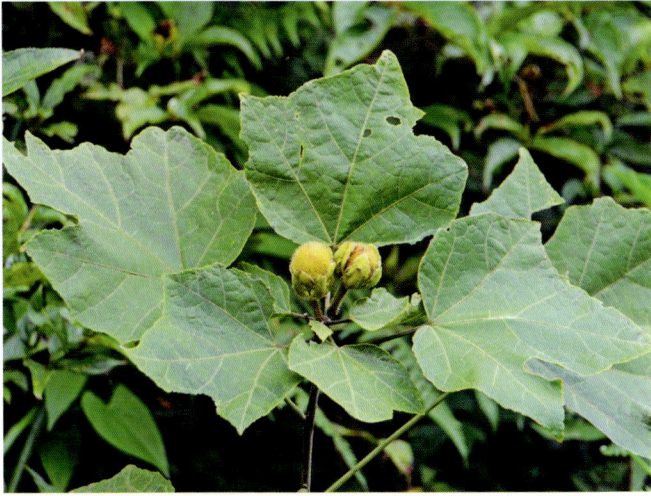

* 朱槿 *Hibiscus rosa-sinensis* L.

华木槿 *Hibiscus sinosyriacus* Bailey

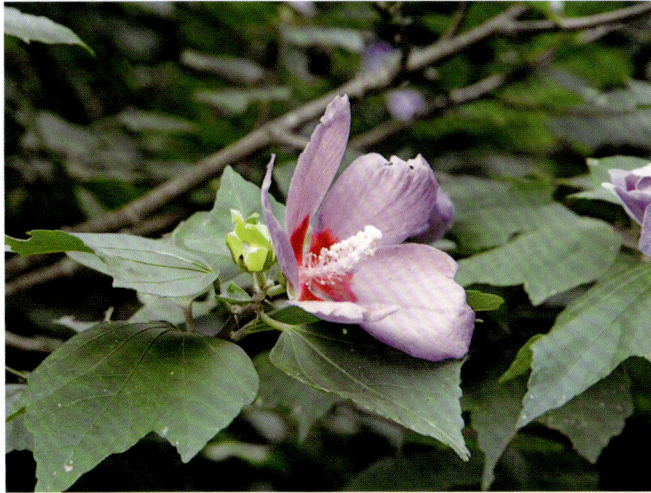

* 木槿 *Hibiscus syriacus* L.

野西瓜苗 *Hibiscus trionum* L.

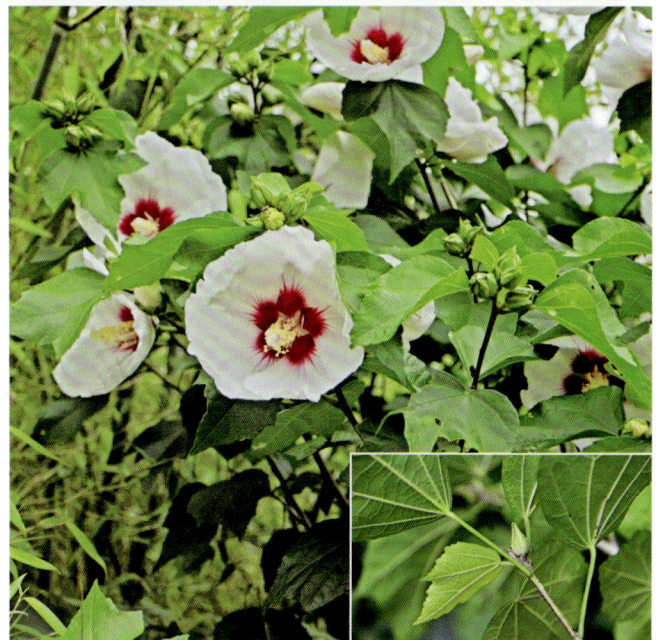

*锦葵 *Malva sinensis* Cavan.

野葵 *Malva verticillata* L.

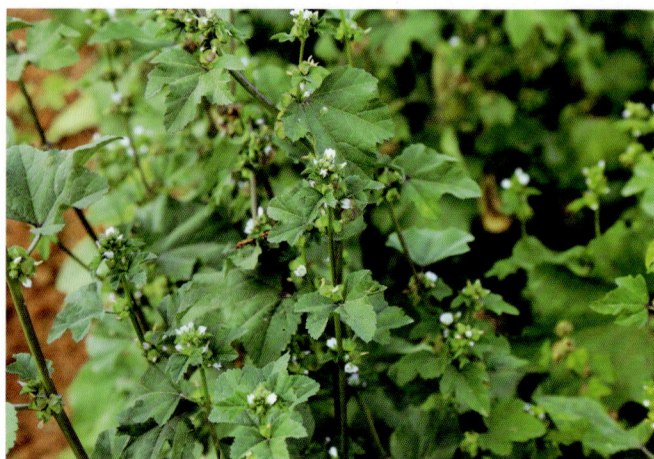

冬葵
Malva verticillata var. *crispa* L.

中华野葵 *Malva verticillata* var. *rafiqii* Abedin

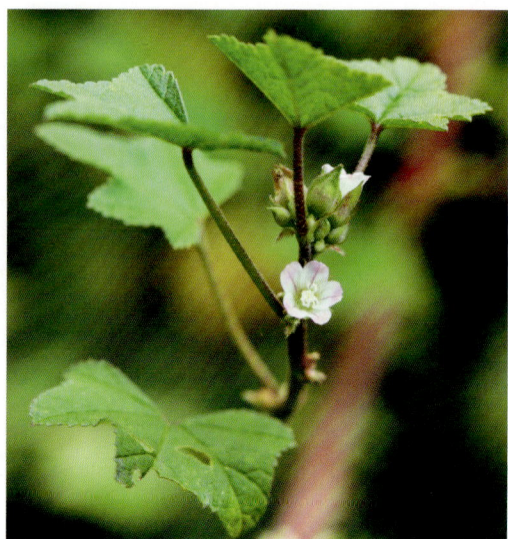

赛葵
Malvastrum coromandelianum (L.) Gurcke

马松子
Melochia corchorifolia L.

密花梭罗 *Reevesia pycnantha* Ling

黄花棯 *Sida acuta* Burm. f.

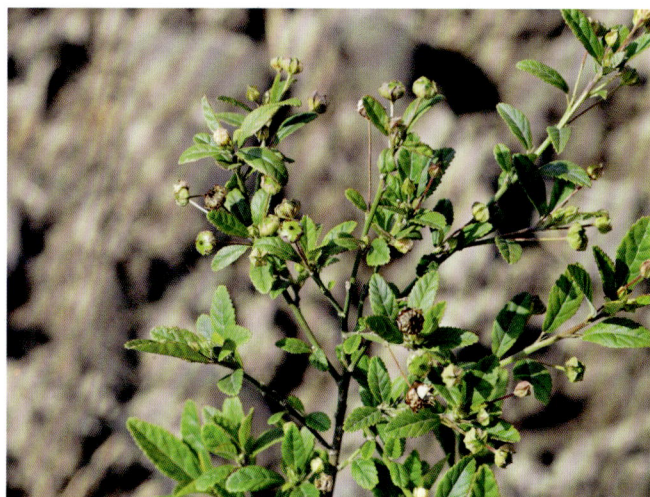

长梗黄花棯 *Sida cordata* (Burm. f.) Borss.

白背黄花棯 *Sida rhombifolia* L.

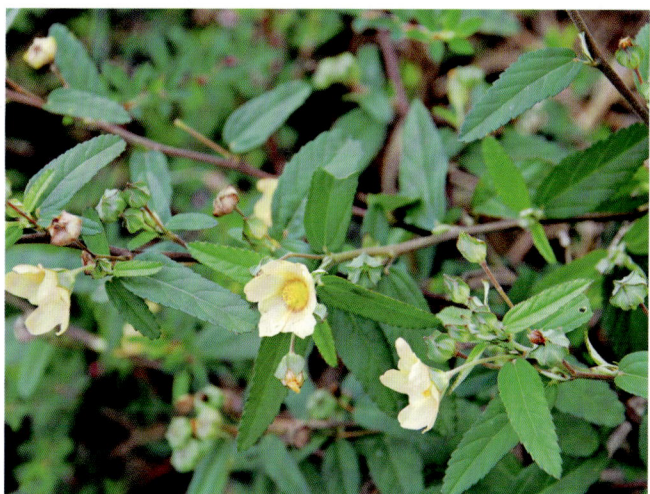

短毛椴 *Tilia breviradiata* (Rehd.) Hu et Cheng

白毛椴 *Tilia endochrysea* Hand.-Mazz.

毛糯米椴 *Tilia henryana* Szyszyl.

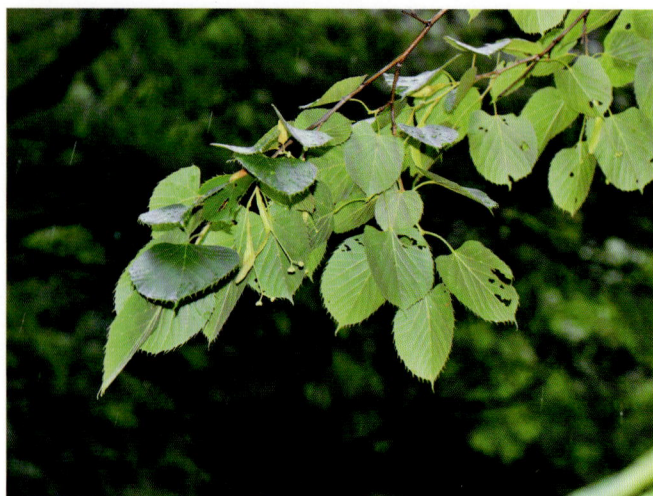

糯米椴
Tilia henryana var. *subglabra* V. Engl.

华东椴
Tilia japonica Simonk.

膜叶椴 *Tilia membranacea* H. T. Chang

南京椴 *Tilia miqueliana* Maxim.

粉椴 *Tilia oliveri* Szyszyl.

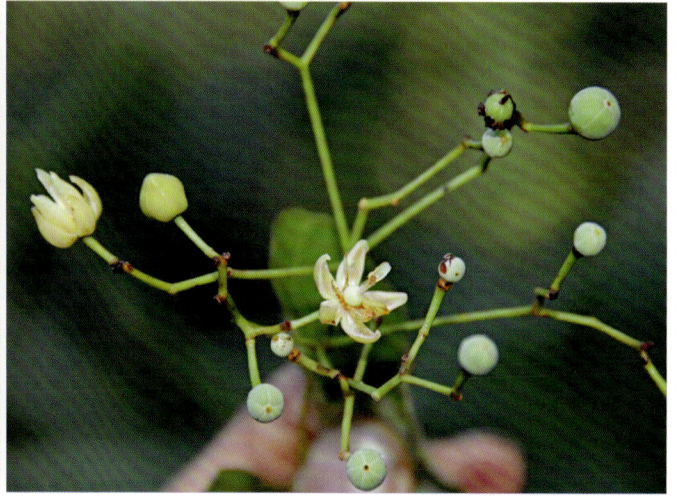

椴树 *Tilia tuan* Szyszyl.

单毛刺蒴麻 *Triumfetta annua* L.

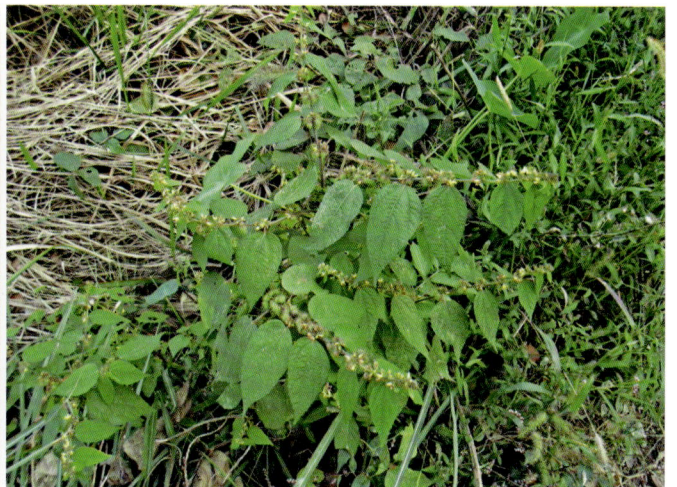

毛刺蒴麻 *Triumfetta cana* Bl.

刺蒴麻 *Triumfetta rhomboidea* Jack.

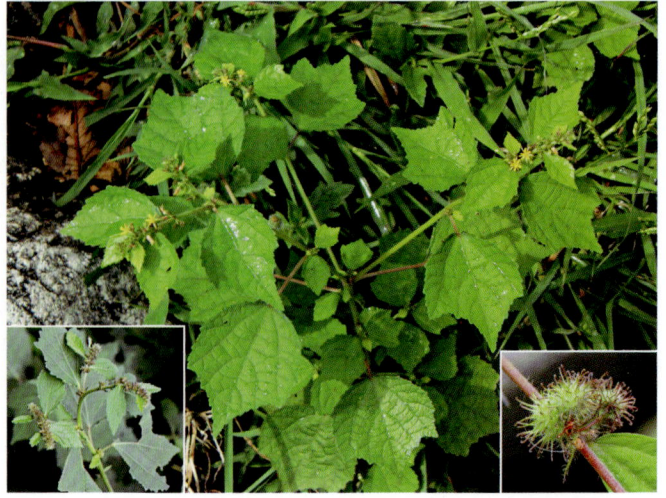

地桃花 *Urena lobata* L.

中华地桃花 *Urena lobata* var. *chinensis* (Osbeck) S. Y. Hu

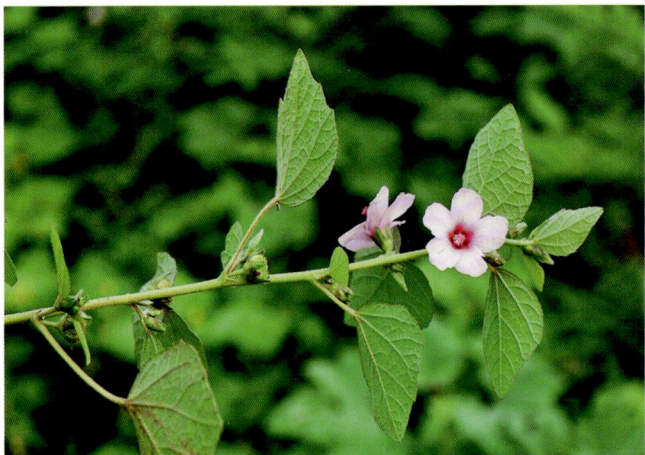

梵天花 *Urena procumbens* L.

A249　瑞香科 Thymelaeaceae

长柱瑞香 *Daphne championii* Benth.

莞花 *Daphne genkwa* Sieb. et Zucc.

毛瑞香 *Daphne kiusiana* var. *atrocaulis* (Rehd.) F. Maekawa

瑞香 *Daphne odora* Thunb.

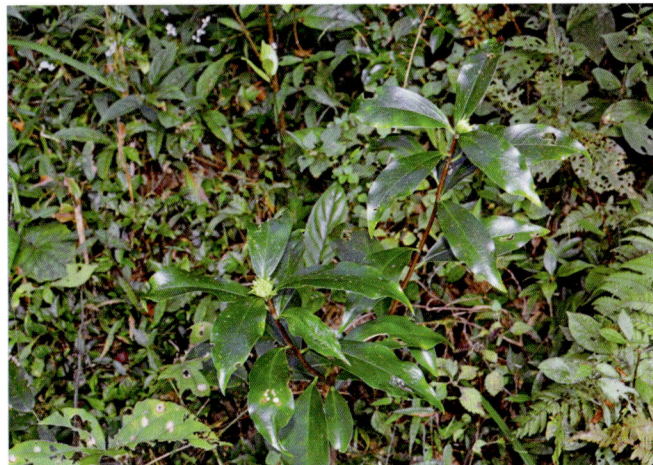

白瑞香 *Daphne papyracea* Wall. ex Steud.

结香 *Edgeworthia chrysantha* Lindl.

光叶荛花 *Wikstroemia glabra* Cheng

纤细荛花 *Wikstroemia gracilis* Hemsl.

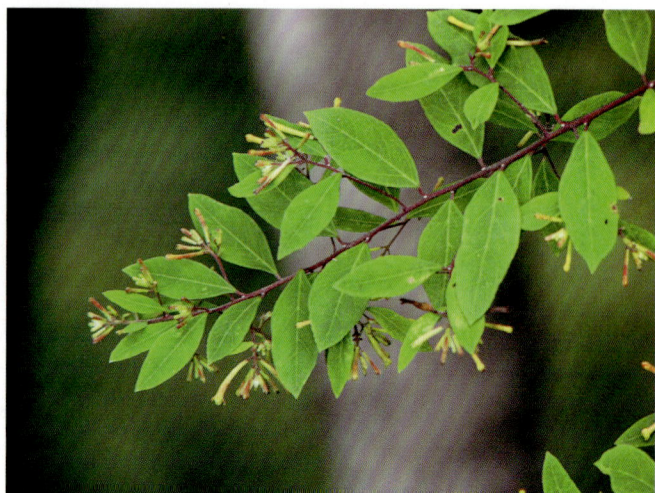

了哥王 *Wikstroemia indica* (L.) C. A. Mey.

北江荛花　*Wikstroemia monnula* Hance

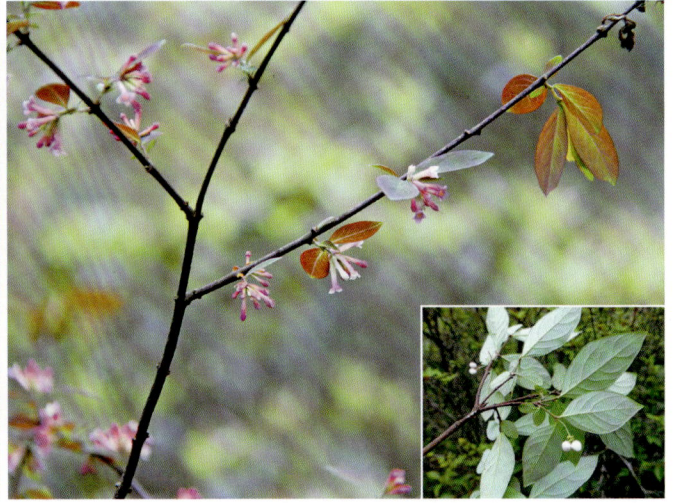

细轴荛花　*Wikstroemia nutans* Champ. ex Benth.

多毛荛花
Wikstroemia pilosa Cheng

白花荛花
Wikstroemia trichotoma (Thunb.) Makino

Order 44　十字花目 Brassicales

A254　叠珠树科 Akaniaceae

伯乐树 ***Bretschneidera sinensis*** Hemsl.

A255　旱金莲科 Tropaeolaceae

* 旱金莲 ***Tropaeolum majus*** L.

A268　山柑科 Capparaceae

独行千里 *Capparis acutifolia* Sweet

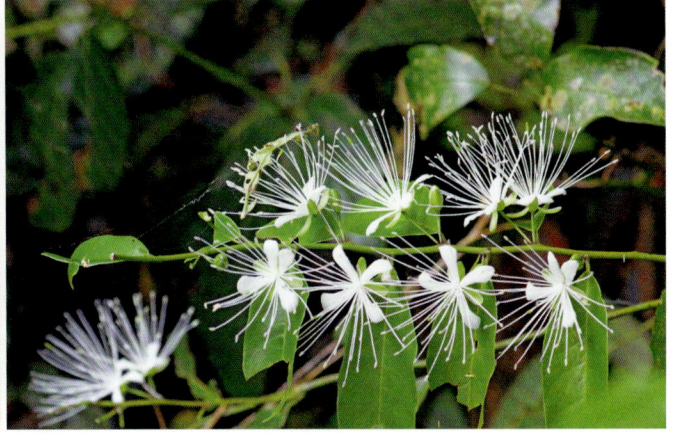

A269　白花菜科 Cleomaceae

黄花草 *Arivela viscosa* (L.) Raf.
[Cleome viscosa L.]

白花菜 *Gynandropsis gynandra* (L.) Briquet
[Cleome gynandra L.]

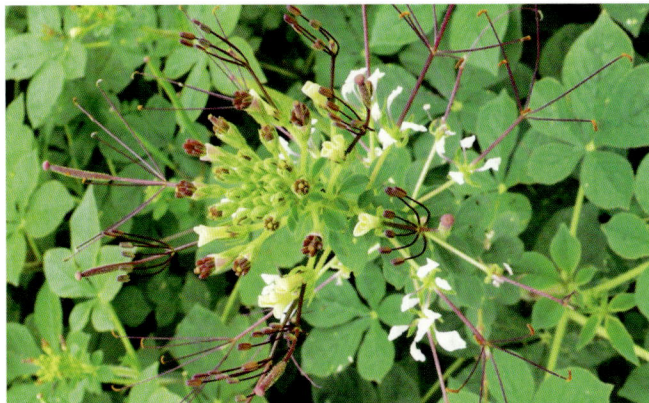

* 醉蝶花 *Tarenaya hassleriana* (Chodat) Iltis
[Cleome spinosa Jacq.]

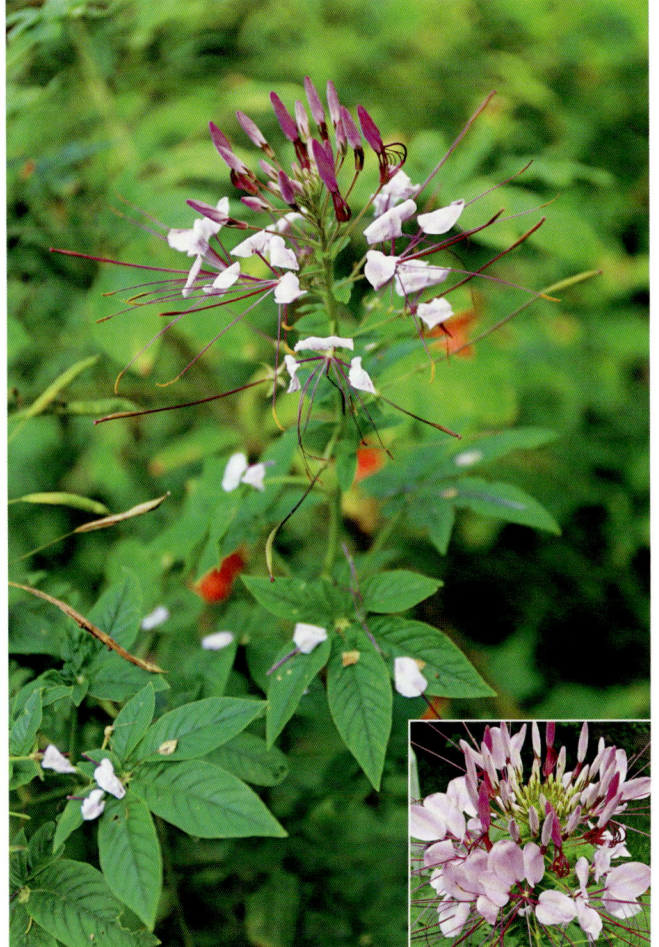

A270 十字花科 Brassicaceae

鼠耳芥 *Arabidopsis thaliana* (L.) Heynh.

葡匐南芥
Arabis flagellosa Miq.

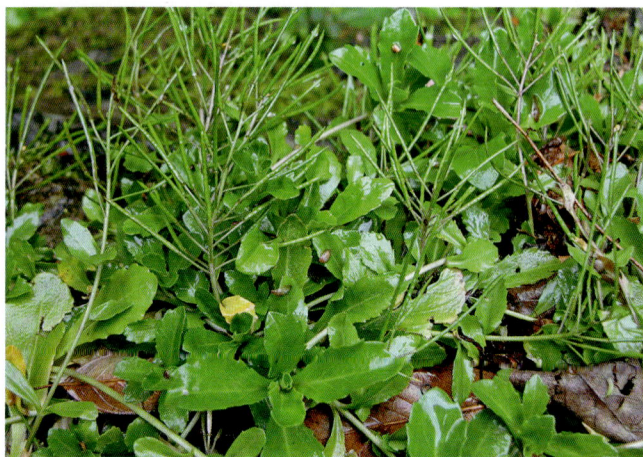

* 紫菜薹 *Brassica campestris* var. *purpuraria* L. H. Bailey

* 芥蓝 *Brassica alboglabra* L. H. Bailey

* 芥菜 *Brassica juncea* (L.) Czern. et Coss.

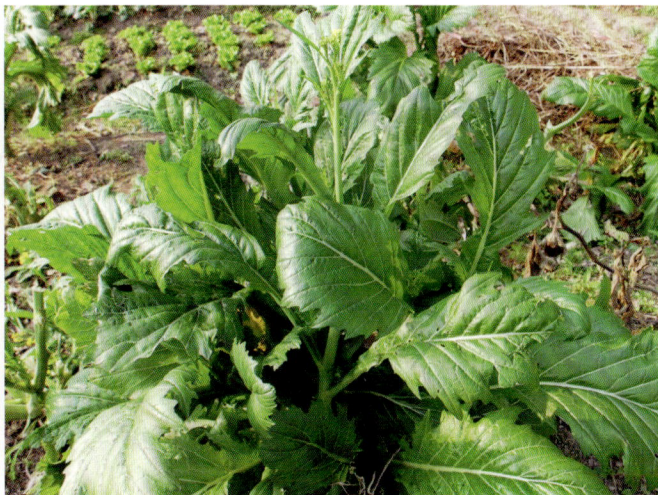

* 花椰菜 *Brassica oleracea* **var.** *botrytis* L.

* 甘蓝 *Brassica oleracea* **var.** *capitata* L.

* 菜薹
Brassica parachinensis L. H. Bailey

* 白菜
Brassica pekinensis (Lour.) Rupr.

荠 *Capsella bursa-pastoris* (L.) Medic.

露珠碎米荠
Cardamine circaeoides Hook. f. et Thoms.

光头山碎米荠
Cardamine engleriana O. E. Schulz

弯曲碎米荠　*Cardamine flexuosa* With.

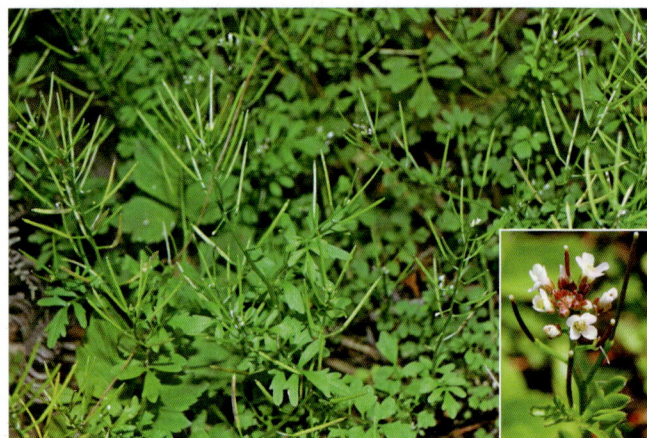

莓叶碎米荠
Cardamine fragariifolia O. E. Schulz

弹裂碎米荠
Cardamine impatiens L.

白花碎米荠 *Cardamine leucantha* (Tusch) O. E. Schulz

水田碎米荠
Cardamine lyrata Bunge

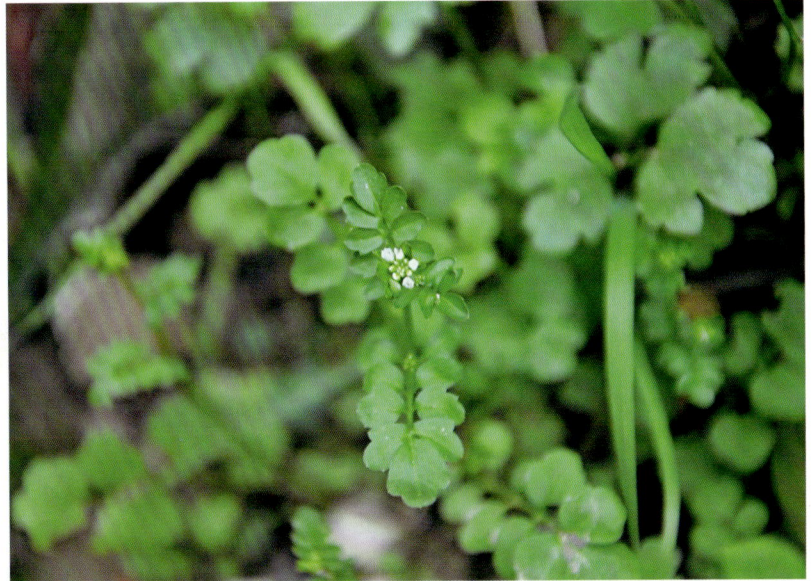

大叶碎米荠 *Cardamine macrophylla* Willd.

碎米荠
Cardamine occulta Hornem.

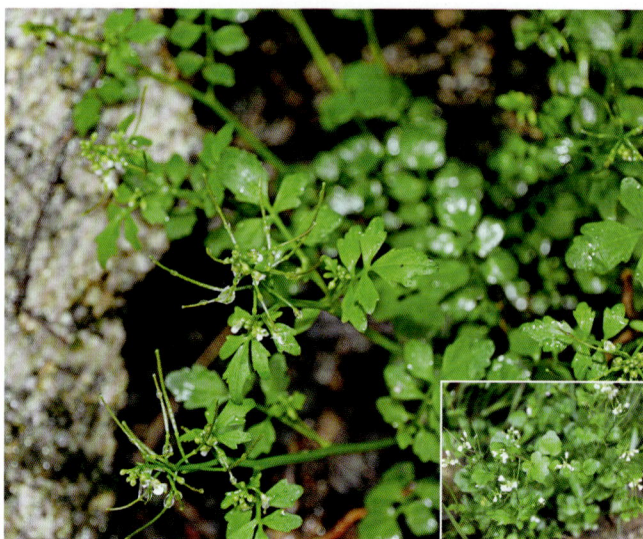

华中碎米荠
Cardamine urbaniana O. E. Schulz

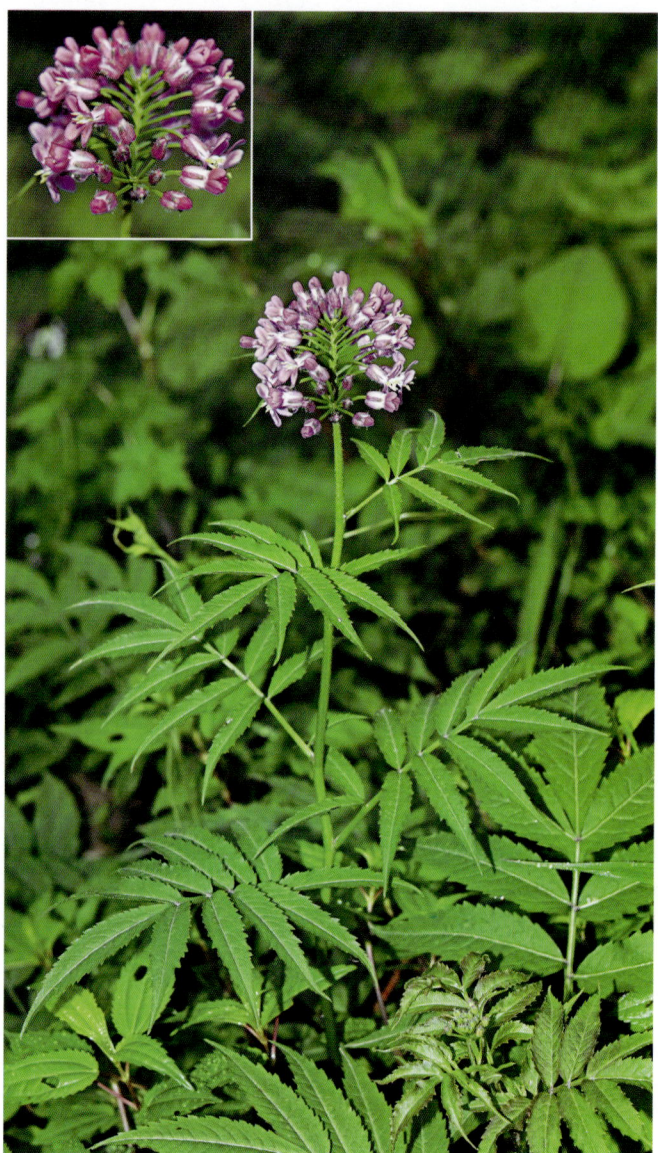

臭荠 *Coronopus didymus* (L.) J. E. Smith

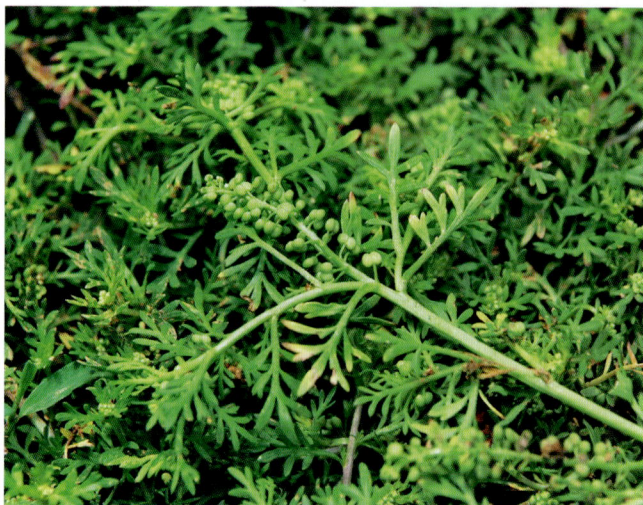

播娘蒿
Descurainia sophia (L.) Webb ex Prantl

葶苈
Draba nemorosa L.

小花糖芥　*Erysimum cheiranthoides* L.

胯果荠　*Hilliella fumarioides*
(Dunn) Y. H. Zhang et H. W. Li

[紫堇叶阴山荠 *Yinshania fumarioides* (Dunn) Y. Z. Zhao]

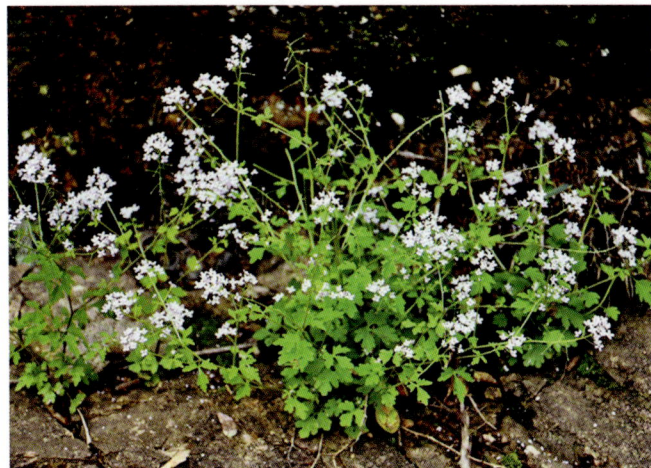

武功山胯果荠
Hilliella hui (O. E. Schulz) Y. H. Zhang et H. W. Li

湖南腐果荠
Hilliella hunanensis Y. H. Zhang

黎川腐果荠
Hilliella lichuanensis Y. H. Zhang

卵叶腐果荠 *Hilliella paradoxa* (Hance)
Y. H. Zhang et H. W. Li

河岸腐果荠 *Hilliella rivulorum*
(Dunn) Y. H. Zhang et H. W. Li

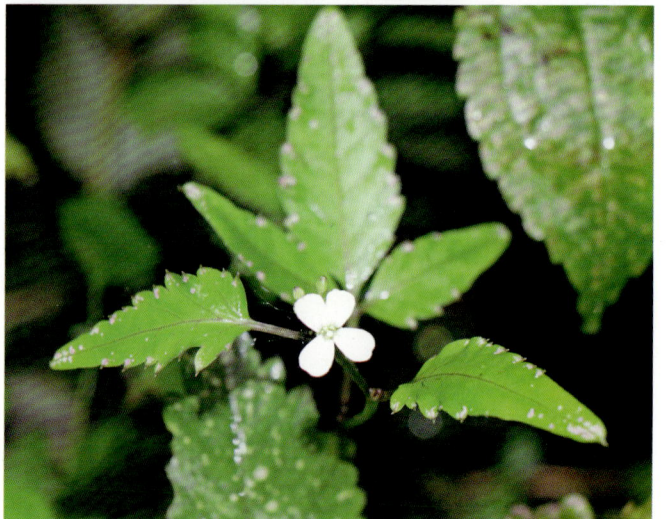

双牌脬果荠
Hilliella shuangpaiensis Z. Yu Li

弯缺脬果荠 *Hilliella sinuata*
(K. C. Kuan) Y. H. Zhang et H. W. Li

山萮菜 *Eutrema yunnanense* Franch.

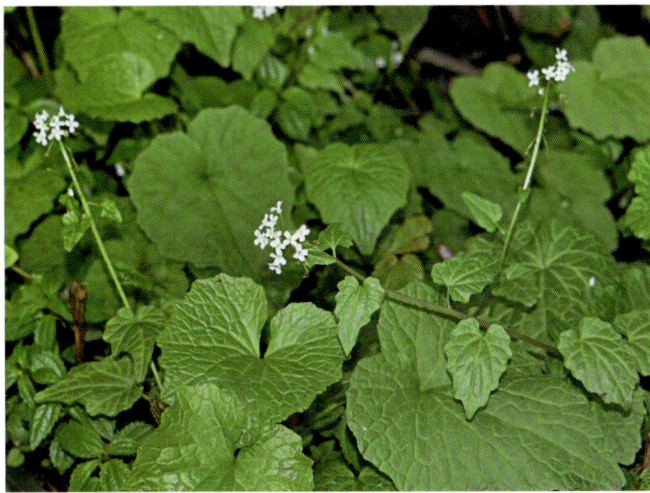

* 菘蓝 *Isatis indigotica* Fortune

独行菜 *Lepidium apetalum* Willd.

北美独行菜 *Lepidium virginicum* L.

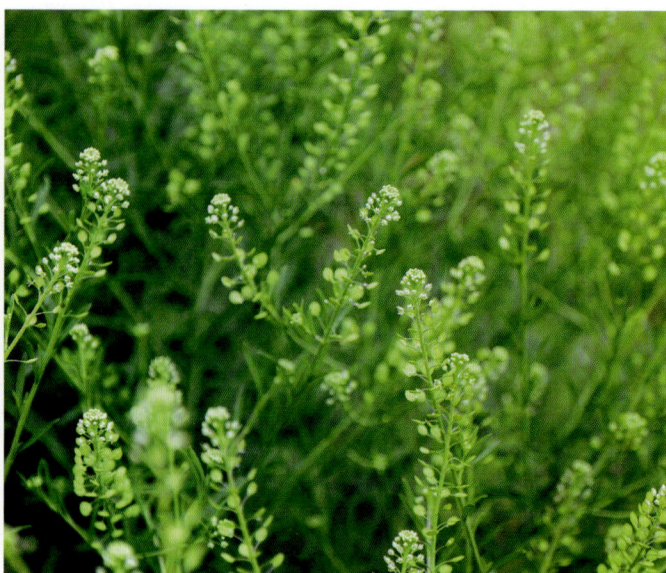

诸葛菜 *Orychophragmus violaceus*
(L.) O. E. Schulz

* 萝卜
Raphanus sativus L.

广州葶菜
Rorippa cantoniensis (Lour.) Ohwi

无瓣葶菜
Rorippa dubia (Pers.) Hara

球果葶菜　*Rorippa globosa* (Turcz.) Hayek

葶菜　*Rorippa indica* (L.) Hiern.

沼生葶菜　*Rorippa islandica* (Oed.) Borb.

菥蓂
Thlaspi arvense L.

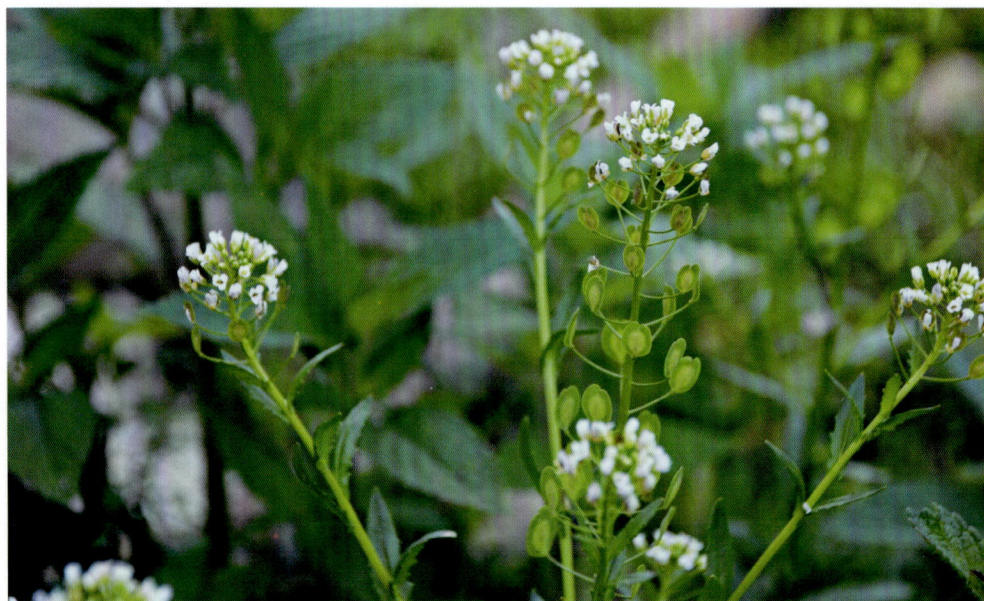

A275 蛇菰科 Balanophoraceae

红冬蛇菰 *Balanophora harlandii* Hook. f.

筒鞘蛇菰 *Balanophora involucrata* Hook. f.

疏花蛇菰 *Balanophora laxiflora* Hemsl.

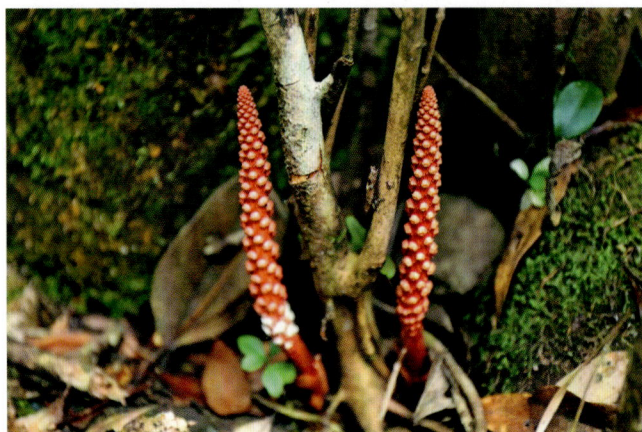

杯茎蛇菰 *Balanophora subcupularis* P. C. Tam

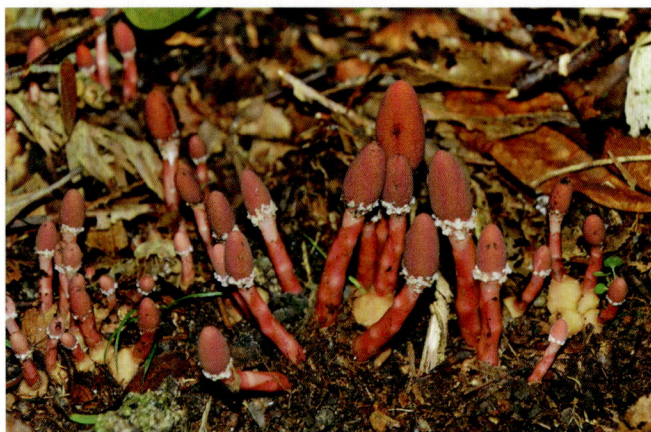

Order 46　檀香目 Santalales

A276　檀香科 Santalaceae

栗寄生
Korthalsella japonica (Thunb.) Engl.

檀梨
Pyrularia edulis (Wall.) A. DC.

百蕊草 ***Thesium chinense*** Turcz.

扁枝槲寄生 ***Viscum articulatum*** Burm. f.

槲寄生 ***Viscum coloratum*** (Kom.) Nakai

棱枝槲寄生
Viscum diospyrosicolum Hayata

枫香槲寄生
Viscum liquidambaricola Hayata

A278 青皮木科 Schoepfiaceae

华南青皮木 ***Schoepfia chinensis*** Gardn. et Champ.

青皮木 ***Schoepfia jasminodora*** Sieb. et Zucc.

A279 桑寄生科 Loranthaceae

椆树桑寄生 *Loranthus delavayi* van Tiegn.

鞘花 *Macrosolen cochinchinensis* (Lour.) van Tiegn.

红花寄生
Scurrula parasitica L.

广寄生 *Taxillus chinensis* (DC.) Danser

锈毛钝果寄生 *Taxillus levinei* (Merr.) H. S. Kiu

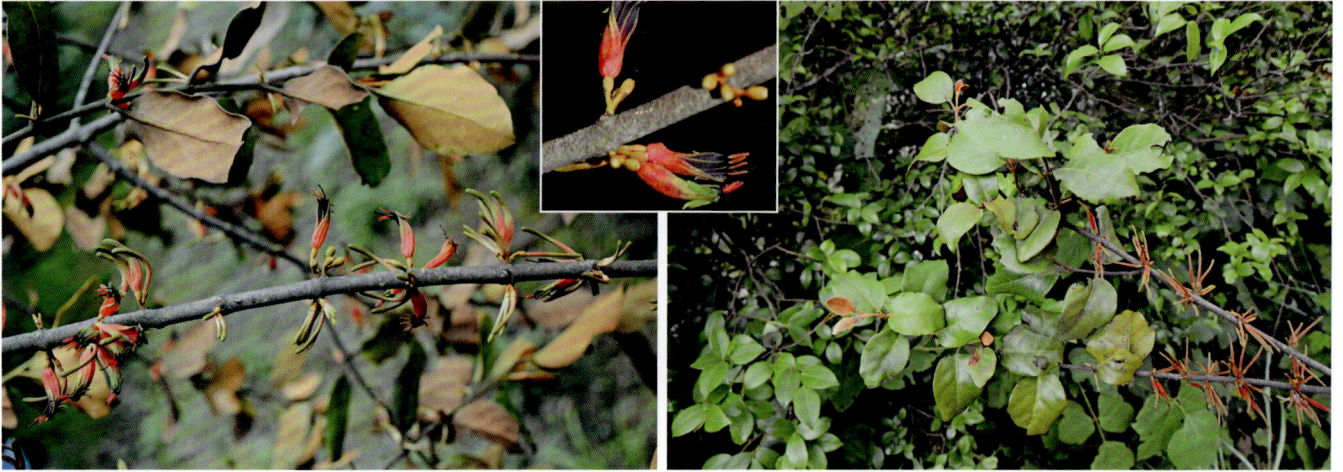

木兰寄生
Taxillus limprichtii (Grun.) H. S. Kiu

毛叶钝果寄生
Taxillus nigrans (Hance) Danser

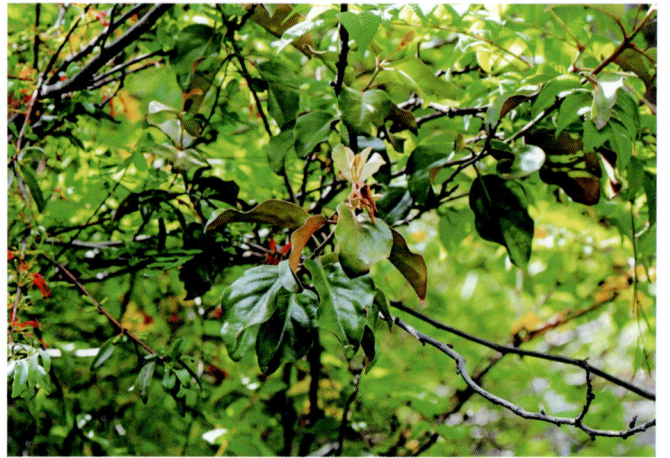

桑寄生
Taxillus sutchuenensis (Lecomte) Danser

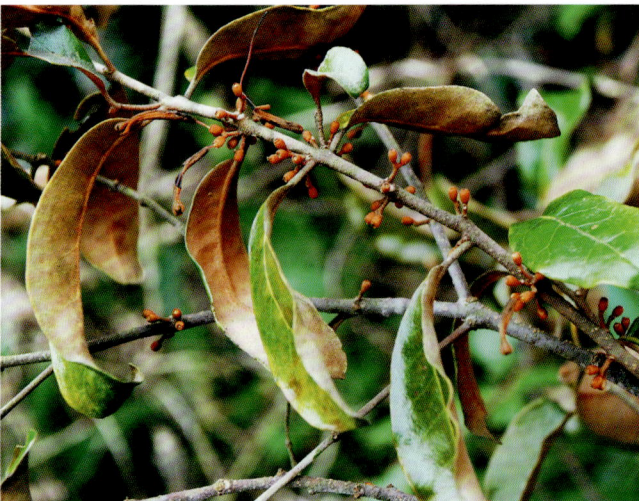

大苞寄生
Tolypanthus maclurei (Merr.) Danser

Order 47　石竹目 Caryophyllales

A281　柽柳科 Tamaricaceae

* 柽柳 *Tamarix chinensis* Lour.

A283　蓼科 Polygonaceae

拳参 *Bistorta officinalis* Raf.
[*Polygonum bistorta* L.]

支柱蓼 *Bistorta suffulta* (Maxim.) H. Gross
[*Polygonum suffultum* Maxim.]

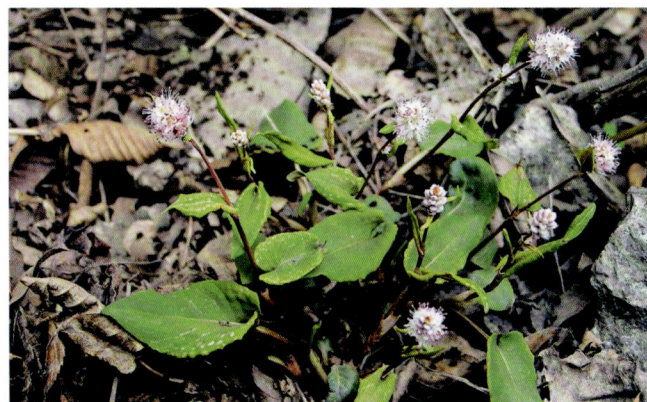

金荞麦 *Fagopyrum dibotrys* (D. Don) Hara

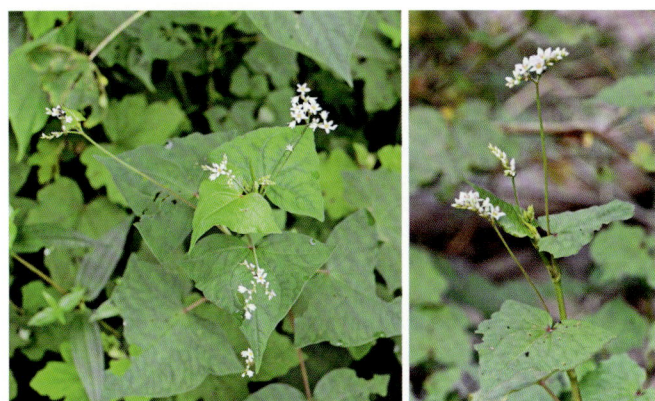

* 荞麦 *Fagopyrum esculentum* Moench

苦荞麦
Fagopyrum tataricum (L.) Gaertn.

两栖蓼 *Persicaria amphibia* (L.) Gray
[*Polygonum amphibium* L.]

头花蓼 *Persicaria capitata*
(Buch.-Ham. ex D. Don) H. Gross
[*Polygonum capitatum* Buch.-Ham. ex D. Don]

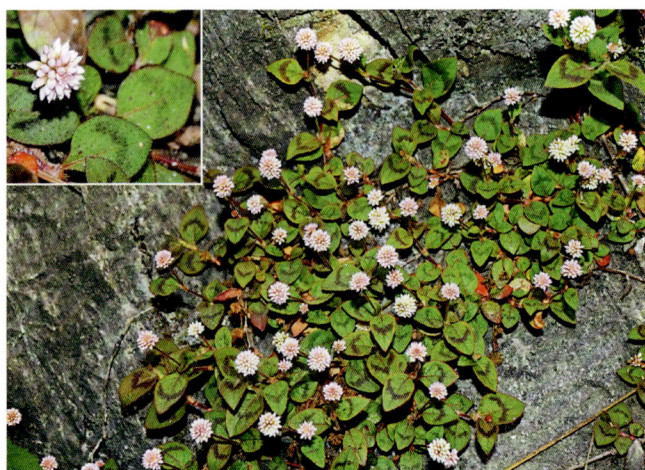

何首乌 *Fallopia multiflora*
(Thunb.) Harald.

毛蓼 *Persicaria barbata* (L.) H. Hara
[*Polygonum barbatum* L.]

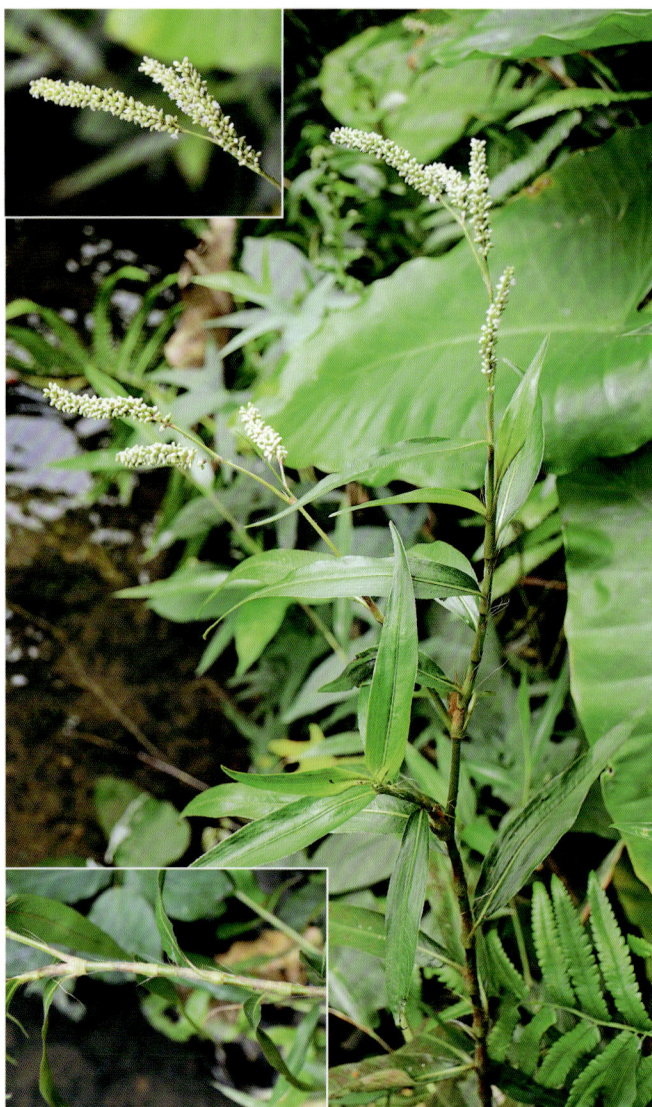

火炭母 *Persicaria chinensis* (L.) H. Gross　[*Polygonum chinense* L.]

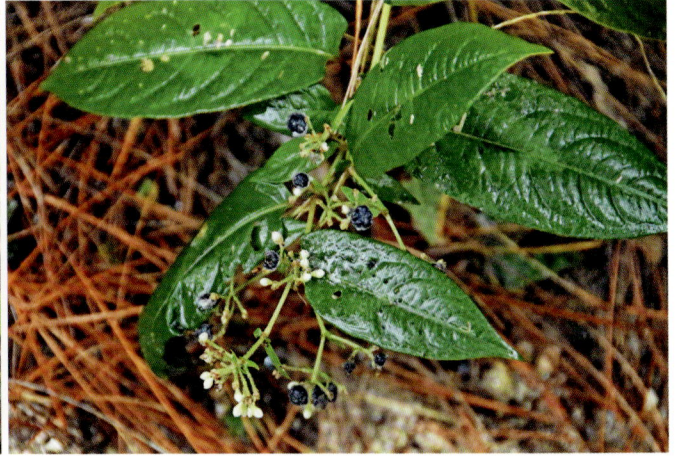

窄叶火炭母 *Persicaria chinensis* var. *paradoxa* (Lévl.) Bo Li

[*Polygonum chinense* var. *paradoxum* (Lévl.) A. J. Li]

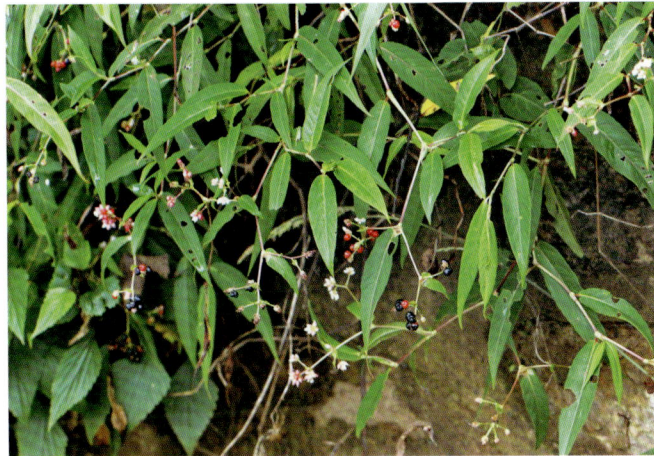

显花蓼 *Persicaria conspicua* (Nakai) Nakai ex T. Mori

[*Polygonum japonicum* var. *conspicuum* Nakai]

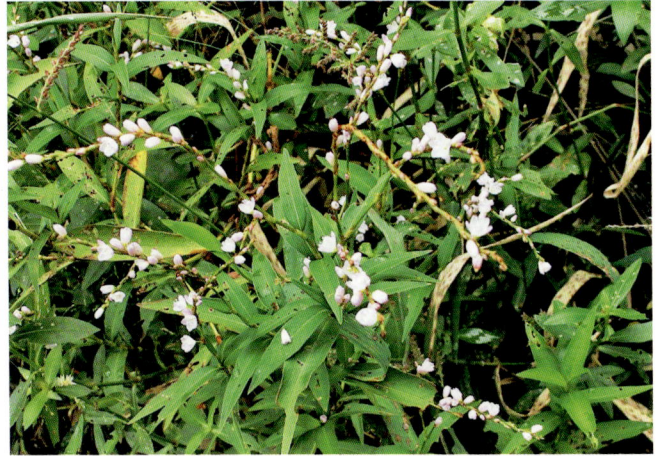

蓼子草
Persicaria criopolitana (Hance) Migo

[*Polygonum criopolitanum* Hance]

二歧蓼
Persicaria dichotoma (Blume) Masam.

[*Polygonum dichotomum* Blume]

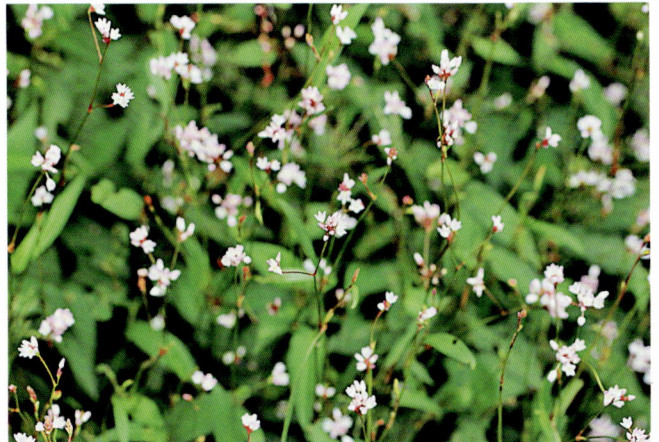

稀花蓼 *Persicaria dissitiflora*
(Hemsl.) H. Gross ex T. Mori
[*Polygonum dissitiflorum* Hemsl.]

光蓼
Persicaria glabra (Willd.) M. Gómez
[*Polygonum glabrum* Willd.]

金线草 *Persicaria filiformis* (Thunb.) Nakai [*Antenoron filiforme* (Thunb.) Rob. et Vaut.]

长箭叶蓼 *Persicaria hastatosagittata*
(Makino) Nakai ex T. Mori
[*Polygonum hastatosagittatum* Mak.]

水蓼
Persicaria hydropiper (L.) Spach
[*Polygonum hydropiper* L.]

蚕茧草 *Persicaria japonica*
(Meisn.) H. Gross ex Nakai
[*Polygonum japonicum* Meisn.]

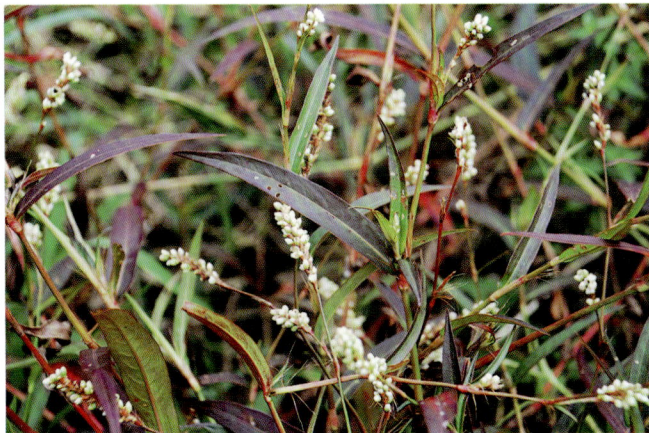

柔茎蓼
Persicaria kawagoeana (Makino) Nakai
[*Polygonum kawagoeanum* Makino]

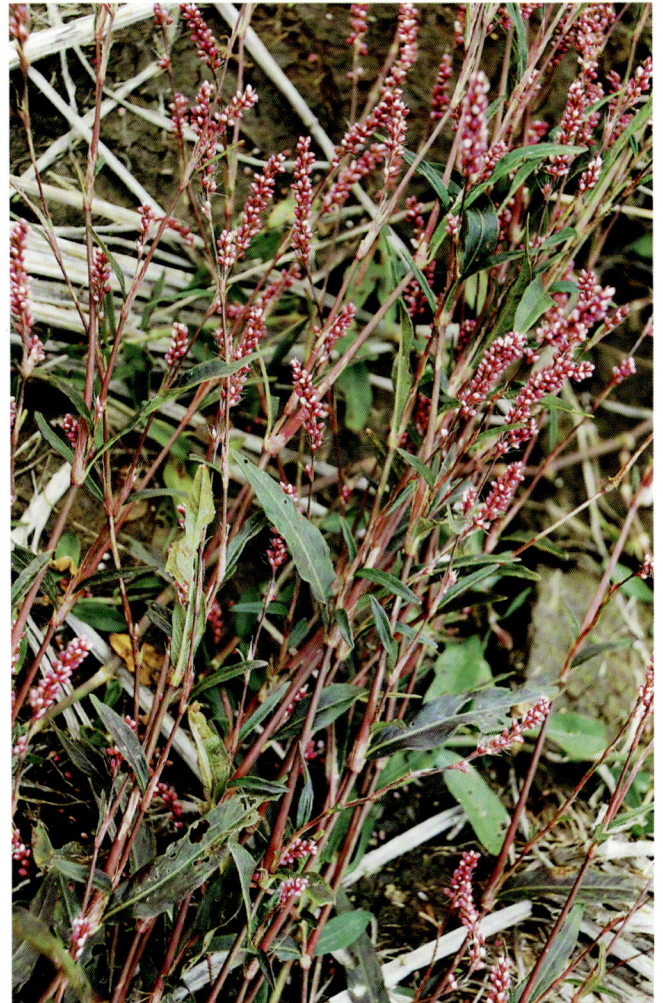

愉悦蓼 *Persicaria jucunda* (Meisn.) Migo
[*Polygonum jucundum* Meisn.]

酸模叶蓼
Persicaria lapathifolia (L.) Delarbre
[*Polygonum lapathifolium* L.]

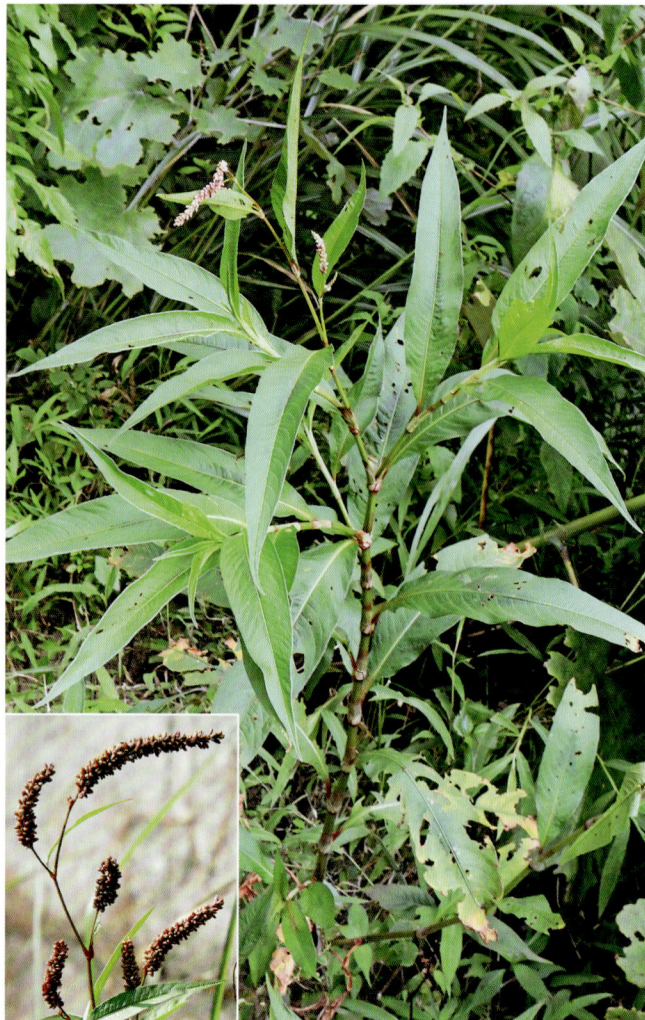

密毛酸模叶蓼 *Persicaria lapathifolia* var. *lanata* (Roxb.) H. Hara
[*Polygonum lapathifolium* var. *lanatum* (Roxb.) Stew.]

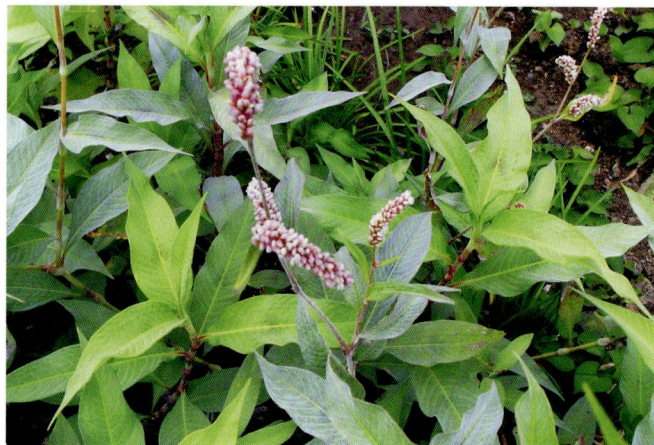

绵毛酸模叶蓼 *Persicaria lapathifolia* var. *salicifolia* (Sibth.) Miyabe
[*Polygonum lapathifolium* var. *salicifolium* Sibth.]

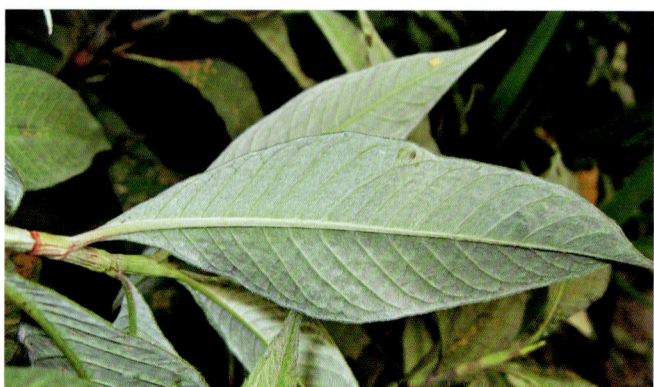

污泥蓼 *Persicaria limicola*
(Sam.) Yonek. et H. Ohashi
[*Polygonum limicola* Sam.]

长鬃蓼
Persicaria longiseta (Bruijn) Moldenke
[*Polygonum longisetum* De Br.]

圆基长鬃蓼 *Persicaria longiseta* var. *rotundata* (A. J. Li) Bo Li
[Polygonum longisetum var. rotundatum A. J. Li]

春蓼 *Persicaria maculosa* Gray
[Polygonum persicaria L.]

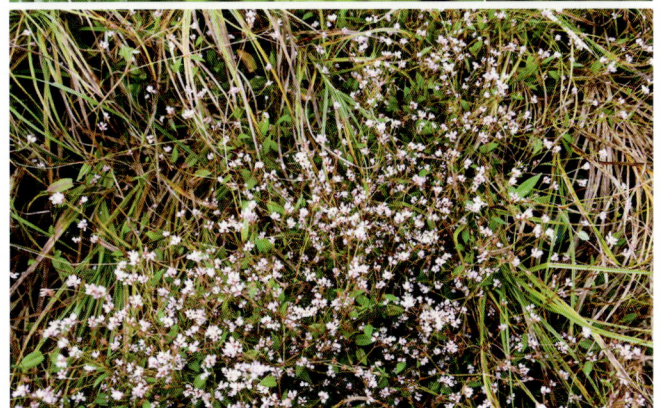

长戟叶蓼 *Persicaria maackiana* (Regel) Nakai ex Mori
[Polygonum maackianum Regel]

小蓼花
Persicaria muricata (Meisn.) Nemoto
[Polygonum muricatum Meisn.]

尼泊尔蓼 *Persicaria nepalensis* (Meisn.) H. Gross
[*Polygonum nepalense* Meisn.]

短毛金线草 *Persicaria neofiliformis* (Nakai) Ohki

红蓼 *Persicaria orientalis* (L.) Spach
[*Polygonum orientale* L.]

掌叶蓼 *Persicaria palmata*
(Dunn) Yonek. et H. Ohashi
[*Polygonum palmatum* Dunn]

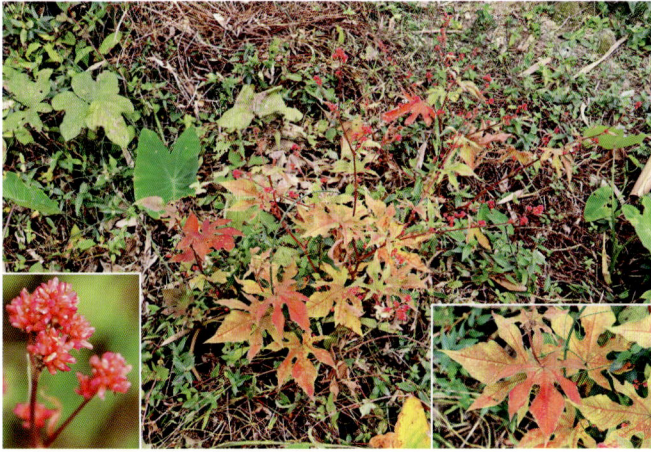

丛枝蓼 *Persicaria posumbu*
(Buch.-Ham. ex D. Don) H. Gross
[*Polygonum posumbu* Buch.-Ham. ex D. Don]

扛板归 *Persicaria perfoliata* (L.) H. Gross
[*Polygonum perfoliatum* L.]

伏毛蓼 *Persicaria pubescens* (Blume) H. Hara
[*Polygonum pubescens* Blume]

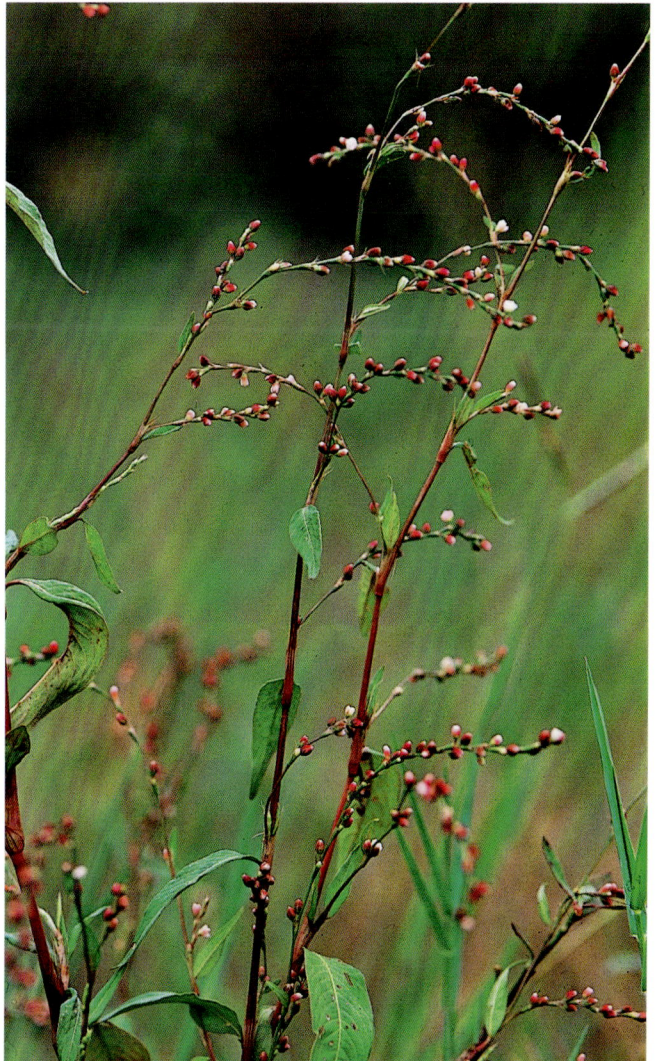

羽叶蓼 *Persicaria runcinata* (Buch.-Ham. ex D. Don) H. Gross
[*Polygonum runcinatum* Buch.-Ham. ex D. Don]

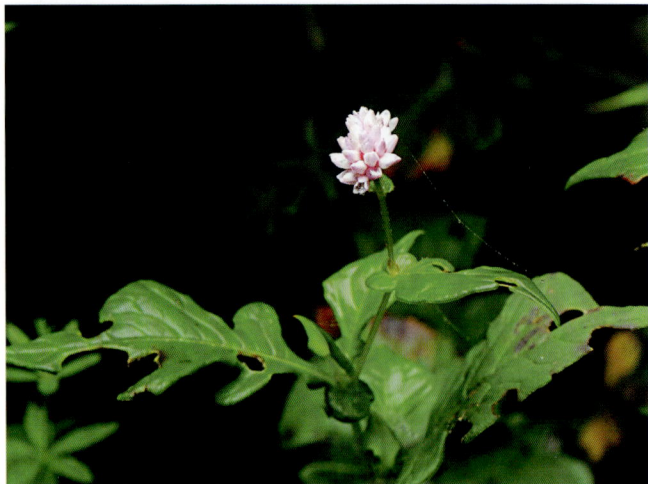

赤胫散 *Persicaria runcinata* var. *sinensis* (Hemsl.) Bo Li
[*Polygonum runcinatum* var. *sinense* Hemsl.]

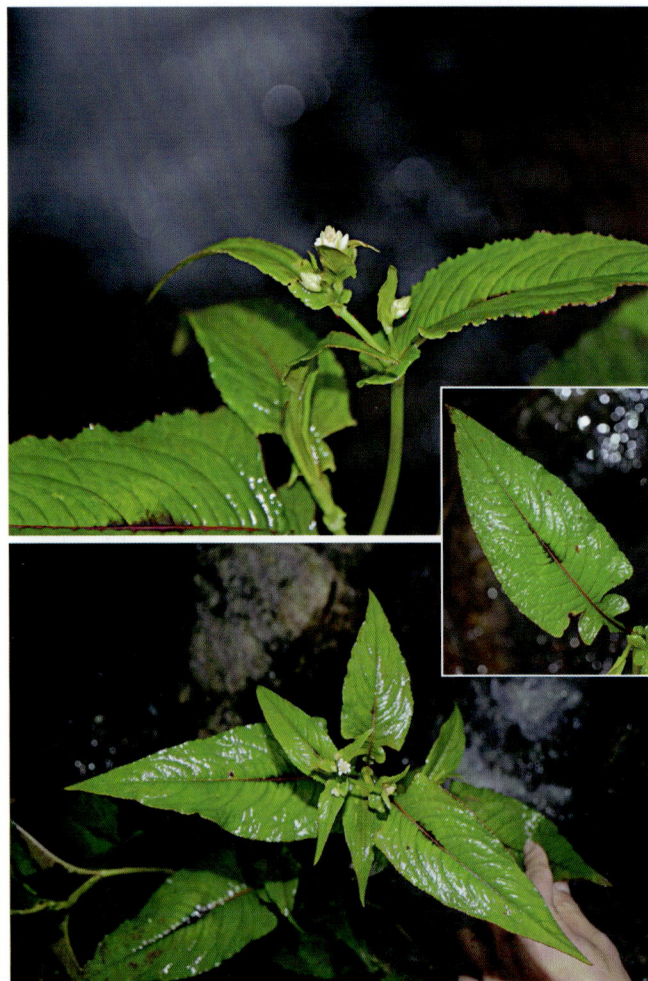

箭头蓼
Persicaria sagittata (L.) H. Gross
[*Polygonum sagittatum* L.]

箭叶蓼 *Persicaria sagittata* var. *sieboldii* (Meisn.) Nakai
[*Polygonum sieboldii* Meisn.]

刺蓼　*Persicaria senticosa* (Meisn.) H. Gross ex Nakai
[*Polygonum senticosum* (Meisn.) Franch. et Savat.]

大箭叶蓼　*Persicaria senticosa* var. *sagittifolia* (Lévl. et Vant.) Yonek. et H. Ohashi
[*Polygonum darrisii* Lévl.]

糙毛蓼　*Persicaria strigosa* (R. Br.) Nakai
[*Polygonum strigosum* R. Br.]

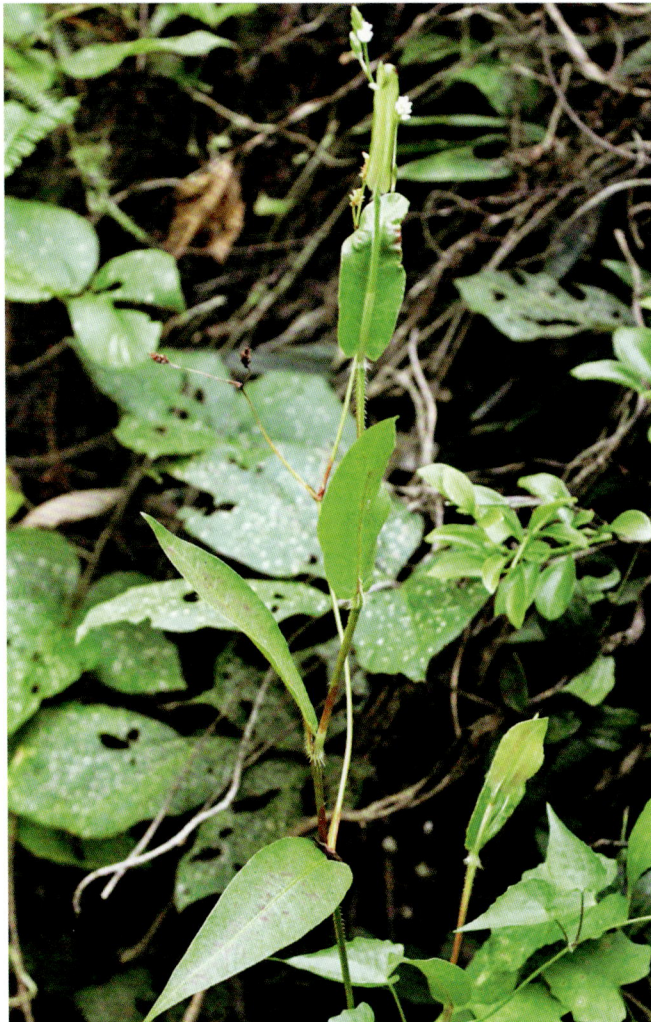

细叶蓼　*Persicaria taquetii* (Lévl.) Koidz.
[*Polygonum taquetii* Lévl.]

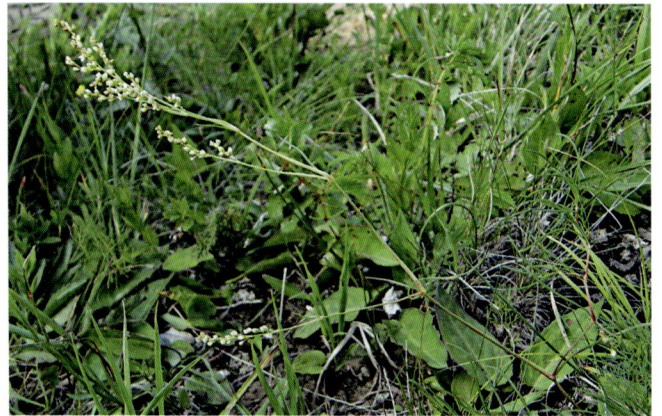

戟叶蓼　*Persicaria thunbergii* (Sieb. et Zucc.) H. Gross
[*Polygonum thunbergii* Sieb. et Zucc.]

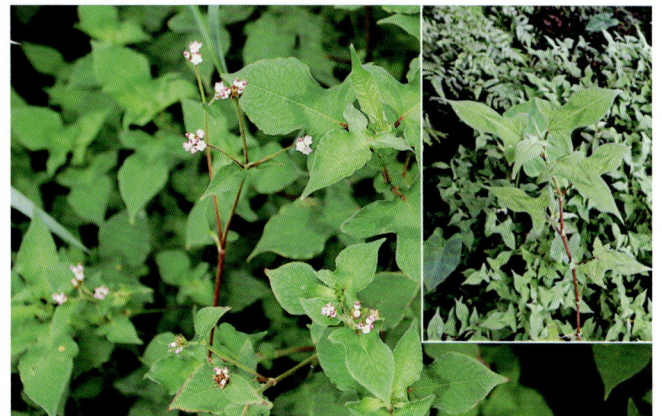

[*] 蓼蓝
Persicaria tinctoria (Ait.) Spach
[*Polygonum tinctorium* Ait.]

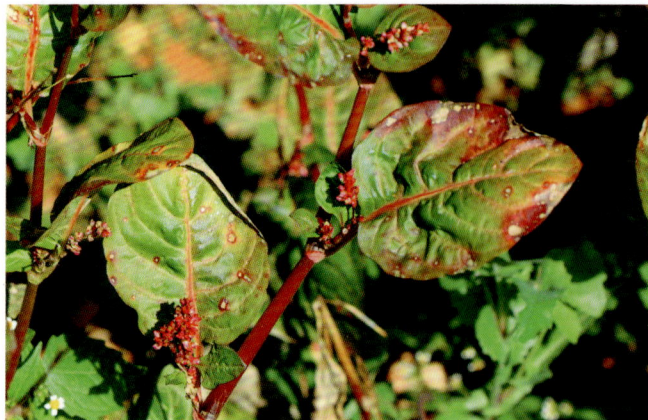

香蓼 *Persicaria viscosa*
(Buch.-Ham. ex D. Don) H. Gross ex Nakai
[*Polygonum viscosum* Buch.-Ham. ex D. Don]

武功山蓼
Persicaria wugongshanensis Bo Li

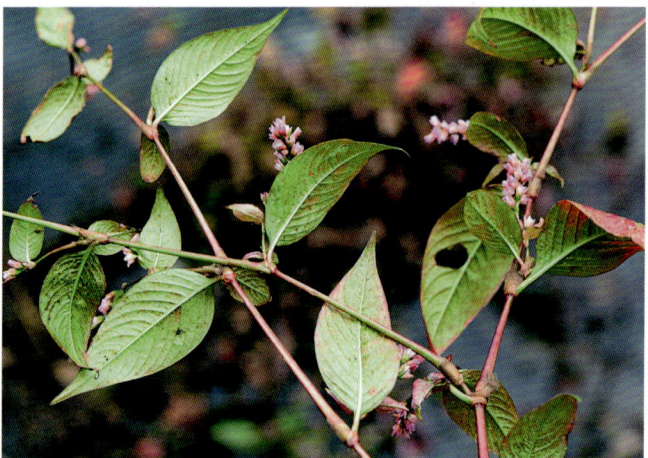

粘蓼 *Persicaria viscofera*
(Makino) H. Gross ex Nakai
[*Polygonum viscoferum* Makino]

萹蓄 *Polygonum aviculare* L.

习见萹蓄 *Polygonum plebeium* R. Br.

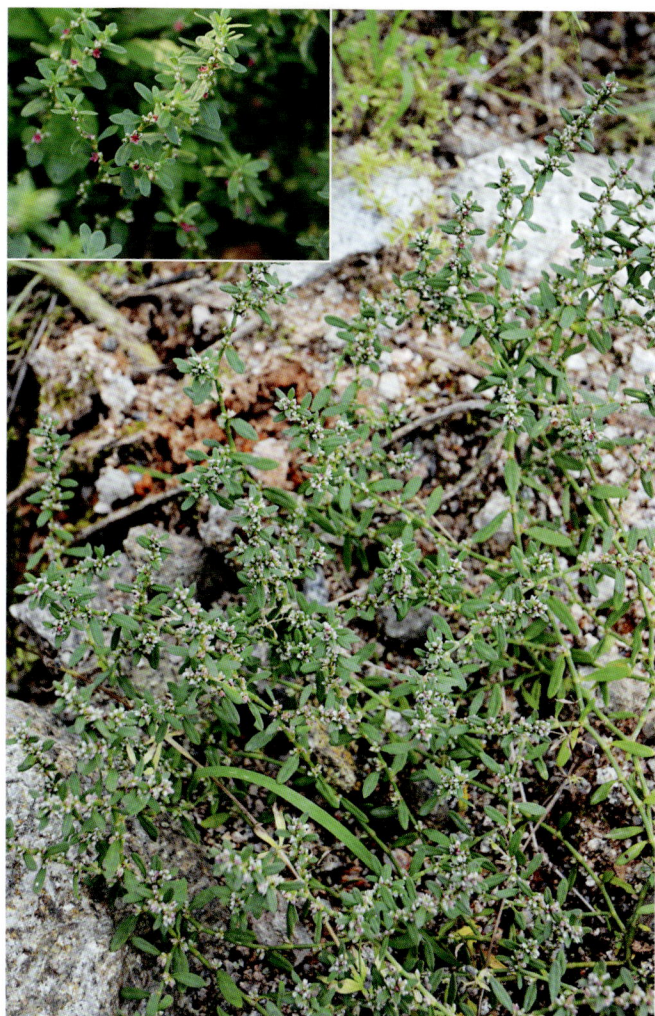

疏蓼 *Polygonum praetermissum* Hook. f.

虎杖 *Reynoutria japonica* Houtt.

酸模 *Rumex acetosa* L.

小酸模 *Rumex acetosella* L.

网果酸模 *Rumex chalepensis* Mill.

皱叶酸模 *Rumex crispus* L.

齿果酸模 *Rumex dentatus* L.

羊蹄 *Rumex japonicus* Houtt.

小果酸模 *Rumex microcarpus* Campd.

长刺酸模 *Rumex trisetifer* Stokes

A284　茅膏菜科 Droseraceae

锦地罗 *Drosera burmanni* Vahl

匙叶茅膏菜
Drosera spatulata Labill.

茅膏菜
Drosera peltata Smith

光萼茅膏菜
Drosera peltata **var. *glabrata*** Y. Z. Ruan

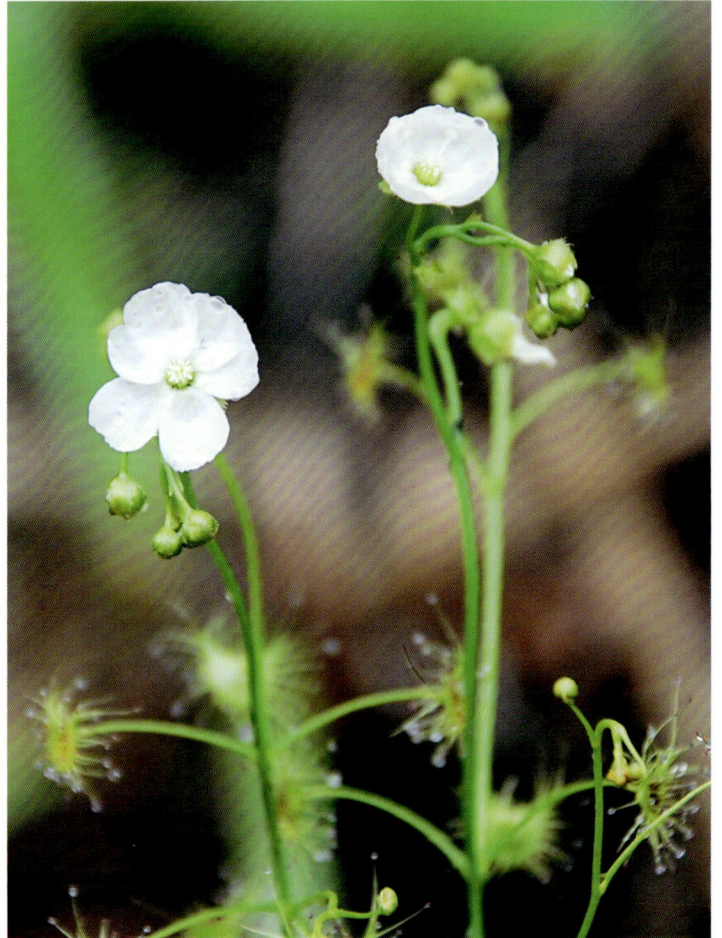

A295　石竹科 Caryophyllaceae

* 麦仙翁 *Agrostemma githago* L.

无心菜
Arenaria serpyllifolia L.

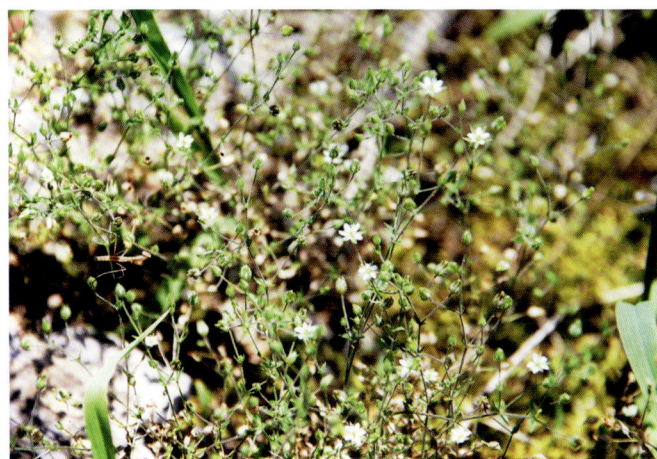

簇生泉卷耳 *Cerastium fontanum* subsp.
vulgare (Hartman) Greuter et Burdet

球序卷耳 *Cerastium glomeratum* Thuill.

* 须苞石竹 *Dianthus barbatus* L.

* 香石竹 *Dianthus caryophyllus* L.

长萼瞿麦 *Dianthus longicalyx* Miq.

瞿麦 *Dianthus superbus* L.

* 石竹 *Dianthus chinensis* L.

细叶石头花
Gypsophila licentiana Hand.-Mazz.

*皱叶剪秋罗 *Lychnis chalcedonica* L.

剪春罗 *Lychnis coronata* Thunb.

剪秋罗 *Lychnis fulgens* Fisch.

剪红纱花 *Lychnis senno* Sieb. et Zucc.

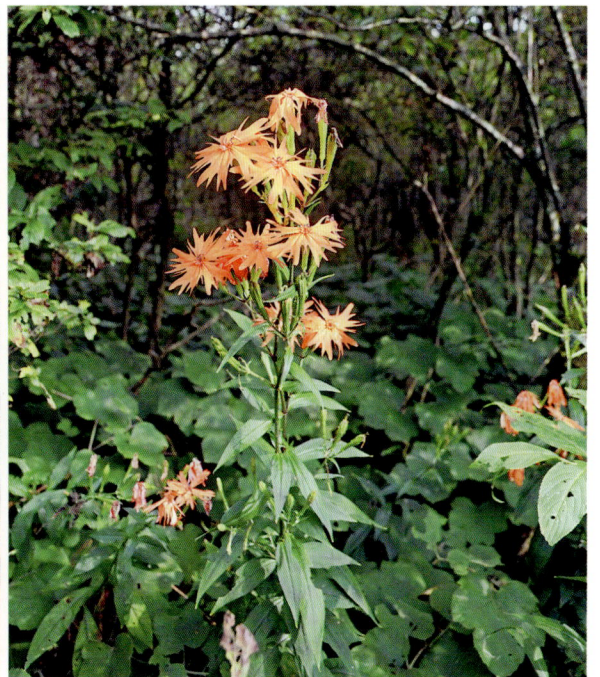

种阜草
Moehringia lateriflora (L.) Fenzl

白鼓钉
Polycarpaea corymbosa (L.) Lam.

孩儿参 *Pseudostellaria heterophylla* (Miq.) Pax

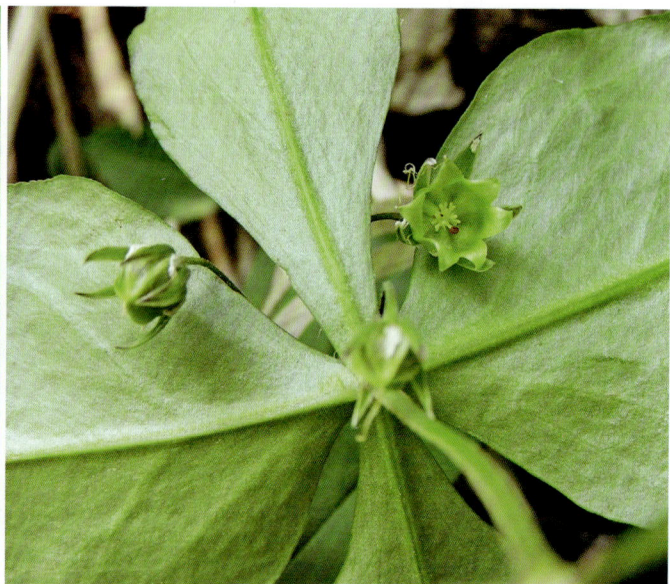

细叶孩儿参
Pseudostellaria sylvatica (Maxim.) Pax

漆姑草
Sagina japonica (Sw.) Ohwi

根叶漆姑草 *Sagina maxima* A. Gray

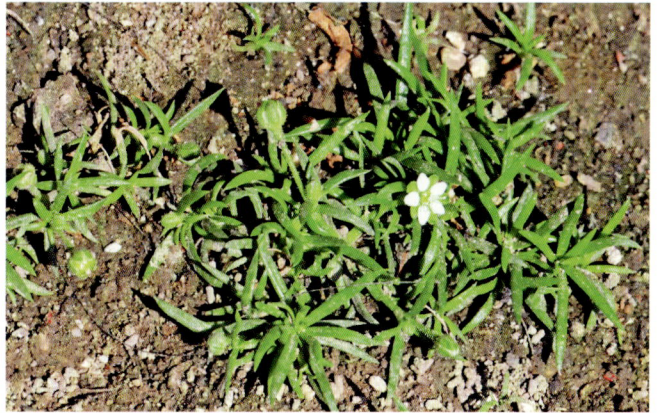

女娄菜 *Silene aprica*
Turcz. ex Fisch. et Mey.

狗筋蔓 *Silene baccifera* (L.) Roth
[*Cucubalus baccifer* L.]

麦瓶草 *Silene conoidea* L.

坚硬女娄菜 *Silene firma* Sieb. et Zucc.

鹤草 *Silene fortunei* Vis.

石生蝇子草 *Silene tatarinowii* Regel

雀舌草 *Stellaria alsine* Grimm

中国繁缕 *Stellaria chinensis* Regel

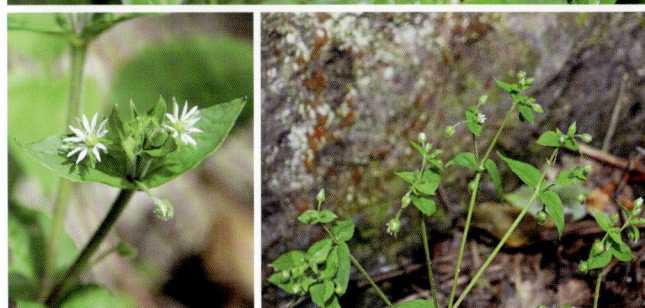

鹅肠菜 *Stellaria aquatica* (L.) Scop.

繁缕 *Stellaria media* (L.) Cyr.

鸡肠繁缕 *Stellaria neglecta* Weihe ex Bluff et Fingerh.

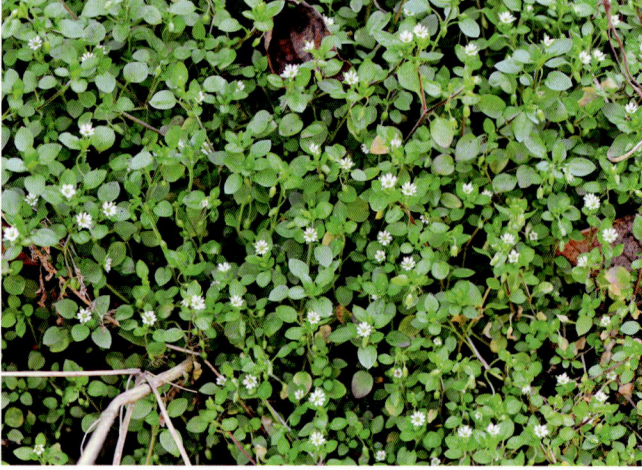

峨眉繁缕 *Stellaria omeiensis* C. Y. Wu et Y. W. Tsui ex P. Ke

箐姑草 *Stellaria vestita* Kurz

巫山繁缕 *Stellaria wushanensis* Williams

麦蓝菜 *Vaccaria hispanica* (Miller) Rauschert

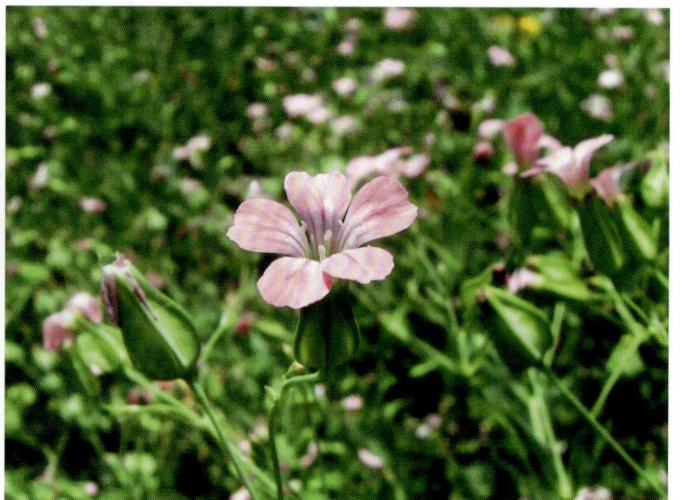

A297　苋科 Amaranthaceae

土牛膝
Achyranthes aspera L.

禾叶土牛膝 *Achyranthes aspera* var. *rubrofusca* (Wight) Hook. f.

牛膝
Achyranthes bidentata Blume

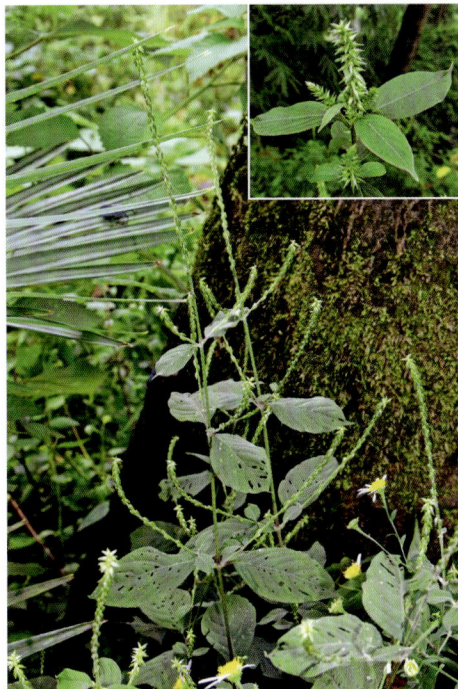

少毛牛膝 *Achyranthes bidentata* var. *japonica* Miq.

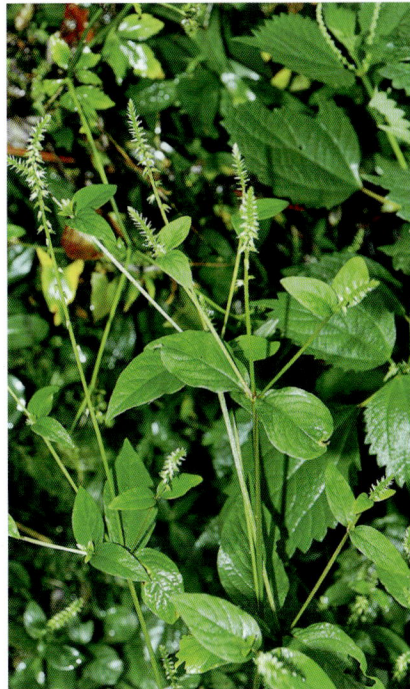

柳叶牛膝 *Achyranthes longifolia* (Makino) Makino

* 锦绣苋 *Alternanthera bettzickiana* (Regel) Nichols.

* 喜旱莲子草 *Alternanthera philoxeroides* (Mart.) Griseb.

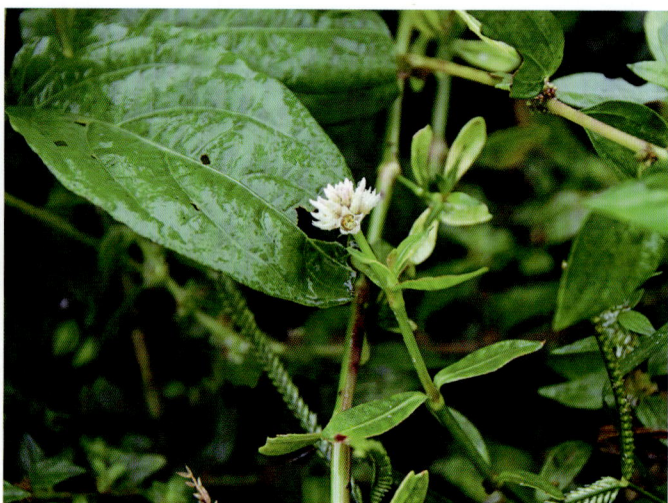

莲子草 *Alternanthera sessilis* (L.) DC.

凹头苋 *Amaranthus blitum* L.

尾穗苋 *Amaranthus caudatus* L.

繁穗苋 *Amaranthus cruentus* L.

绿穗苋 *Amaranthus hybridus* L.

反枝苋 *Amaranthus retroflexus* L.

刺苋 *Amaranthus spinosus* L.

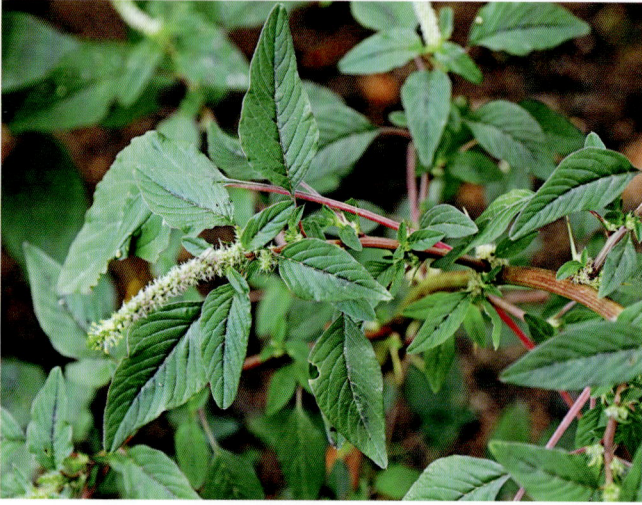

* 苋 *Amaranthus tricolor* L.

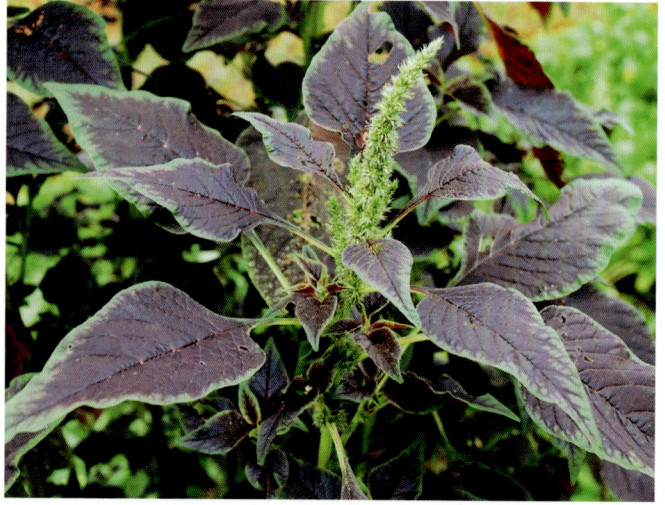

* 皱果苋 *Amaranthus viridis* L.

青葙 *Celosia argentea* L.

[*] 鸡冠花 *Celosia cristata* L.

藜 *Chenopodium album* L.

小藜 *Chenopodium ficifolium* Smith

灰绿藜 *Chenopodium glaucum* L.

细穗藜 *Chenopodium gracilispicum* Kung

* **千日红** *Gomphrena globosa* L.

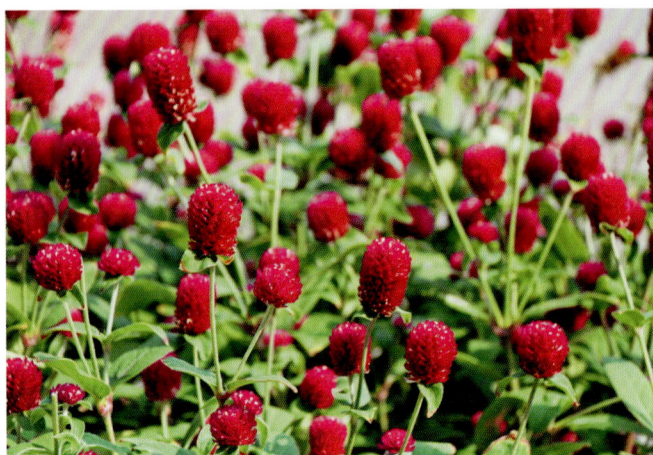

* **土荆芥** *Dysphania ambrosioides* (L.) Mosyakin et Clemants

* **地肤** *Kochia scoparia* (L.) Schrad.

* **菠菜** *Spinacia oleracea* L.

A305 商陆科 Phytolaccaceae

商陆 *Phytolacca acinosa* Roxb.

垂序商陆 *Phytolacca americana* L.

日本商陆
Phytolacca japonica Makino

A308　紫茉莉科 Nyctaginaceae

*紫茉莉 ***Mirabilis jalapa*** L.

A309　粟米草科 Molluginaceae

粟米草 ***Trigastrotheca stricta*** (L.) Thulin　[*Mollugo stricta* L.]

A312　落葵科 Basellaceae

* 落葵薯 *Anredera cordifolia* (Tenore) Steenis

* 落葵 *Basella alba* L.

A314　土人参科 Talinaceae

* 土人参 *Talinum paniculatum* (Jacq.) Gaertn.

A315　马齿苋科 Portulacaceae

* 大花马齿苋 *Portulaca grandiflora* Hook.

马齿苋 *Portulaca oleracea* L.

A317　仙人掌科 Cactaceae

* **匍地仙人掌** *Opuntia humifusa* Raf.

Order 48　山茱萸目 Cornales

A318　蓝果树科 Nyssaceae

喜树
Camptotheca acuminata Decne.

* 珙桐
Davidia involucrata Baill.

蓝果树 *Nyssa sinensis* Oliv.

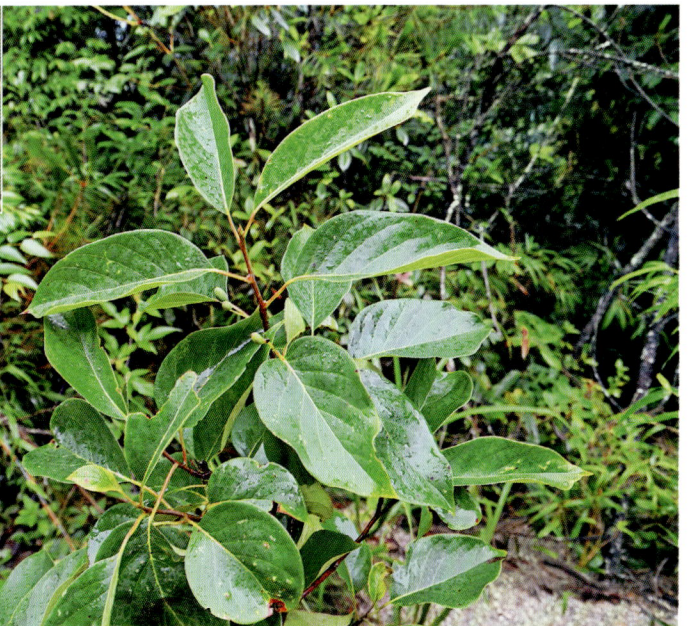

A320 绣球科 Hydrangeaceae

草绣球
Cardiandra moellendorffii (Hance) Migo

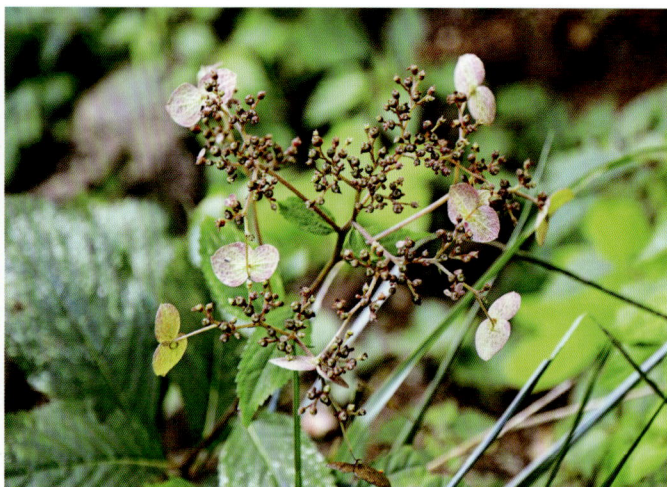

异色溲疏
Deutzia discolor Hemsl.

齿叶溲疏 ***Deutzia crenata*** Sieb. et Zucc.
[*Deutzia scabra* auct. non Thunb.]

黄山溲疏 ***Deutzia glauca*** Cheng

宁波溲疏 *Deutzia ningpoensis* Rehd.

长江溲疏 *Deutzia schneideriana* Rehd.

四川溲疏 *Deutzia setchuenensis* Franch.

常山 *Dichroa febrifuga* Lour.

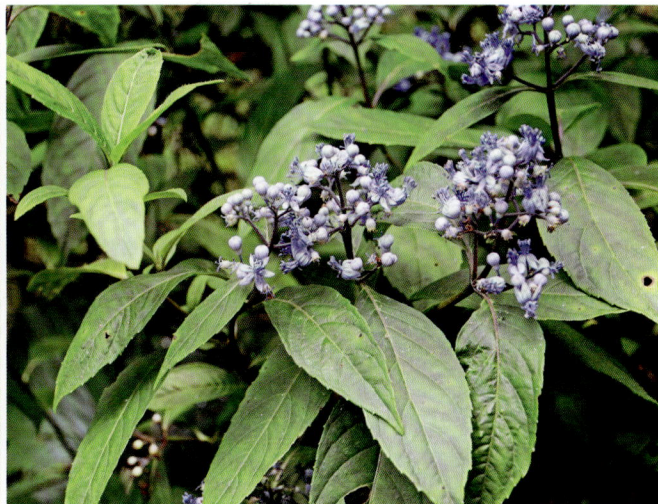

冠盖绣球
Hydrangea anomala D. Don

中国绣球 *Hydrangea chinensis* Maxim.

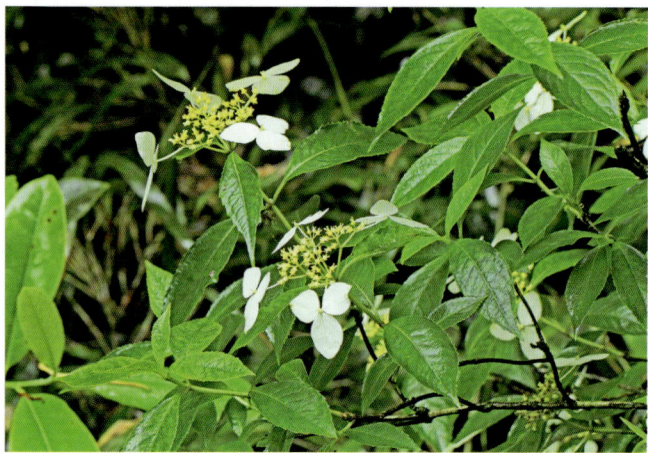

尾叶绣球 *Hydrangea caudatifolia*
W. T. Wang et M. X. Nie

西南绣球
Hydrangea davidii Franch.

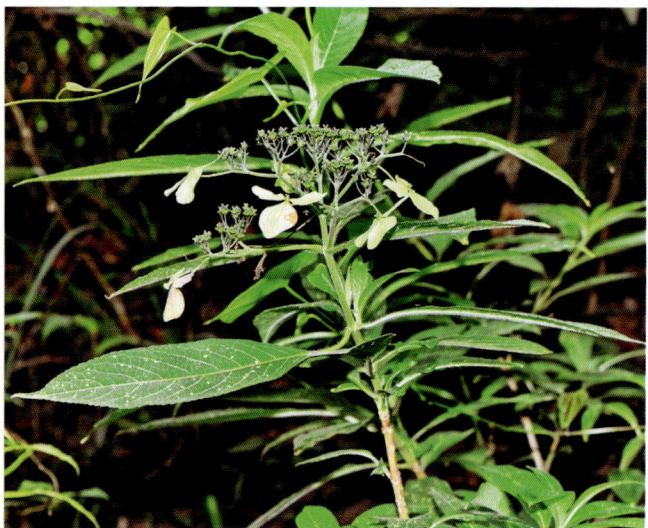

细枝绣球
Hydrangea gracilis W. T. Wang et M. X. Nie

粤西绣球 *Hydrangea kwangsiensis* Hu

广东绣球 *Hydrangea kwangtungensis* Merr.

* 绣球
Hydrangea macrophylla (Thunb.) Ser.

圆锥绣球
Hydrangea paniculata Sieb.

粗枝绣球 *Hydrangea robusta* Hook. f. et Thoms.

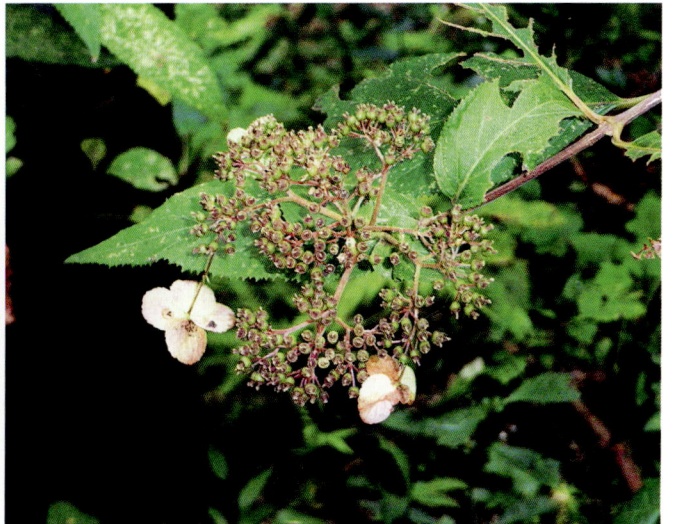

柳叶绣球 *Hydrangea stenophylla* Merr. et Chen

蜡莲绣球
Hydrangea strigosa Rehd.

短序山梅花 *Philadelphus brachybotrys* Koehne ex Vilm. et Bois

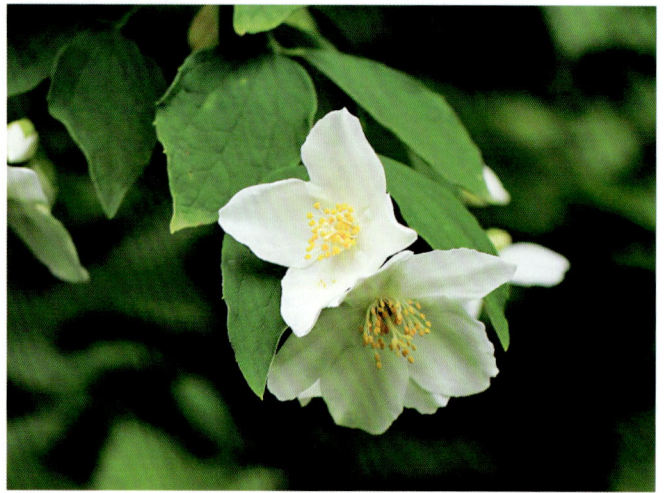

山梅花 *Philadelphus incanus* Koehne

绢毛山梅花 *Philadelphus sericanthus* Koehne

牯岭山梅花 *Philadelphus sericanthus var. kulingensis* (Koehne) Hand.-Mazz.

浙江山梅花 *Philadelphus zhejiangensis* (Cheng) S. M. Hwang

星毛冠盖藤 *Pileostegia tomentella* Hand.-Mazz.

冠盖藤
Pileostegia viburnoides Hook. f. et Thoms.

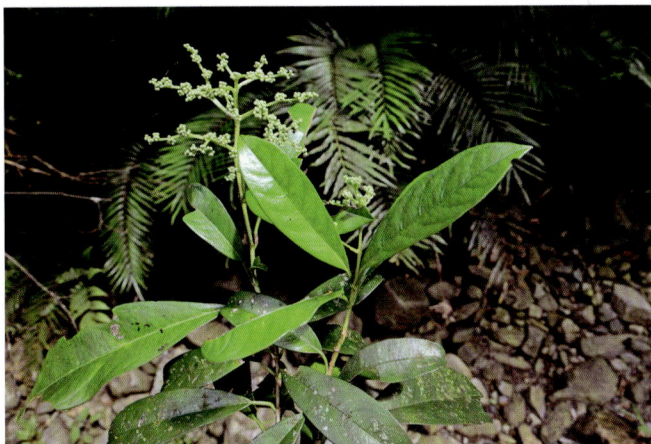

蛛网萼
Platycrater arguta Sieb. et Zucc.

钻地风
Schizophragma integrifolium Oliv.

柔毛钻地风
Schizophragma molle (Rehd.) Chun

A324　山茱萸科 Cornaceae

八角枫 *Alangium chinense* (Lour.) Harms

伏毛八角枫
Alangium chinense subsp. *strigosum* Fang

小花八角枫
Alangium faberi Oliv.

毛八角枫
Alangium kurzii Craib

云山八角枫 *Alangium kurzii* var. *handelii* (Schnarf) Fang

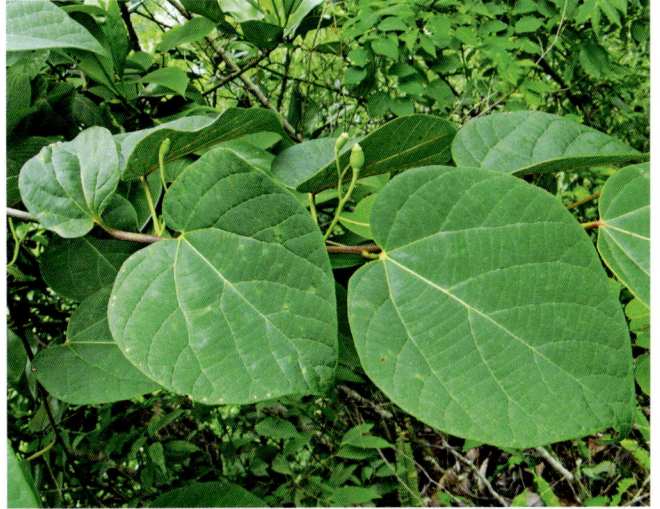

瓜木 *Alangium platanifolium* (Sieb. et Zucc.) Harms

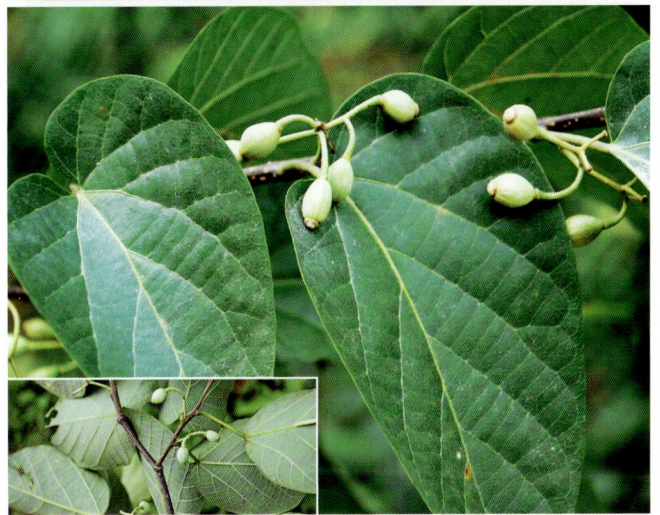

头状四照花
Cornus capitata Wall.

灯台树 *Cornus controversa* Hemsl.

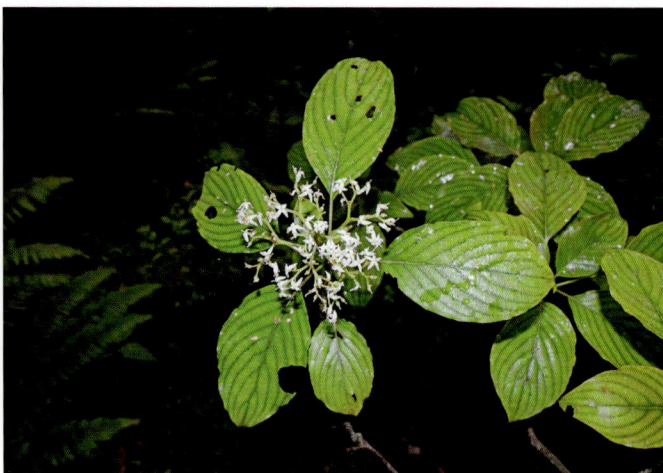

尖叶四照花 *Cornus elliptica*
(Pojarkova) Q. Y. Xiang et Boufford

香港四照花
Cornus hongkongensis Hemsl.

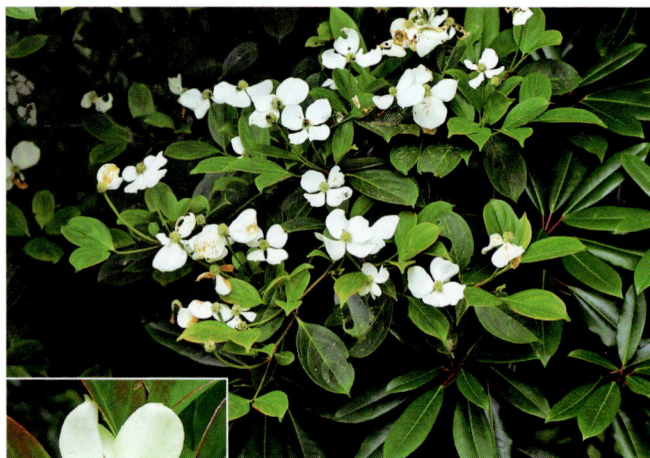

四照花 *Cornus kousa* subsp. *chinensis*
(Osborn) Q. Y. Xiang

梾木 *Cornus macrophylla* Wall.

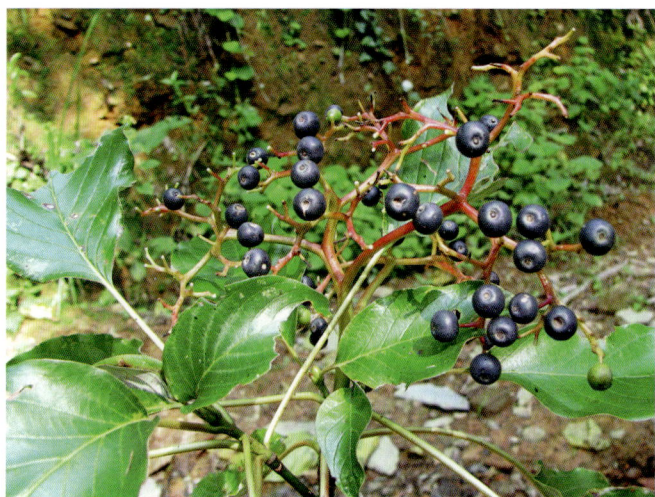

山茱萸 *Cornus officinalis* Sieb. et Zucc.

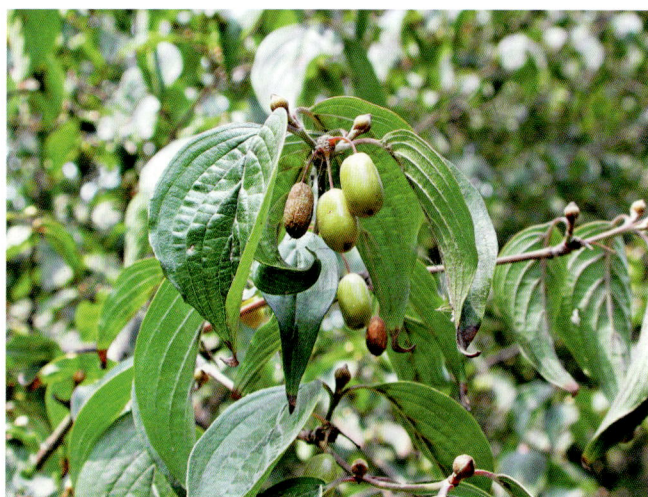

小梾木 *Cornus quinquenervis* Franch.

毛梾 *Cornus walteri* Wangerin

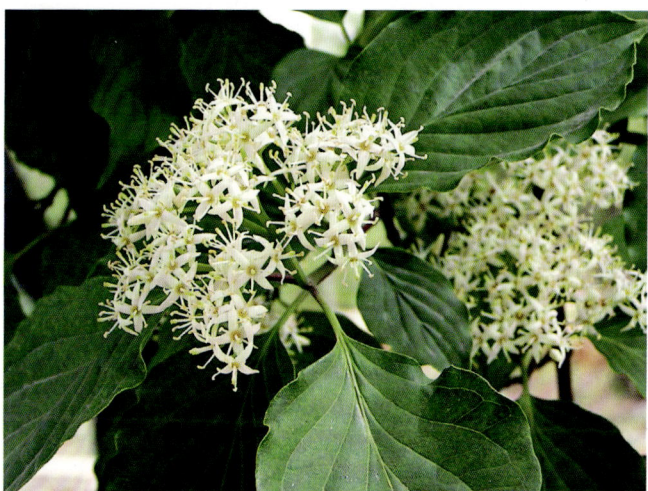

光皮梾木 *Cornus wilsoniana* Wangerin

Order 49　杜鹃花目 Ericales

A325　凤仙花科 Balsaminaceae

*凤仙花
Impatiens balsamina L.

睫毛萼凤仙花
Impatiens blepharosepala Pritz. ex Diels

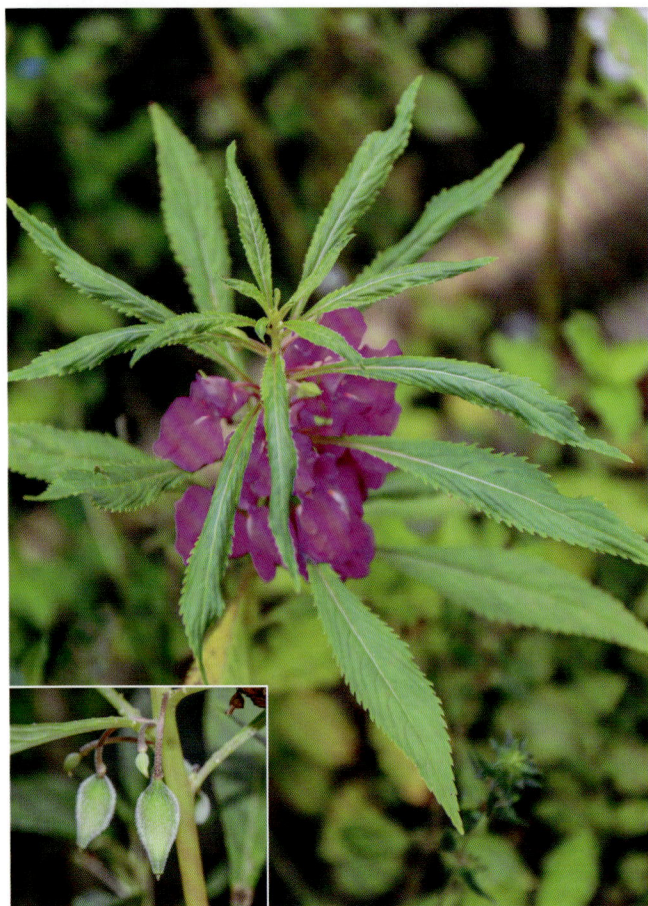

浙江凤仙花
Impatiens chekiangensis Y. L. Chen

华凤仙
Impatiens chinensis L.

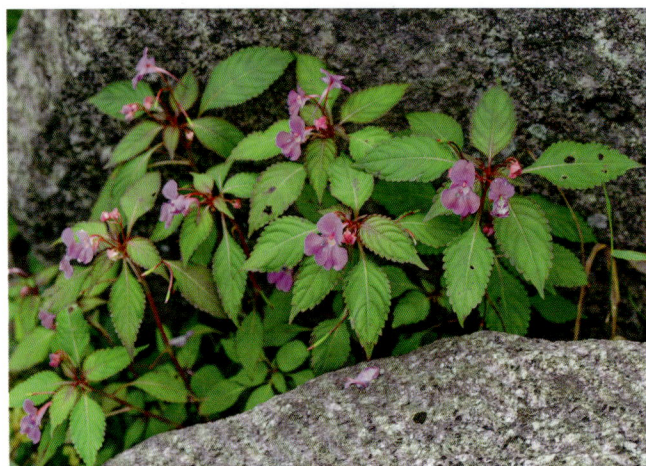

绿萼凤仙花　*Impatiens chlorosepala* Hand.-Mazz.

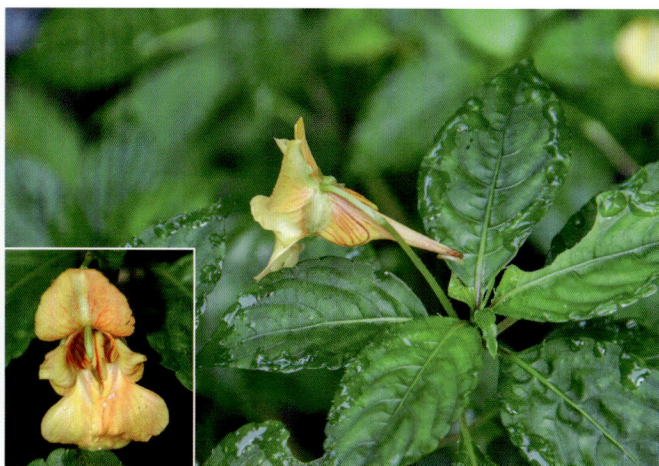

鸭跖草状凤仙花
Impatiens commellinoides Hand.-Mazz.

牯岭凤仙花
Impatiens davidii Franch.

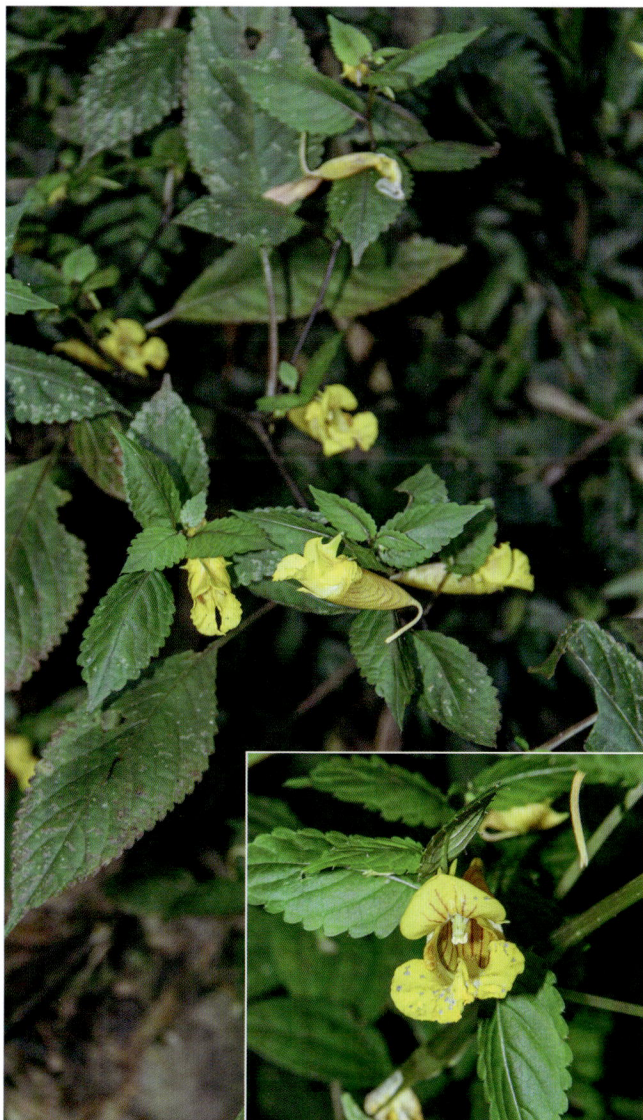

齿萼凤仙花
Impatiens dicentra Franch. ex Hook. f.

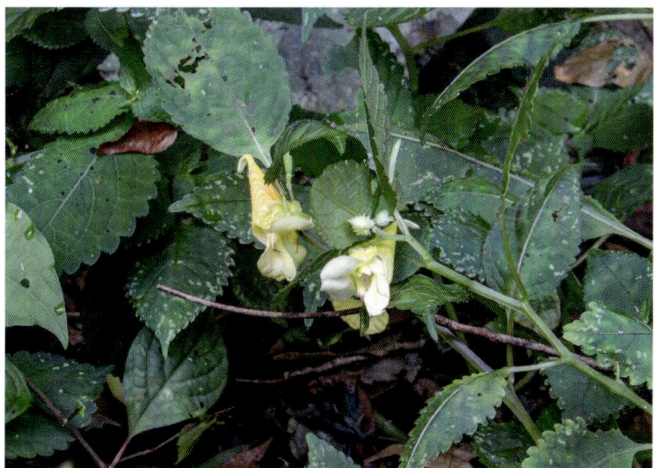

封怀凤仙花
Impatiens fenghwaiana Y. L. Chen

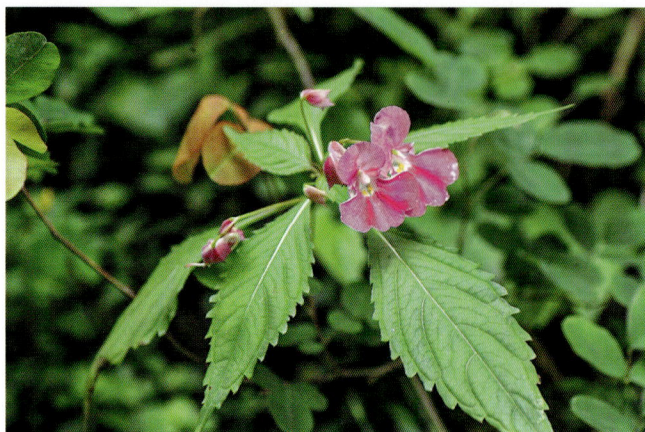

井冈山凤仙花
Impatiens jinggangensis Y. L. Chen

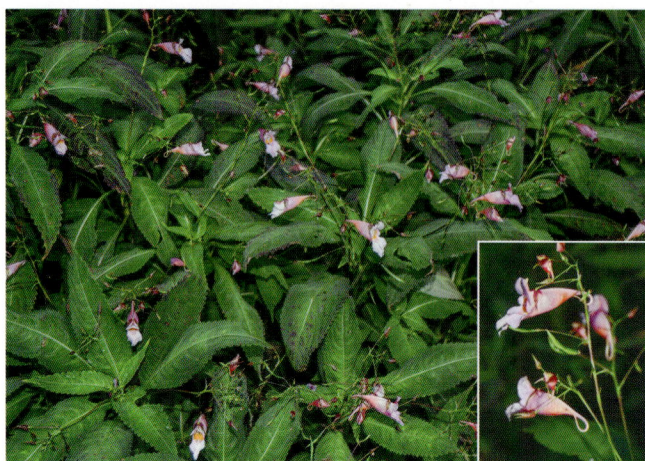

九龙山凤仙花 *Impatiens jiulongshanica*
Y. L. Xu et Y. L. Chen

湖南凤仙花
Impatiens hunanensis Y. L. Chen

水金凤
Impatiens noli-tangere L.

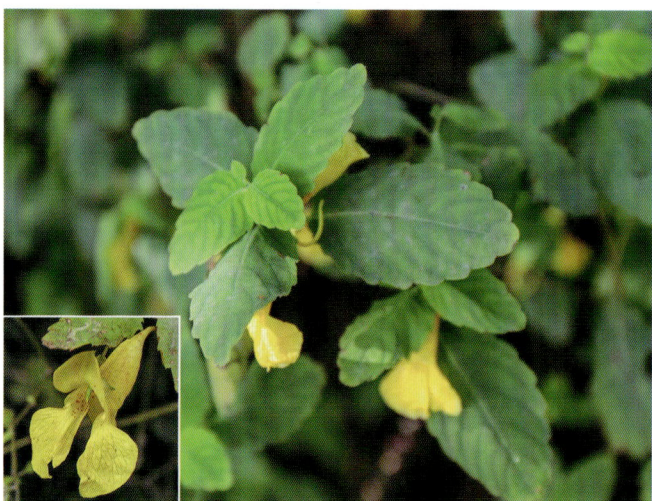

丰满凤仙花
Impatiens obesa Hook. f.

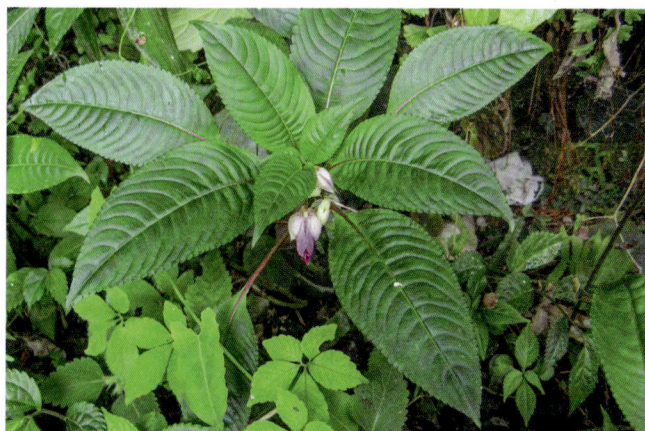

块节凤仙花
Impatiens piufanensis J. D. Hooker

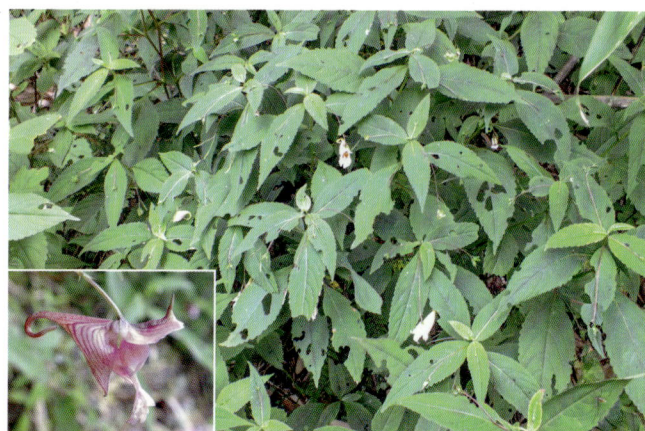

多脉凤仙花
Impatiens polyneura K. M. Liu

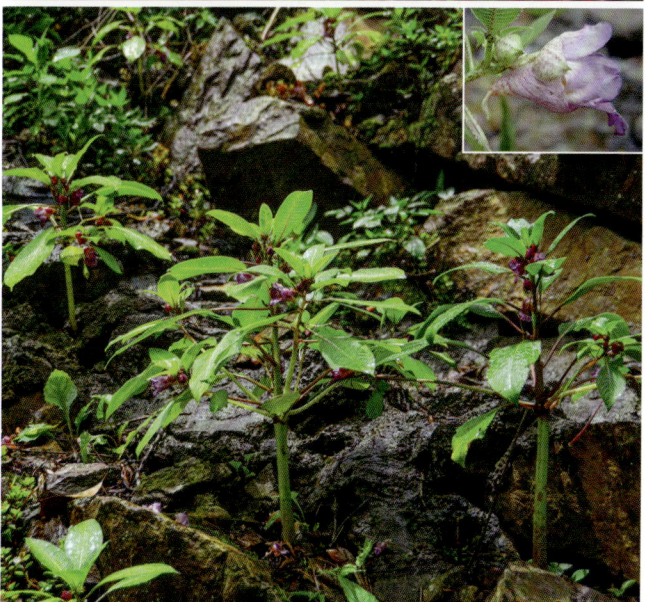

湖北凤仙花
Impatiens pritzelii Hook. f.

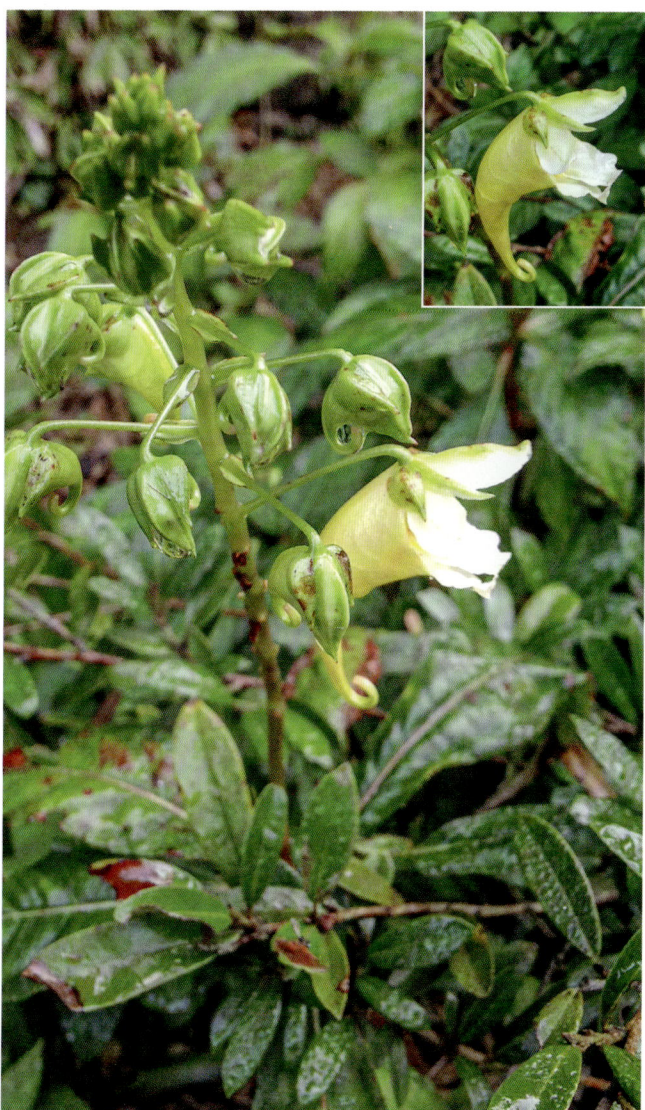

翼萼凤仙花 *Impatiens pterosepala* Hook. f.

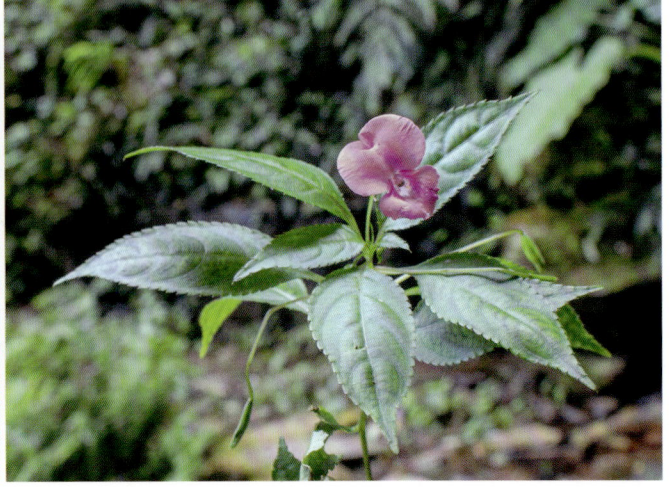

黄金凤
Impatiens siculifer Hook. f.

婺源凤仙花
Impatiens wuyuanensis Y. L. Chen

管茎凤仙花 *Impatiens tubulosa* Hemsl.

A332　五列木科 Pentaphylacaceae

川杨桐
Adinandra bockiana Pritzel ex Diels

尖叶川杨桐 *Adinandra bockiana* var. *acutifolia* (Hand.-Mazz.) Kobuski

两广杨桐
Adinandra glischroloma Hand.-Mazz.

大萼杨桐 *Adinandra glischroloma* var. *macrosepala* (Metcalf) Kobuski

杨桐 *Adinandra millettii* (Hook. et Arn.) Benth. et Hook. f. ex Hance

亮叶杨桐 *Adinandra nitida* Merr. ex Li

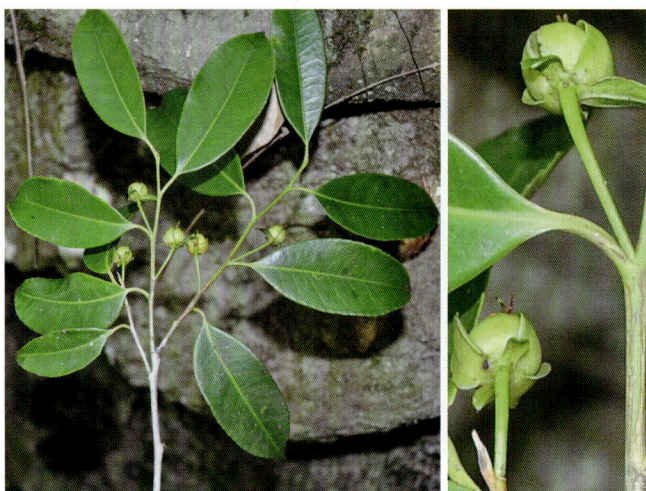

茶梨 *Anneslea fragrans* Wall.

红淡比
Cleyera japonica Thunb.

厚叶红淡比
Cleyera pachyphylla Chun ex H. T. Chang

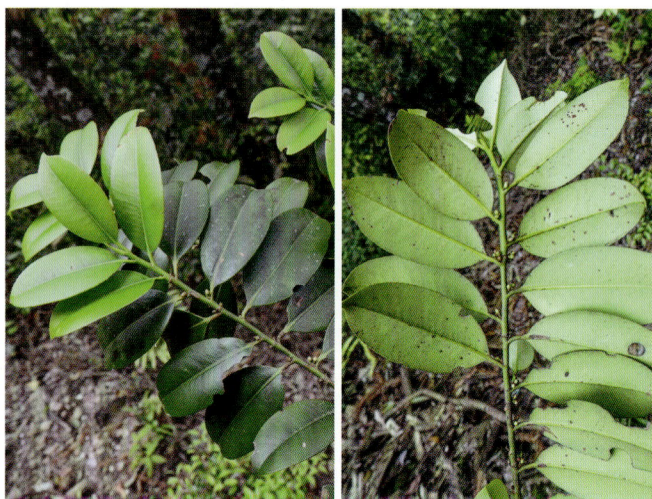

尾尖叶柃 *Eurya acuminata* DC.

尖叶毛枪
Eurya acuminatissima Merr. et Chun

尖萼毛枪
Eurya acutisepala Hu et L. K. Ling

翅枪　*Eurya alata* Kobuski

耳叶枪　*Eurya auriformis* H. T. Chang

短柱枪　*Eurya brevistyla* Kobuski

米碎花
Eurya chinensis R. Br.

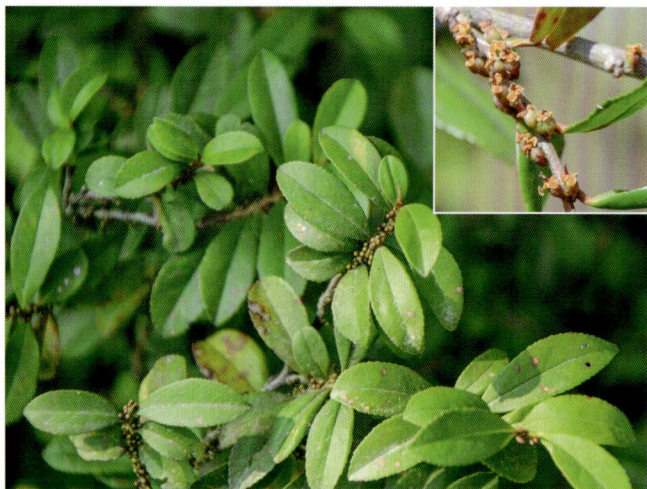

光枝米碎花 *Eurya chinensis* var. *glabra*
Hu et L. K. Ling

二列叶柃 *Eurya distichophylla* Hemsl.

岗柃 *Eurya groffii* Merr.

微毛柃 *Eurya hebeclados* Ling

凹脉柃 *Eurya impressinervis* Kobuski

枃木 *Eurya japonica* Thunb.

细枝柃
Eurya loquaiana Dunn

金叶细枝柃 *Eurya loquaiana* var.
aureopunctata H. T. Chang

黑柃 *Eurya macartneyi* Champ.

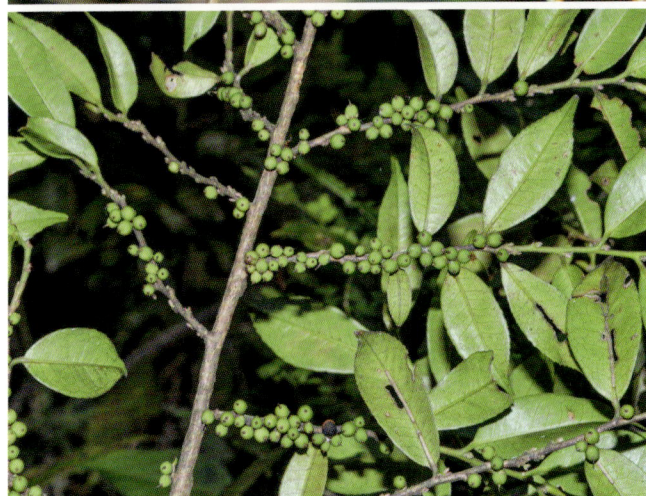

丛化柃 *Eurya metcalfiana* Kobuski

格药柃 *Eurya muricata* Dunn

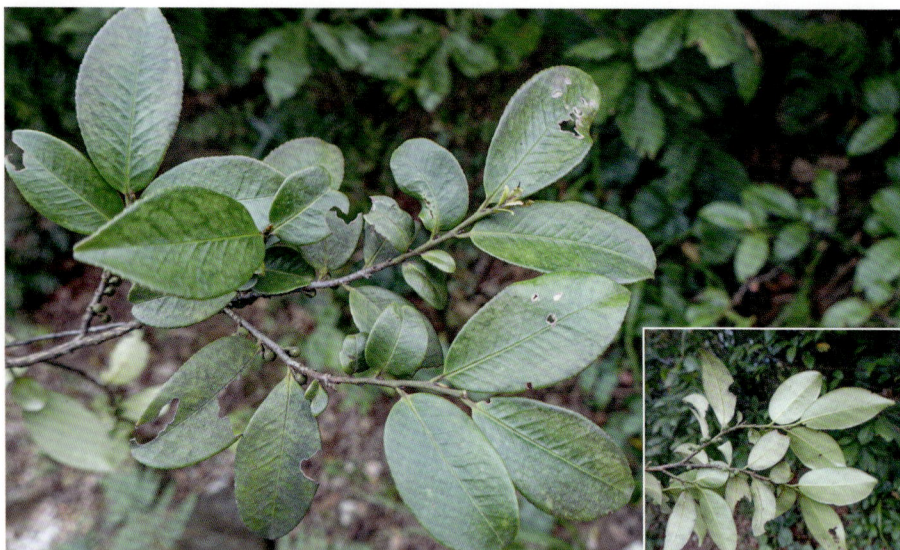

毛枝格药柃 *Eurya muricata* var. *huiana* (Kobuski) L. K. Ling

红褐柃 *Eurya rubiginosa* H. T. Chang

细齿叶柃 *Eurya nitida* Korthals

窄基红褐柃 *Eurya rubiginosa* var. *attenuata* H. T. Chang

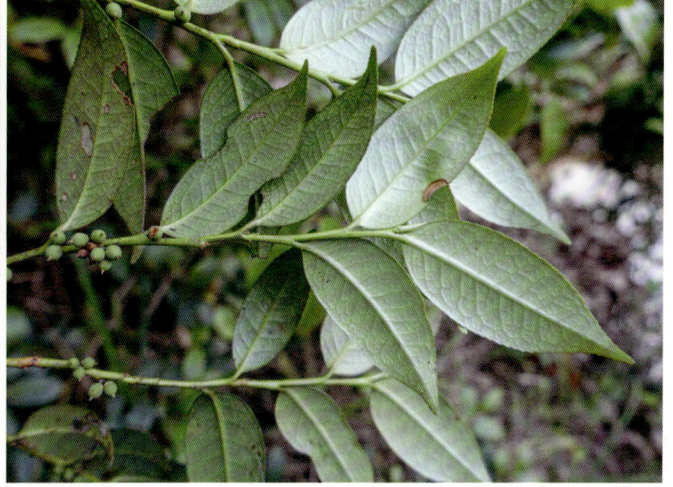

岩柃 *Eurya saxicola* H. T. Chang

半齿柃 *Eurya semiserrulata* H. T. Chang

四角柃 *Eurya tetragonoclada* Merr. et Chun

单耳柃
Eurya weissiae Chun

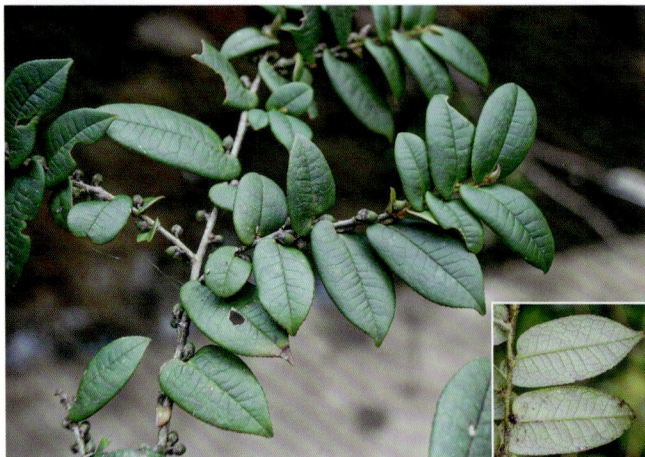

五列木
Pentaphylax euryoides Gardn. et Champ.

厚皮香 *Ternstroemia gymnanthera*
(Wight et Arn.) Beddome

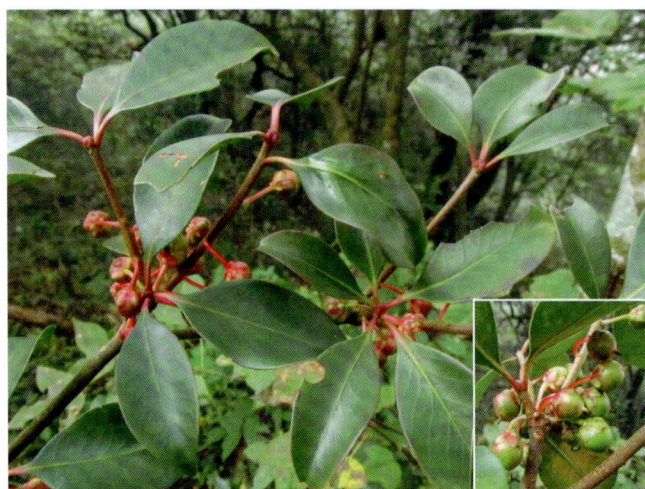

厚叶厚皮香
Ternstroemia kwangtungensis Merr.

尖萼厚皮香 *Ternstroemia luteoflora* L. K. Ling

亮叶厚皮香 *Ternstroemia nitida* Merr.

A334　柿科 Ebenaceae

乌柿 *Diospyros cathayensis* Steward

粉叶柿 *Diospyros glaucifolia* Metc.

山柿 *Diospyros japonica* Sieb. et Zucc.

柿 *Diospyros kaki* Thunb.

野柿 *Diospyros kaki* **var.** *silvestris* Makino

君迁子 *Diospyros lotus* L.

罗浮柿 *Diospyros morrisiana* Hance

油柿 *Diospyros oleifera* Cheng

老鸦柿 *Diospyros rhombifolia* Hemsl.

延平柿 *Diospyros tsangii* Merr.

岭南柿 *Diospyros tutcheri* Dunn

A335　报春花科 Primulaceae

琉璃繁缕 *Anagallis arvensis* L.

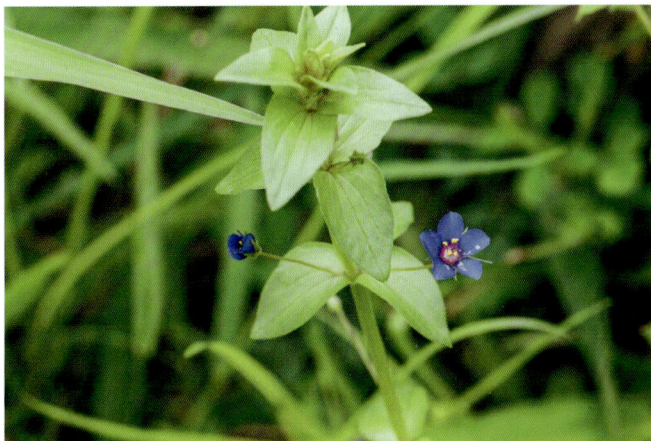

点地梅 *Androsace umbellata* (Lour.) Merr.

走马胎 *Ardisia gigantifolia* Stapf

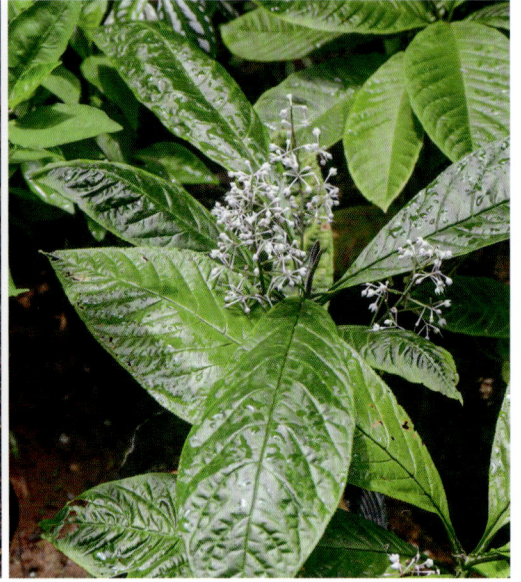

大罗伞树 *Ardisia hanceana* Mez

紫金牛 *Ardisia japonica* (Thunb) Blume

山血丹 *Ardisia lindleyana* D. Dietrich

虎舌红 *Ardisia mamillata* Hance

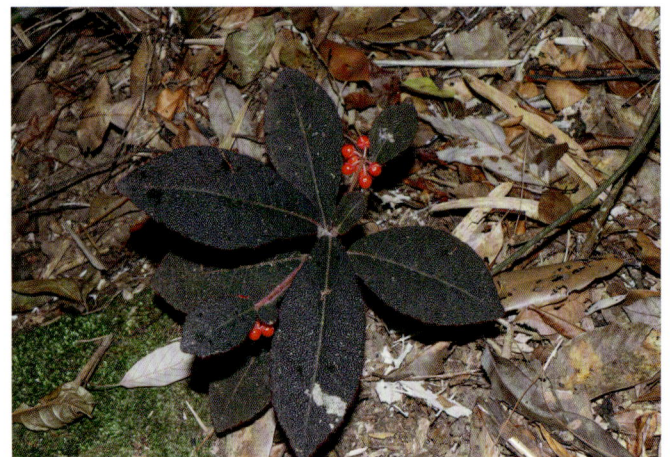

莲座紫金牛
Ardisia primulifolia Gardn. et Champ.

九节龙
Ardisia pusilla A. DC.

罗伞树 *Ardisia quinquegona* Bl.

酸藤子 *Embelia laeta* (L.) Mez

长叶酸藤子 *Embelia longifolia* (Benth.) Hemsl.

当归藤 *Embelia parviflora* Wall.

白花酸藤果 *Embelia ribes* Burm. f.

网脉酸藤子 *Embelia rudis* Hand.-Mazz.

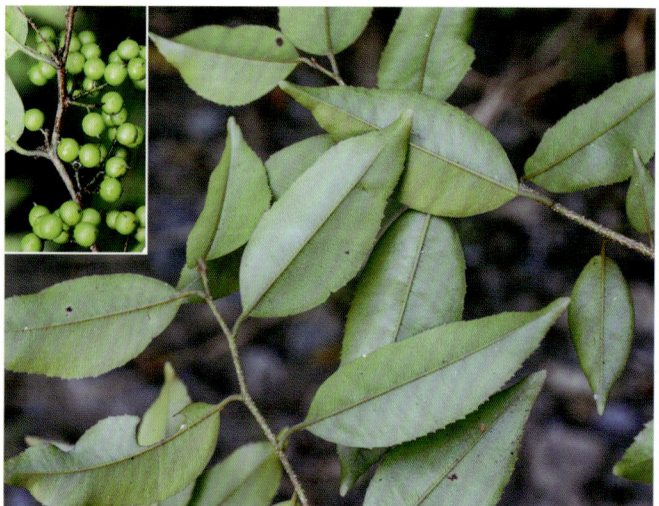

瘤皮孔酸藤子
Embelia scandens (Lour.) Mez

平叶酸藤子
Embelia undulata (Wall.) Mez

密齿酸藤子　*Embelia vestita* Roxb.

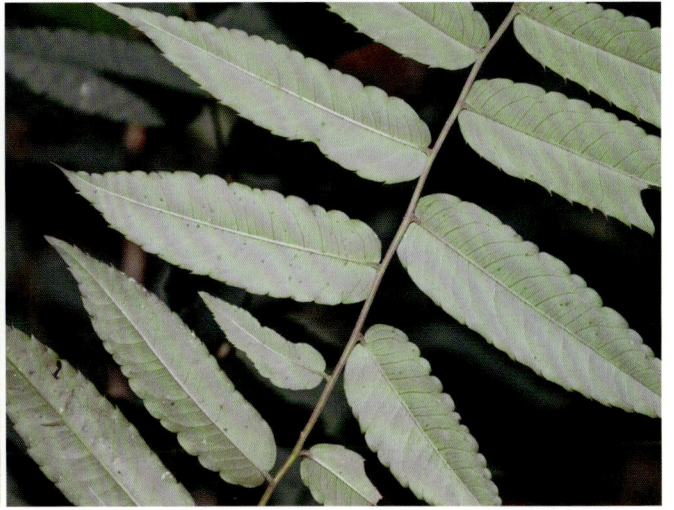

广西过路黄　*Lysimachia alfredii* Hance

泽珍珠菜　*Lysimachia candida* Lindl.

细梗香草 *Lysimachia capillipes* Hemsl.

露珠珍珠菜 *Lysimachia circaeoides* Hemsl.

过路黄 *Lysimachia christinae* Hance

矮桃 *Lysimachia clethroides* Duby

临时救　*Lysimachia congestiflora* Hemsl.

延叶珍珠菜　*Lysimachia decurrens* Forst. f.

管茎过路黄
Lysimachia fistulosa Hand.-Mazz.

五岭管茎过路黄　*Lysimachia fistulosa* var. *wulingensis* Chen et C. M. Hu

灵香草 *Lysimachia foenum-graecum* Hance

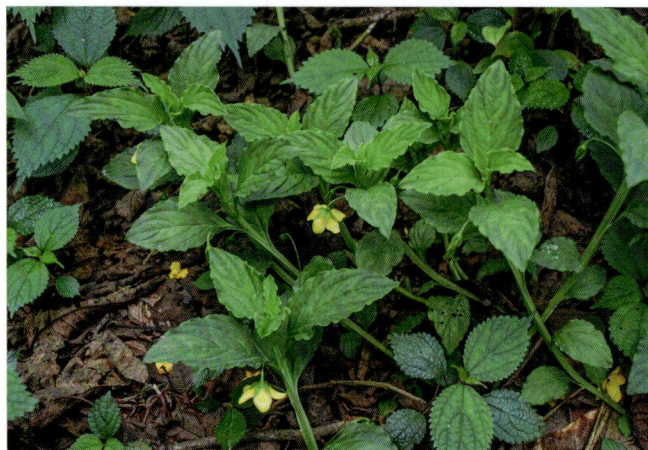

大叶过路黄 *Lysimachia fordiana* Oliv.

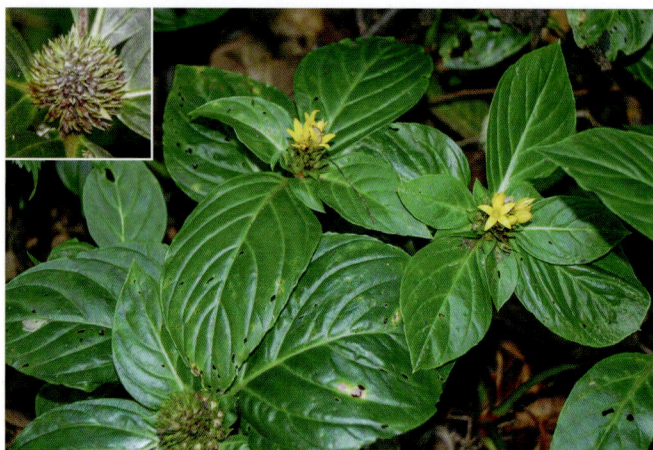

星宿菜 *Lysimachia fortunei* Maxim.

福建过路黄 *Lysimachia fukienensis* Hand.-Mazz.

缫瓣珍珠菜
Lysimachia glanduliflora Hanelt

金爪儿
Lysimachia grammica Hance

点腺过路黄 *Lysimachia hemsleyana* Maxim.

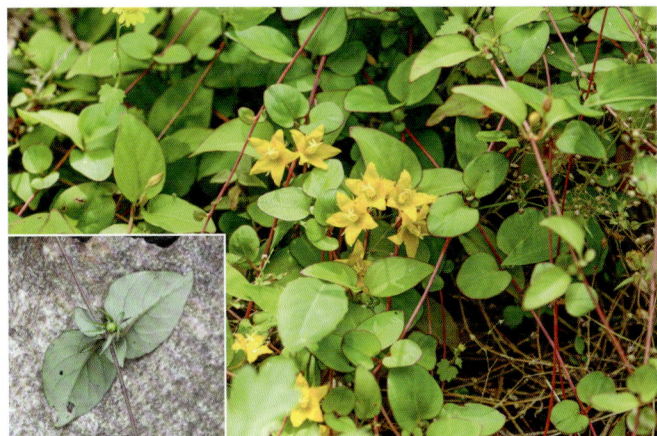

黑腺珍珠菜 *Lysimachia heterogenea* Klatt

白花过路黄 *Lysimachia huitsunae* S. S. Chien

小茄 *Lysimachia japonica* Thunb.

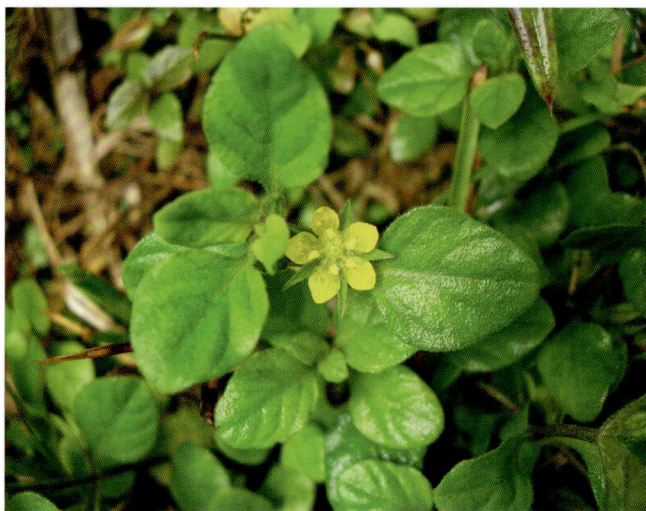

轮叶过路黄 *Lysimachia klattiana* Hance

多枝香草 *Lysimachia laxa* Baudo

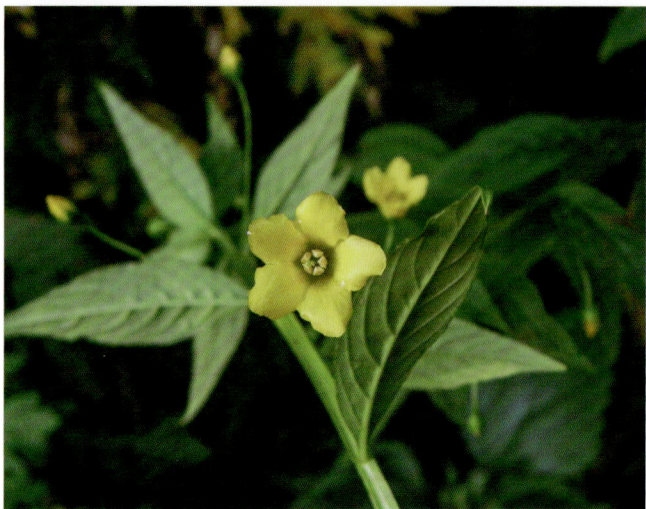

长梗过路黄 *Lysimachia longipes* Hemsl.

山罗过路黄
Lysimachia melampyroides R. Knuth

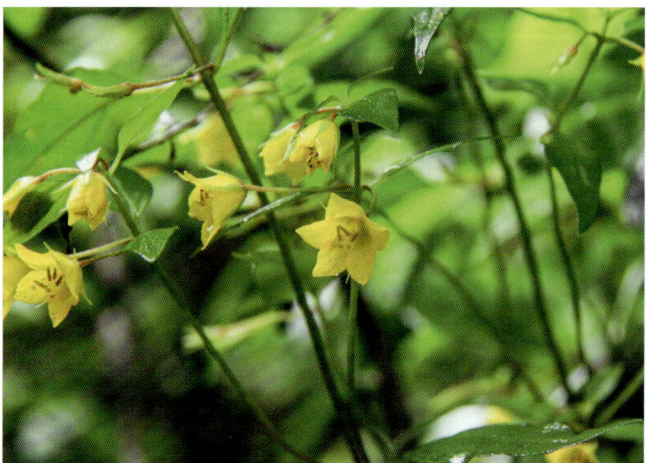

落地梅
Lysimachia paridiformis Franch.

小叶珍珠菜
Lysimachia parvifolia Franch.

巴东过路黄
Lysimachia patungensis Hand.-Mazz.

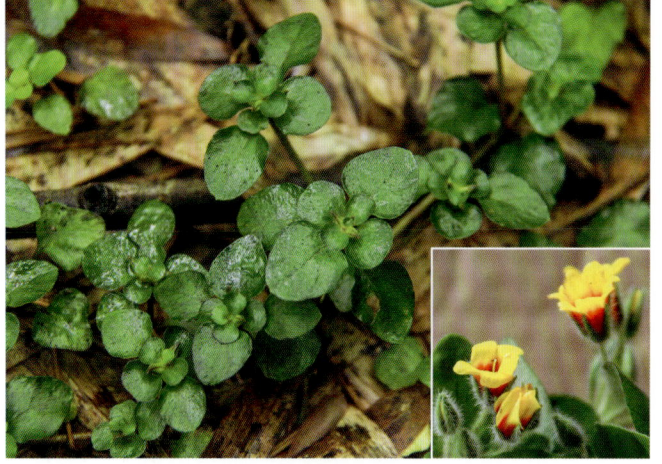

贯叶过路黄
Lysimachia perfoliata Hand.-Mazz.

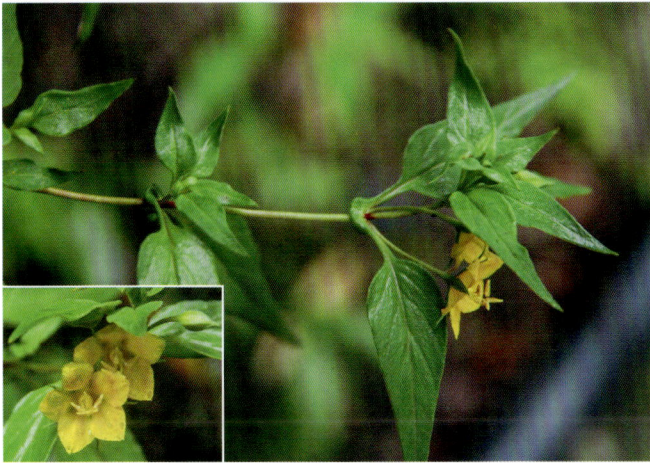

阔叶假排草
Lysimachia petelotii Merrill

叶头过路黄
Lysimachia phyllocephala Hand.-Mazz.

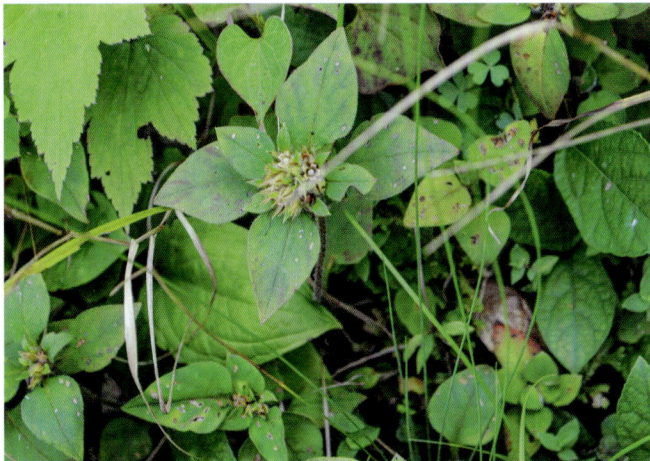

疏头过路黄
Lysimachia pseudohenryi Pamp.

疏节过路黄
Lysimachia remota Petitm.

庐山疏节过路黄 *Lysimachia remota* var. *lushanensis* Chen et C. M. Hu

显苞过路黄
Lysimachia rubiginosa Hemsl.

腺药珍珠菜
Lysimachia stenosepala Hemsl.

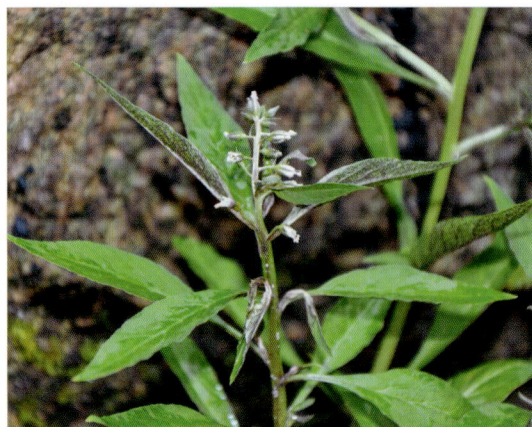

大叶珍珠菜
Lysimachia stigmatosa Chen et C. M. Hu

杜茎山 *Maesa japonica* (Thunb.) Moritzi.

金珠柳 *Maesa montana* A. DC.

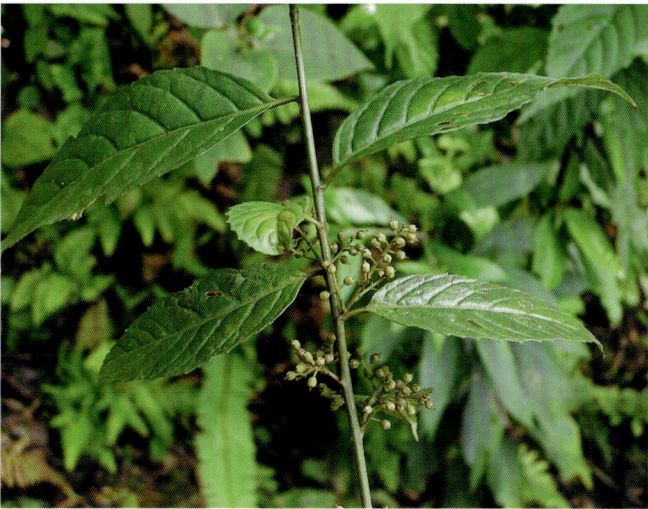

鲫鱼胆 *Maesa perlarius* (Lour.) Merr.

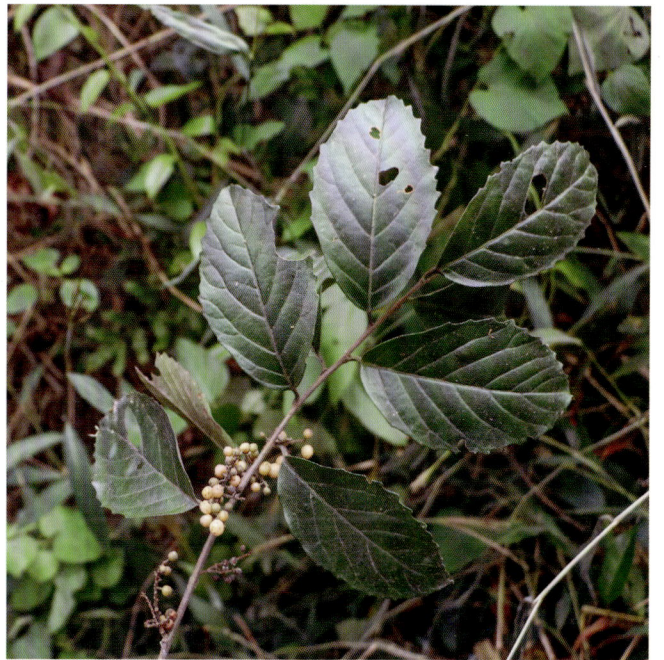

平叶密花树
Myrsine faberi (Mez) Pipoly et C. Chen

打铁树 *Myrsine linearis* (Lour.) Poiret

密花树 *Myrsine seguinii* Lévl

针齿铁仔
Myrsine semiserrata Wall.

光叶铁仔
Myrsine stolonifera (Koidz.) Walker

董叶报春 *Primula cicutariifolia* Pax

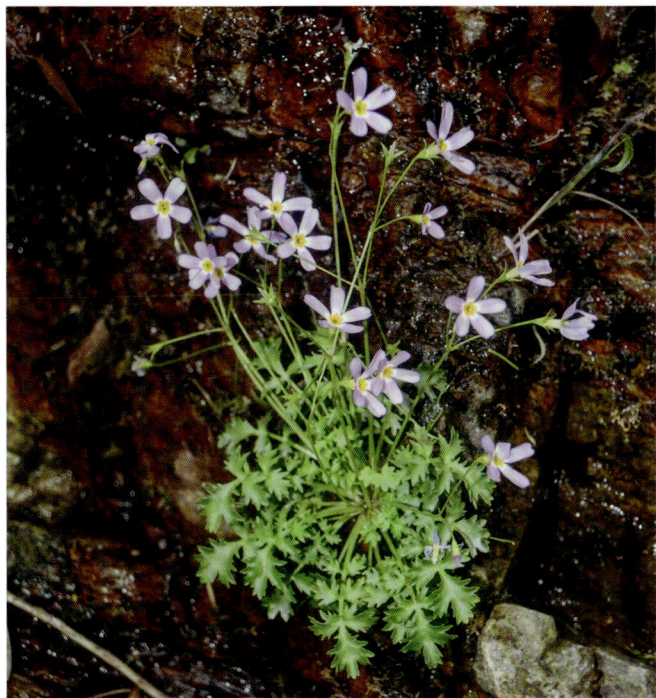

九宫山羽叶报春
Primula jiugongshanensis J. W. Shao

湖北羽叶报春 *Primula hubeiensis* X. W. Li

鄂报春 *Primula obconica* Hance

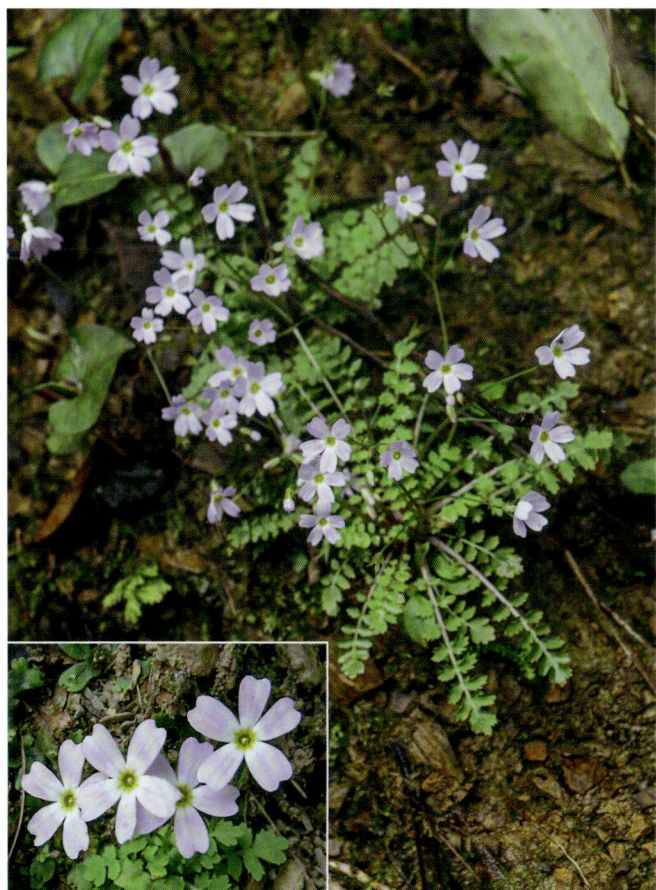

假婆婆纳 *Stimpsonia chamaedryoides*
Wright ex A. Gray

A336 山茶科 Theaceae

短柱茶 *Camellia brevistyla* (Hayata) Coh. St.

长尾毛蕊茶 *Camellia caudata* Wall.

浙江红山茶 *Camellia chekiangoleosa* Hu

心叶毛蕊茶 *Camellia cordifolia* (Metc.) Nakai

贵州连蕊茶 *Camellia costei* Lévl.

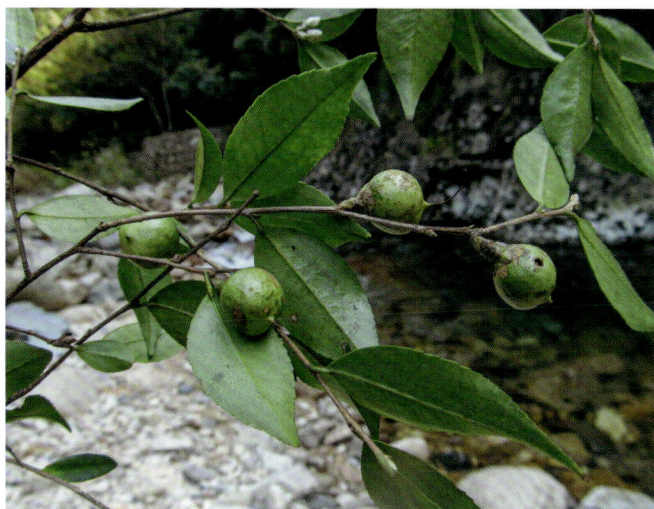

* **红皮糙果茶** *Camellia crapnelliana* Tutch.

厚叶红山茶 *Camellia crassissima* Chang

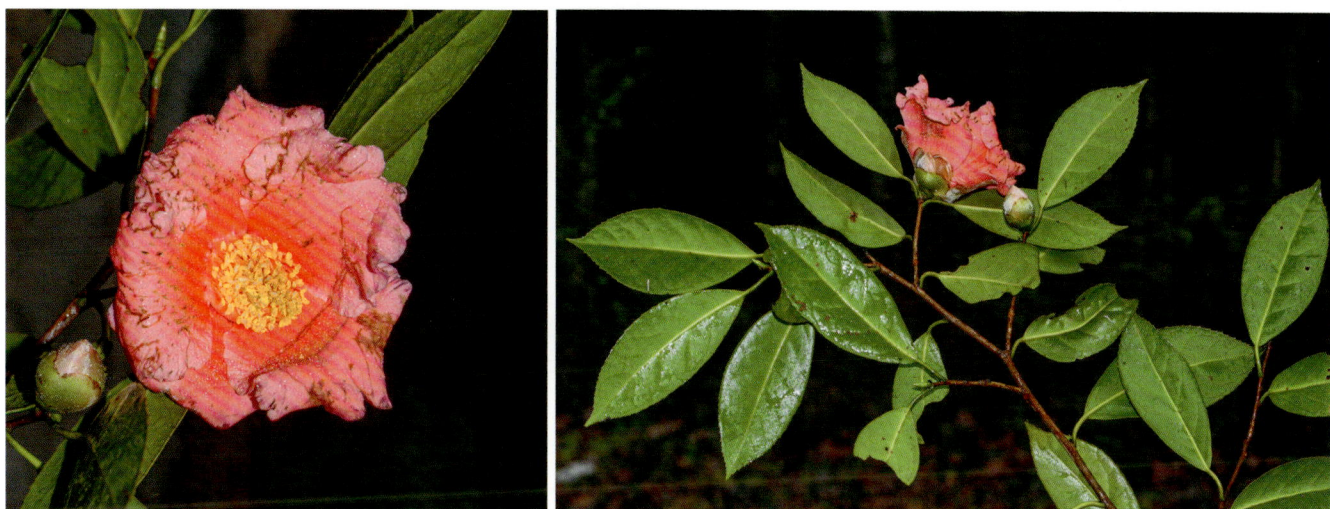

尖叶连蕊茶 *Camellia cuspidata* (Kochs) Wright ex Gard.

大花连蕊茶
Camellia cuspidata* var. *grandiflora Sealy

枵叶连蕊茶
Camellia euryoides Lindl.

毛花连蕊茶 ***Camellia fraterna*** Hance

* 糙果茶 ***Camellia furfuracea*** (Merr.) Coh. St.

长瓣短柱茶　*Camellia grijsii* Hance

*红山茶　*Camellia japonica* L.

披针叶连蕊茶
Camellia lancilimba H. T. Chang

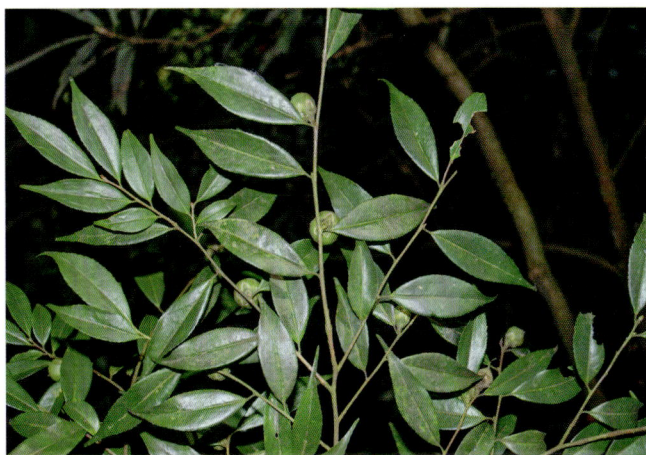

细叶短柱茶
Camellia microphylla (Merr.) Chien

油茶
Camellia oleifera Abel.

毛叶茶 *Camellia ptilophylla* Chang
[*Camellia pubescens* Chang et Ye]

柳叶毛蕊茶
Camellia salicifolia Champ.

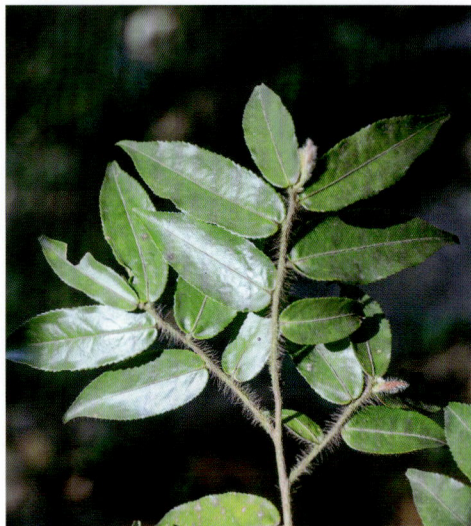

* 茶梅 *Camellia sasanqua* Thunb.

* 南山茶 *Camellia semiserrata* Chi

茶 *Camellia sinensis* (L.) O. Ktze.

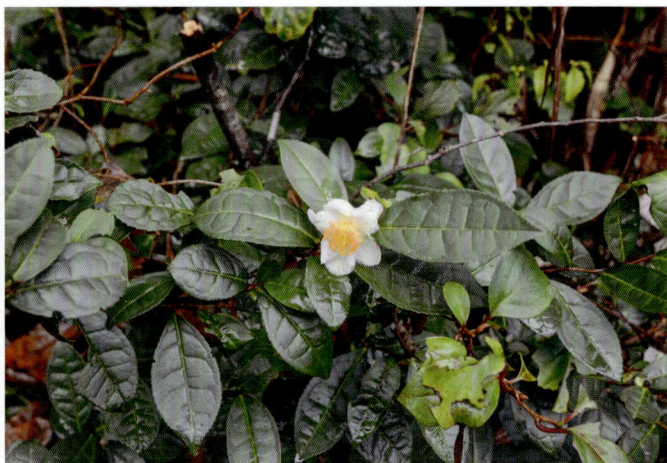

* 普洱茶 *Camellia sinensis* var. *assamica* (Masters) Kitam.

全缘红山茶
Camellia subintegra Huang

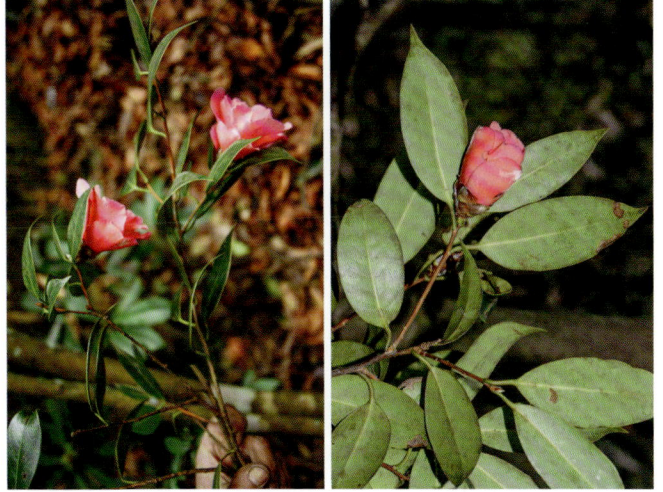

毛萼连蕊茶 *Camellia transarisanensis* (Hayata) Coh. St.

粗毛石笔木 *Pyrenaria hirta* (Hand.-Mazz.) H. Keng [*Tutcheria hirta* (Hand.-Mazz.) H. L. Li]

小果石笔木
Pyrenaria microcarpa (Dunn) H. Keng
[Tutcheria microcarpa Dunn]

石笔木　*Pyrenaria spectabilis*
(Champ.) C. Y. Wu et S. X. Yang
[Tutcheria championi Nakai；Tutcheria spectabilis (Champ.) Dunn]

长柄石笔木　*Pyrenaria spectabilis* var. *greeniae* (Chun) S. X. Yang
[Tutcheria greeniae Chun]

银木荷　*Schima argentea* Pritz.

*短梗木荷
Schima brevipedicellata Chang

圆萼紫茎 *Stewartia crassifolia*
(S. Z. Yan) J. Li et T. L. Ming
[*Hartia crassifolia* S. Z. Yan]

疏齿木荷
Schima remotiserrata Chang

天目紫茎
Stewartia gemmata Chien et Cheng

木荷 *Schima superba* Gardn. et Champ.

长喙紫茎 *Stewartia rostrata* Spongberg

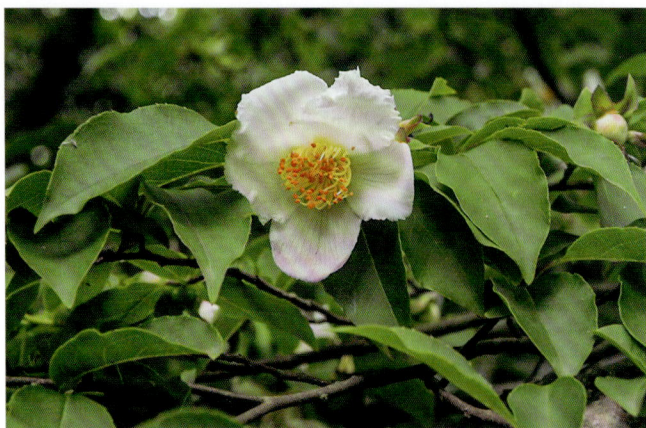

尖萼紫茎
Stewartia sinensis var. *acutisepala* (P. L. Chiu et G. R. Zhong) T. L. Ming et J. Li

紫茎 *Stewartia sinensis* Rehd. et Wils.

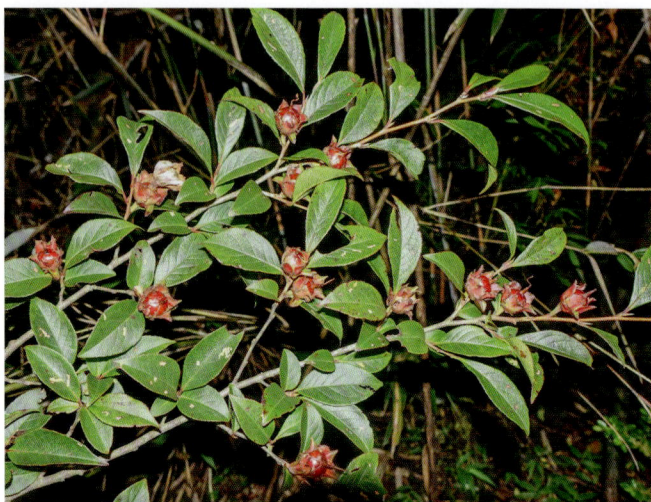

A337　山矾科 Symplocaceae

腺叶山矾 *Symplocos adenophylla* Wall.

腺柄山矾 *Symplocos adenopus* Hance

薄叶山矾
Symplocos anomala Brand

南国山矾
Symplocos austrosinensis Hand.-Mazz.

华山矾 *Symplocos chinensis* (Lour.) Druce

越南山矾 *Symplocos cochinchinensis* (Lour.) S. Moore

黄牛奶树 *Symplocos cochinchinensis* **var.** *laurina* (Retzius) Nooteboom

密花山矾 *Symplocos congesta* Benth.

厚皮灰木 *Symplocos crassifolia* Benth.

厚叶山矾 ***Symplocos crassilimba*** Merr.

美山矾 ***Symplocos decora*** Hance

长毛山矾 ***Symplocos dolichotricha*** Merr.

火灰山矾 ***Symplocos dung*** Eberh. et Dub.

羊舌树 ***Symplocos glauca*** (Thunb.) Koidz.

团花山矾
Symplocos glomerata King ex Gamble
[*Symplocos yizhangensis* Y. F. Wu]

毛山矾
Symplocos groffii Merr.

海桐山矾
Symplocos heishanensis Hayata

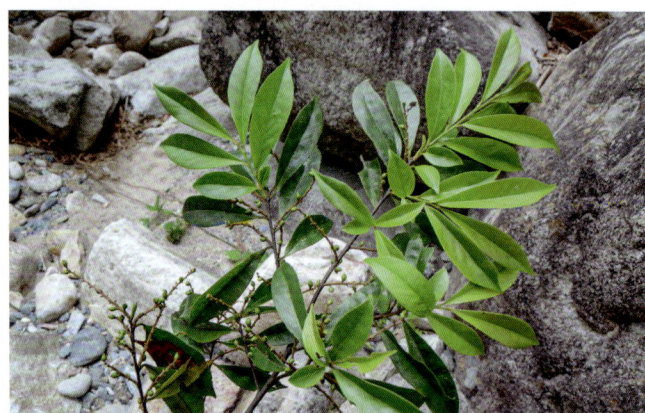

光叶山矾
Symplocos lancifolia Sieb. et Zucc.

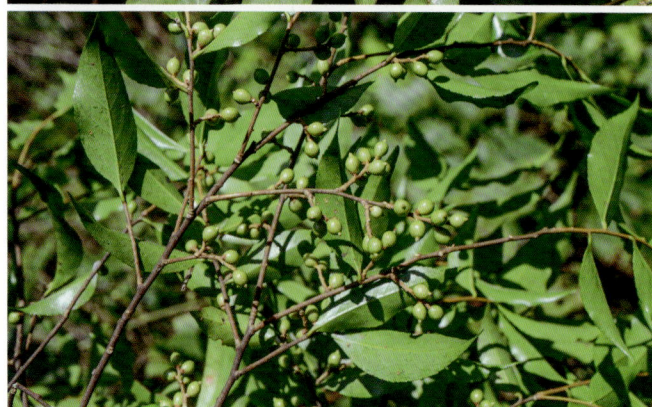

光亮山矾 *Symplocos lucida* (Thunb. ex Murray) Sieb. et Zucc.
[*Symplocos tetragona* Chen ex Y. F. Wu]

潮州山矾 *Symplocos mollifolia* Dunn

枝穗山矾 *Symplocos multipes* Brand

白檀 *Symplocos paniculata* (Thunb.) Miq.

南岭山矾 *Symplocos pendula* var. *hirtistylis* (C. B. Clarke) Nooteboom

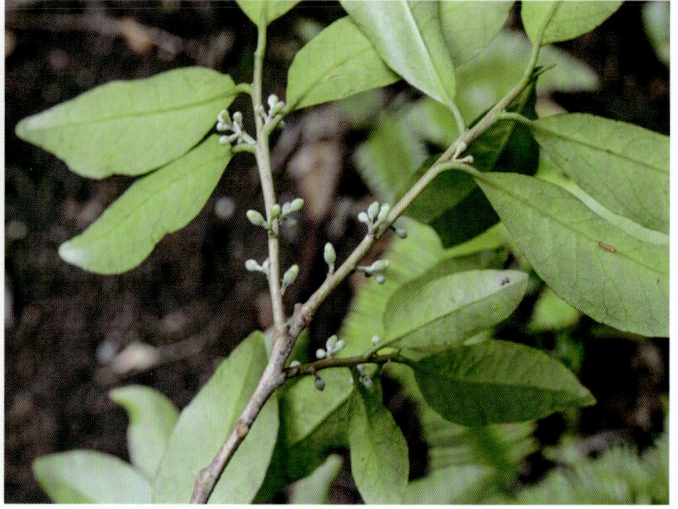

叶萼山矾 *Symplocos phyllocalyx* Clarke

铁山矾
Symplocos pseudobarberina Gontsch.

多花山矾
Symplocos ramosissima Wall. ex G. Don

四川山矾 *Symplocos setchuensis* Brand

山矾
Symplocos sumuntia Buch.-Ham. ex D. Don

老鼠矢 *Symplocos stellaris* Brand

坛果山矾 *Symplocos urceolaris* Hance

微毛山矾 *Symplocos wikstroemiifolia* Hayata

A339 安息香科 Styracaceae

赤杨叶 *Alniphyllum fortunei* (Hemsl.) Makino

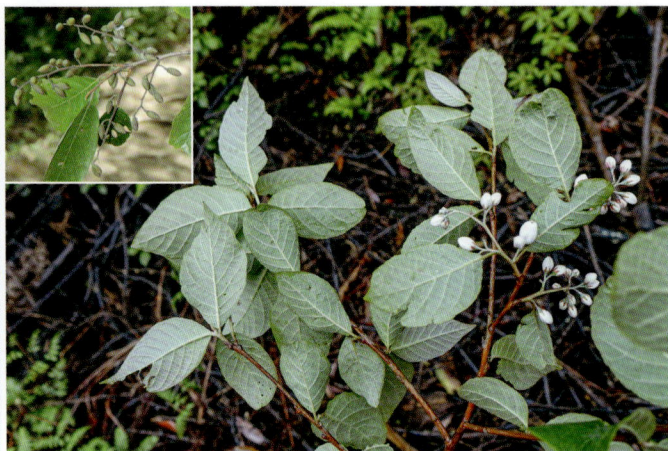

岭南山茉莉 *Huodendron biaristatum* **var.** ***parviflorum*** (Merr.) Rehd.

陀螺果
Melliodendron xylocarpum Hand.-Mazz.

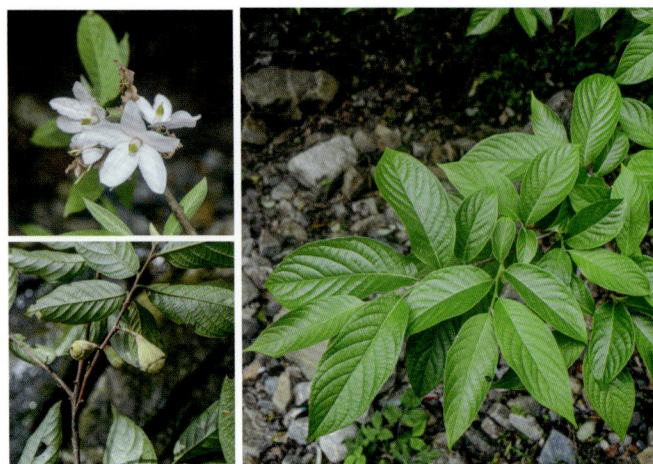

银钟花 *Perkinsiodendron macgregorii* (Chun) P. W. Fritsch [*Halesia macgregorii* Chun]

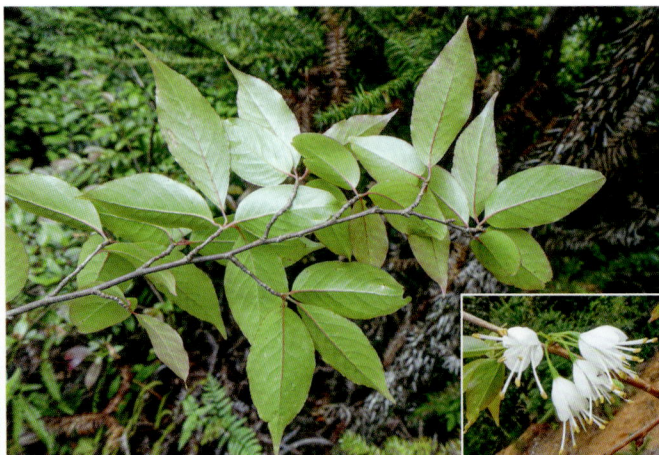

小叶白辛树 *Pterostyrax corymbosus* Sieb. et Zucc.

广东木瓜红
Rehderodendron kwangtungense Chun

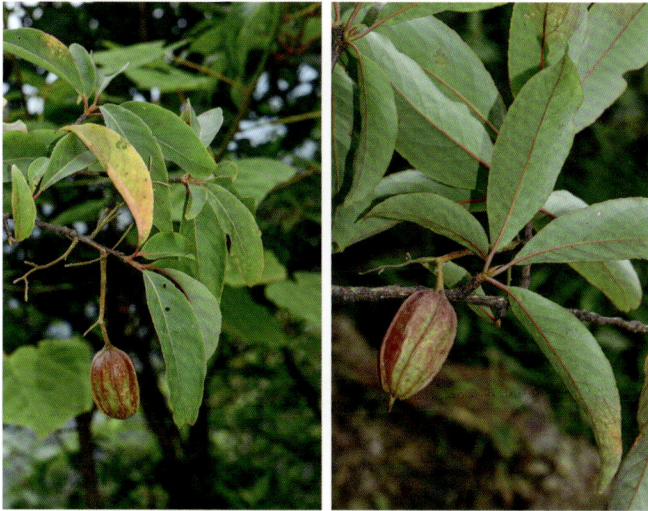

狭果秤锤树
Sinojackia rehderiana Hu

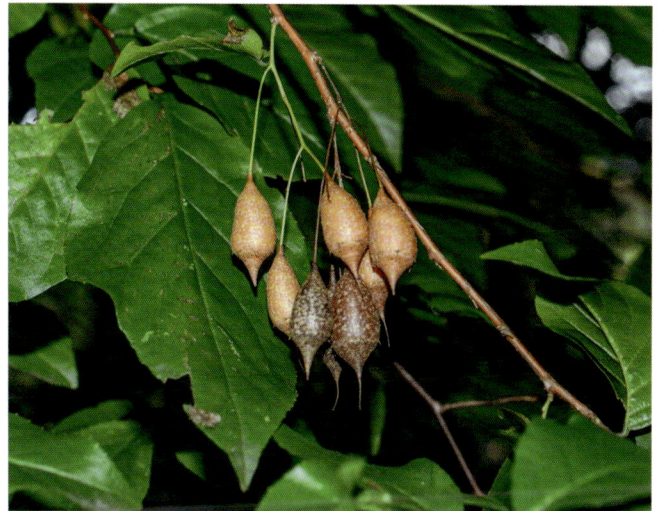

秤锤树 *Sinojackia xylocarpa* Hu

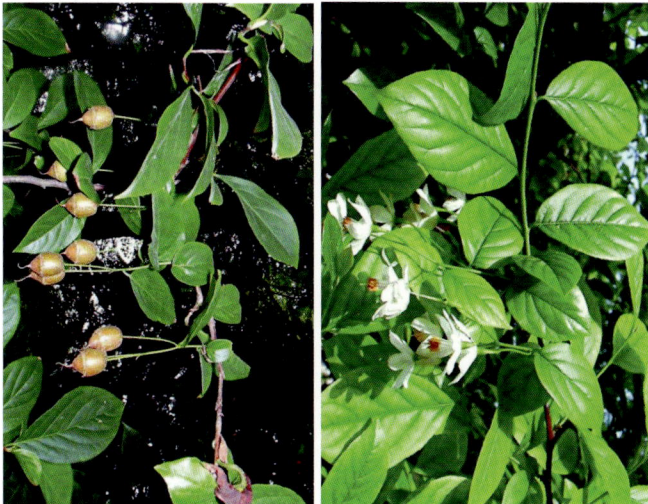

灰叶安息香 *Styrax calvescens* Perk.

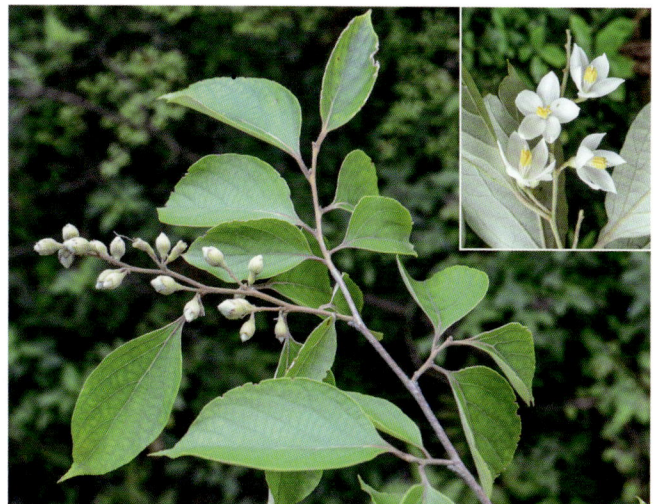

[*] **中华安息香**
Styrax chinensis Hu et S. Y. Liang

赛山梅
Styrax confusus Hemsl.

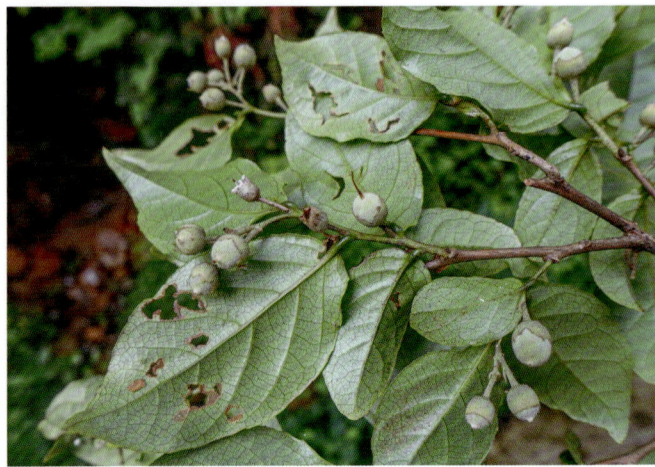

垂珠花 *Styrax dasyanthus* Perk.

白花龙 *Styrax faberi* Perk.

抱茎叶白花龙 *Styrax faberi* var.
amplexifolia Chun et How

台湾安息香
Styrax formosanus Matsum.

大花野茉莉 *Styrax grandiflorus* Griff.

老鸹铃 *Styrax hemsleyanus* Diels

野茉莉 *Styrax japonicus* Sieb. et Zucc.

大果安息香
Styrax macrocarpus Cheng

玉铃花
Styrax obassia Sieb. et Zucc.

芬芳安息香 *Styrax odoratissimus* Champ.

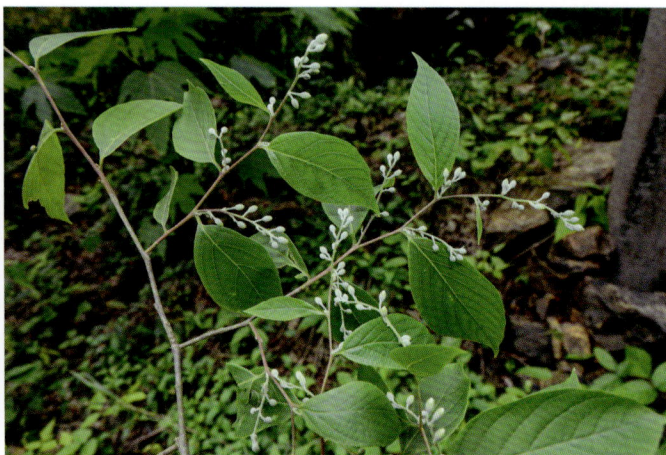

栓叶安息香（红皮树） *Styrax suberifolia* Hook. et Arn.

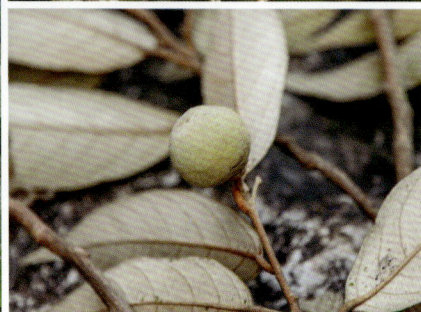

越南安息香 *Styrax tonkinensis* (Pierre) Craib ex Hartw.

A342 猕猴桃科 Actinidiaceae

软枣猕猴桃 *Actinidia arguta* (Sieb. et Zucc.) Planch. ex Miq.

硬齿猕猴桃
Actinidia callosa Lindl.

异色猕猴桃
Actinidia callosa **var.** *discolor* C. F. Liang

京梨猕猴桃
Actinidia callosa **var.** *henryi* Maxim.

毛叶硬齿猕猴桃 *Actinidia callosa* **var.** *strigillosa* C. F. Liang

中华猕猴桃
Actinidia chinensis Planch.

美味猕猴桃 *Actinidia chinensis* **var.** *deliciosa* (Cheval.) Cheval.

金花猕猴桃 *Actinidia chrysantha* C. F. Liang

毛花猕猴桃
Actinidia eriantha Benth.

条叶猕猴桃
Actinidia fortunatii Fin. et Gagn.

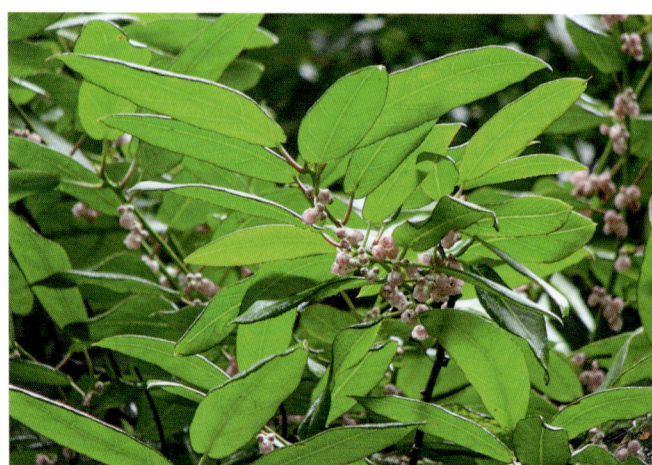

黄毛猕猴桃
Actinidia fulvicoma Hance

厚叶猕猴桃 ***Actinidia fulvicoma* var. *pachyphylla*** (Dunn) Li

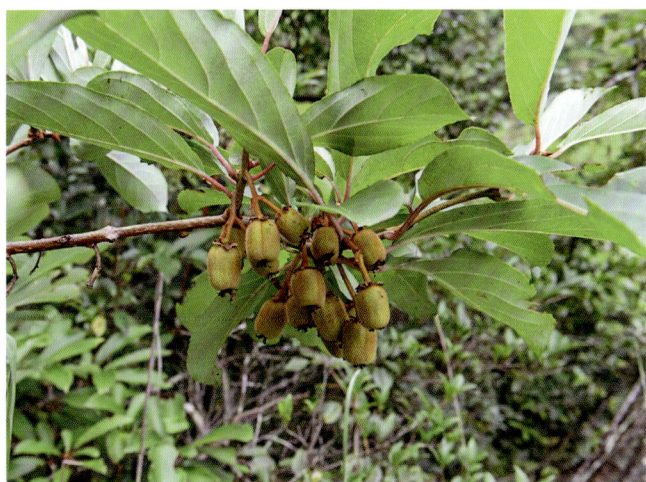

长叶猕猴桃
Actinidia hemsleyana Dunn

狗枣猕猴桃 ***Actinidia kolomikta*** (Maxim. et Rupr.) Maxim.

小叶猕猴桃 ***Actinidia lanceolata*** Dunn

阔叶猕猴桃 *Actinidia latifolia* (Gardn. et Champ.) Merr.

大籽猕猴桃
Actinidia macrosperma C. F. Liang

梅叶猕猴桃 *Actinidia macrosperma* var. *mumoides* C. F. Liang

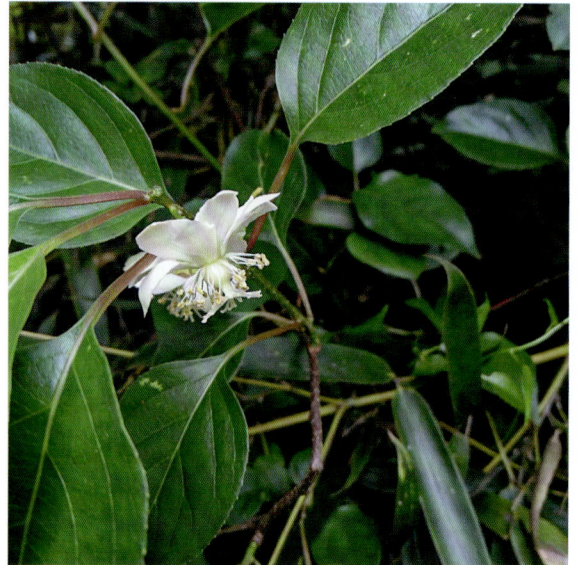

黑蕊猕猴桃
Actinidia melanandra Franch.

美丽猕猴桃
Actinidia melliana Hand.-Mazz.

葛枣猕猴桃 *Actinidia polygama* (Sieb. et Zucc.) Maxim.

红茎猕猴桃
Actinidia rubricaulis Dunn

革叶猕猴桃 *Actinidia rubricaulis* **var.** *coriacea* (Fin. et Gagn.) C. F. Liang

清风藤猕猴桃 *Actinidia sabiaefolia* Dunn

对萼猕猴桃 *Actinidia valvata* Dunn

藤山柳 *Clematoclethra scandens* Maxim.

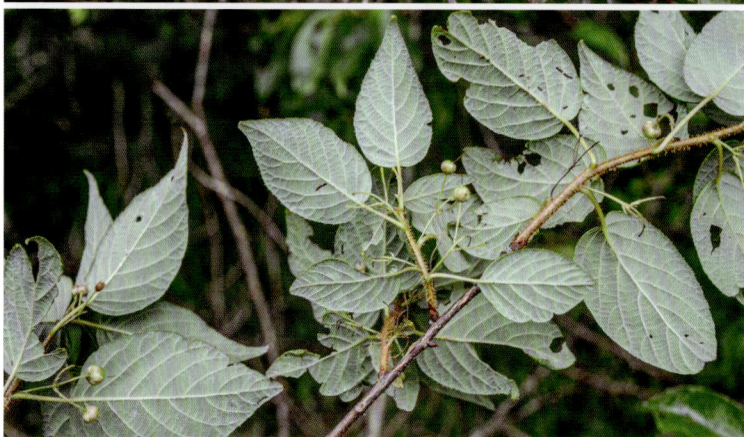

A343　桤叶树科 Clethraceae

髭脉桤叶树 *Clethra barbinervis* Sieb. et Zucc.
[*Clethra wuyishanica* Ching ex L. C. Hu]

贵定桤叶树
Clethra cavaleriei Lévl.

云南桤叶树 *Clethra delavayi* Franch.

华南桤叶树 *Clethra fabri* Hance

城口桤叶树 *Clethra fargesii* Franch.

贵州桤叶树 *Clethra kaipoensis* Lévl.

A345 杜鹃花科 Ericaceae

灯笼树 *Enkianthus chinensis* Franch.

吊钟花 *Enkianthus quinqueflorus* Lour.

齿缘吊钟花 *Enkianthus serrulatus* (Wils.) Schneid.

毛滇白珠
Gaultheria leucocarpa var. *crenulata* (Kurz) T. Z. Hsu

滇白珠
Gaultheria leucocarpa var. *yunnanensis* (Franch.) T. Z. Hsu et R. C. Fang

珍珠花
Lyonia ovalifolia (Wall.) Drude

小果珍珠花　*Lyonia ovalifolia* var. *elliptica* (Sieb. et Zucc.) Hand.-Mazz.

毛果珍珠花 *Lyonia ovalifolia* var. *hebecarpa* (Franch. ex Forb. et Hemsl.) Chun

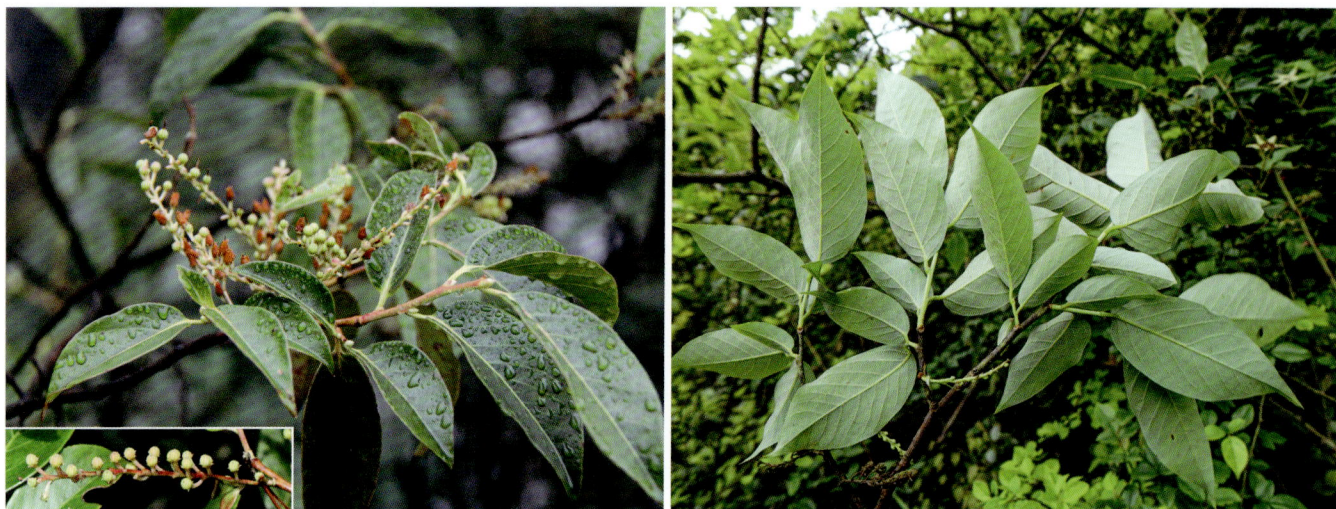

狭叶珍珠花 *Lyonia ovalifolia* var. *lanceolata* (Wall.) Hand.-Mazz.

毛花松下兰
Monotropa hypopitys var. *hirsuta* Roth

水晶兰
Monotropa uniflora L.

球果假沙晶兰
Monotropastrum humile (D. Don) H. Hara

马醉木
Pieris japonica (Thunb.) D. Don ex G. Don

鹿蹄草　*Pyrola calliantha* H. Andr.

美丽马醉木
Pieris formosa (Wall.) D. Don

普通鹿蹄草　*Pyrola decorata* H. Andr.

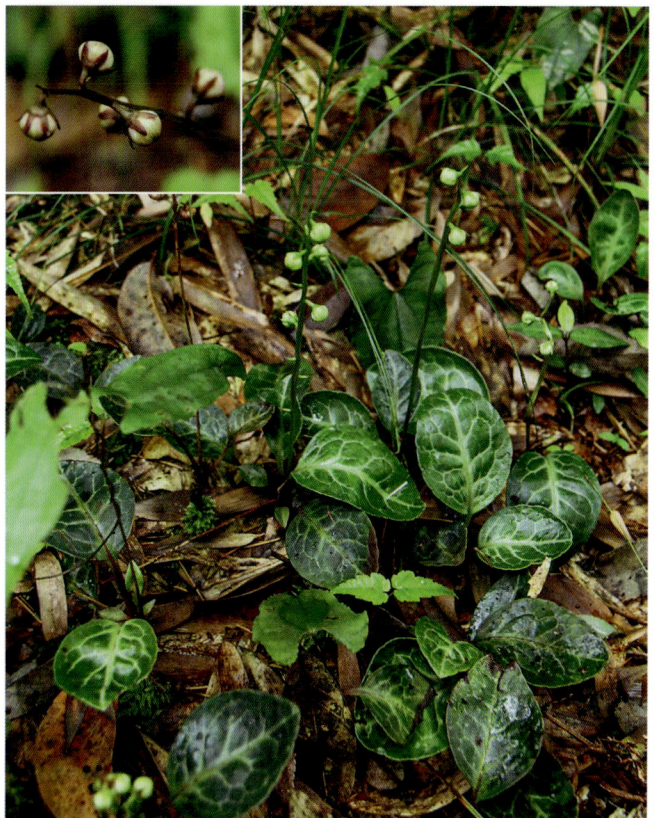

长叶鹿蹄草
Pyrola elegantula H. Andr.

耳叶杜鹃
Rhododendron auriculatum Hemsl.

腺萼马银花 ***Rhododendron bachii*** Lévl.

多花杜鹃 ***Rhododendron cavaleriei*** Lévl.

刺毛杜鹃 ***Rhododendron championae*** Hook.

棒柱杜鹃
Rhododendron crassimedium Tam

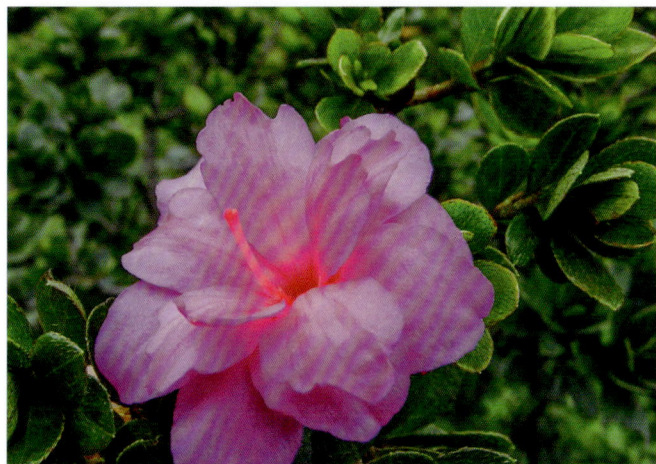

粗柱杜鹃
Rhododendron crassistylum M. Y. He

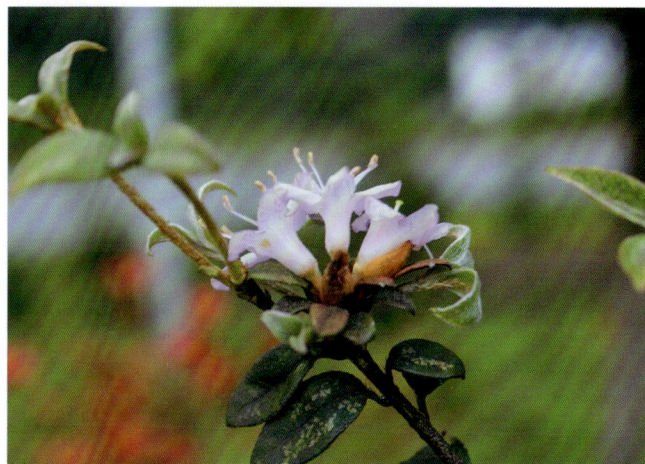

丁香杜鹃
Rhododendron farrerae Tate ex Sweet

云锦杜鹃
Rhododendron fortunei Lindl.

光枝杜鹃
Rhododendron haofui Chun et Fang

弯蒴杜鹃
Rhododendron henryi Hance

白马银花
Rhododendron hongkongense Hutch.

湖南杜鹃
Rhododendron hunanense Chun ex Tam

背绒杜鹃 *Rhododendron hypoblematosum* Tam

井冈山杜鹃 *Rhododendron jinggangshanicum* Tam

江西杜鹃
Rhododendron kiangsiense Fang

广西杜鹃
Rhododendron kwangsiense Hu ex Tam

广东杜鹃 *Rhododendron kwangtungense*
Merr. et Chun

鹿角杜鹃
Rhododendron latoucheae Franch.

南岭杜鹃 *Rhododendron levinei* Merr.

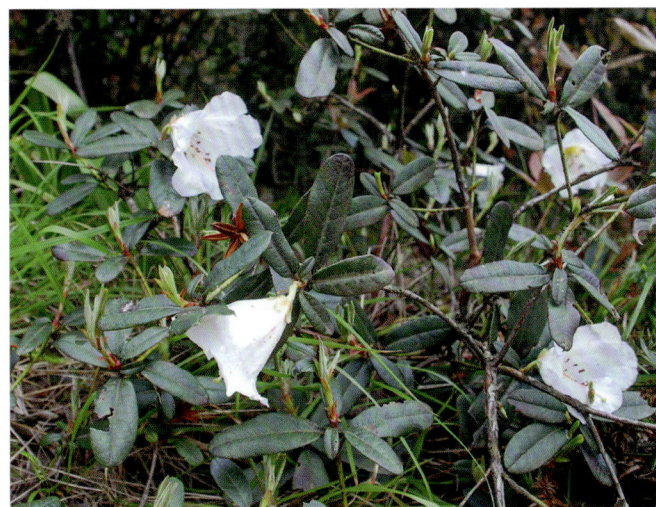

黄山杜鹃 *Rhododendron maculiferum*
subsp. *anhweiense* (Wils.) Chamb. ex
Cullen et Chamb.

小溪洞杜鹃 *Rhododendron xiaoxidongense* W. K. Hu

阳明山杜鹃
Rhododendron yangmingshanense Tam

短尾越橘 *Vaccinium carlesii* Dunn

南烛
Vaccinium bracteatum Thunb.

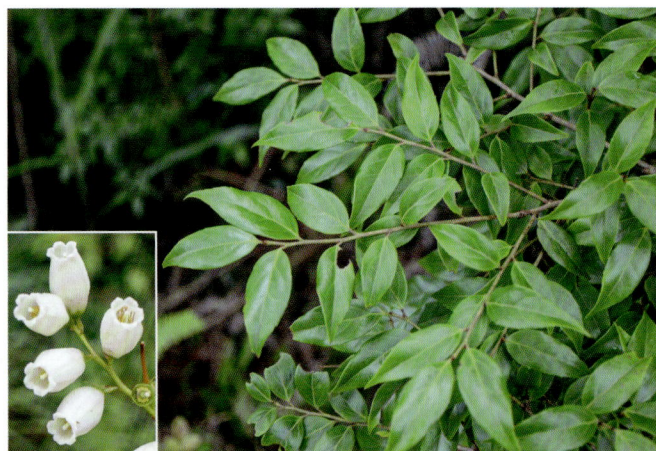

无梗越橘
Vaccinium henryi Hemsl.

有梗越橘 *Vaccinium henryi* var. *chingii*
(Sleumer) C. Y. Wu et R. C. Fang

黄背越橘
Vaccinium iteophyllum Hance

扁枝越橘 *Vaccinium japonicum* var. *sinicum* (Nakai) Rehd.

长尾乌饭 *Vaccinium longicaudatum* Chun ex Fang et Z. H. Pan

江南越橘　*Vaccinium mandarinorum* Diels

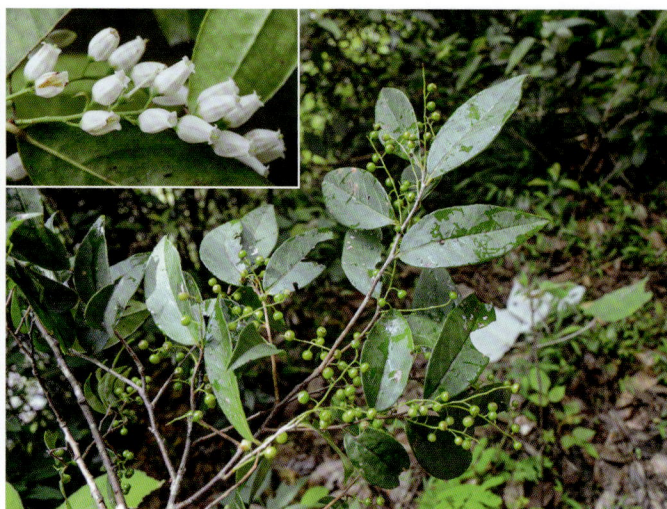

峦大越橘
Vaccinium randaiense Hayata

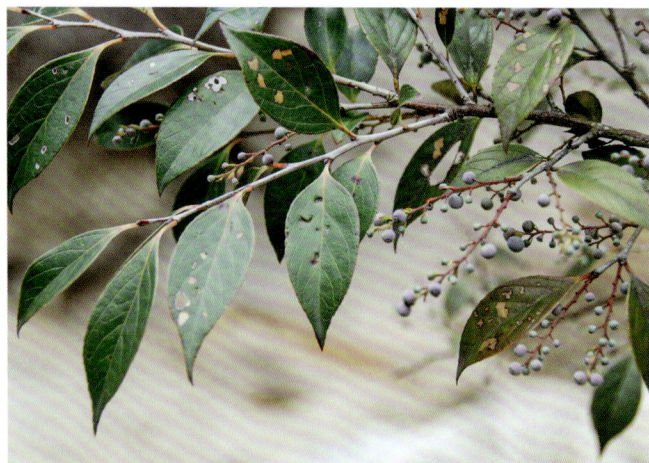

刺毛越橘
Vaccinium trichocladum Merr. et Metc.

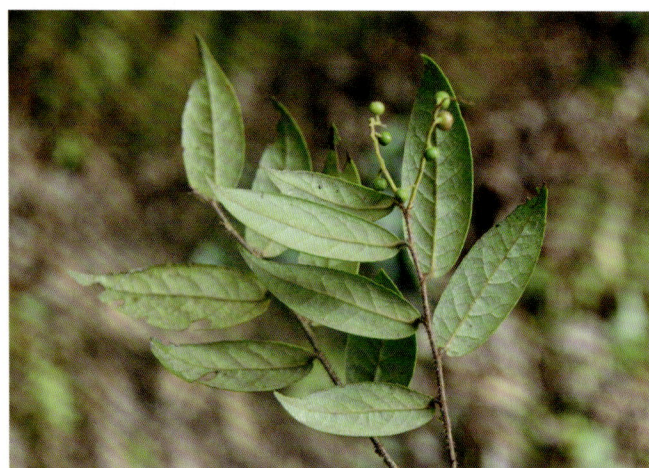

米饭花
Vaccinium sprengelii (G. Don) Sleumer

Order 50　茶茱萸目　Icacinales

A347　茶茱萸科　Icacinaceae

无须藤
Hosiea sinensis (Oliv.) Hemsl. et Wils.

马比木
Nothapodytes pittosporoides (Oliv.) Sleum.

Order 52　丝缨花目　Garryales

A350　杜仲科　Eucommiaceae

杜仲 *Eucommia ulmoides* Oliv.

A351 丝缨花科 Garryaceae

桃叶珊瑚
Aucuba chinensis Benth.

狭叶桃叶珊瑚 *Aucuba chinensis* **var. angusta** P. T. Wang

喜马拉雅桃叶珊瑚 *Aucuba himalaica* Hook. f. et Thoms.

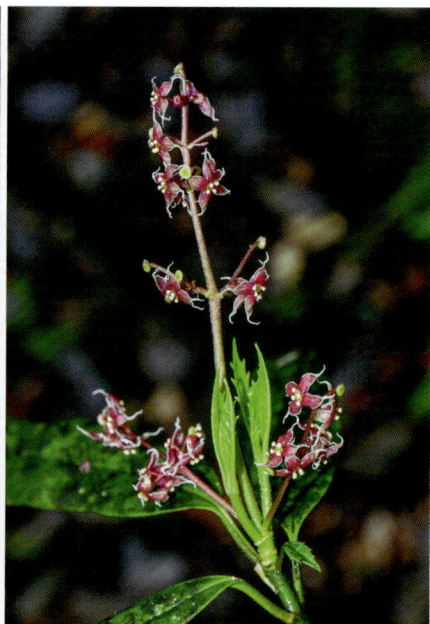

长叶珊瑚 *Aucuba himalaica* **var.**
dolichophylla Fang et Soong

倒披针叶珊瑚 *Aucuba himalaica* **var.**
oblanceolata Fang et Soong

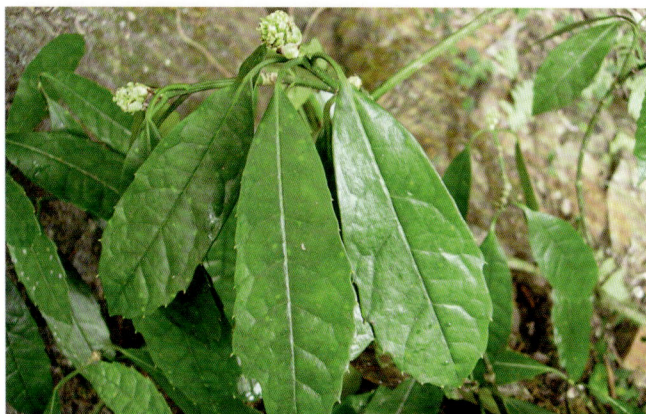

倒心叶珊瑚 *Aucuba obcordata* (Rehd.) Fu ex W. K. Hu et Soong

Order 53　龙胆目 Gentianales

A352　茜草科 Rubiaceae

水团花 *Adina pilulifera* (Lam.) Franch. ex Drake

细叶水团花
Adina rubella Hance

香楠 *Aidia canthioides*
(Champ. ex Benth.) Masam.

茜树 *Aidia cochinchinensis* Lour.

西南香楠
Aidia henryi (Pritz) Yamaz

风箱树 *Cephalanthus tetrandrus*
(Roxb.) Ridsd. et Bakh. f.

流苏子 *Coptosapelta diffusa* (Champ. ex Benth.) van Steenis

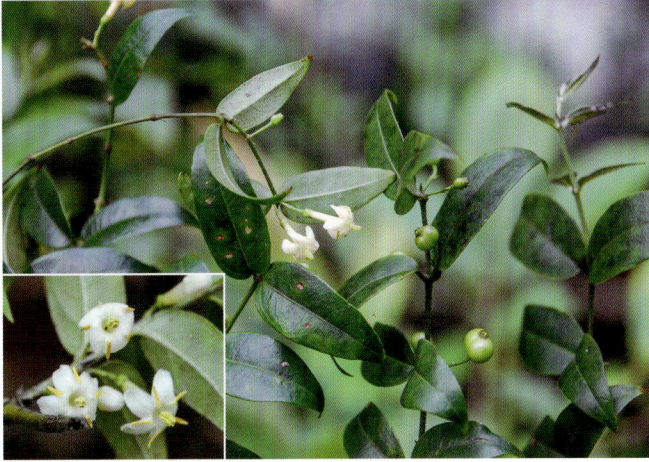

短刺虎刺 *Damnacanthus giganteus* (Mak.) Nakai

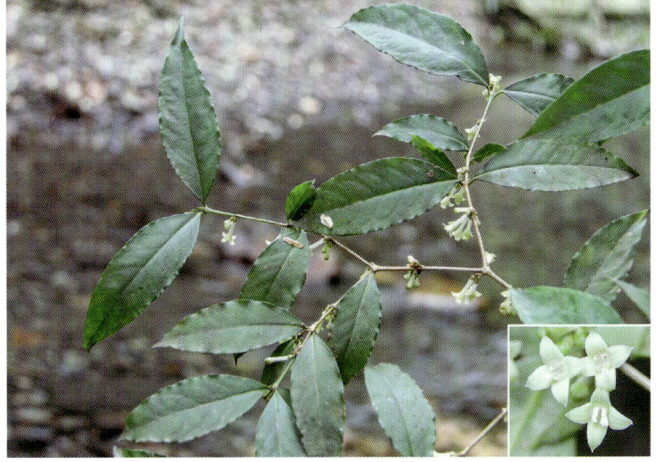

虎刺 *Damnacanthus indicus* Gaertn. f.

柳叶虎刺 *Damnacanthus labordei* (Lévl.) Lo

狗骨柴 *Diplospora dubia* (Lindl.) Masam.

毛狗骨柴 *Diplospora fruticosa* Hemsl.

香果树 *Emmenopterys henryi* Oliv.

拉拉藤 *Galium aparine* L.

[*Galium aparine* var. *leiospermum* (Wallr.) Cuf.； *Galium aparine* var. *tenerum* (Gren. et Godr.) Rchb.]

车叶葎
Galium asperuloides Edgew.

北方拉拉藤 *Galium boreale* L. 四叶葎 *Galium bungei* Steud.

阔叶四叶葎 *Galium bungei* var. *trachyspermum* (A. Gray) Cuif. 六叶葎 *Galium hoffmeisteri* (Klotzsch) Ehrend. et Schönb.-Tem. ex R. R. Mill

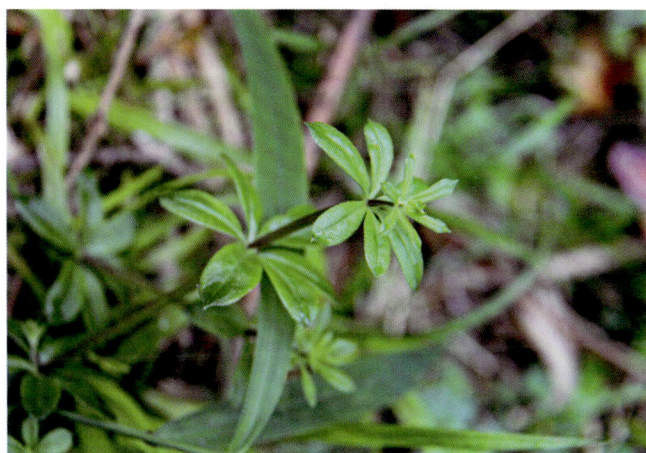

光果猪殃殃 *Galium spurium* L. 小叶猪殃殃 *Galium trifidum* L.

栀子 *Gardenia jasminoides* J. Ellis

狭叶栀子 *Gardenia stenophylla* Merr.

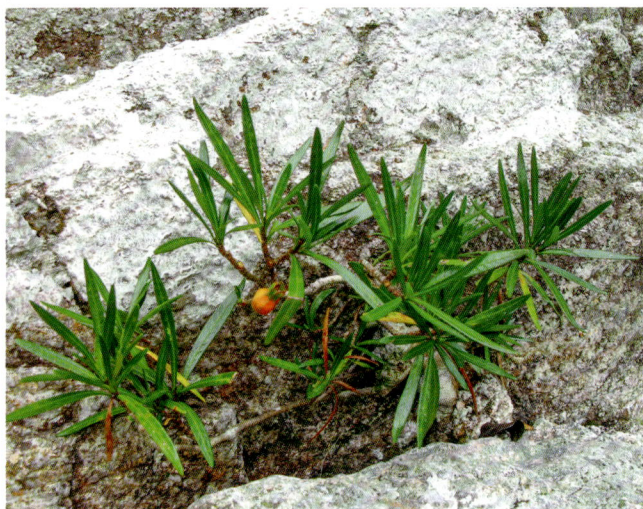

金草 *Hedyotis acutangula* Champ. ex Benth.

耳草
Hedyotis auricularia L.

剑叶耳草
Hedyotis caudatifolia Merr. et Metcalf

金毛耳草
Hedyotis chrysotricha (Palib.) Merr.

伞房花耳草
Hedyotis corymbosa (L.) Lam.

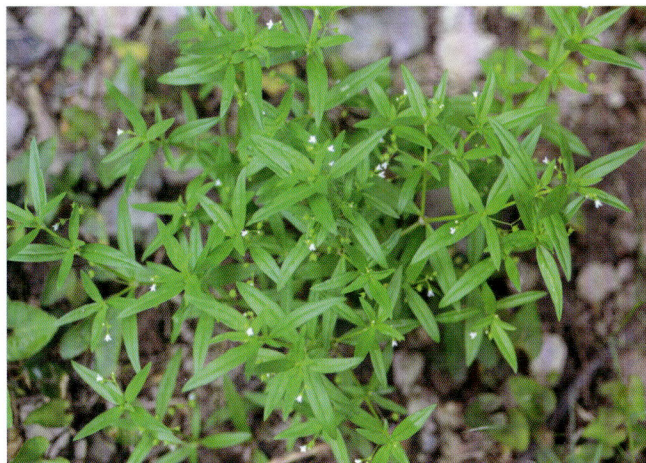

脉耳草　*Hedyotis costata* (Roxb.) Kurz

白花蛇舌草　*Hedyotis diffusa* Willd.

牛白藤　*Hedyotis hedyotidea* (DC.) Merr.

粗毛耳草 *Hedyotis mellii* Tutch.

纤花耳草 *Hedyotis tenelliflora* Bl.

长节耳草 *Hedyotis uncinella* Hook. et Arn.

粗叶耳草 *Hedyotis verticillata* (L.) Lam.

粗叶木 *Lasianthus chinensis* (Champ.) Benth.

焕镛粗叶木
Lasianthus chunii Lo

广东粗叶木
Lasianthus curtisii King et Gamble

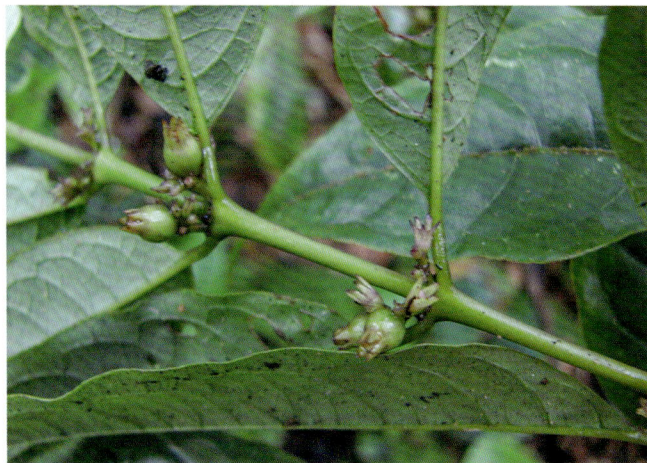

日本粗叶木 *Lasianthus japonicus* Miq. [*Lasianthus hartii* Thunb.]

榄绿粗叶木 *Lasianthus japonicus* **var.** *lancilimbus* (Merr.) Lo

曲毛日本粗叶木 *Lasianthus japonicus* **var.** *satsumensis* (Matsum) Mikiao

美脉粗叶木
Lasianthus lancifolius Hook. f.

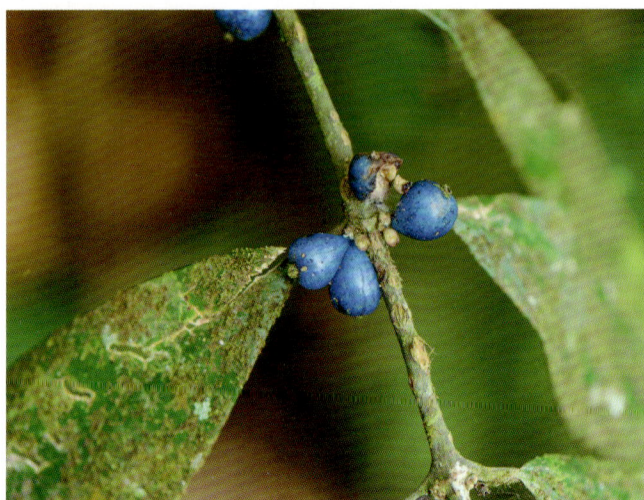

黄棉木
Metadina trichotoma (Zoll. et Mor.) Bakh. f.

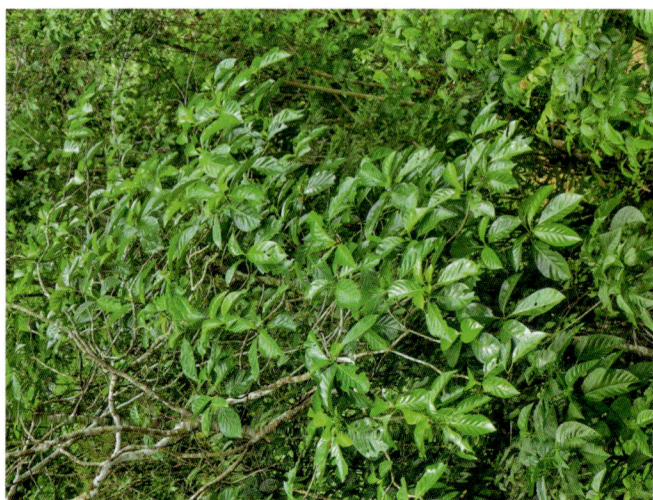

蔓虎刺 *Mitchella undulata* Sieb. et Zucc.

巴戟天 *Morinda officinalis* How

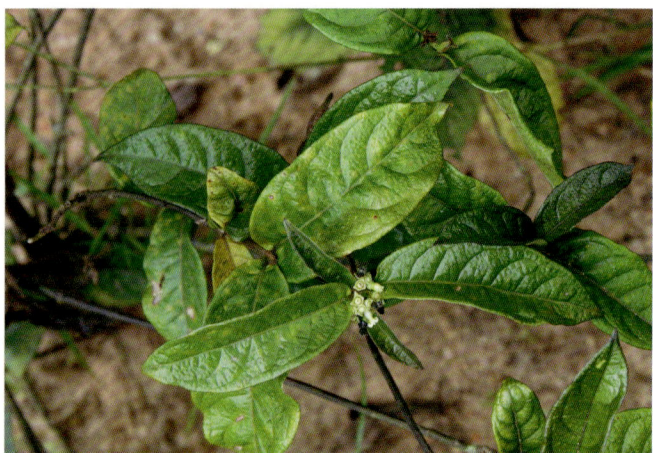

鸡眼藤　*Morinda parvifolia* Bartl. ex DC.

印度羊角藤
Morinda umbellata L.

羊角藤
Morinda umbellata subsp. *obovata* Y. Z. Ruan

黐花　*Mussaenda esquirolii* Lévl.

粗毛玉叶金花 *Mussaenda hirsutula* Miq.

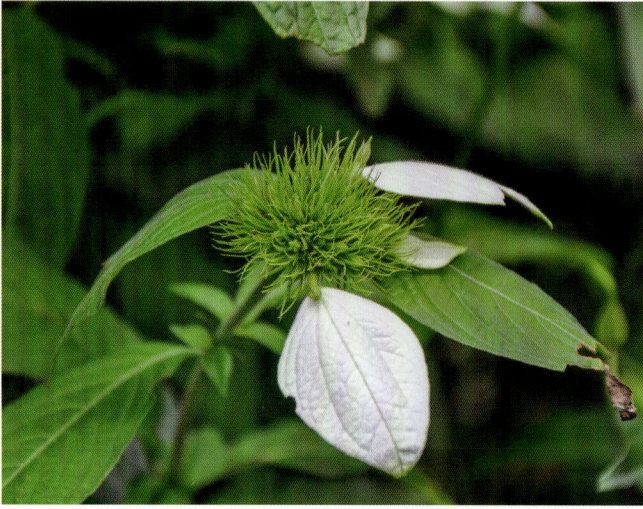

玉叶金花 *Mussaenda pubescens* Ait. f.

大叶白纸扇 *Mussaenda shikokiana* Makino

华腺萼木
Mycetia sinensis (Hemsl.) Craib

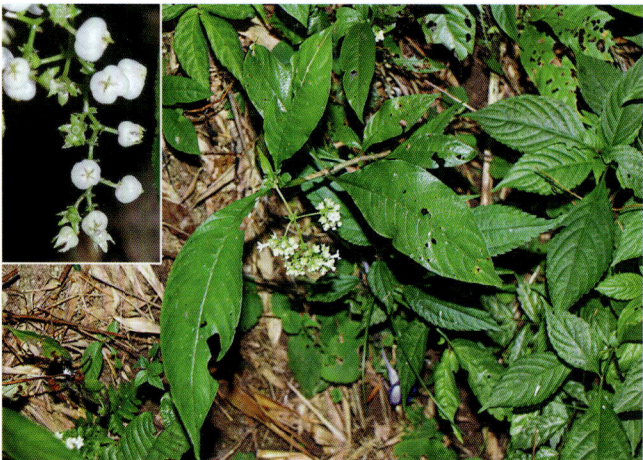

卷毛新耳草
Neanotis boerhaavioides (Hance) Lewis

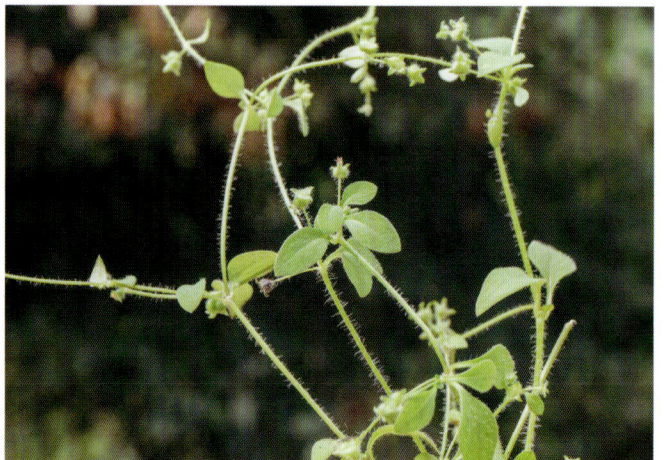

薄叶新耳草
Neanotis hirsuta (L. f.) Lewis

广东新耳草 *Neanotis kwangtungensis*
(Merr. et Metcalf) Lewis

新耳草 *Neanotis thwaitesiana* (Hance) Lewis

薄柱草 *Nertera sinensis* Hemsl.

广州蛇根草 *Ophiorrhiza cantonensis* Hance

中华蛇根草　*Ophiorrhiza chinensis* Lo

日本蛇根草　*Ophiorrhiza japonica* Bl.

东南蛇根草
Ophiorrhiza mitchelloides (Masam.) Lo

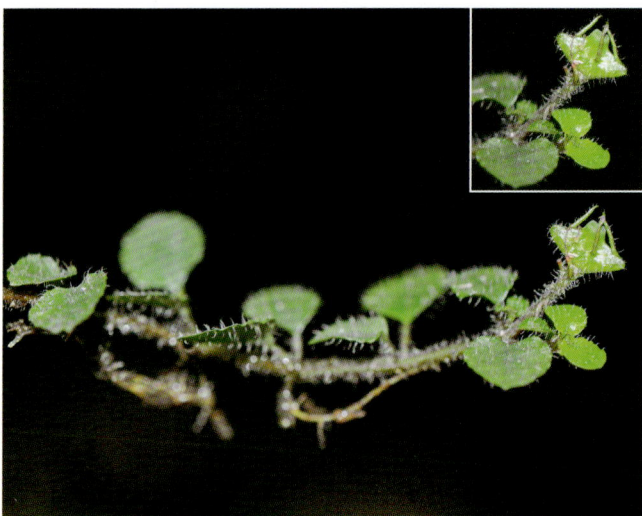

短小蛇根草
Ophiorrhiza pumila Champ. ex Benth.

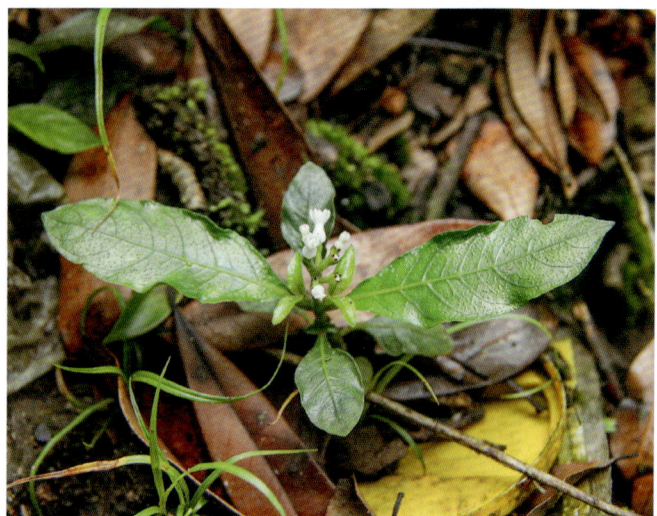

鸡屎藤　*Paederia foetida* L.

[*Paederia laxiflora* Merr. ex Li; *Paederia scandens* (Lour.) Merr.; *Paederia scandens* var. *tomentosa* (Bl.) Hand.-Mazz.]

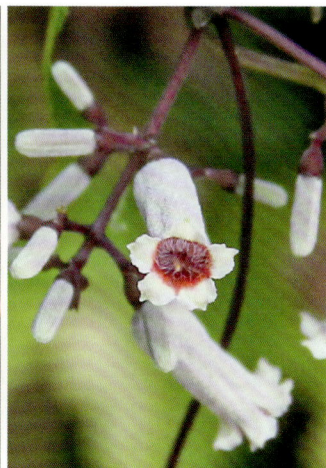

白毛鸡屎藤
Paederia pertomentosa Merr. ex Li

狭序鸡屎藤
Paederia stenobotrya Merr.

海南槽裂木　*Pertusadina metcalfii* (Merr. ex Li) Y. F. Deng et C. M. Hu

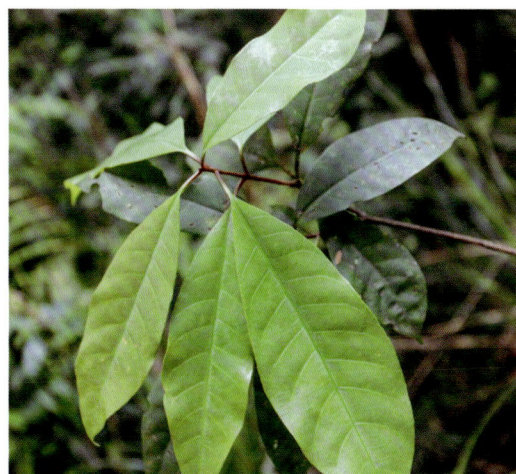

金剑草
Rubia alata Roxb.

东南茜草 *Rubia argyi* (Lévl. et Vant.) Hara ex L. A. Lauener et D. K. Ferguson

茜草 *Rubia cordifolia* L.

金线茜草 *Rubia membranacea* Diels

多花茜草 *Rubia wallichiana* Decne.

六月雪 *Serissa japonica* (Thunb.) Thunb.

白马骨
Serissa serissoides (DC.) Druce

鸡仔木
Sinoadina racemosa (Sieb. et Zucc.) Ridsd.

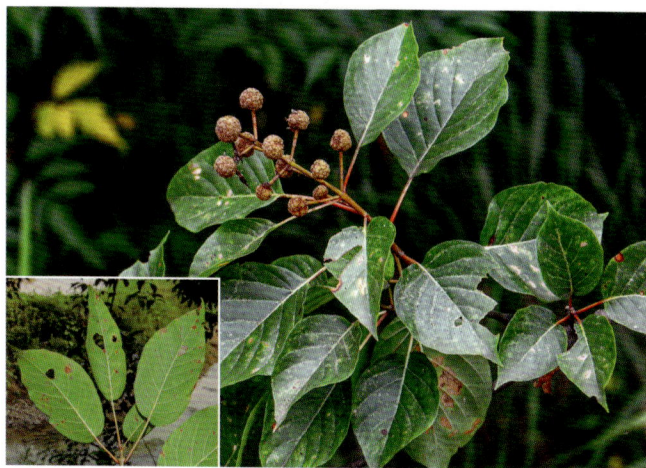

阔叶丰花草　*Spermacoce alata* Aubl.
[*Borreria alata* (Aubl.) DC.]

丰花草　*Spermacoce pusilla* Wall.
[*Borreria pusilla* (Wall.) DC.]

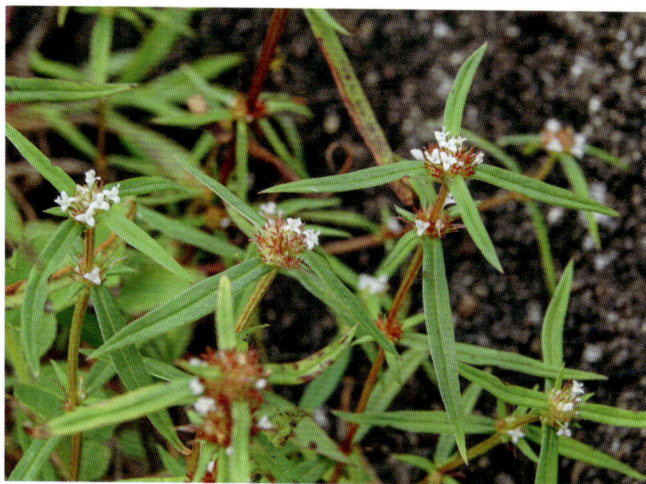

尖萼乌口树
Tarenna acutisepala How ex W. C. Chen

白皮乌口树
Tarenna depauperata Hutch.

白花苦灯笼 *Tarenna mollissima* (Hook. et Arn.) Rob.

钩藤 *Uncaria rhynchophylla* (Miq.) Miq. ex Havil.

华钩藤
Uncaria sinensis (Oliv.) Havil.

A353 龙胆科 Gentianaceae

福建蔓龙胆
Crawfurdia pricei (Marq.) H. Smith

五岭龙胆
Gentiana davidii Franch.

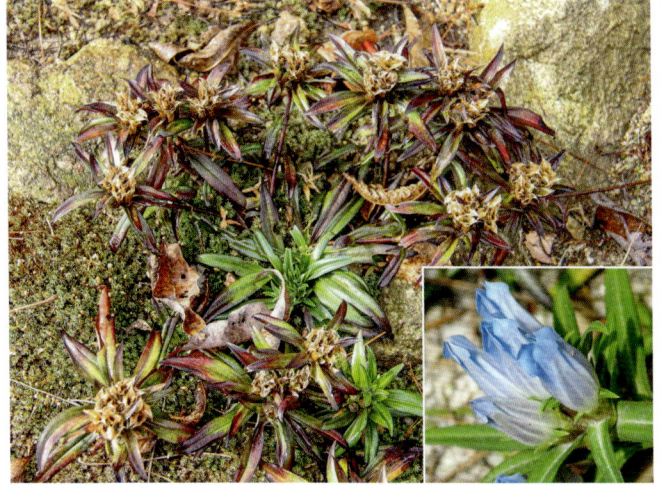

广西龙胆 *Gentiana kwangsiensis* T. N. Ho

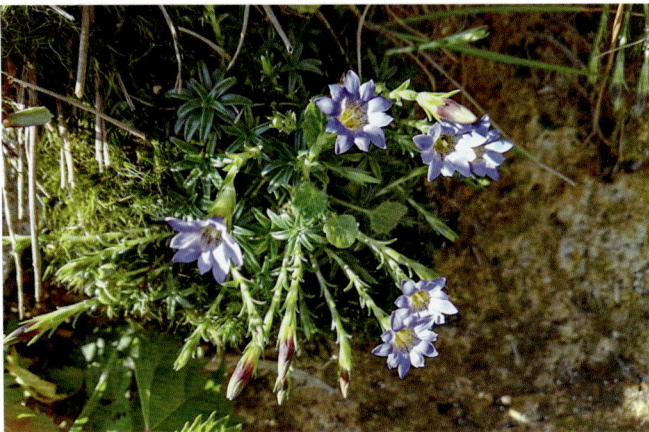

华南龙胆 *Gentiana loureiroi* (G. Don) Griseb.

流苏龙胆 *Gentiana panthaica* Prain et Burk.

龙胆 *Gentiana scabra* Bunge

鳞叶龙胆
Gentiana squarrosa Ledeb.

丛生龙胆
Gentiana thunbergii (G. Don) Griseb.

灰绿龙胆 ***Gentiana yokusai*** Burk.

笔龙胆 ***Gentiana zollingeri*** Fawcett

匙叶草
Latouchea fokienensis Franch.

狭叶獐牙菜 ***Swertia angustifolia*** Buch.-Ham. ex D. Don

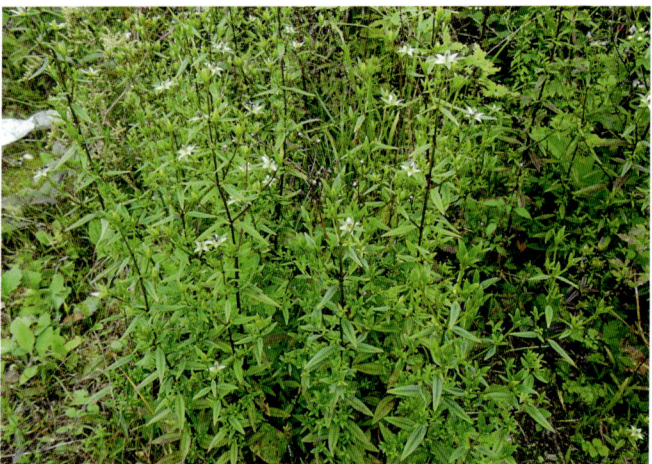

美丽獐牙菜 *Swertia angustifolia* var. *pulchella* (D. Don) Burk.

獐牙菜 *Swertia bimaculata* (Sieb. et Zucc.) Hook. f. et Thoms. ex C. B. Clarke

北方獐牙菜
Swertia diluta (Turcz.) Benth. et Hook. f.

浙江獐牙菜 *Swertia hickinii* Burk.

双蝴蝶 *Tripterospermum chinense* (Migo) H. Smith

峨眉双蝴蝶
Tripterospermum cordatum (Marq.) H. Smith

香港双蝴蝶
Tripterospermum nienkui (Marq.) C. J. Wu

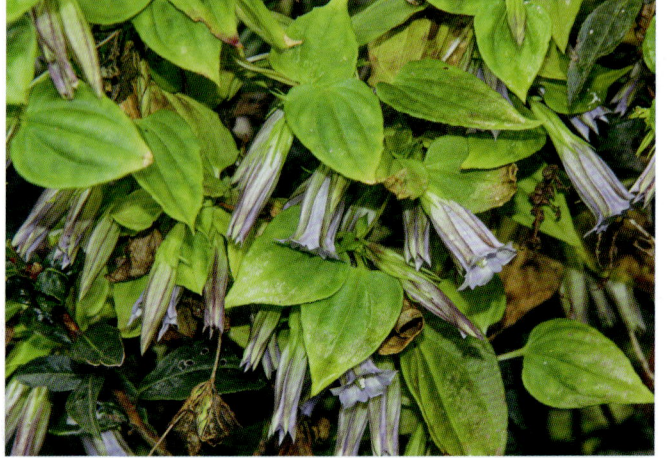

细茎双蝴蝶 ***Tripterospermum filicaule***
(Hemsl.) H. Smith

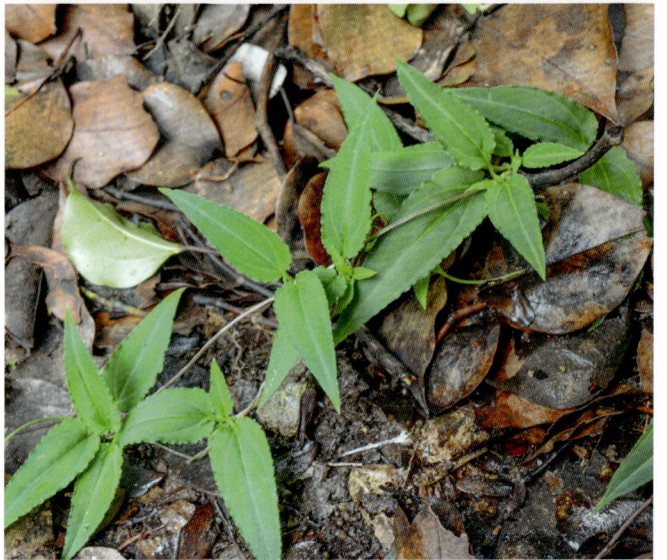

A354　马钱科 Loganiaceae

柳叶蓬莱葛
Gardneria lanceolata Rehd. et Wils.

蓬莱葛　*Gardneria multiflora* Makino

水田白　*Mitrasacme pygmaea* R. Br.

A355　钩吻科 Gelsemiaceae

钩吻　*Gelsemium elegans* (Gardn. et Champ.) Benth.

A356 夹竹桃科 Apocynaceae

筋藤 *Alyxia levinei* Merr.

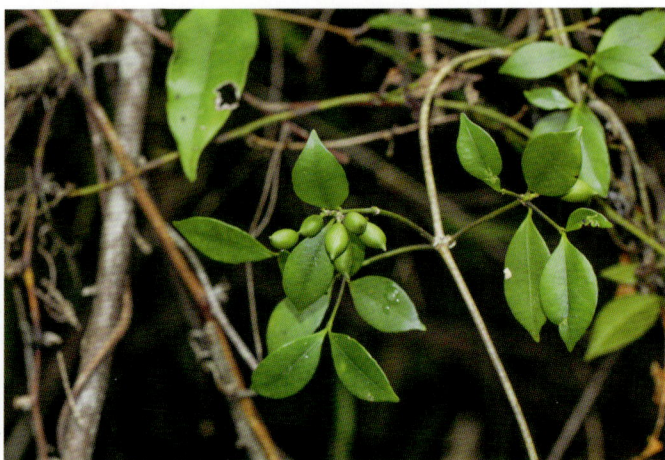

海南链珠藤
Alyxia odorata Wallich ex G. Don

链珠藤 *Alyxia sinensis* Champ. ex Benth.
[*Alyxia acutifolia* Tsiang]

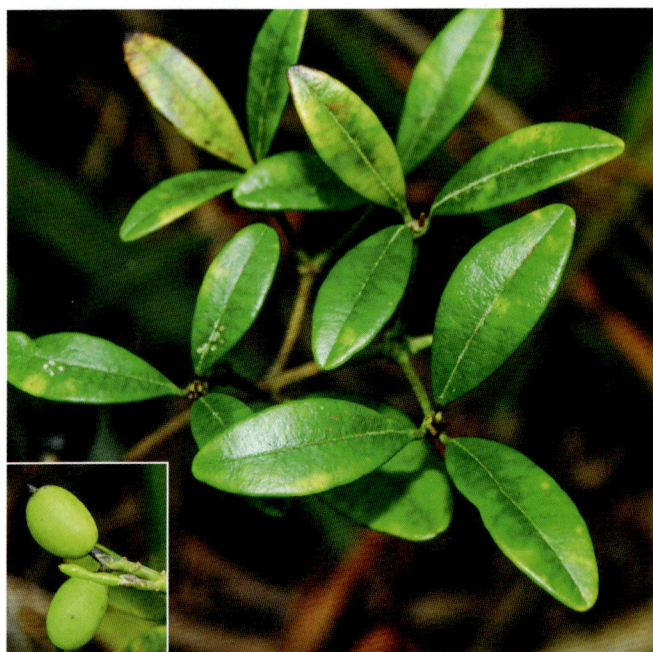

鳝藤
Anodendron affine (Hook. et Arn.) Druce

青龙藤 **Biondia henryi** (Warb. ex Schltr. et Diels) Tsiang et P. T. Li

白薇
Cynanchum atratum Bunge

祛风藤 **Biondia microcentra** (Tsiang) P. T. Li
[*Adelostemma microcentrum* Tsiang]

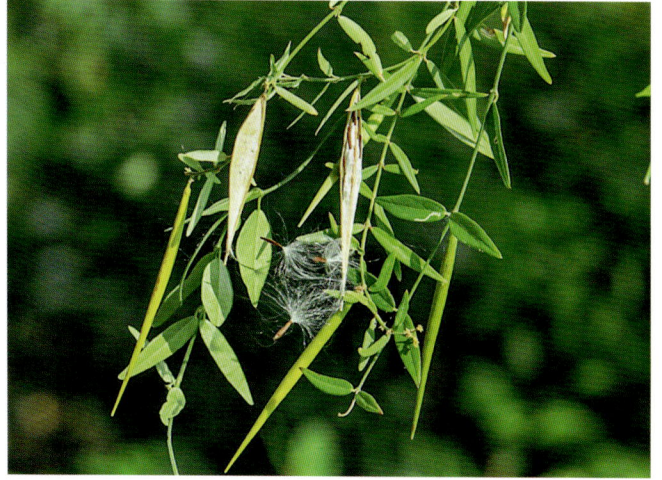

* 长春花
Catharanthus roseus (L.) G. Don

折冠牛皮消
Cynanchum boudieri H. Lévl. et Vant.

蔓剪草 *Cynanchum chekiangense* M. Cheng ex Tsiang et P. T. Li

白前 *Cynanchum glaucescens* (Decne.) Hand.-Mazz.

竹灵消
Cynanchum inamoenum (Maxim.) Loes.

毛白前
Cynanchum mooreanum Hemsl.

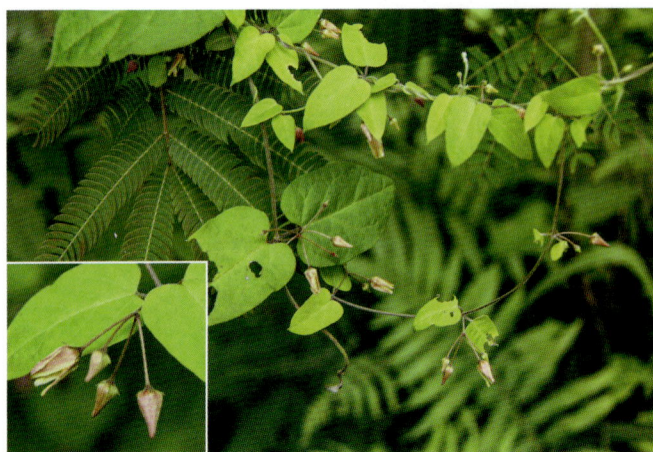

朱砂藤 *Cynanchum officinale* (Hemsl.) Tsiang et Zhang

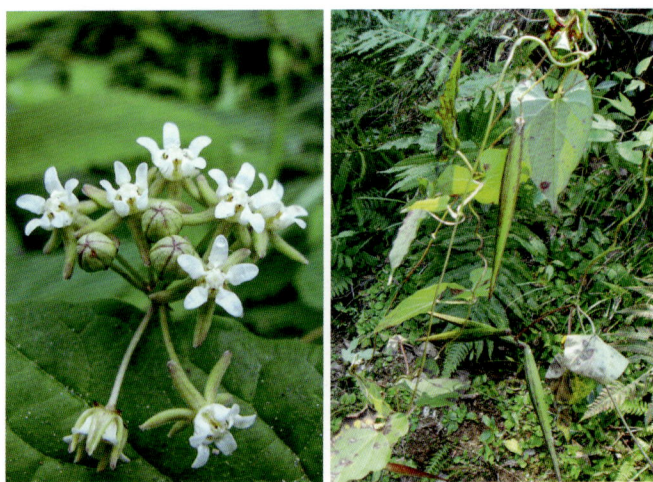

徐长卿 *Cynanchum paniculatum* (Bunge) Kitagawa

柳叶白前 *Cynanchum stauntonii* (Decne.) Schltr. ex Lévl.

醉魂藤
Heterostemma alatum Wight

黑鳗藤 *Jasminanthes mucronata*
(Blanco) W. D. Sttevens et P. T. Li

牛奶菜
Marsdenia sinensis Hemsl.

华萝藦
Metaplexis hemsleyana Oliv.

萝藦　*Metaplexis japonica* (Thunb.) Makino

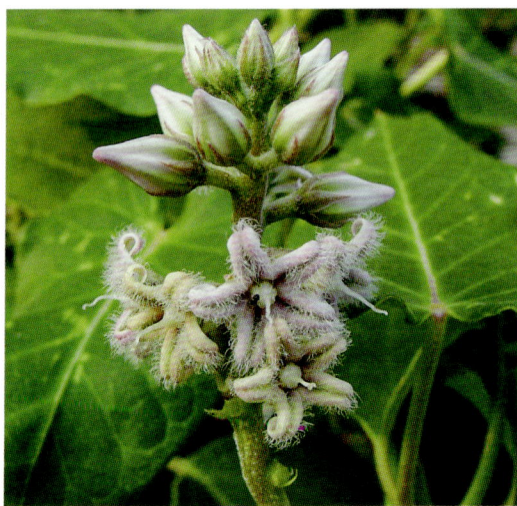

* 夹竹桃　*Nerium oleander* L.
[*Nerium indicum* Mill.]

石萝藦
Pentasachme caudatum Wall. ex Wight

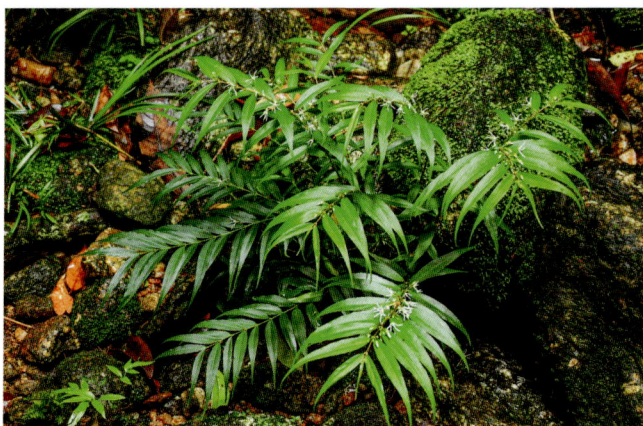

杠柳
Periploca sepium Bunge

大花帘子藤 *Pottsia grandiflora* Markgr.

帘子藤 *Pottsia laxiflora* (Bl.) O. Ktze.

毛药藤
Sindechites henryi Oliv.

亚洲络石 *Trachelospermum asiaticum*
(Sieb. et Zucc.) Nakai
[*Trachelospermum gracilipes* Hook. f.]

紫花络石 *Trachelospermum axillare* Hook. f.

贵州络石 *Trachelospermum bodinieri* (Lévl.) Woods. ex Rehd.

短柱络石 *Trachelospermum brevistylum* Hand.-Mazz.

乳儿绳 *Trachelospermum cathayanum* Schneid.

锈毛络石 *Trachelospermum dunnii* (Lévl.) Lévl.

络石 *Trachelospermum jasminoides* (Lindl.) Lem.

[*Trachelospermum jasminoides* var. *heterophyllum* Tsiang]

七层楼 *Tylophora floribunda* Miq.

紫花娃儿藤 *Tylophora henryi* Warb.

通天连 *Tylophora koi* Merr.

娃儿藤 *Tylophora ovata* (Lindl.) Hook. ex Steud.

贵州娃儿藤 *Tylophora silvestris* Tsiang

紫花合掌消 *Vincetoxicum amplexicaule* Sieb. et Zucc.
[*Cynanchum amplexicaule* var. *castaneum* Makino]

Order 54　紫草目 Boraginales

A357　紫草科 Boraginaceae

柔弱斑种草 *Bothriospermum zeylanicum* (J. Jacq.) Druce

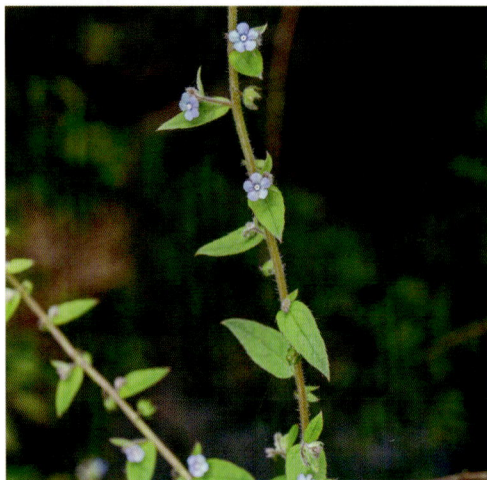

倒提壶
Cynoglossum amabile Stapf et Drumm.

琉璃草 *Cynoglossum furcatum* Wall.

小花琉璃草
Cynoglossum lanceolatum Forssk.

厚壳树
Ehretia acuminata R. Brown

粗糠树 *Ehretia dicksonii* Hance

长花厚壳树
Ehretia longiflora Champ. ex Benth.

田紫草
Lithospermum arvense L.

紫草
Lithospermum erythrorhizon Sieb. et Zucc.

皿果草 *Omphalotrigonotis cupulifera*
(Johnst.) W. T. Wang

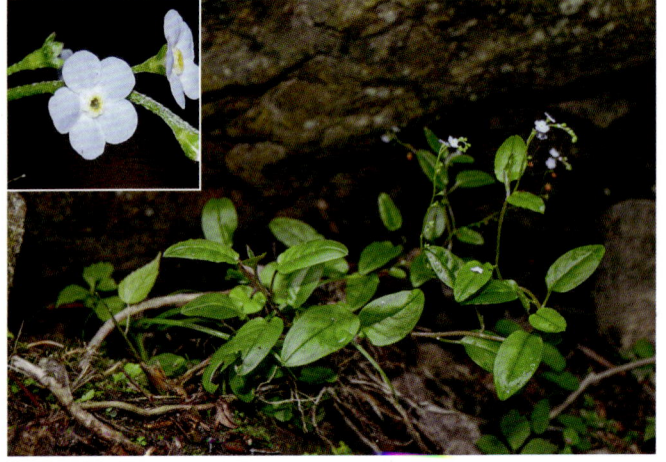

浙赣车前紫草 *Sinojohnstonia chekiangensis*
(Migo) W. T. Wang ex Z. Y. Zhang

三清车前紫草 *Sinojohnstonia ruhuaii*
W. B. Liao et Lei Wang

* 聚合草　*Symphytum officinale* L.

弯齿盾果草
Thyrocarpus glochidiatus Maxim.

盾果草
Thyrocarpus sampsonii Hance

硬毛附地菜
Trigonotis laxa var. *hirsuta* W. T. Wang

附地菜　*Trigonotis peduncularis* (Trev.)
Benth. ex Baker et Moore

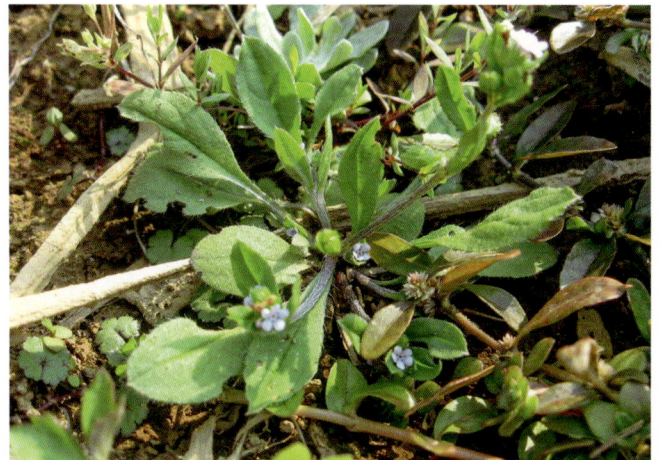

Order 56 茄目 Solanales

A359 旋花科 Convolvulaceae

打碗花 *Calystegia hederacea* Wall. ex Roxb.

藤长苗 *Calystegia pellita* (Ledeb.) G. Don

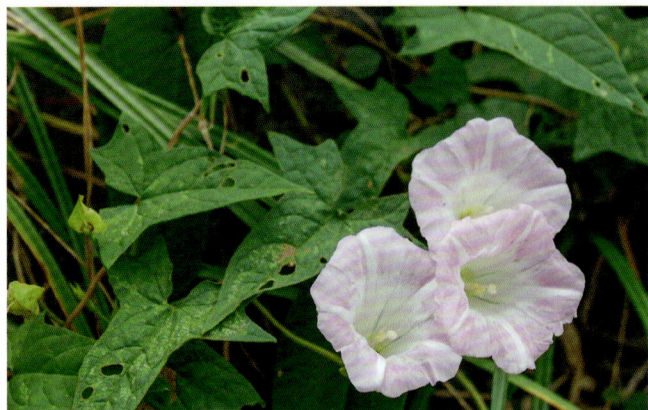

旋花
Calystegia sepium (L.) R. Br.

欧旋花 *Calystegia sepium* **subsp.**
spectabilis Brummitt

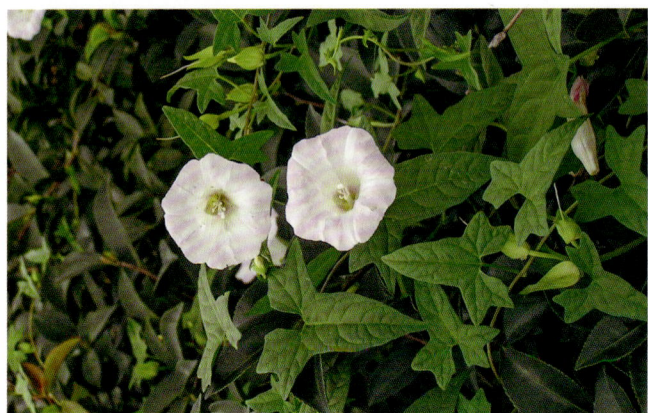

鼓子花 *Calystegia silvatica* **subsp.**
orientalis Brummitt

田旋花 *Convolvulus arvensis* L.

南方菟丝子 *Cuscuta australis* R. Br.

原野菟丝子 *Cuscuta campestris* Yunker

菟丝子 *Cuscuta chinensis* Lam.

金灯藤 *Cuscuta japonica* Choisy

土丁桂
Evolvulus alsinoides (L.) L.

* 蕹菜 *Ipomoea aquatica* Forssk.

* 番薯
Ipomoea batatas (L.) Lam.

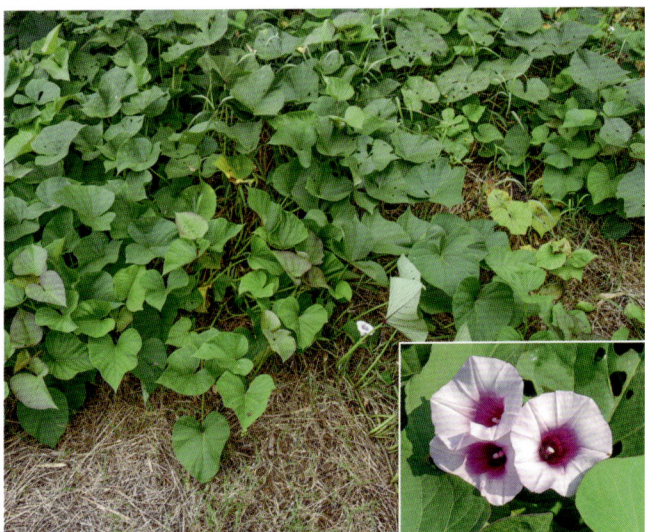

飞蛾藤 *Dinetus racemosus* (Wallich) Sweet
[*Porana racemosa* Roxb.]

心萼薯 *Ipomoea biflora* (L.) Pers.
[*Aniseia biflora* (L.) Choisy]

*橙红茑萝　*Ipomoea hederifolia* L.

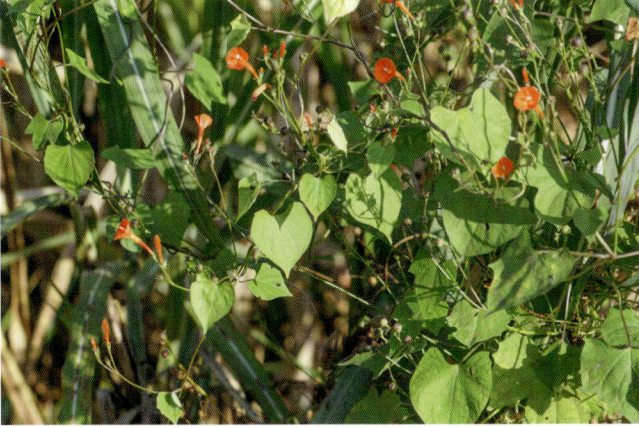

牵牛　*Ipomoea nil* (L.) Roth

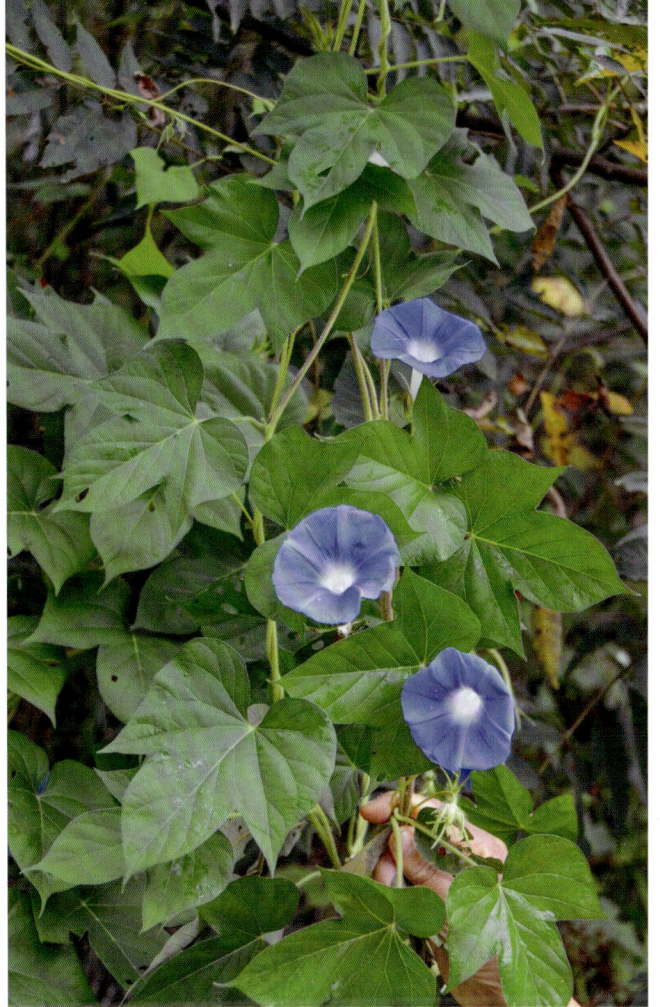

圆叶牵牛　*Ipomoea purpurea* (L.) Roth

篱栏网
Merremia hederacea (Burm. f.) Hall. f.

北鱼黄草
Merremia sibirica (L.) Hall. f.

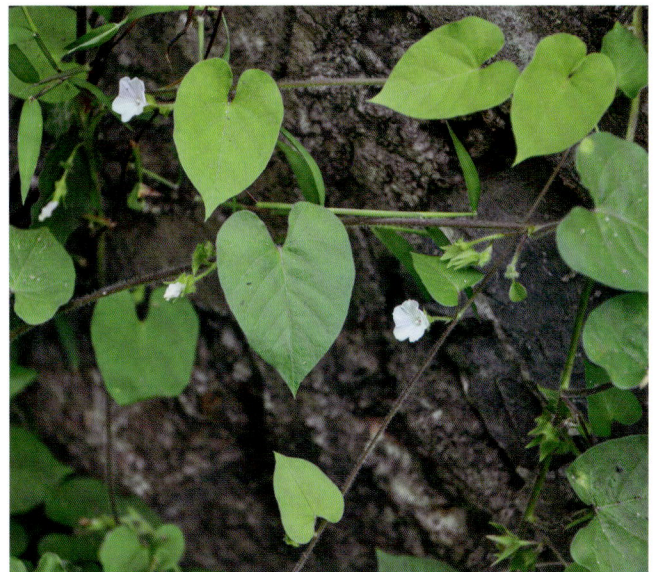

* 茑萝松 *Quamoclit pennata*
(Desr.) Boj.

A360 茄科 Solanaceae

酸浆
Alkekengi officinarum Moench
[*Physalis alkekengi* L.]

挂金灯 *Alkekengi officinarum* **var.**
franchetii (Mast.) R. J. Wang
[*Physalis alkekengi* var. *franchetii* (Mast.) Makino]

* 颠茄 *Atropa belladonna* L.

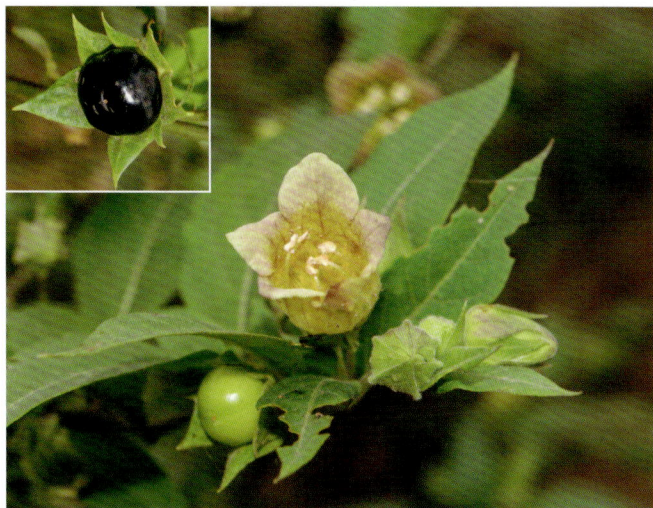

* 辣椒 *Capsicum annuum* L.

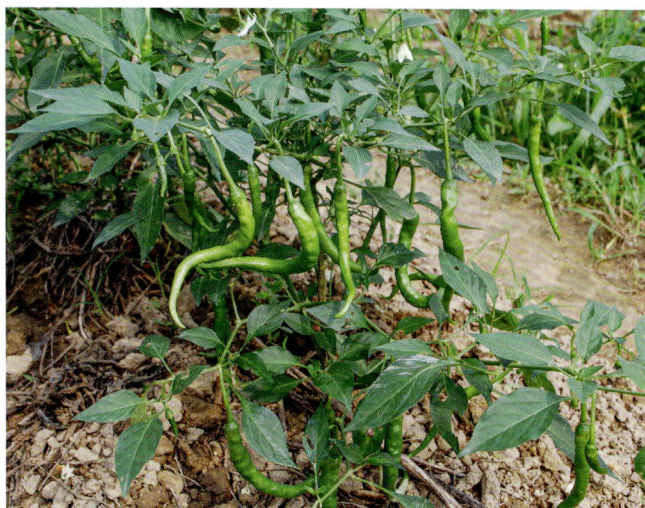

* 朝天椒
Capsicum annuum var. *conoides* (Mill.) Irish

* 菜椒
Capsicum annuum var. *grossum* (L.) Sendt.

* 毛曼陀罗 *Datura innoxia* Mill.

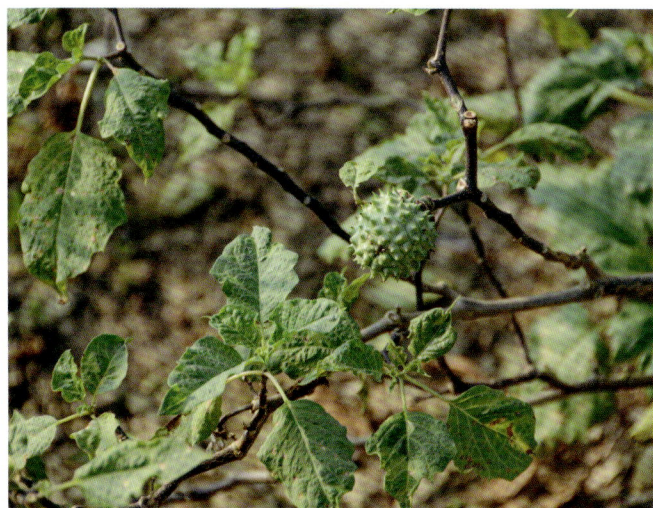

* 曼陀罗 *Datura stramonium* L.

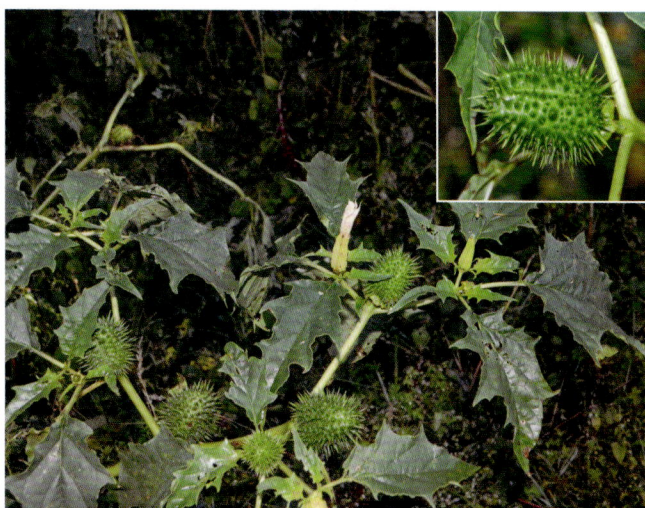

红丝线
Lycianthes biflora (Lour.) Bitter

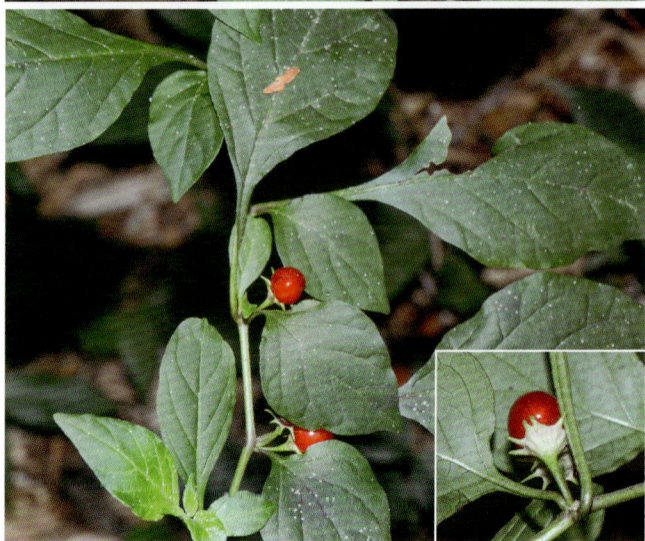

心叶单花红丝线 *Lycianthes lysimachioides* var. *cordifolia* C. Y. Wu et S. C. Huang

单花红丝线 *Lycianthes lysimachioides* (Wall.) Bitter

中华红丝线 *Lycianthes lysimachioides* **var. *sinensis*** Bitter

枸杞
Lycium chinense Mill.

* 番茄 *Lycopersicon esculentum* Mill.

假酸浆 *Nicandra physalodes* (L.) Gaertn.

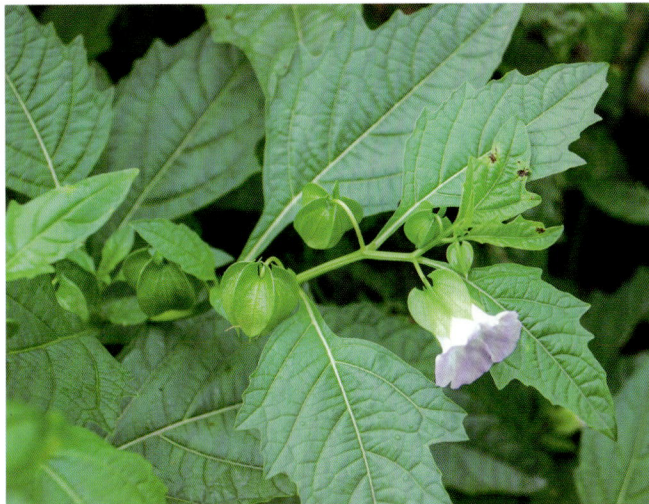

* 烟草 *Nicotiana tabacum* L.

江南散血丹 *Physaliastrum heterophyllum* (Hemsl.) Migo

地海椒 *Physaliastrum sinense* (Hemsl.) D'Arcy et Z. Y. Zhang

[*Archiphysalis sinensis* (Hemsl.) Kuang]

苦蘵 *Physalis angulata* L.

毛苦蘵 *Physalis angulata* var. *villosa* Bonati

小酸浆 *Physalis minima* L.

毛酸浆 *Physalis pubescens* L.

少花龙葵 *Solanum americanum* Mill.

牛茄子 *Solanum capsicoides* All.

千年不烂心 *Solanum cathayanum*
C. Y. Wu et S. C. Huang

野海茄
Solanum japonense Nakai

白英 *Solanum lyratum* Thunb.

*茄 *Solanum melongena* L.

龙葵
Solanum nigrum L.

海桐叶白英
Solanum pittosporifolium Hemsl.

* 珊瑚樱 *Solanum pseudocapsicum* L.

* 马铃薯 *Solanum tuberosum* L.

野茄 *Solanum undatum* Lam.

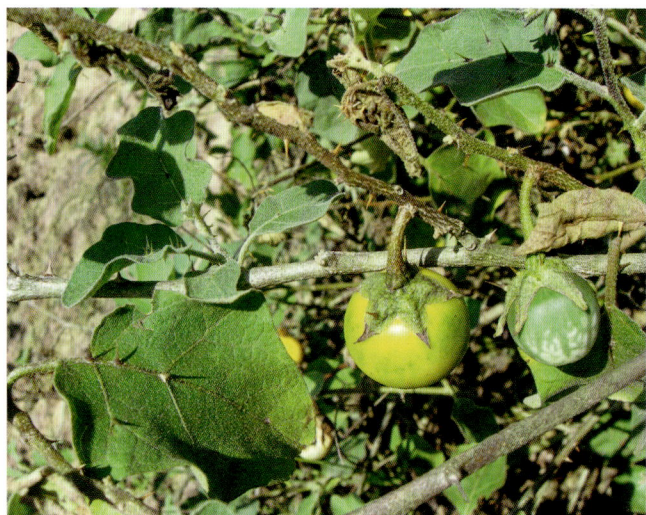

毛果茄 *Solanum viarum* Dunal

黄果茄
Solanum virginianum L.

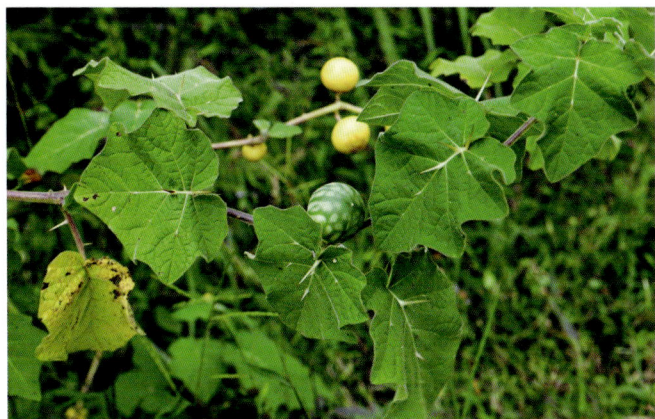

龙珠 *Tubocapsicum anomalum*
(Franch. et Savat.) Makino

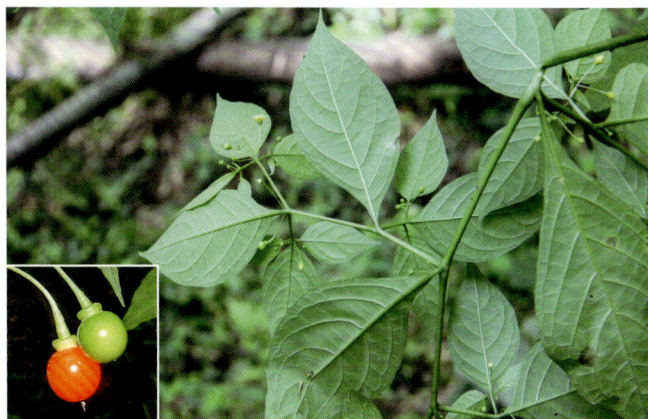

Order 57　唇形目 Lamiales

A366　木樨科 Oleaceae

万钧木 *Chengiodendron marginatum* (Champ. ex Benth.) C. B. Shang, X. R. Wang, Yi F. Duan et Yong F. Li

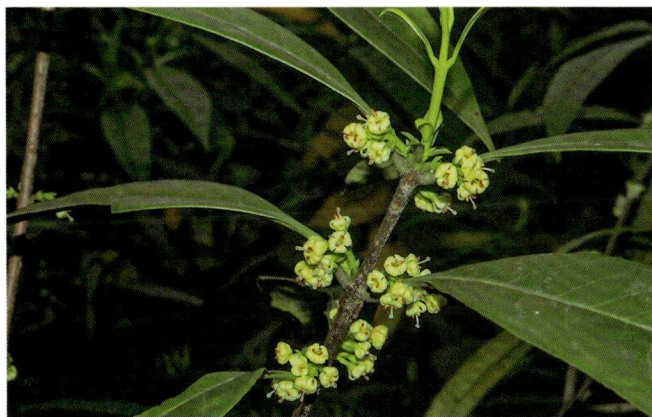

流苏树 *Chionanthus retusus* Lindl. et Paxt.

枝花流苏树 *Chionanthus ramiflorus* Roxb.

雪柳 *Fontanesia philliraeoides* subsp. *fortunei* (Carr.) Yaltirik [*Fontanesia fortunei* Carr.]

连翘
Forsythia suspensa (Thunb.) Vahl

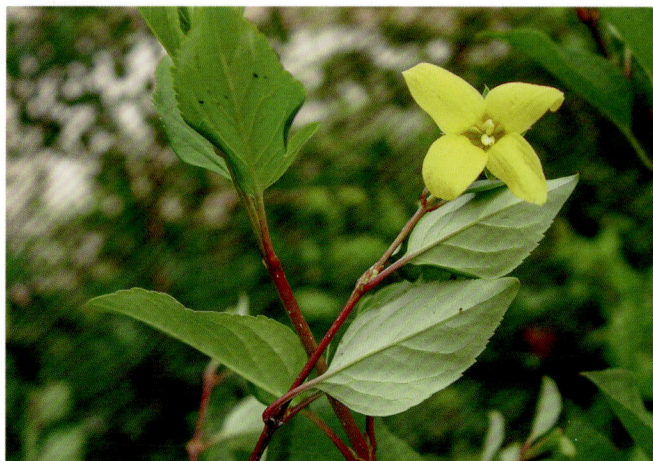

金钟花 *Forsythia viridissima* Lindl.

白蜡树
Fraxinus chinensis Roxb.

花曲柳 *Fraxinus chinensis* subsp. *rhynchophylla* (Hance) E. Murray

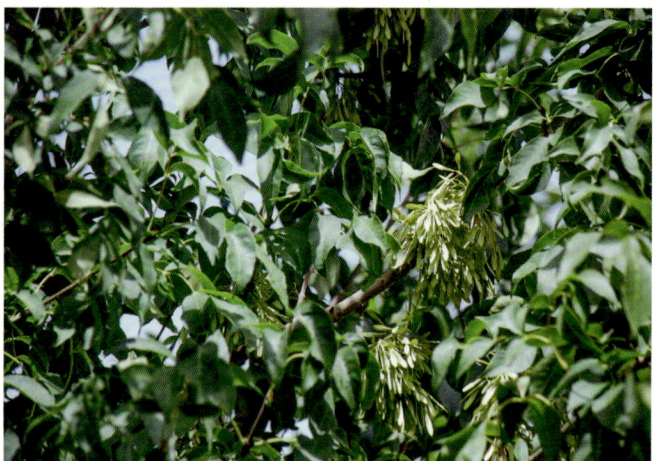

疏花梣
Fraxinus depauperata (Lingelsh.) Z. Wei

苦枥木
Fraxinus insularis Hemsl.

尖萼梣 *Fraxinus odontocalyx* Hand.-Mazz.

庐山梣 *Fraxinus sieboldiana* Blume

清香藤 *Jasminum lanceolaria* Roxb.

*野迎春 *Jasminum mesnyi* Hance

*茉莉花 *Jasminum sambac* (L.) Ait.

华素馨 *Jasminum sinense* Hemsl.

*日本女贞 *Ligustrum japonicum* Thunb.

蜡子树 *Ligustrum leucanthum* (S. Moore) P. S. Green

华女贞 *Ligustrum lianum* Hsu

长筒女贞 *Ligustrum longitubum* Hsu

女贞 *Ligustrum lucidum* Ait.

水蜡 *Ligustrum obtusifolium* Sieb. et Zucc.

阿里山女贞
Ligustrum pricei Hayata

小叶女贞
Ligustrum quihoui Carr.

粗壮女贞 *Ligustrum robustum* (Roxb.) Blume

小蜡 *Ligustrum sinense* Lour.

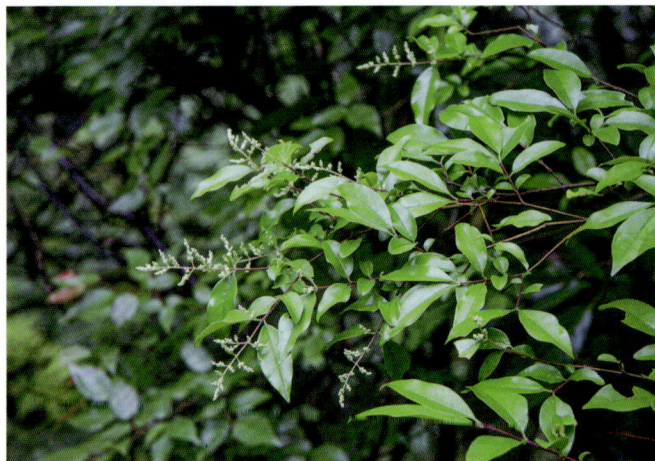

光萼小蜡 *Ligustrum sinense* var. *myrianthum* (Diels) Hoefk.

宁波木樨 *Osmanthus cooperi* Hemsl.

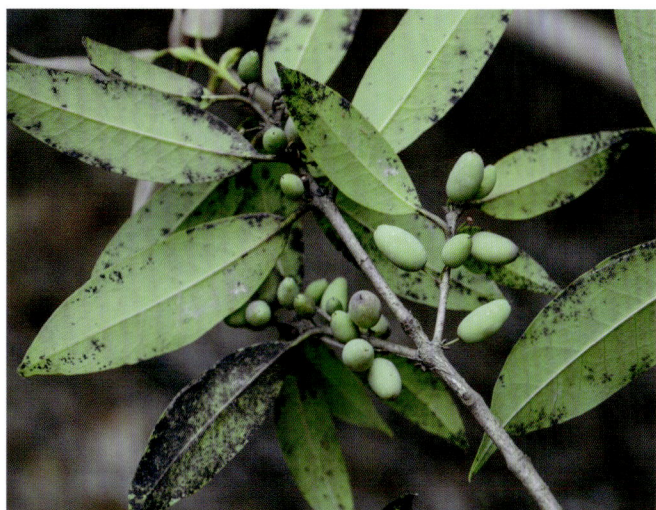

木樨 *Osmanthus fragrans* (Thunb.) Lour.

* 四季桂 *Osmanthus fragrans* (Thunb.) Lour. **cv. 'Everaflous'**

细脉木樨 *Osmanthus gracilinervis* Chia ex R. L. Lu

蒙自桂花 *Osmanthus henryi* P. S. Green

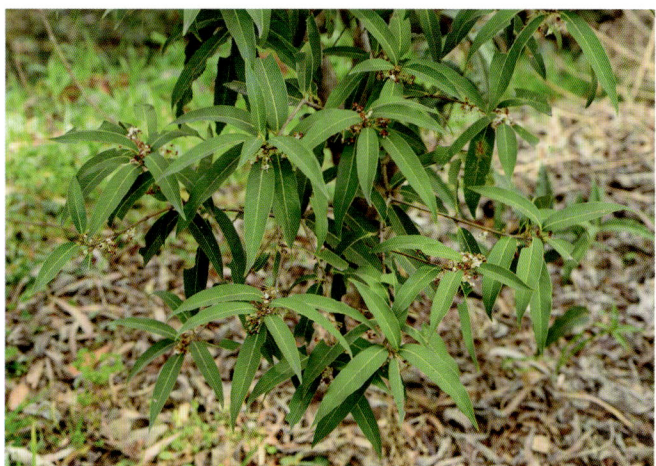

厚边木樨 *Osmanthus marginatus* (Champ. ex Benth.) Hemsl.

牛矢果 *Osmanthus matsumuranus* Hayata

网脉木樨 *Osmanthus reticulatus* P. S. Green

A369 苦苣苔科 Gesneriaceae

苦苣苔
Conandron ramondioides Sieb. et Zucc.

大花套唇苣苔 *Damrongia clarkeana*
(Hemsl.) C. Puglisi

东南长蒴苣苔 *Didymocarpus hancei* Hemsl.

旋蒴苣苔
Dorcoceras hygrometricum Bunge

闽赣长蒴苣苔
Didymocarpus heucherifolius Hand.-Mazz.

贵州半蒴苣苔
Hemiboea cavaleriei Lévl.

华南半蒴苣苔 *Hemiboea follicularis* Clarke

纤细半蒴苣苔 *Hemiboea gracilis* Franch.

半蒴苣苔 *Hemiboea henryi* Clarke

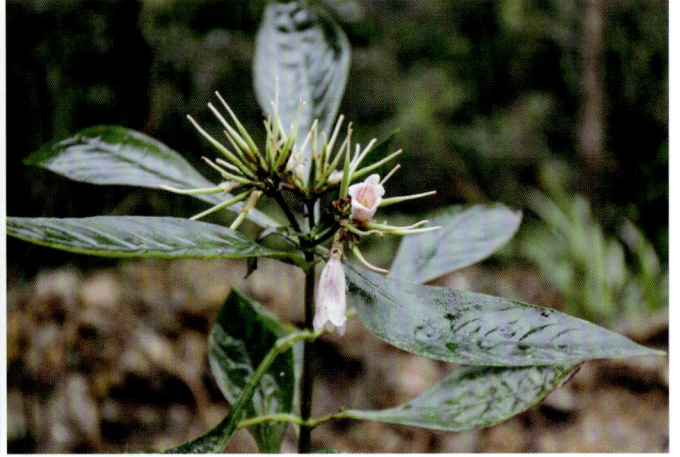

腺毛半蒴苣苔
Hemiboea strigosa Chun ex W. T. Wang

短茎半蒴苣苔
Hemiboea subacaulis Hand.-Mazz.

江西半蒴苣苔 *Hemiboea subacaulis var. jiangxiensis* Z. Y. Li

降龙草
Hemiboea subcapitata Clarke

吊石苣苔 *Lysionotus pauciflorus* Maxim.

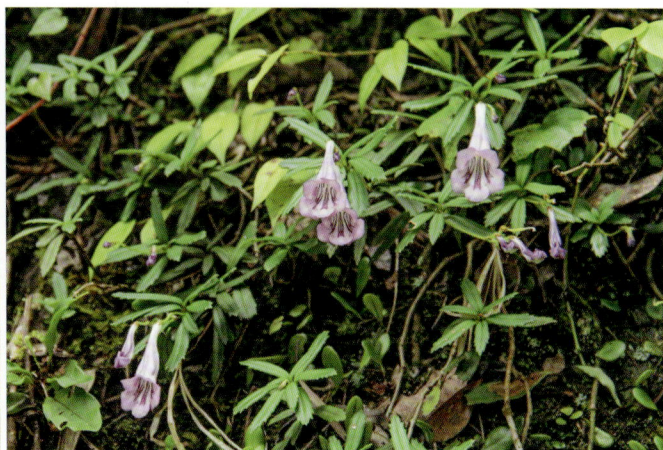

紫花马铃苣苔 *Oreocharis argyreia* Chun ex K. Y. Pan

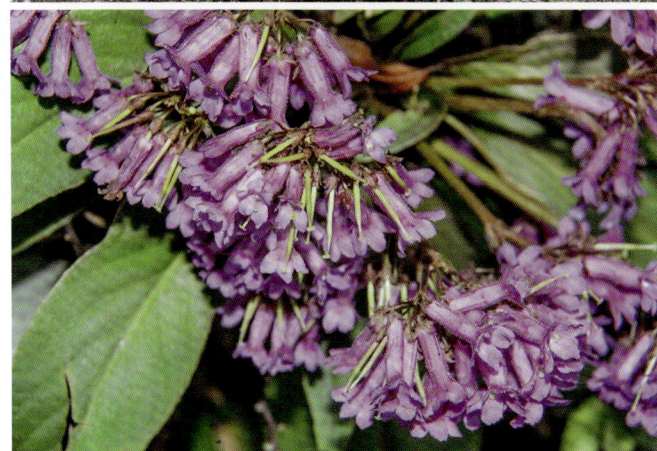

窄叶马铃苣苔 *Oreocharis argyreia* var. *angustifolia* K. Y. Pan

长瓣马铃苣苔
Oreocharis auricula (S. Moore) Clarke

大叶石上莲
Oreocharis benthamii Clarke

石上莲 *Oreocharis benthamii*
var. *reticulata* Dunn

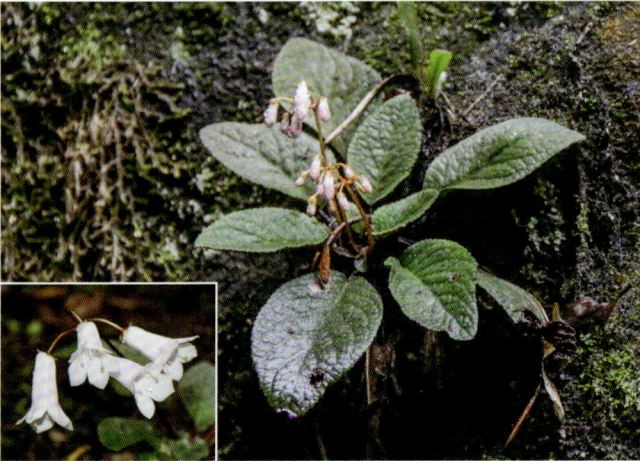

大齿马铃苣苔 *Oreocharis magnidens*
Chun ex K. Y. Pan

弯管马铃苣苔 *Oreocharis curvituba*
J. J. Wei et W. B. Xu

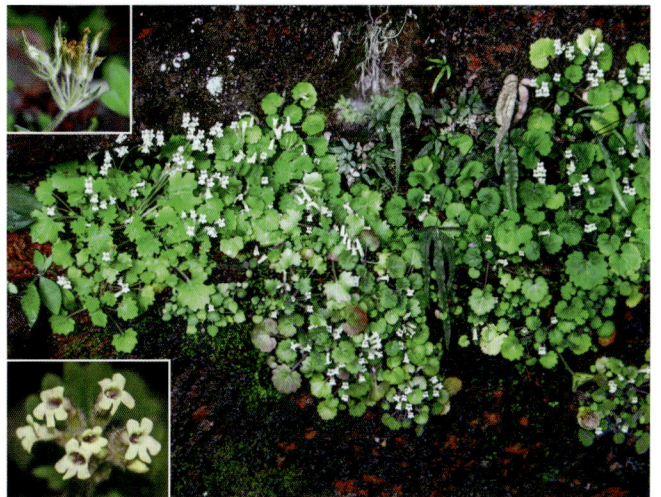

大花石上莲
Oreocharis maximowiczii Clarke

绢毛马铃苣苔
Oreocharis sericea (Lévl.) Lévl.

湘桂马铃苣苔
Oreocharis xiangguiensis
W. T. Wang et K. Y. Pan

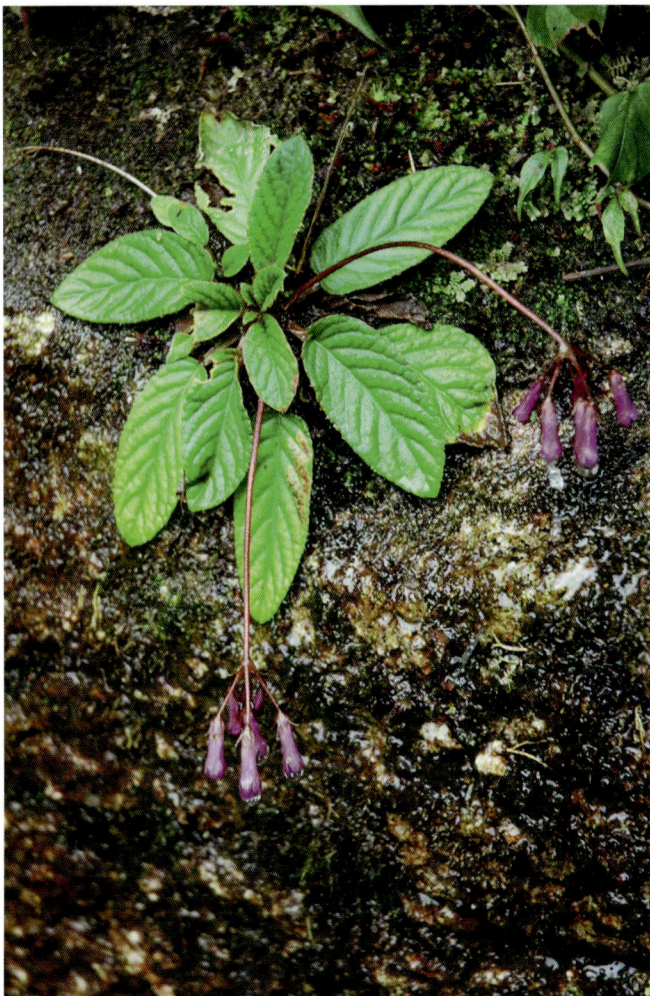

丹霞小花苣苔 *Primulina danxiaensis*
(W. B. Liao, S. S. Lin et R. J. Shen) W. B.
Liao et K. F. Chung
[*Chiritopsis danxiaensis* W. B. Liao, S. S. Lin et R. J. Shen]

短序报春苣苔 *Primulina depressa* (Hook. f.) Mich. Möller et A. Weber
[*Chirita depressa* Hook. f.]

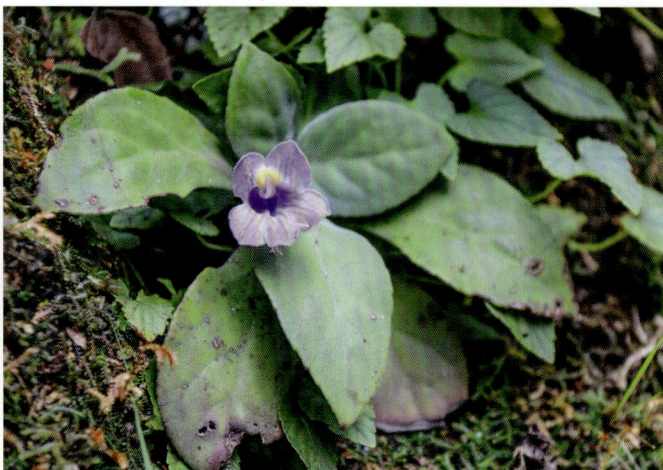

牛耳朵 *Primulina eburnea* (Hance) Yin Z. Wang
[*Chirita eburnea* Hance]

蚂蟥七 *Primulina fimbrisepala* (Hand.-Mazz.) Yin Z. Wang
[*Chirita fimbrisepala* Hand.-Mazz.]

羽裂报春苣苔 *Primulina pinnatifida* (Hand.-Mazz.) Yin Z. Wang
[*Chirita pinnatifida* (Hand.-Mazz.) Burtt]

遂川报春苣苔
Primulina suichuanensis X. L. Yu et J. J. Zhou

报春苣苔 *Primulina tabacum* Hance

A370　车前科 Plantaginaceae

毛麝香 *Adenosma glutinosum* (L.) Druce

日本水马齿 *Callitriche japonica*
Engelm. ex Hegelm.

水马齿
Callitriche palustris L.

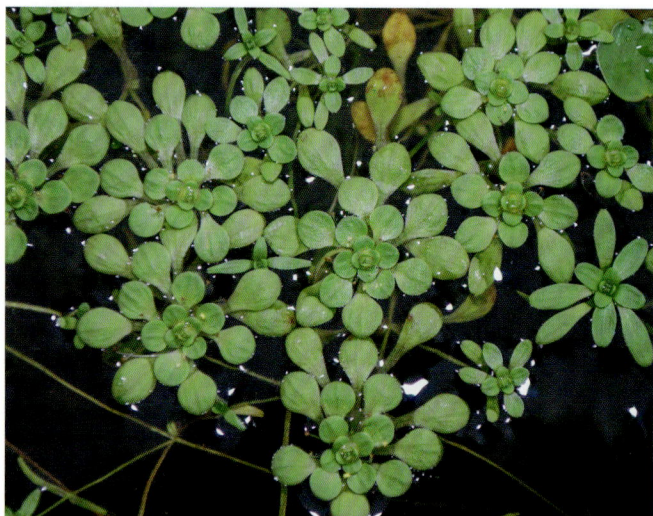

* **毛地黄** *Digitalis purpurea* L.

虻眼　*Dopatrium junceum* (Roxb.) Buch.-Ham. ex Benth.

幌菊　*Ellisiophyllum pinnatum* (Wall.) Makino

白花水八角　*Gratiola japonica* Miq.

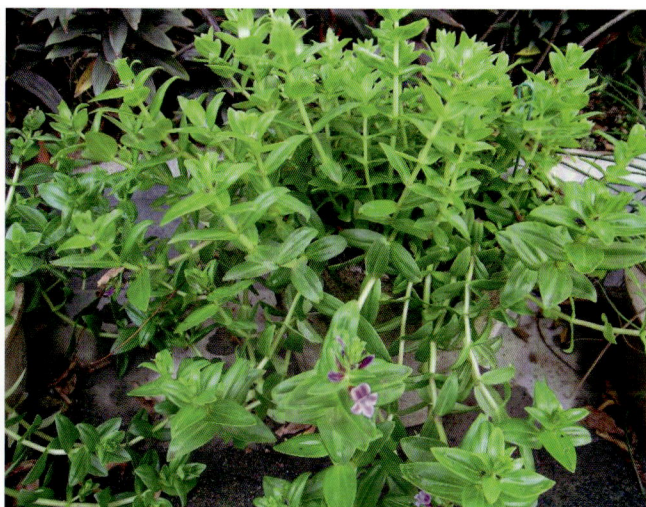

紫苏草　*Limnophila aromatica* (Lam.) Merr.

抱茎石龙尾　*Limnophila connata* (Buch.-Ham. ex D. Don) Hand.-Mazz.

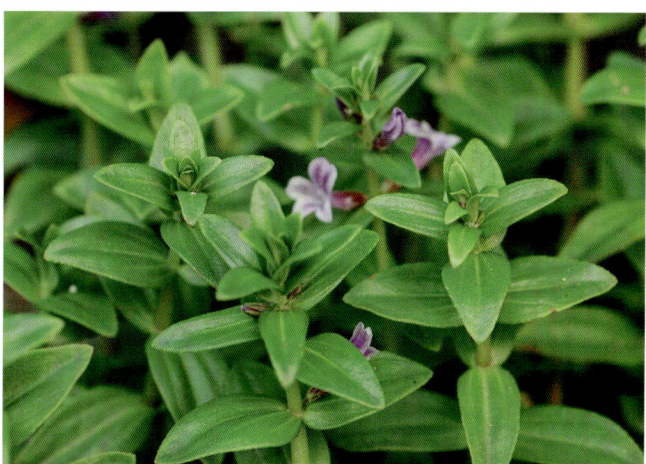

异叶石龙尾 *Limnophila heterophylla* (Roxb.) Benth.

石龙尾
Limnophila sessiliflora (Vahl) Blume

柳穿鱼 *Linaria vulgaris* subsp. *chinensis* (Bunge ex Debeaux) D. Y. Hong

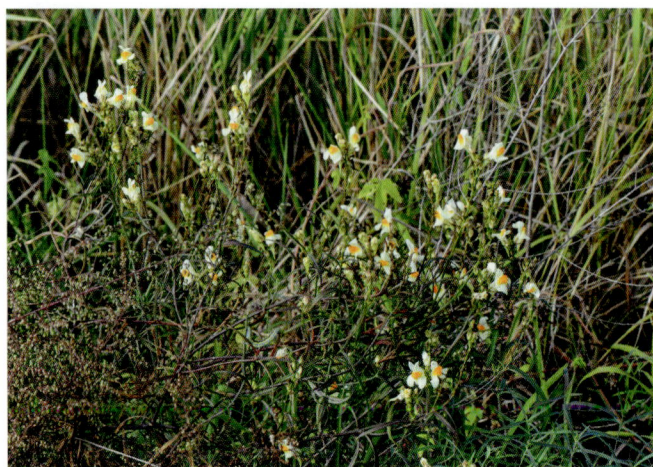

车前
Plantago asiatica L.

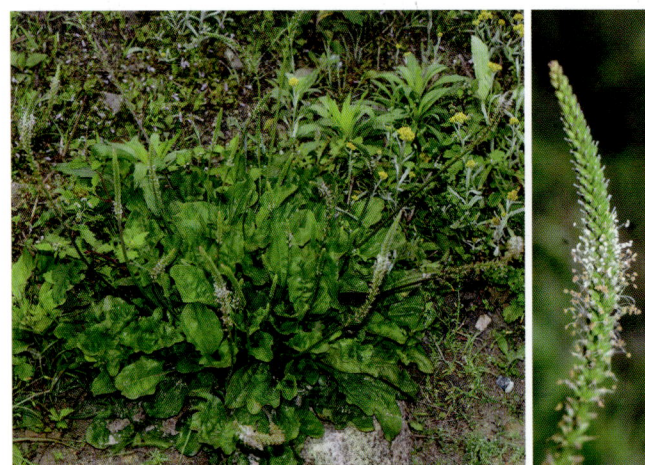

疏花车前 *Plantago asiatica* subsp. *erosa* (Wall.) Z. Y. Li

平车前
Plantago depressa Willd.

毛平车前 *Plantago depressa* subsp.
turczaninowii (Ganj.) N. N. Tsvelev

长叶车前 *Plantago lanceolata* L.

大车前 *Plantago major* L.

北美车前 *Plantago virginica* L.

野甘草 *Scoparia dulcis* L.

茶菱 *Trapella sinensis* Oliv.

直立婆婆纳 *Veronica arvensis* L.

华中婆婆纳 *Veronica henryi* Yamaz.

多枝婆婆纳 *Veronica javanica* Bl.

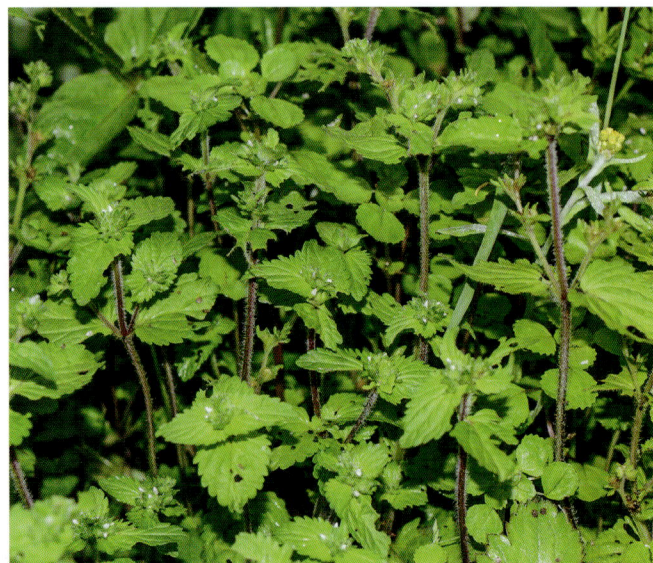

蚊母草 *Veronica peregrina* L.

阿拉伯婆婆纳 *Veronica persica* Poir.

婆婆纳 *Veronica polita* Fries

水苦荬
Veronica undulata Wall.

爬岩红 *Veronicastrum axillare*
(Sieb. et Zucc.) Yamaz.

四方麻 *Veronicastrum caulopterum* (Hance) Yamaz.

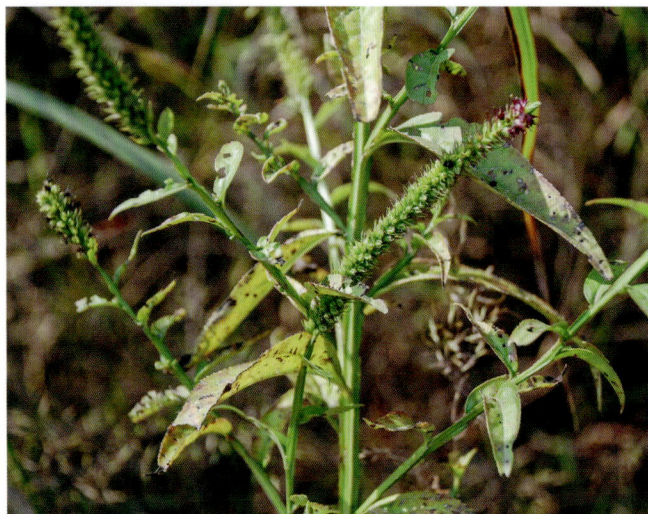

长穗腹水草 *Veronicastrum longispicatum* (Merr.) Yamaz.

粗壮腹水草 *Veronicastrum robustum* (Diels) Hong

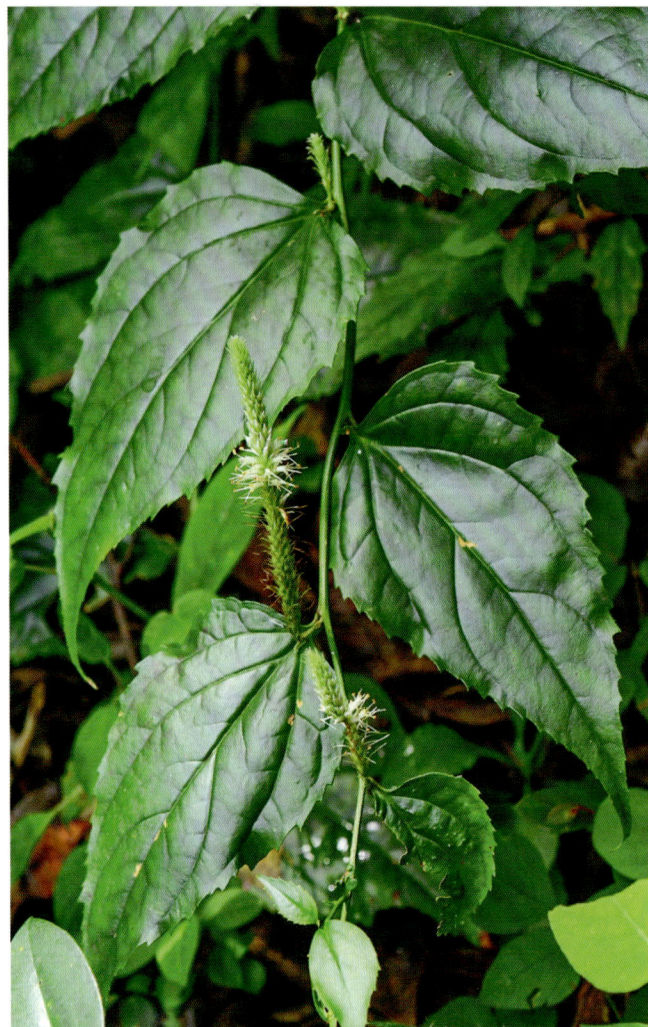

腹水草 *Veronicastrum stenostachyum* **subsp.** *plukenetii* (Yamaz.) Hong

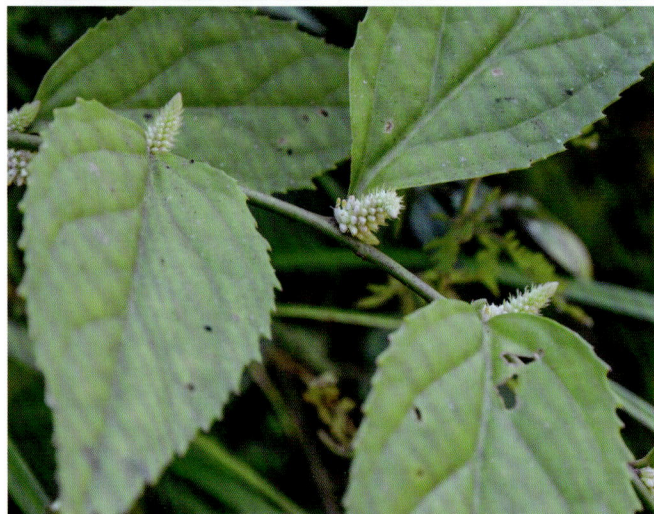

毛药花 *Bostrychanthera deflexa* Benth.

紫珠 *Callicarpa bodinieri* Lévl.

短柄紫珠 *Callicarpa brevipes* (Benth.) Hance

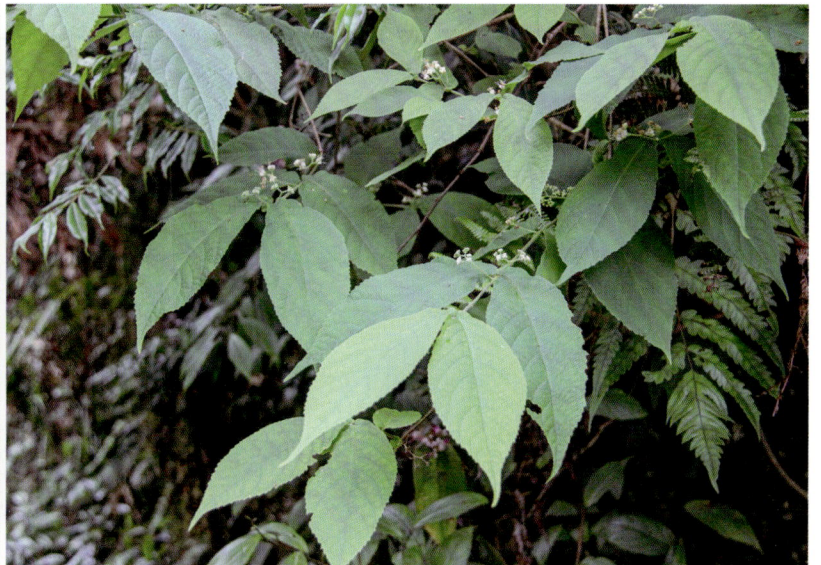

白毛紫珠
Callicarpa candicans (Burm. f.) Hochr.

华紫珠
Callicarpa cathayana H. T. Chang

丘陵紫珠　*Callicarpa collina* Diels

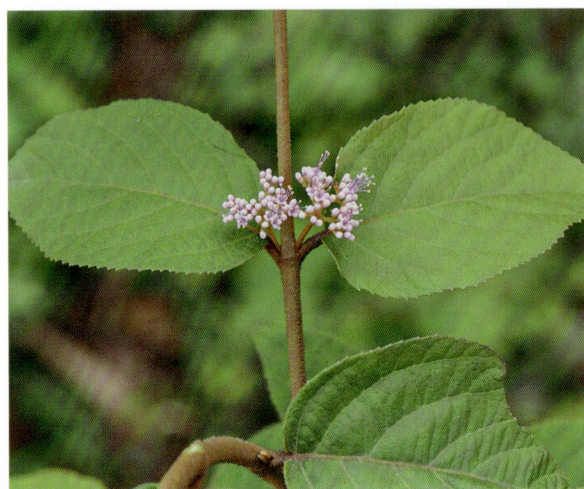

白棠子树　*Callicarpa dichotoma* (Lour.) K. Koch

杜虹花　*Callicarpa formosana* Rolfe

老鸦糊 *Callicarpa giraldii* Hesse ex Rehd.

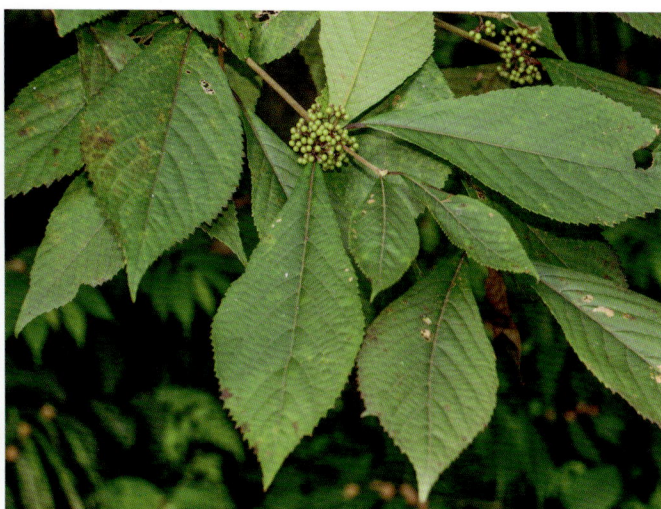

毛叶老鸦糊
Callicarpa giraldii var. *subcanescens* Rehd.

全缘叶紫珠
Callicarpa integerrima Champ.

藤紫珠 *Callicarpa integerrima* var. *chinensis* (C. P'ei) S. L. Chen

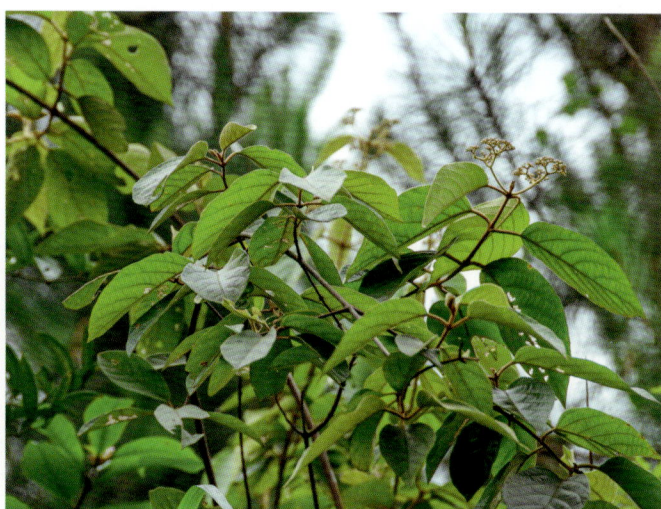

日本紫珠 *Callicarpa japonica* Thunb.

枇杷叶紫珠 *Callicarpa kochiana* Makino

广东紫珠 *Callicarpa kwangtungensis* Chun

光叶紫珠 *Callicarpa lingii* Merr.

尖萼紫珠 *Callicarpa loboapiculata* Metc.

长柄紫珠
Callicarpa longipes Dunn

尖尾枫
Callicarpa longissima (Hemsl.) Merr.

大叶紫珠 *Callicarpa macrophylla* Vahl

窄叶紫珠 *Callicarpa membranacea* Chang

裸花紫珠
Callicarpa nudiflora Hook. et Arn.

少花紫珠
Callicarpa pauciflora Chun ex H. T. Chang

钩毛紫珠 *Callicarpa*
peichieniana Chun et S. L. Chen

红紫珠
Callicarpa rubella Lindl.

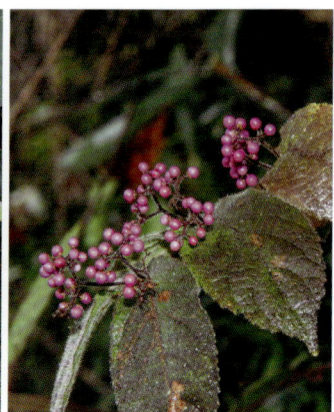

秃红紫珠 *Callicarpa rubella* **var.** *subglabra* (C. P'ei) H. T. Chang

兰香草
Caryopteris incana (Thunb.) Miq.

浙江铃子香
Chelonopsis chekiangensis C. Y. Wu

狭叶兰香草 **Caryopteris incana var. angustifolia** S. L. Chen et Y. L. Kuo

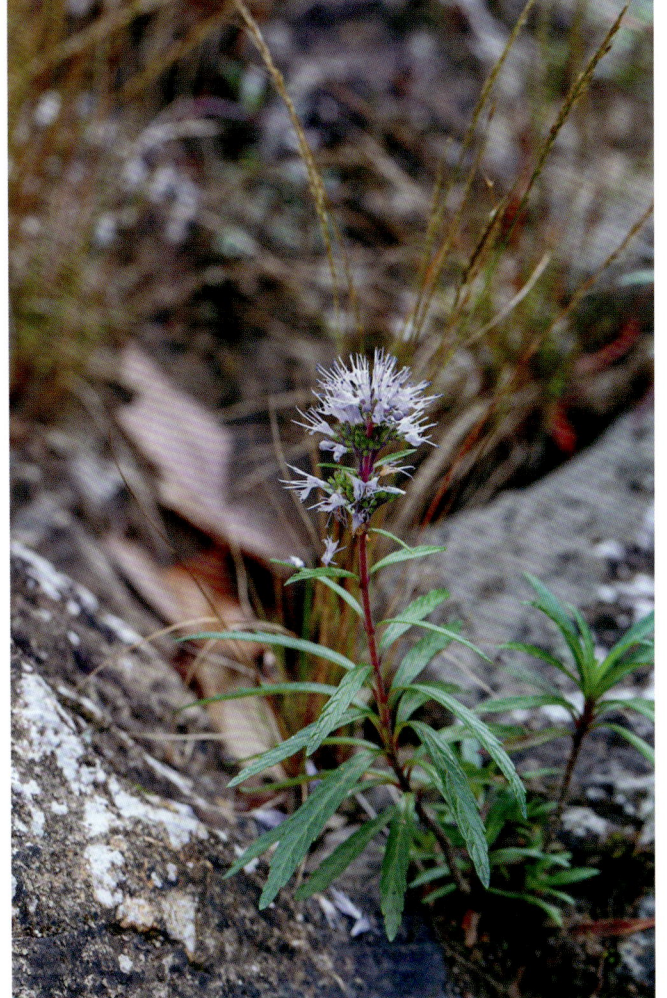

短梗浙江铃子香 **Chelonopsis chekiangensis var. brevipes** C. Y. Wu

臭牡丹
Clerodendrum bungei Steud.

灰毛大青 *Clerodendrum canescens* Wall.

大青 *Clerodendrum cyrtophyllum* Turcz.

白花灯笼
Clerodendrum fortunatum L.

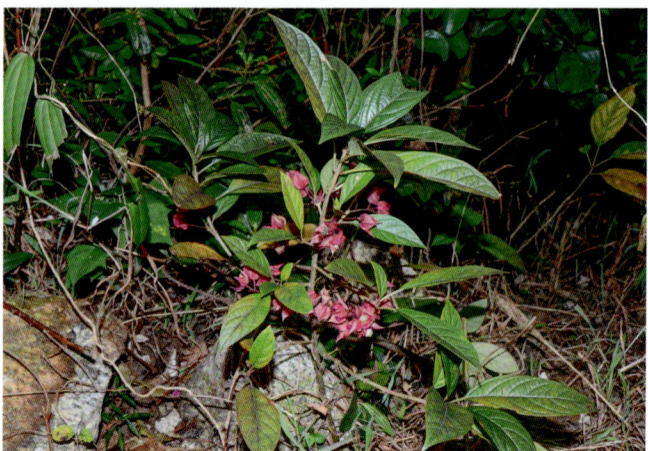

赪桐
Clerodendrum japonicum (Thunb.) Sweet

浙江大青
Clerodendrum kaichianum Hsu

江西大青 *Clerodendrum kiangsiense* Merr. ex Li

广东大青 *Clerodendrum kwangtungense*
Hand.-Mazz.

尖齿臭茉莉
Clerodendrum lindleyi Decne. ex Planch.

海通 *Clerodendrum mandarinorum* Diels

* 臭茉莉 *Clerodendrum philippinum*
var. *simplex* Moldenke

海州常山
Clerodendrum trichotomum Thunb.

风轮菜 *Clinopodium chinense* (Benth.) O. Ktze.

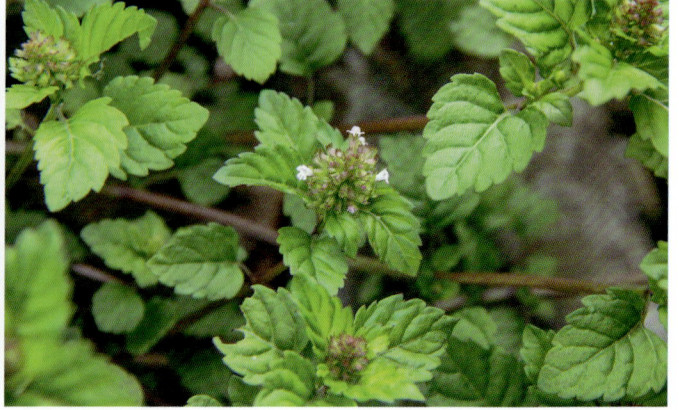

邻近风轮菜
Clinopodium confine (Hance) O. Ktze.

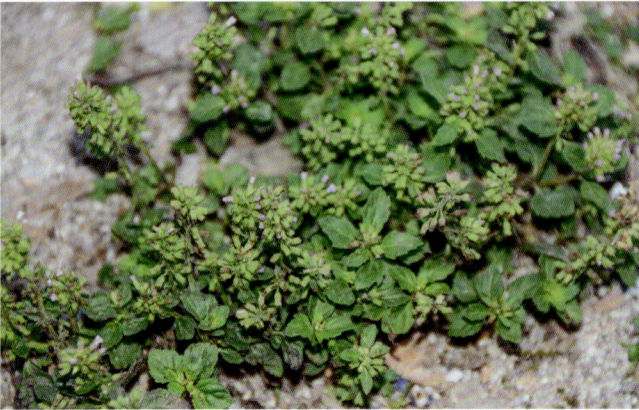

细风轮菜
Clinopodium gracile (Benth.) Matsum.

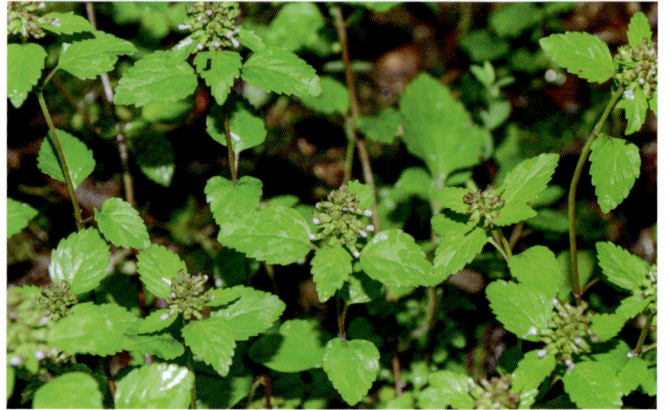

灯笼草 *Clinopodium polycephalum*
(Vant.) C. Y. Wu et Hsuan ex P. S. Hsu

匍匐风轮菜 *Clinopodium repens* (D. Don) Wall. ex Benth.

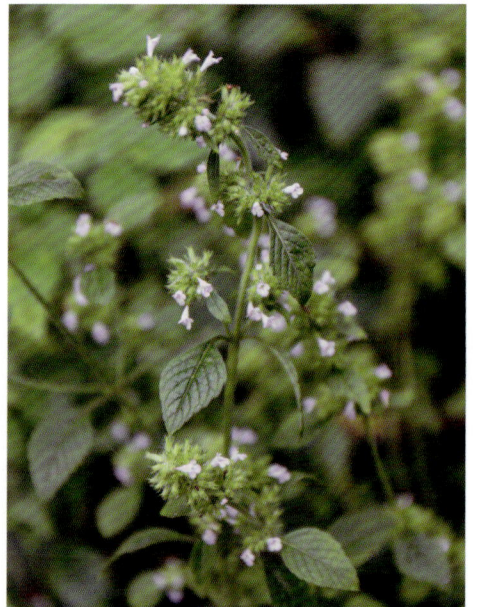

* 五彩苏 *Coleus scutellarioides* (L.) Benth.

天人草
Comanthosphace japonica (Miq.) S. Moore

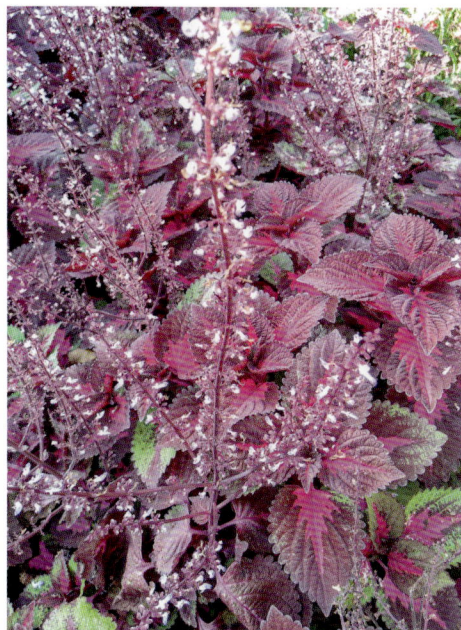

绵穗苏 *Comanthosphace ningpoensis* (Hemsl.) Hand.-Mazz.

齿叶水蜡烛
Dysophylla sampsonii Hance

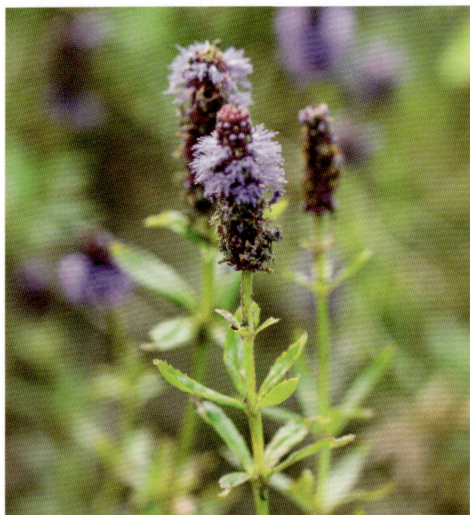

水虎尾
Dysophylla stellata (Lour.) Benth.

水蜡烛
Pogostemon yatabeanus (Makino) Press
[*Dysophylla yatabeana* Makino]

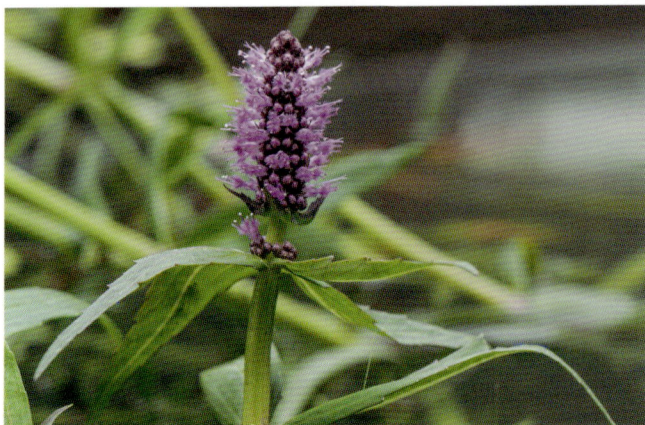

紫花香薷
Elsholtzia argyi Lévl.

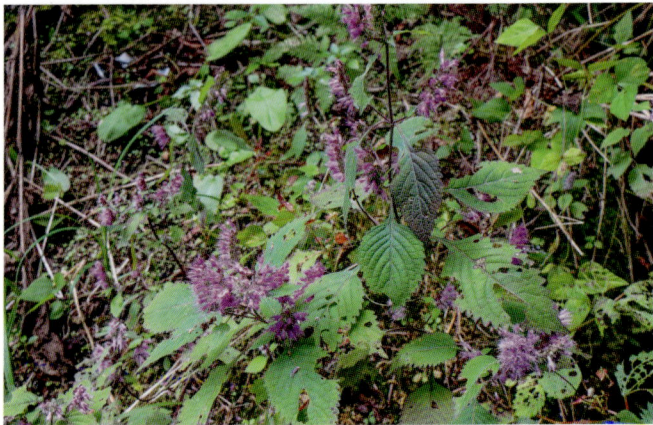

香薷 *Elsholtzia ciliata* (Thunb.) Hyland.

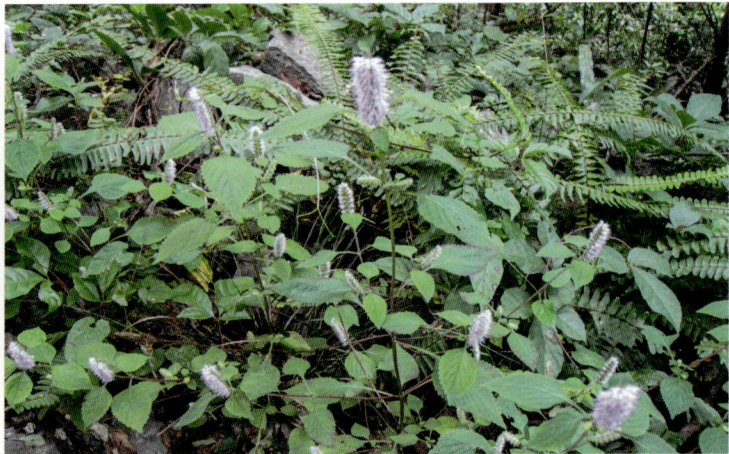

野草香 *Elsholtzia cypriani*
(Pavol.) C. Y. Wu et S. Chow

水香薷
Elsholtzia kachinensis Prain

海州香薷 *Elsholtzia splendens* Nakai

小野芝麻 *Galeobdolon chinense* (Benth.) C. Y. Wu

块根小野芝麻 *Galeobdolon tuberiferum* (Makino) C. Y. Wu

活血丹
Glechoma longituba (Nakai) Kupr

中华锥花 *Gomphostemma chinense* Oliv.

出蕊四轮香 *Hanceola exserta* Sun

四轮香 *Hanceola sinensis* (Hemsl.) Kudô

香茶菜
Isodon amethystoides (Benth.) H. Hara
[*Rabdosia amethystoides* (Benth.) H. Hara]

细锥香茶菜 *Isodon coetsa*
(Buch.-Ham. ex D. Don) Kudô
[*Rabdosia coetsa* (Buch.-Ham. ex D. Don) H. Hara]

拟缺香茶菜 *Isodon excisoides* (Y. Z. Sun ex C. H. Hu) H. Hara [*Rabdosia excisoides* (Y. Z. Sun ex C. H. Hu) C. Y. Wu et H. W. Li]

蓝萼香茶菜 *Isodon japonicus* var. *glaucocalyx* (Maxim.) H. W. Li
[*Rabdosia japonica* var. *glaucocalyx* (Maxim.) H. Hara]

线纹香茶菜 *Isodon lophanthoides* (Buch.-Ham. ex D. Don) H. Hara
[*Rabdosia lophanthoides* (Buch.-Ham. ex D. Don) H. Hara]

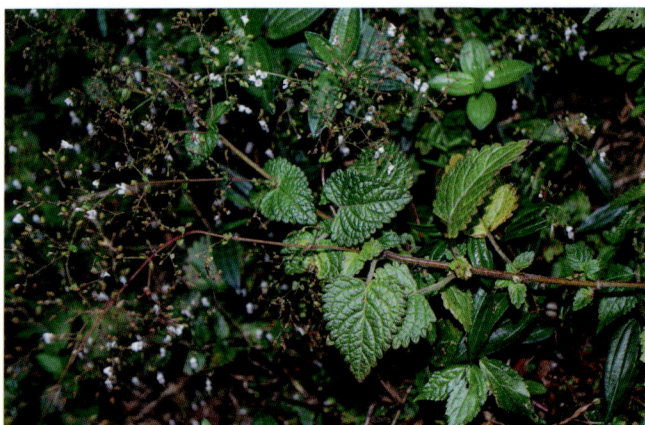

内折香茶菜 *Isodon inflexus* (Thunb.) Kudô
[*Rabdosia inflexa* (Thunb.) H. Hara]

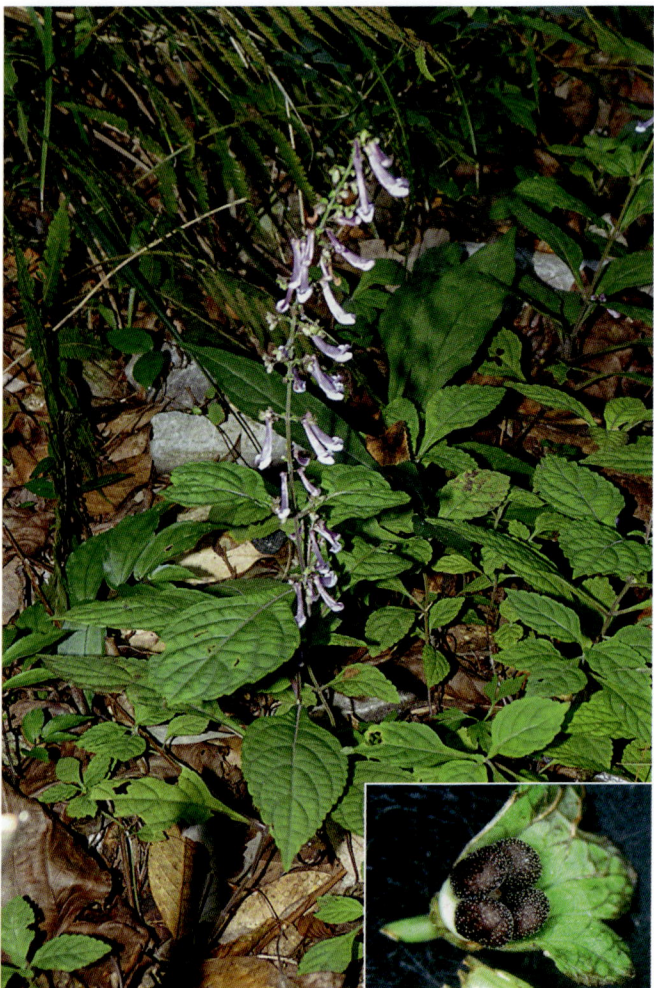

长管香茶菜 *Isodon longitubus* (Miq.) Kudô
[*Rabdosia longituba* (Miq.) H. Hara]

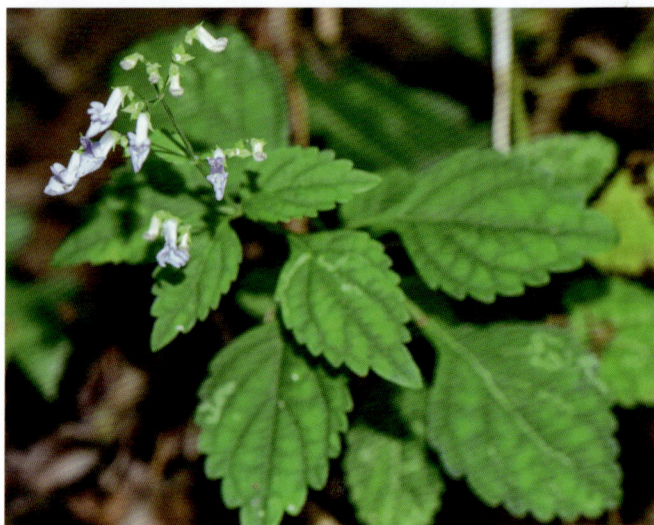

细花线纹香茶菜 *Isodon lophanthoides* var. *graciliflorus* (Benth.) H. Hara
[*Rabdosia lophanthoides* var. *graciliflora* (Benth.) H. Hara]

大萼香茶菜
Isodon macrocalyx (Dunn) Kudô
[*Rabdosia macrocalyx* (Dunn) H. Hara]

显脉香茶菜
Isodon nervosus (Hemsl.) Kudô
[*Rabdosia nervosa* (Hemsl.) C. Y. Wu et H. W. Li]

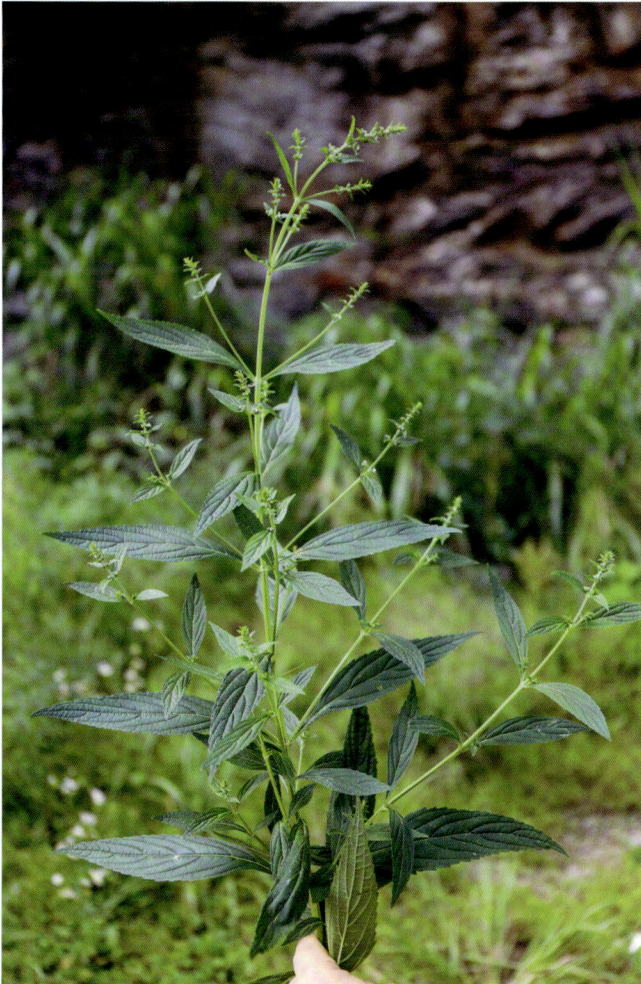

溪黄草
Isodon serra (Maxim.) Kudô
[*Rabdosia serra* (Maxim.) H. Hara]

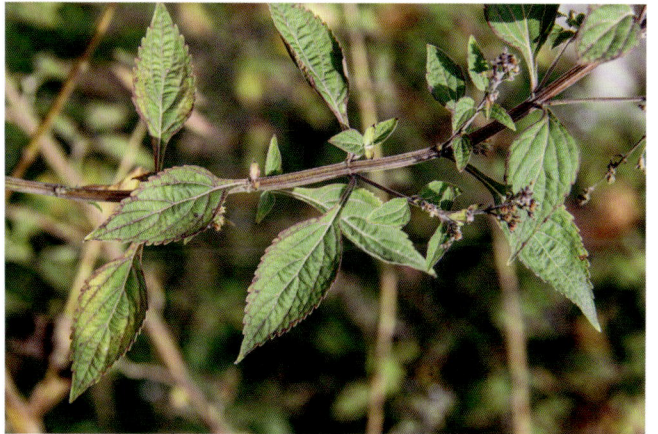

香薷状香简草 *Keiskea elsholtzioides* Merr.

腺毛香简草
Keiskea glandulosa C. Y. Wu

夏至草 *Lagopsis supina*
(Steph. ex Willd.) Ikonn.-Gal.

动蕊花 *Kinostemon ornatum* (Hemsl.) Kudô

短柄野芝麻 *Lamium album* L.

宝盖草 *Lamium amplexicaule* L.

野芝麻 *Lamium barbatum* Sieb. et Zucc.

益母草 *Leonurus japonicus* Houtt.

绣球防风 *Leucas ciliata* Benth.

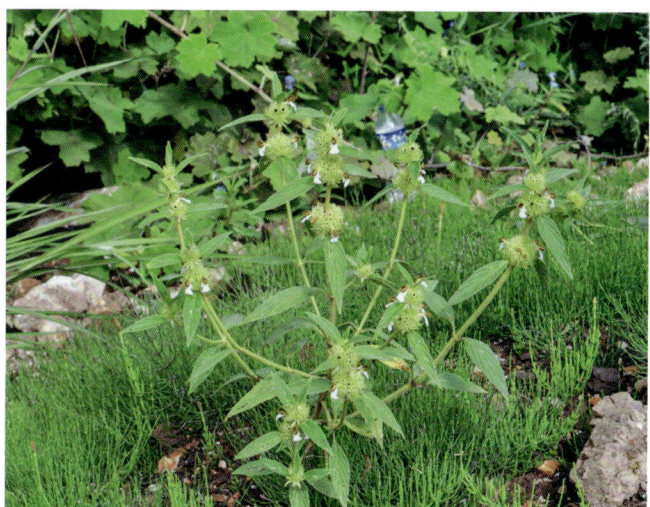

白绒草
Leucas mollissima Wall.

疏毛白绒草 *Leucas mollissima* var. *chinensis* Benth.

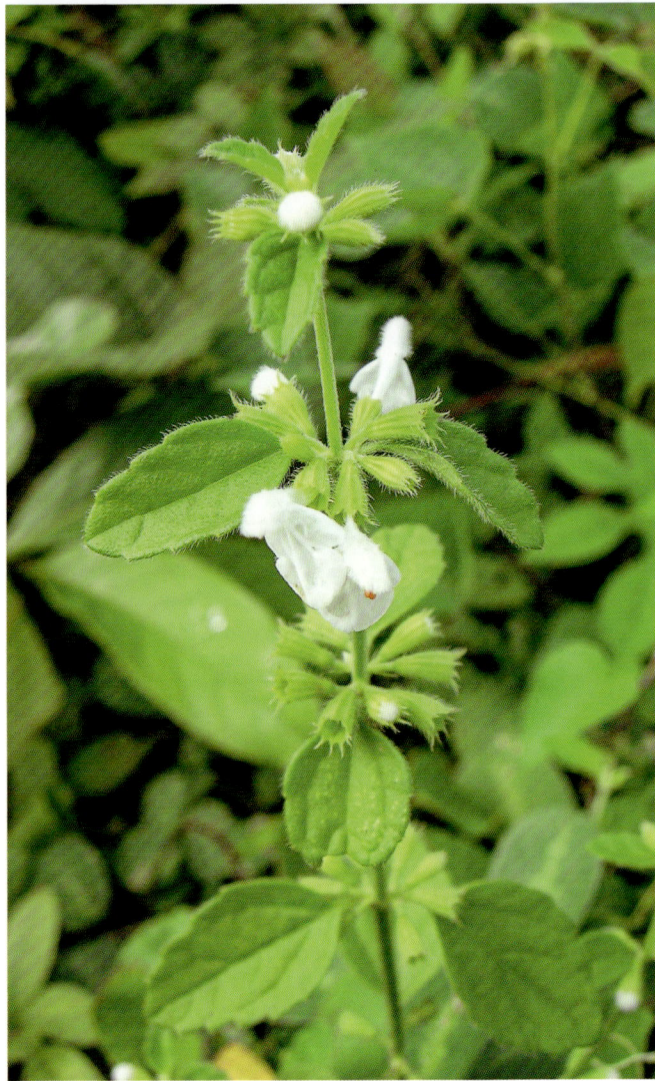

小叶地笋 *Lycopus cavaleriei* Lévl.

地笋 *Lycopus lucidus* Turcz.

硬毛地笋
Lycopus lucidus **var.** *hirtus* Regel

龙头草
Meehania henryi (Hemsl.) Sun ex C. Y. Wu

肉叶龙头草
Meehania faberi (Hemsl.) C. Y. Wu

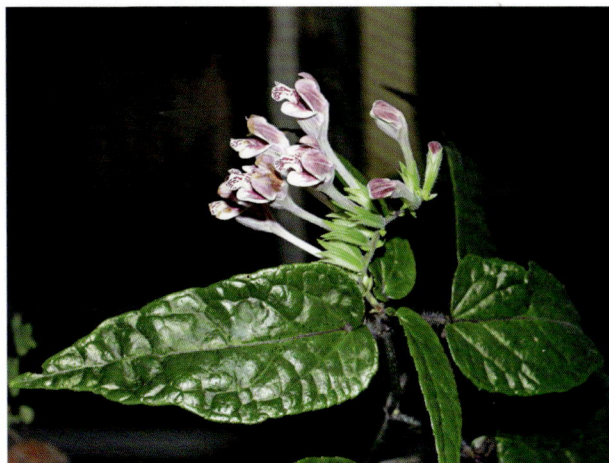

华西龙头草
Meehania fargesii (Lévl.) C. Y. Wu

闽浙龙头草 *Meehania zheminensis* A. Takano, Pan Li et G. H. Xia

薄荷 *Mentha canadensis* L.

凉粉草 *Mesona chinensis* Benth.

小花荠苎 *Mosla cavaleriei* Lévl.

石香薷
Mosla chinensis Maxim.

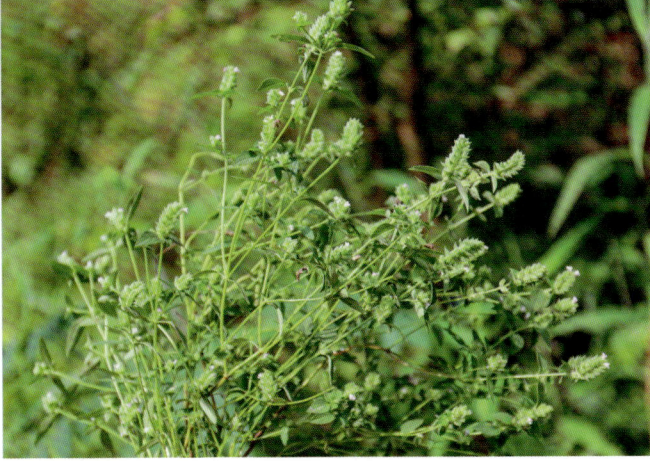

小鱼仙草
Mosla dianthera (Buch.-Ham.) Maxim.

石荠苧 *Mosla scabra*
(Thunb.) C. Y. Wu et H. W. Li

苏州荠苧 *Mosla soochowensis* Matsuda

* 荆芥 *Nepeta cataria* L.

* 罗勒 *Ocimum basilicum* L.

疏柔毛罗勒 *Ocimum basilicum*
var. *pilosum* (Willd.) Benth.

短齿白毛假糙苏 *Paraphlomis albida*
var. *brevidens* Hand.-Mazz.

牛至 *Origanum vulgare* L.

小叶假糙苏 *Paraphlomis coronata*
(Vaniot) Y. P. Chen et C. L. Xiang
[*Paraphlomis javanica* var. *angustifolia* (C. Y. Wu) C. Y. Wu
et H. W. Li; *Paraphlomis javanica* var. *coronata* (Vant.) C.
Y. Wu et H. W. Li]

白毛假糙苏
Paraphlomis albida Hand.-Mazz.

曲茎假糙苏 *Paraphlomis foliata*
(Dunn) C. Y. Wu et H. W. Li

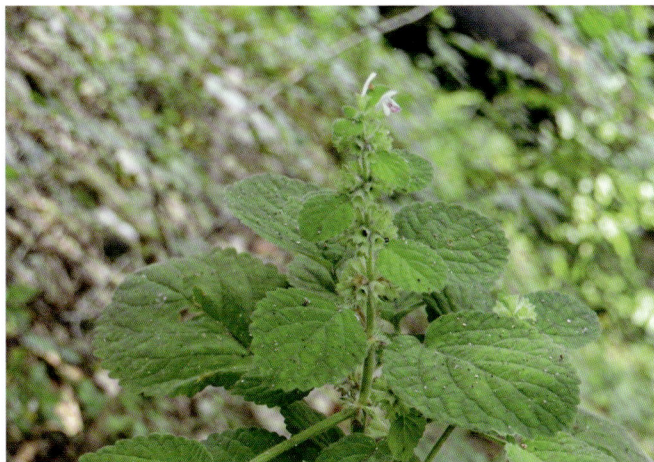

长叶假糙苏
Paraphlomis lanceolata Hand.-Mazz.

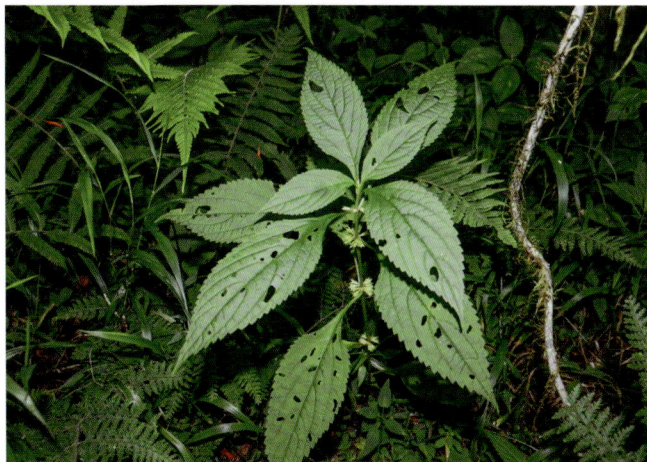

假糙苏 *Paraphlomis javanica* (Bl.) Prain

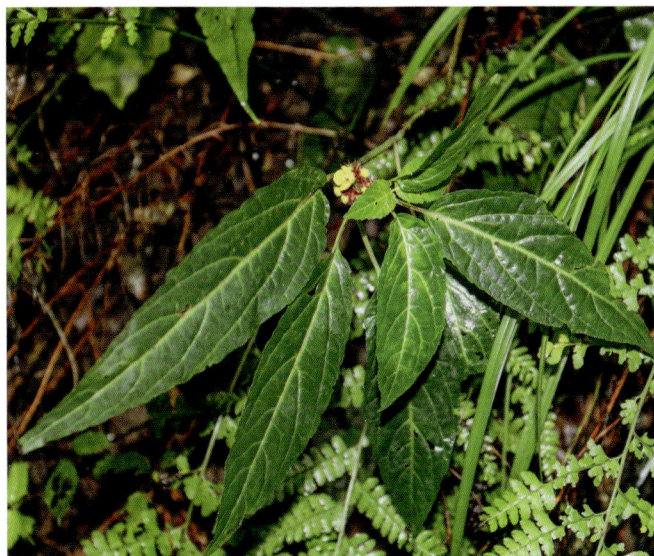

云和假糙苏 *Paraphlomis lancidentata* Sun

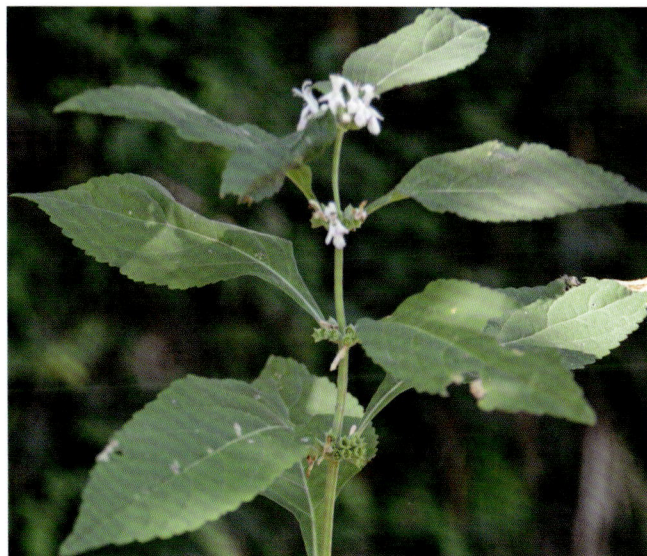

井冈山假糙苏 *Paraphlomis jinggangshanensis* Boufford, W. B. Liao et W. Y. Zhao

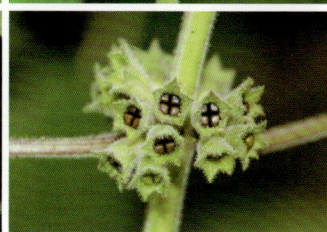

小刺毛假糙苏
Paraphlomis setulosa C. Y. Wu et H. W. Li

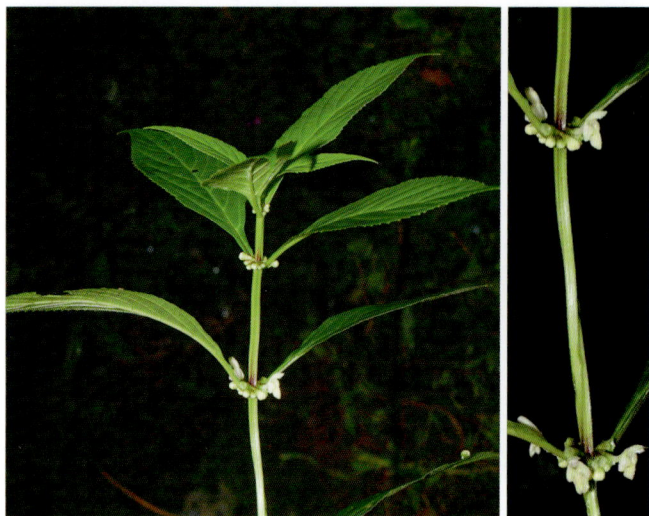

紫苏
Perilla frutescens (L.) Britt.

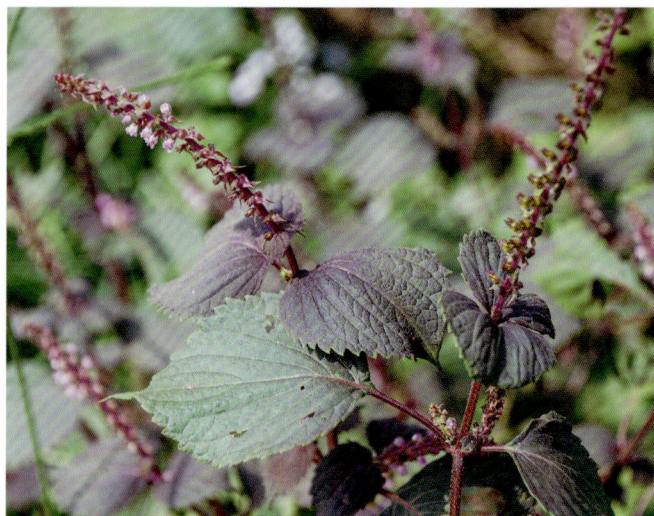

回回苏 *Perilla frutescens var. crispa* (Thunb.) Hand.-Mazz.

野生紫苏 *Perilla frutescens* **var.** *purpurascens* (Hayata) H. W. Li

糙苏 *Phlomis umbrosa* Turcz.

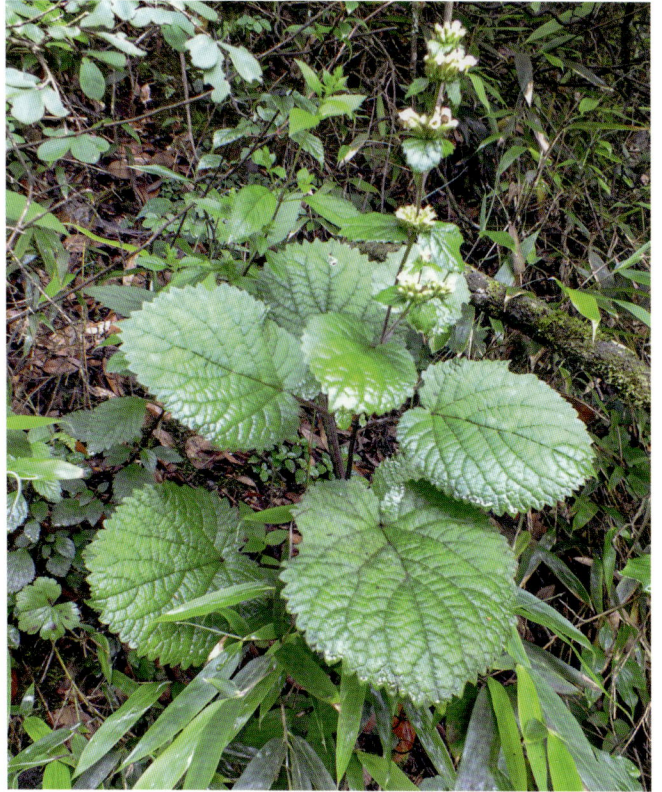

卵叶糙苏
Phlomis umbrosa **var.** *ovalifolia* C. Y. Wu

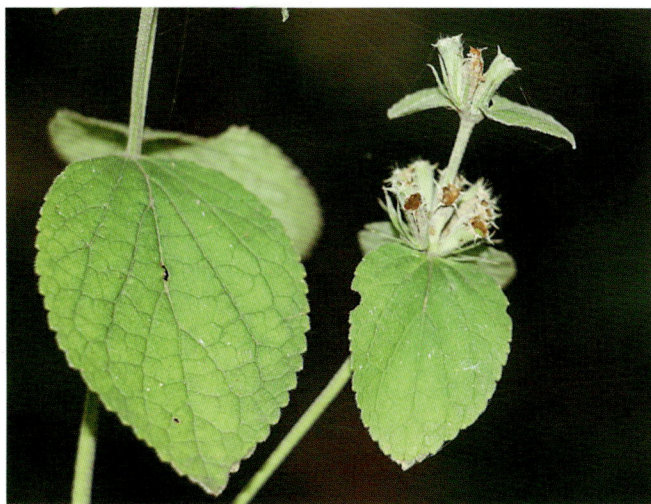

南方糙苏
Phlomis umbrosa **var.** *australis* Hemsl.

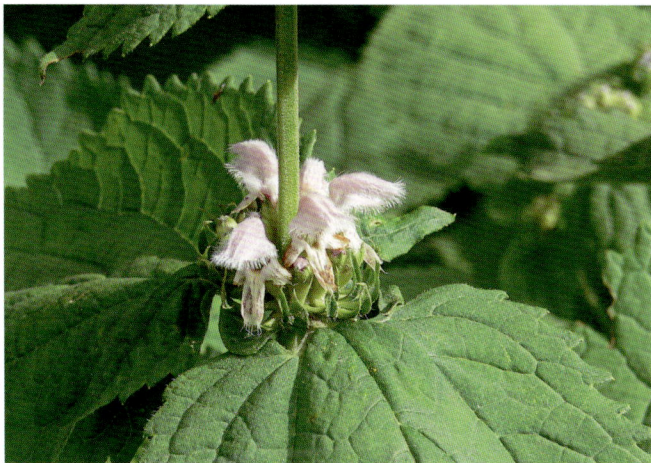

珍珠菜
Pogostemon auricularius (L.) Kassk.

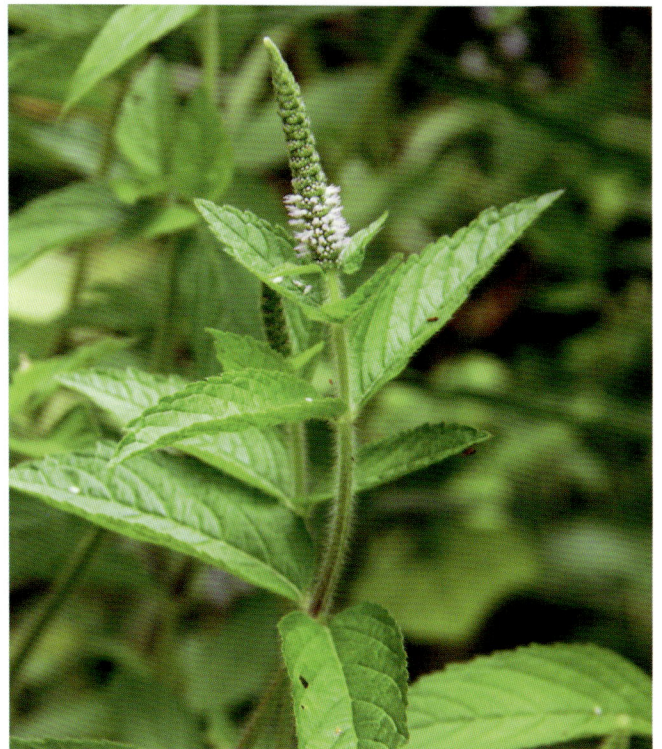

北刺蕊草 *Pogostemon septentrionalis* C. Y. Wu et Y. C. Huang

黄药豆腐柴 *Premna cavaleriei* Lévl.

臭黄荆 *Premna ligustroides* Hemsl.

豆腐柴 *Premna microphylla* Turcz.

狐臭柴 *Premna puberula* Pamp.

伞序臭黄荆 *Premna serratifolia* L.

山菠菜 *Prunella asiatica* Nakai

夏枯草 *Prunella vulgaris* L.

铁线鼠尾草 *Salvia adiantifolia* Stib.

附片鼠尾草 *Salvia appendiculata* Stib.

南丹参 *Salvia bowleyana* Dunn

近二回羽裂南丹参 *Salvia bowleyana* var. *subbipinnata* C. Y. Wu

贵州鼠尾草 *Salvia cavaleriei* Lévl.

血盆草 *Salvia cavaleriei* var. *simplicifolia* Stib.

华鼠尾草 *Salvia chinensis* Benth.

蕨叶鼠尾草 *Salvia filicifolia* Merr.

鼠尾草 *Salvia japonica* Thunb.

关公须 *Salvia kiangsiensis* C. Y. Wu

丹参 *Salvia miltiorrhiza* Bunge

荔枝草 *Salvia plebeia* R. Br.

长冠鼠尾草紫参
Salvia plectranthoides Griff.

红根草
Salvia prionitis Hance

地埂鼠尾草 *Salvia scapiformis* Hance

钟萼地埂鼠尾草 *Salvia scapiformis* var. *carphocalyx* Stib.

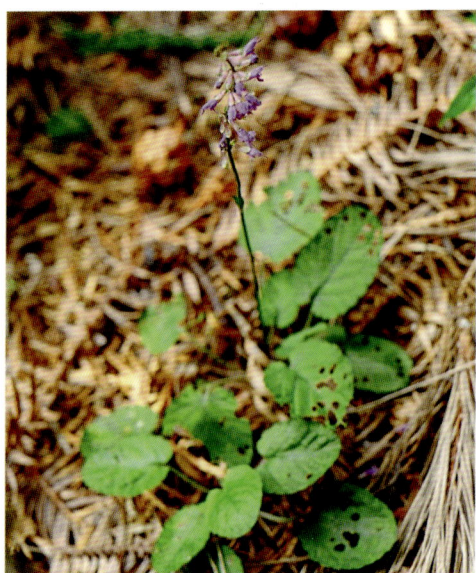

硬毛地埂鼠尾草
Salvia scapiformis var. *hirsuta* Stib.

拟丹参 *Salvia sinica* Migo

* 一串红 *Salvia splendens* Ker Gawl.

佛光草
Salvia substolonifera Stib.

四棱草
Schnabelia oligophylla Hand.-Mazz.

四齿四棱草 *Schnabelia tetrodonta* (Sun) C. Y. Wu et C. Chen

腋花黄芩 *Scutellaria axilliflora* Hand.-Mazz.

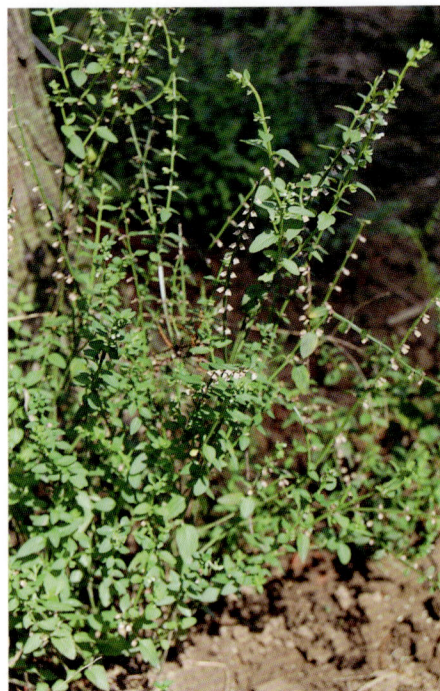

半枝莲 *Scutellaria barbata* D. Don

蓝花黄芩 *Scutellaria formosana* N. E. Br.

岩藿香 *Scutellaria franchetiana* Lévl.

湖南黄芩 *Scutellaria hunanensis* C. Y. Wu

裂叶黄芩 *Scutellaria incisa* Sun ex C. H. Hu

韩信草 *Scutellaria indica* L.

缩茎韩信草
Scutellaria indica **var.** *subacaulis*
(Sun ex C. H. Hu) C. Y. Wu et C. Chen

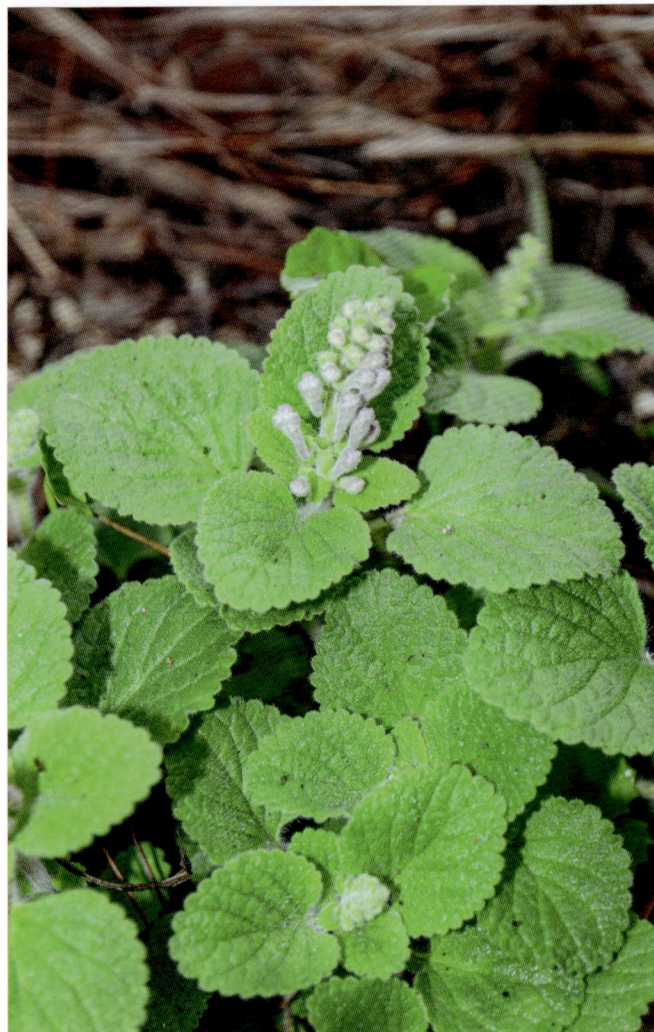

长毛韩信草 *Scutellaria indica*
var. *elliptica* Sun ex G. H. Hu

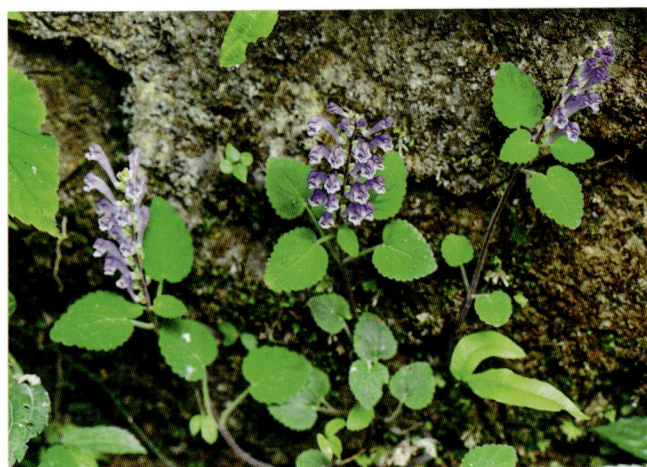

乐东吕宋黄芩 *Scutellaria luzonica*
var. *lotungensis* C. Y. Wu et C. Chen

京黄芩 *Scutellaria pekinensis* Maxim.

紫茎京黄芩 *Scutellaria pekinensis* var. *purpureicaulis* (Migo) C. Y. Wu et H. W. Li

短促京黄芩 *Scutellaria pekinensis* var. *transitra* (Makino) H. Hara ex H. W. Li et Ohwi

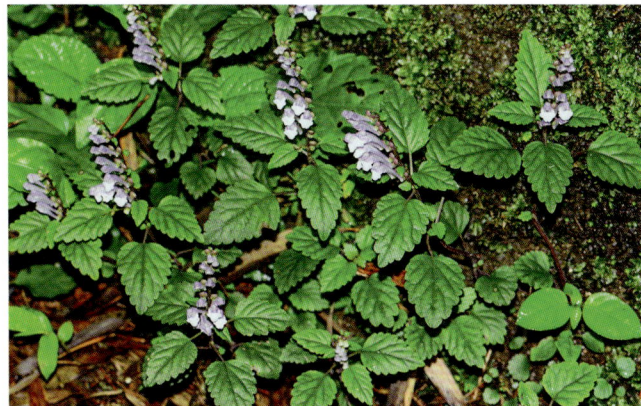

喜荫黄芩 *Scutellaria sciaphila* S. Moore

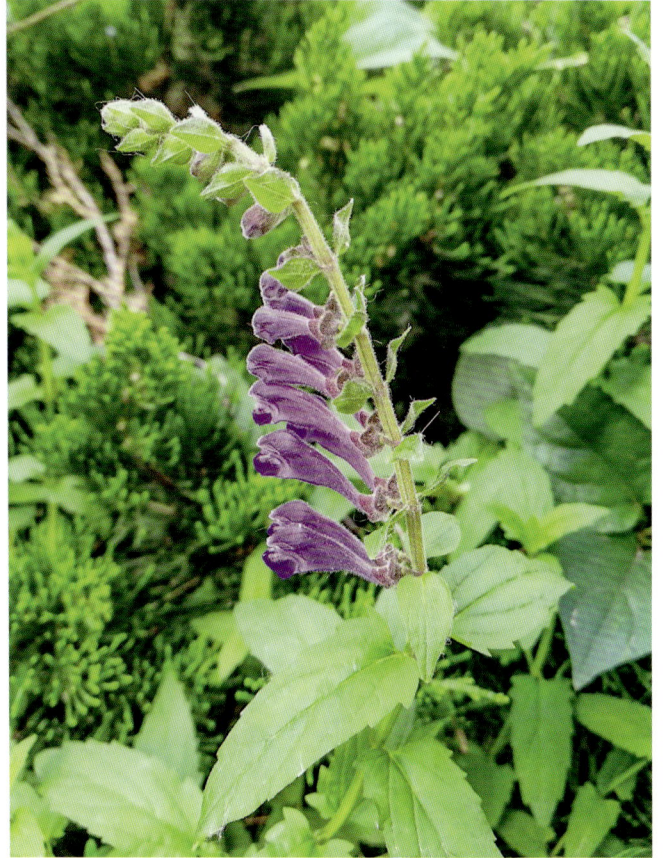

两广黄芩 *Scutellaria subintegra* C. Y. Wu et H. W. Li

偏花黄芩
Scutellaria tayloriana Dunn

柔弱黄芩
Scutellaria tenera C. Y. Wu et H. W. Li

英德黄芩
Scutellaria yingtakensis Sun

光柄筒冠花
Siphocranion nudipes (Hemsl.) Kudô

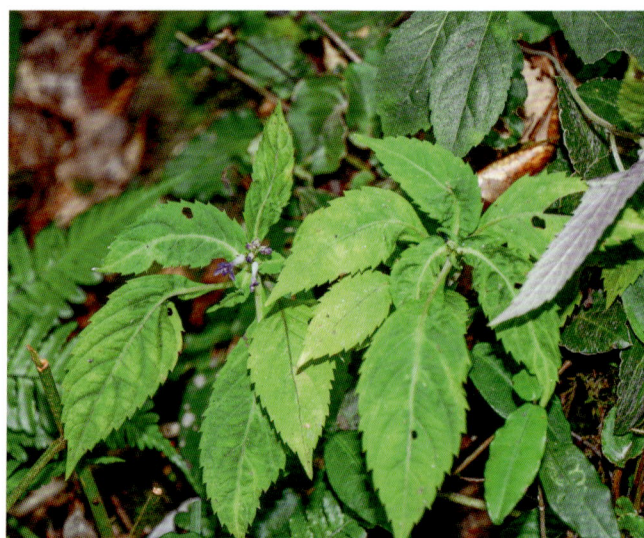

蜗儿菜 *Stachys arrecta* L. H. Bailey

田野水苏 *Stachys arvensis* L.

毛水苏 *Stachys baicalensis* Fisch. ex Benth.

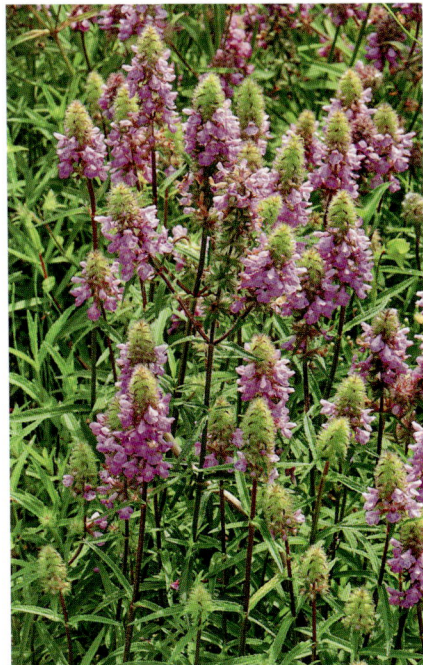

地蚕 *Stachys geobombycis* C. Y. Wu

水苏 *Stachys japonica* Miq.

针筒菜 *Stachys oblongifolia* Benth.

甘露子 *Stachys sieboldii* Miq.

二齿香科科 *Teucrium bidentatum* Hemsl.

穗花香科科 *Teucrium japonicum* Willd.

庐山香科科 *Teucrium pernyi* Franch.

血见愁 *Teucrium viscidum* Bl.

微毛血见愁 *Teucrium viscidum* var. *nepetoides* (Lévl.) C. Y. Wu et S. Chow

铁轴草 *Teucrium quadrifarium* Buch.-Ham.

黄荆
Vitex negundo L.

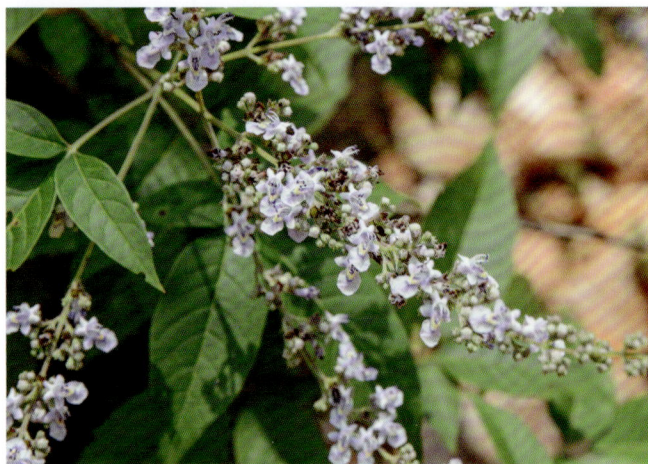

牡荆 *Vitex negundo* var. *cannabifolia*
(Sieb. et Zucc.) Hand.-Mazz.

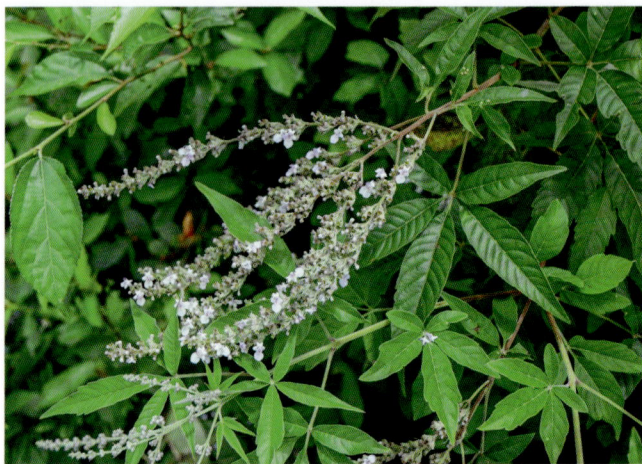

荆条 *Vitex negundo* var. *heterophylla*
(Franch.) Rehd.

山牡荆
Vitex quinata (Lour.) Wall.

单叶蔓荆
Vitex trifolia var. *simplicifolia* Cham.

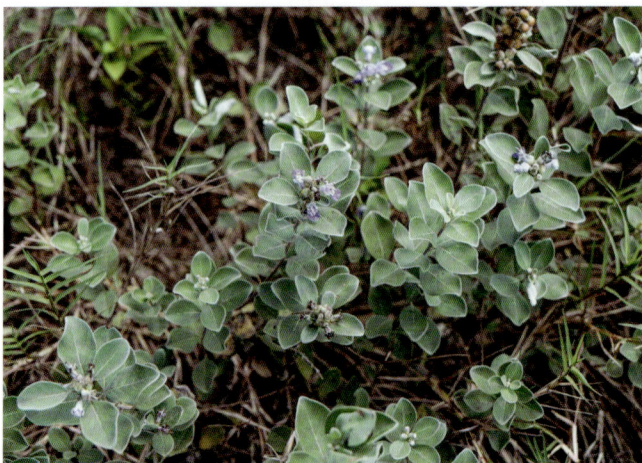

A384　通泉草科 Mazaceae

早落通泉草
Mazus caducifer Hance

匍茎通泉草 ***Mazus miquelii*** Makino

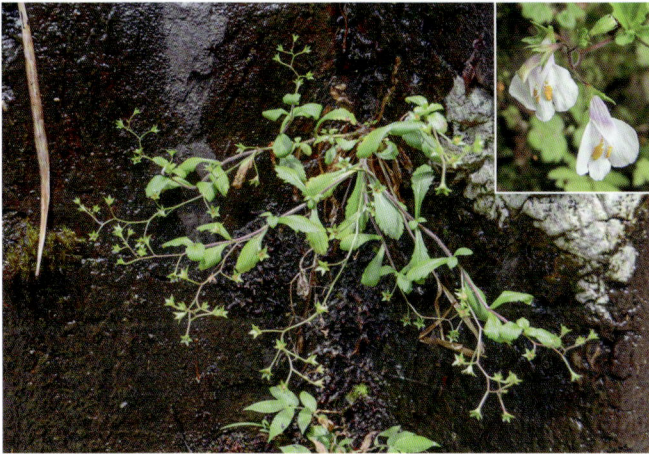

纤细通泉草 ***Mazus gracilis***
Hemsl. ex Forbes et Hemsl.

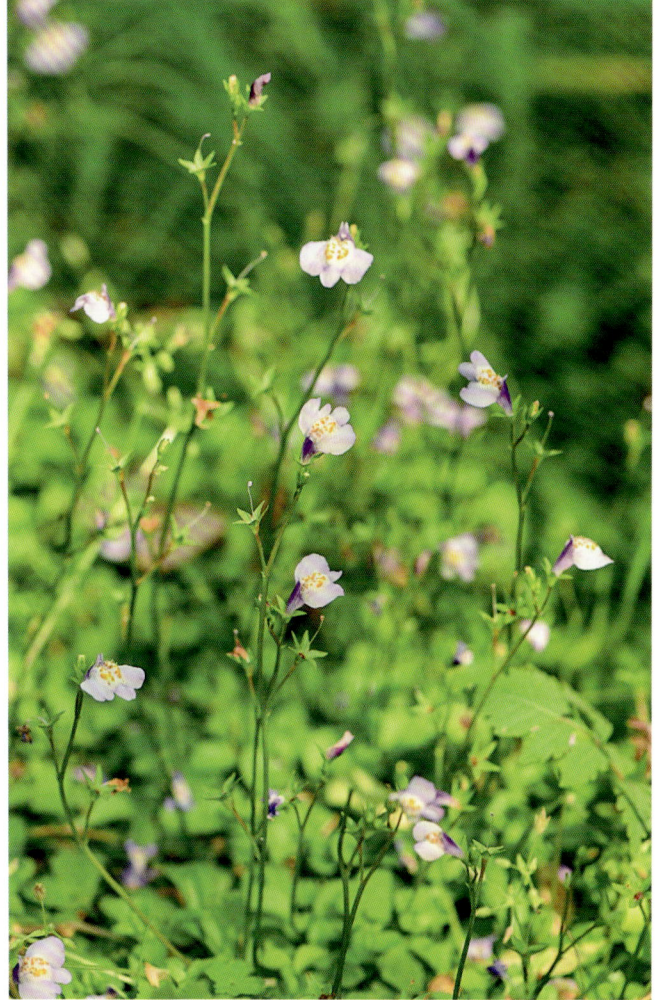

通泉草 ***Mazus pumilus*** (Burm. f.) Steenis

林地通泉草 ***Mazus saltuarius*** Hand.-Mazz.

毛果通泉草
Mazus spicatus Vant.

弹刀子菜
Mazus stachydifolius (Turcz.) Maxim.

A385 透骨草科 Phrymaceae

沟酸浆
Mimulus tenellus Bunge

尼泊尔沟酸浆 *Mimulus tenellus* var. *nepalensis* (Benth.) Tsoong

透骨草 *Phryma leptostachya* subsp. *asiatica* (H. Hara) Kitam.

A386　泡桐科 Paulowniaceae

白花泡桐 *Paulownia fortunei* (Seem.) Hemsl.

台湾泡桐 *Paulownia kawakamii* T. Itô

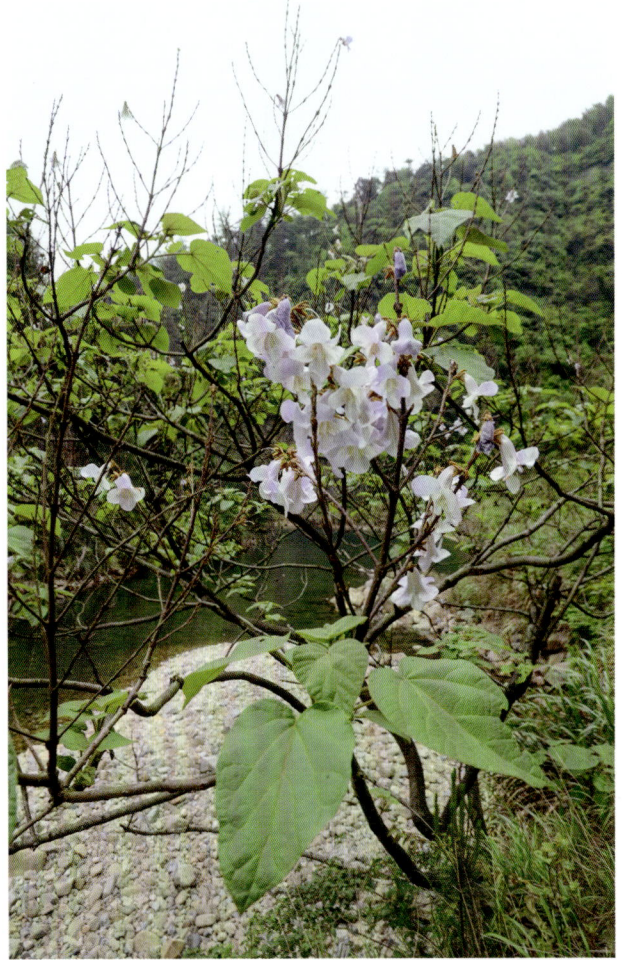

南方泡桐 *Paulownia taiwaniana* T. W. Hu et H. J. Chang

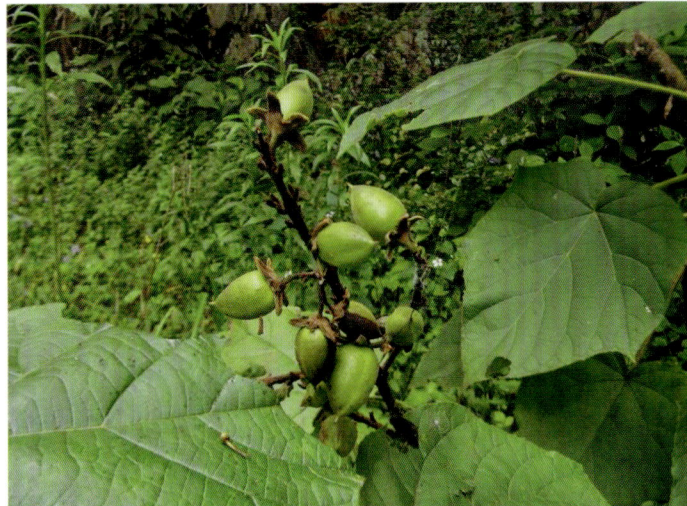

毛泡桐 *Paulownia tomentosa* (Thunb.) Steud.

A387　列当科 Orobanchaceae

野菰 *Aeginetia indica* L.　　　　　　　**中国野菰** *Aeginetia sinensis* G. Beck

岭南来江藤 *Brandisia swinglei* Merr.

黑草
Buchnera cruciata Hamilt.

胡麻草　*Centranthera cochinchinensis* (Lour.) Merr.

齿鳞草　*Lathraea japonica* Miq.

圆苞山罗花　*Melampyrum laxum* Miq.

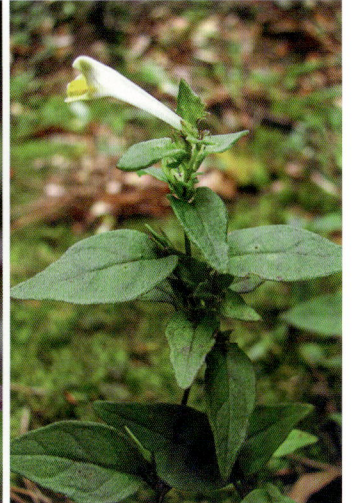

山罗花 *Melampyrum roseum* Maxim.

绵毛鹿茸草 *Monochasma savatieri* Franch.

鹿茸草 *Monochasma sheareri* Maxim.

江南马先蒿 *Pedicularis henryi* Maxim.

江西马先蒿 *Pedicularis kiangsiensis* Tsoong et Cheng f.

松蒿 *Phtheirospermum japonicum* (Thunb.) Kanitz

天目地黄 *Rehmannia chingii* Li

* 地黄 *Rehmannia glutinosa* (Gaetn.) Libosch. ex Fisch. et Mey.

阴行草 *Siphonostegia chinensis* Benth.

腺毛阴行草
Siphonostegia laeta S. Moore

独脚金
Striga asiatica (L.) O. Kuntze

Order 58　冬青目 Aquifoliales

A391　青荚叶科 Helwingiaceae

青荚叶 *Helwingia japonica* (Thunb.) Dietr.

A392　冬青科 Aquifoliaceae

满树星 *Ilex aculeolata* Nakai

秤星树 *Ilex asprella* (Hook. et Arn.) Champ. ex Benth.

刺叶冬青 *Ilex bioritsensis* Hayata

短梗冬青 *Ilex buergeri* Miq.

华中枸骨 *Ilex centrochinensis* S. Y. Hu

凹叶冬青 *Ilex championii* Loes.

冬青 *Ilex chinensis* Sims

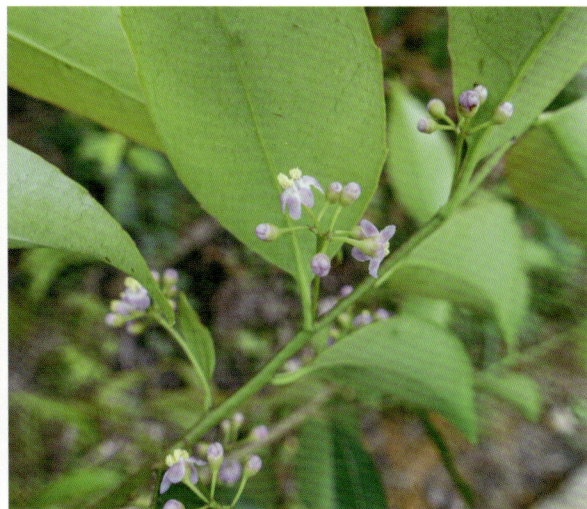

枸骨 *Ilex cornuta* Lindl. et Paxt.

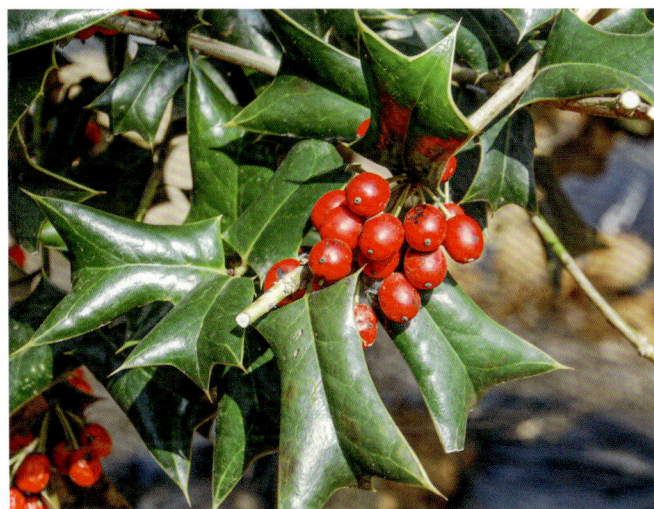

齿叶冬青 *Ilex crenata* Thunb.

黄毛冬青 *Ilex dasyphylla* Merr.

显脉冬青 *Ilex editicostata* Hu et Tang

厚叶冬青 *Ilex elmerrilliana* S. Y. Hu

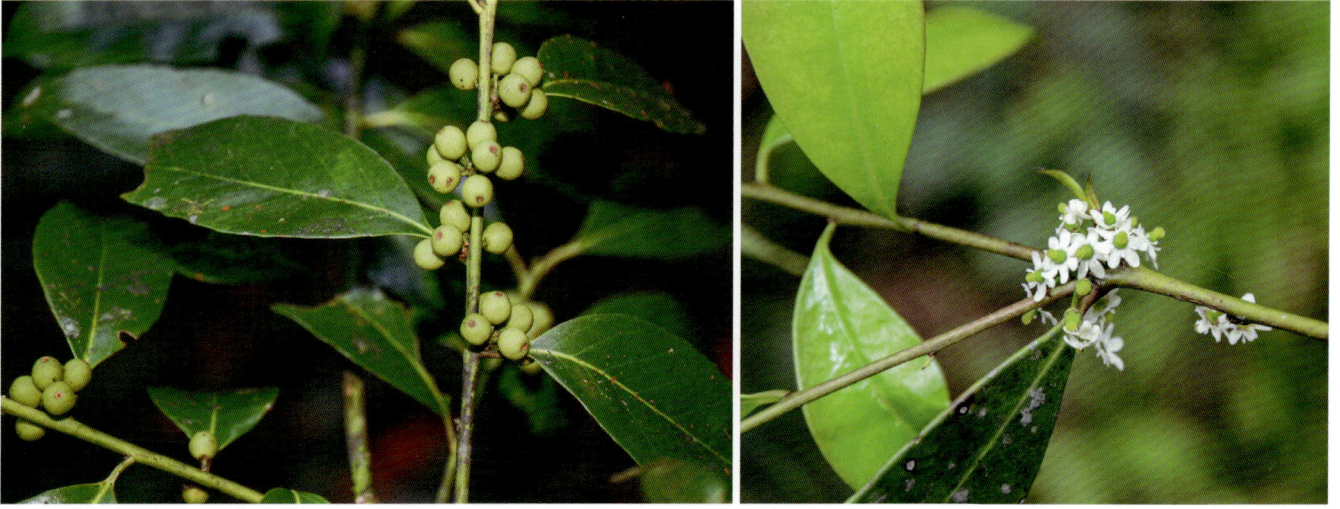

硬叶冬青 *Ilex ficifolia*
C. J. Tseng ex S. K. Chen et Y. X. Feng

榕叶冬青
Ilex ficoidea Hemsl.

台湾冬青 *Ilex formosana* Maxim.

青茶香 *Ilex hanceana* Maxim.

硬毛冬青 *Ilex hirsuta*
C. J. Tseng ex S. K. Cheng et Y. X. Feng

光叶细刺枸骨
Ilex hylonoma var. *glabra* S. Y. Hu

中型冬青 *Ilex intermedia* Loes. ex Diels

皱柄冬青 *Ilex kengii* S. Y. Hu

广东冬青 *Ilex kwangtungensis* Merr.

大叶冬青 *Ilex latifolia* Thunb.

木姜冬青 *Ilex litseifolia* Hu et T. Tang

矮冬青 *Ilex lohfauensis* Merr.

大果冬青 *Ilex macrocarpa* Oliv.

长梗冬青 *Ilex macrocarpa* var. *longipedunculata* S. Y. Hu

大柄冬青 *Ilex macropoda* Miq.

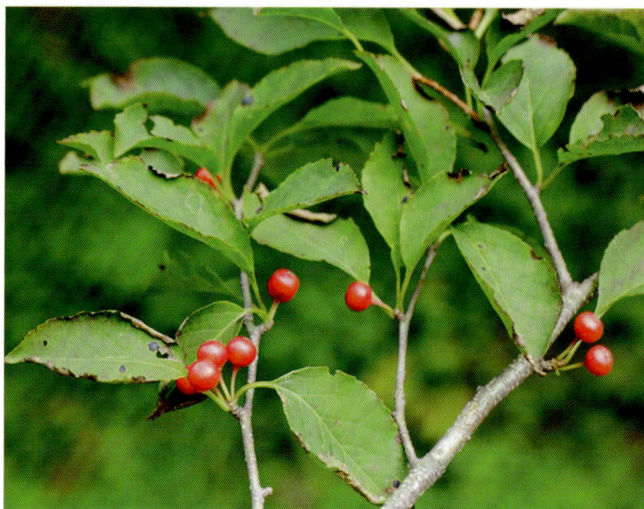

黑叶冬青 *Ilex melanophylla* H. T. Chang

谷木叶冬青
Ilex memecylifolia Champ. ex Benth.

小果冬青
Ilex micrococca Maxim.

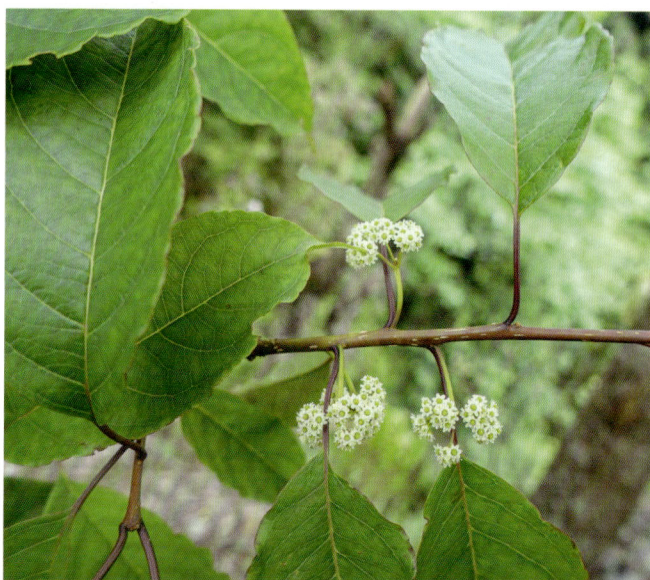

亮叶冬青 *Ilex nitidissima* C. J. Tseng

疏齿冬青 *Ilex oligodonta* Merr. et Chun

具柄冬青 *Ilex pedunculosa* Miq.

猫儿刺 *Ilex pernyi* Franch.

毛冬青 *Ilex pubescens* Hook. et Arn.

铁冬青 *Ilex rotunda* Thunb.

落霜红 *Ilex serrata* Thunb.

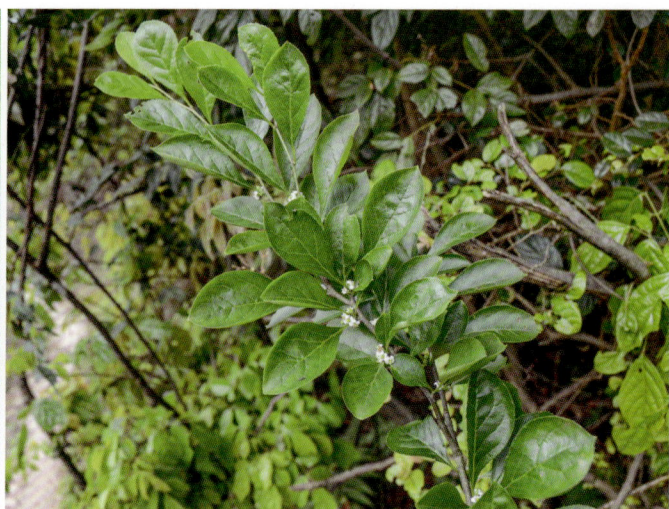

香冬青 *Ilex suaveolens* (Lévl.) Loes.

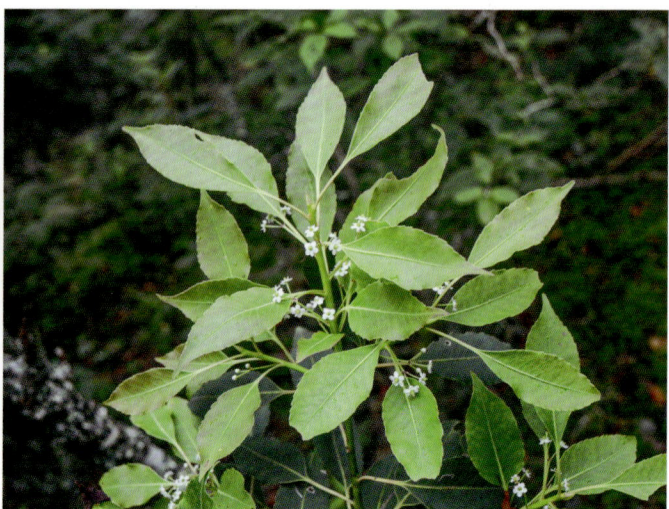

拟榕叶冬青
Ilex subficoidea S. Y. Hu

蒲桃叶冬青 *Ilex syzygiophylla*
C. J. Tseng ex S. K. Chen et Y. X. Feng

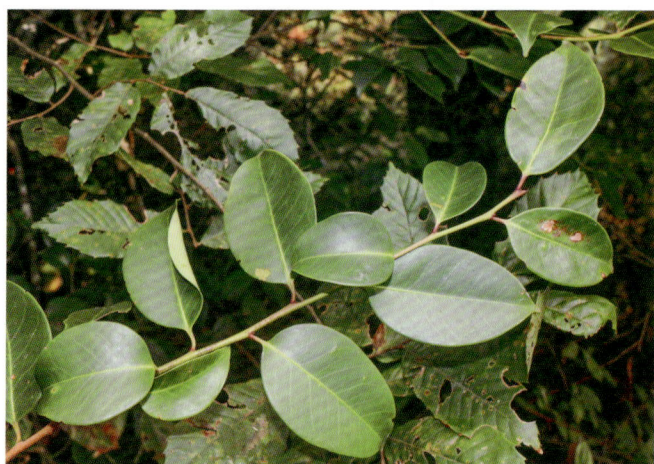

四川冬青 *Ilex szechwanensis* Loes.

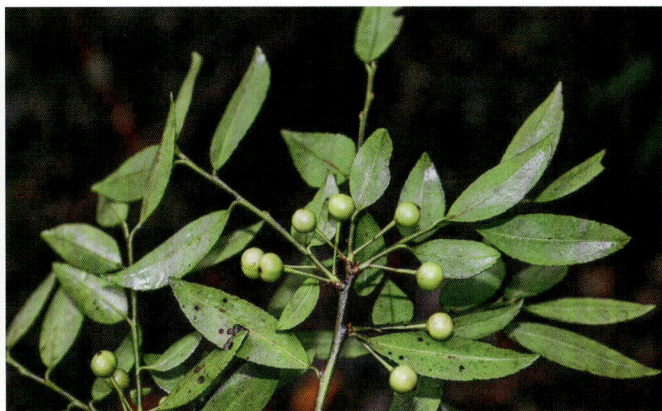

三花冬青
Ilex triflora Bl.

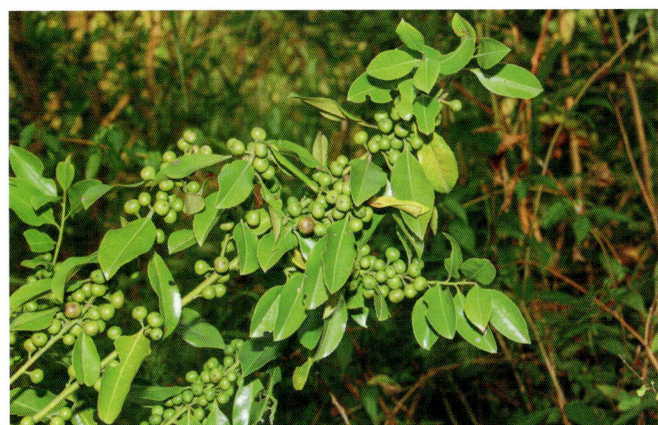

钝头冬青 *Ilex triflora* var. *kanehirae*
(Yamamoto) S. Y. Hu

紫果冬青 *Ilex tsoii* Merr. et Chen

纤秀冬青 *Ilex venusta* H. Peng et W. B. Liao

绿冬青 *Ilex viridis* Champ. ex Benth.

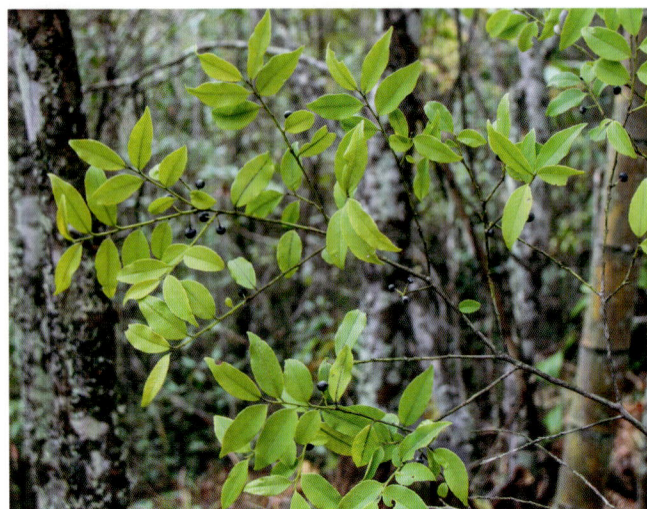

温州冬青 *Ilex wenchowensis* S. Y. Hu

尾叶冬青 *Ilex wilsonii* Loes.

武功山冬青 *Ilex wugongshanensis* C. J. Tseng ex S. K. Chen et Y. X. Feng

浙江冬青 *Ilex zhejiangensis* C. J. Tseng ex S. K. Chen et Y. X. Feng

Order 59　菊目 Asterales

A394　桔梗科 Campanulaceae

丝裂沙参
Adenophora capillaris Hemsl.

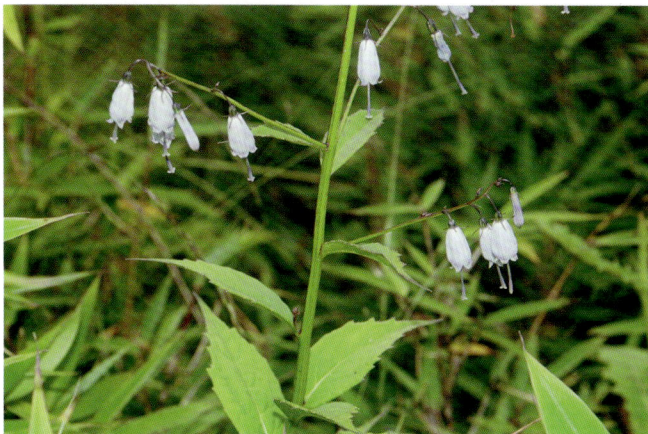

华东杏叶沙参 *Adenophora petiolata*
subsp. *huadungensis*
(D. Y. Hong) D. Y. Hong et S. Ge

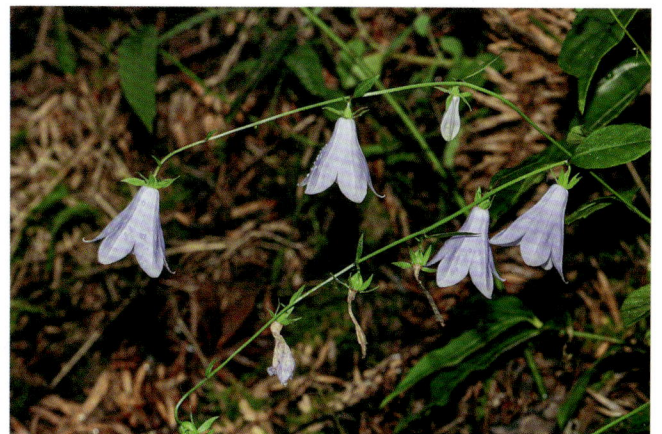

杏叶沙参 *Adenophora petiolata* **subsp.** *hunanensis* (Nannf.) D. Y. Hong et S. Ge

中华沙参 *Adenophora sinensis* A. DC.

沙参 *Adenophora stricta* Miq.

长柱沙参 *Adenophora stenanthina* (Ledeb.) Kitagawa

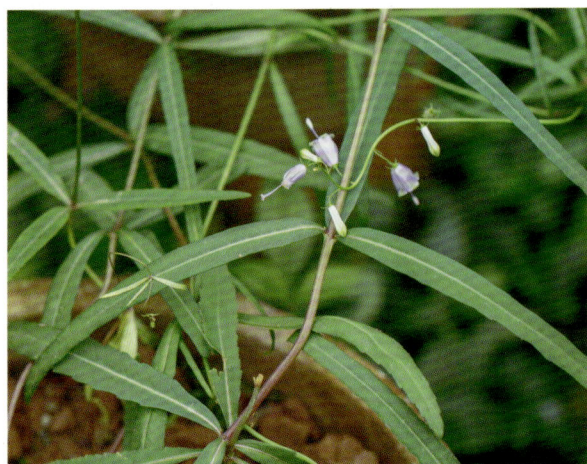

无柄沙参 *Adenophora stricta* **subsp.** *sessilifolia* Hong

轮叶沙参 *Adenophora tetraphylla* (Thunb.) Fisch.

荠苨 *Adenophora trachelioides* Maxim.

金钱豹 *Codonopsis javanica* (Blume) Hook. f. [*Campanumoea javanica* Blume]

小花金钱豹 *Codonopsis javanica* **subsp.** *japonica* (Makino) Lammers

羊乳 *Codonopsis lanceolata* (Sieb. et Zucc.) Trautv.

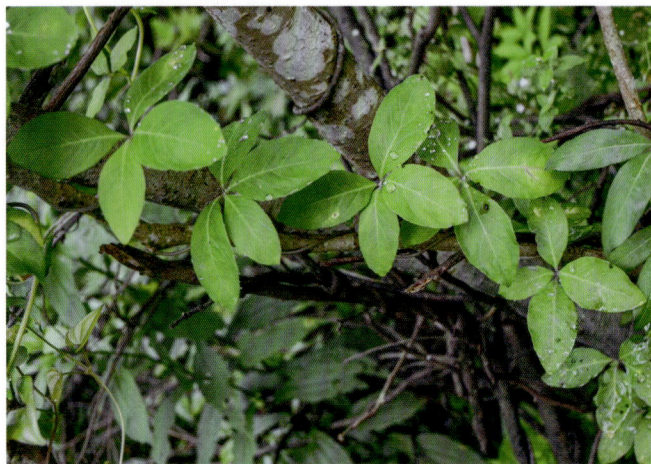

* **党参** *Codonopsis pilosula* (Franch.) Nannf.

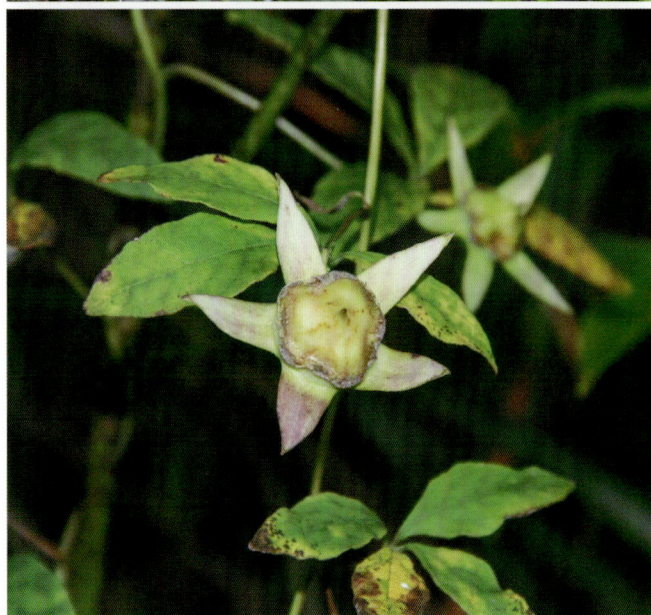

轮钟花 *Cyclocodon lancifolius* (Roxb.) Kurz

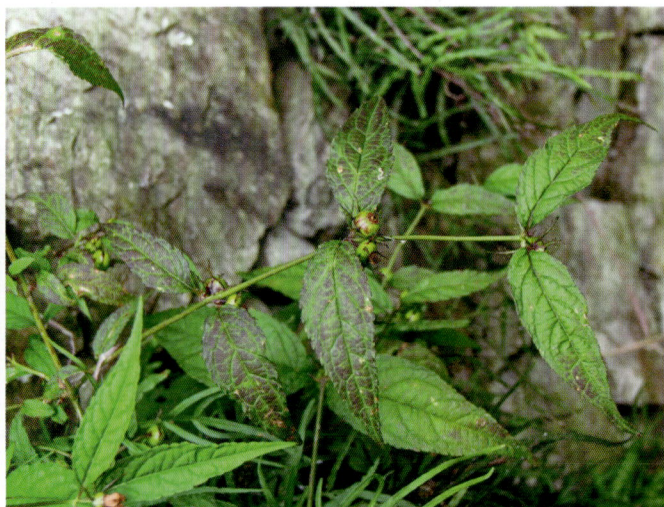

半边莲 *Lobelia chinensis* Lour.

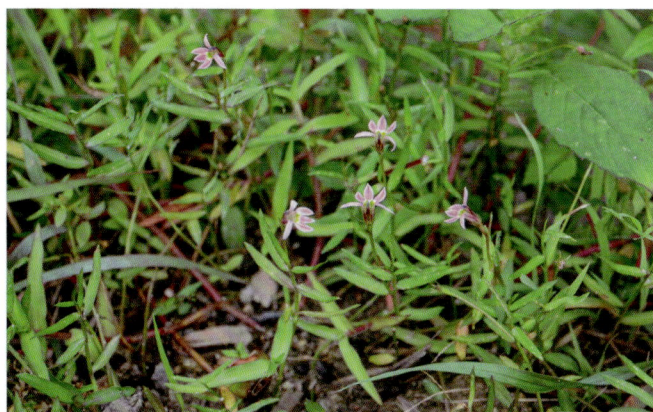

线萼山梗菜 *Lobelia melliana* E. Wimm.

江南山梗菜 *Lobelia davidii* Franch.

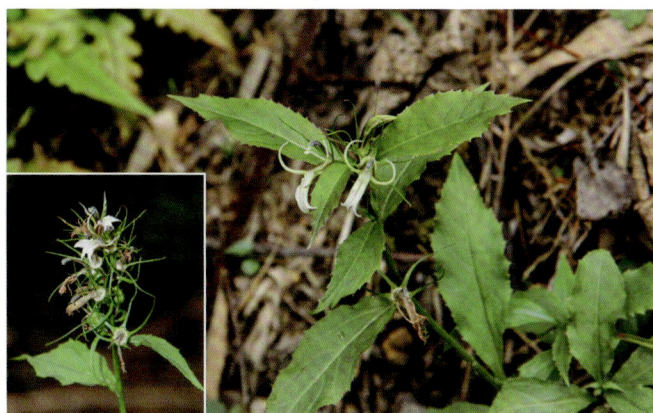

铜锤玉带草 *Lobelia nummularia* Lam.

山梗菜 *Lobelia sessilifolia* Lamb.

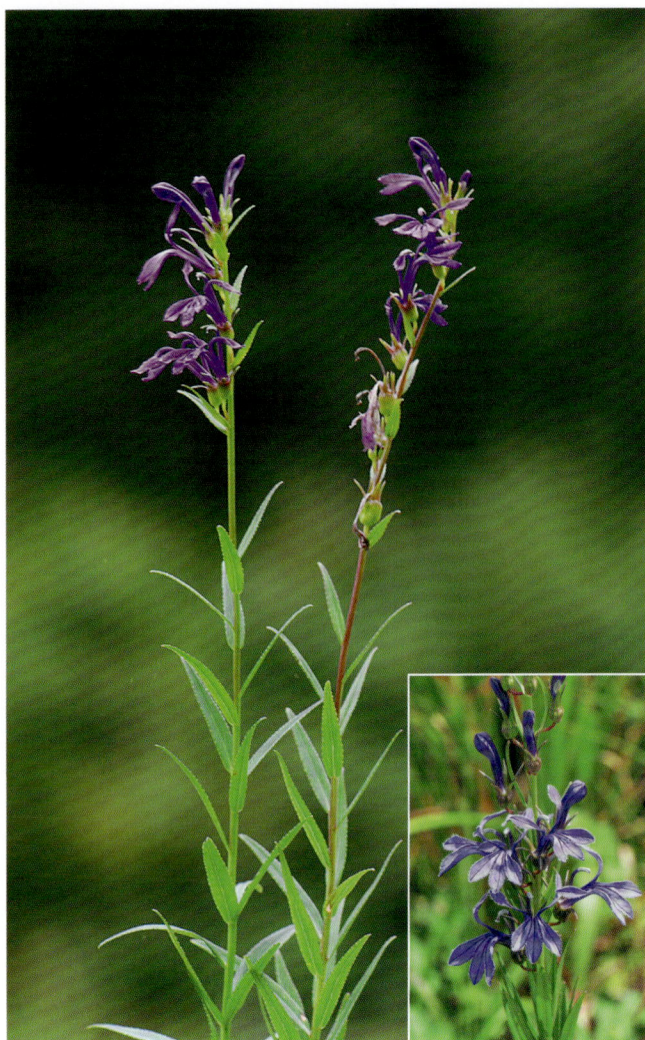

卵叶半边莲 *Lobelia zeylanica* L.

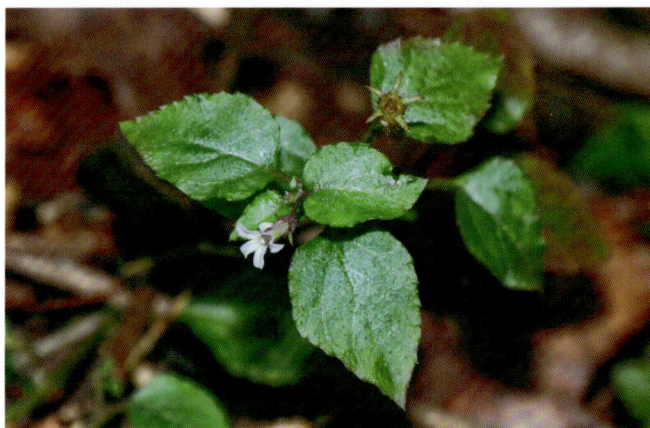

袋果草 *Peracarpa carnosa* (Wall.) Hook. f. et Thoms.

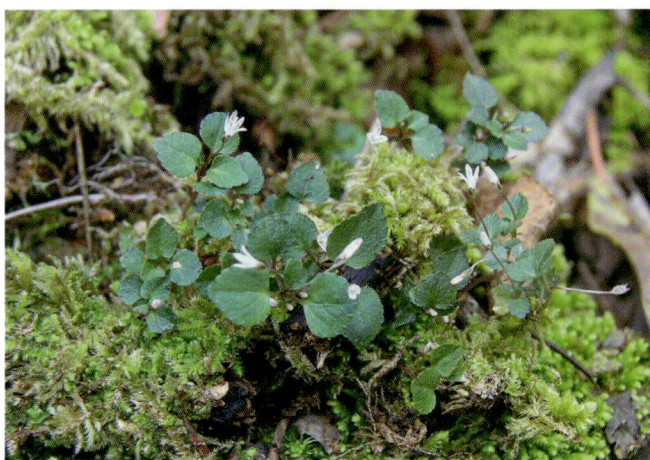

桔梗
Platycodon grandiflorus (Jacq.) A. DC.

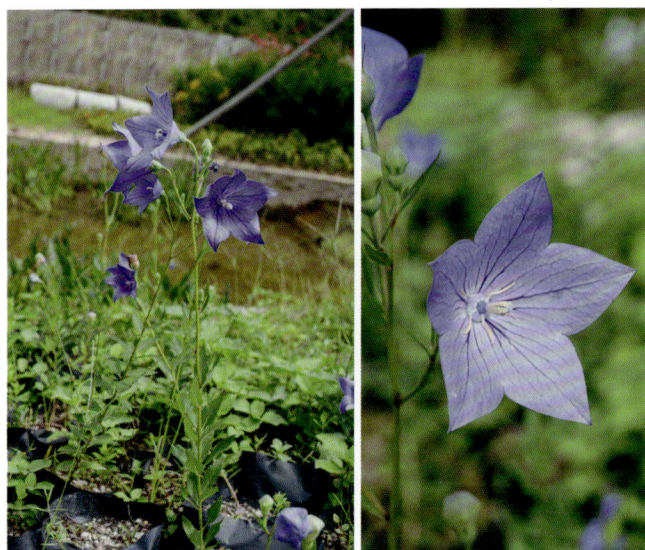

蓝花参
Wahlenbergia marginata (Thunb.) A. DC.

A400　睡菜科 Menyanthaceae

水皮莲 *Nymphoides cristata* (Roxb.) O. Kuntze

金银莲花 *Nymphoides indica* (L.) O. Kuntze

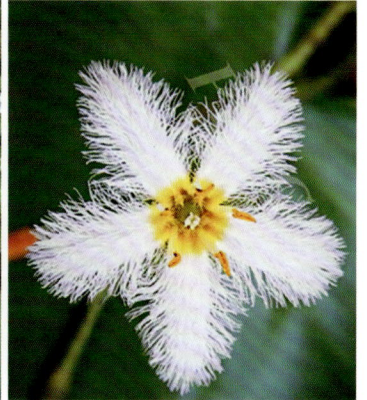

荇菜 *Nymphoides peltata* (S. G. Gmel.) Kuntze

A403　菊科 Asteraceae

* 高山蓍 *Achillea alpina* L.

和尚菜 *Adenocaulon himalaicum* Edgew.

下田菊 *Adenostemma lavenia* (L.) O. Kuntze

宽叶下田菊 *Adenostemma lavenia* var. *latifolium* (D. Don) Hand.-Mazz.

藿香蓟
Ageratum conyzoides L.

熊耳草 *Ageratum houstonianum* Miller

光叶兔儿风 *Ainsliaea glabra* Hemsl.

杏香兔儿风 *Ainsliaea fragrans* Champ.

纤枝兔儿风 *Ainsliaea gracilis* Franch.

粗齿兔儿风
Ainsliaea grossedentata Franch.

长穗兔儿风
Ainsliaea henryi Diels

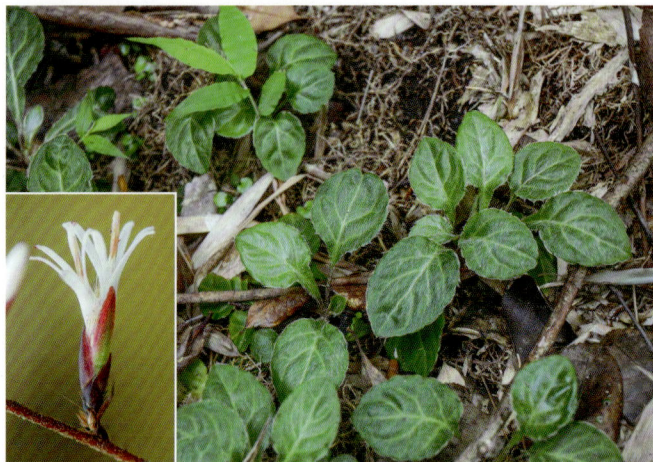

灯台兔儿风 *Ainsliaea kawakamii* Hayata

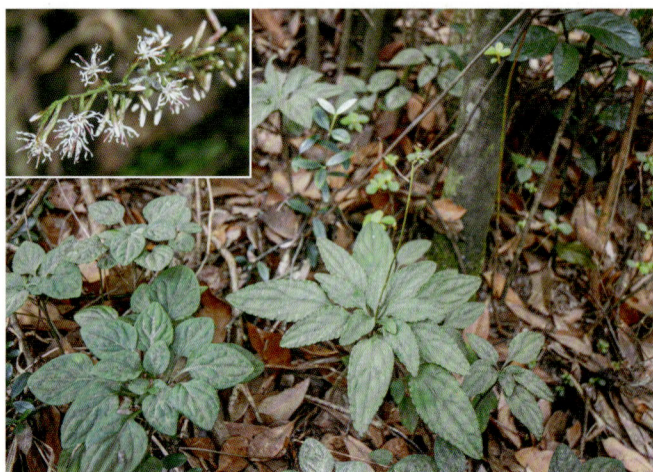

莲沱兔儿风 *Ainsliaea ramosa* Hemsl.

三脉兔儿风 *Ainsliaea trinervis* Y. C. Tseng

华南兔儿风　*Ainsliaea walkeri* Hook. f.

* 豚草　*Ambrosia artemisiifolia* L.

黄腺香青　*Anaphalis aureopunctata* Lingelsh et Borza

珠光香青 *Anaphalis margaritacea* (L.) Benth. et Hook. f.

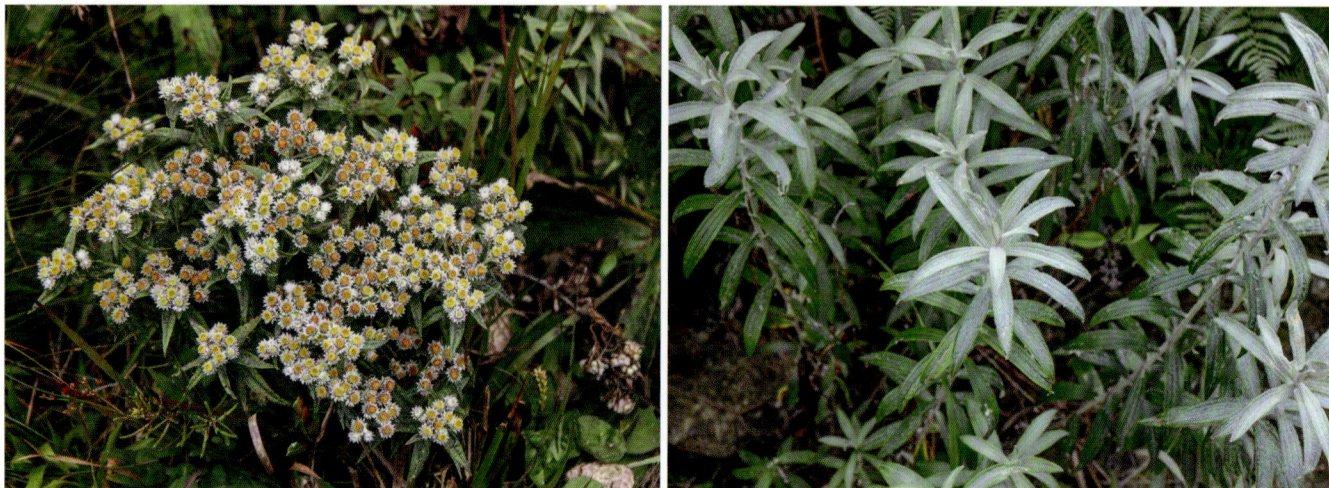

黄褐珠光香青 *Anaphalis margaritacea* **var.** *cinnamomea* (DC.) Herd. ex Maxim.

香青
Anaphalis sinica Hance

牛蒡 *Arctium lappa* L.

黄花蒿 *Artemisia annua* L.

奇蒿 *Artemisia anomala* S. Moore

密毛奇蒿 *Artemisia anomala* **var. *tomentella*** Hand.-Mazz.

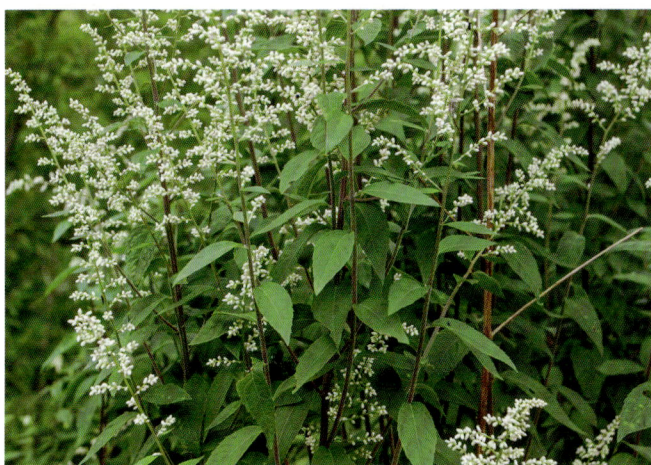

艾
Artemisia argyi Lévl. et Vant.

茵陈蒿
Artemisia capillaris Thunb.

青蒿
Artemisia caruifolia Buch.-Ham. ex Roxb.

大头青蒿 *Artemisia caruifolia*
var. *schochii* (Mattf.) Pamp.

南牡蒿
Artemisia eriopoda Bunge

白莲蒿 *Artemisia gmelinii* Weber ex Stechm.

五月艾 *Artemisia indica* Willd.

牡蒿
Artemisia japonica Thunb.

白苞蒿 *Artemisia lactiflora* Wall. ex DC.

矮蒿 *Artemisia lancea* Vant.

野艾蒿
Artemisia lavandulifolia DC.

蒙古蒿 *Artemisia mongolica*
(Fisch. ex Bess.) Nakai

魁蒿 *Artemisia princeps* Pamp.

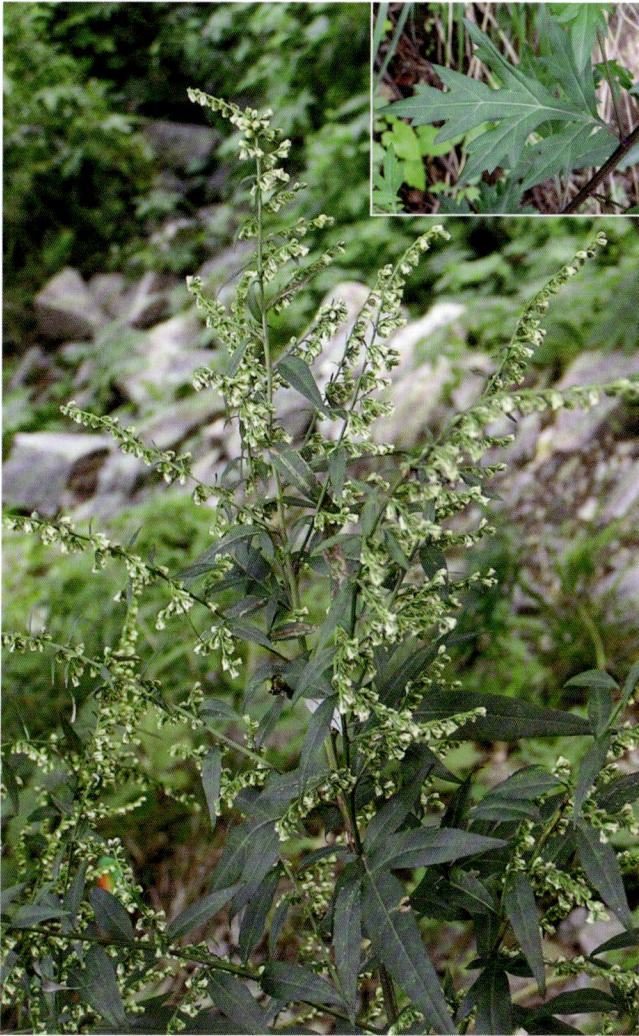

蒌蒿
Artemisia selengensis Turcz. ex Bess.

大籽蒿 *Artemisia sieversiana* Ehrhart ex Willd.

猪毛蒿 *Artemisia scoparia* Waldst. et Kit.

阴地蒿 *Artemisia sylvatica* Maxim.

黄毛蒿 *Artemisia velutina* Pamp.

南艾蒿 *Artemisia verlotorum* Lamotte

三脉紫菀 *Aster ageratoides* Turcz.

毛枝三脉紫菀 *Aster ageratoides*
var. *lasiocladus* (Hayata) Hand.-Mazz.

微糙三脉紫菀 *Aster ageratoides*
var. *scaberulus* (Miq.) Ling

白舌紫菀 *Aster baccharoides* (Benth.) Steetz.

宽伞三脉紫菀 *Aster ageratoides*
var. *laticorymbus* (Vant.) Hand.-Mazz.

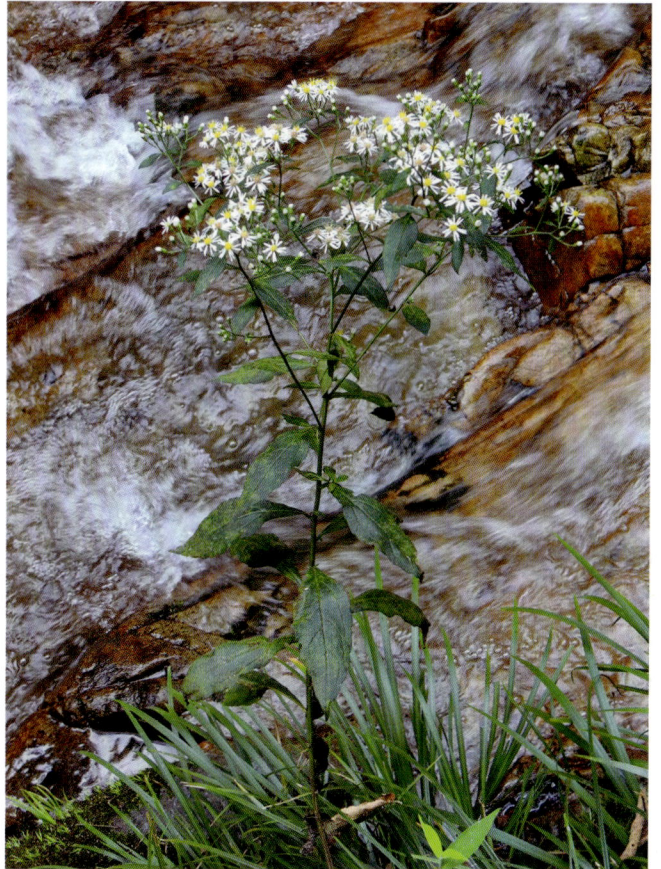

狗娃花 *Aster hispidus* Thunb.
[*Heteropappus hispidus* (Thunb.) Less.]

马兰 *Aster indicus* L.
[*Kalimeris indica* (L.) Sch.-Bip.]

狭苞马兰 *Aster indicus* var. *stenolepis* (Hand.-Mazz.) Soejima et Igari
[*Kalimeris indica* var. *stenolepis* (Hand.-Mazz.) Kitam.]

短冠东风菜 *Aster marchandii* Lévl.
[*Doellingeria marchandii* (Lévl.) Ling]

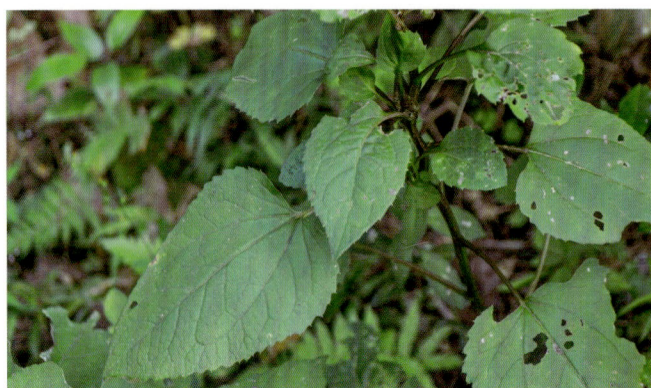

琴叶紫菀
Aster panduratus Nees ex Walper

全叶马兰 *Aster pekinensis* (Hance) F. H. Chen

东风菜　*Aster scaber* Thunb.
[*Doellingeria scabra* (Thunb.) Nees]

毡毛马兰
Aster shimadae (Kitamura) Nemoto

岳麓紫菀　*Aster sinianus* Hand.-Mazz.

紫菀　*Aster tataricus* L. f.

陀螺紫菀　*Aster turbinatus* S. Moore

秋分草 *Aster verticillatus*
(Reinwardt) Brouillet Semple et Y. L. Chen

苍术
Atractylodes lancea (Thunb.) DC.

白术 *Atractylodes macrocephala* Koidz.

* **雏菊** *Bellis perennis* L.

* **白花鬼针草** *Bidens alba* (L.) de Candolle

婆婆针
Bidens bipinnata L.

金盏银盘 *Bidens biternata*
(Lour.) Merr. et Sherff

大狼耙草 *Bidens frondosa* L.

鬼针草 *Bidens pilosa* L.

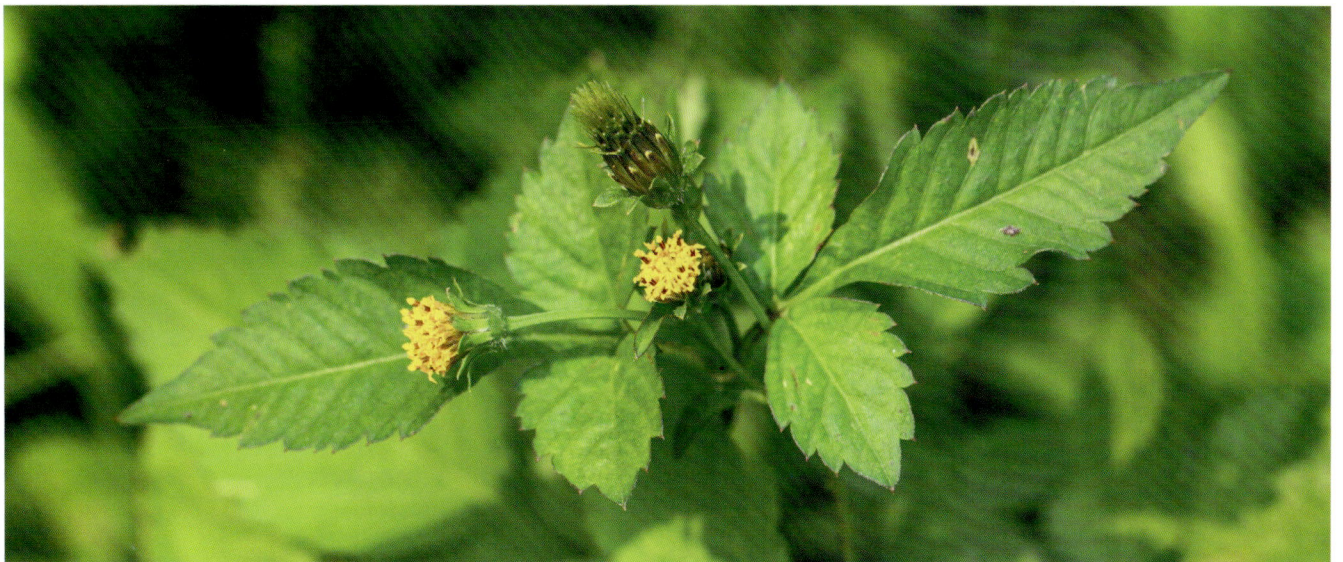

狼耙草 *Bidens tripartita* L.

馥芳艾纳香 *Blumea aromatica* DC.

柔毛艾纳香
Blumea axillaris (Lam.) DC.

艾纳香
Blumea balsamifera (L.) DC.

台北艾纳香 *Blumea formosana* Kitam.

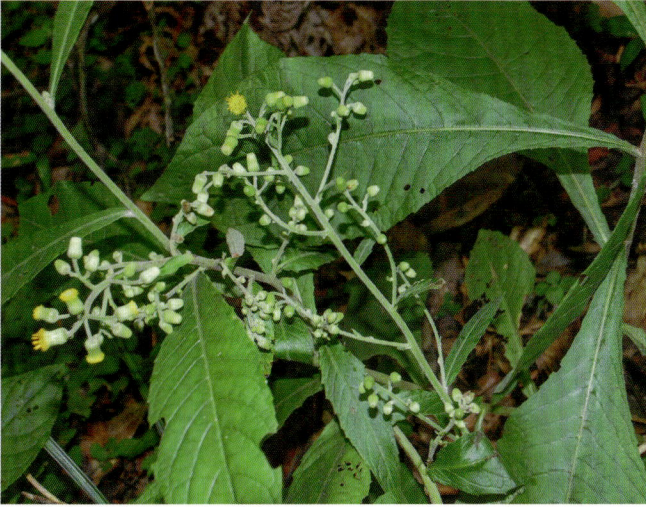

毛毡草 *Blumea hieraciifolia* (D. Don) DC.

东风草 *Blumea megacephala*
(Randeria) Chang et Tseng

长圆叶艾纳香 *Blumea oblongifolia* Kitam.

* 金盏花 *Calendula officinalis* L.

* 翠菊 *Callistephus chinensis* (L.) Nees

节毛飞廉 *Carduus acanthoides* L.

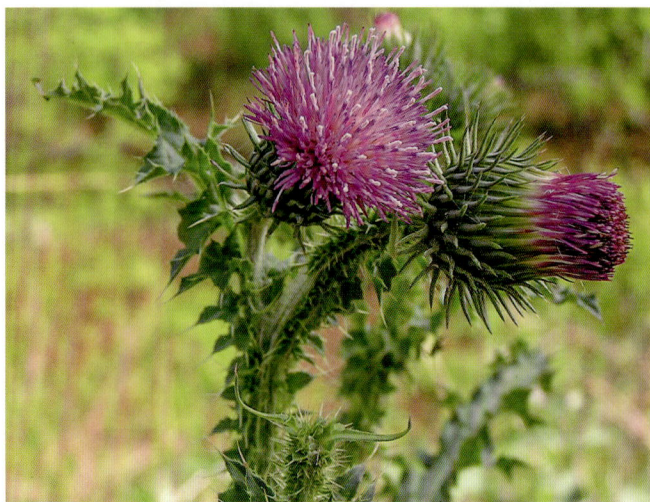

丝毛飞廉 *Carduus crispus* L.

天名精 *Carpesium abrotanoides* L.

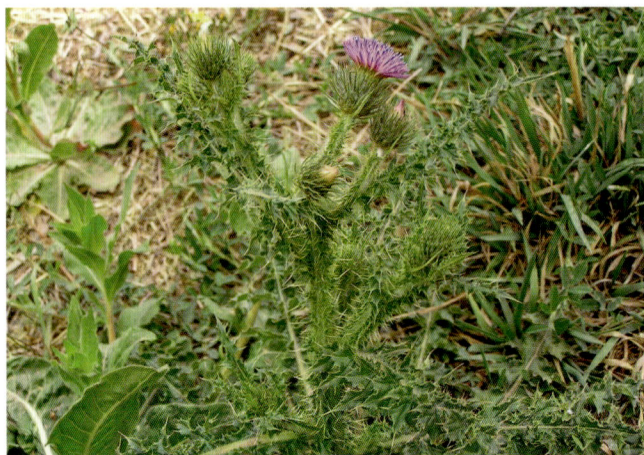

烟管头草 *Carpesium cernuum* L.

金挖耳 *Carpesium divaricatum* Sieb. et Zucc.

小花金挖耳 *Carpesium minus* Hemsl.

石胡荽 *Centipeda minima* (L.) A. Br. et Aschers.

野菊
Chrysanthemum indicum L.

甘菊 *Chrysanthemum lavandulifolium* (Fisch. ex Trautv.) Makino

菊苣 *Cichorium intybus* L.

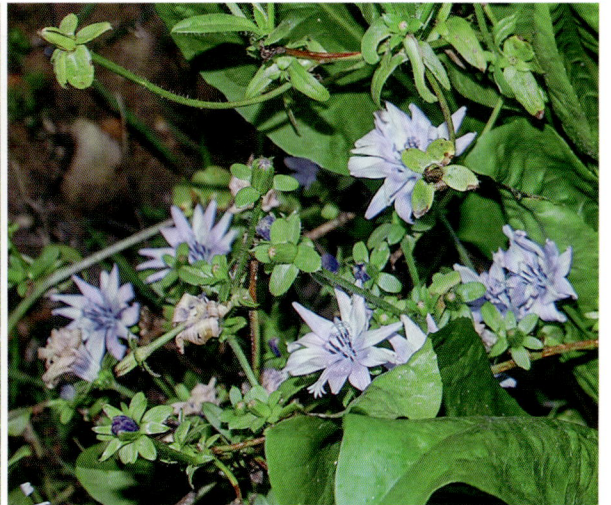

刺儿菜 *Cirsium arvense* var. *integrifolium* Wimmer et Grabowski
[*Carduus segetum* (Bunge) Franch.]

蓟 *Cirsium japonicum* Fisch. ex DC.

绿蓟 *Cirsium chinense* Gardn. et Champ.

湖北蓟 *Cirsium hupehense* Pamp.

线叶蓟 *Cirsium lineare* (Thunb.) Sch.-Bip.

野蓟 *Cirsium maackii* Maxim.

大蓟 *Cirsium spicatum* (Maxim.) Matsum.

* 秋英 *Cosmos bipinnatus* Cav.

总序蓟 *Cirsium racemiforme* Ling et Shih

野茼蒿 *Crassocephalum crepidioides* (Benth.) S. Moore

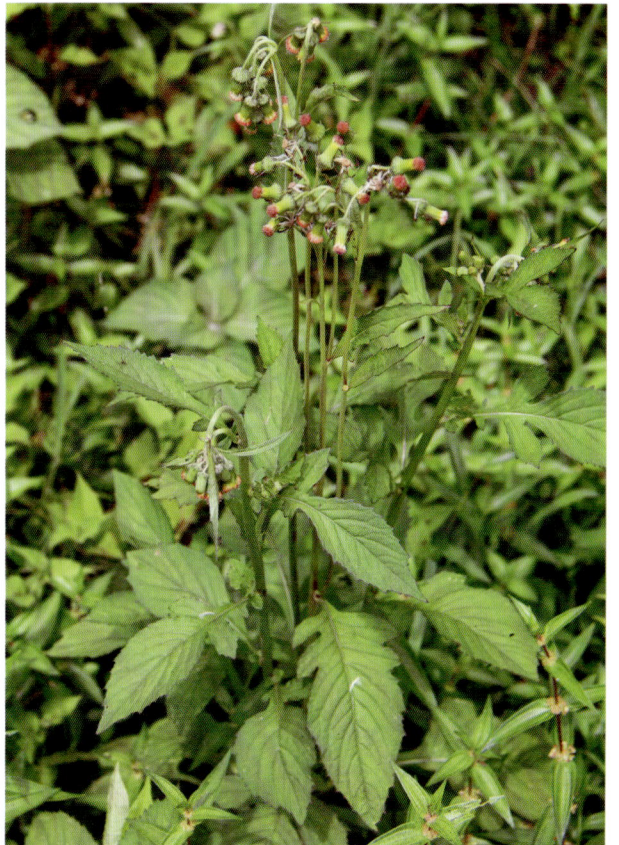

黄瓜菜 *Crepidiastrum denticulatum* (Houtt.) Pak et Kawano

尖裂假还阳参 *Crepidiastrum sonchifolium* (Bunge) Pak et Kawano

[*Ixeridium sonchifolium* (Maxim.) Shih]

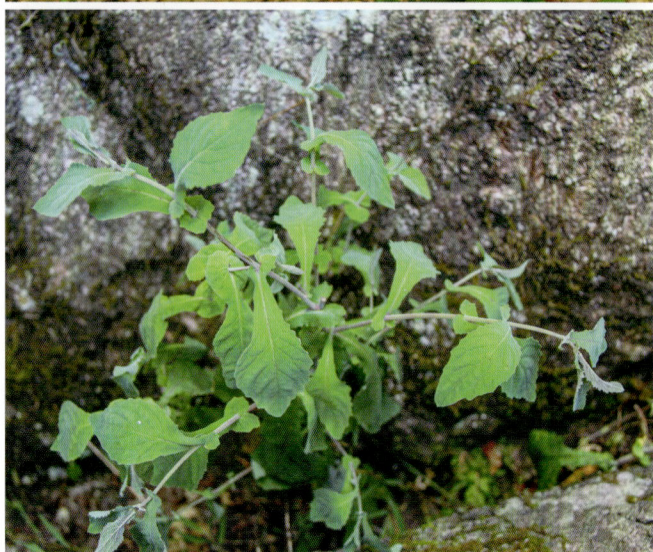

* 大丽花
Dahlia pinnata Cav.

鱼眼草
Dichrocephala integrifolia (L. f.) O. Ktze.

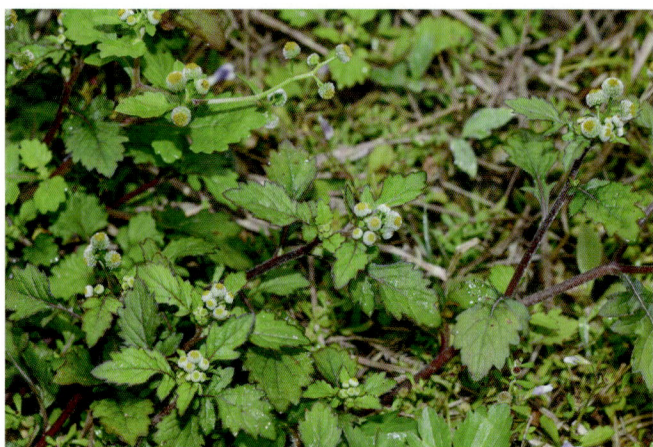

羊耳菊 *Duhaldea cappa* (Buch.-Ham. ex D. Don) Pruski et Anderb.

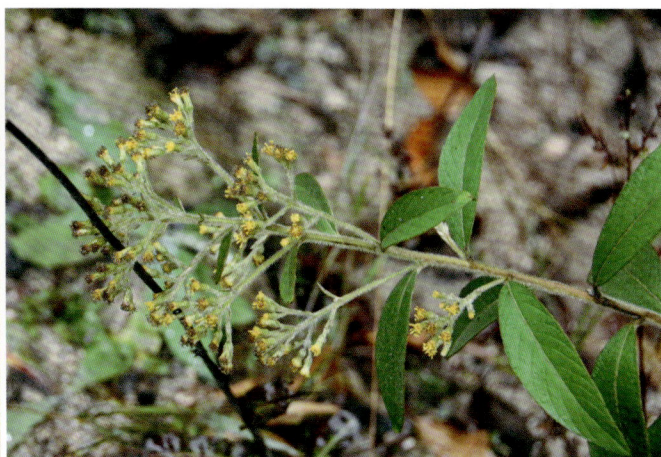

鳢肠 *Eclipta prostrata* (L.) L.

地胆草 *Elephantopus scaber* L.

白花地胆草
Elephantopus tomentosus L.

小一点红
Emilia prenanthoidea DC.

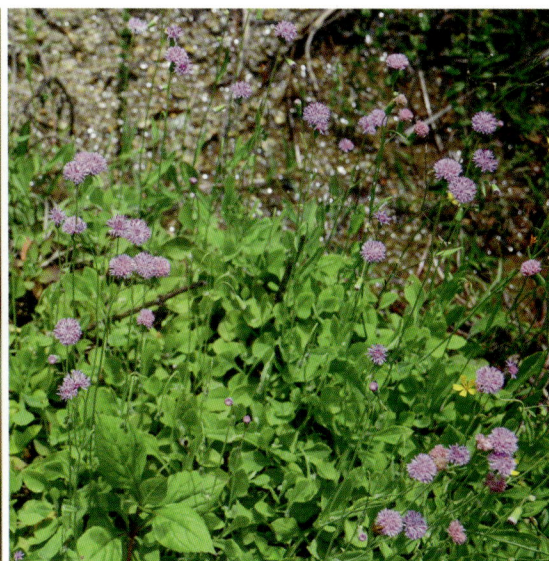

一点红 *Emilia sonchifolia* (L.) DC.

球菊 *Epaltes australis* Less.

飞蓬 *Erigeron acris* L.

一年蓬 *Erigeron annuus* (L.) Pers.

香丝草 *Erigeron bonariensis* L.

小蓬草
Erigeron canadensis L.

苏门白酒草 *Erigeron sumatrensis* Retz.
[*Conyza sumatrensis* (Retz.) E. Walker]

白酒草 *Eschenbachia japonica*
(Thunb.) J. Koster

多须公
Eupatorium chinense L.

白头婆 *Eupatorium japonicum* Thunb.

佩兰 *Eupatorium fortunei* Turcz.

异叶泽兰 *Eupatorium heterophyllum* DC.

林泽兰 *Eupatorium lindleyanum* DC.

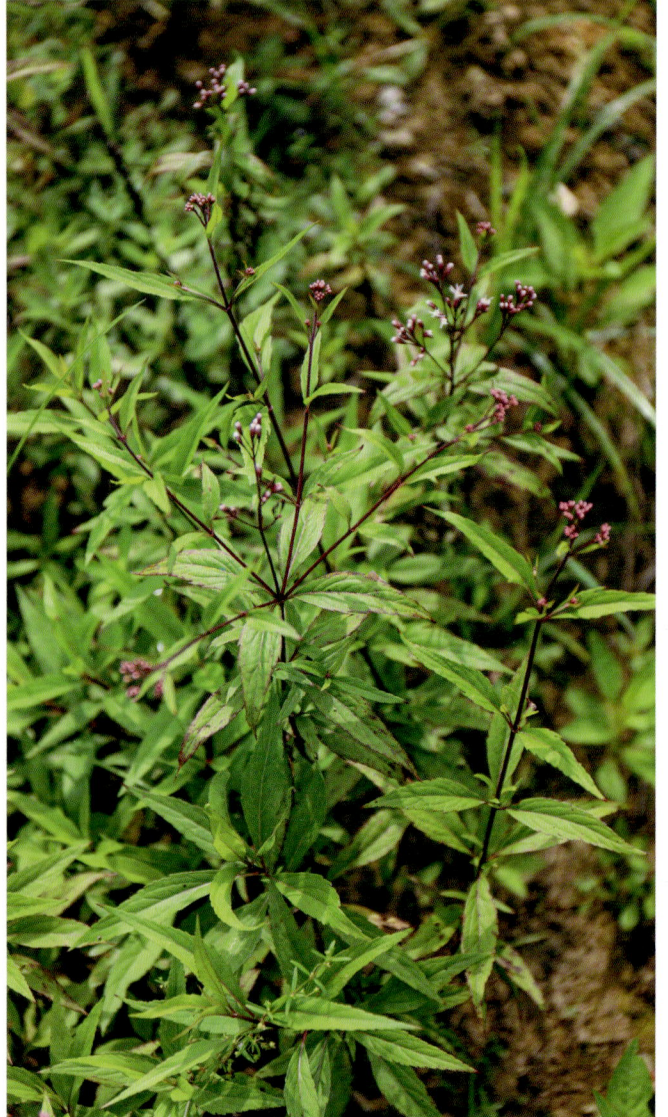

南川泽兰
Eupatorium nanchuanense Ling et Shih

大吴风草
Farfugium japonicum (L. f.) Kitam.

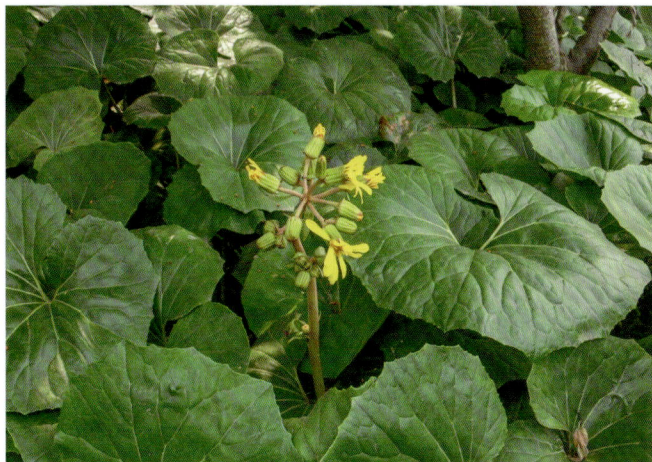

牛膝菊
Galinsoga parviflora Cav.

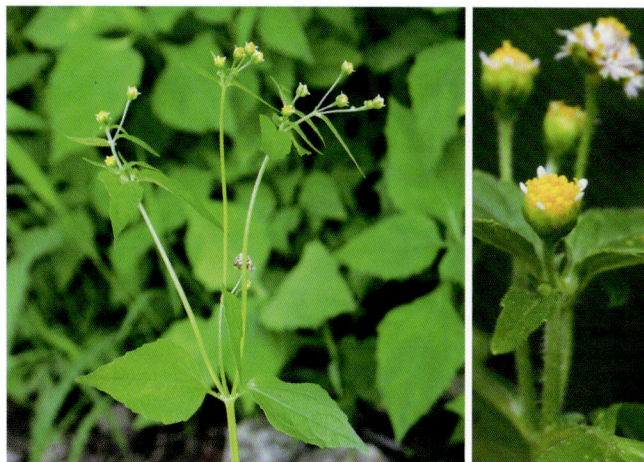

粗毛牛膝菊
Galinsoga quadriradiata Ruiz et Pav.

匙叶鼠曲草 ***Gamochaeta pensylvanica***
(Willd.) Cabrera
[*Gnaphalium pensylvanicum* Willd.]

毛大丁草
Gerbera piloselloides (L.) Cass.

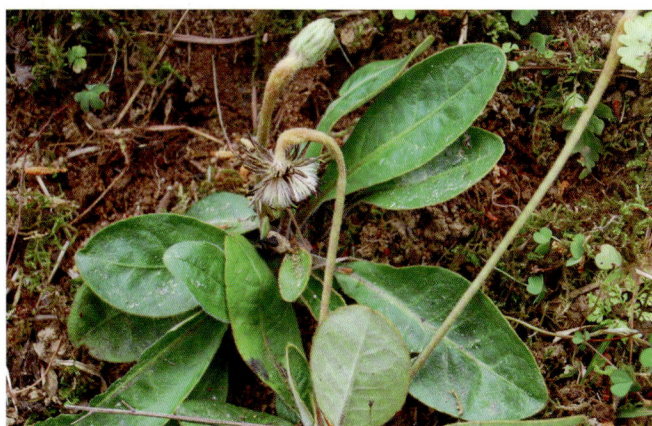

*茼蒿
Glebionis coronaria (L.) Cassini ex Spach
[*Chrysanthemum coronarium* L.]

[*] 南茼蒿 *Glebionis segetum* (L.) Fourr.
[*Chrysanthemum segetum* L.]

多茎湿鼠曲草 *Gnaphalium polycaulon* Pers.

细叶湿鼠曲草
Gnaphalium japonicum Thunb.

菊三七 *Gynura japonica* (Thunb.) Juel.

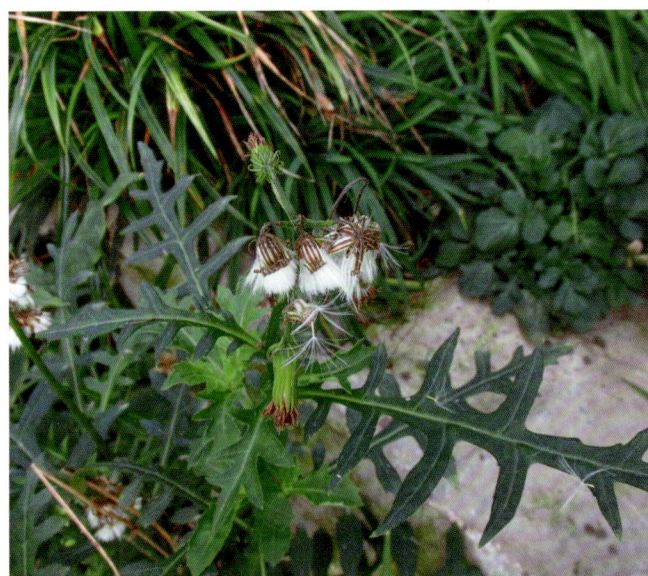

[*] 向日葵 *Helianthus annuus* L.

* 菊芋 *Helianthus tuberosus* L.

山柳菊 *Hieracium umbellatum* L.

泥胡菜 *Hemisteptia lyrata* (Bunge) Bunge

三角叶须弥菊 *Himalaiella deltoidea* (Candolle) Raab-Straube
[*Saussurea deltoidea* (DC.) Sch.-Bip.]

欧亚旋覆花 *Inula britanica* L.

旋覆花 *Inula japonica* Thunb.

线叶旋覆花
Inula lineariifolia Turcz.

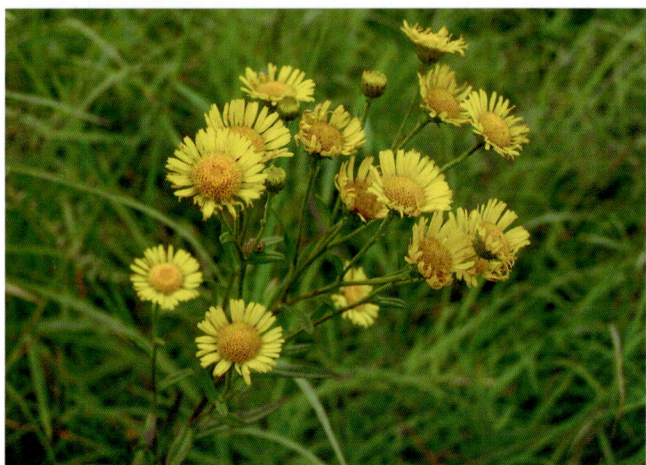

中华小苦荬
Ixeridium chinense (Thunb.) Tzvel.

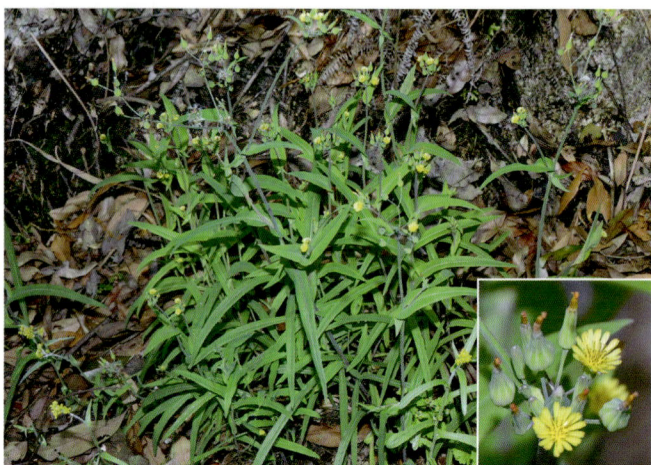

小苦荬 *Ixeridium dentatum* (Thunb.) Tzvel.

细叶小苦荬
Ixeridium gracile (DC.) Shih

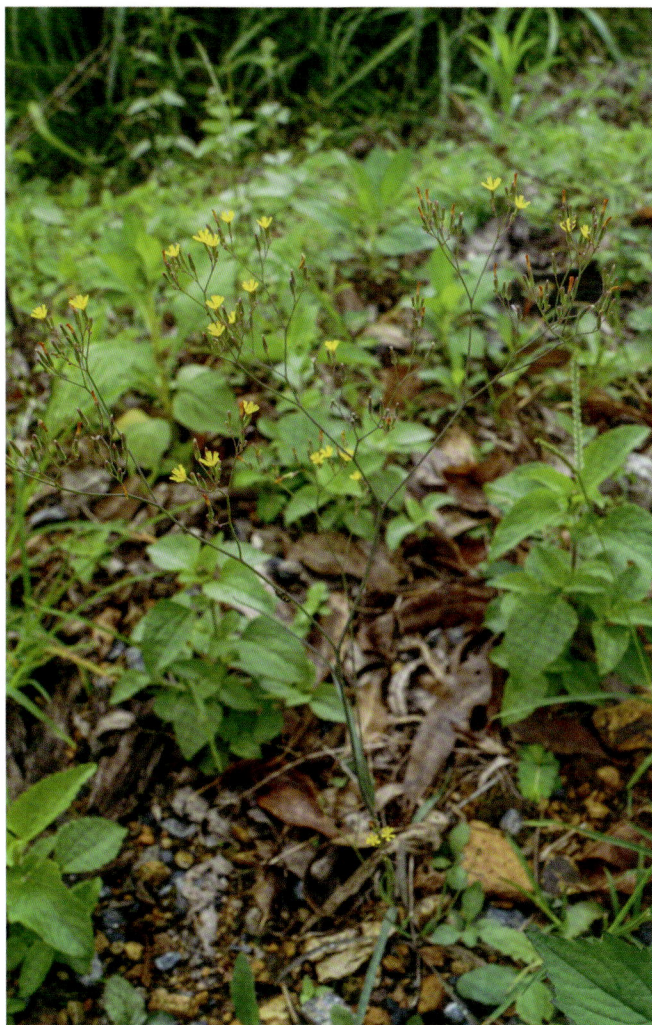

中华苦荬菜
Ixeris chinensis (Thunb.) Kitag.

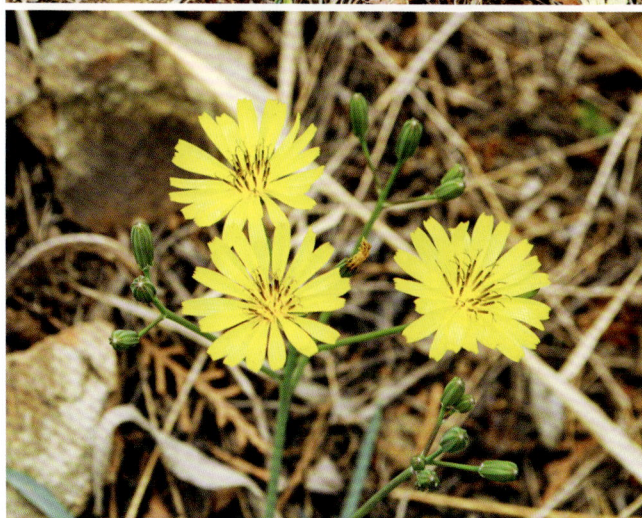

变色苦荬菜 *Ixeris chinensis* **subsp. versicolor** (Fisch. ex Link) Kitam.

[窄叶小苦荬 *Ixeridium gramineum* (Fisch.) Tzvel.]

细叶苦荬菜 *Ixeris gracilis* Stebb.

苦荬菜 *Ixeris polycephala* Cass.
[*Ixeris dissecta* (Makino) Shih]

圆叶苦荬菜
Ixeris stolonifera A. Gray

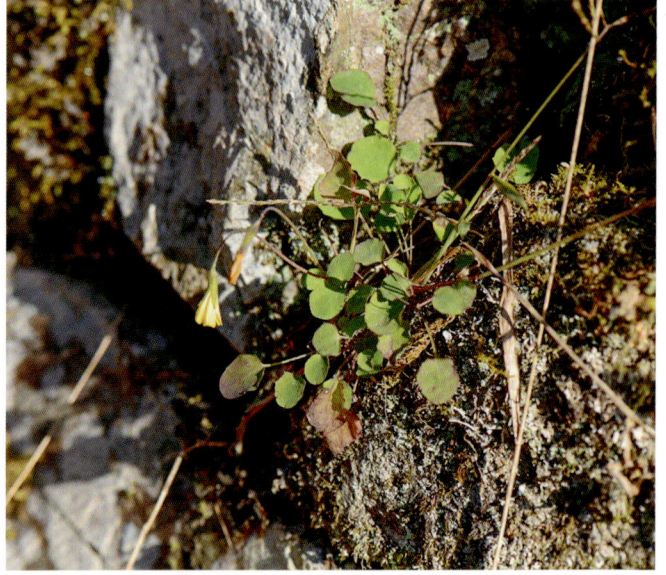

台湾翅果菊 *Lactuca formosana* Maxim.

翅果菊 *Lactuca indica* L.

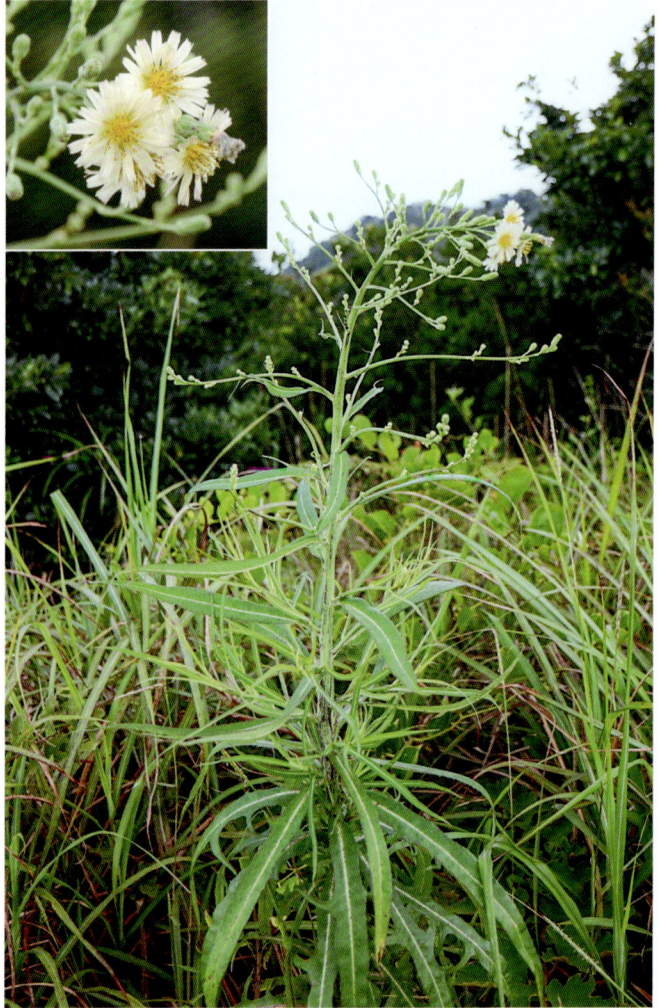

毛脉翅果菊 *Lactuca raddeana* Maxim.
[*Lactuca elata* Hemsl. ex Forbes et Hemsl.]

* 莴苣
Lactuca sativa L.

油麦菜 *Lactuca sativa* var. *asparagina* L. H. Bailey ex Holub

卷心莴苣 *Lactuca sativa* var. *capitata* DC.

* 生菜 *Lactuca sativa* var. *romosa* Hort.

六棱菊
Laggera alata (D. Don) Sch.-Bip. ex Oliv.

稻槎菜 *Lapsanastrum apogonoides*
(Maxim.) Pak et K. Bremer

大丁草
Leibnitzia anandria (L.) Turcz.

*滨菊
Leucanthemum vulgare Lam.

齿叶橐吾 *Ligularia dentata* (A. Gray) Hara

蹄叶橐吾 *Ligularia fischeri* (Ledeb.) Turcz.

鹿蹄橐吾 *Ligularia hodgsonii* Hook.

狭苞橐吾 *Ligularia intermedia* Nakai

大头橐吾 *Ligularia japonica* (Thunb.) Less.

橐吾
Ligularia sibirica (L.) Cass.

离舌橐吾
Ligularia veitchiana (Hemsl.) Greenm.

窄头橐吾 *Ligularia stenocephala*
(Maxim.) Matsum. et Koidz.

圆舌黏冠草
Myriactis nepalensis Less.

福王草（盘果菊）
Nabalus tatarinowii (Maxim.) Nakai

[*Prenanthes tatarinowll* Maxim.]

多裂紫菊
Notoseris henryi (Dunn) Shih

光苞紫菊 *Notoseris macilenta* (Vant. et Lévl.) N. Kilian

三裂假福王草 *Paraprenanthes multiformis* Shih

节毛假福王草 *Paraprenanthes pilipes* (Migo) Shih

假福王草 *Paraprenanthes sororia* (Miq.) Shih

林生假福王草
Paraprenanthes sylvicola Shih

蟹甲草
Parasenecio forrestii W. W. Sm. et J. Small

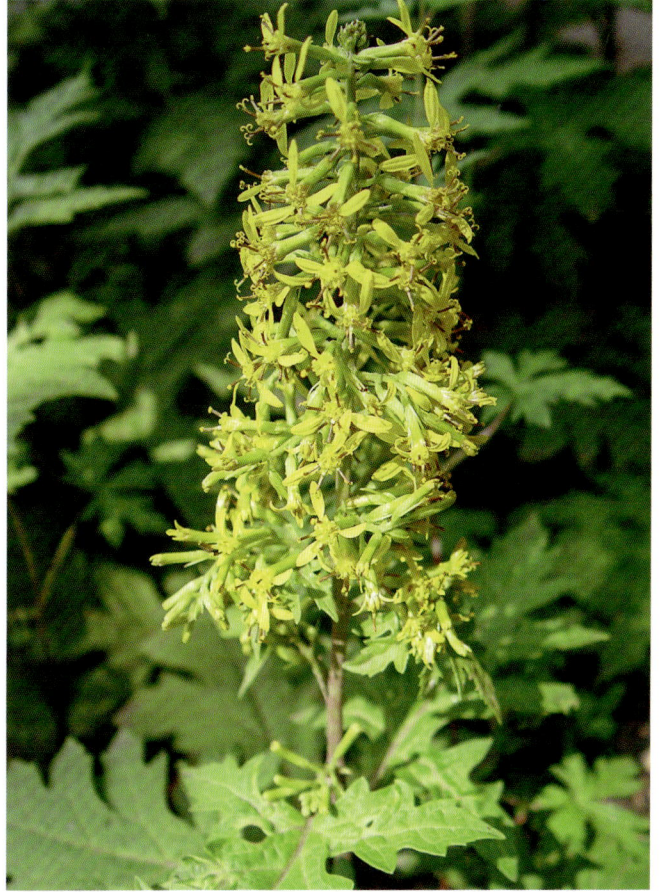

黄山蟹甲草 *Parasenecio hwangshanicus* (Ling) Y. L. Chen

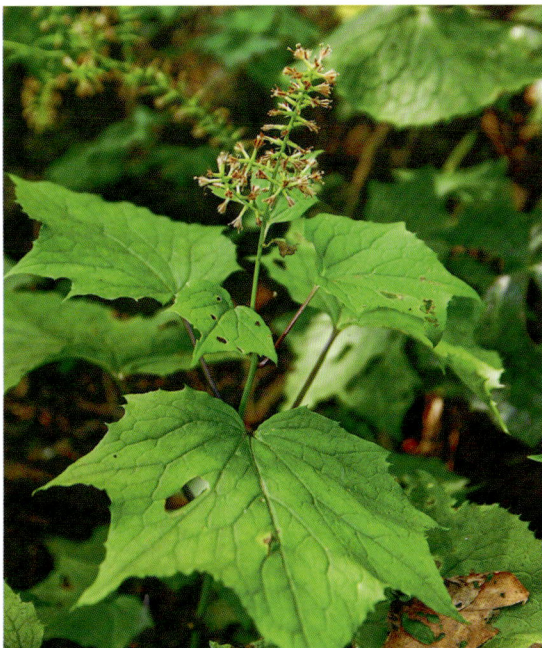

矢镞叶翻甲草
Parasenecio rubescens (S. Moore) Y. L. Chen

无毛蟹甲草 *Parasenecio subglaber*
(Chang) Y. L. Chen

聚头帚菊
Pertya desmocephala Diels

心叶帚菊 *Pertya cordifolia* Mattf.

长花帚菊 *Pertya glabrescens* Sch.-Bip.

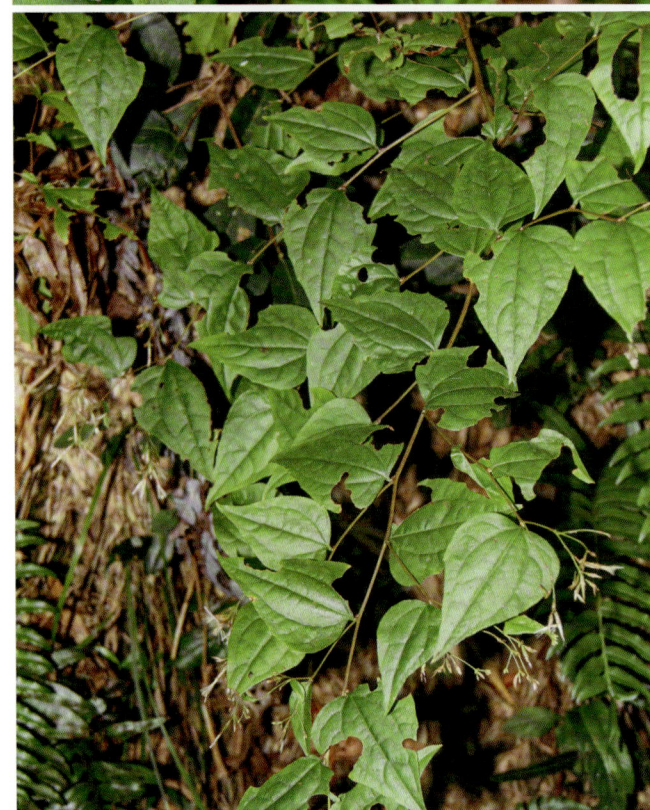

蜂斗菜
Petasites japonicus (Sieb. et Zucc.) Maxim.

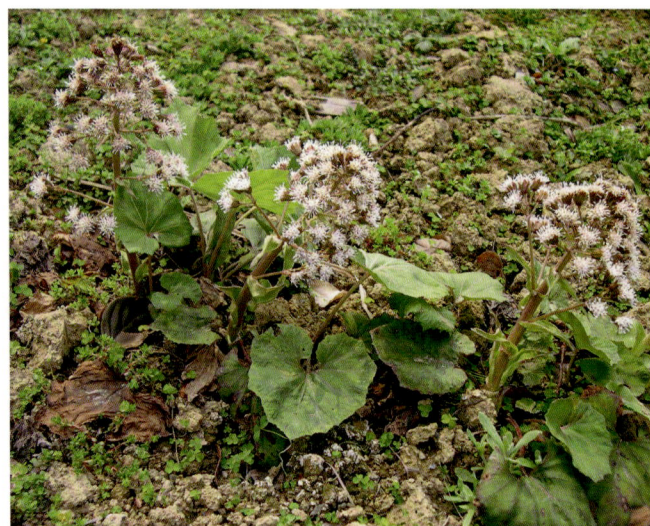

毛连菜 *Picris hieracioides* L.

宽叶鼠曲草 *Pseudognaphalium adnatum* (DC.) Y. S. Chen

[*Gnaphalium adnatum* (DC.) Kitam.]

鼠曲草 *Pseudognaphalium affine* (D. Don) Anderberg

[*Gnaphalium affine* D. Don]

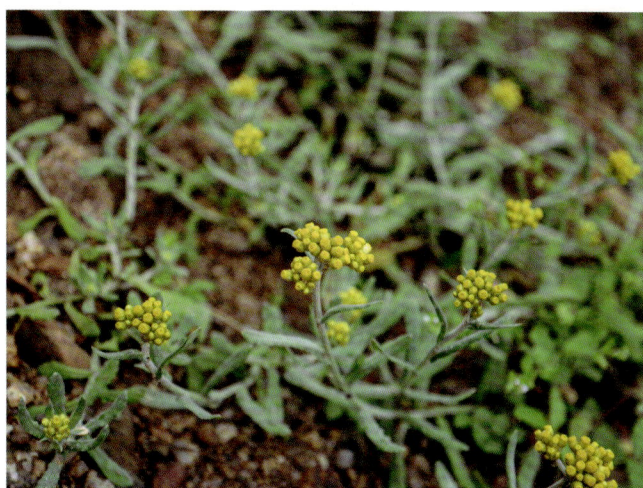

秋鼠曲草 *Pseudognaphalium hypoleucum*
(DC.) Hilliard et B. L. Burtt
[*Gnaphalium hypoleucum* DC.]

华漏芦
Rhaponticum chinense (S. Moore)
L. Martins et Hidalgo

心叶风毛菊 *Saussurea cordifolia* Hemsl.

庐山风毛菊 *Saussurea bullockii* Dunn

风毛菊 *Saussurea japonica* (Thunb.) DC.

湖南千里光 *Senecio actinotus* Hand.-Mazz.

林荫千里光 *Senecio nemorensis* L.

千里光
Senecio scandens Buch.-Ham. ex D. Don

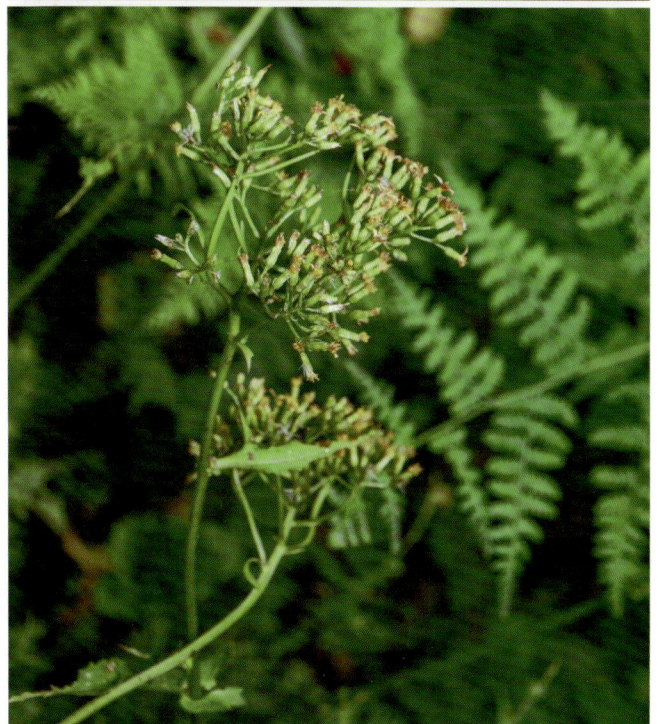

闽粤千里光
Senecio stauntonii DC.

伪泥胡菜
Serratula coronata L.

虾须草 *Sheareria nana* S. Moore

毛梗豨莶 *Sigesbeckia glabrescens* Makino

豨莶 *Sigesbeckia orientalis* L.

腺梗豨莶 *Sigesbeckia pubescens* Makino

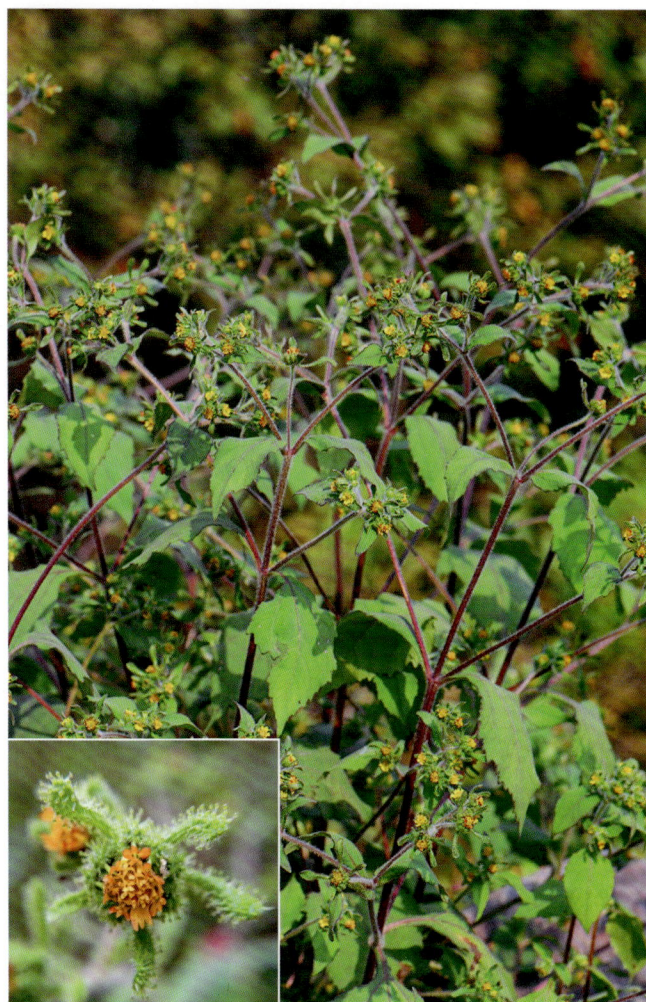

江西蒲儿根 *Sinosenecio jiangxiensis* Y. Liu et Q. E. Yang

九华蒲儿根 *Sinosenecio jiuhuashanicus* C. Jeffrey et Y. L. Chen

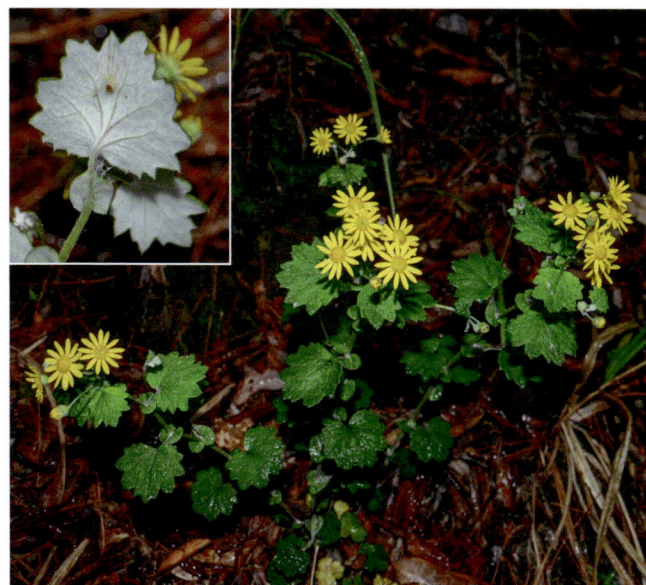

蒲儿根 *Sinosenecio oldhamianus* (Maxim.) B. Nord.

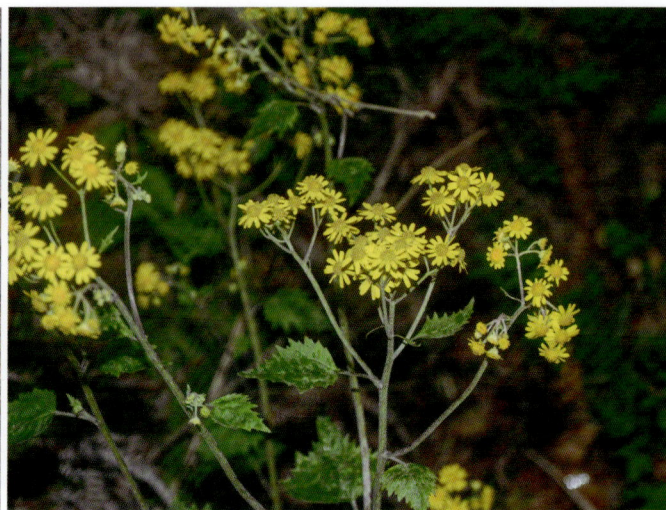

* 加拿大一枝黄花 *Solidago canadensis* L.

一枝黄花 *Solidago decurrens* Lour.

裸柱菊 *Soliva anthemifolia* (Juss.) R. Br.

苣荬菜 *Sonchus arvensis* L.

花叶滇苦菜 *Sonchus asper* (L.) Hill

长裂苦苣菜 *Sonchus brachyotus* DC.

南苦苣菜 *Sonchus lingianus* Shih

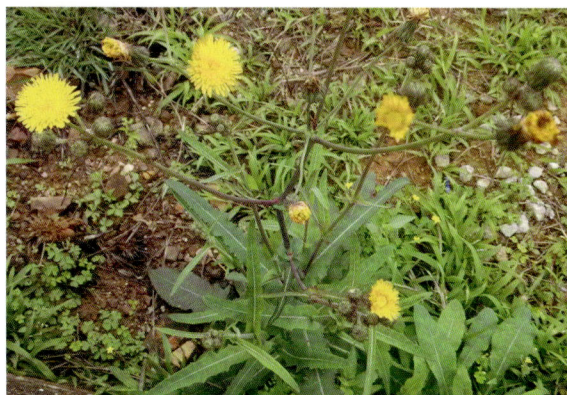

* 苦苣菜 *Sonchus oleraceus* L.

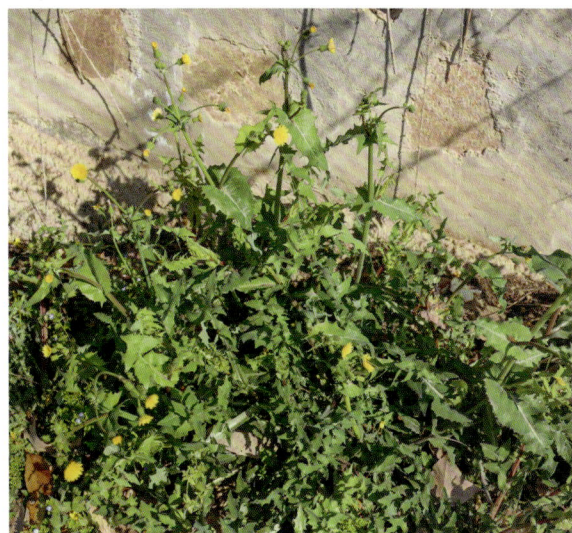

兔儿伞
Syneilesis aconitifolia (Bge.) Maxim.

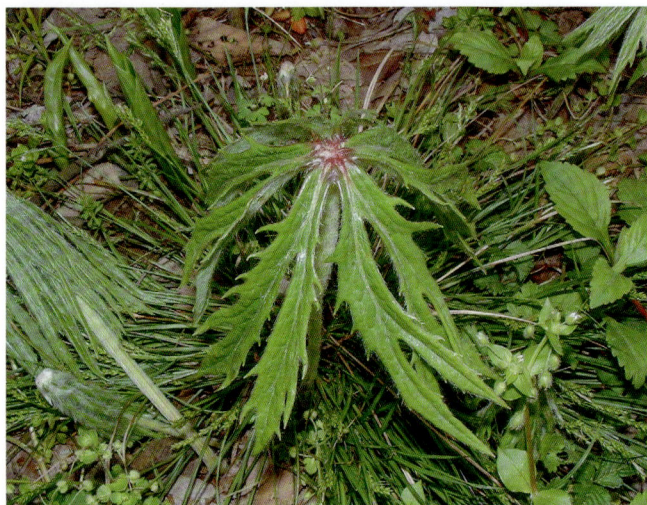

钻叶紫菀 *Symphyotrichum subulatum*
(Michx.) G. L. Nesom

锯叶合耳菊 *Synotis nagensium*
(C. B. Clarke) C. Jeffrey et Y. L. Chen

山牛蒡
Synurus deltoides (Ait.) Nakai

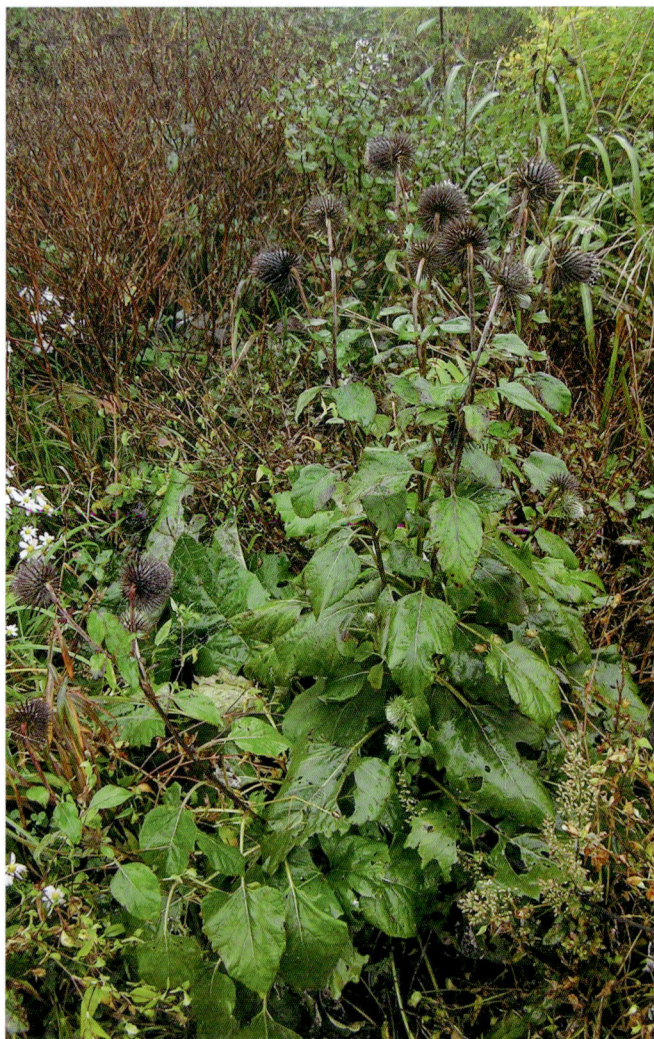

* 万寿菊 *Tagetes erecta* L.

蒲公英
Taraxacum mongolicum Hand.-Mazz.

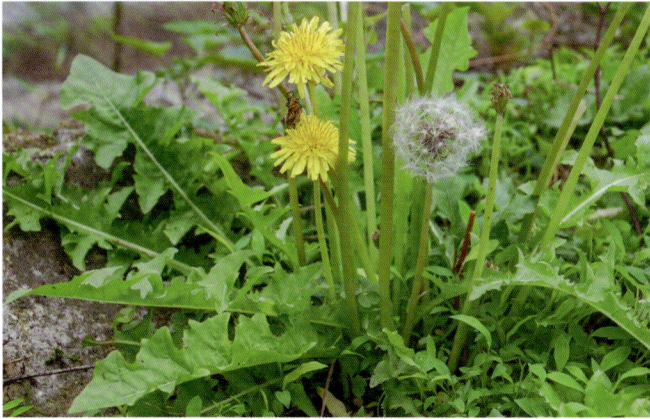

狗舌草
Tephroseris kirilowii (Turcz. ex DC.) Holub

女菀　*Turczaninovia fastigiata*
(Fisch.) DC.

款冬
Tussilago farfara L.

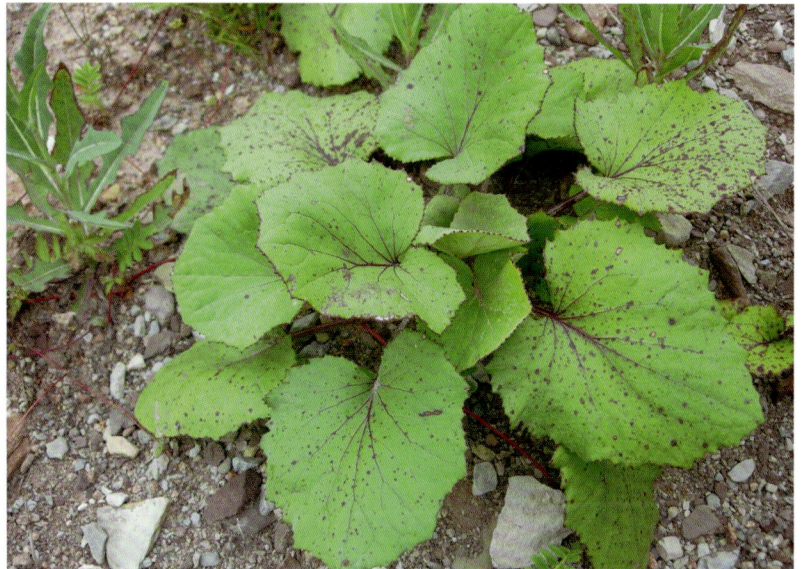

夜香牛　*Vernonia cinerea* (L.) Less.

孪花蟛蜞菊　*Wedelia biflora* (L.) DC.

蟛蜞菊 *Wedelia chinensis* (Osbeck.) Merr.

苍耳 *Xanthium strumarium* L.

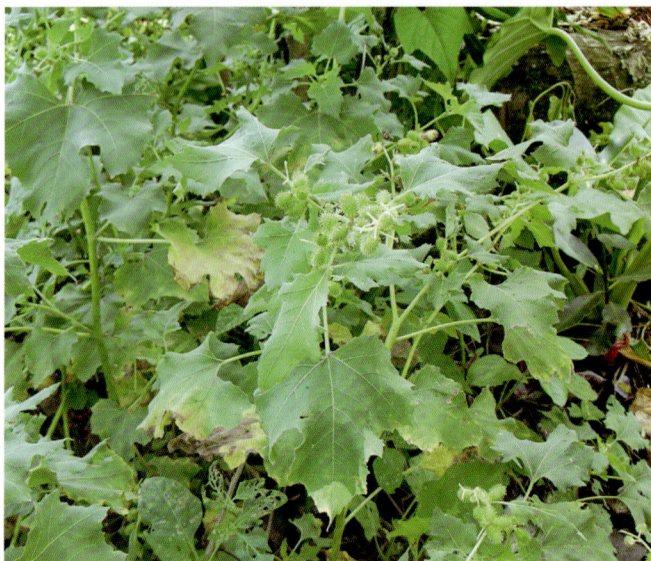

红果黄鹌菜 *Youngia erythrocarpa* (Vant.) Babcock et Stebbins

异叶黄鹌菜 *Youngia heterophylla* (Hemsl.) Babcock et Stebbins

黄鹌菜　*Youngia japonica* (L.) DC.

卵裂黄鹌菜
Youngia japonica subsp. *elstonii*
(Hochreut.) Babcock et Stebbins

长花黄鹌菜　*Youngia japonica* subsp.
longiflora Babc. et Stebbins
[*Youngia longiflora* (Babcock et Stebbins) Shih]

* 百日菊　*Zinnia elegans* Jacq.

Order 63 川续断目 Dipsacales

A408 荚蒾科 Viburnaceae

接骨草 *Sambucus javanica* Blume

接骨木 *Sambucus williamsii* Hance

桦叶荚蒾 *Viburnum betulifolium* Batal.

短序荚蒾 *Viburnum brachybotryum* Hemsl.

短筒荚蒾 *Viburnum brevitubum* (Hsu) Hsu

金腺荚蒾 *Viburnum chunii* Hsu

伞房荚蒾
Viburnum corymbiflorum Hsu et S. C. Hsu

水红木 *Viburnum cylindricum*
Buch.-Ham. ex D. Don

粤赣荚蒾 *Viburnum dalzielii* W. W. Smith

荚蒾 *Viburnum dilatatum* Thunb.

宜昌荚蒾 *Viburnum erosum* Thunb.

红荚蒾 *Viburnum erubescens* Wall.

直角荚蒾 *Viburnum foetidum*
var. *rectangulatum* (Graebn.) Rehd.

南方荚蒾
Viburnum fordiae Hance

毛枝台中荚蒾 *Viburnum formosanum*
var. *pubigerum* (Hsu) Hsu

聚花荚蒾
Viburnum glomeratum Maxim.

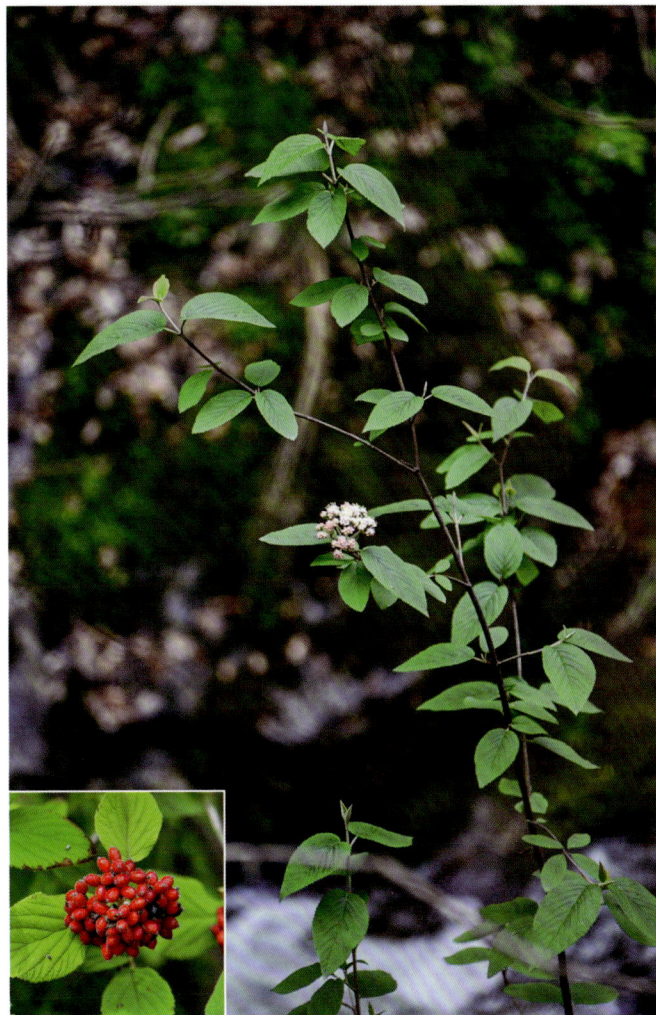

壮大荚蒾　*Viburnum glomeratum*
subsp. *magnificum* (Hsu) Hsu

蝶花荚蒾
Viburnum hanceanum Maxim.

衡山荚蒾
Viburnum hengshanicum Tsiang ex Hsu

巴东荚蒾 *Viburnum henryi* Hemsl.

长伞梗荚蒾 *Viburnum longiradiatum* Hsu et S. W. Fan

披针叶荚蒾 *Viburnum lancifolium* Hsu

吕宋荚蒾 *Viburnum luzonicum* Rolfe

琼花 *Viburnum keteleeri* Carrière

* 绣球荚蒾 *Viburnum keteleeri* Fort. **cv. 'Sterile'**
[*Viburnum macrocephalum* Fort.]

* 日本珊瑚树 *Viburnum odoratissimum* **var. *awabuki*** (K. Koch) Zabel ex Rumpl.

鸡树条荚蒾 *Viburnum opulus* var. ***calvescens*** (Rehd.) Hara

黑果荚蒾
Viburnum melanocarpum P. S. Hsu

粉团
Viburnum plicatum Thunb.

蝴蝶戏珠花 *Viburnum plicatum* **var.** *tomentosum* (Thunb.) Miq.

球核荚蒾 *Viburnum propinquum* Hemsl.

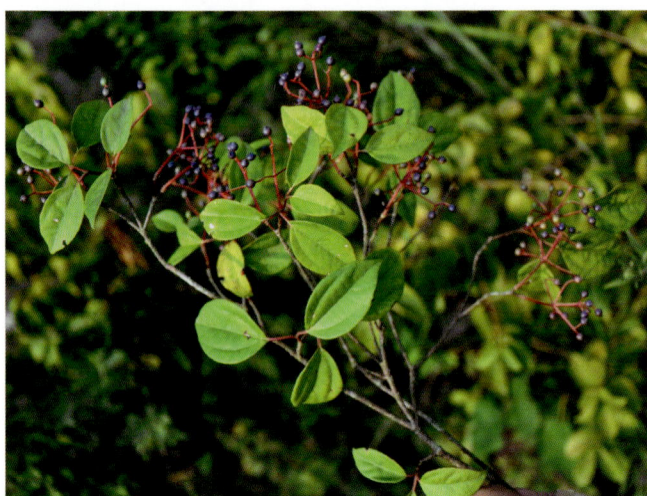

常绿荚蒾 *Viburnum sempervirens* K. Koch

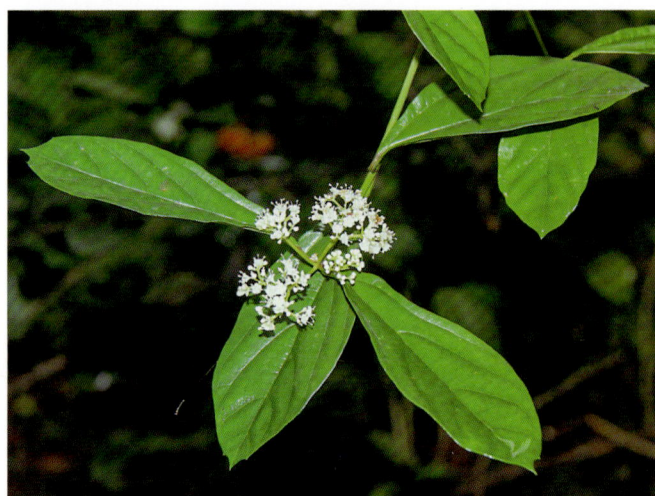

具毛常绿荚蒾 *Viburnum sempervirens*
var. *trichophorum* Hand.-Mazz.

茶荚蒾
Viburnum setigerum Hance

合轴荚蒾　*Viburnum sympodiale* Graebn.

壶花荚蒾
Viburnum urceolatum Sieb. et Zucc.

烟管荚蒾
Viburnum utile Hemsl.

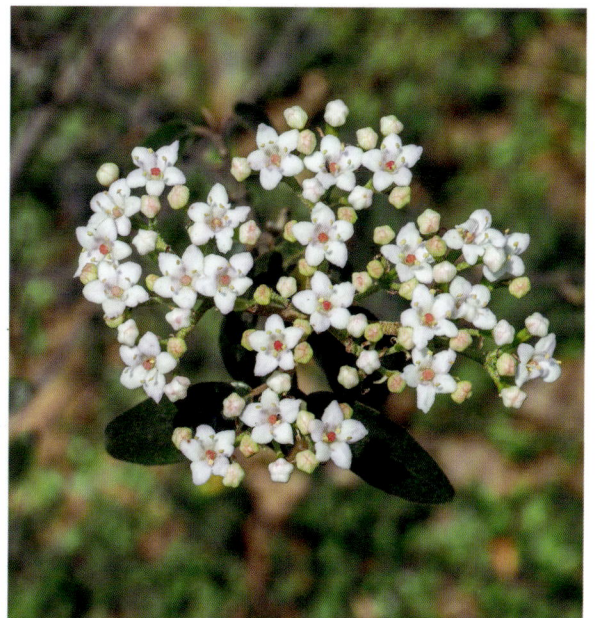

A409　忍冬科 Caprifoliaceae

糯米条
Abelia chinensis R. Br.

川续断 *Dipsacus asper* Wallich ex C. B. Clarke

日本续断 *Dipsacus japonicus* Miq.

* 七子花 *Heptacodium miconioides* Rehd.

淡红忍冬 *Lonicera acuminata* Wall.

金花忍冬 *Lonicera chrysantha* Turcz.

华南忍冬 *Lonicera confusa* (Sweet) DC.

锈毛忍冬
Lonicera ferruginea Rehd.

郁香忍冬
Lonicera fragrantissima Lindl. et Paxt.

苦糖果 *Lonicera fragrantissima* **subsp.** *standishii* (Carr.) Hsu et H. J. Wang

倒卵叶忍冬
Lonicera hemsleyana (O. Ktze.) Rehd.

菰腺忍冬 *Lonicera hypoglauca* Miq.

忍冬 *Lonicera japonica* Thunb.

金银忍冬
Lonicera maackii (Rupr.) Maxim.

大花忍冬
Lonicera macrantha (D. Don) Spreng.

异毛忍冬 *Lonicera macrantha*
var. *heterotricha* Hsu et H. J. Wang

灰毡毛忍冬
Lonicera macranthoides Hand.-Mazz.

下江忍冬
Lonicera modesta Rehd.

无毛忍冬 *Lonicera omissa*
P. L. Chiu, Z. H. Chen et Y. L. Xu

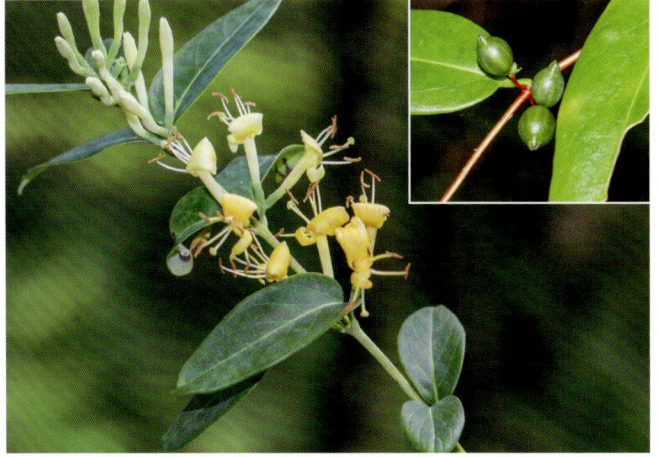

短柄忍冬 *Lonicera pampaninii* Lévl.

皱叶忍冬 *Lonicera reticulata* Champion

细毡毛忍冬 *Lonicera similis* Hemsl.

墓头回 *Patrinia heterophylla* Bunge

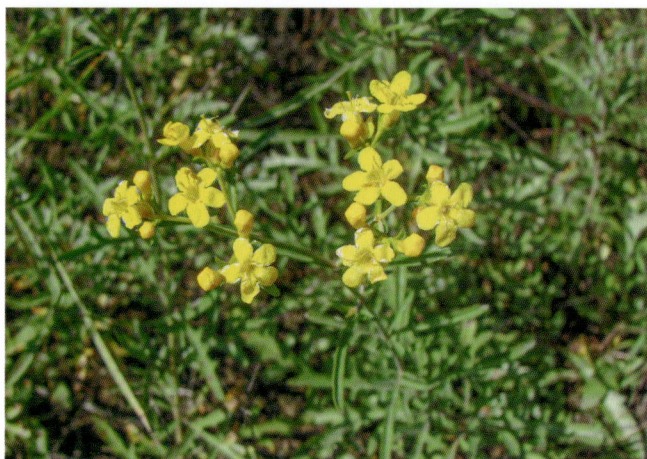

斑花败酱
Patrinia punctiflora Hsu et H. J. Wang

少蕊败酱 *Patrinia monandra* C. B. Clarke

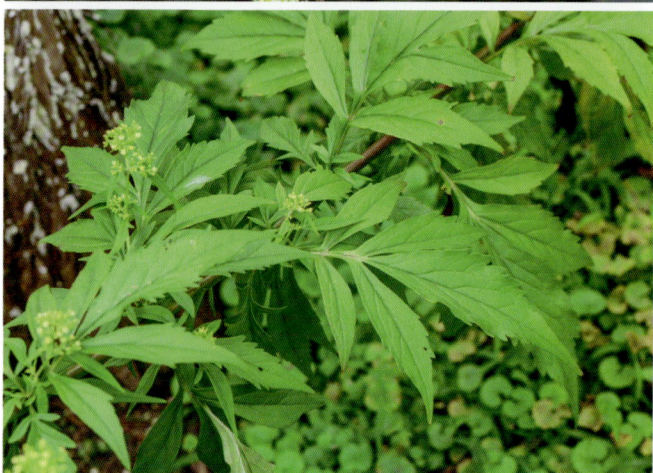

败酱 *Patrinia scabiosifolia* Fisch. ex Trev.

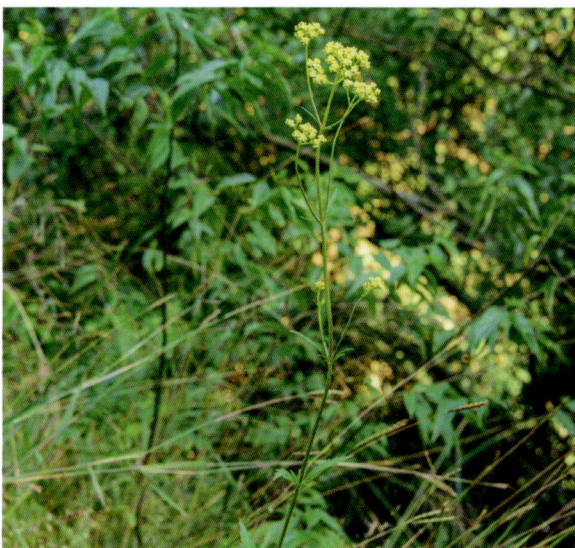

攀倒甑　*Patrinia villosa* (Thunb.) Juss.

长序缬草　*Valeriana hardwickii* Wall.

缬草
Valeriana officinalis L.

宽叶缬草
Valeriana officinalis var. *latifolia* Miq.

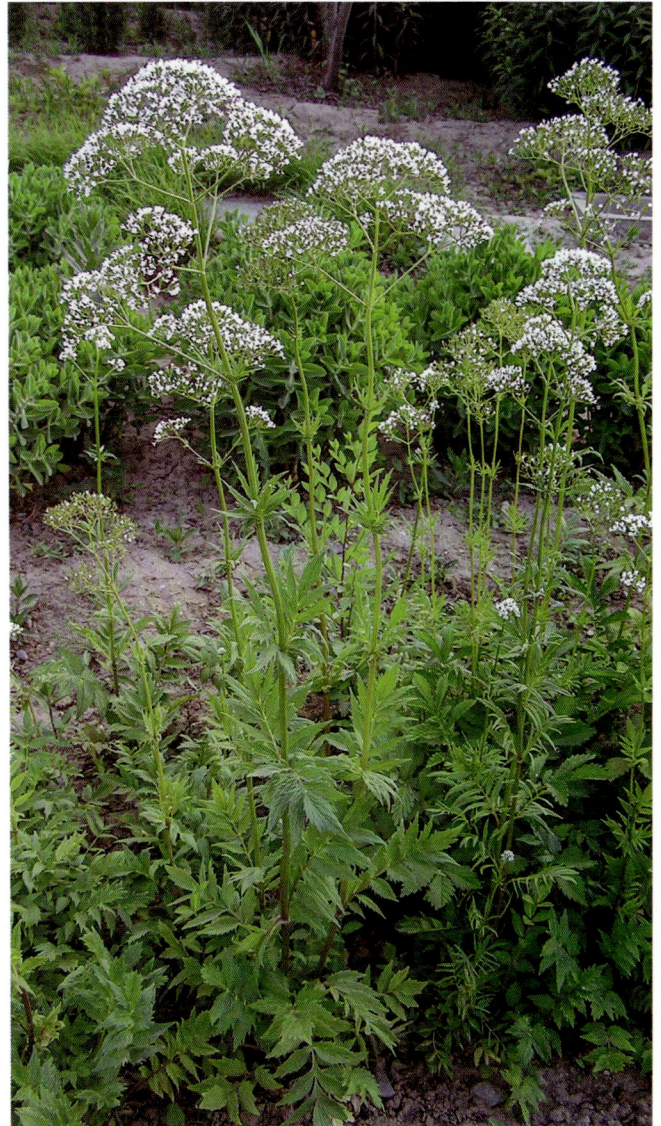

锦带花　*Weigela florida* (Bunge) A. DC.

日本锦带花
Weigela japonica Thunb.

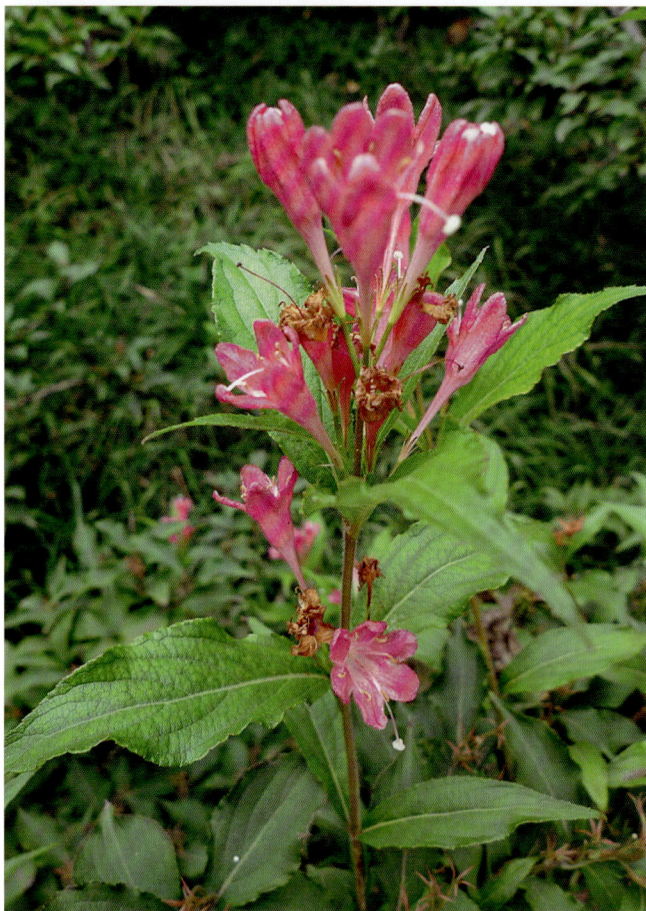

半边月
Weigela japonica **var. *sinica*** (Rehd.) Bailey

南方六道木
Zabelia dielsii (Graebn.) Makino
[*Abelia dielsii* (Graebn.) Rehd.]

Order 64　伞形目 Apiales

A410　海桐科 Pittosporaceae

短萼海桐
Pittosporum brevicalyx (Oliv.) Gagnep.

光叶海桐
Pittosporum glabratum Lindl.

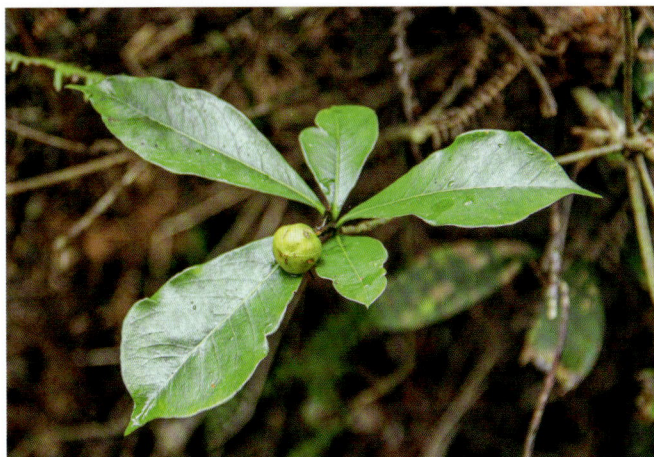

狭叶海桐 *Pittosporum glabratum*
var. *neriifolium* Rehd. et Wils.

海金子 *Pittosporum illicioides* Makino

小果海桐 *Pittosporum parvicapsulare*
Chang et Yan

少花海桐
Pittosporum pauciflorum Hook. et Arn.

柄果海桐 *Pittosporum podocarpum* Gagnep.

崖花子 *Pittosporum truncatum* Pritz.

* **海桐** *Pittosporum tobira* (Thunb.) Ait.

A414 五加科 Araliaceae

虎刺楤木 *Aralia armata* (Wall.) Seem.

黄毛楤木 *Aralia chinensis* L.

白背叶楤木
Aralia chinensis **var.** *nuda* Nakai

食用土当归 *Aralia cordata* Thunb.

东北土当归
Aralia continentalis Kitagawa

头序楤木 *Aralia dasyphylla* Miq.
[*Aralia chinensis* var. *dasyphylloides* Hand.-Mazz.]

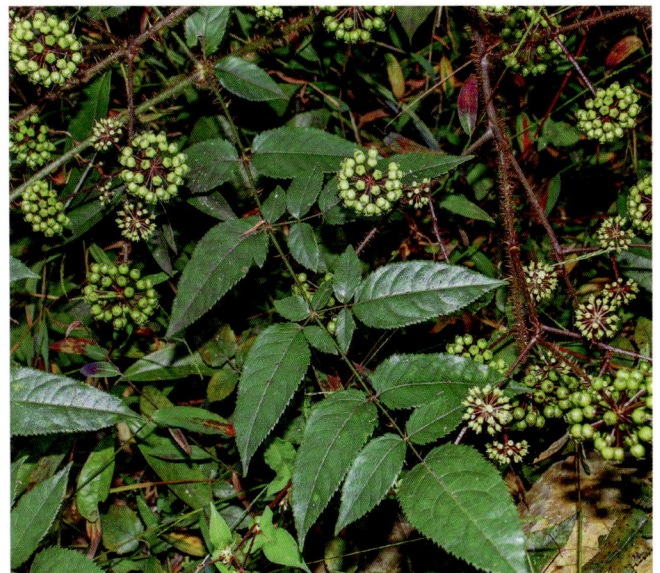

台湾毛楤木 *Aralia decaisneana* Hance

棘茎楤木 *Aralia echinocaulis* Hand.-Mazz.

楤木 *Aralia elata* (Miquel) Seemann

长刺楤木 *Aralia spinifolia* Merr.

波缘楤木 *Aralia undulata* Hand.-Mazz.

树参 *Dendropanax dentiger* (Harms) Merr.

变叶树参
Dendropanax proteus (Champ.) Benth.

糙叶五加
Eleutherococcus henryi Oliv.

藤五加 *Eleutherococcus leucorrhizus* Oliv.

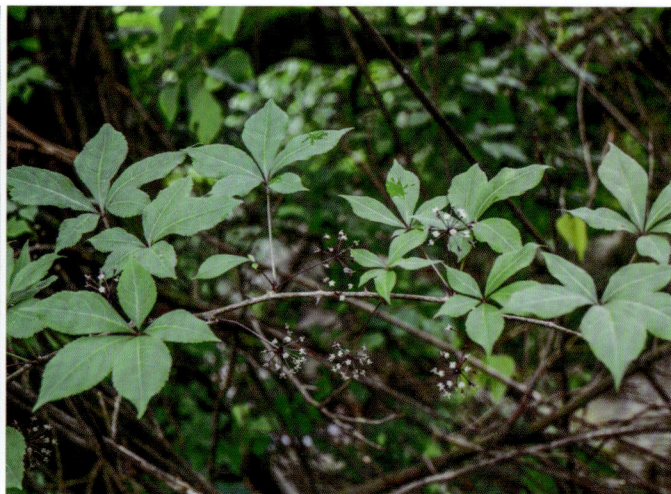

糙叶藤五加 *Eleutherococcus leucorrhizus* **var.** *fulvescens* (Harms et Rehder) Nakai

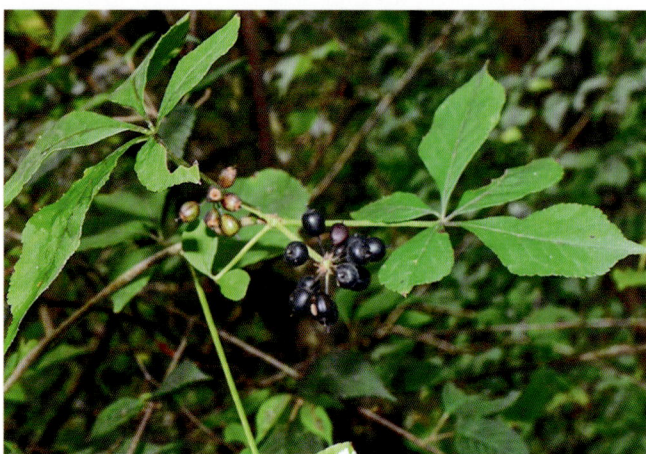

狭叶藤五加 *Eleutherococcus leucorrhizus* **var.** *scaberulus* (Harms et Rehder) Nakai

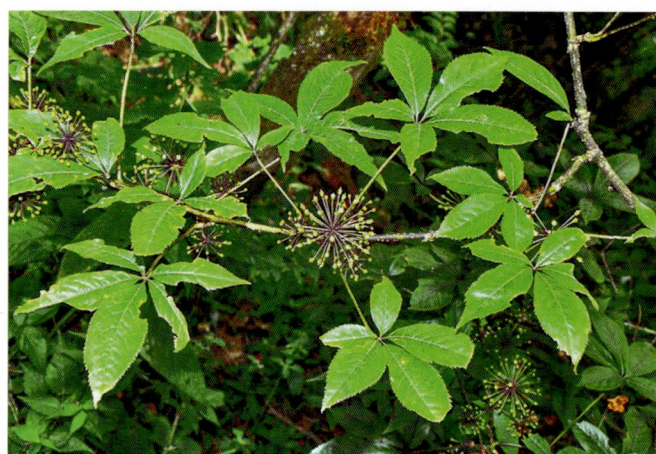

细柱五加 *Eleutherococcus nodiflorus* (Dunn) S. Y. Hu

刚毛白簕 *Eleutherococcus setosus* (H. L. Li) Y. R. Ling

白簕 *Eleutherococcus trifoliatus* (L.) S. Y. Hu

萸叶五加 *Gamblea ciliata* C. B. Clarke

吴茱萸五加 *Gamblea ciliata* **var.** *evodiifolia* (Franchet) C. B. Shang et al.

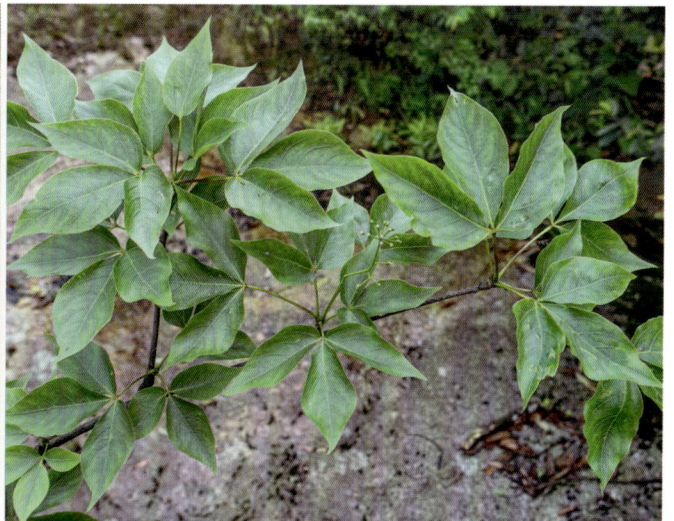

常春藤 *Hedera nepalensis* **var.** *sinensis* (Tobl.) Rehd.

短梗幌伞枫 *Heteropanax brevipedicellatus* H. L. Li

红马蹄草 *Hydrocotyle nepalensis* Hook.

天胡荽 *Hydrocotyle sibthorpioides* Lam.

破铜钱 *Hydrocotyle sibthorpioides* **var. batrachium** (Hance) Hand.-Mazz. ex Shan

肾叶天胡荽 *Hydrocotyle wilfordii* Maxim.

刺楸 *Kalopanax septemlobus* (Thunb.) Koidz.

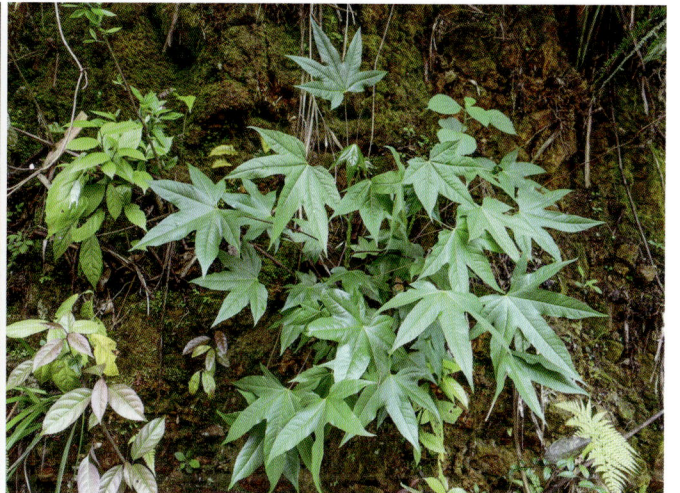

短梗大参 *Macropanax rosthornii* (Harms) C. Y. Wu ex Hoo

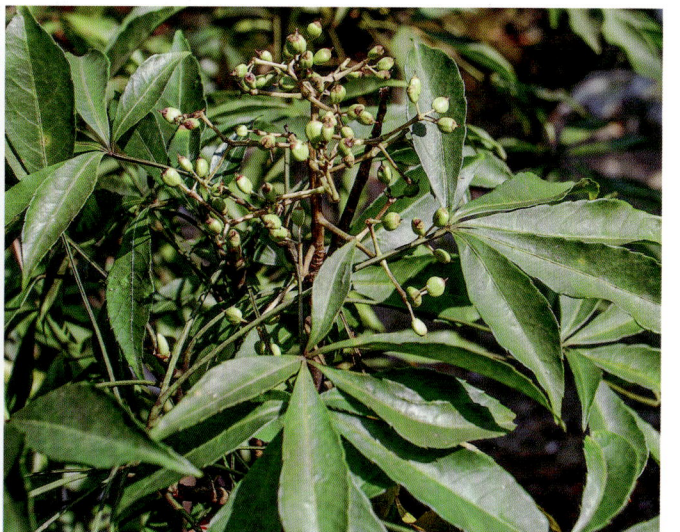

异叶梁王茶 *Metapanax davidii* (Franch.) J. Wen et Frodin

掌叶梁王茶 *Metapanax delavayi* (Franch.) J. Wen et Frodin
[*Nothopanax delavayi* (Franch.) Harms ex Diels]

* **人参** *Panax ginseng* C. A. Mey.

疙瘩七 *Panax bipinnatifidus* Seem.

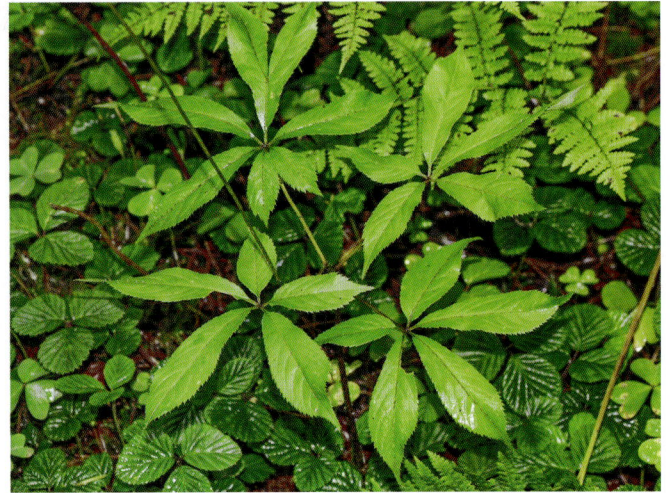

* **三七** *Panax notoginseng* (Burkill) F. H. Chen ex C. H. Chow

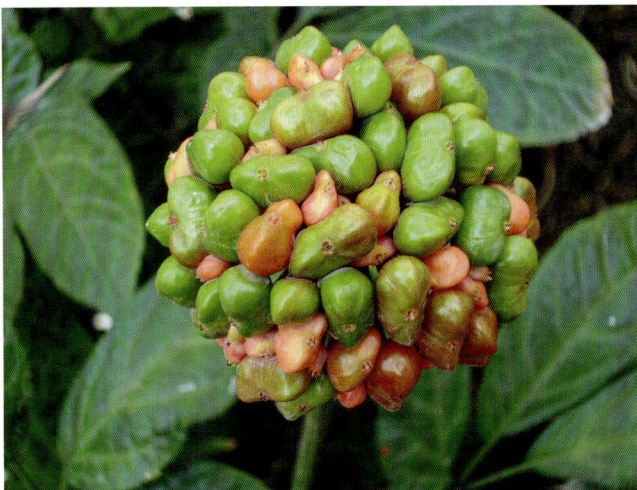

穗序鹅掌柴 *Schefflera delavayi* (Franch.) Harms ex Diels

鹅掌柴
Schefflera heptaphylla (L.) Frodin

白背鹅掌柴
Schefflera hypoleuca (Kurz) Harms

星毛鸭脚木
Schefflera minutistellata Merr. ex Li

通脱木
Tetrapanax papyrifer (Hook.) K. Koch

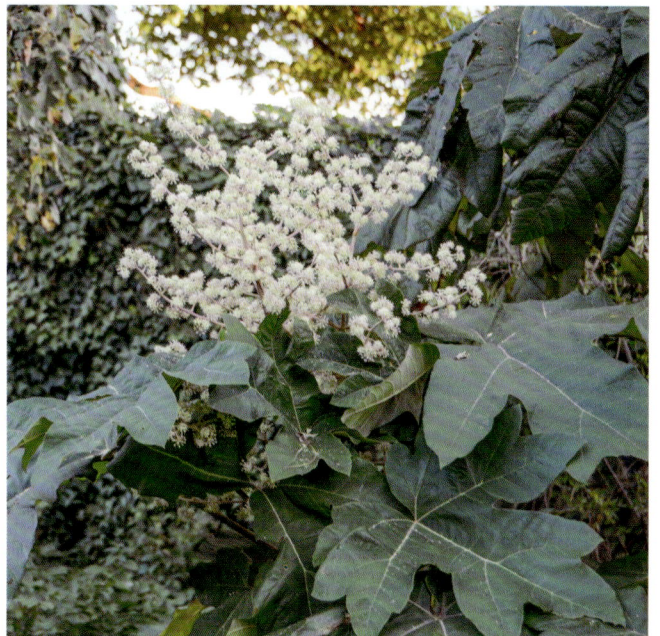

A416 伞形科 Apiaceae

重齿当归 *Angelica biserrata*
(Shan et Yuan) Yuan et Shan

紫花前胡 *Angelica decursiva*
(Miq.) Franch. et Savat.

白芷 *Angelica dahurica* (Fisch. ex Hoffm.)
Benth. et Hook. f. ex Franch. et Savat.

拐芹 *Angelica polymorpha* Maxim.

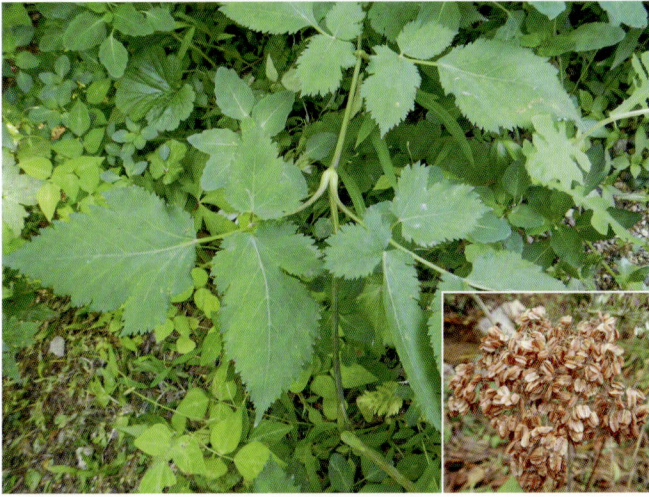

* 当归 *Angelica sinensis* (Oliv.) Diels

峨参 *Anthriscus sylvestris* (L.) Hoffm.

北柴胡 *Bupleurum chinense* DC.

旱芹 *Apium graveolens* L.

大叶柴胡 *Bupleurum longiradiatum* Turcz.

竹叶柴胡
***Bupleurum marginatum* Wall. ex DC.**

积雪草 *Centella asiatica* (L.) Urban

明党参 *Changium smyrnioides* Wolff

毒芹 *Cicuta virosa* L.

蛇床 *Cnidium monnieri* (L.) Cuss.

* 川芎 *Conioselinum anthriscoides* cv. 'Chuanxiong'

[*Ligusticum chuanxiong* Hort.]

藁本 *Conioselinum anthriscoides* (H. Boissieu) Pimenov et Kljuykov

[*Ligusticum sinense* Oliv.]

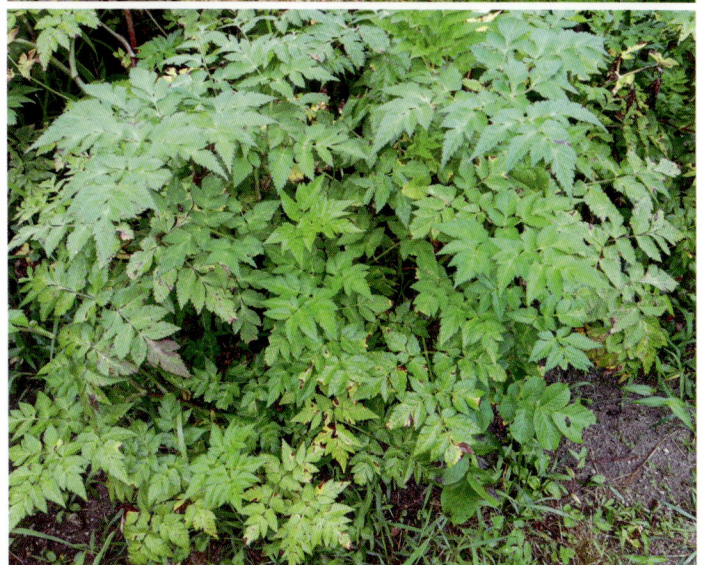

山芎 *Conioselinum chinense*
(L.) Britton, Sterns et Poggenburg

* 芫荽
Coriandrum sativum L.

鸭儿芹
Cryptotaenia japonica Hassk.

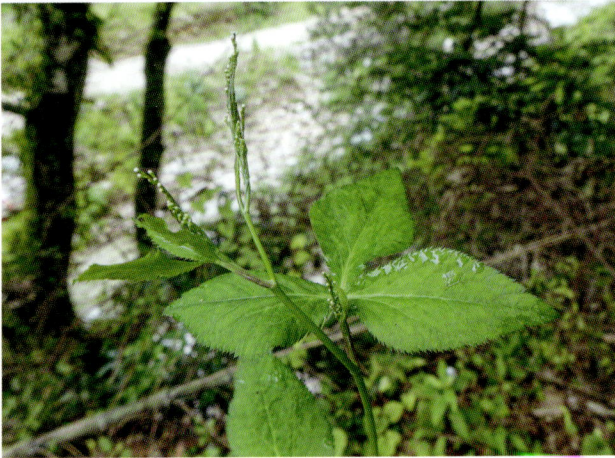

细叶旱芹 *Cyclospermum leptophyllum*
(Persoon) Sprague ex Britton et P. Wils.

野胡萝卜 *Daucus carota* L.

* 胡萝卜 *Daucus carota* var. *sativa* Hoffm.

独活 *Heracleum hemsleyanum* Diels

* 茴香 *Foeniculum vulgare* Mill.

椴叶独活
Heracleum tiliifolium Wolff

短毛独活 *Heracleum moellendorffii* Hance

尖叶藁本 *Ligusticum acuminatum* Franch.

白苞芹 *Nothosmyrnium japonicum* Miq.

短辐水芹
Oenanthe benghalensis Benth. et Hook.

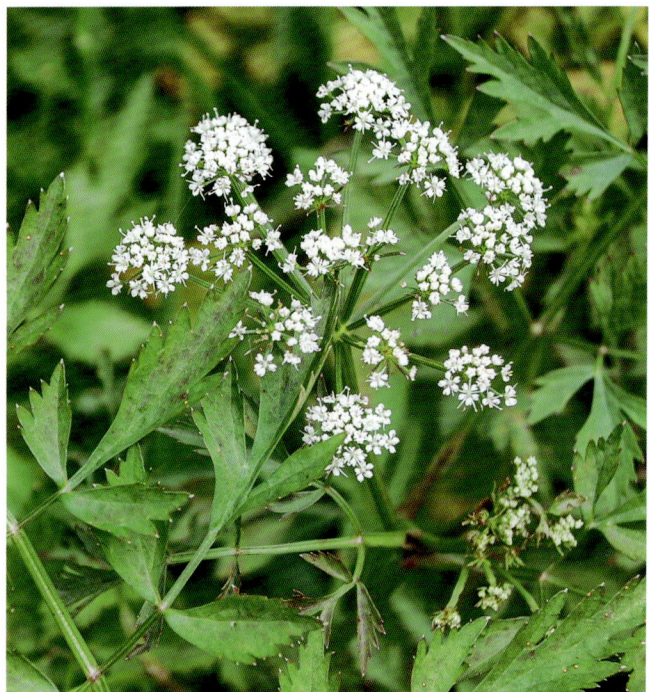

西南水芹
Oenanthe dielsii H. de Boissieu

水芹　*Oenanthe javanica* (Bl.) DC.

卵叶水芹　*Oenanthe javanica* subsp. *rosthornii* (Diels) F. T. Pu

线叶水芹　*Oenanthe linearis* Wall. ex DC.　[*Oenanthe sinensis* Dunn]

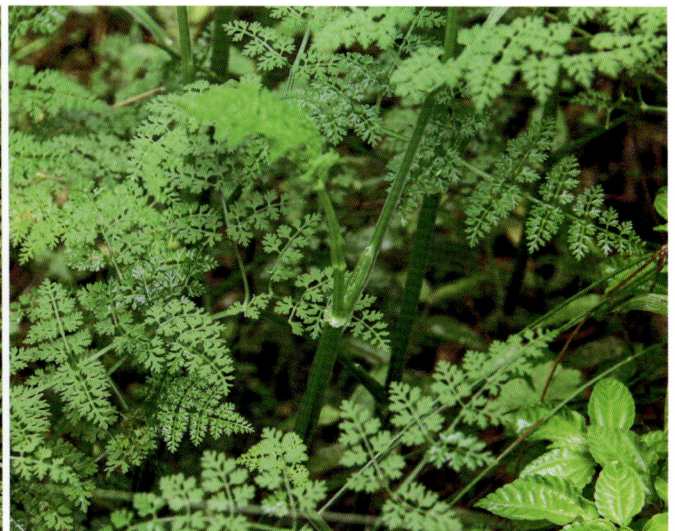

多裂叶水芹
Oenanthe thomsonii C. B. Clarke

窄叶水芹 *Oenanthe thomsonii* subsp.
stenophylla (H. de Boissieu) F. T. Pu

香根芹 *Osmorhiza aristata* (Thunb.) Makino et Yabe

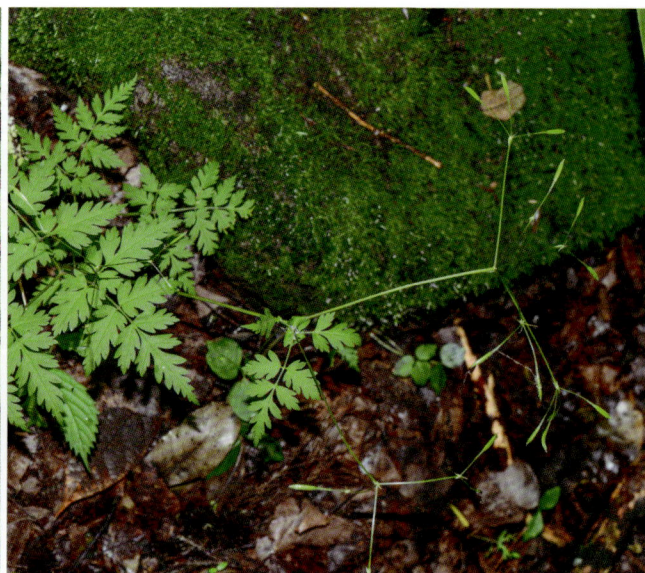

隔山香 *Osericum citriodorum*
(Hance) Yuan et Shan

大齿山芹 *Ostericum grosseserratum*
(Maxim.) Yuan et Shan

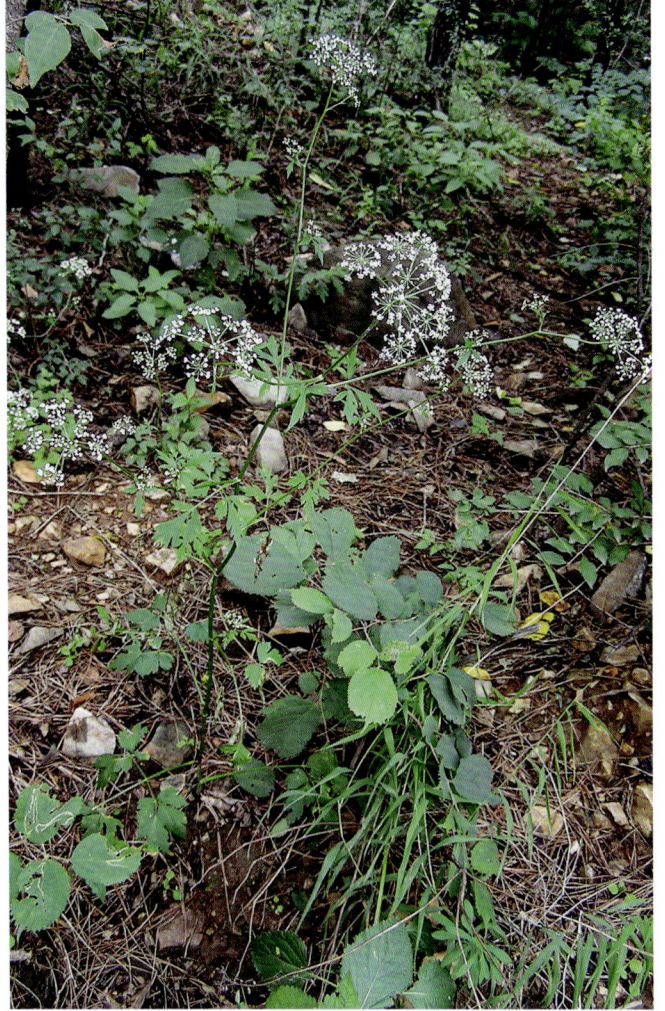

山芹
Ostericum sieboldii (Miq.) Nakai

台湾前胡
Peucedanum formosanum Hayata

鄂西前胡 *Peucedanum henryi* Wolff

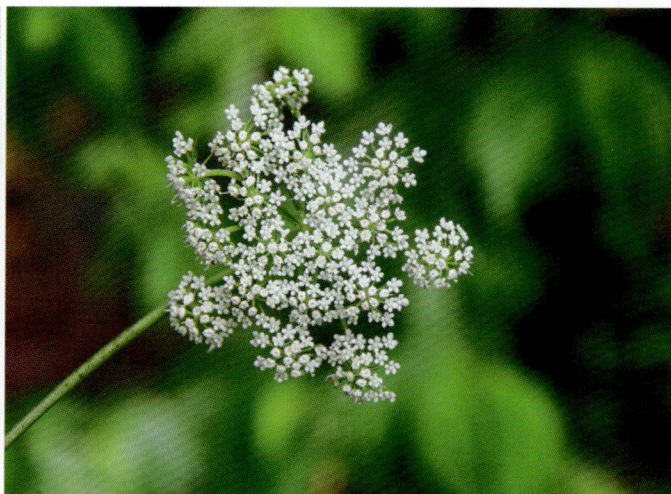

南岭前胡
Peucedanum longshengense Shan et Sheh

前胡
Peucedanum praeruptorum Dunn

华中前胡 *Peucedanum medicum* Dunn

异叶茴芹
Pimpinella diversifolia DC.

江西囊瓣芹 *Pternopetalum kiangsiense* (Wolff) Hand.-Mazz.

裸茎囊瓣芹 *Pternopetalum nudicaule* (de Boiss.) Hand.-Mazz.

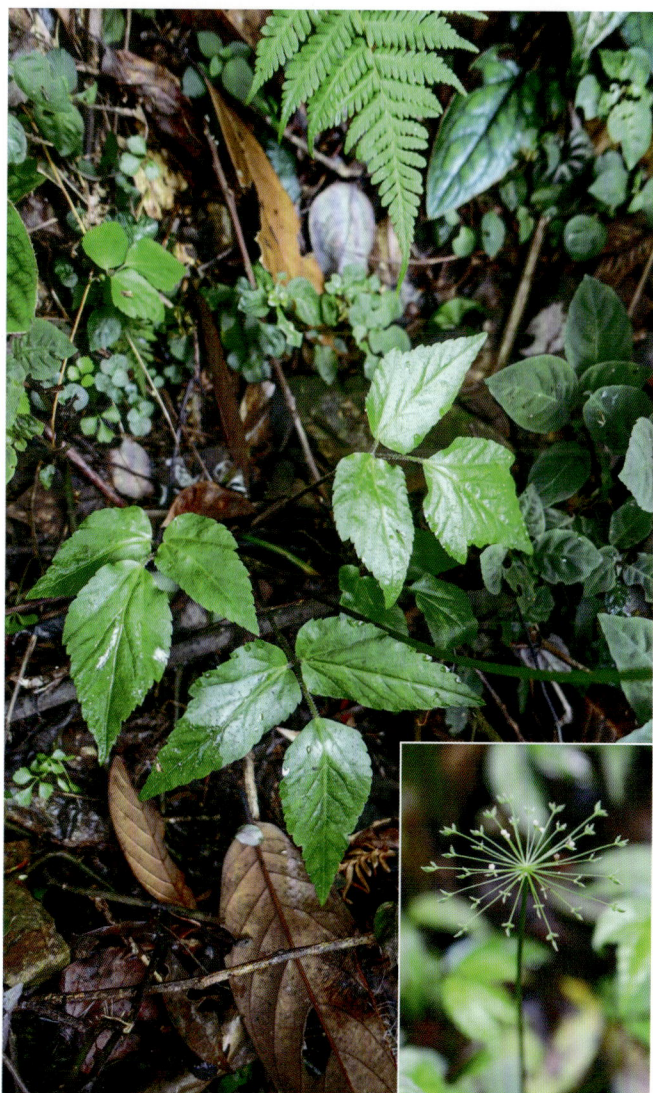

东亚囊瓣芹 *Pternopetalum tanakae* (Franch. et Savat.) Hand.-Mazz.

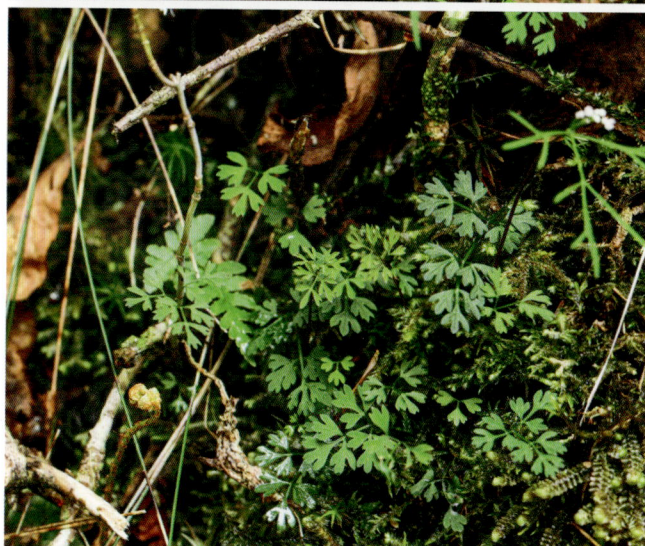

假苞囊瓣芹 *Pternopetalum tanakae*
var. *fulcratum* Y. H. Zhang

膜蕨囊瓣芹 *Pternopetalum*
trichomanifolium (Franch.) Hand.-Mazz.

变豆菜 *Sanicula chinensis* Bunge

薄片变豆菜 *Sanicula lamelligera* Hance

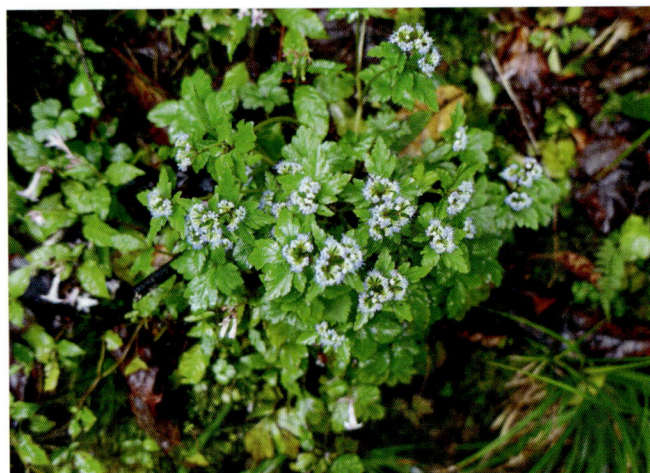

直刺变豆菜 *Sanicula orthacantha* S. Moore

泽芹 *Sium suave* Walt.

牯岭东俄芹 *Tongoloa stewardii* Wolff

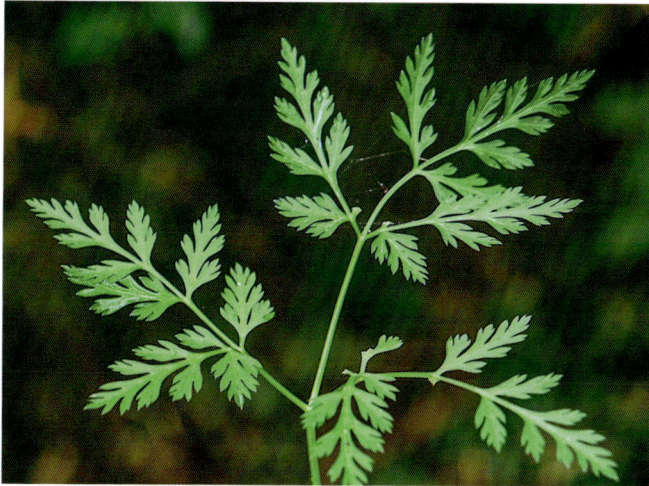

小窃衣 *Torilis japonica* (Houtt.) DC.

窃衣 *Torilis scabra* (Thunb.) DC.

参考文献

陈功锡, 张代贵, 肖佳伟, 等. 2019. 武功山地区维管束植物物种多样性编目. 成都: 西南交通大学出版社.

凡强, 赵万义, 廖文波, 等. 2022. 广东丹霞山植物图鉴. 北京: 科学出版社.

江西植物志编辑委员会. 1993. 江西植物志 第一卷. 南昌: 江西科学技术出版社.

李振基, 吴小平, 陈小麟, 等. 2009. 江西九岭山自然保护区综合科学考察报告. 北京: 科学出版社.

廖文波, 王蕾, 王英永, 等. 2018. 湖南桃源洞国家级自然保护区生物多样性综合科学考察. 北京: 科学出版社.

廖文波, 王英永, 贾凤龙, 等. 2007. 中国三清山生物多样性彩色图谱. 北京: 科学出版社.

廖文波, 王英永, 贾凤龙, 等. 2022. 罗霄山脉生物多样性综合科学考察. 北京: 科学出版社.

廖文波, 王英永, 李贞, 等. 2014. 中国井冈山地区生物多样性综合科学考察. 北京: 科学出版社.

刘仁林, 张志翔, 廖为明. 2010. 江西种子植物名录. 北京: 中国林业出版社.

刘信中, 吴和平. 2005. 江西官山自然保护区科学考察与研究. 北京: 中国林业出版社.

王蕾, 叶华谷, 廖文波, 等. 2022. 罗霄山脉维管植物多样性编目. 北京: 科学出版社.

叶华谷, 邢福武, 廖文波, 等. 2018. 广东植物图鉴（上下册）. 武汉: 华中科技大学出版社.

张宪春. 2012. 中国石松类与蕨类植物. 北京: 北京大学出版社.

中国科学院中国植物志编辑委员会. 1959-2000. 中国植物志 第1-80卷. 北京: 科学出版社.

Angiosperm Phylogeny Group. 2016. An update of the Angiosperm Phylogeny Group classification for the orders and families of flowering plants: APG IV. Botanical Journal of the Linnean Society, 181(1): 1-20.

Liao W B, Fan Q, Wang L, et al. 2016. Plant atlas of the Jinggangshan Region in China. Beijing: Science Press.

Wu Z Y, Raven P H, Hong D Y. 1994-2013. Flora of China Vol. 1-25. Beijing: Science Press; St. Louis: Missouri Botanical Garden Press.

附录1
物种收录与名称订正说明

　　根据2023年3月出版的《罗霄山脉维管植物多样性编目》（以下简称《编目》），共收录罗霄山脉地区野生维管植物211科1174属4166种31亚种295变种，其中蕨类植物32科101属431种1亚种20变种，裸子植物6科23属32种2变种，被子植物173科1050属3703种30亚种273变种；其他栽培种等276种12变种。关于种的统计，若某种仅有种下等级如亚种、变种，即其一按种计，之外的即仍按亚种、变种计（如下统计同此）。

　　在《编目》的基础上，作者对所拍摄的活体照片进行了全面的鉴定、整理，借助《中国植物志》英文修订版（http://www.iplant.cn/foc）、植物智——中国植物＋物种信息系统（http://www.iplant.cn）、中国生物物种名录（http://sp2000.org.cn）等进行查询，结合最近的分类学文献等对各物种进行名称审核和地理分布再考证，据此编撰成《罗霄山脉维管植物图鉴》（以下简称《图鉴》）。附录1主要针对物种订正和物种统计情况进行说明，结果如下。

一、《编目》物种排查与异名订正

　　针对《编目》物种的考证，以及野外照片的分类鉴定，结果可归纳为以下5种情况，分别标注"△☆▲◇★"以示区别。

　　（1）△：异名。表示在《编目》中的名称现已列为异名，经查证后改为正名（即接受名），列在等号"="后面。

　　（2）☆：存疑种。表示该种在罗霄山脉地区的分布有存疑，有待进一步采集和鉴定，暂不列照片。所列存疑种的名称均已订正为接受名。

　　（3）▲：误定种。表示该种大概率为鉴定错误，分布区不在罗霄山脉地区，《图鉴》收录时取消了这些种。

　　（4）◇：新记录种。表示在《编目》出版后增加的新记录种，《图鉴》收录了其照片。

　　（5）★：缺照片种。表示该种在罗霄山脉有产，但未拍摄到照片。

　　如下所列是针对《编目》进行订正的结果，物种拉丁名采用的字体与《图鉴》正文一致，斜体加粗为接受名，斜体不加粗为异名。

（一）《编目》物种异名排查

　　近年来，随着野外采集的深入，以及系统发育研究的广泛开展，许多属级、种级分类群得到了新的修订，植物种的名称也出现了较多的更改和转移，如下是针对《编目》的物种排查和异名订正结果。在《图鉴》正文中，异名放在方括号"[ ]"内。而更早些时期的异名不再——列举。

物种异名排查结果表明，《编目》中现被列为异名的共有120个名称，含102种1亚种17变种。订正后，其中有20种为重复记录，1亚种3变种被提升为种，14变种被归并而取消，最后接受名为86种。针对罗霄山脉地区，有确定种（接受种）73种、存疑种9种、误定种4种。

其中，新增的属共有32属，即棱脉蕨属*Goniophlebium*、牛果藤属*Nekemia*、拟乌蔹莓属*Pseudocayratia*、蝉豆属*Pleurolobus*、假地豆属*Grona*、拿身草属*Sohmaea*、细蚂蝗属*Leptodesmia*、饿蚂蝗属*Ototropis*、粟米草属*Trigastrotheca*、白前属*Vincetoxicum*、万钧木属*Chengiodendron*、刺蕊草属*Pogostemon*、小野芝麻属*Matsumurella*、樟属*Camphora*、弯玉簪属*Campylosiphon*、老鸦瓣属*Amana*、小沼兰属*Oberonioides*、大苞姜属*Monolophus*、水葱属*Schoenoplectus*、火索藤属*Phanera*、首冠藤属*Cheniella*、云实属*Biancaea*、夏藤属*Wisteriopsis*、楼木属*Weniomeles*、珂楠树属*Kingsboroughia*、脬果荠属*Hilliella*、酸浆属*Alkekengi*、套唇苣苔属*Damrongia*、旋蒴苣苔属*Dorcoceras*、漏芦属*Rhaponticum*、六道木属*Zabelia*、升麻属*Actaea*。

需减少的属共有17属，其中，金线草属*Antenoron*（=*Persicaria*）、金钱豹属*Campanumoea*（=*Codonopsis*）、升麻属*Cimicifuga*（=*Actaea*）等已被列为异名；而鳞果星蕨属*Lepidomicrosorium*、山蚂蝗属*Desmodium*、崖豆藤属*Millettia*、鹅肠菜属*Myosoton*、粟米草属*Mollugo*、郁金香属*Tulipa*、原沼兰属*Malaxis*、大苞姜属*Caulokaempferia*、岩荠属*Cochlearia*、阴山荠属*Yinshania*、心萼薯属*Aniseia*、旋蒴苣苔属*Boea*、羊蹄甲属*Bauhinia*、云实属*Caesalpinia*仍为接受名，但其在罗霄山脉分布的种已被转移至其他属，因此这些属不再出现。相应地，异名对应的接受名，或被转移后的接受名，如果不与《编目》中其他的接受名重复，就是新增加的属（如上段的32属）。

P1 石松科 Lycopodiaceae

△华南马尾杉 *Phlegmariurus austrosinicus* (Ching) L. B. Zhang = 有柄马尾杉 **Phlegmariurus petiolatus** (C. B. Clarke) C. Y. Yang

△闽浙马尾杉 *Phlegmariurus mingcheensis* Ching = 闽浙马尾杉 **Phlegmariurus mingjoui** X. C. Zhang

P21 瘤足蕨科 Plagiogyriaceae

△镰叶瘤足蕨 *Plagiogyria distinctissima* Ching = 瘤足蕨 **Plagiogyria adnata** (Bl.) Bedd.

P37 铁角蕨科 Aspleniaceae

△相似铁角蕨 *Asplenium consimile* Ching ex S. H. Wu = 华南铁角蕨 **Asplenium austrochinense** Ching

P42 金星蕨科 Thelypteridaceae

△禾秆金星蕨 *Parathelypteris japonica* var. *musashiensis* (Hiyama) Jiang = 光脚金星蕨 **Parathelypteris japonica** (Bak.) Ching

△假渐尖毛蕨 *Cyclosorus subacuminatus* Ching ex Shing et J. F. Cheng = 渐尖毛蕨 **Cyclosorus acuminatus** (Houtt.) Nakai

P45 鳞毛蕨科 Dryopteridaceae

△尾叶复叶耳蕨 *Arachniodes caudata* Ching = 中华复叶耳蕨 **Arachniodes chinensis** (Rosenst.) Ching

△泡鳞肋毛蕨 *Ctenitis mariformis* (Ros.) Ching = ☆泡鳞轴鳞蕨 **Dryopteris kawakamii** Hayata

△疏羽肋毛蕨 *Ctenitis submariformis* Ching et C. H. Wang = ▲**巢形鳞毛蕨 *Dryopteris transmorrisonense*** (Hayata) Hayata

△斜方贯众 *Cyrtomium trapezoideum* Ching et Shing = ☆**梯羽耳蕨 *Polystichum trapezoideum*** (Ching et K. H. Shing ex K. H. Shing) Li Bing Zhang

△两色鳞毛蕨 *Dryopteris setosa* (Thunb.) Akasawa = **两色鳞毛蕨 *Dryopteris bissetiana*** (Baker) C. Christ.

P51 水龙骨科 Polypodiaceae

△梵净山盾蕨 *Neolepisorus lancifolius* Ching et Shing = **盾蕨 *Lepisorus ovatus*** (C. Presl) C. F. Zhao, R. Wei et X. C. Zhang

△盾蕨 *Neolepisorus ovatus* (Bedd.) Ching = **盾蕨 *Lepisorus ovatus*** (C. Presl) C. F. Zhao, R. Wei et X. C. Zhang

△中华水龙骨 *Polypodiodes chinensis* (Christ) S. G. Lu = **中华水龙骨 *Goniophlebium chinense*** (Christ) X. C. Zhang

△宽底假瘤蕨 *Phymatopteris majoensis* (C. Chr.) Pic. Serm. = **宽底假瘤蕨 *Selliguea majoensis*** (C. Chr.) Fraser-Jenk.

△鳞果星蕨 *Lepidomicrosorium buergerianum* (Miq.) Ching et K. H. Shing ex S. X. Xu = **鳞果星蕨 *Lepisorus buergerianus*** (Miq.) C. F. Zhao, R. Wei et X. C. Zhang

△表面星蕨 *Lepidomicrosorium superficiale* (Blume) Li Wang = **表面星蕨 *Lepisorus superficialis*** (Blume) C. F. Zhao, R. Wei et X. C. Zhang

△宽羽线蕨 *Leptochilus ellipticus* var. *pothifolius* (Buch.-Ham. ex D. Don) X. C. Zhang = **宽羽线蕨 *Leptochilus pothifolius*** (Buch.-Ham. ex D. Don) Fraser-Jenk.

G7 松科 Pinaceae

△台湾松 *Pinus taiwanensis* auct. non Hayata = **黄山松 *Pinus hwangshanensis*** W.Y. Hsia

A12 马兜铃科 Aristolochiaceae

△宝兴马兜铃 *Aristolochia moupinensis* Franch. = ☆**宝兴关木通 *Isotrema moupinense*** (Franch.) X. X. Zhu, S. Liao et J. S. Ma

A25 樟科 Lauraceae

△猴樟 *Cinnamomum bodinieri* Lévl. = **猴樟 *Camphora bodinieri*** (H. Lév.) Y. Yang, Bing Liu et Zhi Yang

△樟 *Cinnamomum camphora* (L.) Presl = **樟 *Camphora officinarum*** Nees

△沉水樟 *Cinnamomum micranthum* (Hay.) Hay. = **沉水樟 *Camphora micrantha*** (Hayata) Y. Yang, Bing Liu et Zhi Yang

△黄樟 *Cinnamomum parthenoxylon* (Jack) Meisner = **黄樟 *Camphora parthenoxylon*** (Jack) Nees

A44 水玉簪科 Burmanniaceae

△头花水玉簪 *Burmannia championii* Thw. = **头玉簪 *Campylosiphon championii*** (Thwaites) Xiao Juan Li et D. X. Zhang

A60 百合科 Liliaceae

△老鸦瓣 *Tulipa edulis* (Miq.) Baker = **老鸦瓣 *Amana edulis*** (Miq.) Honda

A61 兰科 Orchidaceae

△小沼兰 *Malaxis microtatantha* (Schltr.) Tang et F. T. Wang = **小沼兰 *Oberonioides microtatantha*** (Tang et F. T. Wang) Szlach.

△鸢尾兰 *Oberonia iridifolia* Roxb. ex Lindl. = ▲**鸢尾兰 *Oberonia mucronata*** (D. Don) Ormerod et Seidenfaden

A89 姜科 Zingiberaceae

△黄花大苞姜 *Caulokaempferia coenobialis* (Hance) K. Larsen = **黄花大苞姜 *Monolophus coenobialis*** Hance

A94 谷精草科 Eriocaulaceae

△四国谷精草 *Eriocaulon sikokianum* Maxim. = **四国谷精草 *Eriocaulon miquelianum*** Kornicke

A98 莎草科 Cyperaceae

△类头状花序藨草 *Scirpus subcapitatus* Thw. = **玉山蔺藨草 *Trichophorum subcapitatum*** (Thwaites et Hook.) D. A. Simpson

△藨草 *Scirpus triqueter* L. = 三棱水葱 **Schoenoplectus triqueter** (L.) Palla

A103 禾本科Poaceae

△剪股颖*Agrostis matsumurae* Hack. ex Honda = 华北剪股颖 **Agrostis clavata** Trin.

△多花剪股颖*Agrostis myriantha* Hook. f. = ☆ 小花剪股颖 **Agrostis micrantha** Steud.

△纤毛野青茅 *Deyeuxia arundinacea* var. *ciliata* (Honda) P. C. Kuo et S. L. Lu = **野青 茅 Deyeuxia pyramidalis** (Host) Veldkamp

△长舌野青茅 *Deyeuxia arundinacea* var. *ligulata* (Rendle) P. C. Kuo et S. L. Lu = **野青 茅 Deyeuxia pyramidalis** (Host) Veldkamp

△疏花野青茅 *Deyeuxia arundinacea* var. *laxiflora* (Rendle) P. C. Kuo et S. L. Lu = **疏 穗野青茅 Deyeuxia effusiflora** Rendle

△湖北野青茅 *Deyeuxia hupehensis* Rendle = **野青茅 Deyeuxia pyramidalis** (Host) Veldkamp

△短颖马唐 *Digitaria microbachne* (Presl) Henr. = ☆**海南马唐 Digitaria setigera** Roth ex Roem et Schult.

△旱稗*Echinochloa hispidula* (Retz.) Nees = **稗 Echinochloa crus-galli** (L.) Beauv.

△无毛画眉草*Eragrostis pilosa* var. *imberbis* Franch. = ▲**多秆画眉草 Eragrostis multicaulis** Steudel

△细毛鸭嘴草 *Ischaemum indicum* (Houtl.) Merr. = **纤毛鸭嘴草 Ischaemum ciliare** Retz.

△落草*Koeleria cristata* (L.) Pers. = ▲**落草 Koeleria macrantha** (Ledeb.) Schult.

△褐毛狗尾草 *Setaria pallidifusca* (Schumach.) Stapf et Hubb. = **金色狗尾草 Setaria pumila** (Poiret) Roemer et Schultes

△荩竹 *Microstegium nodosum* (Kom.) Tzvel. = **荩竹 Microstegium vimineum** (Trin.) A. Camus

A111 毛茛科 Ranunculaceae

△唐松草 *Thalictrum aquilegifolium* var. *sibiricum* Regel et Tiling = ☆**唐松草 Thalictrum aquilegiifolium var. sibiricum** L.

△升麻*Cimicifuga foetida* L. = 升麻 **Actaea cimicifuga** L.

△小升麻*Cimicifuga japonica* (Thunberg) Sprengel. = **小升麻 Actaea japonica** Thunb.

A112 清风藤科 Sabiaceae

△珂楠树 *Meliosma beaniana* Rehd. et Wils. = **珂楠树 Kingsboroughia alba** (Schltdl.) Liebm.

A136 葡萄科 Vitaceae

△柔毛大叶蛇葡萄 *Ampelopsis megalophylla* var. *jiangxiensis* (W. T. Wang) C. L. Li = **柔 毛大叶牛果藤 Nekemias megalophylla var. jiangxiensis** (W. T. Wang) J. Wen et Z. L. Nie

△白毛乌蔹莓 *Cayratia albifolia* C. L. Li = **异 果拟乌蔹莓Pseudocayratia dichromocarpa** (H. Lév.) J. Wen et Z. D. Chen

△脱毛乌蔹莓 *Cayratia albifolia* var. *glabra* (Gagn.) C. L. Li = **异果拟乌蔹莓 Pseudocayratia dichromocarpa** (H. Lév.) J. Wen et Z. D. Chen

△华中乌蔹莓 *Cayratia oligocarpa* (Lévl. et Vant.) Gagnep. = **华中拟乌蔹莓 Pseudocayratia oligocarpa** (H. Lév. et Vant.) J. Wen et L. M. Lu

A140 豆科 Fabaceae

△龙须藤 *Bauhinia championii* (Benth.) Benth. = **龙须藤 Phanera championii** Benth.

△粉叶羊蹄甲*Bauhinia glauca* (Wall. ex Benth.) Benth. = **粉叶首冠藤 Cheniella glauca** (Benth.) R. Clark et Mackinder

△云实 *Caesalpinia decapetala* (Roth) Alston = **云实 Biancaea decapetala** (Roth) O. Deg.

△小叶云实 *Caesalpinia millettii* Hook. et Arn. = **小叶云实 Biancaea millettii** (Hook. et Arn.) Gagnon et G. P. Lewis

△网络鸡血藤 *Callerya reticulata* (Benth.) Schot = **网络夏藤 Wisteriopsis reticulata** (Benth.) J. Compton et Schrire

△大叶山蚂蝗 *Desmodium gangeticum* (L.) DC.

= 蝉豆 *Pleurolobus gangeticus* (L.) J. St.-Hil.

△异叶山蚂蟥 *Desmodium heterophyllum* (Willd.) DC. = 异叶三点金 ***Grona heterophylla*** (Willd.) H. Ohashi et K. Ohashi

△假地豆 *Desmodium heterocarpon* (L.) DC. = **假地豆 *Grona heterocarpos*** (L.) H. Ohashi et K. Ohashi

△大叶拿身草 *Desmodium laxiflorum* DC. = **大叶拿身草 *Sohmaea laxiflora*** (DC.) H. Ohashi et K. Ohashi

△小叶三点金 *Desmodium microphyllum* (Thunb.) DC. = **小叶细蚂蟥 *Leptodesmia microphylla*** (Thunb.) H. Ohashi et K. Ohashi

△饿蚂蟥 *Desmodium multiflorum* DC. = **饿蚂蟥 *Ototropis multiflora*** (DC.) H. Ohashi et K. Ohashi

△三点金 *Desmodium triflorum* (L.) DC. = **三点金 *Grona triflora*** (L.) H. Ohashi et K. Ohash

△厚果崖豆藤 *Millettia pachycarpa* Benth. = **厚果鱼藤 *Derris taiwaniana*** (Hayata) Z. Q. Song

A143 蔷薇科 Rosaceae

△贵州石楠 *Stranvaesia bodinieri* (Lévl.) B. B. Liu et J. Wen = **椤木 *Weniomeles bodinieri*** (H. Lév.) B. B. Liu

A150 桑科 Moraceae

△楮 *Broussonetia kazinoki* Sieb. = **楮构 *Broussonetia* × *kazinoki*** Sieb.

△花叶鸡桑 *Morus australis* var. *inusitata* (Lévl.) C. Y. Wu = **鸡桑 *Morus australis*** Poir.

△鸡爪叶桑 *Morus australis* var. *linearipartita* Cao = **鸡桑 *Morus australis*** Poir.

A151 荨麻科 Urticaceae

△齿叶矮冷水花 *Pilea peploides* var. *major* Wedd. = **矮冷水花 *Pilea peploides*** (Gaudich.) Hook. et Arn.

A168 卫矛科 Celastraceae

△胶州卫矛 *Euonymus kiautschovicus* Loes. = **扶芳藤 *Euonymus fortunei*** (Turcz.) Hand.-Mazz.

A247 锦葵科 Malvaceae

△全缘椴 *Tilia integerrima* H. T. Chang = **椴树 *Tilia tuan*** Szyszyl.

△帽峰椴 *Tilia mofungensis* Chun et Wong = **椴树 *Tilia tuan*** Szyszyl.

△矩圆叶椴 *Tilia oblongifolia* Rehd. = **椴树 *Tilia tuan*** Szyszyl.

A270 十字花科 Brassicaceae

△碎米荠 *Cardamine hirsuta* L. = **碎米荠 *Cardamine occulta*** Hornem.

△弯缺岩荠 *Cochlearia sinuata* K. C. Kuan = **弯缺脬果荠 *Hilliella sinuata*** (K. C. Kuan) Y. H. Zhang et H. W. Li

△紫堇叶阴山荠 *Yinshania fumarioides* (Dunn) Y. Z. Zhao = **脬果荠 *Hilliella fumarioides*** (Dunn) Y. H. Zhang et H. W. Li

△武功山阴山荠 *Yinshania hui* (O. E. Schulz) Y. Z. Zhao = **武功山脬果荠 *Hilliella hui*** (O. E. Schulz) Y. H. Zhang et H. W. Li

△湖南阴山荠 *Yinshania hunanensis* (Y. H. Zhang) Al-Shehbaz et al. = **湖南脬果荠 *Hilliella hunanensis*** Y. H. Zhang

△利川阴山荠 *Yinshania lichuanensis* Y. H. Zhang = **黎川脬果荠 *Hilliella lichuanensis*** Y. H. Zhang

△卵叶阴山荠 *Yinshania paradoxa* (Hance) Y. Z. Zhao = **卵叶脬果荠 *Hilliella paradoxa*** (Hance) Y. H. Zhang et H. W. Li

△河岸阴山荠 *Yinshania rivulorum* (Dunn) Al-Shehbaz et al. = **河岸脬果荠 *Hilliella rivulorum*** (Dunn) Y. H. Zhang et H. W. Li

△双牌阴山荠 *Yinshania rupicola* subsp. *shuangpaiensis* (Z. Y. Li) Al-Shehbaz et al. = **双牌脬果荠 *Hilliella shuangpaiensis*** Z. Yu Li

A283 蓼科 Polygonaceae

△金线草 *Antenoron filiforme* (Thunb.) Rob. et Vaut. = **金线草 *Persicaria filiformis*** (Thunb.) Nakai

△短毛金线草 *Antenoron filiforme* var.

neofiliforme (Nakai) A. L. Li = **短毛金线草**
Persicaria neofiliformis (Nakai) Ohki

△疏蓼 *Persicaria praetermissa* (Hook. f.) H.
Hara [*Polygonum praetermissum* Hook. f.] =
疏蓼 *Polygonum praetermissum* Hook. f.

A295 石竹科 Caryophyllaceae

△鹅肠菜 *Myosoton aquaticum* (L.) Moench =
鹅肠菜 *Stellaria aquatica* (L.) Scop.

A297 苋科 Amaranthaceae

△刺藜 *Chenopodium aristatum* L. = ☆**刺藜**
Teloxys aristata (L.) Moq.

A309 粟米草科 Molluginaceae

△粟米草 *Mollugo stricta* L. = **粟米草**
Trigastrotheca stricta (L.) Thulin

A320 绣球科 Hydrangeaceae

△溲疏 *Deutzia scabra* auct. non Thunb. = **齿叶**
溲疏 *Deutzia crenata* Sieb. et Zucc.

A334 柿科 Ebenaceae

△短柄粉叶柿 *Diospyros glaucifolia* var.
brevipes S. Lee = **山柿 *Diospyros japonica***
Sieb. et Zucc.

A337 山矾科 Symplocaceae

△长花柱山矾 *Symplocos dolichostylosa* Y. F.
Wu = **山矾 *Symplocos sumuntia*** Buch.-Ham.
ex D. Don

A343 桤叶树科 Clethraceae

△短穗桤叶树 *Clethra brachystachya* Fang et L.
C. Hu = **城口桤叶树 *Clethra fargesii*** Franch.

A345 杜鹃花科 Ericaceae

△涧上杜鹃 *Rhododendron subflumineum* Tam
= ☆**潮安杜鹃 *Rhododendron chaoanense*** T.
C. Wu et P. C. Tam

A356 夹竹桃科 Apocynaceae

△合掌消 *Cynanchum amplexicaule* (Sieb. et
Zucc.) Hemsl. = **紫花合掌消 *Vincetoxicum***
amplexicaule Sieb. et Zucc.

△紫花合掌消 *Cynanchum amplexicaule*
var. *castaneum* Makino = **紫花合掌消**
Vincetoxicum amplexicaule Sieb. et Zucc.

A359 旋花科 Convolvulaceae

△心萼薯 *Aniseia biflora* (L.) Choisy = **心萼薯**
Ipomoea biflora (L.) Pers.

A360 茄科 Solanaceae

△酸浆 *Physalis alkekengi* L. = **酸浆 *Alkekengi***
officinarum Moench

△挂金灯 *Physalis alkekengi* var. *franchetii*
(Mast.) Makino = **挂金灯 *Alkekengi***
officinarum* var. *franchetii (Mast.) R. J.
Wang

A366 木樨科 Oleaceae

△台湾女贞 *Ligustrum amamianum* Koidz. = **日**
本女贞 *Ligustrum japonicum* Thunb.

△厚叶木樨 *Osmanthus marginatus* var.
pachyphyllus (H. T. Chang) R. L. Lu = **万钧**
木 *Chengiodendron marginatum* (Champ. ex
Benth.) C. B. Shang, X. R. Wang, Yi F. Duan
et Yong F. Li

△网脉木樨 *Osmanthus reticulatus* P. S. Green =
网脉木樨 *Osmanthus reticulatus* P. S. Green

A369 苦苣苔科 Gesneriaceae

△大花旋蒴苣苔 *Boea clarkeana* Hemsl. = **大**
花套唇苣苔 *Damrongia clarkeana* (Hemsl.)
C. Puglisi

△旋蒴苣苔 *Boea hygrometrica* (Bunge) R.
Br. = **旋蒴苣苔 *Dorcoceras hygrometricum***
Bunge

A383 唇形科 Lamiaceae

△水蜡烛 *Dysophylla yatabeana* Makino = **水蜡**
烛 *Pogostemon yatabeanus* (Makino) Press

△近无毛小野芝麻 *Galeobdolon chinense* var.
subglabrum C. Y. Wu = **近无毛小野芝麻**
Matsumurella chinense* var. *subglabrum C.
Y. Wu

A394 桔梗科 Campanulaceae

△金钱豹 *Campanumoea javanica* Blume = **金**
钱豹 *Codonopsis javanica* (Blume) Hook. f.

△小花金钱豹 *Campanumoea javanica*
subsp. *japonica* (Makino) Hong = **小花金**

钱豹 *Codonopsis javanica* subsp. *japonica* (Makino) Lammers

A403 菊科 Asteraceae

△白莲蒿 *Artemisia sacrorum* Ledeb. = **白莲蒿** *Artemisia gmelinii* Weber ex Stechm.

△拟毛毡草 *Blumea sericans* (Kurz) Hook. F. = ☆**拟毛毡草** *Blumea hamiltonii* Candolle

△抱茎小苦荬 *Ixeridium sonchifolium* (Maxim.) Shih = **尖裂假还阳参** *Crepidiastrum sonchifolium* (Bunge) Pak et Kawano

△华麻花头 *Serratula chinensis* S. Moore = **华漏芦** *Rhaponticum chinense* (S. Moore) L. Martins et Hidalgo

A408 荚蒾科 Viburnaceae

△湖北荚蒾 *Viburnum hupehense* Rehd. = **桦叶荚蒾** *Viburnum betulifolium* Batal.

A409 忍冬科 Caprifoliaceae

△南方六道木 *Abelia dielsii* (Graebn.) Rehd. = **南方六道木** *Zabelia dielsii* (Graebn.) Makino

A416 伞形科 Apiaceae

△川芎 *Ligusticum chuanxiong* Hort. = **川芎** *Conioselinum anthriscoides* cv. 'Chuanxiong'

△藁本 *Ligusticum sinense* Oliv. = **藁本** *Conioselinum anthriscoides* (H. Boissieu) Pimenov et Kljuykov

（二）《编目》中的存疑种

　　如下各种经排查后，认为其已知分布区仅出现于罗霄山脉外围，是否在罗霄山脉地区有分布需要进一步核查标本，此处记录为存疑种，暂不收录照片，共75种1亚种12变种。

P3 卷柏科 Selaginellaceae

☆蔓出卷柏 *Selaginella davidii* Franch.

P30 凤尾蕨科 Pteridaceae

☆金粉蕨 *Onychium siliculosum* (Desv.) C. Chr.

P42 金星蕨科 Thelypteridaceae

☆假毛蕨 *Pseudocyclosorus tylodes* (Kunze) Holtt.

P51 水龙骨科 Polypodiaceae

☆毡毛石韦 *Pyrrosia drakeana* (Franch.) Ching

A12 马兜铃科 Aristolochiaceae

☆宝兴关木通 *Isotrema moupinense* (Franch.) X. X. Zhu, S. Liao et J. S. Ma

A25 樟科 Lauraceae

☆天目木姜子 *Litsea auriculata* Chien et Cheng

☆浙闽新木姜子 *Neolitsea aurata* var. *undulatula* Yang et P. H. Huang

☆羽脉新木姜子 *Neolitsea pinninervis* Yang et P. H. Huang

☆紫云山新木姜子 *Neolitsea wushanica* var. *pubens* Yang et P. H. Huang

☆楠木 *Phoebe zhennan* S. Lee

A26 金粟兰科 Chloranthaceae

☆湖北金粟兰 *Chloranthus henryi* var. *hupehensis* (Pamp.) K. F. Wu

A32 水鳖科 Hydrocharitaceae

☆弯果茨藻 *Najas ancistrocarpa* A. Br. ex Magnus

A53 藜芦科 Melanthiaceae

☆长梗藜芦 *Veratrum oblongum* Loes. f.

☆具柄重楼 *Paris fargesii* var. *petiolate* (Baker ex C. H. Wright) F. T. Wang et Tang

A59 菝葜科 Smilacaceae

☆银叶菝葜 *Smilax cocculoides* Warb.

☆小叶菝葜 *Smilax microphylla* C. H. Wright

☆无疣菝葜 *Smilax nervomarginata* var. *liukiuensis* (Hay.) Wang et Tang

☆武当菝葜 *Smilax outanscianensis* Pamp.

A61 兰科 Orchidaceae

☆粤琼玉凤花 *Habenaria hystrix* Ames

☆福建羊耳蒜 *Liparis dunnii* Rolfe

☆舌唇兰 *Platanthera japonica* (Thunb. ex A. Marray) Lindl.

A97 灯芯草科 Juncaceae

☆异被地杨梅 *Luzula inaequalis* K. F. Wu

A98 莎草科 Cyperaceae

☆宽叶薹草 *Carex siderosticta* Hance

☆宜昌飘拂草 *Fimbristylis henryi* C. B. Clarke

A103 禾本科 Poaceae

☆茅叶荩草 *Arthraxon prionodes* (Steud.) Dandy

☆水生薏苡 *Coix aquatica* Roxb.

☆东瀛鹅观草 *Elymus × mayebaranus* (Honda) S. L. Chen

☆莩草 *Setaria chondrachne* (Steud.) Honda

A111 毛茛科 Ranunculaceae

☆华中铁线莲 *Clematis pseudootophora* M. Y. Fang

A136 葡萄科 Vitaceae

☆罗城葡萄 *Vitis luochengensis* W. T. Wang

☆变叶葡萄 *Vitis piasezkii* Maxim.

☆秋葡萄 *Vitis romanetii* Roman. du Caill. ex Planch.

A140 豆科 Fabaceae

☆薄叶羊蹄甲 *Bauhinia glauca* subsp. *tenuiflora* (Watt ex C. B. Clarke) K. et S. S. Larsen

A143 蔷薇科 Rosaceae

☆绢毛匍匐委陵菜 *Potentilla reptans* var. *sericophylla* Franch.

☆福建落叶石楠 *Pourthiaea fokienensis* (Finet et Franch.) H. Iketani et H. Ohashi [*Photinia fokienensis* (Franch.) Franch.]

☆华中悬钩子 *Rubus cockburnianus* Hemsl.

☆饶平悬钩子 *Rubus raopingensis* Yü et Lu

A158 桦木科 Betulaceae

☆华千金榆 *Carpinus cordata* var. *chinensis* Franch.

A200 堇菜科 Violaceae

☆裂叶堇菜 *Viola dissecta* Ledeb.

A226 省沽油科 Staphyleaceae

☆硬毛山香圆 *Turpinia affinis* Merr. et Perry

A247 锦葵科 Malvaceae

☆帽峰椴 *Tilia mofungensis* Chun et Wong

A249 瑞香科 Thymelaeaceae

☆小黄构 *Wikstroemia micrantha* Hemsl.

A279 桑寄生科 Loranthaceae

☆灰毛桑寄生 *Taxillus sutchuenensis* var. *duclouxii* (Lecomte) H. S. Kiu

A283 蓼科 Polygonaceae

☆小酸模 *Rumex acetosella* L.

☆尼泊尔酸模 *Rumex nepalensis* Spreng.

☆钝叶酸模 *Rumex obtusifolius* L.

A295 石竹科 Caryophyllaceae

☆三脉种阜草 *Moehringia trinervia* (L.) Clairv.

☆皱叶繁缕 *Stellaria monosperma* var. *japonica* Maxim.

A320 绣球科 Hydrangeaceae

☆莽山绣球 *Hydrangea mangshanensis* Wei

A332 五列木科 Pentaphylacaceae

☆齿叶红淡比 *Cleyera lipingensis* (Hand.-Mazz.) T. L. Ming

☆毛枝格药柃 *Eurya muricata* var. *huiana* (Kobuski) L. K. Ling

A337 山矾科 Symplocaceae

☆总状山矾 *Symplocos botryantha* Franch.

☆微毛越南山矾 *Symplocos cochinchinensis* var. *puberula* Huang et Y. F. Wu

☆银色山矾 *Symplocos subconnata* Hand.-Mazz.

A342 猕猴桃科 Actinidiaceae

☆无髯猕猴桃 *Actinidia melanandra* var.

glabrescens C. F. Liang

☆安息香猕猴桃 *Actinidia styracifolia* C. F. Liang

☆毛蕊猕猴桃 *Actinidia trichogyna* Franch.

A345 杜鹃花科 Ericaceae

☆喇叭杜鹃 *Rhododendron discolor* Franch.

A351 丝缨花科 Garryaceae

☆少花桃叶珊瑚 *Aucuba filicauda* var. *pauciflora* Fang et Soong

A352 茜草科 Rubiaceae

☆浙皖虎刺 *Damnacanthus macrophyllus* Sieb. ex Miq.

☆西南巴戟 *Morinda scabrifolia* Y. Z. Ruan

☆臭味新耳草 *Neanotis ingrata* (Wall. ex Hook. f.) Lewis

☆耳叶鸡屎藤 *Paederia cavaleriei* Lévl.

A353 龙胆科 Gentianaceae

☆条叶龙胆 *Gentiana manshurica* Kitag.

☆湖北双蝴蝶 *Tripterospermum discoideum* (Marq.) H. Smith

A357 紫草科 Boraginaceae

☆梓木草 *Lithospermum zollingeri* DC.

A366 木樨科 Oleaceae

☆蒙自桂花 *Osmanthus henryi* P. S. Green

A370 车前科 Plantaginaceae

☆宽叶腹水草 *Veronicastrum latifolium* (Hemsl.) Yamaz.

☆细穗腹水草 *Veronicastrum stenostachyum* (Hemsl.) Yamaz.

A383 唇形科 Lamiaceae

☆白透骨消 *Glechoma biondiana* (Diels) C. Y. Wu et C. Chen

☆粉红动蕊花 *Kinostemon alborubrum* (Hemsl.) C. Y. Wu et S. Chow

☆梗花龙头草 *Meehania fargesii* var. *pedunculata* (Hemsl.) C. Y. Wu

☆走茎龙头草 *Meehania fargesii* var. *radicans* (Vant.) C. Y. Wu

☆长穗荠苎 *Mosla longispica* (C. Y. Wu) C. Y. Wu et H. W. Li

☆白花假糙苏 *Paraphlomis albiflora* (Hemsl.) Hand.-Mazz.

☆纤细假糙苏 *Paraphlomis gracilis* Kudô

☆莸状黄芩 *Scutellaria caryopteroides* Hand.-Mazz.

☆长毛香科科 *Teucrium pilosum* (Pamp.) C. Y. Wu et S. Chow

A391 青荚叶科 Helwingiaceae

☆西域青荚叶 *Helwingia himalaica* Hook. f. et Thoms. ex C. B. Clarke

A392 冬青科 Aquifoliaceae

☆珊瑚冬青 *Ilex corallina* Franch.

☆细刺枸骨 *Ilex hylonoma* Hu et Tang

☆华南冬青 *Ilex sterrophylla* Merr. et Chen

☆黔桂冬青 *Ilex stewardii* S. Y. Hu

A394 桔梗科 Campanulaceae

☆聚叶沙参 *Adenophora wilsonii* Nannf.

A403 菊科 Asteraceae

☆暗绿蒿 *Artemisia atrovirens* Hand.-Mazz.

☆棉毛尼泊尔天名精 *Carpesium nepalense* var. *lanatum* (Hook. f. et T. Thoms. ex C. B. Clarke) Kitamura

☆剪刀股 *Ixeris japonica* (Burm. f.) Nakai

☆蛛毛蟹甲草 *Parasenecio roborowskii* (Maxim.) Y. L. Chen

A408 荚蒾科 Viburnaceae

☆显脉荚蒾 *Viburnum nervosum* D. Don

☆浙皖荚蒾 *Viburnum wrightii* Miq.

A409 忍冬科 Caprifoliaceae

☆金花忍冬 *Lonicera chrysantha* Turcz.

☆粘毛忍冬 *Lonicera fargesii* Franch.

A416 伞形科 Apiaceae

☆华中前胡 *Peucedanum medicum* Dunn

☆五匹青 *Pternopetalum vulgare* (Dunn) Hand.-Mazz.

☆纤细东俄芹 *Tongoloa gracilis* Wolff

（三）《编目》中收录的误定种

如下各种其已知分布区离罗霄山脉地区较远，根据分类文献考证，大概率不会出现在罗霄山脉地区，很可能是错误鉴定，需要暂从《编目》中予以取消，共59种1亚种3变种，其中"高原露珠草 *Circaea alpina* subsp. *imaicola*"在统计时因没有原种（原变种）在，故按种计。属级要减少铠兰属 *Corybas*、扁穗茅属*Brylkinia*。

P41 蹄盖蕨科 Athyriaceae
▲安蕨 *Anisocampium cumingianum* C. Presl
▲石生蹄盖蕨 *Athyrium emeicola* Ching
▲毛鳞短肠蕨 *Diplazium hirtisquama* (Ching et W. M. Chu) Z. R. He [*Allantodia hirtisquama* Ching et W. M. Chu]
▲钝羽对囊蕨 *Deparia conilii* (Franch. et Savat.) M. Kato [*Athyriopsis conilii* (Franch. et Savat.) Ching]
▲二型叶对囊蕨 *Deparia dimorphophylla* (Koidz.) M. Kato [*Athyriopsis dimorphophylla* (Koidz.) Ching ex W. M. Chu]
▲九龙对囊蕨 *Deparia jiulungensis* (Ching) Z. R. Wang [*Lunathyrium orientale* var. *jiulungense* (Ching) Z. R. Wang]
▲狭叶对囊蕨 *Deparia longipes* (Ching) Shinohara [*Athyriopsis longipes* Ching]

P42 金星蕨科 Thelypteridaceae
▲宽顶毛蕨 *Cyclosorus paracuminatus* Ching ex Shing et J. F. Cheng
▲华中茯蕨 *Leptogramma centrochinensis* Ching ex Y. X. Lin

P45 鳞毛蕨科 Dryopteridaceae
▲美丽复叶耳蕨 *Arachniodes speciosa* (D. Don) Ching
▲长齿耳蕨 *Polystichum longidens* Ching et S. K. Wu

P51 水龙骨科 Polypodiaceae
▲远叶瓦韦 *Lepisorus ussuriensis* var. *distans* (Makino) Tagawa [*Lepisorus distans* (Makino) Ching]

A12 马兜铃科 Aristolochiaceae
▲细辛 *Asarum sieboldii* Miq.
▲大叶马兜铃 *Aristolochia kaempferi* Willd.

A25 樟科 Lauraceae
▲大叶桂 *Cinnamomum iners* Reinw. ex Bl.
▲润楠叶木姜子 *Litsea machiloides* Yang et P. H. Huang
▲粉叶新木姜子 *Neolitsea aurata* var. *glauca* Yang

A28 天南星科 Araceae
▲浮萍 *Lemna minor* L.

A45 薯蓣科 Dioscoreaceae
▲毛褐苞薯蓣 *Dioscorea persimilis* var. *pubescens* C. T. Ting et M. C. Chang

A53 藜芦科 Melanthiaceae
▲宝铎草 *Disporum sessile* D. Don
▲短蕊万寿竹 *Disporum bodinieri* (Lévl. et Vant.) Wang et Tang

A59 菝葜科 Smilacaceae
▲矮菝葜 *Smilax nana* Wang

A61 兰科 Orchidaceae
▲铠兰 *Corybas sinii* Tang et F. T. Wang
▲小花鸢尾兰 *Oberonia mannii* Hook. f.
▲印度宽距兰 *Yoania prainii* King et Pantling

A73 石蒜科 Amaryllidaceae
▲细叶韭 *Allium tenuissimum* L.

A98　莎草科 Cyperaceae

▲丝叶薹草 *Carex capilliformis* Franch.

▲亨氏薹草 *Carex henryi* C. B. Clarke ex Franch.

A103　禾本科 Poaceae

▲扁穗草 *Brylkinia caudata* (Munro) Schmidt

▲大叶章 *Deyeuxia purpurea* (Trinius) Kunth

▲高羊茅 *Festuca elata* Keng ex E. Alexeev

▲羊茅 *Festuca ovina* L.

A110　小檗科 Berberidaceae

▲宝兴淫羊藿 *Epimedium davidii* Franch.

A111　毛茛科 Ranunculaceae

▲长喙唐松草 *Thalictrum macrorhynchum* Franch.

▲爪哇唐松草 *Thalictrum javanicum* Bl.

A129　虎耳草科 Saxifragaceae

▲蒙自虎耳草 *Saxifraga mengtzeana* Engl. et Irmsch.

A136　葡萄科 Vitaceae

▲鸟足乌蔹莓 *Cayratia pedata* (Lamk.) Juss. ex Gagnep.

A140　豆科 Fabaceae

▲越南藤儿茶（越南金合欢）*Senegalia vietnamensis* (I. C. Nielsen) Maslin, Seigler et Ebinger [*Acacia vietnamensis* I. C. Nielsen]

A143　蔷薇科 Rosaceae

▲四川樱桃 *Prunus szechuanica* Batalin [*Cerasus szechuanica* (Batal.) Yü et Li]

A147　鼠李科 Rhamnaceae

▲刺鼠李 *Rhamnus dumetorum* Schneid.

▲亮叶鼠李 *Rhamnus hemsleyana* Schneid.

A148　榆科 Ulmaceae

▲大果榉 *Zelkova sinica* Schneid.

A149　大麻科 Cannabaceae

▲小果朴 *Celtis cerasifera* Schneid.

A151　荨麻科 Urticaceae

▲粗齿楼梯草 *Elatostema grandidentatum* W. T. Wang

▲南川楼梯草 *Elatostema nanchuanense* W. T. Wang

▲钝叶楼梯草 *Elatostema obtusum* Wedd.

▲红火麻 *Girardinia diversifolia* subsp. *triloba* (C. J. Chen) C. J. Chen

A153　壳斗科 Fagaceae

▲高山锥 *Castanopsis delavayi* Franch

▲红壳锥 *Castanopsis rufotomentosa* Hu

A163　葫芦科 Cucurbitaceae

▲鄂赤瓟 *Thladiantha oliveri* Cogn. ex Mottet

A168　卫矛科 Celastraceae

▲星刺卫矛 *Euonymus actinocarpus* Loes.

▲软刺卫矛 *Euonymus aculeatus* Hemsl.

▲大花卫矛 *Euonymus grandiflorus* Wall.

▲石枣子 *Euonymus sanguineus* Loes.

A204　杨柳科 Salicaceae

▲黄花柳 *Salix caprea* L.

A216　柳叶菜科 Onagraceae

▲高原露珠草 *Circaea alpina* subsp. *imaicola* (Asch. et Mag.) Kitamura

A240　无患子科 Sapindaceae

▲长柄槭 *Acer longipes* Franch. ex Rehd.

A320　绣球科 Hydrangeaceae

▲莼兰绣球 *Hydrangea longipes* Franch.

A335　报春花科 Primulaceae

▲紫脉过路黄 *Lysimachia rubinervis* Chen et C. M. Hu

A352　茜草科 Rubiaceae

▲小猪殃殃 *Galium innocuum* Miquel

A356　夹竹桃科 Apocynaceae

▲牛皮消 *Cynanchum auriculatum* Royle ex Wight

A366　木樨科 Oleaceae

▲野桂花 *Osmanthus yunnanensis* (Franch.) P. S. Green

A383　唇形科 Lamiaceae

▲紫萼秦岭香科 *Teucrium tsinlingense* var. *porphyreum* C. Y. Wu et S. Chow

（四）《编目》中未有记录的新记录种

在照片鉴定和物种订正排查过程中，发现了若干新记录种，其标本和照片均来自罗霄山脉地区，应增加到《编目》记录中，共6种，均已收录照片。

A53 藜芦科 Melanthiaceae
◇亮叶重楼 *Paris nitida* G. W. Hu, Zhi Wang et Q. F. Wang

A56 秋水仙科 Colchicaceae
◇南川万寿竹 *Disporum nanchuanense* X. X. Zhu et S. R. Yi

A111 毛茛科 Ranunculaceae
◇新宁唐松草 *Thalictrum xinningense* W. T. Wang

A356 夹竹桃科 Apocynaceae
◇折冠牛皮消 *Cynanchum boudieri* H. Lévl. et Vant.

A357 紫草科 Boraginaceae
◇三清车前紫草 *Sinojohnstonia ruhuaii* W. B. Liao et Lei Wang

A408 荚蒾科 Viburnaceae
◇红荚蒾 *Viburnum erubescens* Wall.

（五）《图鉴》编撰时的缺照片种

如下各种为《编目》所收录，但野外考察时未拍摄到照片。经查证，这些种在罗霄山脉地区有分布，并且大部分物种的模式标本产地也是本地区。其中，许多种可能不是"好种"，发表后较少被再次采集到，现暂记录于此，供参考，共15种6变种。在《编目》统计中，"柔毛大叶牛果藤 *Nekemias megalophylla* var. *jiangxiensis*"仅有变种，没有原种（原变种）在，故按种计。

P42 金星蕨科 Thelypteridaceae
★假渐尖毛蕨 *Cyclosorus subacuminatus* Ching ex Shing et J. F. Cheng
★秦氏金星蕨 *Parathelypteris chingii* Shing et J. F. Cheng
★微毛金星蕨 *Parathelypteris glanduligera* var. *puberula* (Ching) Ching ex Shing
★光叶金星蕨 *Parathelypteris japonica* var. *glabrata* (Ching) Shing
★庐山假毛蕨 *Pseudocyclosorus lushanensis* Ching ex Y. X. Lin
★武宁假毛蕨 *Pseudocyclosorus paraochthodes* Ching ex Shing ex J. F. Cheng

A45 薯蓣科 Dioscoreaceae
★毛藤日本薯蓣 *Dioscorea japonica* var. *pilifera* C. T. Ting et M. C. Chang

A61 兰科 Orchidaceae
★斑叶杜鹃兰 *Cremastra unguiculata* (Finet) Finet

A98 莎草科 Cyperaceae
★江南荸荠 *Eleocharis migoana* Ohwi et Koyama

A103 禾本科 Poaceae
★江西柳叶箬 *Isachne nipponensis* var.

kiangsiensis Keng f.

A136　葡萄科 Vitaceae

★柔毛大叶牛果藤 *Nekemias megalophylla* var. *jiangxiensis* (W. T. Wang) J. Wen et Z. L. Nie

A140　豆科 Fabaceae

★庐山山黑豆 *Dumasia ovatifolia* S. S. Lai

★明月山野豌豆 *Vicia mingyueshanensis* Z. Y. Xiao et X. C. Li

A143　蔷薇科 Rosaceae

★庐山花楸 *Sorbus lushanensis* Xin Chen et Jing Qiu

A151　荨麻科 Urticaceae

★靖安艾麻 *Laportea jinganensis* W. T. Wang

A240　无患子科 Sapindaceae

★九江三角槭 *Acer buergerianum* var. *jiujiangense* Z. X. Yu

A283　蓼科 Polygonaceae

★湿地蓼 *Persicaria paralimicola* (A. J. Li) Bo Li [*Polygonum paralimicola* A. J. Li]

A342　猕猴桃科 Actinidiaceae

★尖叶猕猴桃 *Actinidia callosa* var. *acuminata* C. F. Liang

A383　唇形科 Lamiaceae

★近无毛小野芝麻 *Matsumurella chinense* var. *subglabrum* C. Y. Wu

A387　列当科 Orobanchaceae

★短冠草 *Sopubia trifida* Buch.-Ham. ex D. Don

A403　菊科 Asteraceae

★湘赣艾 *Artemisia gilvescens* Miq.

A414　五加科 Araliaceae

★挤果树参 *Dendropanax confertus* H. L. Li

二、罗霄山脉地区物种统计订正

（一）《编目》野生种统计

生物多样性综合科学考察的一个主要目的是进行物种编目。在编目的基础上，针对野生种进行统计，这对于进一步开展区域植物区系研究、区域植物资源利用，以及生态保护和评价等均具有特别重要的意义。

罗霄山脉维管植物野生种的统计，应在《编目》的基础上，除去存疑种、误定种、异名排查后的重复种，并增加《图鉴》编辑时的新记录种，具体如下。

（1）异名，订正后应减少16种1亚种17变种。含蕨类4种1变种，被子植物12种1亚种16变种。

（2）存疑种，共75种1亚种12变种，需减少。含蕨类4种，被子植物70种1亚种12变种。

（3）误定种，共59种1亚种3变种，需减少。含蕨类12种，被子植物48种1亚种3变种。

（4）新记录种，共6种，需增加。均为被子植物。

（5）缺照片种，共15种6变种。《编目》有收录，对统计无影响。

（6）在属级、种级水平上的增减统计。

属级：异名订正需增加32属，减少17属，误定种核算后需减少2属，即属级统计应增加13属。其中，蕨类、裸子植物的属无增减；被子植物增加13属。

种级：全部需减少144种3亚种32变种，含蕨类20种1变种，被子植物124种3亚种31变种。

综上，《罗霄山脉维管植物多样性编目》重新统计为：211科1187属4022种28亚种263变种。其中，蕨类植物32科101属411种1亚种19变种，裸子植物6科23属32种2变种，被子植物173科1063属3579种27亚种242变种。

（二）《图鉴》收录统计

根据缺照片物种的统计，共15种6变种，含蕨类植物4种2变种、被子植物11种4变种。其中，缺少照片的种，其同一个科、同一个属均有其他代表种的照片有收录，即《图鉴》收录的野生种有：211科1187属4007种28亚种257变种。其中，蕨类植物32科101属407种1亚种17变种，裸子植物6科23属32种2变种，被子植物173科1063属3568种27亚种238变种。另收录有栽培种约276种12变种。

附录2
照片收录说明与拍摄贡献者名单

  《图鉴》共收录植物照片7000多张，含野生种211科1187属4007种28亚种257变种。野生种除15种6变种外，其余均收录了照片。此外，《图鉴》还收录栽培种276种12变种。栽培种受人为因素影响较大，在《编目》中的收录是不完整的，《图鉴》中也没有完全收录，而且数量时常更新，因此未收录的栽培种在此也不再说明。

  《图鉴》编撰主要困难来源于对照片的鉴定。照片所能提供的鉴定特征远比标本要少，且不能多维观察，并且由于野外采集、拍摄的时间仓促，因此相当部分照片未能及时地记录对应的标本采集号。当然，照片鉴定也有一定优势，就是保持了植物鲜艳的原色彩，这个是标本所不具备的。因此，根据照片的鉴定，往往也能够确定某些物种的存在或者得到关于新记录种的某些线索。《图鉴》所使用的物种照片，大部分是各专题组在2013～2018年项目开展野外考察期间所拍摄的，由于涉及的照片数量巨大，课题组内拍摄者仅列在编委名单中，具体拍摄照片不再一一列举。此外，还有相当数量的物种照片得到了许多植物学专业人士、生态摄影爱好者等的大力支持，如下为课题组之外的拍摄者名单及所拍摄的具体物种名单。在此，对诸位的大力支持致以诚挚的谢意！

安昌： 毛果茄、霹雳薹草（花枝）、蜜腺白叶莓、二歧蓼

曹海峰： 密毛酸模叶蓼

曹玉星： 荆三棱

陈彬： 白苞芹、白穗花、独花兰、红毛虎耳草、华东唐松草、金刚大、江南散血丹、庐山楼梯草、乱子草、绵穗苏、明党参、木半夏、山苈、*茼蒿、香根芹、羽毛地杨梅、泽苔草、蛛网萼、紫柳、鹅毛竹

陈炳华： 镰羽瘤足蕨、溪边蹄盖蕨、三相蕨、两广凤尾蕨、鳞毛肿足蕨、闽浙铁角蕨、矮生薹草、葱叶兰、短尖飘拂草、短尖薹草、光稃野燕麦、光叶眼子菜、红果黄鹌菜、厚边木犀、黄枝润楠、截鳞薹草、霹雳薹草、青龙藤、柔果薹草、鼠茅

（小穗）、万钧木、狭叶兰香草、锈果薹草、长苞谷精草、长叶猕猴桃、光叶马鞍树、红豆树、箱根野青茅、小花远志、展穗膜稃草、中国猪屎豆、长管香茶菜（果）、近二回羽裂南丹参、光叶细刺枸骨（果）、疏节过路黄、日本续断

陈朗： 斜果挖耳草

陈世品： 鼠刺叶柯（果）

陈伟杰： 光滑悬钩子

陈又生： 网眼瓦韦、西域鳞毛蕨、飞蓬、鼓子花、光苞紫菊、井冈柳、露珠碎米荠、南牡蒿、丘陵紫珠、天人草、窄头橐吾、钟花胡颓子、赣皖乌头、湖南淫羊藿、尾叶绣球、*山桃草

陈远山： 密羽贯众、轴鳞鳞毛蕨

陈再雄：丹霞兰、丹霞小花苣苔、东南长蒴苣苔、厚壳树、黄杞（果序）、锦绣杜鹃、*苦苣菜、毛棉杜鹃（花）、雀梅藤、桑、少花桂、石蒜、王瓜、小花八角枫（果）、小一点红、小沼兰、阴香、*郁李、樟叶槭、长节耳草、中华薹草（果序特写）、紫珠、软荚红豆、褶皮黧豆、瑞木、茶荬蓣

从睿：疏穗画眉草

崔世茂：小叶女贞、榆树（果特写）

邓创发：厚皮锥、厚叶悬钩子

邓磊：狭叶水竹叶

邓乔华：菰腺忍冬

邓伟胜：南岭爵床、细叶小苦荬、长芒稗

董安强：流苏龙胆、长轴白点兰

段来军：庐山葡萄

樊英鑫：糙叶薹草

冯虎元：野蓟

冯健：蕺菜

冯景环：*水杉

冯磊：下江委陵菜

付战勇：獐毛

龚佑科：广序臭草、湖南黄芩、小花金挖耳、硬毛附地菜

郭剑强：披针叶荬蓣、铁线莲

侯雨龙：*厚萼凌霄

胡华农：瑞氏楔颖草

胡亮：多花胡枝子

华国军：常绿荬蓣、尖叶火烧兰、刚毛腹水草、四轮香、小鸢尾、短柱铁线莲、菱叶葡萄、八角枫、具毛常绿荬蓣

黄戈晗：膜蕨囊瓣芹、矢镞叶翻甲草

黄健：黄棉木、三叶乌蔹莓

黄江华：盾蕨（孢子叶）、网果筋骨草、云南鸡屎藤、叉蕊薯蓣

黄向旭：脉耳草

黄燕双：松叶薹草、樟叶木防己

黄元河：华南桤叶树

蒋蕾：水丝麻

金洪刚：江西大青

金宁：齿唇羊耳蒜、湖南半夏、香港四照花、羊耳蒜

金摄郎：毛柄短肠蕨

孔繁明：台湾前胡、盂兰

李波：疏蓼

李步杭：鸡眼藤

李策宏：峨眉瘤足蕨、匙叶剑蕨、连药沿阶草、肾叶天胡荽、肉叶龙头草、淡红忍冬

李栋国：华南复叶耳蕨

李光敏：白花堇菜、斑叶堇菜、大披针薹草、*高山蓍、黑麦草（花）、*花菖蒲、拟丹参、七姊妹、日本锦带花、无苞香蒲、郁香忍冬、长柱金丝桃、中国石蒜、紫菀、鬼灯檠、早园竹、展毛乌头、短尾铁线莲、石生蝇子草

李黎：短柄小连翘

李蒙：东南铁角蕨、长叶蹄盖蕨、地海椒

李钱鱼：*大花马齿苋、*玫瑰、雨久花

李西贝阳：小巧羊耳蒜、小球穗扁莎

李晓东：阿里山女贞、矩圆线蕨、腋花黄芩、庭藤、苏木蓝

李泽贤：芡实

李贞：闽楠

李中阳：毛柄短肠蕨、棕鳞耳蕨

梁华：大狼耙草、荻

廖浩斌：蔓剪草

林建勇：多花杜鹃

林秦文：大叶短肠蕨、粗榧、江南谷精草、木蓝、草质千金藤

林向东：京鹤鳞毛蕨、五棱秆飘拂草、微毛凸轴蕨、长柱头薹草、宿根画眉草

刘昂：秕壳草、大白茅、牯岭东俄芹、褐果薹草、华中冷水花、井冈山堇菜、卵果薹草、拟二叶飘拂草、日本水马齿、武功山蓼、西南香楠、腺鼠刺、硬毛冬青、有梗越橘、莠竹、小旱稗

刘冰：麦秆蹄盖蕨、坚被灯芯草、修株肿足蕨、白鹃梅、薄叶马蓝、变色白前、朝

阳隐子草、春榆、刺榆、大齿山芹、大油芒、毒芹、短柄野芝麻、鬼蜡烛（果特写）、黑藻（花特写）、华东菝葜、吉祥草（花枝）、茅苞、假稻、榉树、巨序剪股颖、连香树、*毛白杨、*美国蜡梅、女菀、全叶马兰、日本薹草、日本香柏、山牛蒡、*蜀葵（花枝）、苏州荠苎、细苎麻、*绣球荚蒾、寻骨风、鸭茅、亚柄薹草、阴地蒿、玉兰、泽芹、柘藤、紫楠、草地早熟禾、短尾铁线莲、钝萼铁线莲、多枝乱子草、细枝茶藨子、红鳞扁莎、多枝香草、匍匐露珠草、耿氏硬草（花序）、费菜、大车前、野芝麻、飞蓬、牛膝菊、中华苦荬菜、乱子草、穗状狐尾藻、狐尾藻、多花胡枝子、山冷水花、南山堇菜、老鹳草、小花柳叶菜、鼠耳芥、雨久花、丝叶球柱草、阿穆尔莎草、长芒稗、秋画眉草

刘东明： *竹蔗

刘继明： 毛马唐

刘军： 百日青、刺柏（果枝）、刺果毛茛、东亚唐棣、短梗冬青、多花泡花树、峨参、风兰、葛萝槭、葛枣猕猴桃、牯岭悬钩子、光果悬钩子、光叶莣花、光枝楠、紫花合掌消（花枝）、荷包山桂花、华东杏叶沙参、华蔓茶藨子、黄花油点草、黄山杜鹃、建始槭、九宫山细辛、榉树（花特写）、蕨叶鼠尾草、苦茶槭、老鸹铃、柳叶蜡梅（果枝）、六角莲、鹿茸草（花）、路边青、马兜铃、毛木半夏、毛木半夏（花、果枝）、毛药卷瓣兰、毛叶钝果寄生、毛叶腹水草、南方狸藻、千年不烂心、日本景天、日本全唇兰、三腺金丝桃、山梗菜（花特写）、少花狸藻、少蕊败酱、鼠耳芥、水蜡烛、水虱草、天目地黄、蚊母草（花）、香果树、象鼻兰、亚洲络石、烟管荚蒾、药百合、野扁豆、野大豆、圆叶堇菜、圆锥铁线莲、早落通泉草、长喙毛茛泽泻、长序榆、浙赣舞花

姜、浙江铃子香、浙江獐牙菜、中国野菰、紫花八宝、大花臭草、大花威灵仙、钝药野木瓜、荷青花、华东木蓝、柔毛淫羊藿、越橘叶黄杨、疙瘩七、羽叶蓼、糯米椴、浙江凤仙花、利川脬果荠、东方细辛、密花梭罗、封怀风仙花、鄂西南星

刘坤： 大黄花虾脊兰、湖南脬果荠、阳明山杜鹃

刘蕾： 华南青皮木

刘铁志： 旋花

刘兴剑： 多裂叶水芹、短苞薹草、拂子茅、疏花雀麦

刘演： 罗汉果

卢东升： 疏穗野青茅

罗金龙： 圆头凤尾蕨、华南美丽葡萄、毛枝格药柃、毛枝格药柃（花枝）

罗连： *大花马齿苋

马欣堂： 点乳冷水花、匍茎榕

马跃水： 花莛薹草

孟德昌： 毛柱郁李

吕志学： 乳突薹草

聂廷秋： 德化鳞毛蕨、大叶润楠、无毛崖爬藤

区崇烈： 禾叶土牛膝、台湾五针松、紫背细辛

潘建斌： 荆三棱、长裂苦苣菜（花）

秦位强： 二型肋毛蕨、黑鳞远轴鳞毛蕨、细叶鳞毛蕨、疏花槭、狭叶獐牙菜、硬果薹草、大果落新妇、皱叶铁线莲

邱相东： 大白茅（果序）

饶军： 大叶石斑木

邵剑文： 九宫山羽叶报春

沈卓民： 湖南胡颓子、华中前胡

石祥刚： 里白、满江红、*侧柏

寿海洋： 猫爪草、毛葡萄

宋鼎： 二色瓦韦、*垂枝香柏、八月瓜、扬子铁线莲、革叶算盘子

宋含章： 粉被薹草、松叶薹草（花序特写）

孙观灵： 钝角金星蕨、毛节野古草

孙延军：瓶尔小草

汤睿：毛秆野古草、小叶黄杨、庐山野古草

唐忠炳：粗柱杜鹃

田怀珍：广东羊耳蒜

田琴：*楸

童毅：马醉木、浙江新木姜子

王发国：盾叶唐松草

王光忠：亚澳薹草

王江波：卵叶糙苏

王军峰：短尖毛蕨、无毛粉花绣线菊

王钧杰：长苞羊耳蒜

王良珍：藤长苗

王璐：*红皮柳

王潘：打破碗花花、贯叶连翘

王挺：黄山蟹甲草、渐尖叶鹿藿、短序山梅花、江浙山胡椒

王晓兰：朱兰、小果唐松草、水皮莲、金银莲花、瓜叶乌头、瑞木、长柄山蚂蟥、尖叶桂樱、锦地罗、鹤草、裂果薯、小沼兰、竹叶吉祥草

王羽梅：*旱柳、球花石斛

王孜：柔弱黄芩、舌叶薹草、*稀脉浮萍

王子燚：九节龙

吴保欢：短梗稠李、毛叶山樱花、长尾毛樱桃

吴棣飞：光脚金星蕨、滨海薹草、大叶勾儿茶、发秆薹草、光叶紫珠、聚头蓟菊、两色冻绿、虹眼、密花舌唇兰、丝叶球柱草、四国谷精草、田野水苏、小慈姑、旋花、长管香茶菜、圆叶苦荬菜、显脉野木瓜、小花人字果、浙江木蓝、浙江山梅花、华东椴、尖萼紫茎、长梗过路黄、团花山矾、少花马蓝（右）

吴振海：动蕊花、粟草、牛奶子

吴佐建：长花马唐

奚建伟：壮大莫菜

肖智勇：赤竹、湖南玉山竹

熊国顺：野青茅

徐锦泉：短穗竹、丰城鸡血藤

徐隽彦：凹头苋、狭果秤锤树、阔蕊兰

徐克学：山文竹、尾叶悬钩子、湘桂马铃苣苔

徐亚辛：广东润楠

徐晔春：抱茎石龙尾、串珠石斛、刺叶冬青、短柱络石、喉药醉鱼草、辽宁堇菜、庐山桦、马蹄香、石龙尾、硕苞蔷薇、微齿眼子菜、金竹、水毛茛、天台小檗、异色溲疏

徐永福：灰鳞假瘤蕨、日本复叶耳蕨、白前、针筒菜、扁茎灯芯草、糙叶藤五加、城口桤叶树、大柄冬青、单性薹草、多花地杨梅、湖北鹅耳枥、华南马蓝、黄龙尾、黄山药、灰化薹草、基脉润楠、尖叶眼子菜、角果藻、井冈栝楼、柳叶蓬莱葛、毛萼落叶石楠、毛脉显柱南蛇藤、毛药藤、毛叶插田泡、祛风藤、*日本女贞、柔毛钻地风、山类芦、山珊瑚、田繁缕、蚊母草、无腺灰白毛莓、五叶白叶莓、微毛樱桃、溪边野古草、狭穗薹草、狭叶求米草、狭叶藤五加、野葱、硬毛地埂鼠尾草、长腺灰白毛莓、钟萼地埂鼠尾草、紫茎京黄芩、糙花少穗竹、大叶山扁豆、法氏早熟禾、毛柄金腰、密花鸡血藤、三毛草、吴兴铁线莲、锈毛刺葡萄、有腺泡花树、光叶兔儿风、长花黄鹌菜、小叶珍珠菜、扁茎灯芯草、波缘楤木、少毛牛膝、华南吴萸、短齿白毛假糙苏、尼泊尔谷精草、中华地桃花、胕果荠、缩茎韩信草、污泥蓼

许可旺：骨碎补铁角蕨、江南铁角蕨、华南铁角蕨、闽浙铁角蕨、棕鳞铁角蕨、中华剑蕨、倒心叶珊瑚、吉祥草

宣晶：淫羊藿

薛凯：狭顶鳞毛蕨、腺梗豨莶（花）、徐长卿、榆树、缘毛鹅观草、粘蓼、鼠妇草、粗毛牛膝菊、具刚毛荸荠

薛自超：品藻

阳亿：两广黄芩、木姜冬青

杨柏云：疏花虾脊兰、井冈山丹霞兰、异大黄花虾脊兰

杨春江：小眼子菜

杨筑筑：川黔肠蕨

杨平：赪桐、幌菊

杨智：川杨桐

叶喜阳：介蕨、多羽复叶耳蕨（整株）、屋久假瘤蕨、齿头鳞毛蕨、天台阔叶槭、陈谋卫矛、豆梨（花）、鸡冠眼子菜、苦荬菜、纤细通泉草、长戟叶蓼、长伞梗莛苈、重齿当归、假鼠妇草、锐角槭、枹木、临安槭

易绮斐：大序隔距兰

易思荣：海州常山、流苏树

由金文：大叶珍珠菜

由利修二：透明鳞荸荠、长梗扁果薹草、普通早熟禾

喻勋林：百日青（果特写）、盾叶薯蓣、*二乔玉兰、阔瓣含笑、岭南杜鹃、拟缺香茶菜、丝裂沙参、雪胆、越南安息香、肥皂荚、马鞍树、毛玉山竹、牛鼻栓、香槐、野扇花

袁彩霞：宽叶重楼

曾佑派：三裂假福王草、小刺毛假糙苏、美国山核桃

张成：阔羽贯众、亮叶重楼、狭叶方竹、曲轴黑三棱、南岭土圆儿、金线茜草、尾尖叶枹

张凤秋：兴安胡枝子、根叶漆姑草

张海森：喜荫黄芩

张宏伟：宽羽鳞毛蕨、沟稃草、梅叶猕猴桃、长柄冷水花、*短蕊槐、展枝胡枝子、显花蓼、裂叶黄芩

张洪强：毛叶硬齿猕猴桃

张继方：山菅

张金龙：广东粗叶木、条叶猕猴桃、新宁新木姜子、短蕊景天、毛金腰、纤细菱花、毛果槭

张敬莉：水珠草

张立新：虮子草

张玲：横果薹草、书带薹草、灰竹、毛萼铁线莲、美竹

张思宇：安徽铁线莲、湖北羽叶报春

张伟：*毛地黄

张文根：资兴短枝竹

张宪春：倒鳞耳蕨、京鹤鳞毛蕨（孢子叶）、宽底假瘤蕨、宿蹄盖蕨、疏松卷柏、耳基卷柏、地卷柏、节节草、中华短肠蕨、光脚短肠蕨、大叶短肠蕨、阔片短肠蕨、尖齿鳞毛蕨、阔鳞鳞毛蕨、齿头鳞毛蕨、密鳞鳞毛蕨、半育鳞毛蕨

张忠：披针骨牌蕨、野雉尾金粉蕨、*油杉、白背牛尾菜、斑叶兰、半枫荷、北插天天麻、笔龙胆、柄叶羊耳蒜、齿缘吊钟花、春兰、刺齿贯众、粗齿兔儿风、大百部、大叶火焰草、大叶新木姜子、大屿八角、带唇兰、单叶厚唇兰、灯笼树、滴水珠、东南葡萄、杜鹃兰、杜若、短柄粉条儿菜、短尾越橘、鹅掌楸、反瓣虾脊兰、飞蛾藤、瓜叶乌头、广东杜鹃、广东石豆兰、海桐叶白英、虎刺、华山姜、黄松盆距兰、尖叶清风藤、尖叶唐松草、剑叶虾脊兰、江西杜鹃、金缕梅、金钱豹、金线兰、金樱子、筋藤、井冈山木莲、井冈山杜鹃、菊三七、兰香草、犁头叶堇菜、亮叶猴耳环、柳叶虎刺、鹿角杜鹃、络石、落新妇、猫儿刺、毛萼莓、南五味子、糯米团、爬藤榕、蓬莱葛、*桤木、茜树、曲江远志、日本粗叶木、日本金腰、绒叶斑叶兰、三叶薯蓣、山菵、山蜡梅、山酢浆草、少花马蓝、蛇葡萄、肾萼金腰、升麻、石蕨、匙叶草、疏花无叶莲、双蝴蝶、水丝梨、四芒景天、皱荚藤儿茶（藤金合欢）、天麻、挖耳草、无毛忍冬、无柱兰、细茎石斛、细茎双蝴蝶、细小景天、显齿蛇葡萄、线萼山梗菜、陷脉悬钩子、腺萼马银花、小果山龙眼、小叶马蹄香、杏香兔儿风、秀丽锥、沿阶草、羊

乳、阳荷、银兰、云锦杜鹃、长唇羊耳蒜、长梗黄精、长花厚壳树、长尾乌饭、浙赣车前紫草、中华盆距兰、珠光香青、黄褐珠光香青、紫萼、秤钩风、钩距虾脊兰、红楠、江西堇菜、雷公鹅耳枥、马银花、米心水青冈、木姜叶柯、尼泊尔鼠李、天门冬、腺叶桂樱、叶萼山矾、*银桦、山豆根、茅膏菜

章伟： 结壮飘拂草

赵海宇： 广西龙胆

赵鑫磊： 椴叶独活

赵云鹏： 苦苣苔

肇谡： 紫花合掌消（果枝）、细茎灯芯草

甄爱国： 金发石杉、宽伞三脉紫菀、大果山胡椒

郑希龙： 柳叶蜡梅（花枝）

周洪义： 毛花绣线菊、*欧洲慈姑、雀麦、*皱叶剪秋罗

周辉： 粗毛鳞盖蕨、变色苦荬菜、黄果茄、毛枝格药柃（果枝）、攀枝莓

周家宝： 二型马唐、少穗飘拂草、长尖莎草

周建军： 剑叶卷柏、湿生蹄盖蕨、矩圆线蕨（孢子叶）、介蕨、阿穆尔莎草、凹萼清风藤、齿叶赤飑、翅茎冷水花、粗壮腹水草、短促京黄芩、飞来蓝、伏毛杜鹃、钩柱毛茛、厚叶猕猴桃、湖南蜘蛛抱蛋、华东藨草、华南悬钩子、井冈柳、膜叶椴、南岭前胡、宁冈青冈、千针叶杜鹃、无梗越橘、无距虾脊兰、无毛蟹甲草、无须藤、五刺金鱼藻（果刺、上）、狭叶母草、纤细茨藻、小酸模、羊瓜藤、硬毛地埂鼠尾草、岳麓紫菀、长序莓、中华淡竹叶、无梗越橘、网果酸模、根茎水竹叶、长毛韩信草、大叶柴胡、光高粱、台湾安息香

周立新： 小花糖芥

周欣欣： 糙毛榕、长芒草沙蚕

周繇： 车叶葎、刺苞南蛇藤、金花忍冬、毛水苏、山梗菜、水苏、伪泥胡菜、腺梗豨

莶、*玉蝉花、玉铃花、皱果薹草、齿瓣延胡索、全叶延胡索、珠果黄堇、细叶孩儿参

朱弘： 牯岭山梅花

朱宁远： 短序报春苣苔、卫矛、齿果草

朱强： 白背叶楤木、慈姑、聚花荚蒾（果）

朱仁斌： 中华水龙骨、黄山鳞毛蕨、北方拉拉藤、扁穗雀麦、大叶直芒草、粉团、关公须、光滑高粱泡、鬼蜡烛、贵州络石、黑麦草、聚花荚蒾、毛脉柳兰、扭瓦韦、水香薷、田紫草、微毛血见愁、无喙囊薹草、小花灯芯草、星花灯芯草、翼果薹草、圆瓣冷水花、窄叶紫珠、长筒女贞、针刺悬钩子、假豪猪刺、毛果铁线莲、肉根毛茛、硬质早熟禾、长芒棒头草、紫羊茅、窄叶火炭母、鸡肠繁缕、天目槭、细叶石头花、毛糯米椴、紫花娃儿藤、多花木蓝

朱鑫鑫： 地卷柏、狭顶鳞毛蕨、狭脚金星蕨、狭叶凤尾蕨、高鳞毛蕨、坡生蹄盖蕨、细柄毛蕨、裸叶鳞毛蕨、假黑鳞耳蕨、西南假毛蕨（孢子叶）、剑叶盾蕨、深绿短肠蕨、匙叶剑蕨（孢子叶）、大瓦韦、斑点果薹草、高秆珍珠茅、斑花败酱、昌化鹅耳枥、穿孔薹草、大别山五针松、大茨藻、大序野古草、大叶冷水花、粉背薯蓣、禾状薹草、黑果菝葜、衡山荚蒾、华北剪股颖、黄毛蒿、黄山栎、基脉润楠、基脉润楠（果序）、尖叶藁本、蕨叶鼠尾草（花枝）、宽羽毛蕨、乐东吕宋黄芩、犁头尖、李叶绣线菊、裂瓣玉凤花、林地通泉草、曼青冈、毛山鼠李、毛叶老鸦糊、莓叶碎米荠、美脉粗叶木、蒙自桂花、绵草藓、南川柳、秋飘拂草、日本短颖草、三轮草、中华三叶委陵菜、伞花石豆兰、散斑竹根七、鼠茅、双牌胼果茅、台湾剪股颖、蜗儿菜、无刺野古草、五刺金鱼藻（果刺、下）、西南虾脊兰、细叶石斛、香莓、小叶白点兰、心叶单花红丝线、野草香、疣果冷水花、游藤卫

矛、圆锥柯、长梗冬青、长花帚菊、周裂秋海棠、大序野古草、淡竹、耿氏硬草、黑穗画眉草、湖北三毛草、华北剪股颖、华䅢茅、宽叶胡枝子、网脉葡萄、䅢茅、纤毛鹅观草、硬直黑麦草、羽叶泡花树、浙江柳叶箬、江西夏藤、*一球悬铃木（美国梧桐）、中华野葵、大麻槿、肉穗草、三脉菝葜、轮叶过路黄、日本纤毛草、粗糙菝葜、莴苣、*万寿竹

邹滨：广东大青、粉条儿菜

邹艳丽：镰片假毛蕨

左政和：轴鳞鳞毛蕨。

中文名索引

拉丁名索引